NOUVEAU COURS

COMPLET

D'AGRICULTURE

THÉORIQUE ET PRATIQUE.

QUA $=$ SUC.

—

TOME ONZIÈME.

NOMS DES AUTEURS.

MESSIEURS:

THOUIN, Professeur d'Agriculture au Muséum d'Histoire Naturelle.

PARMENTIER, Inspecteur général du Service de Santé.

TESSIER, Inspecteur des Établissemens ruraux appartenant au Gouvernement.

HUZARD, Inspecteur des Écoles Vétérinaires de France.

SILVESTRE, Chef du Bureau d'Agriculture au Ministère de l'Intérieur.

BOSC, Inspecteur des Pépinières Impériales et de celles du Gouvernement.

} Composant la Section d'Agriculture de l'Institut de France.

CHASSIRON, Président de la Société d'Agriculture de Paris.

CHAPTAL, Membre de la Section de Chimie de l'Institut.

LACROIX, Membre de la Section de Géométrie de l'Institut.

DE PERTHUIS, Membre de la Société d'Agriculture de Paris.

YVART, Professeur d'Agriculture et d'Économie rurale à l'École Impériale d'Alfort; Membre de la Société d'Agriculture; etc.

DECANDOLLE, Professeur de Botanique et Membre de la Société d'Agriculture.

DU TOUR, Propriétaire-Cultivateur à Saint-Domingue, et l'un des auteurs du Nouveau Dictionnaire d'Histoire Naturelle.

Les articles signés (R.) sont de ROZIER.

DE L'IMPRIMERIE DE MAME FRÈRES.

Cet Ouvrage se trouve aussi,

A PARIS, chez LE NORMANT, libraire, rue des Prêtres Saint-Germain-l'Auxerrois, n° 17.

A BRESLAU, chez G. THÉOPHILE KORN, imprimeur-libraire.

A BRUXELLES, chez { LECHARLIER, libraire. P. J. DE MAT, libraire.

A LIÈGE, chez DESOER, imprimeur-libraire.

A LYON, chez YVERNAULT et CABIN, libraires.

A MANHEIM, chez FONTAINE, libraire.

NOUVEAU COURS

COMPLET

D'AGRICULTURE

THÉORIQUE ET PRATIQUE,

Contenant la grande et la petite Culture, l'Économie Rurale
et Domestique, la Médecine vétérinaire, etc.;

OU

DICTIONNAIRE RAISONNÉ

ET UNIVERSEL

D'AGRICULTURE.

Ouvrage rédigé sur le plan de celui de feu l'abbé ROZIER, duquel on a conservé
tous les articles dont la bonté a été prouvée par l'expérience;

PAR LES MEMBRES DE LA SECTION D'AGRICULTURE
DE L'INSTITUT DE FRANCE, etc.

AVEC DES FIGURES EN TAILLE-DOUCE.

A PARIS,

CHEZ DETERVILLE, LIBRAIRE ET ÉDITEUR,

RUE HAUTEFEUILLE, N° 8.

M. DCCC. IX.

NOUVEAU
COURS COMPLET
D'AGRICULTURE.

QUA

QUADRUPÈDES. Nom commun à tous les animaux à quatre pieds, par conséquent aux lézards et aux grenouilles, et non aux phoques ni aux baleines. Cependant, comme l'organisation de ces derniers est semblable à celle des véritables quadrupèdes, tels que le cheval, le chien, etc., et que le caractère le plus général qui les distingue des autres animaux est d'avoir des mamelles, on a voulu faire adopter le mot *mammaux* ou *mammifères* en sa place. Cette nouvelle dénomination n'est pas encore connue des cultivateurs, et ne le sera pas probablement de long-temps. C'est pourquoi j'ai toujours employé l'ancienne dans le cours de cet ouvrage. (B.)

QUARANTAIN. On donne ce nom à la NAVETTE D'ÉTÉ, à une variété de GIROFLÉE et au MAÏS PRÉCOCE.

QUARRÉ, ou CARRÉ. Comme on donne souvent la forme quarrée aux parties des jardins cultivées séparées par des allées, on a été déterminé à appliquer le nom de quarré à toutes les divisions de ces jardins, lors même qu'elles présentent une autre figure. J'ai planté un quarré de haricots, de choux, etc., est une expression commune dans la bouche des jardiniers.

La nécessité de distinguer les cultures de différentes natures, ou de réserver des passages pour sarcler, biner, arroser les plants susceptibles d'être détruits par le piétinement des ouvriers, cueillir les feuilles, les fleurs, les fruits, sans nuire à la plantation, a porté à diviser les quarrés, par des petits sentiers, en planches d'une longueur qui peut être, sans inconvénient, égale au côté du quarré, quelle que soit sa mesure, mais dont la largeur ne surpasse pas cinq pieds, afin que la main du jardinier puisse atteindre dans le milieu. *Voyez* PLANCHE.

On pratique très fréquemment autour des quarrés des plates-bandes qu'on sème en productions de nature différente, qu'on plante de contr'espaliers, de quenouilles, de pyramides, qu'on borde d'oseille, de persil, de cerfeuil, de ciboulette, de pimprenelle, de sauge, de thym, de lavande, de buis, de fleurs de diverses sortes. *Voyez* au mot JARDIN. (B.)

QUARTAL. Espèce de mesure à grain. *Voyez* MESURE.

QUARTAUT. Espèce de tonneau supposé le quart d'un plus grand. *Voyez* au mot MESURE.

QUARTELÉE, ou QUARTERÉE. Ancienne mesure agraire. *Voyez* MESURE.

QUARTIER et QUARTERON. Anciennes mesures de superficie de poids, et division de cent. *Voyez* MESURE.

QUARTZ. Sorte de pierre qui se distingue par sa nature vitreuse et par la propriété de faire feu avec le briquet. Elle compose la base des GRANITS, des GNEISS, des SCHISTES, des JASPES, des GRÈS, des SILEX, etc. Elle entre en petite quantité dans la plus grande partie des autres pierres composées. Sa base est une terre particulière qu'on appelle SILICE. *Voyez* ces mots.

La grande abondance des pierres quartzeuses leur donne une puissante influence sur la culture. Ce sont elles qui composent les montagnes dites primitives, qui forment la couche supérieure des vallées et des plaines voisines de ces montagnes. Les pays sablonneux, les landes, etc., leur doivent leur infertilité. *Voyez* MONTAGNE, SABLE, SABLON, SABLONNEUX, ARGILE, LANDES et BRUYÈRE.

En effet, quoique les pierres quartzeuses se décomposent en argile par leur exposition à l'air, cette décomposition est si lente qu'elle est nulle pour les générations, et elles ne fournissent par conséquent rien, absolument rien à la végétation. Si elles agissent quelquefois comme amendement dans les terres argileuses, c'est mécaniquement, c'est-à-dire en soulevant les molécules terreuses, en favorisant le passage des racines qui ont besoin d'aller chercher au loin l'humidité et les sucs qui leur sont nécessaires.

Le quartz pur en gros blocs est rare. Il sert, sous le nom de *cristal de roche*, à faire quelques bijoux. Les agriculteurs sont peu dans le cas de le remarquer, parceque son gite est presque exclusivement dans les hautes montagnes granitiques. (B.)

QUENOUILLE. On donne ce nom à des arbres fruitiers, principalement à des poiriers, qu'on laisse, dans la pépinière, se garnir de branches dans toute la longueur de leur tige, et dont on arrête la croissance en hauteur à six ou huit pieds au plus.

Les quenouilles ne diffèrent des Pyramides (*voyez* ce mot) que par leur hauteur et parceque leurs branches latérales sont taillées très courtes , c'est-à-dire à six ou huit pouces, et d'égale longueur dans toute la hauteur de la tige. Au reste , on peut toujours faire une pyramide d'une quenouille, et il est même rare qu'on les tienne exactement dans les limites que je viens d'indiquer lorsqu'elles sont arrivées à un certain âge.

Il n'y a pas un siècle que la méthode de tenir les arbres fruitiers en quenouille a été trouvée. Ses avantages ont d'abord été exagérés suivant l'usage, et ensuite ses inconvéniens développés avec aigreur, encore suivant l'usage. Le vrai est que certaines variétés de poires, greffées sur cognassier, réussissent fort bien en quenouilles, c'est-à-dire donnent promptement et abondamment de beaux et bons fruits, mais que certaines autres, d'une nature trop vigoureuse, s'épuisent à pousser du bois, et sont long-temps et même toute leur vie improductives.

C'est en choisissant les variétés les plus foibles par leur nature, et en affoiblissant les plus fortes artificiellement, soit au moyen d'une greffe hétérogène, soit en les mettant dans un sol très aride, soit en les empêchant de pousser des racines au moyen d'une taille rigoureuse, qu'on parvient à se procurer de bonnes quenouilles ; aussi la greffe sur cognassier est-elle presque indispensable; aussi ne doit-on pas en planter dans les terrains trop fertiles et trop frais; aussi un arbre abandonné à lui-même dans ses premières années ne peut-il plus être employé à en établir.

C'est donc dans la pépinière même que les quenouilles doivent commencer à être formées, et qu'elles le sont en effet. Leur greffe a lieu rez terre : les branches latérales que pousse cette greffe la seconde année, excepté une de celles qui se trouvent très rapprochées, sont rigoureusement conservées. L'hiver suivant ces branches sont taillées à deux yeux, et le montant est arrêté à trois ou quatre pieds.

Ordinairement les quenouilles sortent de la pépinière à la fin de la troisième ou de la quatrième année ; elles perdent à y rester plus tard, parceque leurs branches inférieures les plus foibles périssent ou deviennent très grêles, par défaut de lumière et d'air. Toutes celles qui ne sont pas régulièrement garnies de branches dans toute leur hauteur doivent être rejetées : elles ne sont pas pour cela perdues pour le pépiniériste, qui en fait des demi-tiges, soit pour espalier, soit pour plein-vent.

Quelques pépiniéristes cherchent à engager les acquéreurs à ne pas refuser les quenouilles dégarnies, en observant qu'il sera facile de remplacer les vides par des greffes en écusson. Ce moyen, certain en apparence, séduit souvent ces acquéreurs ; mais il est de fait qu'il réussit très rarement, parceque la sève se porte de préférence dans les bourgeons déjà développés. *Voyez* GREFFE.

Il y a trois manières de disposer les quenouilles dans les jardins; 1° ou on les plante dans les plates-bandes, soit du parterre, car elles sont très ornantes lorsqu'elles sont en fleurs ou en fruits, soit du potager, dont elles rompent la monotonie; elles se marient fort bien avec les contr'espaliers; 2° on en fait des quinconces au milieu des gazons ou au milieu des autres cultures, en les écartant toujours au moins de six pieds; 3° on les applique contre des murs, et alors on en forme des espèces d'espaliers qui diffèrent de ceux dirigés selon la méthode la plus ordinaire, en ce qu'on leur laisse une tige montante, et que les branches latérales sont toujours tenues rigoureusement perpendiculaires au tronc, ou parallèles au terrain et entre elles. *Voyez* aux mots ESPALIER et PALMETTE.

La nécessité de tailler toujours court les quenouilles, c'est-à-dire au plus à deux yeux, et souvent à un seul, fait qu'il est fort difficile de les empêcher d'offrir des chicots, des calus, des exostoses, enfin des branches d'une irrégularité choquante; il n'appartient qu'à des jardiniers instruits de les bien conduire, et ces jardiniers sont rares. Aussi dans combien de jardins y a-t-il de belles quenouilles de dix à douze ans? je puis même dire qu'en général il est rare qu'une quenouille subsiste beaucoup au-delà de cet âge. Les détracteurs des quenouilles se sont beaucoup élevés contre le peu de durée de leur existence, mais n'ont pas considéré qu'elles donnent abondamment du fruit dès la seconde ou troisième année de leur mise en place, tandis qu'un espalier n'en fournit souvent qu'au bout de six à huit ans, et un plein-vent au bout de quinze à vingt. Je crois que les propriétaires de jardins doivent souvent renouveler leurs quenouilles s'ils veulent en tirer tout le parti possible ; mais avant d'en planter de nouvelles dans le même lieu, il faut qu'ils en enlèvent la terre dans une étendue de trois à quatre pieds de large, et de deux de profondeur, et la remplacent par de la nouvelle.

Je suis loin de proscrire les quenouilles, ainsi qu'on peut en juger par ce que je viens de dire; mais mon avis est qu'on doit en restreindre le nombre autant que possible. Les pyramides, qui ne sont réellement que de très grandes quenouilles, leur sont préférables sous les rapports de la durée et de l'abondance des produits. Il n'y a guère que dans les parterres, à raison de leur élégance, et dans les plates-bandes des potagers, à raison du peu d'ombre qu'elles donnent, que je conseille d'en planter.

Cependant toujours il sera mieux d'en mettre, soit entre les contr'espaliers, soit entre les plein-vents, que de diminuer l'écartement que doivent avoir ces deux dernières sortes d'arbres, sous prétexte de la perte de terrain qui peut avoir lieu pendant leur jeunesse. *Voyez* à l'article PLANTATION.

J'ai dit plus haut qu'on ne formoit guère des quenouilles qu'avec le poirier greffé sur coignassier; cependant quoiqu'on préfère généralement tenir nains les pommiers greffés sur paradis, il est quelques amateurs qui en forment des quenouilles, sur-tout les apis pour l'ornement des parterres. Quelques cerisiers, principalement le hâtif, à raison de la foiblesse de sa constitution, s'accommodent aussi de cette forme; mais les deux races qui proviennent du merisier, et toutes les variétés qui sont greffées sur ce dernier, ne peuvent la supporter long-temps. Ce que je viens de dire s'applique aussi aux pruniers les moins vigoureux. Les amandiers, les pêchers et les abricotiers ne se mettent jamais en quenouille, parcequ'ils tendent toujours à se dégarnir du bas, et qu'ils poussent constamment des gourmands lorsqu'on leur conserve une tige perpendiculaire.

La taille des quenouilles ne différant de celle des espaliers, des contr'espaliers, des BUISSONS, des vases, et sur-tout des pyramides, que par son plus de rigueur, je renverrai à ces mots et au mot TAILLE, ceux qui voudront connoître ses principes. Cependant je crois faire plaisir au lecteur en copiant ce que mon estimable et savant confrère Thouin dit à cet égard.

« Pendant l'hiver on supprime les rameaux qui se trouvent trop rapprochés, de manière qu'ils soient distans de cinq à six pouces dans toute l'étendue de la tige : ceux réservés sont taillés à trois ou quatre yeux, et encore plus longs, selon la vigueur de l'arbre. La tige principale doit être taillée plus longue, pour peu que l'arbre soit vigoureux, pour éviter la formation des gourmands. Lorsque les arbres s'emportent il est deux moyens de les domter, en courbant leurs bourgeons ou en cassant leur extrémité immédiatement après la première sève; mais il faut en user sobrement, parceque déterminant une production de fruit contre nature, ils épuiseroient promptement l'arbre. Après plusieurs années d'une taille rigide qui ne permet aux branches que de s'allonger de deux à trois pouces par an, il arrive que ces branches s'appauvrissent, parcequ'elles offrent tant de coudes, de calus, de bourrelets, de nœuds à travers lesquels la sève a de la peine à circuler, qu'elle n'a pas la force de produire des branches à bois. Pour remédier à ce grave inconvénient, qui tend à dégarnir l'arbre de ses branches, il convient de faire de temps en temps des sacrifices de fruit, en taillant les bourses

à un œil, d'où sort la même année une branche à bois; par
ce moyen simple on peut renouveler successivement les branches appauvries des quenouilles, et les faire durer plus long-
temps. Il faut sur-tout ne pas donner lieu, par des retranche-
mens mal combinés, à la formation des *têtes de saule* qui consommeroient la sève sans profit. »

Lorsque les quenouilles se dégarnissent de leurs branches,
on a la ressource d'en faire des buissons ou des demi-tiges.
Dans le premier cas, en les coupant à un ou deux pieds de
terre, et en conduisant les nouvelles pousses qui sortiront du
tronc, comme il a été dit au mot Buisson. Dans le second,
en retranchant toutes les branches inférieures, et en laissant
prendre tout l'accroissement possible aux supérieures. (B.)

QUENOUILLE, *Cnicus*. Plante à racines vivaces; à tiges
creuses, striées, droites, hautes de quatre à cinq pieds; à
feuilles alternes, amplexicaules, pinnatifides, dentées, légèrement épineuses en leurs bords, longues de plus d'un pied
sur quatre à cinq pouces de large; à fleurs grandes, purpurines ou blanchâtres, disposées en paquets à l'extrémité des
tiges, et accompagnées de bractées colorées, concaves et épineuses, qu'on trouve dans les marais, sur le bord des rivières
de presque toute l'Europe, et qui forme, avec plusieurs autres, un genre dans la syngénésie égale, et dans la famille
des cynarocéphales.

La QUENOUILLE COMESTIBLE fleurit au milieu de l'été; on
mange ses feuilles en guise d'épinards dans beaucoup d'endroits, et on fait avec ses graines une huile très bonne à brûler. Nulle part on ne la cultive, parcequ'elle est généralement
fort commune : il est même des marais dont elle couvre des
espaces considérables. Les chevaux l'aiment beaucoup, et les
cochons s'en accommodent fort bien, mais les vaches ne
s'en soucient point. Un cultivateur soigneux ne doit point la
laisser se perdre, mais la faire couper avant l'époque de la
maturité de ses graines, soit pour en faire de la litière et
augmenter par conséquent la masse de ses fumiers, soit
pour la brûler et en tirer de la potasse. Au reste, la grosseur de ses tiges, et la grandeur ainsi que le nombre de ses
feuilles, font croire qu'elle doit plus que beaucoup d'autres
plantes concourir à élever le sol des marais par le résultat
de sa décomposition annuelle; en conséquence il peut souvent
devenir utile à un propriétaire de la laisser se pourrir sur
place dans cette intention; son aspect est assez élégant pour
qu'elle puisse être regardée comme propre à orner les jardins
paysagers; ainsi lorsque le sol est humide, ou qu'on y a des
eaux, on fera bien d'y en placer quelques pieds. Elle se multiplie de graines et par séparation des collets des racines. (B.)

QUEUE. Médecine vétérinaire. La queue, dans le che-val, ne doit être ni trop haute ni trop basse; quand elle est trop élevée, la croupe paroît pointue; quand elle est trop basse, la difformité est visible; mais nous ne disons pas qu'elle annonce alors, comme on le prétend encore, la foiblesse des reins de l'animal.

Le tronçon, qui en est la partie la plus élevée, doit être d'un certain volume, ferme et fourni de crins. Une queue qui en est dégarnie est appelée *queue de rat*.

. Le cheval doit porter la queue horizontalement; c'est ce que nous exprimons en disant qu'il la porte en trompe.

Une espèce de dartre qui cause de grandes démangeaisons, ronge quelquefois la queue. *Voyez* Dartre, Gale, Roux-Vieux. Souvent aussi ces démangeaisons proviennent des faux crins qui croissent sur le tronçon, et qui sont extrêmement gros et courts; car nous voyons que les démangeaisons ces-sent lorsqu'ils ont été arrachés. (R.)

Une absurde mode condamne une grande quantité de che-vaux de luxe à avoir la queue coupée avant d'être mis en vente pour la première fois; cette opération toujours très doulou-reuse, est souvent suivie d'accidens graves et quelquefois de la mort. Qui ne sait que la queue a été donnée au cheval comme une arme pour le défendre contre les mouches qui le tourmentent pendant l'été? Qui n'a pas admiré le bel effet qu'elle produit lorsqu'il court en liberté? En l'amputant on lui nuit donc autant sous les rapports d'utilité que sous les rapports d'agrément. Je ne ferai pas aux cultivateurs l'injure de les croire désireux de suivre la mode à cet égard, et par conséquent je n'indiquerai pas les différentes méthodes em-ployées pour couper la queue des chevaux.

On coupe aussi généralement la queue, ou au moins le bout de la queue aux chiens et aux chats; mais c'est par suite de préjugé, d'ignorance et d'habitude. Dans les campagnes, en effet, on suppose qu'il y a dans le bout de la queue un ver (c'est l'extrémité de la moelle épinière), qui, si on ne l'ôtoit pas, pénètreroit dans le corps de l'animal et le feroit périr. La vue de quelques chiens ou de quelques chats qui n'ont pas été soumis à cette opération, et qui ne s'en portent pas moins bien, ne peut pas plus faire renoncer à cette fausse idée, que les raisonnemens appuyés sur des faits anatomiques et physiologiques.

Quant à l'amputation de la queue des moutons à laine fine, elle a un but utile, aussi je ne la blâme pas. La manière de l'effectuer a été indiquée à leur article. (B.)

QUEUE DES FRUITS ET DES FEUILLES. C'est leur pédoncule et leur pétiole.

QUEUE DE CHEVAL. *Voyez* Presle.

QUEUE DE LION. Nom vulgaire de la phlomide.

QUEUE DE RENARD. Le lilas s'appelle, dit-on, de ce nom.

QUINCONCE. Disposition de plant faite par distance égale en ligne droite, et qui offre toujours des rangées d'arbres en quelque sens qu'on le regarde.

La beauté d'un quinconce consiste en ce que les allées s'alignent et s'enfilent l'une dans l'autre, et se rapportent juste. On ne met ni palissades, ni broussailles dans ce bois ; on y sème quelquefois sous les arbres des pièces de gazon, en conservant des allées ratissées pour former des dessins. Si on veut avoir une idée exacte du quinconce, il suffit de prendre dans les cartes à jouer celles qui présentent des cinq de pique, de trèfle, etc.

Les quinconces accompagnent communément les avenues des châteaux, ou s'ils sont dans l'intérieur, c'est près des parterres et des deux côtés de l'habitation, afin qu'on trouve l'ombrage et la fraîcheur dès que l'on en sort. Ces plantations placées près de la maison purifient beaucoup l'air qu'on y respire.

Pour bien diriger un quinconce, on commence à planter un arbre à chaque coin ; ensuite trois hommes, outre les travailleurs, conduisent les alignemens ; l'un aligne les arbres sur la ligne droite, l'autre sur la ligne qui croise, et le troisième sur la ligne diagonale.

On doit pendant les premières années faire travailler le pied des arbres sur un diamètre de six à huit pieds. Si, après la première ou la seconde, un arbre est mal venant, il convient de lui en substituer un autre bien sain et bien enraciné, afin que sa tête et ses racines aient le temps de travailler avant que celles des arbres voisins s'emparent de tout le terrain. On plante et on replante en vain, quand une fois les branches se touchent ; on assure que les racines se touchent aussi. L'arbre nouvellement planté profite très bien dans la première année, parcequ'il jouit du bénéfice de l'air dans la clairière formée par l'arbre mort et arraché, et ses racines travaillent dans la fosse qui a été rouverte pour le recevoir. Pendant cette première époque, les branches des arbres voisins, afin de profiter des bienfaits de l'air, se sont jetées du côté de la clairière autant qu'elles l'ont pu, et le vide a diminué. Les racines voisines, sentant de la terre nouvellement remuée, ont imité les branches, et bientôt l'arbre planté s'est trouvé étiolé par l'ombre, et la substance des jeunes racines dévorée par celles des arbres de la circonférence. Enfin le jeune arbre périt à la seconde ou à la troisième année; il va rarement à la quatrième ; s'il subsiste plus long-temps, il reste foible et languissant. On a sans cesse cet exemple sous les yeux dans les promenades publiques , et cependant on replante sans cesse, parceque les entrepreneurs gagnent à replanter.

Je ne vois qu'un seul moyen de préserver de cet inconvénient. C'est, 1° d'augmenter le diamètre de la clarière en raccourcissant les branches des arbres de la circonférence ; 2° de donner à la fosse destinée à recevoir l'arbre dix à douze pieds de diamètre ; 3° dans le milieu de l'espace qui reste entre les bords de cette fosse et le tronc de l'arbre voisin, de creuser un fossé de quatre pieds de profondeur sur cinq de largeur et douze de longueur. Les racines nouvelles des arbres voisins s'amuseront dans cette fosse, la garniront, la tapisseront et ne pénètreront dans le sol qui est au-delà que lorsqu'elles auront rempli toute la capacité du fossé. Pendant cet intervalle, l'arbre nouvellement planté profitera en tête et en racines ; enfin il acquerra assez de force pour se défendre lui-même. Si cet arbre se trouve dans le centre du quinconce, ou entouré par d'autres arbres, on le circonscrira de toute part par le fossé de précaution dont on vient de parler; mais le mal devient pour ainsi dire incurable, lorsque les arbres n'ont été dans le principe plantés qu'en dix ou quinze pieds. Lorsque l'on place un arbre en terre , on ne voit qu'un morceau de bois isolé, et l'espace d'un arbre à un autre arbre paroît immense. Que l'on considère actuellement un arbre isolé, par exemple un noyer, un tilleul, un platane, etc., et on verra que ces arbres couvrent une surface de soixante à quatre-vingts pieds de diamètre. Je ne veux pas conclure de là que les arbres d'un quinconce doivent être placés à cette distance. Cet exemple est cité seulement pour démontrer quelle peut-être la portée d'un arbre , et prouve combien peu c'est entendre ses intérêts que de planter trop près. Il faut au moins aux marronniers, sycomores, tilleuls, platanes, ormeaux, etc., trente pieds de distance en tous sens. Si on veut promptement jouir on plantera à quinze pieds, à condition toutefois qu'à la sixième année on supprimera un rang entier. Il résulte des plantations rapprochées que les branches ne tardent pas à se toucher; que le jardinier se hâte de les incliner, afin qu'elles se touchent plus promptement, et que ces branches, au lieu de s'élever avec majesté, ne poussent que des branches latérales multipliées et chiffonnes. Il s'admire dans son ouvrage, contemple avec satisfaction un toit de verdure créé en moins de dix ans. Le propriétaire applaudit à son travail, vient prendre le frais dans son quinconce; il y gagne des fluxions, des maux de dents,

des rhumes, des transpirations arrêtées, etc., parcequ'il y
règne une humidité qui n'est pas entraînée par un courant
d'air et qui ne trouve aucune issue pour s'échapper ; enfin,
ce charmant quinconce si vanté n'est plus que pour le plaisir
des yeux, et devient funeste à ceux qui s'y reposent. Si on
désire jouir sans crainte de la plantation, les arbres doivent
être espacés de trente pieds, et ne commencer à produire des
feuilles qu'à la hauteur de vingt-cinq pieds ; alors il sera sain
et habitable sans danger. Je ne conçois pas quelle est cette
manie de tourmenter les arbres, afin que leurs branches forment un toit plat en dessus et en dessous, et parfaitement ali-
gnées sur les côtés. Je ne vois dans ce travail forcé qu'un tour de
force qui surprend au premier aspect, et qui ennuie un moment après. Il n'y a de beau que le vrai et le vrai naturel. Si on se promène à l'ombre de tels arbres, qu'aperçoit-
on ? un amas de branches ; et quoi encore ? branches sur
branches, et la pointe des bourgeons garnis de quelques
feuilles. Quel contraste avec l'arbre naturel ! Passe encore si
on se contentoit de tailler en manière de charmille les bords
extérieurs du quinconce, l'intérieur n'en souffriroit pas ; mais
j'aime mieux l'arbre livré à lui-même, qui se montre tel qu'il
est, et dont le prétendu désordre des branches augmente la
beauté des nuances de la verdure. (R.)

Mais ce ne sont pas seulement des arbres d'agrément qu'on
plante en quinconce. Les arbres fruitiers grands et petits le
sont aussi fréquemment, soit dans le jardin, soit dans le verger, soit en pleine campagne ; car cette ordonnance est celle
qui permet d'en placer le plus dans des circonstances les plus
égales. Toujours on doit leur donner une distance proportionnée à leur grandeur, et plutôt trop forte que trop foible.
Ainsi des noyers ne seront pas trop espacés à cinquante pieds,
des poiriers et des pommiers greffés sur sauvageons à trente,
et sur cognassiers à vingt. Hé qu'on ne dise pas combien de
terrain perdu ! Au contraire, par cette méthode on n'en per-
dra jamais, parcequ'il y aura possibilité de faire des cultures
de toutes sortes, ou au moins de semer des fourrages, de
former un pré dans les intervalles de ces arbres, sans craindre
les effets de leur ombre. Il sera plus facile d'ailleurs de remplacer ceux qui mourront.

Une considération, quelquefois superflue, mais toujours
bonne à avoir, c'est de ne pas mettre à côté les uns des autres
les arbres de la même espèce. L'agrément du coup d'œil y
perd peut-être, mais une augmentation de vigueur et de production en est constamment la suite. (B.)

QUINQUINA. Ecorce de plusieurs espèces d'arbres du
genre de ce nom, dont on fait un grand usage en médecine,

principalement pour guérir la fièvre et s'opposer à la gangrène et autres affections où la putridité est à redouter

La plupart des espèces de quinquina sont originaires du Pérou. Il s'en trouve aussi au Brésil et dans les Antilles. Chacune offre des différences dans ses vertus ou dans l'intensité de ses vertus, de sorte qu'il est extrêmement important de les connoître pour les choisir. Comme on en fait très peu d'usage dans la médecine vétérinaire, à raison de leur haut prix, je ne crois pas devoir en parler plus au long.

On ne cultive pas en France une seule espèce de quinquina; mais j'y ai introduit d'abord, et Michaux fils après moi, le PINCKNEYE, qui n'en diffère que fort peu par ses caractères botaniques, et dont l'écorce a la même amertume. J'ai lieu de croire, d'après un essai fait sur moi-même pendant mon séjour en Caroline, que cette écorce est propre à guérir également la fièvre. Cet arbuste, que je ne doute pas qu'on puisse cultiver en pleine terre dans nos départemens méridionaux, est encore rare dans nos jardins, mais s'y multiplie chaque année, de sorte qu'il est probable qu'on ne sera pas long-temps sans pouvoir faire des essais. (B.)

QUINTAL. Ancienne mesure de pesanteur. *Voy*. MESURE.

QUINTEFEUILLE. Espèce du genre POTENTILLE. *Voyez* ce mot.

QUINTEL. C'est dix gerbes de blé dans le département de Lot-et-Garonne.

QUOIMIO. Sorte de fraise cultivée dans quelques ports de la Manche, et dont le nom a été étendu à tous les fraisiers d'Amérique.

R.

RABANA. On donne ce nom à la moutarde des champs dans le département des Deux-Sèvres.

RABAISSER. C'est diminuer la longueur d'une branche d'un arbre. *Voyez* RABATTRE et TAILLER.

RABATTRE. On rabat un jeune arbre dans les pépinières, c'est-à-dire qu'on le coupe rez terre, pour lui faire pousser une nouvelle tige. *Voyez* aux mots REBOTER et PÉPINIÈRE.

On rabat la tête du sujet d'une greffe en écusson au-dessus de cette greffe, pour que cette dernière profite de toute la sève fournie par les racines. *Voyez* GREFFE.

On rabat les branches d'un arbre en plein vent qui poussent foiblement pour le rajeunir. *Voyez* RAJEUNISSEMENT.

On rabat les branches d'un espalier, 1° pour lui faire pousser du nouveau bois ; 2° pour rétablir l'équilibre entre ses deux membres. *Voyez* au mot ESPALIER.

Ainsi rabattre signifie tailler plus court qu'à l'ordinaire , ou couper dans des circonstances particulières , c'est-à-dire que ce mot est presque synonyme de RECÉPER , RAPPROCHER , RABAISSER , TAILLER. *Voyez* ces mots, et sur-tout ce dernier , où les principes de tout retranchement de branche ou portion de branche seront développés.

RABATTRE LA TERRE. C'est l'unir. *Voyez* HERSAGE et RATISSAGE.

RABES. C'est dans le département de Lot-et-Garonne la rave large et plate.

RABIOLLE. *Voyez* NAVETTE.

RABOT. Outil ou instrument en bois dont les jardiniers se servent pour unir tout-à-fait un terrain qui a été labouré à la bêche et sur lequel le râteau a passé. Il est fait tout simplement avec une douve à laquelle on adapte un long manche. (D.)

RABOUGRI. Arbre de mauvaise venue , dont le tronc est irrégulier, contourné, noueux , sans flèches, dont les branches sont courtes, irrégulières, surchargées de petits rameaux.

Les arbres rabougris grossissent, et même s'élèvent, mais c'est avec tant de lenteur qu'il n'est presque jamais de l'intérêt du propriétaire de les conserver.

Un taillis en terrain aride reste rabougri. Il en est de même de celui qui est annuellement brouté par les bestiaux , ou les chenilles , ou grêlé au printemps. Les arbres dont les insectes ont rongé les racines ou l'écorce, qui ont reçu de graves blessures dans leur jeunesse, restent rabougris.

Quelquefois les arbres naissent et demeurent rabougris sans qu'on puisse en deviner la cause. C'est chez eux un vice d'organisation ou un effet de la veine de terre où ils se trouvent.

Il est des arbres rabougris dont la forme est pittoresque , et qui peuvent par conséquent servir à la composition des jardins paysagers. Il en est d'autres dont la courbure ou les nodosités peuvent servir dans quelques cas ; mais en général ils ne sont bons qu'à brûler et doivent être coupés ou arrachés. *Voyez* EXPLOITATION DES BOIS. (B.)

RACE. On appelle espèce dans les animaux et les végétaux la série des individus qui se ressemblent par le plus grand nombre de caractères essentiels et qui se propagent avec les mêmes caractères par la génération. Ainsi le cheval et l'âne sont deux espèces du même genre, l'oie et le canard en sont aussi ; la poire et la pomme , la rave et le chou, la violette et la pensée en sont encore. *Voyez* ESPÈCE.

Mais les chevaux et les ânes , les oies et les canards , les poires et les pommes, les raves et les choux, les violettes et les pensées, sont toujours chevaux, ânes, etc., lors même qu'ils sont plus gros ou plus petits, plus longs ou plus courts que d'autres, qu'ils sont d'une couleur noire, blanche, brune, rousse, fauve, etc.

L'observation prouve que les espèces varient dans certaines limites et de deux manières, c'est-à-dire que quelquefois ces variations se perpétuent par la génération, que d'autres fois elles ne se perpétuent pas. Les premières de ces variations forment les races, les secondes les VARIÉTÉS. *Voyez* ce mot.

Pour qu'une race se propage, il faut que les mâles et les femelles aient les mêmes caractères. Toutes les fois qu'un mâle d'une race est uni avec une femelle d'une autre race, il en résulte un individu métis, c'est-à-dire qui tient de l'un et de l'autre. Dans ce cas les qualités morales tiennent plus du père que de la mère, et les qualités physiques, sur-tout la grosseur, tiennent plus de la mère que du père. *Voyez* CROISER LES RACES.

Les animaux et les plantes sauvages varient, soit sous le rapport de race, soit sous le rapport de simple variété, dans des limites beaucoup plus circonscrites que les animaux et les plantes qui sont sous la main de l'homme ; de plus ils reviennent plus facilement à leur type originel. Aucun fait ne constate d'une manière positive qu'il se forme de nouvelles espèces. *Voyez* MULET et HYBRIDE.

Les cultivateurs peuvent créer quelquefois de nouvelles races, en faisant accoupler des animaux qui ont varié de la même manière par l'effet du hasard. Par exemple si une jument fait deux poulains, mâle et femelle, dont la tête soit très petite, il y a tout lieu de croire qu'en faisant accoupler ces poulains devenus chevaux, les individus qui en proviendront auront la tête petite, et si on continue de faire accoupler leurs produits entre eux, tous les chevaux du canton finiront par avoir la tête petite, en comparaison des autres.

C'est cette circonstance qui fait que tous les cantons dont les cultivateurs ont peu de relations avec les autres possèdent des races particulières plus ou moins distinctes, que dans chaque race même il y a des sous-races. *Voyez* CHEVAL et CHIEN.

Plus une espèce est sujette aux variations et plus elle doit par conséquent offrir de races.

Il est des caractères de races qui sont moins constans que d'autres ; par exemple la grosseur, parcequ'elle dépend en grande partie de l'abondance de la nourriture consommée pendant les premiers jours, les premiers mois, les premières années de la vie de l'individu.

Personne ne niera par exemple que la grosseur ne soit un caractère des chevaux normands; mais un poulain normand né dans les plaines de la Champagne Pouilleuse, quoique naissant plus gros qu'un poulain de la race du pays, ne parviendra jamais à la même taille que s'il fût né dans les fertiles pâturages de la vallée d'Auge.

L'observation constante que les chevaux, les bœufs, les chiens, etc., sont plus petits dans les pays très chauds que dans les pays très froids, peut aussi faire soupçonner que le climat influe, quoiqu'à un foible degré, sur les races; mais nous avons besoin d'observations bien autrement exactes que celles qui existent pour établir quelque opinion certaine sur ce fait.

La couleur est, dans quelques cas, un caractère de race, puisque des lapins blancs donnent le plus souvent naissance à des lapins blancs. Je dis dans quelques cas, parcequ'il paroît que les autres couleurs se reproduisent moins constamment les mêmes par la génération.

Non seulement les formes se propagent par la génération dans les races, mais même le caractère et certaines maladies; c'est pourquoi il est si important de choisir, dans chaque race, des mâles et des femelles exempts de mauvaises qualités morales et physiques. Ceci n'est cependant pas tellement général qu'un mâle et une femelle de caractère doux et d'une constitution saine ne puissent donner naissance à des petits méchans et maladifs, d'après le principe établi plus haut, qu'il y avoit des variations qui dépendent de l'influence même de la génération, ou de la première nourriture, ou de la première éducation. Nos connoissances sous tous ces rapports sont peu avancées, personne n'ayant étudié philosophiquement la matière que je traite.

Dans les espèces les plus intimement assujetties à l'homme, et par conséquent les plus dégénérées, il y a des races tellement éloignées qu'elles répugnent presque autant à s'accoupler ensemble que des espèces bien distinctes. Je cite pour exemple le barbet et la levrette. *Voyez* CHIEN.

Il résulte de ce que je viens de dire qu'il doit y avoir dans tous les animaux des races plus ou moins avantageuses à propager et ce sous des rapports différens. Un cheval normand est plus propre au tirage, un cheval limousin plus propre à la selle. Un chien de berger est plus propre à la garde des moutons, un chien mâtin à la défense de son maître, un chien courant à la chasse du cerf, un chien couchant à la chasse des perdrix, etc. Un mérinos donne une laine plus propre à faire des draps fins que les autres MOUTONS. *Voyez* ce mot. Un cochon à oreilles pendantes s'engraisse plus facilement qu'un cochon à oreilles droites. Le poil d'un lapin angora est plus recherché pour la filature et la fabrication des chapeaux que celui d'un lapin sauvage. Un pigeon patu fait plus de couvées qu'un pigeon biset. Un chou cabus est meilleur pour faire de la choucroute qu'un chou cavalier. La laitue romaine supporte mieux la chaleur de l'été que la laitue frisée. Il est plus avantageux de semer en plein champ la fève de cheval que la fève de marais.

Je pourrois multiplier ces exemples ; mais cela deviendroit superflu, chaque article de cet ouvrage où il est question des animaux domestiques et des plantes anciennement cultivées servant de preuve à ce que je dis.

Par suite de la supériorité d'une race sur une autre, les individus de cette race ont une valeur propre bien plus considérable. Un cheval limousin se vendra 6000 fr., un cheval normand 2400 fr., tandis qu'un cheval champenois se vendra 150 fr. Plusieurs beliers mérinos ont été vendus cette année 1500 fr. à la vente de Rambouillet, et un belier solognot vaut seulement 25 fr. Cependant les chevaux limousins et normands, les brebis mérinos ne coûtent presque pas plus à faire naître et à nourrir. Il est donc de l'intérêt des cultivateurs de multiplier de préférence les belles et les bonnes races, et cependant très peu le font. D'où vient cette insouciance ? de l'ignorance, car il est très rare qu'ils sachent ce que c'est qu'une race, et encore plus rare qu'ils connoissent les belles ou bonnes races, qui se doutent, par conséquent, de l'importance qu'il y a pour eux ou pour leur département de les acquérir, qui cherchent les moyens d'y parvenir, etc., etc. Lorsqu'ils ont besoin de chevaux de forte taille ils en achètent en Normandie, coupés, sans considérer que s'ils eussent acheté de préférence des chevaux entiers et des jumens, ils eussent obtenu des poulains de même race propres à renouveler sans fin leurs attelages presque pour rien. Il n'en est pas de même en Angleterre. Le prix des races y est apprécié à sa juste valeur pour presque tous les animaux domestiques, et principalement pour les chevaux ; aussi donne-t-on des 3 à 4000 fr., et peut-être plus, pour le seul saut de tel étalon ; aussi les races y sont-elles, sous quelques rapports, plus perfectionnées qu'en France et procurent-elles aux habitans de cette île des bénéfices annuels très considérables.

Jusqu'à présent c'est presque exclusivement le gouvernement qui s'est occupé de la conservation des belles et bonnes races dans les départemens où elles se trouvent, et qui a fait des tentatives pour les introduire dans ceux où elles manquent, et sa sollicitude s'est presque bornée aux chevaux et aux moutons. Pour cela il a été créé nouvellement des haras ; il a été établi, il y a quelques années, des bergeries de mérinos, qui (au moins les secondes) produisent déjà les résultats les plus satisfaisans. Pourquoi, comme mon confrère Huzard l'a si souvent demandé, ne pas avoir des établissemens du même genre pour relever la race de nos ânes, de nos mulets, de nos vaches et de nos bœufs, de nos cochons, de nos chèvres, de nos volailles de toute espèce? Je fais des vœux pour que la formation de ces utiles établissemens soit ordonnée le plus tôt possible.

On relève une race par deux moyens également dans le cas d'être recommandés aux cultivateurs, ou en n'accouplant que les plus beaux, soit sous le rapport de la forme, soit sous celui de la grosseur, les meilleurs, soit sous le rapport de la force, du courage, de la douceur, etc., ou en donnant aux plus belles femelles de cette même race les plus beaux mâles de la race qui lui est supérieure en qualités morales ou physiques.

Le premier de ces moyens est le plus lent, mais le moins coûteux, mais le plus à la portée des cultivateurs; le second exige quelquefois des mises de fonds considérables, puisqu'un étalon de choix limousin ou normand coûte ordinairement fort cher, ainsi que je l'ai déjà dit, puisqu'un bélier mérinos vaut soixante fois un bélier solognot.

L'amélioration des races par ce second moyen s'appelle croisement. *V.* CROISER LES RACES. Cette sorte a été à la mode pour les chevaux avant la révolution; mais comme il faut du discernement pour arriver à de bons résultats, et que ceux qui étoient à la tête des haras en manquoient pour la plupart, qu'ils étoient engoués, comme tous les amateurs de chevaux de Paris, de la race bâtarde des chevaux dits anglais, que de plus ils changeoient souvent, elle a été la cause de la dégénération de nos superbes et excellentes races limousine et normande. Aujourd'hui, d'après les recommandations faites par Huzard, on cherche à en conserver le type dans toute sa pureté; mais les individus de ce type sont encore fort rares, et par conséquent fort chers.

Comme les hommes passent, et que les efforts que l'un d'eux fait pour relever telle race ne sont pas le plus souvent continués par son successeur, ce n'est que lorsque tous les cultivateurs seront convaincus de la nécessité d'y travailler perpétuellement, c'est-à-dire que l'opinion sera générale à cet égard, comme elle paroît l'être en Angleterre, qu'on aura lieu d'espérer une grande amélioration dans nos bestiaux. C'est seulement à cette époque que notre agriculture arrivera au degré de perfection dont elle est susceptible.

En général, hors certains cantons, on ne fait nulle attention à l'accouplement des bestiaux dans les campagnes. On demande qu'une jument, qu'une vache, qu'une truie, s'emplisse, et c'est tout. Presque par-tout ce sont même les étalons les plus défectueux, les taureaux les plus foibles, les verrats les plus jeunes qui sont employés à la propagation de l'espèce, parceque ce sont eux dont on trouve le plus difficilement à se défaire. Quel misérable calcul que de n'employer, par exemple, que les taureaux les plus jeunes possibles, que les verrats les plus jeunes possibles, pour pouvoir les couper après un an de service et les engraisser ensuite, comme on le fait dans tant de lieux? *Voyez* Multiplication des bestiaux. Tant qu'on conservera un pareil usage il ne faut pas penser à améliorer les races, car ce n'est que lorsque les animaux sont arrivés au-delà du point complet de leur croissance qu'ils peuvent donner des productions vigoureuses.

Une chose des plus essentielles à recommander aux cultivateurs, c'est de veiller constamment à ce que des animaux affectés de maladies héréditaires, soit mâles, soit femelles, ne servent pas à la reproduction, car ils n'y font nulle part attention; aussi combien de chevaux cornards, même dans les belles races, combien de vaches qui meurent de la pommelière au milieu de leur carrière? La maladie des chiens devient si commune, qu'il semble que cette espèce d'animal va bientôt disparoître. L'immensité des pertes qui peuvent être la suite de la multiplication des animaux domestiques affectés de maladies héréditaires semble autoriser la demande de lois proscriptives, quelques inconvéniens qu'elles aient.

Il me seroit facile de m'étendre beaucoup plus sur l'objet que je traite, mais je suis obligé de me restreindre. Je finis donc en faisant des vœux pour que mes concitoyens se pénètrent de la nécessité de perfectionner les races des animaux domestiques, qu'ils écoutent les conseils des vétérinaires instruits qui ont puisé dans les écoles d'Alfort et de Lyon les meilleurs principes à cet égard. (B.)

RACINE. Partie inférieure de la plante qui s'enfonce le plus ordinairement dans la terre, pour d'un côté s'y fixer, et de l'autre en tirer les sucs nutritifs nécessaires à son accroissement. *Voyez* Plante.

C'est la racine qui, sous le nom de Radicule (*voyez* ce mot), se montre la première dans les graines germantes. Bientôt cette radicule s'enfonce dans la terre, se consolide et prend le nom de Pivot. *Voyez* ce mot. Il en naît des racines secondaires, ou branches latérales qui se fourchent un grand nombre de fois, et qui, lorsqu'elles sont encore très petites, s'appellent Fibrilles ou Chevelu. *Voyez* ces mots.

Les botanistes distinguent trois sortes de racines : la Bulbeuse, la Tubéreuse et la Fibreuse. *Voyez* ces mots. La première n'est véritablement pas une racine dans toute la rigueur de cette appellation. *Voyez* BULBE. La seconde n'est que la troisième, dont quelques parties se sont renflées par l'accumulation d'une matière amilacée. C'est donc principalement de cette troisième dont il doit être question ici.

On dit qu'une racine est *annuelle*, lorsqu'elle ne subsiste qu'un an ; *bisannuelle*, lorsqu'elle ne meurt que la seconde année ; *vivace*, lorsqu'elle vit plusieurs années, quoique sa tige périsse tous les ans ; *ligneuse*, lorsqu'elle offre la consistance du bois, et qu'elle subsiste avec la tige un grand nombre d'années.

Une racine *pivotante* est celle qui s'enfonce perpendiculairement et fort avant, comme celle de la luzerne.

Une racine *fusiforme* est celle qui est épaisse, longue et terminée en pointe par son extrémité inférieure, comme celle de la carotte.

On appelle racine *rameuse* celle qui se divise en plusieurs branches ; *horizontale*, celle qui s'étend parallèlement au sol ; *traçante*, lorsqu'avec la même disposition elle jette des brindilles de tous côtés ; *stolonifère*, quand, étant horizontale, elle pousse çà et là des jets rampans qui donnent naissance à des nouvelles racines.

Le *collet de la racine* est sa partie supérieure, celle qui l'unit à la tige. Cette partie est d'une grande importance pour elle, et mérite d'être prise en grande considération par les cultivateurs, car il est beaucoup de plantes dont la racine meurt dès qu'on la coupe. Les plantes annuelles et bisannuelles sont principalement dans ce cas. Il en est beaucoup de vivaces, et même quelques arbustes, arbrisseaux et arbres qui s'y trouvent également. Aussi l'a-t-on appelé le point vital.

L'organisation des racines diffère peu de celle des tiges. Elles ont comme elles un EPIDERME, le plus ordinairement blanchâtre ou brunâtre, quelquefois jaune ou rouge, sous lequel on trouve d'abord une ECORCE, et ensuite une substance plus ou moins solide, qu'on peut comparer au BOIS, lors même qu'elle n'est pas ligneuse, parcequ'elle est composée à peu près de la même manière, c'est-à-dire qu'on y retrouve un TISSU CELLULAIRE, à travers lequel passent des VAISSEAUX SEVEUX, des VAISSEAUX PROPRES, des TRACHÉES, des SUCS PROPRES, etc. Elles sont quelquefois plus odorantes et moins délétères que les autres parties de la plante, comme le prouvent la BÉNOITE et la POMME DE TERRE, etc. Ce qui différencie le plus les racines des branches, c'est qu'elles n'offrent pas de PORES. *Voyez* tous ces mots.

Une racine ligneuse qui est mise à l'air se change en branche en moins d'un an, ainsi qu'on peut le voir sur les ormes des routes. Comment se fait ce changement? Comment prend-elle des pores? C'est ce que j'ignore. L'aspect de la variété de rave, qui croît à moitié hors de terre, prouve que le même phénomène a lieu dans les racines annuelles.

De même, une tige mise en terre change son organisation en moins d'une année. Elle devient racine, comme le prouvent les marcottes et les boutures. Comment perd-elle ses pores?

De là on doit conclure qu'on peut, en renversant un arbre, transformer ses racines en branches et ses branches en racines, et c'est ce qui a été fait; mais tous les arbres ne se prêtent pas à cette expérience, même parmi ceux qui se multiplient le plus facilement par boutures.

Il est des plantes qui poussent d'abord un pivot d'une immense longueur relativement à la hauteur de leur tige, mais dont les tiges finissent toujours par prendre le dessus. L'Amandier, le Noyer, le Chêne (*voyez* ces mots), en offrent des exemples. Il en est d'autres où le pivot continue à croître lorsque la tige reste stationnaire, comme on peut le voir dans la luzerne, le panicaut, le géranion cicutaire; cependant il y a généralement un rapport constant et nécessaire entre les branches et les racines, c'est-à-dire que, dans chaque espèce, il y a d'autant plus de branches qu'il y a plus de racines, que les plus grosses branches sont toujours du côté des plus grosses ou des plus nombreuses racines. Je reviendrai sur ce fait, dont les conséquences sont d'une application journalière en agriculture.

Toutes choses égales d'ailleurs les racines sont d'autant plus grosses ou plus nombreuses que la terre où elles se trouvent est plus divisée. De là les avantages des terres légères sur les terres fortes, lorsqu'elles ont d'ailleurs autant de terreau et d'humidité; de là la nécessité des Labours. *Voyez* ce dernier mot et le mot Bruyère (terre). Ce fait s'explique par la plus grande facilité qu'elles trouvent à y introduire et à y multiplier leurs suçoirs, par le moindre obstacle qu'elles y rencontrent dans leur accroissement en grosseur, sans doute aussi par l'introduction plus considérable de l'Air, de la Chaleur et de l'Eau. *Voyez* ces trois mots.

Quoique certaines plantes poussent leurs racines à une grande profondeur dans la terre, huit à dix pieds et peut-être plus, il faut reconnoître qu'elles ont besoin d'être en communication avec l'air et de recevoir les influences de la chaleur solaire, car la plupart périssent, ainsi que la pratique de l'agriculture le prouve, lorsqu'on les enterre trop; les racines pivotantes poussent des rameaux latéraux d'autant plus gros qu'ils sont plus près de la surface du sol. Si dans ce cas les arbres susceptibles de se multiplier de boutures ne meurent pas, c'est qu'ils poussent de nouvelles racines au-dessus des anciennes, comme cette pratique le prouve encore.

Il y a cependant lieu de croire que la chaleur qui se conserve dans les racines pendant l'hiver et leur position enfoncée les soustrait aux effets des gelées, leur fait profiter de la chaleur qui monte de l'intérieur à l'extérieur de la terre, (*voy*. Chaleur), c'est-à-dire concourt à favoriser l'entretien de la vie dans les troncs et les branches et même de la foible végétation qui s'y remarque encore.

On peut conclure de là que les cultivateurs qui, pour avoir des fruits ou des fleurs précoces, élèvent la terre sur les racines des arbres fruitiers ou des plantes d'ornement pendant les gelées, et l'enlèvent presque entièrement pendant le jour, lorsque le soleil commence à prendre de la force pour les recouvrir pendant la nuit, agissent d'après les principes.

C'est en partie par la même raison que les terrains sablonneux, c'est-à-dire très perméables à l'air, sont plus précoces que les autres. Je dis en partie, parceque l'absence d'une humidité trop grande et trop permanente agit aussi défavorablement sous ce rapport.

Duhamel a fait voir, par des expériences rigoureuses, que les racines croissoient positivement comme les branches, qu'elles grossissoient par l'interposition du cambium entre leur aubier et leur écorce, s'allongeoient par développement des bourgeons terminaux, et se ramifioient par la sortie de bourgeons latéraux.

La conséquence pratique de ce fait est que lorsqu'on coupe l'extrémité d'une racine, ou du rameau d'une racine, on arrête la prolongation de cette racine ou de ce rameau, et qu'on détermine le développement de plusieurs autres rameaux. Or, il est de fait que plus les racines sont multipliées, c'est-à-dire qu'elles sont pourvues d'un plus grand nombre de rameaux, et plus les plantes sont vigoureuses, et plus elles peuvent nourrir abondamment de fruit. Ils ont donc raison les jardiniers qui coupent le pivot à leurs espaliers, à leurs melons, à leurs œillets, etc., etc. Il n'y a réellement que les arbres qui doivent s'élever beaucoup, résister aux vents, et vivre très longtemps à qui il soit nécessaire de le conserver. *Voyez* Pivot et Plant.

Lorsqu'on coupe une fois, ou de loin en loin, le tronc ou les branches à un arbre, pendant l'hiver, les racines ne paroissent pas s'en ressentir, quoiqu'elles s'en ressentent nécessairement, parcequ'elles repoussent des jets nombreux, fort garnis de larges feuilles ; mais si tous les ans on coupe ces jets, alors les racines cessent presque de croître en grosseur et en longueur, elles ne donnent que du chevelu. Ce fait s'observe très bien dans les jardins où on a conservé la mode de tailler les arbres en boule, les charmilles en palissade. Il s'observe aussi sur les espaliers, les quenouilles, les nains, enfin sur tous les arbres soumis à la taille.

Plusieurs observations de Duhamel constatent que le chevelu de beaucoup de plantes, d'arbustes, d'arbrisseaux et d'arbres périt toutes les années, et que toutes les années il en renaît un nouveau. Ce fait étoit déjà connu relativement aux racines bulbeuses, tubéreuses et charnues qu'on arrache annuellement pour les replanter. *Voyez* TULIPE et ORCHIDE.

Les ARBRES RÉSINEUX sont dans une catégorie différente, c'est-à-dire que leurs racines ne se régénèrent pas plus que leurs branches ; de là la nécessité de ne jamais couper ces racines, et de les multiplier outre mesure par des transplantations dans leur premier âge, lorsqu'on veut assurer leur reprise à une époque plus avancée. *Voyez* les mots PLANT, PIN, SAPIN, MÉLÈZE et CÈDRE.

Cependant, en général, on doit ménager autant que possible les racines dans l'arrachis et la plantation des végétaux ; ce n'est que dans le cas où leur conservation exigeroit pour les arracher et pour les planter une plus grande dépense que l'importance de l'individu est dans le cas de la comporter qu'on doit se le permettre.

A cette occasion je ferai remarquer que toute racine ou branche de racine qui est mise en terre dans une position trop forcée, c'est-à-dire qui décrit un demi-cercle, qui forme un angle droit, ne s'allonge plus, et finit le plus souvent par périr. Il vaut donc mieux la couper que de se refuser de l'étendre à peu près comme elle étoit dans son ancienne place, puisqu'on gagne au moins l'accélération de la sortie des fibrilles latérales, qui dédommageront de sa perte.

Des deux principes que plus il y a de racines et plus il y a de tiges ou de branches, et par conséquent de feuilles, et que plus il y a de tiges ou de branches, et par conséquent de feuilles plus il y a de racines, résultent l'utilité du butage pour avoir plus de fruit, comme dans le maïs, le plus de feuilles, comme dans les choux, ou plus de racines, comme dans la pomme de terre. *Voyez* BUTTAGE.

On peut encore rapporter à ces principes la pratique de couper les tiges ou les branches en temps convenable pour fortifier les racines, parceque le résultat de cette amputation est le développement d'une grande quantité de nouvelles tiges ou de nouvelles branches qui, ayant des feuilles plus nombreuses et plus larges, décomposent l'air avec plus de facilité, et por-

tent aux racines une surabondance de nourriture. *Voyez* Recépage, Rajeunissement et Pépinière.

Les racines tendent toutes vers les terres les plus nouvellement remuées, les plus abondantes en terreau, les plus im-
prégnées d'humidité. Toutes les fois qu'on voit un arbre dont
les branches sont plus grosses ou plus nombreuses d'un côté,
on peut être assuré qu'il y a une veine de terre qui a été ou
plus souvent labourée, ou plus souvent fumée, ou plus souvent arrosée.

Dans quelques cas cependant ce sont les branches qui font
les grosses racines; par exemple, lorsqu'un arbre est placé de
manière qu'une des parties de sa tête est privée d'air et de
lumière, toute sa force végétative se porte dans les parties
opposées. On voit fréquemment ce cas dans les clairières et sur
la lisière des bois; on le voit de même sur les arbres plantés
contre les murs des jardins. Les conséquences pratiques de cette
observation c'est, 1° qu'il faut éloigner des murs, des rochers,
des massifs les grands arbres auxquels on veut conserver une
forme régulière; 2° qu'en plantant les espaliers il est avantageux de placer, autant que possible, deux des principales
racines en opposition dans la direction du mur, et de racour-
cir les autres, afin qu'il ne sorte pas de fortes branches sur le
devant ou sur le derrière de ces espaliers.

Chaque année les racines s'étendent de plus en plus, et augmentent en nombre par la naissance de nouvelles fibrilles; de
sorte que leur masse est toujours proportionnée et à la grosseur du tronc et à l'amplitude des rameaux, de sorte qu'elles
prennent toujours leur nourriture dans une terre non épuisée
des sucs qui lui conviennent. La pratique de labourer la terre
au pied des arbres qui ont plus de deux à trois ans d'âge est
donc vicieuse. Pour que ce labour produise un effet utile, il
faut le commencer où on le finit ordinairement, l'étendre jusqu'au-delà de la circonférence des branches, et l'approfondir
jusqu'au-dessous de l'extrémité des racines les plus superficielles. Couper cette extrémité (en hiver s'entend) seroit même
toujours un bien, puisqu'il en résulteroit un plus grand nombre de suçoirs nouveaux. On fait subir cette opération tous les
ans, et même deux fois par an aux plantes en pot, et on s'en
trouve bien. *Voyez* Rempotage.

Lorsqu'une racine pénètre dans l'eau elle se divise en une
infinité de petites fibrilles qui s'entrelacent et se multiplient
au point d'arrêter quelquefois le cours de l'eau. On connoît
ces masses de racines sous le nom de *queue de renard*. Il faut
attribuer cette disposition au ramollissement constant de la
substance de la racine et au peu d'obstacles que trouvent ses
fibrilles à naître et à s'étendre.

Outre la circonstance d'une terre plus nouvellement remuée, plus fumée, plus arrosée, qui dérange, pour ainsi dire
volontairement, les racines de leur direction, elles sont exposées à en prendre une contraire lorsqu'elles rencontrent des
rochers ou des terres imperméables au-dessous de la couche
de terre végétale : alors le pivot s'épate, et ses branches courent horizontalement sur la surface de ce rocher ou de ces
terres. Quand ce n'est qu'une pierre d'un petit volume qu'elles
rencontrent, elles fléchissent d'abord et ensuite reprennent
leur position naturelle. Souvent elles embrassent complètement
ces pierres. Il n'est point d'arbre arraché dans un sol pierreux
qui n'en montre des exemples. Je ne puis cependant me refuser à citer celui qui se voit sur la route dans la vallée d'Usé-
ren en Suisse, non loin du pont du Diable, en remontant
vers le Saint-Gothard. Un épicéa a germé dans une cavité
remplie de terre, d'environ un pied de diamètre, placée sur
le sommet d'un bloc de pierre de plus d'une toise de diamètre,
et lorsque ses racines ont eu rempli cette cavité elles en sont
sorties, ont rampé sur le bloc et sont venues rentrer en terre à sa
base; de sorte qu'aujourd'hui elles embrassent ce bloc. L'arbre
a trente ou quarante pieds de haut et la grosseur de la cuisse.
Ce fait au reste, qui frappe les voyageurs, se produit artificiellement dans les jardins toutes les fois qu'on le désire ; il ne
s'agit que de planter un arbre, susceptible de devenir gros, dans
un petit pot, et d'enterrer ce pot de manière qu'il soit d'un ou
deux pouces au-dessous de la surface du sol. Les racines ne
manquent pas de sortir du pot et de se recourber ensuite pour
reprendre une position rapprochée de la perpendiculaire.

Il faut donc, soit dit en passant, ne jamais enterrer les pots
au-delà de leur bord, pour éviter ce cas, qui est souvent un
grave inconvénient.

Il est des racines qui vivent constamment dans l'air, et qui
y conservent leur couleur blanche, et l'absence des pores,
telles que celles des aérides, du figuier des pagodes, de quelques cierges, etc. Il en est qui s'introduisent dans la substance
des branches des arbres, et même des autres racines, telles
que celles du GUI et des OROBANCHES. Il en est qui vivent dans
la terre dans leur première jeunesse, et dans les tiges des
plantes pendant le reste de leur vie, telles que celle de la cus-
CUTE. Il en est qui s'épatent sur les corps durs et incapables
de leur fournir aucune nourriture, comme celles des VARECS
et des LICHENS. Enfin il en est qui flottent continuellement dans
l'eau, comme celles des LENTICULES.

Ce qu'on appelle racines caulinaires dans les plantes radi-
cantes, le LIERRE, par exemple, doit être considéré comme

de simples vrilles radiciformes, puisqu'elles ne nourrissent pas le tronc, mais servent à le maintenir.

La force d'accroissement des racines est si puissante qu'elle renverse fréquemment des murs, écarte des masses de rochers d'une immense grosseur. Les bornes de cette force ne sont pas encore connues.

Quelques faits tendent à faire croire que les racines pourries sont nuisibles à celles de même espèce qu'on veut forcer de croître dans le lieu où elles se trouvent : de là la nécessité de ne pas remplacer un orme par un orme, un poirier par un poirier ; de là un des principes des Assolemens. *Voyez* ce mot et celui Succession de culture.

Quant aux excrétions propres à certaines racines et qu'on prétend nuisibles à certaines autres, elles ne paroissent rien moins que prouvées ; si l'avoine souffre du voisinage du chardon des champs, c'est parceque ce dernier absorbe sa nourriture terrestre et aérienne, l'empêche de jouir des bénéfices de la lumière, etc. Il est cependant possible qu'une influence analogue à celle supposée ait lieu dans quelques cas.

Les maladies des racines sont les mêmes que celles des tiges : comme ces dernières elles ont des plantes parasites qui vivent à leurs dépens, et les font souvent périr. Je crois qu'en Europe les orobanches, parmi les plantes complètes, le sclérote du safran et une espèce de bysse, décrite au mot Pommier, parmi les champignons, sont les seules dont les cultivateurs aient à se plaindre ; mais il paroît qu'il y en a un grand nombre dans les pays chauds.

Généralement les racines vivent autant que les tiges, du moins lorsque quelques causes particulières ne frappent pas l'un plus tôt que l'autre. Cette opinion, je la fonde sur ce que dès qu'un arbre est couronné on trouve toujours que l'extrémité de son pivot et de ses plus longues racines est morte. De là la plus grande facilité des vents à renverser ces sortes d'arbres.

Une des plus fréquentes causes de la mort des racines est la privation de l'humidité. On peut voir au mot Hale avec quelle rapidité elles en sont frappées (celles des arbres résineux plus que celles des autres), lorsqu'elles restent exposées à un air sec. Il est fréquent de voir de gros arbres plantés dans les sols sablonneux perdre leurs feuilles, l'extrémité de leur tige, même périr du jour au lendemain, dans l'été, par suite du manque de pluies. Quel est le jardinier qui ne puisse pas citer mille et mille faits analogues qu'il a observés dans le cours de sa pratique ? Aussi a-t-il soin d'arroser ou au moins d'ombrager les plantes qu'il repique pendant la chaleur, lorsqu'il n'opère pas dans un sol naturellement humide.

Cependant l'excès de l'humidité produit sur un grand

nombre d'espèces un effet parfaitement analogue, ainsi que s'en sont fréquemment convaincus ceux qui ont voulu planter des arbres dans les marais. *Voyez* Eau et Marais.

Les suites des gelées sur les racines sont fort variables. Il est de ces racines qui y résistent très bien quand elles sont dans la terre, et qui y sont fort sensibles lorsqu'elles sont exposées à l'air; telles sont celles de l'orme. Comme tous les végétaux, dont les racines sont susceptibles d'être gelées en terre, ne peuvent pas subsister dans les climats où les hivers sont fort rigoureux, il n'y a que ceux des pays plus chauds cultivés dans les pays plus froids qui redoutent les hivers. La connoissance du degré de sensibilité de chacun d'eux est un des objets de la science du jardinier. Toujours elle a été indiquée aux articles de cet ouvrage où il étoit bon qu'elle le fût.

Mais comment se nourrissent les racines? J'ai réservé l'examen de cette question pour la dernière, parcequ'elle est la plus difficile.

Il est de fait, comme je l'ai déjà observé, que les racines n'offrent point de Pores (*voyez* ce mot); cependant il faut nécessairement qu'elles en aient, sans quoi elles ne pourroient pas absorber les sucs nutritifs qu'elles tirent de la terre ou de l'eau. Des observations de notre célèbre Duhamel, et des expériences positives de Sennebier prouvent qu'elles n'agissent dans ce cas que par l'extrémité de leurs branches, ou de leurs brindilles (chevelu); c'est donc là seulement qu'il faut supposer ces pores ou le pore; car il se pourroit qu'il n'y en eût qu'un terminal. Aussi, est-ce là seulement qu'on voit d'abord, dans les plantes qu'on fait végéter dans l'eau, ou dans celles qu'on arrache pendant la force de la sève, cette matière gélatineuse, qui semble jouer, dans ce cas, un rôle que nous ne connoissons pas.

Comme il faut nécessairement de la Chaleur et de l'Eau pour que la sève se mette en mouvement; comme il faut nécessairement que l'Humus ou le Terreau soit rendu dissoluble, pour qu'il puisse servir à la Nutrition des plantes (*voyez* ces mots), y auroit-il de la témérité à dire que ce n'est que sous forme de vapeur que l'aliment des plantes entre dans les racines? *Voyez* Sève.

Quoi qu'il en soit, il y a une action réciproque entre les feuilles et les racines, car ce sont les racines qui font pousser les feuilles au printemps, et ce sont les feuilles qui font pousser les racines en automne. Cette influence de la sève descendante est prouvée par un grand nombre d'observations, et en dernier lieu par celle-ci, que j'ai répétée plusieurs fois ces dernières années. Lorsqu'on greffe en fente, au printemps, l'extrémité recourbée d'une racine tenant au tronc, la greffe reste sans pousser jusqu'au mois d'août, et à cette époque elle fournit un jet très vigoureux.

D'autres preuves de l'action réciproque des feuilles et des racines se tirent de la considération que, dans les boutures, celles qui ont un bouton terminal poussent plus promptement que celles qui n'en ont que de latéraux, à plus forte raison que celles qui n'en ont point du tout. *Voyez* Boutures et Plançon.

Ce que j'ai dit plus haut annonce qu'on peut greffer avec succès sur racine. On le fait cependant rarement plus tôt parceque ce n'est pas l'usage que par d'autres motifs. *Voyez* Greffe.

On se sert fréquemment de racines pour multiplier les arbres, les arbrisseaux, les arbustes et les plantes vivaces qui ne donnent point de graines dans notre climat, et qui ne peuvent être multipliées par marcottes ou par boutures. Pour cela on procède de deux manières. 1° On en arrache une racine et on la plante autre part, soit entière, soit coupée en tronçons, en laissant à l'air son extrémité supérieure. Dans ce cas, on accélère singulièrement leur végétation, par la raison énoncée plus haut en les greffant en fente avec une branche garnie de boutons. 2° On sépare une racine du tronc, et on la relève de manière à ce que le gros bout soit à l'air. L'année suivante, ou deux ans après, on enlève le pied qu'elle a produit. 3° On arrache le tronc et on laisse dans la terre tous les rameaux des racines. Il pousse un grand nombre de jeunes tiges qu'on arrache au bout d'un ou deux ans, et chaque année il en pousse de nouvelles, jusqu'à ce que toutes les racines soient épuisées.

Les multiplications par rejetons, soit naturelles, soit aidées des blessures faites aux racines, doivent être rangées dans la même catégorie. *Voyez* Rejetons.

Le bois des racines de quelques arbres, comme le buis, est préféré à celui du tronc, à raison de sa couleur et des veines dont il est orné.

Plusieurs racines qui sont pourvues de sucs propres particuliers sont employées en médecine, lorsque leurs tiges ne le sont pas. C'est après que ces tiges sont fanées qu'il faut les recueillir pour cet usage dans les plantes, et pendant la suspension de la sève dans les arbres.

Beaucoup de racines sont alimentaires, et également recherchées des hommes et des animaux domestiques. La culture des plantes auxquelles elles appartiennent est devenue de première importance, depuis qu'on sait que non seulement elles conservent la santé des bestiaux et les engraissent rapidement, mais encore qu'elles entrent avantageusement dans la série des Assolemens. *Voyez* ce mot. Les plus communes de celles dont l'agriculture française s'est enrichie sont à peu près dans l'ordre de leur importance. La Pomme de terre, la Rave, la Carotte, la Betterave, le Panais, le Topinambour, le Céleri, l'Oignon, l'Ail, l'Echalotte, le Poireau, le Chou-rave, le Radis, le Salsifi, le Scorsonnère, la Raiponce, le Chervi, la Gesse tubéreuse, le Souchet comestible, l'Orchide, etc.

Dans les pays chauds, ces plantes sont remplacées par la Patate, l'Igname, le Gouet esculent, le Manihot, etc. Cette dernière racine, ainsi qu'en France celle de la Bryone et du Gouet commun, outre la fécule, renferme un suc propre qui est vénéneux. On les en débarrasse en les râpant dans l'eau, et en soumettant à la presse la fécule ou la fibre qui est résultée de cette opération.

On trouvera aux mots précités les détails nécessaires sur la culture et les usages de ces plantes, et au mot Pomme de terre la description d'une machine propre à les hacher. (Th.)

RACINES. Dans l'usage ordinaire, on applique spécialement ce nom aux racines cultivées pour la nourriture de l'homme; ainsi on dit faire une soupe aux racines, lorsqu'on y fait entrer beaucoup de carottes, de raves, de panais, de céleri, etc. Le scorsonnère, la betterave, etc., sont encore des racines potagères.

RACINE DE DISETTE. Variété de la Betterave. *Voyez* ce mot.

RACINE VIERGE. *Voyez* au mot Bryone et au mot Tami-nier.

RACK. L'eau-de-vie est composée de deux parties distinctes; savoir, d'esprit ou d'alcohol, et d'eau. Si on réunit, en effet, ces deux fluides dans des proportions convenables, on reformera de l'eau-de-vie; les autres principes qu'elle pouvoit tenir en dissolution sont étrangers à son essence.

Mais comme l'expérience a appris qu'un grand nombre de produits du règne végétal renferment, indépendamment des matières sucrées et farineuses, d'autres principes, on ne doit pas être surpris si l'eau-de-vie qu'on en retire, quoique toujours la même en ne considérant que ses parties constituantes et ses effets généraux dans l'économie animale et dans les arts, varie cependant beaucoup relativement à d'autres propriétés, telles que l'odeur et le goût. Il n'est pas question ici de leur degré de force, puisqu'il appartient uniquement à la plus ou moins grande quantité d'eau qui s'y trouve combinée.

La nature même des substances employées dans chaque pays à la fabrication de l'eau-de-vie est donc la véritable cause de la variété qu'on remarque dans les différentes espèces. Celles que l'on trouve le plus communément dans le commerce sont, 1° le rack ou arac; 2° le rhum; 3° le taffia; 4° l'eau-de-vie de France ou de vin; 5° l'eau-de-vie de sucre ; 6° l'eau-de-vie de grains ; 7° l'eau-de-vie de pommes de terre ; 8° l'eau-de-vie de betteraves ; 9° l'eau-de-vie de cerises ou kirschenwasser. Il faut y joindre les eaux-de-vie qu'on peut retirer des différens fruits ou baies, et qui ne sont encore désignées sous aucunes qualifications particulières. Je vais dire un mot des trois premières de ces espèces, renvoyant à leurs articles particuliers celles qui sont mentionnées à leur suite.

Du rack. On n'est point aujourd'hui d'accord sur les substances dont on retire le véritable arac. Les uns prétendent qu'il est le produit de la distillation d'une liqueur fermentée, préparée avec le mélange des fruits de l'areca (*Areca cathecu*) et des noix de cocos (*Cocos nucifera*); que c'est de là que cette liqueur a pris son nom. D'autres, au contraire, pensent qu'on obtient le rack en faisant fermenter le suc des fruits de l'areca avec du riz avant sa maturité, et en procédant à la distillation. Les Chinois préparent une autre espèce d'eau-de-vie, qu'ils obtiennent de la manière suivante.

Ils font avec l'eau une pâte composée d'un mélange de parties égales de riz et de racines de galanga moulues, qu'ils réduisent en boulettes ; ils les exposent ensuite à la fumée d'une cheminée ; ils les broient et les mettent en poudre dans de l'eau où l'on a fait cuire du riz ; ils laissent fermenter le tout, et procèdent à la distillation. Peut-être que la différence que l'on remarque souvent dans l'odeur et le goût de l'arac du commerce n'a pour cause que les diverses manières de préparer cette liqueur.

Du rhum. Le meilleur et le plus pur vient des Indes orientales et occidentales, où on le prépare, non avec les impuretés du sucre, comme on le croit communément, mais avec le suc récent de la canne que l'on fait fermenter, et qu'ensuite on distille. L'odeur et la saveur agréables et particulières qui distinguent le rhum appartiennent sans doute aux parties résineuses et aromatiques contenues dans le suc de la canne ; il paroît même probable que la totalité du rhum qui nous est apporté par la voie du commerce n'est pas ainsi préparé, mais qu'une grande partie est du taffia, que l'on obtient d'après le procédé suivant.

Du taffia. Le taffia est une mauvaise espèce de rhum, qui vient également des Indes occidentales, et qu'on prépare, non avec le suc récent de la canne, mais avec la mélasse et autres résidus syrupeux des raffineries ; on fait fermenter, et on procède ensuite à la distillation. (Par.)

RADICALE (FEUILLE). On donne ce nom aux feuilles qui sortent immédiatement du collet de la racine. *Voyez* PLANTE.

RADICULE. Lorsqu'une graine germe, il en sort deux parties, l'une ascendante, qu'on appelle la plantule, et qui est destinée à devenir la tige; l'autre descendante, c'est-à-dire s'enfonçant dans la terre, et qui est l'origine de la racine. *Voyez* GRAINE, GERMINATION, RACINE. Elles sont presque toujours simples à leur naissance. Comme la radicule et la plantule sortent de deux points opposés, et que ces points ne varient pas, quelle que soit la position de la graine dans la terre, il arrive souvent qu'en se développant la plantule présente sa pointe à la terre, et la radicule la sienne à l'air; mais le jour même de leur germination toutes deux commencent à se courber pour reprendre la direction contraire, c'est-à-dire celle qu'il est dans leur nature d'avoir; et le plus souvent, par suite de leurs efforts, la graine même fait un demi-tour sur elle-même. Il en résulte qu'il est indifférent que toutes les graines qu'on sème à la volée tombent sur un côté ou sur un autre, et l'expérience de tous les temps et de tous les lieux le prouve.

Cependant il est de fait, et j'en ai acquis personnellement la preuve par l'observation, que la position renversée d'une graine retarde toujours sa germination, ou mieux, la sortie de terre de sa plantule, et l'enfoncement de sa radicule en terre. Ce n'est pas sans des efforts, dont le résultat n'est pas toujours heureux, que ces deux parties reprennent leur position naturelle : cela se remarque sur-tout dans les grosses graines, principalement dans les amandes, dont la forme allongée ne permet pas le demi-tour en question; aussi combien d'amandiers, de noyers, de chênes semés dans des pépinières, dont le plant offre une forte courbure au collet des racines, courbure qui nuit nécessairement à l'ascension et à la descension de la sève, et par conséquent à sa végétation. D'ailleurs, souvent la radicule, dans ce cas, se montre à l'air, et si cet air est desséchant (*voyez* HALE), si le soleil est vif, elle est frappée de mort, ou au moins perd sa pointe. J'ai vu cet accident arriver à un semis de glands qui, comme on sait, demandent à être peu enterrés pour germer. On doit donc, autant que possible, placer les grosses graines dans la terre, sur-tout les amandes, de manière que la radicule s'enfonce, et la plantule s'élève de suite, c'est-à-dire que ces amandes doivent être mises un peu obliquement sur l'arête la plus tranchante.

Puisque la radicule est l'origine de la racine, elle doit être à plus forte raison celle du pivot, qui est le corps de cette racine; ainsi toutes les fois qu'on casse l'extrémité de cette radicule, il ne doit plus y avoir de pivot, et c'est ce qui a effectivement lieu. Les jardiniers ont observé qu'il y avoit un plus grand avantage à lui faire subir cette opération qu'à couper le pivot, même à la première ou à la seconde année de sa croissance, parcequ'il se développe plus de racines secondaires, et qu'elles sont plus près du collet (*voyez* Pivot). Cet avantage est sur-tout évident dans les arbres qui, comme les amandiers, les pêchers, les abricotiers, les noyers et les chênes, offrent dès la première année des pivots de plus d'un pied de long, pivots qui n'ont de fibrilles qu'à leur extrémité. En conséquence, dans les pépinières bien conduites, on fait germer ces graines dans du sable, et on leur coupe l'extrémité de la radicule avec l'ongle avant de les mettre en terre. Il ne paroît pas que ces semences souffrent de cette soustraction, car elles poussent aussi vigoureusement que celles qui ne l'ont pas subie. *Voyez* Semis.

La radicule prend le nom de racine dès qu'elle s'est consolidée, ce qui souvent a lieu en peu de temps. *Voyez* Racine. (B.)

RADIÉE (FLEUR). Sorte de fleur composée. Elle se distingue par ses fleurons qui occupent le centre, et par ses demi-fleurons qui occupent la circonférence. Les hélianthèmes, ou soleils, ont des fleurs radiées. *Voyez* Fleurs composées et Syngénésie.

Par la culture, les fleurs composées perdent leurs fleurons, ou mieux, les transforment en demi-fleurons, et deviennent des semi-flosculeuses, comme on le voit annuellement dans les jardins sur l'astère de la Chine, ou *grande marguerite*.

C'est mal à propos qu'on a appelé ces fleurs doubles, puisqu'en éprouvant ce changement elles ne perdent pas leur faculté reproductive. Il eût fallu leur donner un nom particulier. *Voyez* Fleurs doubles.

RADIX. *Voyez* Raifort.

RAFLE ou MARC. Résidu de la grappe et du raisin après qu'on a exprimé le suc par le pressoir. On se sert encore du mot *rafle* pour désigner la partie de la grappe qui sert de chapeau et qui recouvre une cuvée pleine de raisins en fermentation.

RAFRAICHIR LES RACINES. Expression consacrée dans le jardinage et synonyme de couper l'extrémité des racines.

On rafraîchit les racines dont l'extrémité a été desséchée par le hâle, et celles qui ont été mutilées en les arrachant.

L'opération du rafraîchissement des racines est bonne en elle-même; mais on l'outre très souvent. *Voyez* Racine, Plant, Plantation et Habiller le plant.

RAGE. Maladie qui, dit-on, se développe spontanément dans quelques animaux, principalement dans le chien et ses congénères, le loup, le renard, etc., et qui se communique à l'homme et à la plupart des animaux au moyen de l'introduction dans le sang, par morsure ou autrement, de la bave de l'animal enragé.

On a prodigieusement écrit sur la rage, et cependant, non seulement sa nature et ses causes ne sont pas encore connues, mais ses symptômes, ses préservatifs, ses remèdes, ne sont point fixés.

Je n'entreprendrai pas de traiter à fond une matière sur laquelle tant d'hommes célèbres ont échoué ; mais les cultivateurs et leurs animaux sont trop fréquemment exposés aux effets de la rage pour que je ne consacre pas un article à cette affreuse maladie, en mettant toute théorie de côté.

« On reconnoît qu'un chien est enragé s'il ne veut ni boire ni manger ; s'il a le regard louche ou morne ; s'il s'éloigne des autres chiens quand il les aperçoit ; s'il murmure plutôt qu'il n'aboie ; s'il est hargneux et disposé à mordre les personnes étrangères ; s'il porte en marchant ses oreilles et sa queue plus basses qu'à l'ordinaire ; quelquefois il paroît endormi, ensuite sa langue commence à sortir de sa gueule ; il écume et ses yeux deviennent larmoyans ; s'il n'est pas enfermé, sa marche devient précipitée, il court en haletant ; sa contenance est abattue, et il finit par périr insensiblement dans des convulsions violentes.

« Voyons maintenant quels sont les symptômes avant-coureurs de cette maladie communiquée à l'homme par la morsure d'un animal enragé.

« Pour l'ordinaire la plaie qui résulte de cette morsure est légère en apparence, et ne tarde pas long-temps à se guérir. Celui qui a été guéri perd bientôt sa joie naturelle ; il devient inquiet, rêveur ; il ressent des malaises dans tout le corps ; il pousse de profonds soupirs ; il bâille souvent et devient dans peu mélancolique ; cet état dure ordinairement quinze jours ou trois semaines. C'est alors que la plaie avant de se rouvrir commence à devenir douloureuse, le malade y ressent une douleur vive et gravative ; la peau qui la revêt change de couleur et se transforme en un rouge obscur. Il s'y forme quelquefois par dessous une échimose ; sa surface devient rude et inégale en divers endroits ; tout le voisinage de la plaie s'enfle et se ramollit ; ses bords se renversent et leur tissu paroît spongieux et imbu d'un sang corrompu. Il s'écoule de cette plaie une humeur fétide et souvent noirâtre.

« A cette époque se déclarent d'autres symptômes qui caractérisent le premier degré de la rage, communément appelée rage mue, ou rage déclarée, tels qu'un engourdissement général, un froid continuel, des soubresauts dans les tendons, la contraction de certaines parties du corps, un grand

resserrement aux hypocondres, une difficulté de respirer entremêlée de soupirs ; l'horreur pour l'eau et pour toute espèce
de liquide qui devient plus forte, un tremblement général à
la vue de quelque glace, d'une lame de métal poli, d'un couteau ou d'une épée luisante ; la soif devient plus ardente ; il
survient quelquefois un vomissement de matières atrabilaires,
avec une fièvre forte ; le corps s'échauffe, le sommeil est inter-
rompu ; la peur qu'ils ont de la boisson trouble leur raison au
point qu'ils croient voir tous ceux qui les entourent armés de
verres et de bouteilles pour les forcer à boire ; le moindre vent,
le plus léger mouvement dans l'atmosphère qui les entoure,
suffit pour leur rappeler l'idée de la boisson, ou pour exciter
en eux une telle irritation, qu'ils disent souffrir des commotions
générales dans tout le corps ; ils poussent des cris de douleur
lorsqu'on ouvre une fenêtre, ou lorsqu'on approche d'eux
avec un peu de précipitation ; leurs yeux ne peuvent plus
supporter la lumière ; ils se couvrent quelquefois le visage et
font fermer les fenêtres pour rester dans l'obscurité ; les uns
sont si effrayés qu'ils croient voir continuellement ou par intervalle l'animal qui les a mordus ; les autres entendent des
bruits fort incommodes dans les lieux les plus silencieux.

« La rage blanche, ou le second degré de la rage confir-
mée, est accompagnée de symptômes plus terribles ; dans cet
état déplorable on observe un délire furieux dans lequel les
malades se jettent sur toutes sortes de personnes, leur crachent
au visage, déchirent tout ce qu'ils trouvent, tirent la langue,
écument de la bouche et sécrettent beaucoup de salive. Leur
visage est rouge, leurs yeux sont étincelans ; l'urine s'épaissit et
s'enflamme, et quelquefois elle se supprime ; la voix devient
rauque ou les malades la perdent entièrement. Communément
ils ressentent des douleurs si vives, qu'ils prient les assistans
de les leur abréger en leur ôtant la vie ; il y en a qui se mordent
eux-mêmes. A tous ces accidens fâcheux la foiblesse succède
et annonce une mort prochaine. D'autres ne sont jamais
furieux ; ils pleurent et périssent sans éprouver de convulsions. »

La rage se remarque plus fréquemment dans les animaux
du genre chien pendant les chaleurs de l'été, c'est-à-dire
lorsque le besoin de boire est le plus vif et les moyens de le
faire plus rare. On a conclu de ce fait que ces deux circonstances la faisoient naître spontanément en eux, mais cette
spontanéité (1) n'est rien moins que prouvée par-là, puisqu'au

_____

(1) M. Ponteau rapporte un fait cité dans les Transactions philosophiques,
d'un homme qui sortoit du jeu, désespéré d'avoir tout perdu, se mordit au

rapport d'Olivier de l'institut, la rage n'existe pas dans l'Orient, où les chaleurs sont excessives.

Quoique toutes les maladies des chiens que l'on confond sous le nom de rage, comme la PHRÉNÉSIE et la PARAPHRÉNÉSIE (*voyez* PLEURÉSIE) ne soient pas également dangereuses, il est toujours prudent d'y apporter des attentions, puisqu'au rapport de beaucoup d'auteurs les fortes passions et sur-tout la colère donnent lieu au développement des symptômes de la rage. Dès qu'on s'aperçoit qu'un chien est malade, languissant, plus triste qu'à l'ordinaire, qu'il refuse de prendre des alimens, et grogne sans cesse contre les étrangers, il ne faut pas hésiter à l'enfermer ou à l'attacher : on lui présentera quelquefois de la boisson ; s'il la refuse, s'il entre en fureur, il faut redoubler d'attention, n'en approcher qu'avec précaution.

Quelques observations semblent prouver que la bave d'un animal enragé déposée immédiatement sur la peau d'un homme ou d'un autre animal, ou médiatement sur un corps étranger, peut communiquer la rage ; mais il est à peu près certain qu'il faut pour cela qu'il y ait lésion, escoriation dans la peau.

On croit aussi que la rage peut se gagner en mangeant de la chair des animaux enragés, ou des alimens sur lesquels il y auroit de leur bave.

Dans ces deux cas la prudence commande des précautions ; ainsi il faut laver avec soin tous les objets qu'a pu toucher un animal mort enragé, et enterrer son cadavre très profondément sans l'entamer sous aucun prétexte.

Il paroît aujourd'hui à peu près constant, quoique beaucoup de personnes n'en soient pas convaincues, que les ani-

---

poignet et mourut de la rage. Nous pouvons attester un autre exemple qu'il donne d'un même résultat après un emportement violent. Le 12 juin 1752, un maître de pension, nommé Jean Baptiste Poisel, âgé de 44 ans, et d'un tempérament bilieux et colérique, se mit dans une colère extrême contre un portefaix qui cassa une glace chez lui en y déchargeant du bois ; un quart d'heure après il se mit sur son lit, et y sommeilla quelques instants ; à son réveil, il fut fort effrayé de se voir dans l'impossibilité de boire, quelque grande qu'en fût sa soif. Il fit appeler M. Charmeton, chirurgien très renommé à juste titre, qui lui conseilla de se faire porter à l'Hôtel-Dieu, où M. Bourgelat l'a vu. Il s'étoit mis en colère à deux heures, il en étoit quatre quand il arriva dans ce lieu ; on lui fit aussitôt une ample saignée, qui fut inutile, car les accidens augmentant toujours, on fut obligé de l'attacher ; la violence même du mouvement qu'il fit alors rouvrit la saignée ; il mourut à trois heures du matin, sans avoir été mordu par aucun animal, et sans avoir sur le corps aucun vestige de blessure et de plaie que celle qu'on lui avoit faite en le saignant ; il assura toujours qu'il n'avoit jamais éprouvé de blessure, ni de piqûre dans le cours de sa vie.

maux herbivores ne communiquent pas la rage ; au moins jusqu'à présent n'a-t-on aucun fait qui prouve que leur morsure l'aie produite, quoique beaucoup de personnes aient été mordues par des chevaux et par des vaches qui avoient tous les symptômes de la rage ; on trouvera à la fin de cet article plusieurs observations qui viennent à l'appui de ce fait. L'homme se place sans doute dans la même catégorie ; mais il est si rare qu'il morde lorsqu'il est affecté de la rage, qu'on n'a pu en acquérir la preuve.

Mais quels sont les remèdes contre cette affreuse maladie ? On en a indiqué des milliers, parceque souvent l'animal qu'on a cru mordu ne l'étoit pas, qu'il suffit d'une apparente guérison pour en faire préconiser un, et que ce cas se renouvelle souvent. Cependant, en soumettant à une critique sévère la théorie et la pratique des personnes qui ont écrit sur la rage, on est convaincu qu'il n'y a réellement que la cautérisation des plaies, immédiatement après la morsure, qui soit réellement spécifique. Je ne parlerai donc point de toutes les recettes qu'on trouve dans les livres, quelque recommandées qu'elles soient.

De tous les caustiques celui qui est le moins douloureux, le moins sujet à inconvénient, le plus facile à se procurer, c'est le feu ; c'est donc le cautère actuel que je conseille de choisir.

Ainsi dès qu'un homme ou un animal domestique sera mordu par un animal enragé, il faudra laver la plaie (ou les plaies) avec le plus d'exactitude possible avec de l'eau, fortement saturée de sel de cuisine (muriate de soude), et ensuite y introduire un fer presque chauffé à blanc, jusqu'à ce que la partie soit noire et pour ainsi dire charbonnée ; c'est sur-tout sur ce dernier point qu'il faut insister ; c'est de lui que dépend la cure ; on peut encore après cette opération couvrir la partie d'un emplâtre vésicatoire.

Il ne faut jamais élargir les plaies, ni les scarifier, comme on le conseille dans quelques livres, parceque cela faciliteroit l'introduction de la bave dans la circulation et feroit d'une maladie locale et externe une maladie interne, ce qu'il faut sur tout éviter.

Les dangers qui peuvent résulter de cette opération à raison des veines, des artères, des ligamens, etc., ne doivent point arrêter, mais seulement faire désirer employer un chirurgien ou un vétérinaire instruit plutôt qu'un ignorant. Cette brûlure se traite ensuite comme une autre.

Le traitement interne doit porter sur les remèdes capables de diminuer l'inflammation et propre à calmer les accidens ; quant à ceux de ces médicamens qui doivent être mis en usage pour l'homme, il faut consulter un médecin ou un chirurgien.

Pour les animaux on pratiquera une ou plusieurs saignées et on administrera des breuvages faits avec des infusions de feuilles d'oranger ou de sauge , auxquelles on ajoutera l'alcali volatil (ou ammoniac) à la dose d'un demi-décagramme jusqu'à un décagramme pour le cheval , l'âne , le mulet et la vache (un gros et demi jusqu'à trois gros), et pour le mouton, la chèvre, le chien, le chat, depuis dix gouttes jusqu'à dix grammes (deux gros); on peut encore employer avec avantage le bol suivant :

Pour les gros animaux prenez assa-fœtida (merde du diable), depuis quatre grammes jusqu'à trois décagrammes (depuis deux gros jusqu'à une once); mêlez avec suffisante quantité de miel; et pour les petits depuis six décigrammes (douze grains) jusqu'à quatre grammes (un gros) ; on peut ajouter à ce bol l'opium , depuis cinq décigrammes jusqu'à quatre grammes, pour les premiers de ces animaux (de vingt grains à un gros) et pour les derniers, depuis un décigramme jusqu'à six (de deux grains à douze.)

Si c'est un homme et qu'il craigne l'opération ci-dessus , on pourra lui substituer le *beurre d'antimoine* (muriate d'antimoine), la *pierre infernale* (muriate d'argent), la pierre à cautère (chaux pure.)

On ne peut douter qu'il ne soit très avantageux de désorganiser la chair imprégnée de venin immédiatement après qu'il y a été introduit; cependant il ne faudroit pas se refuser à appliquer le fer rouge sur une blessure, quelque ancienne qu'elle fût , car on a des exemples que des morsures même guéries ont été traitées avec succès par le même moyen.

Quant à la rage déclarée , il ne paroît pas qu'il y ait de moyen certain de guérison. Tout animal qui en est atteint doit être tué et enterré ; c'est au médecin à juger des adoucissemens qu'il doit apporter à la situation des hommes qui sont dans le même cas.

Nous avons dit que la rage pouvoit être confondue avec la frénésie , et nous avons promis de rapporter ici quelques observations que nous avons été à même de faire.

Dans le courant de fructidor de l'an sept , quatre chevaux du vingt-unième régiment de chasseurs à cheval furent successivement attaqués d'une maladie qui s'annonçoit avec des symptômes de rage ; ce qui fit dire qu'ils étoient enragés.

Ces chevaux avoient les yeux hagards, fixes et ardens , la respiration forte et fréquente , les flancs très agités; ils suoient beaucoup à la tête, à l'encolure et aux flancs ; ils trépignoient fortement pendant les accès; enfin ils mordoient et avoient une grande horreur de l'eau ; l'aversion pour ce fluide étoit telle dans un de ces chevaux que la vue d'un petit ruisseau lui occasionna un tremblement général et qu'il mourut à la suite d'une convulsion, déterminée par une forte immersion qu'on lui fit sur la tête; ce cheval tomba par terre, se releva, grinça les dents, roidit l'encolure et mourut de suite : M. Huzard, membre de l'institut et commissaire général des écoles vétérinaires, a été témoin de ce fait.

Ces quatre chevaux moururent, le premier au bout de cinq heures; le second au bout de vingt, le troisième de seize, et le quatrième de sept.

L'ouverture en fut faite en présence de M. Huzard, déjà cité, et de M. Tessier, membre de l'institut; elle présenta dans tous à peu près les mêmes phénomènes; les principaux étoient l'inflammation du foie et du diaphragme.

Ces chevaux en avoient mordu d'autres auxquels il ne fut point fait de traitement; on se contenta seulement de les surveiller; aucun d'eux n'est devenu malade.

J'ai vu chez monseigneur l'archi-chancelier un cheval qui se refusoit à boire, couroit sur les personnes qui se présentoient à lui et ouvroit la bouche pour les mordre. Enfin il eut un accès si violent qu'il essaya de franchir une cloison d'environ six pieds sur laquelle il resta engagé et où il mourut.

Je dois dire ici que le palefrenier qui soignoit ce cheval assuroit qu'il avoit été mordu par un chien qu'il avoit vu fuir de l'écurie quelque temps avant; l'ouverture démentit ce que cet homme avoit avancé. On trouva dans la gorge un corps étranger qui avoit occasionné une forte strangulation et par suite la mort.

Le 18 août 1808 j'ai été appelé chez M. Le Bas, loueur de carrosses, rue des Champs-Élisées, pour y voir un cheval qui avoit des accès de frénésie; il mordoit tous les corps qui l'environnoient et même les personnes qui s'en approchoient; il cherchoit aussi à leur donner des coups de pieds. Lorsque je le vis il avoit été placé seul dans une petite écurie : enfin il étoit devenu tellement furieux et dangereux qu'il étoit impossible d'en approcher, et il avoit mordu si fortement le cocher à la main, qu'on se décida à le faire assommer le même jour à deux heures : l'ouverture en fut faite à six en présence de MM. Laserre, chirurgien chargé de panser la personne mordue, Le Bas et Légat, propriétaire de la maison où étoit le cheval.

A l'ouverture du bas-ventre, l'estomac a été trouvé rempli d'une quantité considérable d'avoine non digérée, l'intestin colon étoit également farci d'alimens; ces viscères, qui faisoient une pression considérable sur le foie et contre le diaphragme, les avoient rendus noirs et enflammés; le foie se divisoit facilement avec les doigts comme s'il eût été cuit.

Les viscères de la poitriue n'offroient rien de remarquable.

Le cerveau n'avoit d'autre caractère maladif que ceux qui sont la suite ordinaire des inflammations du bas-ventre.

J'ai eu plusieurs occasions de voir des chevaux en qui la frénésie donnoit des envies de mordre et chez lesquels elle déterminoit l'horreur pour l'eau ; tout récemment encore j'ai vu chez M. Hitz, maître de pension, rue de Matignon, un cheval qui avoit la même maladie, accompagnée des mêmes symptômes.

L'horreur de l'eau, le refus des alimens et l'action de mordre ne sont pas particuliers à la rage ; ils n'en sont pas constamment des symptômes univoques. J'ai été à portée d'observer avec M. Huzard que deux chiens dans lesquels ils se manifestoient à un très haut degré n'étoient point enragés ainsi qu'on l'avoit dit : l'inspection anatomique des cadavres nous ayant démontré d'une manière évidente que les causes qui y donnoient lieu étoient des corps étrangers engagés dans le pilore.

Les deux chiens qui font le sujet de cette observation, l'un appartenoit à M. Guerre, cultivateur à la ferme de Grenelle, et l'autre à une dame qui demeuroit rue de Cléry ; le premier avoit mordu d'autres chiens et des volailles, et le second avoit mordu une dame ; il n'est résulté aucun accident de ces morsures ; la dame rassurée par les détails de l'ouverture n'eut plus d'inquiétude.

On ne fait presque jamais les ouvertures des animaux que l'on regarde comme enragés ; on se contente de les tuer, rarement on les enfouit. Si une personne a été mordue, on ne manque pas de lui faire entrevoir tous les dangers qu'elle court, afin de l'engager à prendre des précautions, et on ne s'occupe pas de l'ouverture de l'animal enragé, qui seule pourroit conduire à une connoissance certaine de l'état du malade, et faire cesser des fausses alarmes qui en pareille circonstance ne sont pas moins dangereuses qu'une sécurité mal entendue ; nous croyons donc qu'on ne pourroit trop recommander de faire les ouvertures des animaux qu'on dit être enragés ; et nous sommes fondés à croire qu'il en résulteroit un très grand avantage pour les personnes mordues.

La frénésie étoit connue des anciens. Ruini, auteur italien, dans la seconde partie de son ouvrage, ayant pour titre : *Infirmitas del cavallo et suoi remedii, Venitia* 1652, *libro daò capitulò decimo della phrenesia*, décrit cette maladie avec beaucoup d'exactitude ; son ouvrage traduit en français par Horace de Franciny, sous le titre d'Hippiatrique, Paris, un volume in-4°, est bon à consulter ; il ne l'a pas confondue avec la rage qu'il décrit le chapitre d'après : *Capitulo un-decimo, della rabbia et furori de un cavalli.*

On trouve dans le nouveau et savant Maréchal français, qui est une traduction de l'ouvrage de Marckant, gentilhomme anglais, par Foubert, écuyer du roi, un volume in-4° avec figure, imprimé à Paris chez Jean-Baptiste Loyson, au Palais, page 44, chapitre XXX, une description exacte de la frénésie et manie du cheval.

M. Moreau de Saint-Méry cite le trait suivant :

Un chien, qui avoit déjà fait périr plusieurs nègres, entra sur une habitation du quartier de Limonade, à St.-Domingue, le soir au moment où tous les esclaves, revenus des travaux, se trouvoient réunis autour de leurs cases, et que les enfans étoient répandus, jouant çà et là. A l'attitude du chien, à l'écume qui sortoit de sa gueule, à son œil fixe et enflammé, à sa colère contre les objets insensibles qu'il rencontroit, au serrement de la queue entre les jambes, mais sur-tout aux traits avec lesquels on le désignoit dans le quartier, il fut reconnu enragé. Aussitôt des cris qui s'élèvent de toutes parts annoncent l'effroi général. Chaque père, chaque mère court à ses enfans et fuit avec eux. La terreur est telle que personne ne songe à se défaire de ce cruel ennemi ; mais ce spectacle alarmant éveille le courage d'un nègre nommé Coucouba. Il vaut mieux qu'un seul périsse, s'écrie-t-il, dans son patois énergique, et armé de son couteau, il vole au-devant du chien que son aspect anime. Le combat est livré ; le malheureux Coucouba est renversé et son cruel adversaire déchire toutes les parties de son corps ; il se relève et enfin l'animal reçoit la mort après avoir vendu chèrement sa vie. Coucouba, couvert de blessures, ne sent que le plaisir d'avoir assuré l'existence de ce qui l'environne, et qui s'empresse de lui exprimer sa reconnoissance et son admiration.

Nous avons du plaisir à ajouter que ce nègre jouit encore depuis plus de vingt ans du fruit de cet acte héroïque, et que les précautions qui furent prises lors de cet évènement l'ont garanti de toutes ses suites. D'abord on débrida ses nombreuses plaies et l'on y fit brûler de la poudre à canon ; à cette première opération, pendant laquelle le courage de Coucouba ne se démentit point un seul instant, on fit succéder un traitement mercuriel, et ces soins (moins peut-être que son intrépidité et son peu de crainte de cette maladie) l'ont préservé de la rage, dont il n'a jamais eu le moindre symptôme, quoique le chien tué eût été reconnu pour être le même que celui dont les morsures avoient fait périr plusieurs personnes. (DES.)

RAGRÉER. Terme de jardinage, qui signifie parer et unir avec la serpette la plaie faite à une branche ou à un tronc lorsqu'on les a coupés avec une scie ou une hache. Cette opération est utile en ce qu'elle favorise l'écoulement des eaux des pluies qui, séjournant sur la Plaie, auraient donné lieu à la Carie. *Voyez* ces deux mots.

RAGUS. Nom qu'on donne dans le département de la Haute-Garonne à la pourriture qui attaque les bêtes à laine à la fin de l'hiver.

RAIE. Mesure agraire qui étoit le sixième du sillon. *Voyez* Mesure.

RAIE ou ROYE. C'est la fosse que fait la charrue dans la terre lorsqu'elle laboure.

Ce mot est donc synonyme de Sillon. *Voyez* ce mot.

L'espèce de la charrue, la nature de la terre et l'objet de la culture déterminent la largeur et la profondeur des raies; mais elles doivent toujours être droites et également profondes dans toute leur longueur, à moins que des obstacles insurmontables ne s'y opposent. *Voyez* Labourage et Charrue.

Il est des raies d'une espèce particulière qui coupent les labours dans toutes les directions; on les appelle des Égouts, des Écuremens, des Maitres. *Voyez* ces mots.

La profondeur des raies est ordinairement de quatre à huit pouces. Dans quelques cas on l'augmente, soit au moyen d'une charrue plus forte, telle que celle qui est figurée planche 6 du tome 3, soit en y faisant passer deux et même trois fois la même charrue.

De nouvelles expériences tendent à confirmer ce que j'ai dit au mot charrue, des avantages tant relativement à l'économie qu'à la bonté du travail, qu'il y a à employer des charrues à deux socs parallèles, dont l'un est postérieur à l'autre. (B.)

RAIFORT, *Raphanus*. Genre de plantes de la tétradynamie siliqueuse, et de la famille des crucifères, qui rassemble une huitaine d'espèces, dont deux sont dans le cas d'être mentionnées ici, l'une comme objet d'une grande culture, et l'autre comme nuisant souvent aux moissons.

Le raifort cultivé a les racines annuelles, charnues, longues ou arrondies; les tiges cylindriques, rameuses, hautes de deux ou trois pieds; les feuilles alternes, lyrées, souvent presque pinnées, hérissées de poils rudes; les radicales pétiolées, les caulinaires sessiles; les fleurs blanches et violettes, disposées en grappes à l'extrémité des rameaux.

Cette plante, qui se cultive de toute ancienneté en Europe et en Chine, est originaire de la Haute-Asie, comme l'a prouvé le voyageur naturaliste Olivier, qui l'a trouvée dans l'état sauvage. On en connoît un grand nombre de variétés qui se divisent en longues, en rondes et en grosses.

Parmi les premières, qui sont les *petites raves* des maraî- chers de Paris, et que j'appellerai *ravioles,* pour les distin- guer des véritables raves, on remarque,

La RAVIOLE ROUGE, ou *raves de corail.* Elle a quatre à cinq pouces de long sur six lignes de diamètre, terme moyen.

La RAVIOLE ROUGE HATIVE, qui ne diffère de la précédente que parcequ'elle est plus souvent semée sur couche.

La RAVIOLE SAUMONÉE. Sa chair est de la couleur de celle du saumon. C'est en ce moment la plus estimée à Paris.

La RAVIOLE BLANCHE. On la regarde souvent comme plus dure et plus fibreuse que les autres.

Parmi les secondes qui sont les petits *radis* des maraîchers de Paris, il faut citer,

Le RADIS BLANC, qui est rarement de plus d'un pouce de diamètre, et qu'on préfère à moitié de cette grosseur.

Le RADIS ROUGE, dont la forme est la même. Il offre plu- sieurs sous-variétés; *rouge foncé, rouge pâle, violet foncé, rouge en dedans.*

RADIS SAUMONÉ, ou *rose.* Couleur de chair de saumon, tendre et très bon. C'est le plus recherché.

RADIS ALLONGÉ BLANC. Il est intermédiaire entre les radis et les ravioles par sa forme, et entre les radis et les raiforts par sa grosseur, qui est souvent de plus d'un pouce de diamètre. On le sème de préférence pour l'automne.

Parmi les troisièmes, qui sont les raiforts des maraîchers de Paris, ou raiforts proprement dits, ou qui sont assez différens des précédens pour être autorisé à les regarder comme pro- venant d'un autre type, on compte,

Le GROS RAIFORT NOIR, qui est fusiforme, de trois ou quatre pouces de diamètre sur huit à dix de long, terme moyen, et dont l'extérieur est d'un noir plus ou moins foncé. Sa chair est dure, cassante, et d'une saveur très piquante. On le mange en hiver.

Le PETIT RAIFORT GRIS, moins gros et moins noir que le précédent. Il est regardé comme plus délicat.

Le GROS RAIFORT BLANC, ou *radis d'Augsbourg,* ressemble au premier pour la forme et la grosseur, mais il est blanc à l'extérieur.

La chair de toutes ces variétés est recouverte d'une enve- loppe ou peau épaisse, plus solide et plus piquante que le reste, et qu'on peut enlever d'une seule pièce. Cette chair devient dure, filandreuse, ensuite spongieuse, et enfin creuse, par l'effet de l'âge, et sur-tout de la montée en fleur, c'est-à-dire qu'elle est d'autant plus tendre et cassante que les racines sont plus jeunes. Cette circonstance oblige les amateurs qui veulent en avoir toute l'année d'en semer tous les quinze jours; l'hiver, sur couche à châssis, sur couche à cloche, et sur couche libre, selon qu'il fait plus ou moins froid; le reste de l'année en pleine terre ; mais au printemps et en automne à l'exposition du midi ou du levant, et l'été à celle du nord.

Les raiforts proprement dits, qu'on ne mange qu'à la fin de l'automne ou en hiver, ne se sèment que vers le milieu de l'été, en pleine terre et à toutes expositions.

Une terre légère, profonde, fraîche et bien préparée, est celle qui convient le mieux aux ravioles , radis ou raiforts. Ils demandent, pour être plus tendres et moins piquans, des arro-semens abondans en tout temps, sur-tout pendant les chaleurs. Comme ils prennent très facilement un mauvais goût par l'ef-fet des fumiers, il faut ne composer les couches sur lesquelles on doit les semer qu'avec du fumier de cheval, nouveau et sans mauvaise odeur, et ne les couvrir que de terreau bien consommé, et même mêlé avec de la terre franche en petite quantité.

Les raves et les radis doivent être mangés le jour ou le len-demain qu'ils ont été arrachés, car autrement ils se fanent et perdent une partie de leur bonté; mais les raiforts proprement dits peuvent se garder des mois entiers dans un endroit frais, et même en général on les arrache à l'approche des gelées, pour les déposer dans les caves, les celliers et autres lieux qui les garantissent de ces gelées. Tous passent pour apéritifs et antiscorbutiques : les estomacs foibles les digèrent difficilement, et ils donnent souvent des rapports, même aux meilleurs. Leurs jeunes feuilles peuvent se manger cuites ou en salade, mais on en fait peu usage en France.

On a indiqué une variété sous le nom de *raifort de la Chine*, comme pouvant fournir, par ses semences, une grande quantité d'huile d'une assez bonne qualité pour être placée immédiatement après celle de l'olivier. Je ne doute point de ce fait ; mais je soupçonne, par la seule inspection de la silique dont la plupart des graines avortent, et qui ne s'ouvre pas naturellement, qu'elle doit donner bien moins de semence, et que ces semences sont bien plus coûteuses à net-toyer que celles du colsa, de la navette et autres appartenant à des plantes de genres voisins. Au reste, comme il a été fait des expériences sur cet objet par la société patriotique de Milan, et que leur résultat a été favorable, je ne m'élèverai point contre ceux qui voudroient cultiver des raiforts sous ce rapport. On les sème clair, en septembre, dans une terre franche, un peu humide, et on récolte la graine en mai. (B.)

Le RAIFORT FAUX RAIFORT, *Raphanus raphanistrum*, Lin., a les racines annuelles; les tiges hérissées, rameuses ; les feuilles alternes, lyrées, inégalement dentées, hérissées;

les fleurs blanchâtres, striées de brun ; les siliques glabres et uniloculaires. Il est extrêmement commun dans les blés, les orges et les avoines, et fleurit au milieu du printemps. C'est la peste des moissons dans certains pays. On le confond assez généralement avec la moutarde des champs, quoique la couleur de ses fleurs et la forme de ses fruits les distinguent au premier coup d'œil. Tout ce que j'ai dit au sujet de cette dernière convient parfaitement à ce raifort. On ne sauroit prendre trop de soin pour en débarrasser ses champs. Les bestiaux en mangent les feuilles sans les rechercher. *Voyez* Moutarde. (B.)

RAIFORT SAUVAGE. C'est le Cranson.

RAIPONSE. Espèce de campanule dont on mange la racine. On donne aussi ce nom à la mâche dans quelques endroits.

RAISIN. Dans ce fruit la nature a signalé trois grandes destinations ; savoir, l'une à faire des vins ; la seconde à fournir des sirops ; la troisième enfin, pour être employé comme objet de dessert, comme fruit de table. On verra aux mots Vin et Sirop les qualités que les raisins doivent avoir pour passer à ces deux états. Occupons-nous dans cet article de ceux qu'on cultive dans les jardins et le long des treilles, pour les consommer frais dans leur saison ou pour les faire sécher.

Il n'existe peut-être point une propriété rurale, même dans les contrées les plus septentrionales, où l'on ne puisse se procurer des raisins très bons à manger en adossant la vigne à un mur, en choisissant les espèces les plus propres au climat, et cultivant chacune avec soin et intelligence ; mais en vain on chercheroit à en obtenir un vin de qualité supérieure. Il faut préférer de les manger. Dans le nombre de ceux qui jouissent de la meilleure réputation en qualité de comestible, on connoît les avantages des chasselas ; placés à une bonne exposition ils prospèrent sur presque tous les points de la France.

Dans quelques bons vignobles on est dans l'usage de laisser le raisin aux vignes un certain temps encore après qu'il a atteint son point de maturité, pour lui faire perdre son eau surabondante et concentrer encore ses principes ; mais un plus long séjour sur le cep pourroit déterminer sa pourriture ; et comme il devient souvent la proie d'une foule d'animaux qui en sont très friands, on a imaginé pour le soustraire à leur voracité d'introduire les grappes dans des sacs de papier huilé, ou dans des sacs de crin ; mais ces moyens utiles pour le moment ne sont pas toujours ensuite sans inconvéniens, et le raisin ainsi conservé ne peut être un fruit de garde.

Le raisin de treille est destiné à être conservé dans le fruitier ; c'est là qu'il doit se perfectionner. Si on le laissoit exposé aux premières gelées son enveloppe se durciroit, il seroit infiniment moins agréable à manger.

Il faut choisir un beau jour pour le cueillir, et faire en sorte de le rentrer sec au fruitier. A mesure que le coup de ciseau sépare la grappe, et qu'on en a détaché tous les grains suspects, on étend légèrement les grappes sur des claies garnies d'un lit de mousse très sèche, on les isole et on ne les touche que le moins possible quand la claie en est recouverte ; on les transporte à la maison avec soin et sans secousse ; et on les expose de nouveaux avec les mêmes précautions le lendemain au soleil, si la journée est belle ; on retourne les grappes quelques heures après, et on les range ensuite dans le fruitier. A cette méthode, qui est la plus simple, la plus sûre et la plus généralement pratiquée, quand les circonstances locales se trouvent d'accord avec les soins, on peut ajouter d'autres pratiques dont voici les principales :

On suspend les grappes à des gaulettes de bois très sec, de manière qu'elles ne se touchent par aucun point de contact. L'attention va quelquefois jusqu'à les y fixer à la faveur d'un fil attaché au petit bout de la grappe, dans la vue de procurer encore plus d'isolement.

On garnit l'intérieur d'une ou de plusieurs caisses, de gaulettes ou de ficelles, sur lesquelles sont rangées les grappes sans se toucher ; on les ferme ; on applique un enduit de plâtre sur toutes les jointures ; on transporte ainsi les caisses à la cave, et on les recouvre de plusieurs couches de sable fin et très sec. Le raisin se conserve ainsi très long-temps ; mais dès qu'on a entamé une caisse il faut promptement consommer le fruit.

On prend des cendres bien tamisées qu'on détrempe avec de l'eau en consistance de bouillie claire ; on y plonge les grappes à différentes reprises, jusqu'à ce que la couleur des grains ne soit plus aperçue.

On les range ensuite dans une caisse sur un lit des mêmes cendres non mouillées. On les recouvre d'un second rang ; celui-ci d'une couche de cendre sèche, et ainsi de suite jusqu'à ce que la boîte soit remplie. Après l'avoir soigneusement fermée, on la dépose à la cave, et pour se servir du fruit, il suffit de le plonger à plusieurs reprises dans de l'eau fraîche ; la cendre s'en détache facilement, et il est aussi frais qu'au moment où on l'a cueilli.

La paille bien sèche sert quelquefois d'enveloppe aux grappes de raisins lit sur lit. Elles se conservent en très bon état, pourvu qu'on les mette à l'abri des animaux destructeurs. D'autres fois il suffit d'isoler les grappes sur une planche, et de couvrir chacune avec un vase creux de verre ou de faïence, par exemple avec des cloches à melons ; on les enveloppe on les surmonte d'une couche de sable fin , et le fruit s'y conserve exempt de toute sorte d'atteinte. *Voyez* FRUITERIE.

Des raisins secs. Outre la faculté de conserver assez long-temps les raisins avec tous les agrémens de la nouveauté , on a encore celle de leur faire éprouver un degré de concentration tel que , non seulement ils peuvent franchir l'intervalle d'une vendange à l'autre , mais acquérir encore une pesanteur spécifique considérable , à raison de leur peu de volume et de la facilité de leur transport dans les régions lointaines sans subir d'avarie : ainsi préparés, ils portent le nom de raisins secs ou de caisse.

Il y a des années tellement abondantes que les propriétaires de vignes du midi font quelquefois litière des raisins faute de savoir qu'en faire , lorsqu'ils pourroient profiter de leur position et préparer si facilement des sirops , et sur-tout des raisins secs , dont la conservation , l'importation et l'exportation coûtent si peu d'embarras et de frais.

Les anciens connoissoient très bien , 'non seulement l'art de dessécher les raisins au soleil , mais ils n'ignoroient pas non plus les services que l'économie domestique pouvoit en retirer ; il en existe trois espèces dans le commerce qui se débitent sous des noms et à des prix différens. Voici le procédé dont on se sert à Roquevaire et dans la Calabre pour opérer cette dessiccation.

Préparation des raisins secs à Roquevaire. Ils sont singulière-ment propres à être séchés. Indépendamment du choix des plants ou variétés, l'exposition des vignes contribue à leur donner cette qualité ; elles sont généralement placées sur des coteaux qui regardent le midi ; outre cela le village et son territoire sont en-vironnés de rochers qui les défendent des vents froids, et qui, ré-percutant les rayons du soleil , accélèrent la maturité des raisins et favorisent le développement du principe sucré qui manque presqu'entièrement aux raisins nés dans les pays froids et humides.

On ne fait sécher à Roquevaire que des raisins blancs. L'es-pèce la plus propre à cet usage est celle que l'on nomme *panse* ; c'est un raisin dont les grains sont très gros , charnus, peu chargés de pepins , et clair-semés sur la grappe. Après la *panse* viennent le *verdal*, l'*araignan* et le gros *sicilien blanc*. on sèche aussi la *panse muscate* , qui conserve un parfum très agréable ; mais la quantité en est si petite qu'elle se consomme en entier dans le ménage des propriétaires et n'est point con-nue dans le commerce.

On fait à Roquevaire du vin de très bonne qualité avec les raisins qui croissent dans les fonds ; celui que l'on retireroit de la panse seroit médiocre ; le verdal et l'araignan le donnent meilleur ; encore ont-ils besoin d'être mélangés avec des raisins plus sucrés, tels que celui que l'on appelle *uni*, ou les raisins noirs.

La parfaite maturité étant la condition la plus essentielle de la préparation des raisins secs, on a soin, dès que la saison arrive, de procurer aux raisins le plus grand degré de chaleur possible en élaguant les pampres qui les entourent, et enlevant toutes les feuilles qui pourroient intercepter les rayons du soleil: on se procure ainsi le double avantage de rendre la maturité parfaite et de l'accélérer, ce qui est très important à raison du temps que l'on a besoin de se ménager pour les opérations subséquentes.

Première opération. Lorsque les raisins sont au degré de maturité convenable, on les cueille, on examine soigneusement les grappes pour en ôter les grains qui commenceroient à se gâter. On prépare une lessive de cendres communes concentrée de douze à quinze degrés de l'aréomètre pour les sels ; on la met en ébullition, et en cet état on y plonge l'une après l'autre les grappes que l'on y tient jusqu'à ce que les grains commencent à se rider, ce qui a lieu en peu d'instans, à moins que la lessive ne soit trop légère.

Deuxième opération. Pour égoutter les raisins la méthode la plus facile et la plus convenable seroit de les placer sur un égouttoir en planches, que l'on mettroit dans une position inclinée, et sous lequel on placeroit un récipient pour recevoir la lessive. Un procédé aussi simple n'a pu encore s'établir ; l'ancienne méthode que l'on suit généralement est de placer les grappes sur de grands plats de terre renversés dans d'autres plats plus grands. La lessive coule sur la partie couverte du plat supérieur, et descend dans le plat inférieur que l'on a soin de vider de temps en temps.

Troisième opération. Quand les raisins sont bien égouttés, on les étend sur des claies ou roseaux qui ont environ cinq pieds de long sur deux pieds de large. On les expose au soleil depuis le matin jusqu'au soir ; la nuit on les met à couvert sous des hangars. Dix jours de beau temps suffisent pour les sécher au degré nécessaire pour les conserver ; il faut beaucoup plus de temps quand il y a des pluies. Il est arrivé quelquefois que la constance et l'abondance de ces pluies d'automne ont fait perdre par la pourriture la majeure partie de la récolte : heureusement la sécheresse du climat de la Provence rend ces évènemens très rares.

Les raisins secs de Calabre diffèrent de ceux de Provence en ce qu'ils sont plus doux ; mais ils sont moins soignés. Les grappes sont souvent brisées, mélangées de raisins d'espèce plus petite, arrangées malproprement. Ils sont sujets à jeter beaucoup plus tôt le suc à la surface et à fermenter dans l'arrière-saison ; ils sont généralement noirâtres, et, quoique plus doux que ceux de Roquevaire, ils satisfont moins le goût. Ceux-ci ont une saveur acidule et une sorte de parfum qui les rendent agréables ; étant bien soignés et placés ils peuvent se conserver dix mois de plus. La différence du prix est d'environ moitié en sus, c'est-à-dire que les raisins de Calabre se vendent de quinze à seize francs, ceux de Roquevaire valent de vingt-deux à vingt-quatre francs.

Les raisins secs d'Espagne tiennent de la douceur de ceux de Calabre, et du goût appétissant de ceux de Provence. Ils sont aussi sujets à être mélangés de petits grains qui sont ordinairement très secs ; ils sont préparés avec beaucoup de négligence, et arrivent assez mal conditionnés dans des cabas, espèce de sacs de joncs nattés.

Les raisins de Damas sont d'une qualité excellente ; il en vient avec les grappes et sans grappes ; ils ont une belle couleur dorée, un très bon goût, et presque point de pepins. On les apporte du Levant dans des burtes ou boîtes d'une espèce de hêtre, dont le poids est de dix, quinze, jusqu'à environ cent livres (poids de table). Ces raisins se conservent deux saisons : le prix en est beaucoup plus élevé que celui des nôtres ; il est quelquefois double quand la récolte a été abondante d'un côté et mauvaise de l'autre. Il vient du même pays une espèce particulière de raisins secs, dont le grain est petit et sans pepins ; la couleur en est également dorée, mais le goût est encore plus exquis. Ceux-ci sont rares ; ils ne viennent qu'en petites quantités, et presque toujours pour cadeaux.

Les raisins connus sous le nom de *raisins de Corinthe* viennent non seulement de l'île grecque de Zanthe, mais encore de celle de Lipari, située entre Naples et la Sicile ; ceux de Lipari sont en petits barils de deux cents livres environ ; ils sont dégrappés en petits grains rouges tirant sur le noir, extérieurement foulés. Le goût en est acidule ; ils sont préparés malproprement et souvent mêlés de terre et de saletés ; ils ne servent que pour la pâtisserie et pour la médecine ; ils ne peuvent pas passer deux saisons. Ceux du Zanthe, quoique d'une espèce semblable, sont infiniment supérieurs ; ils sont égrappés ; le grain est encore plus petit, et a plus de douceur que ceux de Lipari. Ils ont encore un parfum très flatteur qui tient du muscat et de la violette. Ils peuvent se conserver deux et même trois ans, quand les barriques qui les renferment sont bien jointes et bien conditionnées. Ces barriques sont ordinairement très grosses et pèsent jusqu'à deux mille livres poids de marc. Le prix ordinaire est double de celui des raisins de Lipari ; il est dans ce moment-ci triple du prix de ceux de Roquevaire. L'emploi n'en est pas le même, et il ne s'en consomme guère que pour la cuisine.

Manière de dessécher les raisins en Calabre. Les raisins secs sont une branche de commerce considérable dans la Calabre ultérieure; en temps de paix les demandes en étoient considérables pour le nord, l'Allemagne, la France et l'Italie : on les embarquoit au Piso pour Trieste, Livourne, Gênes, Marseille, d'où ils étoient transportés par terre et par mer à leur destination.

On nomme dans le pays le raisin dont on se sert pour la dessiccation *zibillo*; il ressemble au gros muscat; il est très gros, la forme de sa graine est ovale, son grand diamètre dans sa longueur est d'environ un pouce; le petit dans sa largeur est de deux tiers du premier. La peau est dure; il contient beaucoup de parties sucrées; il est presque tout blanc; le rouge est d'une qualité bien inférieure.

On récolte les raisins dans leur parfaite maturité ordinairement du quinze au trente septembre. On les monde avec soin des grains gâtés ou qui ne sont pas mûrs; on les attache par le petit bout de la grappe avec des ficelles, et on en fait des liasses du poids de douze à quinze livres; on les suspend sur des cannes de jonc préparées à cet effet et soutenues par des bois fourchus, plantés en terre de manière que le raisin soit à quatre pieds du sol.

Ensuite on prépare un mélange composé d'une partie de chaux vive et de quatre parties de cendres de bois bien tamisées; on met ce mélange dans un vase de terre cuite semiparabolique à fond plane, sur le côté duquel, et inférieurement, est placé un robinet pour l'écoulement. La chaux et les cendres étant bien mélangées, on en remplit le vase à moitié et l'on verse par dessus de l'eau jusqu'à ce qu'il soit plein. Après avoir agité ce mélange pendant quelque temps, on le laisse en repos jusqu'à ce que la liqueur soit claire ; on la filtre ensuite en ouvrant le robinet. Elle coule dans un vase placé au-dessous. Chauffée ensuite dans une chaudière, on y plonge au premier bouillon les liasses de raisins les unes après les autres l'espace de deux à trois secondes. On observe que la liqueur soit toujours bouillante, et l'on remplace à mesure celle qui s'évapore.

On suspend de nouveau les raisins sur les bâtons de roseau pour les faire sécher au soleil en plein air, avec l'attention de les retourner souvent. Quinze jours de beau temps suffisent pour leur entière dissiccation. On prend pendant ce temps le plus grand soin de les préserver de la pluie ou des rosées abondantes qui les gâteroient infailliblement. Lorsque la saison est pluvieuse et que les rosées sont fortes, les Calabrais retirent leurs raisins dans des espèces de loges ou hangars construits à cet effet et dans lesquels sont plantés des bois fourchus à distances et hauteurs égales prêts à recevoir les cannes chargées de raisins.

Trois cents livres de raisins desséchés de cette manière produisent cent livres de raisins secs.

On dessèche par le même moyen des raisins muscats gros et petits ; mais la quantité est beaucoup inférieure à celle préparée avec le zibillo.

Aux îles de Lipari on suit le même procédé qu'en Calabre pour dessécher les raisins ; ils sont d'une qualité beaucoup supérieure. Les habitans ont l'avantage d'en préparer avec des rouges et des blancs ; les uns et les autres sont fort recherchés. (PAR.)

RAISIN D'AMÉRIQUE. *Voyez* PHYTOLACA.

RAISIN DE BOIS. C'est le fruit de l'AIRELLE.

RAISIN D'OURS. *Voyez* BUSSEROLE.

RAISIN DE RENARD. C'est la PARISETTE.

RAISINÉ. Avant que le sucre fût parmi nous aussi commun qu'il l'est devenu depuis la découverte du Nouveau-Monde, quoique transporté dans cette partie du globe, on faisoit des confitures au miel et au moût pour toutes les classes de la société ; mais la seule qui se soit conservée jusqu'à nous, et dont l'usage devroit être plus généralisé, est le raisiné, c'est-à-dire le suc du raisin, évaporé et épaissi à la consistance d'extrait, ou mélangé avec d'autres fruits à pepins et à noyaux.

On peut se servir indifféremment pour la confection du raisiné de toute espèce de raisins, de raisins rouges comme de raisins blancs, pourvu que ce soit toujours les plus sucrés et les moins abondans en tartre ; peut-être en existe-t-il partout de plus propres les uns que les autres pour cet objet. Le raisin *bonarda* est celui dont on fait le plus d'usage en Italie et sur-tout dans le Piémont. Le raisiné est d'autant plus utile que les fruits à pepins et à noyaux manquent quelquefois, et que souvent la ménagère la plus diligente ne peut s'occuper pour l'hiver de sa provision de marmelades ou de gelées : or, si la vendange est bonne, elle peut trouver dans le raisin de quoi suppléer toutes les confitures, en suivant cependant un procédé moins défectueux que celui dont elle se sert ordinairement, et pour l'exécution duquel nous allons proposer quelques réformes.

Les unes prennent tout simplement du moût de la cuve ; c'est quelquefois après qu'il a déjà contracté un caractère vineux ; les autres ne brusquent pas assez le feu dès le début de l'opération, et n'ont pas le soin de remuer vers la fin de la cuisson. Alors la matière s'attache au fond du vaisseau, contracte une couleur rembrunie, désagréable à la vue, et un goût de brûlé, qu'il est impossible ensuite de corriger ou de masquer par aucun moyen. Enfin, il y en a qui emploient un procédé encore plus défectueux ; nous l'avions d'abord adopté, et c'est pour l'avoir mis en pratique qu'il nous a été facile d'en reconnoître les inconvéniens ; il consiste à exposer le raisin mondé et égrappé dans un chaudron sur le feu, jusqu'à ce que le grain dilaté crève et épanche le liquide qu'il renferme ; mais qu'arrive-t-il ? Le moût ainsi exprimé agit à la manière des dissolvans composés sur les pepins et la peau du fruit ; il en extrait une matière acerbe qui diminue d'autant la saveur sucrée, devient un obstacle à ce que la liqueur passe à travers un tamis.

Que les ménagères se persuadent bien que le moût le plus sucré est celui qui contient le moins d'eau, et demande à rester le moins de temps au feu ; qu'il est avantageux de le préparer à part avec le raisin le plus mûr, sans le concours du feu et d'une forte expression, de maintenir l'évaporation au même degré, sans augmenter ni diminuer la chaleur ; il en est de ce point de cuisson comme de celui des autres confitures ; ce n'est que par un grand usage qu'on parvient à le saisir ; s'il est poussé trop loin, non seulement on perd beaucoup sur la quantité du produit, mais il est encore moins agréable, s'il n'est pas suffisamment cuit ; à peine peut-il se conserver pendant une année.

La nature des vaisseaux dont on se sert pour la confection des raisinés, ainsi que leur forme, méritent aussi quelque considération ; il ne faut jamais y employer que des vases de cuivre rouge parfaitement étamés, afin d'empêcher que la liqueur, plus ou moins acide, exerce une action sur le métal, et en dissolve quelques parcelles. Notre collègue Chaptal nous a assuré avoir vu à Montpellier mettre des clefs dans le chaudron pendant la cuisson du raisiné ; elles étoient toutes rouges quand on les en retiroit.

Une autre précaution sur laquelle nous appelons encore l'attention de la ménagère, c'est de faire en sorte que le vaisseau dont elle se servira pour la confection du raisiné soit plus évasé que profond, de substituer une bassine au chaudron, de n'y laisser jamais séjourner le raisiné ; et dès qu'une fois il a atteint le degré de cuisson convenable, de se hâter de le retirer du feu, de le verser dans des pots de terre non vernissés, de le recouvrir, quand il est parfaitement refroidi, d'un papier imbibé d'eau-de-vie, et par dessus d'un parchemin mouillé ; enfin, de placer ces pots dans un lieu sec et frais, à l'abri de l'humidité, de l'air et de la lumière.

Préparation du raisiné. Elle varie suivant les climats, la qualité des raisins et le goût des consommateurs. Dans la Pouille, par exemple, lorsque le raisiné est fait aux deux tiers, on y ajoute quelques cuillerées d'alcohol; on l'agite, on le verse dans des moules de papier huilé, et on l'expose pendant quelques jours à une chaleur de vingt-huit à trente degrés dans une étuve ou un four; il prend alors assez de consistance pour souffrir le transport sans se déformer.

Le raisiné jouit à Montpellier de beaucoup de réputation; pour le fabriquer on se sert de toutes les espèces de raisins, mais plus communément du raisin blanc, qu'on nomme *aspirant*. On y fait souvent entrer des aromates; les plus usités sont ceux de citron et de cédrat, que l'on enlève en frottant du sucre sur l'écorce, et en l'ajoutant à la confiture dès qu'on la retire du feu. En Italie ce sont ces mêmes fruits confits divisés par lanières; il faut seulement prendre garde que leur saveur n'y domine, et c'est ordinairement à quoi on ne pense pas; quand l'objet est à bon compte, on force toujours la dose de l'aromate qui coûte le moins, quel qu'en soit l'effet.

Choix des fruits pour la confection du raisiné. Dans les climats les moins favorables à la production de la matière sucrante, l'excès d'acide dans le raisin rendroit le raisiné âpre, agaçant, et même amer, si on ne le tempéroit par le mélange des fruits à pepins et à noyaux, dont la pulpe abondante en muqueux adoucit ces sortes de préparations. Ce n'est donc pas seulement pour donner du corps au raisiné qu'on y fait entrer des fruits; on opère encore une combinaison d'où résulte un tout meilleur et plus économique.

Parmi ces fruits il faut d'abord compter les poires et les coins, puis les pommes, enfin les prunes; mais il convient qu'ils soient âpres et austères: le *bouvard*, le *martin sec*, le *franc réal*, le *bon chrétien d'hiver*, la *lampe*, le *messire Jean*, la *poire de rousselet*, s'allient très bien avec les principes du moût, et forment, par la combinaison et la cuisson, beaucoup de matière sucrée.

Mais comme ces espèces de fruits n'existent pas toujours en quantité suffisante dans les cantons où leur concours devient utile à la perfection du raisiné, on pourroit y employer séparément la *poire de vigne*, le *catillac*, le *grossin*, et en général tous les fruits plus acerbes que doux, plus propres à faire des compotes et des boissons vineuses, qu'à étaler sur nos tables comme fruits de dessert.

La préparation du raisiné fournit encore l'occasion de tirer parti des fruits abattus et tombés avant la maturité; il n'est question que de les ramasser avec soin, de nettoyer les verreux, de les cuire, et d'étendre ceux qui sont sains sur la paille, où ils perdent, en attendant le moment de les employer, une partie de leur âpreté et s'adoucissent. Mais si la vendange est encore à une époque éloignée, il faut les éplucher et les cuire en marmelade, pour les mêler ensuite dans la bassine avec le moût concentré, lors de la préparation du raisiné.

Les propriétaires des grands vergers pourroient, en les parcourant souvent, trouver sous les arbres une grande partie des fruits piqués aux vers, et en faire, au moyen d'une râpe, le cidre et le poiré doux nécessaires aux marmelades et aux ratafias. La ménagère doit aussi, à mesure qu'elle visite son fruitier, en rapporter les pommes et les poires, qui, tachées, se gâteroient bientôt, et gâteroient les autres, si on ne se hâtoit de leur donner cette destination économique.

Les fruits à couteau, c'est-à-dire les fruits cultivés pour la table, doués d'une pulpe mollasse et d'un suc doux, parvenus à une parfaite maturité, sont moins propres à la confection du raisiné, ils perdent par leur combinaison avec le moût, et pendant la cuisson, les avantages qu'ils avoient étant crus, et paroissent plutôt décomposés que perfectionnés ; ainsi, quand on n'a pas d'autres ressources que les fruits de cette espèce, il vaut mieux s'en tenir au raisiné simple, ou avoir soin de les cueillir avant la maturité entière, pour les raisons mentionnées plus haut.

Les poires, les pommes et les prunes ne servent pas toujours de base au raisiné composé ; on y introduit encore le potiron, les côtes de melons qui n'ont pas mûri, les racines potagères les plus sucrées, telles que les carottes et les panais ; ce raisiné, à la vérité, inférieur, n'est passable qu'au midi, à cause de la qualité du raisin qui le bonifie.

Appropriation des fruits pour le raisiné. Ce n'est pas le tout de s'être procuré un moût bien conditionné, il faut, quand il s'agit d'y introduire les fruits, les approprier en les épluchant, les nettoyant, les mondant de leurs peaux, de leurs pepins, de leurs noyaux et de leurs cœurs ; éviter de se servir des poires qui sont, comme on dit, pierreuses, et qu'on n'aime point à rencontrer sous la dent ; les diviser par quartiers, et ne les ajouter à la liqueur que quand elle a été amenée par l'évaporation à une consistance requise. On doit encore en déterminer les proportions et les régler sur les ressources locales : lorsqu'on a beaucoup de raisins et peu de fruits, ces derniers peuvent entrer pour un tiers ou pour un quart dans le raisiné composé, et dans le cas contraire, en former la moitié ; c'est d'ailleurs à la ménagère à consulter sa provision.

Procédés divers pour préparer le raisiné. On peut se servir indistinctement de toute espèce de raisin, et former deux classes particulières de confitures, le raisiné simple et raisiné composé ; celui préparé au midi n'a pas besoin d'être réduit et cuit autant que celui du nord ; le premier contient , toutes choses égales d'ailleurs , moins d'eau , de tartre et d'extrait , mais plus de matière sucrante.

Premier procédé. On prend vingt-quatre pintes (litres) de moût, et on en met la moitié dans la bassine, qu'on ne perd plus de vue, et on établit promptement le bouillon qu'on abaisse, en ajoutant peu à peu l'autre moitié, après quoi on écume à diverses reprises, et on passe à travers une toile serrée.

On remet de nouveau au feu, et on continue l'évaporation, en remuant, sans discontinuer, avec une spatule de bois à long manche, jusqu'à ce qu'il ait acquis une consistance convenable ; ce que l'on reconnoît en le versant chaud sur une assiette. Il parvient, en se refroidissant, à l'état d'une gelée de fruits ; ce raisiné, en effet, ressemble plus à une gelée qu'à une marmelade.

Raisiné composé du midi. Deuxième procédé. Quand le moût est réduit à la moitié de ce qu'on a employé, qu'il a été suffisamment écumé, on le passe aussitôt à travers une toile, et on met dans la bassine les fruits épluchés et coupés par quartiers, en versant par dessus la liqueur ; elle se déduit au premier bouillon et prend la fluidité nécessaire pour favoriser son action sur les fruits, opérer leur ramollissement, leur combinaison et leur disparition dans la masse totale, de manière à n'en plus former qu'une marmelade égale et homogène. Il faut remuer et agir continuellement, en modérant le feu vers la fin. On reconnoît qu'elle est cuite, lorsqu'en en mettant gros comme une noix sur une assiette de faïence ou de terre vernissée, elle ne s'aplatit pas trop, et sur-tout quand elle ne laisse plus dissiper d'humidité qui marque autour une espèce d'auréole.

Cette manière d'incorporer les fruits au raisiné réussit à souhait ; mais quand on a été forcé de les cuire à part, et de les réduire à l'état de pulpe, on ne doit les ajouter que quand le moût a acquis encore davantage de consistance.

Raisiné simple du nord. Premier procédé. Dès que les vingt-quatre pintes de moût sont réduites aux deux tiers par l'évaporation, et qu'on a écumé, on ôte la bassine du feu, et on distribue la liqueur bouillante dans des terrines non vernissées et évasées ; on la laisse aussi en repos deux fois vingt-quatre heures dans un lieu frais.

Elle se recouvre à sa surface d'une liqueur saline qu'il ne faut pas briser, mais enlever au moyen d'une écumoire, attendu qu'elle n'est formée que de cristaux de tartre, dont la séparation est un moyen certain de diminuer l'acidité trop marquée de la confiture, et d'augmenter la puissance du sucre. Cette précaution, nécessaire dans les cantons septentrionaux, sur-tout pour certaines années, est absolument inutile au midi, où la présence du tartre devient essentielle pour affoiblir la saveur trop sucrée du raisiné ; c'est ce qui fait qu'on est obligé d'y ajouter des aromates pour en relever la fadeur.

Le moût rapproché, et passé à travers un linge clair, étant dépouillé d'une partie de son tartre, décanté et remis au feu, on procède de nouveau à son évaporation, en remuant sans cesse, principalement quand le terme de la cuisson approche. Le raisiné est cuit, lorsqu'en le mettant à refroidir il se prend comme une gelée.

Raisiné composé du nord. Deuxième procédé. Le moût une fois rapproché, et débarrassé d'une partie de son tartre surabondant, comme nous venons de l'indiquer, étant remis au feu avec les fruits, on fait cuire le tout, en suivant ponctuellement le procédé du raisiné composé au nord, et en observant de lui donner toujours plus de consistance qu'à celui du midi.

Raisiné composé du nord. Troisième procédé. Le procédé d'après lequel nous indiquons aux ménagères des vignobles du nord de faire leur raisiné en deux temps, afin d'enlever au raisin une certaine quantité de tartre, ne donne pas encore au sucre la faculté de se développer davantage. Ces fruits sont quelquefois si acides, que la confiture ne seroit pas supportable, si elle n'étoit adoucie au moyen d'une matière sucrée : il y a différentes manières pour y parvenir, en mêlant du sirop de raisin, de la conserve et du raisiné au midi ; enfin, nous supposons qu'elles n'aient pas d'autres ressources que leurs raisins abondans en tartre, elles pourroient, après avoir ajouté de la craie, toujours nécessaire pour lui donner de l'agrément, pour absorber et neutraliser une partie des acides, réduire le moût jusqu'à la consistance de sirop, y ajouter alors les fruits, et continuer la cuisson en suivant le même mode que pour les autres recettes de raisiné.

Caractères d'un bon raisiné. Cette confiture est de bonne qualité quand elle est douce, moelleuse, ayant la consistance d'un miel grenu et une petite pointe d'acide toujours nécessaire pour lui donner de l'agrément. Elle est moins agréable au goût et à l'œil, quand on a négligé de remuer, et que le feu a été poussé trop loin; sa surface alors se recouvre bientôt d'une croûte grisâtre qui n'est autre chose que des cristaux de sucre entremêlés de tartre. Il s'en sépare au contraire un sirop et le dessus se moisit quand il y a défaut de cuisson.

Il est toujours un peu âcre au goût, dès qu'il est préparé avec des raisins gorgés de matières extracto-résineuses colorantes, comme le bourguignon noir, le teinturier et le ramonnet ; tandis que celui fait avec des raisins peu colorés, parfaitement mûrs, plus sucrés que tartreux, est assez constamment d'un goût agréable. Le premier cependant se conserve moins bien ; il paroît que le principe acerbe dont il abonde le garantit de la fermentation.

Nous avons été à même de vérifier le raisiné du midi et de le comparer à celui qu'on prépare en divers cantons de la Bourgogne : s'il falloit prononcer entre les deux qualités, nous ne balancerions pas de donner la préférence au dernier. L'un, à la vérité, est plus sucré, mais il a trop de parfum ; l'autre est plus agréable ; il semble que l'extrait, le sucre, le mucoso-sucré et le tartre s'y trouvent dans des proportions plus convenables et mieux combinées, que cette confiture est plus homogène.

On ne peut disconvenir, cependant, que si le raisiné du midi étoit plus répandu, en le mélangeant dans des proportions relatives, on pourroit bonifier la qualité de celui du nord qui seroit trop acide.

Le prix modique auquel se vend communément le raisiné, même dans les cantons les plus éloignés des vignobles, n'a pu le soustraire à l'industrie punissable des falsificateurs ; lorsque les fruits manquent et qu'ils sont chers, ils ont imaginé alors de les suppléer par une autre composition qu'ils font avec des miels communs, de la mélasse, des figues, des poires tapées, des pruneaux détériorés, des raisins secs, tous fruits restant de la provision de l'hiver ; ils les cuisent et les réduisent à l'état de pulpe et les mêlent ensuite avec environ un tiers de véritable raisiné. Pour déceler la fraude il suffit de délayer le raisiné suspect dans l'eau.

Conservation du raisiné. Le raisiné dégénère insensiblement par l'oubli de toutes les précautions indiquées, c'est à-dire qu'il s'épaissit ou se ramollit à raison du degré de cuisson ou de quelques circonstances locales. Cependant on peut le rétablir dans son premier état et lui restituer l'apparence qu'il doit avoir dans le commerce.

Le meilleur moyen, en supposant que l'on soit en temps de vendange, consiste à ajouter à celui qui s'est candi assez de moût pour le liquéfier et l'exposer à une chaleur modérée, à remuer sans discontinuer, et à le verser dans un pot bien nettoyé, puis le couvrir d'un parchemin.

Dans le second cas, on enlève l'efflorescence de celui qui s'est durci, on l'expose à la même chaleur en le remuant, sans discontinuer, pour le concentrer. C'est ainsi qu'il est possible de rajeunir la provision de raisiné et de la mettre en état de se conserver encore une année.

La conservation du raisiné dépend de la manière dont on

a opéré, de la qualité du moût employé et de l'influence des localités.

Commerce de raisiné. Celui du midi de la France, connu sous le nom de confitures des campagnes, est très recherché dans les pays du nord ; on en embarquoit même anciennement pour les colonies. Il seroit possible d'augmenter cette branche de commerce beaucoup au-delà de ce qu'elle est aujourd'hui, si l'objet en étoit plus perfectionné.

Il n'est pas douteux que les habitans des contrées septentrionales consommeroient plus de raisiné qu'ils ne font, si, pour l'améliorer, ils n'étoient pas obligés d'employer une certaine quantité de cassonade ou de miel pour masquer le caractère trop âpre et trop acide de celui qu'ils préparent avec les raisins de leurs vignes. Il est de leur intérêt de se bien pénétrer qu'ils peuvent, au moyen du procédé qui leur est indiqué, l'avoir constamment bon, sans recourir à cette addition, impraticable d'ailleurs dans ce moment, à cause du haut prix du sucre.

Les principaux magasins de cette denrée sont à Marseille, à Cette et à Montpellier. Les négocians de la première de ces places ont, dans diverses contrées de l'Italie, des préposés qui recherchent ce raisiné et le leur font parvenir. Ils sont obligés de se servir de ce moyen, parcequ'il n'existe point d'ateliers pour fabriquer en grand cette confiture, et qu'il faut l'acheter ou chez les particuliers qui la préparent pour leur consommation, et en font un peu plus pour trouver dans la masse du superflu le remboursement de leurs frais, ou chez les propriétaires qui n'emploient pour le faire qu'une petite partie de leur récolte. Aussi existe-t-il dans le même canton de la différence dans le goût et l'homogénéité des raisinés faits à part par tant de mains et de procédés différens.

Indépendamment de l'excellent raisiné que l'on prépare dans les contrées méridionales, et dont on fait un commerce assez considérable, il s'en fabrique encore d'autres dans les contrées placées entre le midi et le nord. Ces raisinés, il est vrai, n'ont pas la même réputation ; mais quand ils sont préparés, dans les bonnes années, avec un raisin qui a acquis une maturité extraordinaire, ils ne sont pas plus à dédaigner, et les personnes peu aisées s'en régalent volontiers. Tels sont ceux qui proviennent du ci-devant Rouergue et de la Bourgogne.

Dans les départemens de l'Yonne et du Loiret, on prépare la presque totalité du raisiné qui se consomme à Paris, quand l'année est abondante en fruits. Le seul canton de Courtenay en débite depuis six cents jusqu'à mille quarts de cent cinquante à deux cents livres, dont la valeur est de trois à quatre cent mille francs.

On a remarqué, dans la partie de la Champagne qui confine à la Bourgogne, lorsque les vignerons, principalement leurs femmes et leurs filles, ont fait le raisiné, qu'elles le portent, après la vendange, dans des pots de terre, aux épiciers des villes, qui l'achètent en gros et le vendent ensuite en détail. Les habitans de la Marne, de l'Aube, de la Meuse, de la Meurthe, malgré la latitude où ils se trouvent, pourroient, à la faveur des procédés que nous avons indiqués, améliorer la confiture dont il s'agit et en rendre l'usage plus général.

Celui de Bourgogne coûte à Paris 40 à 50 centimes la livre; mais ce prix varie suivant la qualité du raisiné, la rareté ou l'abondance des fruits qui forment les élémens de sa composition. Il ne valoit autrefois dans ces contrées que 17 francs le quintal; mais aujourd'hui il est augmenté du double. Il paroît naturel de savoir à quoi s'en tenir sur ce point; mais comment se satisfaire avant de connoître la qualité du raisin employé; ce qu'il vaut, soit au midi, soit au nord; le prix du combustible qui forme la dépense la plus considérable qu'entraînent ses préparations; à quel taux est la main-d'œuvre? Ce sont toutes ces incertitudes qui empêchent de présenter ici les tableaux des résultats sur lesquels on puisse compter.

Raisiné au cidre et au poiré. Toutes les fois que le cidre et le poiré doux doivent servir d'excipient aux fruits pulpeux, il ne faut les tirer à clair que quarante-huit heures après le pressurage, parcequ'ils déposent ordinairement une fécule amilacée qui doit rester dans la lie ou fèces, attendu que sa présence ne feroit qu'augmenter inutilement la consistance des résultats, la difficulté de les clarifier et de les soustraire à la fermentation.

Le suc de pommes et de poires, comme le moût de raisin, se cuit, ou seul, ou avec différens fruits; réduit, dans le premier cas, aux trois quarts de son volume, il donne un liquide plus acide que sucré, difficile à clarifier par les blancs d'œufs; il reste opaque, susceptible de fermenter, ayant le goût de pommes cuites; plus concentré, ce liquide se convertit en une gelée.

Enfin, mêlé et mis, dans le troisième cas, avec d'autres fruits, il donne ce qu'on appelle en Normandie la pommée, qu'on rend plus agréable au moyen du miel et du sucre.

Pour faire du poiré ou cidre en Picardie, on prend de la poire de fusée, poire longue, qu'on ne peut manger qu'après l'avoir fait cuire. On la met dans des pots de terre couverts et au four, après en avoir retiré le pain; ils y séjournent pendant la nuit ; on les pétrit pour les diviser en bouillie ; on les passe à travers un tamis de crin, et cette pulpe est mise dans un chaudron avec six fois son poids de cidre doux; on procède à l'évaporation, en remuant sans discontinuer, jusqu'à ce qu'une goutte de cette confiture, jetée sur un papier gris, n'en sépare pas de suite l'humidité. En cet état elle est réputée assez cuite pour être conservée en pots. Dans certains endroits, on ajoute un atome de piment en poudre; dans d'autres, c'est un peu de cannelle ; mais il faut être économe de ces épices, et faire toujours en sorte que l'aromate ne domine pas dans la confiture.

Dans la ci-devant Bretagne on prépare une marmelade de cerises ; les habitans des environs de Rennes sur-tout viennent la vendre au marché de cette ville, et quoiqu'elle ne soit ni fort sucrée, ni fort agréable, cependant elle n'en trouve pas moins des amateurs et du débit. Il en est de même de celles qu'on prépare dans d'autres départemens de la France avec des prunes, et qui, étant cuites dans du cidre ou du poiré, pourroient, sans le concours du sucre, offrir aux cantons les plus favorisés en fruits des confitures plus ou moins sucrées.

Mais pour donner à cette confiture le caractère d'extrait, ou de raisiné, il ne faut pas s'en laisser imposer pour le volume; car alors ce ne sont que des compotes plus ou moins rapprochées. On vante le prix médiocre auquel elles reviennent, parceque l'état parenchymateux leur donne un grand volume. Mais qu'arrive-t-il ? Si l'on visite ces confitures quinze jours après leur cuisson, quoique bien couvertes d'un papier, on trouve à leur surface une moisissure et un caractère acide dans l'intérieur, parcequ'elles n'ont pas assez de matière sucrante, et trop d'humidité pour se garantir d'un pareil évènement.

Tous ces produits, plus ou moins recherchés, des fruits à pepins et à noyaux, sans doute utiles dans le cercle étroit des cantons où on les obtient, ont besoin du concours d'une matière sucrante étrangère, pour posséder quelques uns des agrémens de la confiture ; ils ne peuvent entrer en concurrence avec ceux de raisins. La ressource des fruits nous paroît d'ailleurs trop circonscrite pour un aussi grand emploi dans les pays même où ils sont une des productions principales.

Usage du raisiné. Il s'est maintenu, même au nord de la France, où il est d'une qualité inférieure à celui du midi. Cette confiture est encore la moins chère qu'une famille nombreuse puisse se procurer pendant l'hiver ; les enfans ne s'en lassent jamais à tous les repas. Elle est aussi d'une grande ressource dans les hospices civils, où il s'agit de donner aux convalescens et aux vieillards quelques douceurs qui réveillent leurs organes.

Ce déjeûner, n'en doutons pas, seroit infiniment plus salutaire et plus économique que celui de nos femmes de marché, qui ont perdu, par l'usage immodéré du café au lait, ce teint fleuri et de bonne santé qui les caractérisoit lorsqu'elles se contentoient d'un déjeûner plus substantiel, plus analogue à leurs facultés et à leurs occupations habituelles.

L'usage du raisiné est très répandu en Italie, chaque ménage en fait sa provision sous le nom de *mostarda*; les personnes aisées s'en servent à table et le mêlent avec les viandes. Les habitans de la campagne l'étendent sur des tranches de polenta ou bouillie de maïs, cuite à l'eau en consistance solide, et en font leur nourriture journalière. Comme le raisiné simple du midi ne diffère de la conserve qu'en ce qu'elle est déjà parfumée pour paroître sur la table en qualité de confiture, on pourroit, à défaut de la première, lui donner la même destination, l'employer à la cuve en fermentation, ou dans quelques compositions pharmaceutiques. (PAR.)

RAISINIER, *Coccolaba*, Lin. Arbre exotique de médiocre grandeur, appartenant à un genre du même nom dans la famille des POLYGONÉES, et qui croît dans les îles et les parties chaudes de l'Amérique. Il a été ainsi appelé, parceque ses fleurs, qui naissent aux aisselles des feuilles, sont disposées en panicules pyramidales assez semblables à des grappes de raisin. Elles n'ont point de corolle, mais un calice coloré et persistant, qui est découpé en cinq parties, et qui renferme huit étamines, et un ovaire surmonté de trois styles à stigmates globuleux. Le fruit est une baie sphérique contenant un noyau, ou plutôt c'est une sorte de noix recouverte par le calice devenu succulent.

On compte dix ou douze espèces de *raisinier*, parmi lesquelles il faut distinguer le RAISINIER UVIFÈRE, ou du bord de la mer, et le RAISINIER EXCORIÉ ou de montagne.

Le premier s'élève ordinairement à vingt pieds. Sa racine est tortueuse et traçante; son tronc crochu et noueux; son écorce grise et crevassée; son bois rouge, dur, plein et massif, ayant au centre une moelle rougeâtre de deux à trois lignes de diamètre; ses feuilles sont épaisses, lisses, arrondies et disposées alternativement; ses fleurs petites, blanchâtres et d'une odeur suave; ses fruits de couleur pourpre et d'un goût aigrelet, et assez agréables à manger, quoique leur pulpe ait fort peu d'épaisseur. L'amande contenue dans le noyau qu'ils renferment est amère, et passe pour astringente. Le bois de ce raisinier est employé dans quelques ouvrages de charronnage.

Le *raisinier de montagne* a une tige droite, une écorce lisse, un bois rougeâtre, tendre et léger; ses feuilles sont oblongues, ses fleurs verdâtres, et son fruit petit et noir. On le mange aussi ; il est rafraîchissant. Son noyau est cannelé et ressemble à un pepin de raisin.

Dans notre climat les raisiniers ne peuvent être élevés qu'en serre chaude. On les multiplie aisément de semences, quand on peut s'en procurer de fraîches. Ces arbres demandent les mêmes soins que la plupart de ceux de la zone torride. (D.)

RAJEUNISSEMENT, RAJEUNIR. Opération de jardinage qui consiste à couper les tiges des arbustes, les branches des arbres lorsqu'elles commencent à donner des signes de dépérissement, pour leur en faire pousser de nouvelles qui aient toute la vigueur de la jeunesse.

Il est des pays où l'usage de rajeunir les arbres est général. Il en est d'autres où il est inconnu.

Ses avantages sont de donner lieu au développement de branches plus droites, que la sève enfile par conséquent plus facilement ; branches dont les vaisseaux sont plus larges, et par conséquent dans lesquels il entre une plus grande quantité de sève ; dont la peau est plus mince, et par conséquent plus susceptible d'être aisément distendue par les nouvelles couches du bois. Il résulte de toutes ces circonstances que les bourgeons, les feuilles, les fleurs et les fruits ont des dimensions beaucoup plus considérables, une apparence et une réalité de bonne santé que n'avoient pas les anciennes branches.

Ses inconvéniens sont, 1° d'accélérer la mort du tronc lorsqu'on la fait sur un arbre qui n'a plus assez de vigueur ; 2° de priver de fruit (lorsque c'est un arbre fruitier) pendant deux ou trois ans, et d'en peu fournir pendant cinq à six.

Quant au premier de ces inconvéniens, il n'est réel qu'en ce qu'il prive d'un arbre quelques années plus tôt ; car tout arbre qui périt dans ce cas étoit déjà frappé de mort dans ses racines. Il n'y a pas moyen d'y apporter remède autrement qu'en renouvelant les racines au moyen d'engrais ou d'amendemens appropriés.

Quant au second, on peut en diminuer l'étendue la seconde année, en courbant légèrement les branches, comme je l'ai vu faire en Suisse, pays où on rajeunit très fréquemment les arbres.

Il est des arbres qui se prêtent fort bien au rajeunissement, quoiqu'ils souffrent difficilement la taille : au premier rang je mets le noyer, le châtaignier, le cerisier. Le pêcher et l'abricotier m'ont paru ceux sur qui on le pratiquoit avec le moins de succès.

Le rajeunissement des arbres forestiers n'a presque jamais pour but que le produit de leurs branches. *Voyez* au mot TÉTARD.

La coupe des forêts est un véritable rajeunissement. Il en

est de même de la taille annuelle qu'on fait subir aux arbres fruitiers en espalier, en pyramide, en buisson, en quenouille, en vase, etc.

Il est des cas où on est forcé de rapprocher les arbres, comme lorsque toutes leurs branches ont été gelées. D'autres où il est bon de le faire, comme lorsque leurs branches ont été très mutilées par la grêle.

Voyez pour le surplus au mot TAILLE. (B.)

RALE. Genre d'oiseaux de passage de la famille des échassiers, qui renferme un grand nombre d'espèces, dont deux sont assez communes pendant l'été dans quelques parties de la France.

L'un, le RALE DE TERRE, ou de *genêt*, ou *roi des cailles*, ou *marouette*, est de la grosseur de la caille, avec laquelle il arrive au printemps. On le trouve dans les landes, les pâturages des montagnes, où il vit principalement de graines de genêt et autres plantes propres à ces localités.

L'autre, le RALE D'EAU, est un peu plus petit, arrive un peu plus tard. On le trouve dans les marais, sur le bord des étangs, des rivières, où il vit de vers et d'insectes aquatiques.

Tous deux sont fort difficiles à voir, parcequ'ils se tiennent constamment cachés dans les buissons ou les herbes, et qu'ils ne s'envolent qu'à la dernière extrémité. Le premier passe pour un des plus délicieux mangers, et le second est peu estimé.

On se procure ces deux oiseaux en automne, époque où ils sont le plus gras, 1° par la chasse au fusil, au moyen d'un chien d'arrêt expressément dressé pour elle ; 2° au moyen d'un tramail ou d'un hallier ; 3° au moyen des lacets.

Comme ces oiseaux ne causent aucun dommage aux cultivateurs, et que leur chasse exige un emploi considérable de temps, je ne crois pas devoir en parler plus au long. (B.)

RAME, RAMES DES POIS. Rameau de bois sec que l'on fiche en terre près des pois ou des haricots, ou de toute espèce de plantes garnies de vrilles ou mains que l'on veut faire monter, pour leur servir de points d'appui. On ne doit ramer les Pois, les HARICOTS (*voyez* ces mots) qu'après leur avoir donné la seconde façon. En général, les rames employées à cette opération sont, pour l'ordinaire, trop courtes, pas assez branchues : plus les plantes grimpent quand la saison les favorise, plus elles sont productives. Si le sommet de leur pousse ne trouve pas où s'accrocher, il se rassemble en touffe épaisse ; la plante y fleurit, ne graine pas, ou graine mal, et dévore en pure perte la substance de la partie inférieure de la plante. Il y a un art à bien ramer. La rame doit être fortement fichée en terre afin de ne point être ébranlée et dérangée par les coups de vent. Si les rames cèdent ou plient, les tiges sont mâchées et altérées, leur partie supérieure en souffre. Il faut ramer de manière qu'il reste toujours de l'espace entre chaque table de pois, de haricots, 1° afin de cueillir le fruit sans piétiner les plantes ; 2° afin de laisser entre chaque table un libre courant d'air, et afin que les plantes jouissent de la chaleur et de la lumière du soleil. (R.)

RAMEAU. Branche secondaire des arbres, des arbrisseaux et des arbustes, garnie de brindilles de différens âges. *Voyez* Branche.

Dans le langage forestier, il faut de plus que cette branche soit pourvue de ses feuilles.

RAMÉE. C'est un rameau plus chargé de brindilles qu'à l'ordinaire.

RAMIER. Espèce de pigeon de passage dont on prend de grandes quantités dans certains lieux, mais qui n'intéresse les cultivateurs sous aucun rapport, le commencement et la fin de l'hiver étant les deux époques de ses apparitions.

RAMIFICATION. Toute l'opération de la végétation des plantes et de toute espèce de circulation, dans l'homme et les animaux, s'exécute par les ramifications. Dans l'homme, la distribution des différens vaisseaux du corps est regardée comme des branches par rapport aux rameaux qu'ils fournissent ; dans l'arbre, les branches et les racines se divisent en rameaux, et ces rameaux se partagent en d'autres plus petits. Ici, les conduits séveux ressemblent aux veines et aux artères, et tout, jusqu'au pétiole des feuilles se divise en mille et mille ramifications, afin de porter la nourriture et la vie jusqu'aux dernières extrémités de ses produits. (R.)

RAMILLE. Menues branches qui tombent sous la serpe pendant l'exploitation des arbres, et qu'on ramasse ensuite.

RAMPANT. Les botanistes appellent plantes rampantes seulement celles dont les tiges étant couchées sur la terre s'y attachent par des racines ; mais en agriculture on donne ce nom à toutes celles dont les tiges ne s'élèvent pas vers le ciel.

Le nombre des plantes rampantes qui se cultivent en France se réduit à un petit nombre d'espèces, parmi lesquelles le melon, la courge, le fraisier, la violette se font principalement remarquer.

Les pois, les haricots, les vesces, les gesses et quelques autres rampent bien quand elles ne sont pas soutenues ; mais comme par leur nature elles tendent à grimper sur les arbres, on les range parmi les PLANTES GRIMPANTES. *Voyez* ce mot.

La disposition rampante des plantes exige quelques modifications dans leur culture. Il en sera fait mention aux articles précités.

RANCE. État que prennent les graisses et les huiles qui sont exposées à l'air à une température au-dessus de zéro du thermomètre de Réaumur, en absorbant de l'oxygène qui, combiné avec les principes de l'huile, forme d'un côté, ou de l'acide sébacique, ou de l'acide acéteux, ou tous les deux ensemble, et de l'autre, mettent à nu un peu d'hydrogène carbonné.

Les graisses et les huiles rances ont une odeur forte qui leur est exclusive; elles irritent la gorge, et laissent sur la langue un goût des plus désagréables pour ceux qui n'y sont pas accoutumés.

Chaque espèce de graisse ou d'huile rancit à une température et après un espace de temps différent : celles qui sont toujours solides à une température au-dessus de zéro y sont moins sujettes que les autres. Cet état se développe d'autant plus que la chaleur est habituellement plus considérable, ou qu'on l'a momentanément portée à un degré assez élevé pour commencer la décomposition de leurs principes. Ainsi il est très difficile de conserver les graisses et les huiles dans les pays chauds, et celles qu'on fait chauffer ou bouillir parcourent ensuite plus rapidement les phases de leur détérioration. Cependant quand, par la cuisson ou l'ébullition, on a privé les graisses et les huiles de la surabondance de principes étrangers à leur composition, ils se conservent souvent plus long-temps, témoins la graisse de porc, le beurre fondu, l'huile des fritures, etc. Le sel marin, le nitre, etc., empêchant la décomposition de ces principes étrangers; ainsi on sale le lard, on sale le beurre; mais cet effet n'a pas également lieu sur les substances végétales; aussi ne sale-t-on pas les huiles d'olive, de noix, etc.

Les huiles faites avec des graines peu mûres, avec des olives vertes, se conservent plus long-temps saines que celles qui ont été tirées de graines vieilles, d'olives trop mûres; ce fait est-il dû, comme l'ont pensé quelques personnes, à la plus grande quantité de mucilage que contiennent les premières, ou à ce qu'il y a déjà un commencement de rancidité développé dans les dernières? Je penche pour cette dernière opinion; car il est certain que la rancidité se développe dans certaines graines, dans certaines olives, même avant leur récolte, et qu'il suffit de mettre une goutte de graisse rance, d'huile rance dans une grande quantité de la même graisse ou de la même huile pour accélérer son altération. Il est même des observations qui tendent à faire croire qu'un vase d'huile rance mis dans un lieu fermé avec d'autres vases d'huile saine corrompt l'huile de ces derniers.

On peut conclure, des observations précédentes, que les

graisses, les beurres, les huiles doivent toujours être conservés dans des caves dont la température soit peu variable, et au-dessous de celle des jours d'été, caves où l'air se renouvelle cependant, mais avec lenteur ; qu'elles doivent être mises dans des vases de médiocre capacité, bien bouchés, et le moins remués possible. Quant au lard, comme le sel fondroit dans un pareil local, il convient de le mettre au contraire au grenier dans un courant d'air qui produise le même effet : dans tous les cas l'ombre est nécessaire.

Outre ces moyens de précautions, il en est encore d'autres qu'on peut, dit-on, employer avec succès pour prévenir la rancidité; mais leur efficacité n'est pas suffisamment constatée pour que je doive les faire connoître tous ; je citerai seulement l'addition du sucre en poudre fine, comme remplissant passablement cet objet, en rendant aux huiles une partie du mucilage qu'elles ont perdu; mais il ne faut pas que ces huiles aient déjà un commencement de rancidité, sans quoi on produit un résultat diamétralement opposé.

Il est prouvé par l'expérience que l'usage des graisses ou des huiles rances a des inconvéniens graves pour ceux qui n'en mangent pas habituellement, cependant des peuples entiers, sur-tout les habitans des campagnes, les préfèrent à celles qui sont douces, les emploient journellement et en grande quantité, sans qu'il en résulte rien de fâcheux pour eux. Conclura-t-on de là qu'il faut s'accoutumer à manger les graisses et les huiles dans cet état, afin qu'il y en ait moins de perdues pour la nourriture de l'homme? Le dégoût que j'ai pour tous les mets où il en entre un atome ne me permet pas de dire oui; mais on en doit conclure que l'homme s'accoutume à tout ; peut-être a-t-il été conduit à cette habitude, évidemment contraire à sa nature, puisque ceux qui ne l'ont pas ne peuvent se déterminer à la prendre, par suite de la nécessité d'économiser ; car c'est dans les pays chauds et chez les plus pauvres familles qu'elle existe. Je n'ai pas pu manger de la bonne huile en Espagne, en Italie, même dans une partie de la France méridionale; je n'ai vu manger du lard rance avec excès que dans les pays les plus chauds ou les plus misérables. Je ne conseillerai jamais à un cultivateur éclairé de donner des mets altérés à ses ouvriers, et certainement les graisses et les huiles rances le sont.

Mais est-il des moyens de rétablir les graisses et les huiles rances? Non, répondrai-je; mais on peut, lorsqu'elles ne sont pas au dernier degré de rancidité, les adoucir au point de pouvoir les rendre mangeables pour les palais qui ne sont pas délicats avec excès.

Ainsi en versant dans du beurre ou de l'huile fort échauffée de l'esprit-de-vin, et en mêlant le tout le mieux possible, ou enlève la plus grande partie de leur rancidité. On produit le même effet, mais à un moindre degré, en employant du vinaigre ou de l'eau douce, et encore mieux de l'eau salée.

Il est à observer qu'il faut consommer sur-le-champ les huiles ainsi traitées, parceque la rancidité s'y développe ensuite avec plus d'énergie.

Les moyens de purifier les huiles, 1° avec de l'acide sulfurique, 2° en les employant un grand nombre de fois à la friture, 3° en les faisant passer à travers du poussier de charbon, même en les faisant chauffer sur du charbon, moyens que j'ai cités au mot HUILE, remplissent aussi plus ou moins bien les mêmes indications.

Je renvoie pour le surplus de ce qu'il convient de savoir à cet égard aux articles des graisses et des huiles le plus communément consacrées à la nourriture de l'homme, principalement aux mots OLIVIER, NOYER, PAVOT, BEURRE, et COCHON.

Au reste, la rancidité ne nuit pas, ou du moins nuit très peu à l'emploi des huiles dans les arts ; c'est pourquoi on fait moins d'attention à cette sorte d'altération dans le commerce qu'on ne le feroit si elles étoient exclusivement réservées pour la nourriture de l'homme. (B.)

RANCIDITÉ. État que prennent les graisses et les huiles par l'effet de la réaction de leurs principes les uns sur les autres, et par leur contact avec l'air atmosphérique. *Voyez aux* mots RANCE, HUILE et GRAISSE.

Les graines huileuses sont dans le cas de devenir plus ou moins promptement rances, et de perdre par conséquent leur faculté germinative. Les moyens de retarder ce moment, c'est de les conserver dans leur capsule, lorsqu'elles en ont une, de les tenir dans un lieu dont la température change peu ; et, mieux encore, dans de la terre médiocrement humide. *Voyez* au mot GRAINE.

RAND. Ancienne mesure de longueur. *Voyez* MESURE.

RANGÉE. Se dit des arbres, des plantes, et même de toutes les choses qui sont disposées en lignes droites.

Il est très utile de planter les arbres et même de semer les plantes soit vivaces, soit annuelles, par rangées, parceque par-là on les fait jouir plus également du bénéfice de l'air et de la lumière.

Plus les rangées sont écartées, et plus profitent les arbres des vergers, des pépinières, des avenues, etc. ; cependant, comme il est bon qu'ils s'abritent réciproquement, il ne faut pas les éloigner au-delà d'un certain point. (B.)

RANGÉE (CULTURE PAR). De tout temps on a semé dans les jardins certaines graines fines par rangées; mais ce n'est que dans ces derniers temps qu'on s'est imaginé, qu'il pouvoit être avantageux de semer de même dans les champs. Aujourd'hui les écrivains anglais ne cessent de vanter les succès obtenus au moyen de la culture par rangées, et je ne puis me dispenser d'en parler.

La culture par rangée a été, je crois, provoquée pour la première fois par Tull, homme enthousiaste, paradoxal, mais bon observateur, et aux ouvrages duquel on ne rend pas assez justice. Elle consiste à semer les graines des céréales, des fourrages, et autres, en lignes parallèles plus ou moins larges et plus ou moins écartées, de sorte qu'il y a au moins autant, et le plus souvent davantage, de terrain vide que de terrain plein. La distance entre les lignes dépend de l'objet de la culture, (les grandes plantes demandant à être plus écartées que les petites); mais elle doit être telle qu'un cheval puisse y passer, c'est-à-dire de deux à trois pieds.

Toute plante qui jouit sans gêne de l'influence de la lumière, de l'air, de la terre que peut atteindre ses racines, doit nécessairement croître avec plus de rapidité, s'élever davantage, donner des fruits en plus grand nombre, plus beaux et meilleurs que celle qui est étouffée et privée de sa nourriture par cent plantes voisines.

Tout terrain qui est fréquemment labouré absorbe plus facilement et plus abondamment l'air atmosphérique, et s'approprie par conséquent une plus grande portion de ses élémens.

Tout terrain qu'on empêche de nourrir des plantes conserve non seulement tout le terreau soluble qu'il contenoit, mais même en acquiert probablement en plus grande proportion qu'il ne l'eût fait si on le lui eût laissé consommer.

La théorie de la culture par rangée repose sur ces trois principes. Cette culture est donc évidemment bonne sous les rapports des produits et de l'amélioration de la terre. Elle l'est encore plus parcequ'elle permet de faire les binages d'été au moyen de la HOUE A CHEVAL, de la RATISSOIRE A CHEVAL, de la CHARRUE A DEUX OREILLES appelée CULTIVATEUR (voyez ces mots), c'est-à-dire parcequ'elle économise considérablement de temps et de main-d'œuvre.

Reste donc à calculer si l'augmentation de récolte, dans la portion pleine, dédommage du manque de récolte dans la partie vide, en faisant entrer l'économie des binages à la charrue comme élément dans le calcul; or, c'est sur quoi il paroît y avoir beaucoup de divergance dans les opinions en Angleterre.

Cette divergence ne doit pas étonner, malgré ce que je viens de dire, quand on considère la grande variété des terrains, des plantes, ainsi que de l'influence des circonstances atmosphériques, variété telle, qu'il est impossible (en adoptant le principe dans toute sa rigueur) de pouvoir faire en agriculture des expériences véritablement comparables.

Je vois d'abord que les céréales qui se donnent peu d'ombre et qui, dès qu'elles ont passé fleur, ne vivent presque plus par leurs feuilles, doivent gagner peu à être semées en rangées.

Je vois ensuite que les raves, les navets, les bettes, etc., qui ne s'élèvent pas, ont encore peu besoin de cette culture, et par la première de ces raisons, quoique ces sortes de plantes vivent plus par leurs feuilles que par leurs racines.

Dans ces deux cas donc les avantages des semis par rangées se réduisent uniquement à l'économie des binages à la charrue, et à la meilleure préparation du terrain pour les récoltes subséquentes.

Mais quand on considère les plantes qui s'élèvent beaucoup, et donnent par conséquent beaucoup d'ombre, les plantes qui, par la grandeur et la nature charnue de leurs feuilles, consomment beaucoup d'air, telles que les choux, le colsa, la pomme de terre, les pois, les haricots, la luzerne, etc., etc., on juge combien l'influence de la culture par rangées peut être considérable sur elles.

La culture par rangées doit être plus fructueuse dans les sols et dans les années humides que dans les sols et les années sèches, parcequ'elle favorise l'évaporation, et que dans ces circonstances c'est un avantage. D'ailleurs elle permet toujours alors de transformer un labourage plat en un labourage par billon, puisqu'il suffit d'approfondir la raie ou les raies de l'espace vide.

On sème par rangées de trois manières principales.

Ou on sème à la main dans les sillons, ou on sème avec un Semoir (*voyez* ce mot); ou on sème à la volée et avec une charrue à double oreille et à socle plat fort large; on rejette sur deux lignes toute la semence qui se trouve sur l'espace qu'on veut laisser vide.

Lorsque les labours antérieurs ont été bien faits et que la surface de la terre est un peu plombée, ce dernier moyen est le plus simple et le plus exact; mais il exige une charrue exprès.

Quelque important que soit ce sujet, je ne m'étendrai pas plus au long sur ce qui le concerne, laissant aux cultivateurs français le soin de faire l'application des bases que je viens de poser.

Dans le Médoc, et quelques autres cantons peu nombreux, on cultive la vigne par rangée et on la laboure à la charrue. Il seroit à désirer que cette pratique s'étendît dans tous les pays où on en plante dans les plaines ou sur des coteaux peu inclinés. *Voyez* au mot VIGNE. (B.)

RAPÉ. On donne ce nom, dans quelques endroits, à un petit-vin qu'on fait en mettant des grappes de raisin dans des tonneaux sans les écraser, et en remplissant le tonneau d'eau. La peau des grains de ces grappes étant plus ou moins solide résiste plus ou moins à la fermentation, de sorte que pendant plusieurs mois on peut tirer, à mesure du besoin, du vin de ce tonneau, et y ajouter de suite de l'eau sans que ce vin soit, dit-on, fort affoibli, ce qui est difficile à croire.

On ne fabrique plus guère de râpé, ou mieux de grappé, puisque, quoique j'aie beaucoup vécu et voyagé dans les pays de vignoble, je n'en ai jamais vu. Il a été remplacé par le petit-vin.

Le râpé de copeau est celui qui se fait avec des copeaux employés pour clarifier le vin afin de ne pas perdre la portion du vin absorbé par ces copeaux. Cette opération, résultat de l'ignorance et de la misère, se pratique encore moins que la précédente. *Voyez* VIN. (B.)

RAPETTE, *Asperugo*. Plante annuelle à tige rampante, hérissée de poils et rameuse ; à feuilles alternes, pétiolées, ovales, lancéolées, rudes au toucher ; à fleurs bleues, solitaires dans les aisselles des feuilles ; qu'on trouve quelquefois très abondamment dans les champs, autour des habitations, dans tous les lieux où la terre est fertile ou bien fumée, et qui forme un genre dans la pentandrie monogynie et dans la famille des borraginées.

On estime la RAPETTE RAMPANTE vulnéraire et détersive. Tous les bestiaux la mangent. Comme ses parties sont épaisses, elle améliore la terre dans laquelle on l'enfouit par les labours ; mais on ne doit pas moins la proscrire des champs, comme nuisant beaucoup à la croissance du blé et des autres céréales lorsqu'elle y est un peu abondante. On la connoît dans quelques endroits sous le nom de *portefeuille*, parceque son calice est aplati comme le meuble de ce nom. (B.)

RAPONCULE, *Phyteuma*. Genre de plantes de la pentandrie monogynie et de la famille des campanulacées, qui renferme une quinzaine d'espèces, dont deux sont assez communes pour devoir être mentionnées ici.

Les espèces de ce genre sont des plantes lactescentes à racines vivaces ; à feuilles alternes et à fleurs disposées en tête ou en épi terminal accompagné de bractées.

La RAPONCULE ORBICULAIRE a les racines fusiformes ; les feuilles pétiolées, dentelées, les radicales cordiformes, les caulinaires lancéolées ; les fleurs bleues et disposées en tête. Elle croît naturellement sur les montagnes de presque toute l'Europe, dispersée çà et là. C'est une fort jolie plante qu'on ne doit pas négliger d'introduire dans les jardins paysagers pour les embellir pendant l'été, époque de sa floraison. Les tertres, les pelouses inclinées, sont les lieux où il convient de la placer, mais, comme dans la nature, jamais en masse. Sa racine se mange en salade de la même manière que la *raiponse raponcule*, et j'en ai fréquemment fait usage dans ma jeunesse. On la regarde comme apéritive et propre à augmenter le lait des nourrices. On la multiplie de ses graines qu'on sème aussitôt qu'elles sont mûres, et qui lèvent généralement avant l'hiver.

La RAPONCULE A ÉPI a les racines peu épaisses et fibreuses ; les tiges droites ; les feuilles radicales en cœur, deux fois dentées ; les caulinaires linéaires ; les fleurs bleues et en épi allongé. Elle croît communément dans les bois et les pâturages secs, et fleurit en même temps que la précédente. Ses vertus sont les mêmes, mais on ne la mange pas aussi fréquemment. Son aspect est encore plus agréable ; et comme elle est moins difficile sur la nature du terrain et sur son exposition, on peut la faire entrer plus fréquemment dans l'ordonnance des jardins paysagers. Le mode de sa multiplication ne diffère pas de celui qui vient d'être indiqué. (B.)

RAPONTIQUE. Espèce de RHUBARBE.

RAPONTIQUE DE MONTAGNE. C'est la PATIENCE.

RAPONTIQUE VULGAIRE. C'est la JACÉE.

RAPPELER UN ARBRE. Terme nouveau, dit Roger de Schabol, mais inventé avec jugement et employé à Montreuil. *Rappeler* s'entend des arbres qui, après avoir été quelque temps laissés un peu à eux-mêmes jusqu'à un certain point, à cause de leur trop de vigueur, sont par la suite tenus un peu plus courts. On les rappelle alors ; c'est-à-dire on les soulage à la taille, on les rapproche un peu et on les décharge. (R.)

RAPPROCHEMENT. Terme de jardinage qui s'applique à divers objets, qui tous ont rapport au retranchement plus ou moins considérable de partie d'une tige ou d'une branche d'arbre.

On rapproche les branches d'un arbre fruitier en plein vent pour le rajeunir. *Voyez* RAJEUNISSEMENT.

On rapproche les branches des espaliers, lorsqu'on les coupe très court pour regarnir leur centre, ou pour rétablir l'équilibre entre les deux membres. *Voyez* ESPALIER.

On rapproche plus ou moins la tige d'un jeune arbre, la pousse d'une greffe, etc., pour lui faire pousser des branches latérales.

Le rapprochement est une excellente opération dans un grand nombre de cas, mais il a besoin d'être fait avec intelligence. La plupart des jardiniers en mésusent faute d'en connoître les principes. Comme c'est une véritable Taille, je renvoie à ce mot pour le développement des principes.

On a aussi, dans ces derniers temps, donné le même nom à l'opération de greffer par approche un, deux ou un plus grand nombre d'individus, à un arbre de son espèce ou d'espèce fort voisine, afin de faire profiter ce dernier des racines des autres, après que, la soudure effectuée, on leur a coupé la tête. *Voyez* Greffe. (B.)

RAQUETTE. Espèce du genre des cactiers, dont les tiges sont aplaties et articulées. C'est sur une espèce de ce genre que vit la cochenille.

RASCLÉ. C'est la herse dans le département de la Haute-Garonne.

RASIÈRE. Nom d'une ancienne mesure de superficie. *Voy.* Mesure.

RASSET. Synonyme de son dans le département du Var.

RASTOUL. On donne ce nom au chaume dans le département de Lot-et-Garonne.

RAT. Genre de quadrupèdes qui renferme un grand nombre d'espèces (plus de vingt), dont près de la moitié appartiennent à l'Europe. Comme j'ai parlé à leurs noms spécifiques de la Souris, du Campagnol et du Mulot, qui en font partie, il ne sera question ici que des véritables rats, c'est-à-dire de celles de ces espèces qui ont six à huit pouces de long.

Le rat commun, ou domestique, *Mus ratus*, Lin., a sept pouces de long; sa couleur est sur le dos d'un gris noirâtre et sous le ventre d'un blanc grisâtre. Il vit dans les bois voisins des villages, entre dans les maisons, sur-tout pendant l'hiver, vit de tout ce qu'il trouve, tue les poulets, les pigeonneaux, mange le blé dans les champs, dans la grange, dans le grenier, creuse les murs, ronge la paille et le foin pour se cacher ou faire le nid de ses petits; enfin cause aux cultivateurs des pertes bien autrement importantes que la souris. Heureusement qu'il n'est pas abondant, quoiqu'il fasse quatre, cinq, six et même, dit-on, jusqu'à sept portées par an, parcequ'il a beaucoup d'ennemis, et que la faim le fait souvent mourir pendant l'hiver.

Quoique tous les chats courent après les rats, peu les mangent, à raison de l'odeur qui leur est propre. Ils échappent bien moins à leurs dents ou à leurs pattes que la souris, parce-qu'ils ne sont pas aussi rusés. On les prend dans de grandes souricières appelées ratières, ou avec de petits pièges à renards uniquement faits pour eux, l'un et l'autre amorcés avec du lard, du fromage, de la viande, etc. Fréquemment on les empoisonne avec la *mort aux rats*, c'est-à-dire de la graisse mêlée avec du pain et de la poudre de la graine de ménis-perme (coque levant), ou du verre pilé, ou de l'arsenic en poudre. Ce dernier moyen est dangereux et ne doit être em-ployé qu'à la dernière extrémité.

Le RAT SURMULOT, *Mus Norwegicus*, Lin., a le corps roux-brun en dessus, et le ventre très blanc. Il a deux ou trois pouces de long de plus que le précédent. Sa queue est moins garnie de poils. Il est originaire de Norwège, et n'est connu en France que depuis le milieu du siècle dernier. Au-jourd'hui il est très commun dans et autour de Paris et autres grandes villes, sur tous les ports de mer; il est bien plus fort et plus courageux que le précédent, se bat contre les chats qui l'attaquent et les force souvent à la retraite. Tout lui est bon pour nourriture, mais il recherche moins les grains que la chair. Les cimetières, les voiries, les bords de la rivière, les hôpitaux, les prisons, les alentours des guinguettes des environs de Paris en sont excessivement peu-plés. Il fait une guerre perpétuelle aux poulets, aux perdrix et à tous les petits animaux. Rarement il monte dans les gre-niers. L'eau paroît lui être nécessaire, car il la recherche et y nage sans y être forcé. Toujours il se creuse des trous très profonds, soit dans les murs, soit dans la terre, ce qui, dans le premier cas, ébranle les fondemens des édifices les plus so-lides (le château de Versailles et l'hôpital de la Salpêtrière par exemple). On le prend avec les mêmes pièges que le pré-cédent, on l'empoisonne par les mêmes moyens. De plus, le voisinage de l'eau invite à en verser dans son trou pour le faire sortir et le tuer à coups de bâton.

Le RAT D'EAU, *Mus amphibius*, Lin., a le corps noirâtre en dessus et ferrugineux en dessous; sa grandeur est la même que celle du rat commun. Il vit exclusivement sur le bord des eaux, nage fort bien et se nourrit de poissons, d'insectes, de vers, de racines et de graines. Sa fourrure est très fine.

Cet animal n'est mentionné ici qu'à raison des dommages qu'il cause aux propriétaires d'étangs, car les cultivateurs proprement dits n'ont jamais à s'en plaindre. Il se creuse des terriers très profonds et très multipliés dont il s'écarte peu, mais dont on peut le faire souvent sortir par le moyen de l'eau, ainsi que je viens de l'indiquer. On l'empoisonne aussi très facilement en mettant dans ces trous des boulettes de viande mêlée d'arsenic. (B.)

RAT BLANC. C'est le LEROT.

RAT DE BOIS. C'est le MULOT.

RAT DES CHAMPS (GRAND). C'est le MULOT.

RAT DES CHAMPS (PETIT). C'est le CAMPAGNOL.

RAT D'OR. C'est le MUSCARDIN.

RAT LOIR. *Voyez* LOIR.

RATAFIAT. Liqueur de table composée avec de l'eau-de-vie qu'on a imprégnée de l'odeur et de la saveur de certains fruits, ou parties de fruits, et à laquelle on a ajouté du sucre en plus ou moins grande quantité. *Voyez* EAU-DE-VIE.

RATEAU. Instrument des agriculteurs et des jardiniers qu'ils emploient à beaucoup d'usages, et dont ils se servent particulièrement pour ramasser les foins et le fauchage des gazons, pour rassembler les pailles des champs, pour nettoyer les promenoirs et les allées des jardins, pour épierrer la surface des labours, pour unir le sol des terrains nouvellement semés.

Un râteau est composé de plusieurs dents parallèles fixées à une traverse à laquelle s'adapte un manche. Ces dents sont de fer ou de bois, droites, ou tant soit peu courbées, plus ou moins pointues, plus ou moins longues, plus ou moins espacées. La traverse et le manche sont de bois; le manche a de quatre à six pieds de longueur; il est toujours arrondi.

On ne peut douter que plusieurs parties du corps humain n'aient servi de type à divers instrumens des arts et de l'agriculture. Il est clair que c'est la main de l'homme qui lui a donné l'idée du râteau. Ses cinq doigts ouverts ne lui suffisant pas pour prendre et saisir facilement tout ce qui lui importoit d'avoir ou de manier, il a imaginé cet instrument, dont les dents en font les fonctions.

La nature et les proportions des dents du râteau varient suivant l'usage auquel on le destine. Celui qui sert à épierrer un terrain doit avoir des dents de fer quadrangulaires, longues de trois à quatre pouces et rapprochées convenablement. Elles doivent être plus espacées et plus longues dans le râteau destiné à rassembler les herbes dans les prés. Le râteau employé à ramasser les pailles ou les foins a ordinairement un double rang de dents très longues et en bois. Tout le monde connoît le râteau des jardins. Ses dents sont communément en fer à un pouce de distance les unes des autres, et longues d'environ trois pouces. Quand on veut s'en servir pour niveler et unir les plates-bandes qu'on s'apprête à semer ou qui viennent d'être semées, on promène l'instrument sur le sol, en inclinant le manche à l'angle de quarante-cinq degrés. Que si l'on veut tracer sur une plate-bande de petits sillons, dans la direction desquels on puisse semer ou planter des herbes potagères ou des fleurs, on fait alors usage d'un grand râteau de trois pieds de largeur, armé de quatre à six dents seulement. Cette opération donne un air de propreté et de symétrie aux semis et aux plantations, et conserve la distance qui doit régner entre chaque sillon. Le râteau ne doit point excéder en largeur celle de la plate-bande, et une plate-bande de trois pieds est suffisamment large. Une plus grande étendue nuiroit au sarclage, ou du moins le rendroit incommode.

Dans les râteaux des jardins le manche est perpendiculaire à la traverse qui porte les dents ; on fait usage dans beaucoup de lieux d'un instrument de cette espèce, dont le manche est disposé obliquement. L'emploi de ce râteau est très avantageux dans plusieurs circonstances, et particulièrement dans la récolte des foins. L'ouvrier qui s'en sert suit toujours une place vide, et ne marche point sur le foin, parcequ'il le rassemble non devant lui, mais à côté de lui.

C'est avec le chêne ou le cormier qu'on fait les dents des râteaux qui sont en bois. (D.)

RATELIER. On appelle ainsi deux longues pièces de bois suspendues ou attachées au mur d'une écurie ou d'une étable, dans une direction horizontale, et traversées par plusieurs petits barreaux d'espace en espace, en forme d'une échelle couchée, afin de recevoir le foin et la paille, ou toute autre espèce de fourrage qu'on donne à manger aux chevaux et aux bœufs. Dans beaucoup d'écuries, le mur n'offre qu'un simple râtelier, sans auge ni mangeoire. Cette disposition est défectueuse. Il est plus avantageux de placer, comme on le fait communément, une mangeoire au-dessous du râtelier, parceque les graines du fourrage y tombant peuvent être mangées par les bestiaux, et on sait que les graines sont beaucoup plus nourrissantes que les feuilles et les tiges des plantes qui les ont fournies.

Les barreaux du râtelier ont ordinairement deux pieds et demi de hauteur, et sont espacés de trois à quatre pouces ; la traverse qui porte leur partie inférieure est fortement fixée contre le mur, et la traverse supérieure laisse entre le mur et elle dix-huit à vingt pouces ; celle-ci est ou implantée dans des piliers en maçonnerie, ou soutenue à ses deux extrémités, et de distance en distance, suivant sa longueur, par des bandes de fer. Les barreaux doivent être faits de bois dur, arrondis et lissés sur le tour. Quelquefois on les fait porter sur un pivot, afin qu'en tournant au moindre effort l'animal tire sans peine le foin du râtelier. Si ces barreaux sont espacés au-delà des proportions indiquées, le cheval et le bœuf tirent trop de fourrage à la fois ; il en tombe à leurs pieds une partie qui est foulée et perdue. Si au contraire ils sont trop resserrés, ces animaux perdent du temps et ont beaucoup de peine à tirer leur nourriture. Quand on substitue des barreaux plats à des barreaux ronds, on doit avoir la plus grande attention à ce que les bois soient bien lissés à la varlope, qu'ils n'aient point d'esquilles, et que leurs arêtes soient arrondies. Sans ces précautions les lèvres des animaux seront souvent blessées. La base du râtelier doit descendre vis-à-vis la bouche du cheval, afin qu'il ne soit pas obligé de trop lever la tête en mangeant ; et son inclinaison doit être telle que les ordures et les petites pailles mêlées au fourrage ne puissent pas tomber sur la crinière de l'animal.

On a demandé quelquefois si l'usage des râteliers et des auges n'étoit pas préjudiciable à la santé des chevaux et du bétail, et s'il n'y auroit pas un moyen plus convenable de préparer et de leur offrir leur nourriture. Il est certain que les râteliers présentent plusieurs inconvéniens. Ils sont un réceptacle de poussière et de toiles d'araignées ; plusieurs chevaux en tirant le foin en perdent ; les saletés qui s'y trouvent et la poussière que l'abat-foin introduit tombent sur leur tête et quelquefois sur leurs yeux ; enfin la position peu naturelle que ces animaux sont contraints de prendre pour manger tend à les déformer, et à leur donner insensiblement une encolure de cerf. Quant aux auges, si elles sont de pierre, elles coûtent beaucoup à établir ; si elles sont de bois, elles conservent toujours une certaine humidité, pourrissent à la longue, et contractent à la fin une odeur de moisissure qui dégoûte les animaux. D'ailleurs elles fournissent aux chevaux l'occasion de tiquer. Le dedans des auges est rarement bien nettoyé ; le dessous est tenu plus malproprement encore ; les palefreniers par paresse y jettent une litière consommée qui devroit être portée au dehors. Il en résulte que les chevaux qui ne sortent pas de l'écurie tout le jour hument sans cesse des miasmes peu salubres, et si l'écurie est nombreuse et fermée, comme en hiver, cela peut être très contraire à leur santé, et leur donner des maladies qui n'ont pas souvent d'autre cause.

Dans un ouvrage périodique, consacré à l'économie rurale et domestique, on a proposé il y a vingt ans la construction d'une écurie sans râtelier ni auge, sur un plan nouveau, qui semble présenter beaucoup d'avantages. Un cultivateur en a fait l'essai avec succès. Pour se servir de cette écurie, il faut nourrir les chevaux avec du foin et de la paille hachée et mêlée, soit avec de l'avoine, soit avec du son. L'écurie est voûtée ou plafonnée. L'un des murs est recouvert d'une paroi en bois, et c'est en face de ce mur qu'est la place du cheval. On scelle

dans cette paroi deux boucles pour chaque cheval. Les chevaux sont séparés par des barres ou des cloisons en bois espacées au moins de cinq pieds et demi. Des piliers bien arrondis,
de sept à huit pieds de haut, sont élevés à deux pieds en arrière de l'alignement des croupes ; à six pieds au-dessus
du terrain, on plante dans chaque pilier une boucle portant
deux chaînes assez fortes de trois à quatre pieds de long,
ayant à l'extrémité d'en bas une S solide. L'heure du repas
venue, on tourne les chevaux la tête entre les piliers, et on
les y attache avec leur licol. On suspend à une des deux
chaînes du pilier de la droite et à une des deux chaînes du
pilier de la gauche une crèche ambulante de bois lisse par
le moyen de deux boucles adaptées à ses extrémités à trois
pouces de son bord. Cette crèche doit avoir trois pieds et
demi de longueur, un pied de profondeur et un de largeur.
On y met le mélange de fourrage. Les chevaux mangent sans
être dégoûtés ; rien ne se perd ; on n'est pas obligé de relever
le foin que plusieurs perdent en le tirant du râtelier. Chacun
mange sa portion sans être inquiété par son voisin, et la mange
plus gaiement et plus proprement. L'habitude de se tourner
pour prendre leur repas fait qu'ils se tournent très aisément
quand on veut les faire travailler, sans qu'on soit contraint
de leur donner des coups de fouet pour les arracher à leur
râtelier. Le repas fini, on enlève les crèches, qu'on doit laver
de temps en temps hors de l'écurie, et faire sécher à l'ombre.
On les place sur des tablettes dans l'écurie même, de manière
qu'elles soient à l'abri de la poussière et des saletés. Dans l'en-
tre-deux des repas, on a soin de relever les chaînes des piliers
aussi haut qu'on le peut, afin que les queues des chevaux ne
s'y accrochent pas.

Je conseille à un propriétaire aisé de faire disposer ses écuries sur ce plan ; et je ne doute pas que ses chevaux ne s'en
trouvent bien, sur-tout s'il a l'attention et la possibilité de les
faire panser hors de l'écurie. (D.)

RATISSAGE. On donne ce nom à deux opérations d'agriculture.

La première, qui s'exécute avec un RATEAU (*voyez* ce mot),
a pour but, tantôt de rendre la surface de la terre des planches d'un jardin unie, tantôt de recouvrir la semence qu'on
vient d'y répandre, tantôt d'enlever les herbes, les pierres,
les grosses mottes de terre qui s'y trouvent. Elle diffère peu
du HERSAGE. *Voyez* ce mot.

La seconde, qui se pratique au moyen d'un RATISSOIR (*voy.*
ce mot), sert à couper entre deux terres les herbes qui ont
crû dans les allées des jardins, à briser les inégalités que les
pluies ou autres causes ont pu y faire naître, pour ensuite unir

ces allées, enlever ces herbes et faire disparoître ces inégalités au moyen du râteau, c'est-à-dire en ratissant dans le premier sens de ce mot.

Ratisser avec un râteau semble être une opération facile ; mais, quelque simple qu'elle soit, elle demande de l'habitude pour ne pas appuyer l'instrument au-delà du point convenable, pour ne pas trop enterrer les graines, pour ne les pas entraîner, pour amener les herbes et les pierres en moins de temps possible sur le bord de la planche, et de là en un tas qu'on enlève pour le porter dans la fosse aux ordures, ou les jeter sur le chemin.

Les terres qui sont en bon état de labour sont plus faciles à ratisser que celles qui ne le sont pas. Il en est de même des terres légères exemptes de cailloux, comparativement à celles qui en ont, comparativement aux terres fortes, aux terres nouvellement défrichées, et qui contiennent par conséquent beaucoup d'herbes et de grosses mottes.

On rend le ratissage susceptible d'être exécuté beaucoup plus promptement et mieux, dans les jardins où il est difficile, en choisissant le moment où la terre n'est ni trop humide ni trop sèche ; mais il ne dépend pas toujours du cultivateur de le faire, soit par la nécessité d'employer tout son temps, soit parcequ'il est pressé par la saison, etc. Il en seroit de même si on faisoit usage au préalable d'un ROULEAU (*voyez* ce mot) armé de pointes, qui d'un côté briseroit toutes les mottes, de l'autre plomberoit la terre et en rendroit par-là la surface plus unie et plus de niveau dans toutes ses parties.

Un ratissage *léger* est celui pour lequel on n'appuie pas sur le râteau ; un ratissage *appuyé* est celui pour lequel on fait enfoncer davantage les dents du râteau. Le premier convient aux terres légères et aux semences fines ; le second aux terres fortes et aux grosses semences. Quelquefois on ratisse avec le dos du râteau : ce ratissage a principalement lieu lorsqu'on sème en rayon, et qu'il ne s'agit que de ramener la terre dans les rayons.

Il est très souvent utile de ratisser avant de semer et de ratisser après ; mais les jardiniers paresseux ne reconnoissent pas la nécessité de ce double ratissage.

On ramasse avec le râteau le foin des prairies naturelles et artificielles, le blé, l'orge, l'avoine qui est tombée de la main des moissonneurs. On ramasse avec le même instrument les grosses pailles qui se séparent des herbes dans l'opération du battage, la litière qui n'est pas assez imbue de l'urine ou des excrémens des bestiaux, etc., et cela s'appelle aussi ratisser dans quelques lieux.

Pour ratisser convenablement les allées d'un jardin, il faut choisir également le moment où la terre n'est ni trop humide ni trop sèche. On emploie ou des ratissoirs qu'on tire à soi, ou des ratissoirs qu'on pousse devant soi, et ce, soit à la main et maniés par un seul homme, soit montés sur des roues et traînés par plusieurs hommes ou par un cheval. Lorsque la terre est dure le ratissoir à pousser vaut mieux, parcequ'il enfonce mieux. Lorsqu'elle est trop molle, celui à tirer convient davantage, parcequ'on peut plus facilement l'empêcher de trop mordre.

Six lignes sont généralement l'enfoncement convenable pour un bon ratissage, parceque plus profond il rendroit la terre molle sous les pieds des promeneurs, et susceptible d'être entraînée par les pluies, et que moins profond il ne couperoit pas les racines des plantes au-dessous de leur collet, et par conséquent ne les empêcheroit pas de repousser. Je ne parle ici que des allées peu garnies de sable ; car celles où le sable est mouvant doivent être ratissées au-dessous de ce sable, quelle que soit son épaisseur.

Quand il s'agit de remettre de niveau des parties plus élevées d'une allée, on doit au préalable donner à ces parties un léger binage avec la houe à large fer.

Lorsque les allées sont bordées de gazon on coupe ce gazon au cordeau avant de les ratisser, soit avec la bêche, soit avec le COUPE-GAZON (*voyez* ce mot), et on ratisse la partie coupée comme le reste de l'allée.

Les herbes qui ont été coupées par l'opération du ratissage doivent être laissées vingt-quatre heures au moins sur le sol de l'allée sans y toucher, afin que le soleil ou le hâle les fasse mourir, après quoi on les change de place par un ratissage irrégulier au râteau, ratissage qu'on appelle BROUILLER. Ce n'est qu'après le même espace de temps qu'on les enlève définitivement par un second ratissage fait avec soin et régularité, c'est-à-dire qui ne laisse aucune ordure, et dont les marques suivent la direction longitudinale de l'allée.

On peut juger de l'esprit d'ordre et de l'activité d'un jardinier au premier pas qu'on fait dans un jardin, en voyant comment les ratissages des allées sont exécutés.

Un jardin en terrain peu humide, et dont les allées sont suffisamment garnies de gravier ou de sable, peut être entretenu dans un état convenable de propreté au moyen de six ratissages par an, c'est-à-dire deux au printemps, un en été, deux en automne et un en hiver. Dans la plupart même on se contente de quatre. Qui approuvera ces propriétaires qui ne veulent pas souffrir un brin d'herbe naissant dans leurs allées, qui ont toujours un jardinier derrière eux lorsqu'ils se promènent pour effacer la trace de leurs pas ? L'excès par-tout est un défaut, dit le proverbe, et ce proverbe s'applique fort bien ici. (B.)

RATISSOIRE. Outil de jardinage dont on se sert pour ratisser les sentiers ou allées des jardins, pour en couper l'herbe et en égaliser le terrain. C'est une lame de fer large de trois à quatre pouces, longue de dix à douze, terminée en biseau, et portant à l'opposite du biseau une douille dans laquelle on fixe un long manche de bois.

Il y a trois espèces de ratissoires; savoir, la ratissoire à pousser, qui est celle dont on fait communément usage; la ratissoire à tirer, qui a le tranchant renversé comme une houe, et avec laquelle on coupe l'herbe en tirant à soi; et la ratissoire à double branche.

Les ratissoires sont faites en fer battu, en fer de faux, ou en fer de tole. Celles en fer de faux sont les meilleures : le manche de cet outil doit faire avec sa lame un angle tel que l'ouvrier n'ait pas besoin de se pencher pour s'en servir. (D.)

Il y a des ratissoires à cheval usitées en Angleterre, non seulement pour ratisser les allées, mais encore pour biner les champs ; elles sont dans le cas d'être indiquées ici comme très commodes et très expéditives. Les avantages qu'elles présentent sont si évidens, qu'il devient superflu de les développer; je me contente en conséquence de donner la figure de deux d'entre elles, c'est-à-dire de celle à une et de celle à deux roues. *Voyez planche première*, n°s 1 et 2. (B.)

RAVALE. Machine propre à aplanir le terrain avec économie et célérité. Elle est décrite au mot APLANIR, et figurée *pl.* 1, *fig.* 7 du premier volume.

RAVALER. C'est, dit Roger-Schabol, tailler court un arbre qui s'emporte. C'est, selon quelques autres cultivateurs, tailler plus bas une branche qu'on a déjà taillée.

Ce mot ne s'emploie plus guère dans le jardinage, attendu qu'il est presque synonyme de RECÉPER, RABATTRE, RABAISSER, RAPPROCHER et TAILLER. *Voyez* ces mots.

RAVANELLE. On donne ce nom, aux environs de Toulouse, au raifort raphanistre, qui désole les cultivateurs des terres appelées boulbènes, par l'abondance avec laquelle il croît dans leurs blés. *Voyez* RAIFORT.

RAVE. Espèce du genre des choux, dont la culture est de première importance sous divers rapports et peut devenir une source de richesses pour la plupart des départemens de la France, comme elle l'est depuis long-temps pour quelques uns, comme elle l'est pour l'Allemagne, l'Angleterre, etc. Je dois donc entrer, à son égard, dans des détails d'une certaine étendue.

Tout porte à croire que la rave et le navet ne sont que des

variétés d'une espèce primitive qu'on trouve encore sauvage sur les bords de la mer d'Allemagne, et que Linnæus a appelée *brassica rapa*, plante qui se rapproche beaucoup de notre Navette. *Voyez* ce mot.

Il ne faut pas confondre, quoique l'usage général y convie, la rave et le navet avec les espèces ou variétés du genre raifort qui portent leur nom. Ces dernières sont facilement distingables non seulement par leurs caractères botaniques, mais encore par la saveur âcre et piquante de toutes leurs parties. *Voyez* Raifort.

Le chou-rave et le chou-navet sont deux variétés du chou commun qui, quoique très voisines de l'espèce dont il est question par leurs caractères génériques et par leur forme, s'en éloignent beaucoup par leurs autres caractères et leur saveur. *Voyez* Chou.

Outre leur racine charnue, la rave et le navet se reconnoissent à leurs feuilles alternes, les unes radicales, pétiolées, lyrées, légèrement hérissées, ordinairement de la largeur de la main, les autres amplexicaules, lancéolées, entières, souvent moins larges que le doigt; et à leurs fleurs jaunes, disposées en panicules terminales.

La culture des raves et des navets se perd dans la nuit des temps. Les Grecs et les Romains la pratiquoient. Olivier de Serres rapporte qu'on les a semés en grand, de toute ancienneté, dans le Limousin, l'Auvergne, la Savoie. Je l'ai trouvée usitée sur les montagnes de la Galice, pays totalement étranger aux améliorations de la culture moderne. Elle existoit en Suisse, en Allemagne, et sans doute dans beaucoup d'autres pays bien avant l'époque du célèbre patriarche de notre agriculture. Cependant ce n'est que depuis une cinquantaine d'années qu'elle a été appréciée à toute sa valeur et préconisée par les agronomes, qu'elle a pris dans plusieurs parties de l'Europe, et principalement en Angleterre, une grande amplitude.

La racine de la rave est plus large que longue, c'est-à-dire aplatie dans le sens de sa longueur. Celle du navet est fusiforme et fort allongée. Leur consistance est charnue; leur couleur est ordinairement blanche; leur saveur ne peut être comparée à aucune autre. La grosseur à laquelle elles parviennent ordinairement est trois à quatre pouces de diamètre; mais on en cite de plus d'un pied, et qui pesoient vingt livres.

Il m'a paru qu'en général la chair des navets étoit plus ferme, plus savoureuse que celle des raves; que ces dernières prenoient moins souvent ce goût âcre et amer si désagréable surtout dans ceux ou celles qui sortent de terre pendant leur croissance.

Dès que l'une et l'autre commencent à monter en graines,

leur chair change de nature. Elle devient blanche, membraneuse, ensuite filandreuse, puis se creuse et finit par perdre toute sa saveur.

Les sous-variétés de raves et de navets sont fort nombreuses; mais peu ont été remarquées. On ne trouve indiquées dans les auteurs que les suivantes :

Relativement à la rave, 1° la commune, qui est d'un blanc sale ; 2° celle qui est verte à son sommet, et qu'il faut bien distinguer de la commune, qui verdit lorsque son sommet est exposé à l'air; 3° celle dont le sommet est rougeâtre ; 4° celle qui est très plate et très large ; 5° le *turneps* qui est aussi large, mais moins aplati ; 6° celle qui est presque ronde et grosse ; 7° celle qui est presque ronde et petite ; 8° celle qui est aplatie supérieurement et allongée inférieurement, la *turbinée*; 9° la jaune ; 10° la noirâtre, ou de Mende, ou des Cévennes, que Rozier estime être la meilleure ; 11° la rave hâtive ; 12° la rave jaune de Hollande ; 13° la rave rouge de Hollande.

Relativement au navet, 1° le commun, connu à Paris sous le nom de navet de Meaux. Il est très blanc et de moyenne grosseur (trois et quatre pouces): celui de Belleville n'en diffère presque que par son infériorité de grosseur; 2° le gros navet de campagne ou navet de Berlin, semblable, mais beaucoup plus gros et croissant hors de terre ; 3° celui à sommet vert; 4° celui à sommet rouge ; 5° le navet de Suède ou *rutabaga*, que nous ne possédons que depuis quelques années; 6° le navet jaune, différent du précédent, et dont la chair est très ferme.

Il est des natures de sol qui changent la qualité de la chair des navets au point d'en faire des variétés, et d'améliorer ou de détériorer singulièrement leur goût. Au nombre des premiers sont ceux des territoires de Freneuse, de Saulieu, de Bobry, de Chérouble, de Pardaillan, etc. J'ai visité les trois premières de ces localités, qui toutes sont des glaises ferrugineuses très infertiles. Les navets qui y croissent sont très petits (rarement d'un pouce au sommet), mais fermes et excellens. Dès qu'on fume ces glaises la grosseur des navets augmente, leur chair s'amollit, et leur saveur se rapproche de celle du navet ordinaire. Aussi les gourmets de Paris ne reconnoissent-ils plus aujourd'hui les navets de Freneuse, qu'ils mangeoient avec tant de plaisir autrefois. Dès qu'on sème leur graine dans une autre nature de terre, ils donnent des produits fort différens qui, après un petit nombre d'années, rentrent dans la variété commune; voilà pourquoi les amateurs se plaignent d'avoir été trompés sur la graine qu'ils avoient tirée de Freneuse ou de Paris.

Une terre légère et fraîche est celle qui est la plus convenable aux raves et aux navets, cependant ils viennent assez bien, sur-tout les raves, dans celles qui sont fortes, lorsque l'année n'est ni trop sèche ni trop pluvieuse. Les montagnes granitiques semblent être leur sol natal tant ils s'y plaisent ; aussi sera-ce toujours la culture que je conseillerai d'y préférer pour y alterner les récoltes. *Voyez* Granit, Gneiss et Schiste. Leur végétation est toute en feuilles dans les terres trop fumées ou naturellement fertiles. Ils prennent avec la plus grande facilité la mauvaise odeur des engrais et des amendemens, telles que celle des fumiers pourris, de la boue des villes, de la suie, etc. Les années sèches et les années pluvieuses les empêchent également, et par des causes contraires, de parvenir à une grosseur raisonnable, et pendant les premières elles ont trop de saveur, pendant les secondes elles n'en ont pas assez.

On sème des raves et des navets dans les jardins pendant presque toute l'année. Au commencement de mars ce sont les petites variétés hâtives que l'on mange dans le cours de l'été. Ceux qu'on destine à rester en terre pendant l'hiver se sèment à la fin d'août ou au commencement de septembre. Il est bon de préférer, pour cette dernière destination, le navet jaune ou les navets de Berlin et de Suède, parcequ'ils résistent mieux au froid. Le grand semis, celui qui doit véritablement servir à la provision de l'automne et de l'hiver, se fait en juin ou en juillet, plus tôt ou plus tard, selon le climat, l'exposition, la nature du sol, etc.

Toutes les variétés se sèment généralement à la volée et fort clair, presque toujours dans des planches qui ont déjà fourni une récolte, et sans que la terre ait été de nouveau fumée. La graine s'enterre le plus légèrement possible, et par un seul coup de râteau. Une terre nouvellement labourée ou nouvellement mouillée, ou un temps disposé à la pluie, sont ce qu'on doit désirer. A défaut de ces circonstances on arrosera aussitôt et on le fera ensuite de nouveau au besoin.

Lorsque le semis ne réussit pas, on en accuse toujours la graine ; mais je me suis assuré, par des observations positives, qu'on pouvoit aussi en accuser fréquemment la sécheresse qui frappe de mort la radicule avant qu'elle ait pu s'enfoncer dans la terre, ou la chaleur du soleil qui dessèche la plantule avant qu'elle ait acquis assez de force pour résister à son action.

A peine les raves et les navets sont levés que des myriades d'ennemis se jettent sur eux et coupent leurs plumules ou leurs feuilles séminales. Les principaux sont les Altises, principalement la bleue, connue sous le nom très impropre de puceron ; les Helices et les Limaces. *Voyez* ces mots. Plus tard les larves d'un Papillon (le petit papillon blanc du chou) et d'une Tenthrède (la tenthrède de la rave), dévorent ses feuilles. Un ou peut-être deux véritables Pucerons les épui-

sent de leur sève, et une Mouche (la mouche des racines)
dépose dans sa racine un œuf d'où sort un ver qui la perfore.
Voyez tous ces mots.

Les soins que demandent les raves et les navets lorsqu'ils
ont acquis quatre à cinq feuilles se réduisent à les sarcler, à
arracher les pieds qui sont à moins de six pouces des autres,
et à regarnir par des repiquages les places où il en manque.
Quinze jours plus tard on donne un léger binage, puis un
second un mois après. En faisant ce dernier, on arrache tous
les pieds qui auroient échappé au premier éclairci et tous ceux
qui s'annoncent comme voulant monter en graine. Ces pieds
montans sont quelquefois fort nombreux quand le terrain est
sec ou les automnes secs et chauds.

On peut, sans beaucoup d'inconvéniens, après ce binage,
enlever tous les quinze jours les deux feuilles les plus extérieures de chaque pied; mais il faut se refuser de les couper
toutes, comme on est dans l'usage de le faire dans quelques
lieux, parceque cela retarde beaucoup l'augmentation en
grosseur des racines et diminue leur saveur. La suppression
totale de ces feuilles ne sera en conséquence jamais exécutée
que la veille du jour où on doit arracher le tout.

La récolte des raves ou des navets pour l'usage journalier
peut commencer dès qu'ils ont atteint la grosseur du doigt;
mais il est indispensable de ne faire celle de ceux qu'on veut
conserver pour l'hiver que lorsque l'arrivée des gelées blanches indique qu'ils ne peuvent plus profiter, ou que des
pluies permanentes font craindre pour eux la pourriture. Il
arrive quelquefois cependant, lorsqu'on les laisse en terre
trop long-temps, que des jours chauds après des jours de pluie
raniment leur végétation, qu'ils montent en graine, se creusent et perdent toute leur valeur pour la nourriture de
l'homme. Dans ce cas il faut se presser d'arracher et donner
aux bestiaux tout ce qui a donné de nouvelles feuilles.

Après que les raves ou les navets sont arrachés et dépouillés de leurs feuilles on les laisse, si le temps est beau, deux
ou trois jours étendus sur la terre pour donner moyen à leurs
plaies de se cicatriser, et pour laisser évaporer la surabondance de leur eau de végétation. Si le temps est à la pluie
ou à la gelée on les porte dans une grange. Ces deux buts
remplis, on stratifie ensuite avec de la terre sèche, du sable,
ou de la paille de seigle, dans la serre aux légumes, ceux
qui sont les plus beaux et les plus sains, et on dépose le
reste dans un coin pêle-mêle pour être d'abord consommé.
A défaut de serre à légumes ou de cave qui en tienne lieu, on
fait une fosse, en terrain sec, de quatre pieds de profondeur
et d'une largeur proportionnée à la récolte, et on y strati-

fie les racines, comme il vient d'être dit. Plusieurs petites fosses valent mieux qu'une grande, parcequ'on les vide les unes après les autres, à mesure du besoin, tandis qu'on est obligé de faire une tranchée sur cette dernière pour y prendre des raves ou des navets, et que l'air s'introduit par cette tranchée.

Il est prudent de visiter une fois ou deux pendant l'hiver les raves conservées dans la serre aux légumes pour enlever celles qui sont pourries, et remettre de la nouvelle terre, ou du nouveau sable, ou de la nouvelle paille si l'ancienne est trop humide ou imprégnée de moisissure.

On peut conserver ainsi certaines variétés, le rutabaga par exemple, jusqu'au mois de mai, sur-tout si par un nouveau remaniement, au printemps, on a enlevé toutes les racines qui commençoient à pousser, et si on a placé les autres sur leur tête la queue en l'air, cette position contre nature retardant un peu le développement de leur végétation.

La culture des raves ou des navets dans les jardins, quelque importante qu'elle soit, n'est presque rien quand on la compare aux profits qu'elle donne lorsqu'on la cultive en grand dans la campagne, parceque là ce n'est pas seulement comme racines nourrissantes qu'elles sont considérées, mais comme plantes améliorantes du sol, comme plantes entrant nécessairement dans le système des assolemens des terrains sablonneux et de mauvaise nature.

Il est plusieurs manières de cultiver les raves en grand, qui dépendent du climat, du terrain, du but qu'on se propose.

Dans les climats chauds on ne peut semer la rave ou le navet qu'au retour des pluies de l'automne, c'est-à-dire souvent fort tard, en octobre par exemple, à moins qu'on n'ait la faculté d'arroser les terrains où on les place, par la raison qu'il leur faut de l'humidité pour germer, et qu'il n'y en a pas avant cette époque. En général leur culture est très incertaine dans ces climats, et, quelques soins qu'on y apporte, elle n'est jamais aussi fructueuse que dans les pays froids.

Sur les hautes montagnes, où la neige couvre la terre pendant cinq à six mois et où l'humidité de l'air est permanente, il faut au contraire semer de bonne heure les raves et les navets, en mai ou juin, par exemple, afin qu'ils aient le temps de grossir avant l'hiver. En général, comme je l'ai déjà observé, leur culture est une de celles à laquelle les habitans de ces lieux doivent se livrer avec le plus d'ardeur, parcequ'ils y réussissent bien et qu'ils leur servent de supplément de nourriture et leur permettent d'élever et d'engraisser de nombreux troupeaux de bœufs et de vaches. On se rappelle que ces habitans ne peuvent cultiver le froment et que souvent ils ne récoltent que de l'orge et des châtaignes.

Dans les plaines et sur les collines du centre et du nord de la France, la culture de la rave et du navet n'est que circonstanciellement entravée par des causes atmosphériques; mais elle est cependant fort peu étendue comparativement à ce qu'elle devroit l'être. Je fais des vœux pour le bien-être des cultivateurs; qu'ils s'y livrent avec plus d'ardeur, car les avantages qu'ils en peuvent retirer sont incontestables, comme ce qui me reste à dire le prouvera.

La manière la plus générale de cultiver les raves consiste à labourer une ou deux fois les champs (ordinairement les jachères) de bien diviser la terre par des roulages et des hersages, de semer la graine et de la recouvrir de suite avec la herse de bois garnie d'épines.

Pour les grandes cultures on préfère les plus grosses espèces, principalement le turneps et depuis peu le rutabaga, parcequ'ils fournissent des produits plus considérables et résistent mieux ce dernier sur-tout, aux froids de l'hiver.

La rave et le navet aiment le grand air, et ne profitent point sous les arbres, dans le voisinage des bois, des haies, des murs. C'est au milieu des plaines, ou sur les coteaux découverts, qu'il faut donc toujours les semer.

C'est à la poignée, et comme le blé, que se sème la graine de rave et de navet, après l'avoir mélangée avec deux ou trois fois son volume de sable ou de terre sèche ; cependant quelquefois on le fait à la pincée, ou mieux, à ce qu'on appelle à deux doigts et à jets croisés. (*Voyez* Semis.) La quantité qu'on en répand varie d'une à deux livres par arpent, selon la nature du terrain et l'objet qu'on se propose , c'est-à-dire qu'il en faut davantage dans une mauvaise terre, lorsqu'on destine le plant à être mangé de bonne heure par les bestiaux, ou enterré en vert pour engrais, lorsque la graine est douteuse, lorsqu'on craint la sécheresse , les dégâts des oiseaux , etc. En principe général on gagne à ce que les pieds soient écartés, parcequ'ils deviennent plus beaux et se binent plus aisément.

Il est presque toujours avantageux de semer le jour même du labour, afin que la graine profite de l'humidité qu'offre constamment alors la surface de ce labour. Quelquefois, surtout dans les terres légères, il est utile de plomber ce labour par un roulage , afin de retarder l'évaporation de cette humidité. Dans quelques parties de l'Angleterre on a l'usage de faire passer un troupeau de moutons sur le semis pour produire le même effet. Cette dernière pratique n'est pas à repousser ; mais elle ne peut être suivie que dans les terres sèches.

Lorsque la terre est humide et le temps chaud, la graine de rave ou de navet lève au bout de très peu de jours. Dans le cas contraire, elle reste souvent un mois en terre, et alors on doit s'attendre que toute celle qui n'aura pas été assez enterrée séchera ou sera mangée par les oiseaux, de sorte que le plant sera fort clair et fort irrégulièrement dispersé.

J'observe que la graine qui est plus enterrée que cinq à six lignes ne lève pas et reste en terre jusqu'à ce que des labours subséquens la ramènent à la surface.

Un cultivateur prudent, je le répète, ne sèmera jamais qu'après la pluie, et réservera malgré cela une portion de semence pour parer aux évènemens de la non réussite des semis ou pour regarnir les places vides.

Le plant levé est abandonné à lui-même jusqu'à ce qu'il ait cinq à six feuilles. Alors on le sarcle et on l'éclaircit, c'est la seule façon qu'il reçoive presque par-tout, quoiqu'il fût, comme je le dirai plus bas, fort avantageux de le biner.

On donne aux bestiaux le plant arraché par suite de l'éclaircissement ; rarement on l'emploie à regarnir les places vides, ce qui est encore une erreur de pratique : on leur donne également plus tard le plant qui monte en graine.

Lorsqu'on est dans le cas d'avoir besoin de raves ou de navets avant l'époque de la récolte, ce sont ceux qui sont en même temps et les plus gros et les plus rapprochés des autres qu'il faut préférer ; car les plus petits profitent de cette extraction, et dans les bons fonds un pied de distance n'est pas de trop entre les pieds lorsqu'ils sont arrivés à toute leur grosseur.

On récolte les raves et les navets aux approches des gelées, à la pioche ou à la charrue ; la pioche est préférable, parce-qu'elle en coupe moins, et que les feuilles sont moins salies. Ces feuilles sont de suite enlevées et données aux bestiaux : les racines sont laissées quelques jours sur la terre, s'il ne pleut pas, et ensuite portées à la maison ou enterrées comme il a été dit plus haut.

Les avantages qui résultent constamment de la culture des raves ou des navets, sous le point de vue du revenu direct, sous celui de la nourriture des bestiaux, et sous celui de l'amélioration du sol, devroient non seulement déterminer à en semer sur toutes les terres en jachères, mais encore après toutes les récoltes qui, se levant de bonne heure, laissent assez de temps pour que la rave arrive à une grosseur raisonnable, comme celles des pois, des fèves, des haricots, etc. ; alors on sème leurs graines immédiatement après le dernier binage donné a ces plantes, ce qui, si le temps est favorable, accélère d'un mois leur croissance, et par conséquent fait que leur grosseur est plus considérable.

Comme toute économie de main d'œuvre est un gain, beaucoup de cultivateurs, non seulement ne font donner qu'un seul labour aux terres qu'ils destinent à recevoir des raves ou des navets, mais ils se contentent de faire herser avec une herse à dents de fer (la houe ou la ratissoire à biner vaudroit mieux) et sèment sur ce hersage; il en est même qui se bornent à faire jeter de la graine sur le blé, l'orge, l'avoine, etc., avant leur récolte; ces derniers n'obtiennent sans doute que de chétifs produits, mais enfin ils augmentent la bonté du pâturage des chaumes, et quelquefois même donnent une petite provision pour l'hiver. J'ai vu des raves ou navets ainsi semés dans une chenevière devenir très beaux. Il est généralement d'usage en Bretagne de semer les raves ou les navets sur le sarrasin; dans l'un et l'autre cas il ne s'agit que de semer très clair. La récolte des deux plantes ci-dessus, qui, comme on sait, se fait en les arrachant, donne une espèce de binage aux jeunes raves; d'ailleurs, la théorie vient à l'appui de l'expérience dans ces cas, puisque la graine des raves et des navets, et ensuite leurs jeunes plants trouvent sous l'ombre du chanvre, et encore plus du sarrazin, une humidité favorable à leur germination et à leur accroissement; humidité qui compense ce qu'ils ont de moins en influence de l'air et en ameublissement de la terre; ce plant peut de plus être hersé après l'enlèvement du chanvre ou du sarrasin, sans craindre que le nombre des pieds qui peuvent être arrachés par cette opération influe sensiblement sur la masse des produits.

Quoique l'expérience prouve qu'on peut obtenir des récoltes de raves et de navets sans labour, il n'en est pas moins vrai que plus les labours sont multipliés et profonds, et plus ces racines sont grosses, et plus par conséquent leurs produits sont abondans. Aussi Rozier veut-il qu'on fasse dans ce cas passer deux fois la charrue dans le même sillon; aussi Arthur Young dit-il que dix pouces de profondeur ne sont pas de trop. Ainsi ce n'est que dans quelques circonstances qu'on doit les épargner.

Dans les terres fort humides il est indispensable de labourer en billon, car, quoique aimant l'humidité, les raves et les navets craignent beaucoup l'eau. *Voyez* BILLON.

Rarement on fume, en France, les terrains destinés à être semés en raves ou en navets; mais on gagne toujours à le faire, sur-tout dans les terres maigres et sèches. Le fumier de vache est préférable à tous les autres, parcequ'il conserve plus long-temps son humidité, et qu'il coûte moins.

L'influence des binages sur l'accroissement des raves et des navets est telle qu'il résulte, d'expériences faites en Angleterre, qu'il y a triple récolte à gagner, année commune, à en donner au moins deux. On doit donc biner dans le plus grand nombre des cas, mais les binages sont coûteux lorsqu'on les fait à la houe; cette considération a engagé Tull à proposer de les semer par rangée, afin de pouvoir les exécuter avec le CULTIVATEUR (*voyez* ce mot) qu'il avoit inventé. Aujourd'hui on cultive beaucoup ces racines de cette manière en Angleterre, et quelques cultivateurs français commencent à les cultiver de même.

Pour semer les raves ou les navets en rangées, on disperse la graine, par pincées, dans les sillons, à deux ou trois pieds de distance, ou on emploie un SEMOIR (*voyez* ce mot). Le premier de ces moyens est long, difficile, et ses résultats sont irréguliers; le second exige l'acquisition d'une machine coûteuse et sujette à se déranger. M. Clarck a coupé le nœud gordien : il sème ses raves ou ses navets à la volée, et lorsqu'ils sont arrivés au point d'être dans le cas du premier binage, il y fait passer à travers sa houe à biner, de manière à avoir des rangées alternativement pleines de quatorze pouces, et vides de deux à trois pieds de large. Le plant que son instrument a arraché sert à regarnir les places vides ou à être planté ailleurs; il laboure ensuite les intervalles vides avec la petite charrue à double oreille ou CULTIVATEUR ; par ce moyen il obtient économiquement une bonne récolte, et sa terre est toujours en bon état. C'est sur les sols naturellement humides que la culture par rangée, telle que la fait M. Clarck, doit être la plus avantageuse, parcequ'elle place les racines sur des billons.

Il est quelquefois convenable de semer des raves ou des navets fort tard en automne, afin d'avoir des pâturages très précoces au printemps, et même pendant l'hiver, si la terre n'est pas couverte de neige; on risque la perte de sa semence, il est vrai, lorsque les gelées sont très fortes ; mais il faut bien hasarder quelquefois ; d'ailleurs en choisissant le rutabaga on a des chances favorables plus nombreuses à espérer. Il faut cependant observer que la culture des choux est dans ce cas toujours plus fructueuse.

Arthur Young consacre un chapitre aux raves et aux navets, ou mieux, aux turneps, dans son ouvrage intitulé Expériences d'agriculture, ouvrage qui fait partie de la collection du Cultivateur anglais. Je vais en transcrire ici les résultats.

Les turneps sont cultivés en Suffolk de temps immémorial;

chaque fermier en fait au moins un champ tous les ans, excepté ceux dont le fond de terre est argileux. La culture commune consiste à donner à la terre quatre à cinq labours et un nombre de hersage suffisant pour bien atténuer le sol. La plus grande partie du fumier recueilli sur la ferme est employée pour les turneps. Les fermiers sont dans l'usage de faire biner deux fois. Les récoltes en sont fort bonnes en général. Dans les bons terrains, il est de ces racines qui pèsent vingt livres (anglaises); sur les terrains secs on les fait, autant qu'il est possible, manger sur place par des bêtes à laine; mais dans les sols humides on les arrache pour les donner aux bestiaux dans la cour de la ferme. La terre reste nette après la récolte. Ordinairement on sème de l'orge après les turneps, et son produit est fort abondant, sur-tout quand on a fait manger les derniers sur place.

Tous les turneps de ce canton sont semés à la volée. Le profit direct n'est pas le principal objet qu'on a en vue en les cultivant. C'est pour épargner les frais d'une jachère, pour pouvoir nourrir une plus grande quantité de bestiaux, pour obtenir une plus grande quantité de fumier, pour engraisser et amander la terre par les fragmens des racines qui y restent, et par les binages d'été qu'on lui donne.

Les frais du transport des turneps sont si élevés, et les avantages de les faire manger sur place par les moutons, si nombreux, que ce n'est jamais qu'à la dernière extrémité qu'il faut les arracher. Ces mêmes frais ne permettent pas d'en acheter au loin; aussi le prix de leur vente n'est-il jamais proportionnel à leur valeur réelle.

Mais quoiqu'il soit constant que les labours multipliés et la surabondance des engrais augmentent les produits des turneps, il est cependant un point où il faut s'arrêter, sans quoi, loin de faire des bénéfices par leur culture, on se ruineroit certainement. C'est sur quelques expériences combinées, et d'après d'exacts calculs de dépense et de recette, que chaque cultivateur doit établir sa conduite. Il est impossible de fixer une règle générale, puisque le prix des terres, de la main-d'œuvre, des bestiaux, le besoin des engrais, etc. varient selon les localités. D'ailleurs il est prouvé que trop de fumier fait pousser les turneps en feuilles aux dépens des racines qui seroient devenues plus grosses si on en avoit moins répandu; or, c'est principalement pour elles qu'on les cultive. Arthur Young a fait sur cela une expérience directe et comparative, qui lui a donné un résultat concordant avec les principes, c'est-à-dire qu'un champ fumé outre mesure lui produisit moitié moins de racines, en poids, qu'un champ semblable fumé modérément.

Il pense même que dans les bonnes terres il est rarement avantageux de les fumer, parcequ'ils ne sont pas susceptibles de supporter de grandes dépenses.

Dès que les gelées tardives du printemps ne sont plus à craindre, on replante, dans une partie du jardin, ou dans un champ voisin de la maison, une quantité de raves ou de navets pour avoir de la graine. Ce sont toujours les plus belles racines qu'il faut préférer, et pour cela les mettre à part au moment même de la récolte. Deux ou trois pieds est la distance qu'il convient de les écarter. Ces pieds, qui presque toujours ont déjà une tige lorsqu'on les plante, ne tardent pas à reprendre des racines. On leur donne un binage avant leur floraison, et un second lorsqu'elle est complètement terminée. Comme les tiges sont fort grosses et donnent beaucoup de prise au vent, il est prudent de les soutenir par des tuteurs ou par des perches parallèles au terrain. Beaucoup d'oiseaux sont extrèmement friands de la graine, de sorte qu'il faut, dans beaucoup de localités, ou faire garder la plantation par des enfans, ou faire une chasse journalière à ces oiseaux, ou couvrir les tiges d'un filet. On coupe, on arrache ces tiges lorsqu'elles sont devenues jaunes, et on les suspend, en sens contraire, dans une grange ou un grenier, pour que la graine perfectionne sa maturité. Ce n'est que quand elles sont complètement desséchées, ce qui souvent n'a lieu qu'après un ou deux mois, qu'on doit en battre la graine. Exposer ces tiges au soleil, pour accélérer la maturité, est une pratique vicieuse. *Voyez* Graine. Il est même bon de laisser la graine dans la silique jusqu'au moment de la semer. Comme celles des graines qui sont aux deux extrémités de la silique, celles qui se trouvent dans les siliques, qui n'étoient pas encore assez avancées dans leur maturité lors de la récolte de la tige, ne valent rien; il faut toujours compter un tiers de la semence comme impropre à la reproduction.

On bat la graine de raves ou de navets comme celle de la navette, c'est-à-dire avec des baguettes et sur des draps. Cette graine se conserve pendant cinq ou six ans en état de germination, et peut-être plus lorsqu'elle est laissée dans la silique. On a reconnu qu'elle étoit meilleure la seconde année que la première, c'est-à-dire que les pieds provenus de celle de la seconde étoient plus disposés à donner de grosses racines, et celles de la première à pousser en feuilles. Ce fait est en concordance avec les autres du même genre. La graine battue et nettoyée se dépose dans des sacs ou dans des tonneaux, dans un lieu ni trop chaud ni trop humide, et à l'abri des rats et des souris. Il est toujours bon d'en avoir une provision pour deux à trois ans, afin de parer aux évènemens.

Toutes les volailles peuvent être nourries avec la graine des raves et des navets. Les pigeons sur-tout semblent être destinés à consommer celle qu'on a de trop. On peut en tirer une huile aussi bonne que celle du colsa et de la navette ; même il y a des lieux où on cultive la rave et le navet uniquement pour sa graine et dans cette intention. Je ne parlerai cependant point de leur culture sous ce rapport, parceque lorsqu'on transplante les pieds elle ne diffère pas de celle du Colsa, et lorsqu'on ne les transplante pas elle ne diffère pas de celle de la Navette. *Voyez* ces deux mots et le mot Huile.

Il est peu de personnes qui n'aiment les raves et les navets cuits avec des viandes ou assaisonnés à la graisse ou au beurre. Les unes et les autres nourrissent légèrement, mais se digèrent facilement. J'ai toujours trouvé les navets préférables aux raves pour le goût ; cependant la rave noire de Mende, dont j'ai mangé à Mende même, l'emporte sur eux. Dans quelques endroits ils servent crus ou cuits de fondement à la nourriture des cultivateurs pendant les derniers mois de l'automne. La consommation qu'on en fait dans les villes est fort étendue ; on les emploie comme adoucissans dans les rhumes et autres maladies des bronches et du poumon. Leurs feuilles se mangent également, soit crues et en salade soit cuites comme les épinards. On connoît trop leurs usages dans la cuisine pour qu'il soit nécessaire que j'en parle plus longuement.

Les bestiaux et les volailles aiment encore plus les raves et les navets que l'homme. C'est pour eux principalement que sa culture en grand doit devenir plus générale en France. Tous les pays qui s'adonnent à l'élève et à l'engrais des bœufs et des moutons gagneront immensément à les employer. De tout temps, comme je l'ai déjà observé, les cultivateurs du Limousin connoissent ses avantages. Leur usage est vulgaire en Angleterre depuis un demi-siècle, et il s'étend par toute l'Europe. *Voyez* au mot Engrais.

Mais les raves ou les navets ne doivent pas être donnés seuls aux animaux domestiques, il faut les mélanger et les alterner avec des fourrages, d'autres racines ou des graines farineuses, car à la longue ils agissent d'une manière nuisible sur leur estomac, et donnent à leur chair, ou à leur lait, une saveur et une odeur désagréables. En général les animaux, encore plus que l'homme, ont besoin qu'on change souvent l'objet de leur nourriture. La quantité de raves et de navets qu'on doit donner sans inconvéniens aux bestiaux varie ; mais il paroît qu'ils peuvent toujours entrer pour un tiers au moins dans la nourriture journalière des bœufs, des moutons et des cochons. Je ne parle pas des chevaux,

parceque l'usage des raves et des navets leur tenant le
ventre libre, les affoiblit trop, et que, par conséquent, il ne
faut leur en donner que de loin en loin, lorsqu'ils sont malades ou qu'ils ne travaillent pas. Arthur-Young s'est assuré,
par une expérience directe, qu'un jeune bœuf pouvoit manger
par jour un quinzième de son propre poids de turneps, et
qu'on pouvoit faire passer l'hiver à une brebis pleine et nourrice avec dix quintaux de cette racine.

Presque par-tout on donne des raves et des navets aux cochons pour nourriture, et ils s'en trouvent bien. On les leur
fait manger crus ou bouillis. Mais quand il s'agit de les engraisser, il faut discontinuer ce régime qui retarderoit cette
opération, Arthur-Young ayant remarqué que ceux uniquement tenus à ce régime dépérissoient rapidement.

Le même agriculteur nourrit une vache laitière uniquement
avec des turneps. Son lait augmenta, mais il devint fort âcre
et son beurre fort mauvais. Il diminua la quantité de turneps et
la remplaça par du foin, et le mauvais goût diminua proportionnellement. Ce fait étoit depuis long-temps connu, mais
nulle part je ne l'ai trouvé cité d'une manière aussi positive.

Une altération analogue a été observée dans la saveur de
la chair des bestiaux nourris de même; aussi quelque avantageux qu'il soit de faire concourir ces racines à leur engrais,
sur-tout dans les commencemens, on doit les leur supprimer
vers la fin. *Voyez* ENGRAIS.

Dans quelques lieux on ne donne les raves et les navets aux
bestiaux qu'après les avoir fait cuire. Cet usage a des avantages;
mais l'augmentation de dépense en bois et en main-d'œuvre
ne permet pas de l'adopter par-tout. C'est principalement pour
les cochons qu'il doit être provoqué.

Il est économique et diététique de donner des raves ou des
navets, en petite quantité à la fois, aux volailles, qui toutes,
excepté les pigeons, les aiment autant que les bestiaux. Les
oies et les dindes sur-tout s'en accommodent fort bien. Par
les motifs ci-dessus, c'est-à-dire crainte d'altérer la saveur de
leur chair, il faut les leur donner plutôt cuits que crus; d'ailleurs elles les mangent mieux sous cet état.

Comme les raves et les navets sont souvent trop gros pour
être mangés par les bestiaux et les volailles, on les coupe par
morceaux. Pour cela on a imaginé des machines expéditives,
dont une sera figurée à l'article POMMES DE TERRE.

On doit laver le plus exactement possible les raves et les
navets avant de les offrir aux bestiaux.

Quelque considérables que soient les avantages que les
cultivateurs peuvent retirer de la culture des raves ou des

navets, comme objet de consommation pour eux et pour leurs bestiaux, ce n'est pas encore sous ce point de vue qu'elle est la plus importante pour eux, c'est comme améliorant le sol, le disposant à produire des récoltes plus abondantes. Cette précieuse faculté est appuyée, et sur la nature de ces plantes, et sur le mode de culture qu'elles exigent.

1° Ainsi que je l'ai dit plus haut, comme plantes à feuilles larges, épaisses, à grosses racines charnues et comme plantes dans le cas d'être consommées avant de monter en graine, les raves et les navets épuisent fort peu la terre, tirent la plus grande partie de leur substance de l'air atmosphérique ; lorsqu'on les enterre en automne ou au printemps elles rendent au sol beaucoup plus qu'elles n'en n'ont tiré, elles l'engraissent donc. Les faire manger sur la place par les moutons produit le même effet, parceque ces moutons laissent leur fiente et leur urine en échange de la portion qu'ils mangent.

2° Les larges feuilles de ces plantes étant étalées sur la terre d'un côté, étouffent les mauvaises herbes qui ont germé sous elles, et conservent à la terre une humidité qui est très favorable à la décomposition de l'air, et à la fixation de ses élémens dans la terre.

3° Par les binages qu'elles exigent on achève de détruire ces mauvaises herbes et de faciliter à cet air l'entrée dans la terre. *Voyez* LABOUR.

Mais ici je m'arrête ; je laisse à un plus habile, à mon collaborateur Yvart, le soin de faire valoir les grands moyens que fournissent les raves sous ces différens rapports. *Voy.* aux mots ASSOLEMENT et SUCCESSION DE CULTURE. (B.)

RAYEUX. On donne ce nom, dans le département de la Meurthe, aux terrains anciennement défrichés.

RAY-GRASS. Nom anglais de l'IVRAIE VIVACE et de l'AVOINE ÉLEVÉE, et même en général de toutes les graminées qui se cultivent pour la nourriture des bestiaux. *Voyez* les deux mots précités et le mot PRAIRIE ARTIFICIELLE.

RAYON. Dans la grande agriculture ce mot est synonyme de sillon. Dans le jardinage on l'applique aux espaces plus ou moins larges, mais toujours plus longs qu'on creuse, soit avec l'extrémité d'un bâton, soit avec une pioche ou autre instrument, dans une terre labourée pour y répandre des semences, qu'un simple coup de râteau recouvre. On emploie ordinairement un cordeau pour régulariser la direction du rayon.

Le semis en rayon a des avantages marqués sur celui dit à la volée, et qui consiste à jeter, le plus également possible, la semence sur la totalité de la surface de la terre qu'on veut ensemencer. *Voyez* RANGÉE.

RAYON. Gâteau de cire tel qu'il est dans la ruche. *Voyez* ABEILLE.

RAYON (SEMER EN). C'est une des deux manières employées dans les jardins. Elle consiste à tracer avec le bout d'un bâton ou autre instrument de petites fosses parallèles plus ou moins longues; plus ou moins écartées, profondes d'un à deux pouces au plus, pour y répandre la semence, qu'on recouvre avec la terre qui en est provenue et qui est restée sur les bords par un seul coup de râteau. *Voyez* au mot RANGÉE.

RAYS. Morceaux de rayons de vieilles roues que les cultivateurs de Montreuil font sceller au-dessus de leurs murs, afin d'y attacher les paillassons destinés à garantir leurs espaliers de la gelée. Ils préfèrent ces rays à tout autre bois, parcequ'elles sont de chêne, qu'elles sont peintes et leur coûtent fort bon marché. Elles durent fort long-temps.

REBBES. Nom d'une variété de rave dont on fait usage dans la Vendée pour engraisser les bœufs à l'étable.

REBOTTER. Ce mot, dans son acception première, signifioit probablement *rebuté*, parcequ'il s'appliquoit et s'applique encore spécialement dans les pépinières, soit aux arbres greffés en fente ou à œil poussant rez terre et dont la greffe n'ayant pas réussi, sont de nouveau greffés sur leur jet latéral, soit à ceux dont la greffe a réussi, mais a éprouvé, la seconde ou la troisième année, des accidens tels qu'on est obligé de la rabattre à un ou deux yeux du sauvageon. Je dis *rebuté* parceque les arbres ainsi traités ne deviennent jamais aussi beaux et ne durent pas aussi long-temps que les autres, à raison de ce que leur sève est forcée de faire deux déviations successives, et quelquefois trois, dans l'espace de quelques pouces, ce qui ralentit sa marche et cause l'obstruction de ses vaisseaux; aussi les arbres rebottés poussent-ils moins vigoureusement que les autres, et le bourrelet de leur greffe devient-il le plus souvent une loupe énorme.

Un propriétaire éclairé doit toujours refuser les arbres rebottés, quoique quelquefois par les progrès de l'âge, sur-tout quand ils sont dans un bon terrain, les effets ci-dessus soient peu sensibles; mais comme les pépiniéristes les livrent aux jardiniers à meilleur marché, ces derniers sont le plus souvent déterminés par leur intérêt à les prendre de préférence, à raison de la plus forte remise qui leur en revient.

Mais que faire des arbres rebottés dans les pépinières, puisque dans certaines années, par l'effet de l'ignorance ou du peu de soin des greffeurs, ou par l'effet des circonstances atmosphériques, une moitié ou un tiers des greffes en fente ou à œil poussant manquent ? Couper le sujet entre deux terres et réserver le plus fort des jets qu'il fournira, afin de le greffer à cinq ou six pieds de terre pour en faire une tige. Ce conseil est peu suivi, quoique le seul bon, parceque son exécution fait perdre deux ou trois années et dérange l'ordonnance de la plantation. Au reste, ce motif fait que les pépiniéristes ne greffent plus aujourd'hui que rarement en fente et à œil poussant. Ils préfèrent, et avec raison, la greffe à œil dormant qui, lorsqu'elle manque, peut être recommencée l'année suivante un peu plus haut ou un peu plus bas, sans qu'il y paroisse pour ainsi dire. Ainsi, aujourd'hui, ce ne sont presque que les plants dont la greffe a péri en tout ou en partie, la première ou la seconde année, qui fournissent les arbres rebottés qu'ils livrent au public.

Le pêcher greffé sur amandier est sur-tout sujet à être rebotté, parceque la grande sécheresse comme la grande humidité font souvent périr ses greffes, et c'est justement l'arbre pour lequel le rebottage a les inconvéniens les plus graves.

Les plants dont la greffe a manqué deux fois sont généralement brûlés; cependant ils peuvent être encore utilisés à planter dans les massifs des jardins paysagers, à regarnir les clairières des bois, à former ou rétablir des haies, etc.

On peut utiliser, dans la plupart des espèces d'arbres, les pieds rebottés en les greffant en fente, entre deux terres, c'est-à-dire au-dessous de l'exostose. Cette greffe entre deux terres, si facile, si sûre, n'est pas encore aussi employée qu'elle le mérite; mais il est à croire qu'elle ne tardera pas à devenir générale dans ce cas et dans bien d'autres.

Comme le rebottage est une espèce de recépage, on emploie quelquefois le premier de ces mots en place du second dans les pépinières des environs de Paris, pour indiquer la coupe rez terre d'un plant de deux ou trois ans dont on veut obtenir de plus belles tiges; mais c'est mal à propos. *Voyez* aux mots Recéper, Rabattre, Rabaisser, Rapprocher et Tailler. (B.)

REBOURS. Les bois rebours sont ceux qui ont des nœuds et dont les fibres prennent différentes directions, en sorte qu'ils sont difficiles à travailler. *Voyez* Bois. (De Per.)

Les bois sont rebours ou par leur nature, ou parcequ'on les a élagués, étronçonnés outre mesure. Ils sont ordinairement beaucoup moins susceptibles de se fendre que les autres, et par conséquent plus convenables à certains services.

REBUGA. Dans le département de Lot-et-Garonne c'est élaguer les arbres.

REBUT. Dans les herbages de la vallée d'Auge, on donne ce nom aux herbes que les bœufs mis à l'engrais refusent de manger, et qu'on fauche pour leur nourriture pendant les grands froids de l'hiver.

RECALLEI. On donne ce nom au recurement des fossés dans le département des Deux-Sèvres.

RECÉPE (BOIS). Quand il a été coupé par le pied avant son âge d'aménagement. Le recépage d'un bois est absolument nécessaire, 1° à la cinquième année de sa plantation; 2° lorsqu'il a été très endommagé par le broutement des bestiaux; 3° quand il a été brûlé; 4° enfin lorsqu'il a été généralement attaqué de la gelivure. (De Per.)

RECÉPER. C'est couper rez terre du jeune plant dans l'intention de lui faire pousser des jets plus droits et plus vigoureux que les anciens. Ainsi on recèpe presque toujours dans les pépinières le plant de deux à trois ans, ainsi on recèpe une plantation de bois de la quatrième à la dixième année, lorsqu'elle paroît foible ou qu'elle a été endommagée par les gelées ou les bestiaux.

La théorie de cette opération est fondée sur ce que la pousse des arbres est toujours en rapport avec la direction perpendiculaire et la largeur des canaux de leur sève. Ainsi, un jeune pied d'orme qui a été, une des deux premières années de sa plantation, arrêté dans sa croissance en hauteur par la perte de son bouton supérieur, emploie toute sa force de végétation à nourrir ses branches latérales, et il ne peut pas toujours par conséquent donner naissance à un nouveau bourgeon supérieur, prédominant en vigueur sur les autres. Mais lorsqu'on a coupé cette tige, il sort de sa base plusieurs nouveaux jets d'une vigueur proportionnée à l'étendue de ses racines, jets dont on retranche successivement les plus foibles et les moins perpendiculaires au sol, de sorte que le réservé, dont le bois n'est pas encore solidifié, profite seul de toute la sève qui auroit nourri les autres, et croît en grosseur et en hauteur avec une telle rapidité qu'à la fin de l'année il surpasse souvent, dans ces deux dimensions, la tige qu'il remplace. J'ai vu des ormes de trois ans, dans un bon terrain, donner des jets de sept à huit pieds de haut sur un pouce de diamètre à leur base pendant le cours de cette première année. Il est rare, de plus, que ces jets ne soient pas très droits, ce qui dispense d'employer des tuteurs pour leur donner la direction perpendiculaire, et par conséquent évite une grande dépense.

La largeur des feuilles, beaucoup plus grandes sur les jeunes pousses vigoureuses que sur les autres, doit aussi avoir une favorable influence sur l'accroissement des jets. Voy. Feuille. Il en est de même de la direction constamment en ligne droite et de la plus grande amplitude des canaux de la Sève. Voyez Sève.

Il est des arbres dont le recépage est presque indispensable, tels que l'orme, le tilleul, l'acacia, le châtaignier, le gaînier, le micocoulier, l'aubépine, etc. parceque leurs poussés sont d'abord foibles et irrégulières, ou très sensibles à la gelée ; aussi les pépiniéristes l'exécutent-ils toujours. Il en est d'autres sur qui il ne faut l'entreprendre que lorsqu'il n'y a pas moyen d'espérer en tirer parti autrement : ce sont ceux qui offrent une flèche, telles que les frênes, les érables, les marronniers, etc., et ceux qui poussent avec une grande force dans leur jeunesse, tels que les peupliers, les saules, etc. Enfin il en est d'autres pour qui il est nuisible et même mortel ; parmi les premiers je citerai le noyer, dont la large moelle favorise la pourriture, et parmi les seconds les pins et sapins. La connoissance des différences que présente chaque espèce d'arbre sous ce rapport est une des parties importantes de la science des pépiniéristes.

Quelques personnes, peu au fait de la théorie et de la pratique des pépinières, se sont élevées contre le recépage des jeunes plants, sous prétexte que cette opération occasionnoit un retard d'une année dans la plantation ; mais quoique cela soit effectivement vrai pour tels ou tels de ces plants, que des circonstances ont favorisés dans leur végétation, il y a toujours à gagner, même sous ce rapport, lorsqu'on considère une plantation de quelque étendue ; et faut-il compter pour rien d'avoir des arbres plus droits, plus égaux en grosseur et en hauteur, et l'économie des tuteurs ?

Le recépage dans les pépinières doit être généralement effectué la seconde ou la troisième année de la plantation, selon la nature du terrain et l'espèce des arbres, c'est-à-dire qu'il doit être retardé dans les très mauvais sols, afin de donner aux racines le temps de se fortifier, et pour les espèces qui poussent lentement, telles que le chêne et le micocoulier. Lorsqu'on le fait trop tard, la cinquième ou sixième année par exemple, on n'en obtient plus les mêmes bons effets, parceque les poussés sont un peu plus foibles, et que la plaie, étant plus large, elle se recouvre plus difficilement. Il n'en est pas de même dans les plantations de bois où la végétation est généralement plus lente ; car ce n'est qu'à la cinquième ou sixième année, comme je l'ai déjà observé, qu'il convient de les recéper ; mais ici ce n'est pas une seule tige qu'on désire, mais une trochée ou cépée qu'on coupera de nouveau dix à douze ans plus tard.

Dans les pépinières d'arbres fruitiers on ne fait de recépages que sur les pieds qu'on destine à former des plein-vents, et même souvent n'en fait-on point du tout, parcequ'on réserve pour ce dernier objet les plus beaux jets, qu'on appelle *égrins* ou *aigrins*; mais le même effet en produit, dans la greffe à œil dormant, qui est celle qu'on pratique le plus généralement, par la coupe du sujet au-dessus de la greffe au printemps, lorsque cette greffe est reprise. Qui n'a pas vu des greffes de poiriers, de pommiers, et encore plus de pruniers, de pêchers et d'abricotiers pousser dans la première année de trois ou quatre pieds et plus ?

C'est à la fin de l'hiver qu'il convient de recéper les plants des pépinières. Plus tôt on risque les suites des gelées sur la plaie ; plus tard, c'est-à-dire lorsque la sève entre en mouvement, on retarde la pousse et on affoiblit les résultats. La serpette employée sera très tranchante, pour accélérer l'ouvrage et ne pas éclater la base de la tige. La coupe doit être le plus près possible de terre, tournée au nord et très oblique. L'opération finie, on donne un bon binage. Vers le milieu du mois de juin, lorsque la végétation commence à diminuer de vigueur, on retranche tous les bourgeons foibles et mal dirigés, on ne réserve que les deux plus forts et plus droits, le plus possible opposés; et, un mois plus tard, c'est-à-dire entre les deux sèves, on retranche le plus foible de ces deux, de manière que la sève d'août porte toute son action sur un seul. Lorsque c'est avec la main qu'on détache les bourgeons, il faut s'y prendre de manière qu'une portion de l'écorce de la tige ne soit pas enlevée avec eux. Par ce mode la plaie est plus large et il y a toujours une plus grande déperdition de sève ; mais on le préfère généralement, à raison de sa rapidité, à l'emploi de la serpette, quoique réellement moins avantageux. *Voyez* au mot PÉPINIÈRE.

Il vaudroit beaucoup mieux supprimer, un à un, les bourgeons à un intervalle de quelques jours que de les supprimer tous à la fois, excepté deux ; mais l'ordre du travail dans un établissement un peu étendu force à suivre la méthode indiquée, quoique évidemment contre les principes. Si on enlevoit trop tôt ces bourgeons, la sève se ralentiroit et même le pied périroit, ainsi que j'en ai vu beaucoup d'exemples. Si on les enlevoit trop tard ils auroient employé, en pure perte pour celui qu'on conserve, la force active de la sève. L'expérience seule peut indiquer dans chaque pays, dans chaque nature de terre, dans chaque année, dans chaque espèce d'arbre, le moment précis où il est utile d'ébourgeonner les plants recépés dans l'intention d'en faire des tiges.

Le mot recéper a encore quelques autres acceptions en agriculture; mais elles sont locales et impropres. On lui substitue quelquefois mal à propos le mot REBOTTER. (B.)

RÉCEPTACLE. Partie sur laquelle repose immédiatement la fleur ou le fruit des plantes.

Il y a deux sortes de réceptacles, le propre et le commun, c'est-à-dire dont l'un porte une seule fleur, et l'autre porte plusieurs fleurs.

On fait peu attention en botanique au réceptacle propre; mais le réceptacle commun est fréquemment employé pour la fixation des genres dans les fleurs COMPOSÉES ou SYNGÉNÉSIQUES (*voyez* ces mots). Il en est qui sont planes, convexes, coniques, nus, creusés d'alvéoles, hérissés de poils, munis de paillettes, etc. *Voyez* PLANTE.

RÉCHAUD, ou mieux RÉCHAUF. Mettre un réchaud à une couche c'est l'entourer d'une certaine épaisseur de fumier neuf, afin que, s'échauffant, il communique sa chaleur à cette couche, qui a perdu la sienne.

On emploie fréquemment les réchauds; cependant on peut dire que leurs effets ne dédommagent jamais de la dépense qu'ils occasionnent. Un jardinier intelligent doit donc plutôt calculer le temps que sa couche aura besoin de chaleur pour proportionner son épaisseur à sa durée, que d'avoir recours à ce moyen.

Lorsqu'on forme plusieurs couches à côté les unes des autres, l'intervalle qu'on laisse entre elles sert à placer les réchauds, qui, dans ce cas, rendent des services plus réels que dans le premier, parcequ'il y a moins de perte de chaleur, et qu'on peut les renouveler plus souvent sans plus de dépense à raison de leur peu de largeur.

J'ai entendu dire, et j'ai toujours eu envie de l'expérimenter, qu'on faisoit en Allemagne des couches à réchauds perpétuellement renouvelés. Pour cela on établit sur trois murs, ou sur un panneau de bois à trois côtés, à la hauteur de deux à trois pieds, une suite de claies de la longueur et largeur de la couche désirée; on met sur ces claies d'abord une épaisseur de cinq à six pouces de long fumier, et sur ce fumier une épaisseur de six à huit pouces de terreau, puis on met sous ces claies, par le côté laissé ouvert, en le tassant convenablement, du fumier qu'on enlève lorsque sa chaleur est épuisée pour en mettre d'autre. La couche peut être ainsi entretenue pendant toute une année presque à la même température. (B.)

RECHAUSSER. Opération agricole dont l'objet est d'élever la terre autour du collet des racines d'un arbre ou d'une plante. Cette opération a lieu dans quatre circonstances principales.

1° Lorsque la terre s'est affaissée autour d'un arbre nouvellement planté; elle a pour but d'empêcher les racines d'être desséchées par le soleil ou frappées par la gelée, et d'égaliser le sol. On doit l'exécuter aussitôt que cela devient nécessaire, et on peut toujours la prévenir en élevant la terre remuée d'un pouce par pied, terme moyen, au-dessus de la surface solide au moment même de la plantation.

2° Lorsque les eaux pluviales, les inondations des rivières, ou des accidens de quelque nature que ce soit, ont entraîné la terre qui recouvroit les racines des arbres. Il ne s'agit que d'en rapporter de la nouvelle, et de la défendre contre de nouveaux enlèvemens par des gazonnages, des fascines, des rigoles, etc.

3° Lorsqu'on veut garantir les racines des arbres, ou des plantes délicates, des effets de la gelée, ou faire blanchir les tiges ou les feuilles des légumes; mais dans ces circonstances on l'appelle plus communément BUTTER (*voyez* ce mot). On butte dans le climat de Paris le *figuier*, l'*artichaut*, dans la première de ces intentions, et le *céleri*, l'*escarole*, dans la seconde.

4° Enfin, et c'est la plus importante à considérer, lorsqu'on veut augmenter le nombre des racines de certaines plantes, soit pour elles-mêmes, soit pour augmenter en même temps leurs feuilles, leurs tiges, leurs fleurs ou leurs fruits.

Ainsi quand on rechausse, chausse ou butte un pied de pommes de terre, on détermine la partie inférieure de la tige à pousser de nouvelles racines, qui donnent naissance à une plus grande quantité de tubercules.

Ainsi quand on rechausse un pied de tabac, l'augmentation de ses racines produit l'augmentation de ses feuilles en nombre et en largeur.

Ainsi quand on rechausse une canne à sucre, cette canne devient plus grosse, plus haute, et produit plus de sucre.

Ainsi les choux-fleurs ne sont jamais plus beaux que lorsqu'ils ont été rechaussés plus haut.

Ainsi enfin le maïs, multipliant d'autant plus ses couronnes de racines qu'il est rechaussé plus haut, donne des épis plus nombreux et plus gros. Le blé est aussi dans le même cas, ainsi que l'a prouvé Varennes de Fenilles peu avant sa mort, quoiqu'on ne le rechausse jamais.

En général, la plupart des plantes gagnent à être rechaussées; et si on ne les soumet pas à cette opération, c'est que l'augmentation de dépense l'emporteroit souvent sur l'augmentation de produit, et qu'en agriculture le bénéfice doit seul être interrogé.

Non seulement le rechaussement fait naître presque toujours de nouvelles racines, mais il met la terre qui les recouvre dans la situation la plus favorable à la végétation, c'est-à-dire que cette terre étant très divisée laisse un passage facile aux fibrilles de ces racines, absorbe rapidement l'air atmosphérique et les eaux pluviales. C'est un LABOUR plus parfait que les labours ordinaires. *Voyez* ce mot. (B.)

RECHIGNER. Mot introduit dans le jardinage par Roger Schabol. On entend, dit-il, par rechigner, être de mauvaise humeur, chagrin, bourru, triste, mélancolique ; et l'on dit par comparaison qu'un arbre rechigne quand il fait mauvaise figure dans le jardin, soit pour avoir été mal planté, avec les racines écourtées, mutilées, et comme aussi pour être trop avant dans la terre ; soit pour être charpenté continuellement et privé de ses rameaux, qu'on ôte ou qu'on pince et repince, qu'on raccourcit sans fin, qu'on tourmente en toutes manières ; soit pour être dans un terrain désavantageux. (R.)

RECOLLEMENT D'UNE VENTE EN USANCE. C'est le procès-verbal de son réarpentage et du recompte des baliveaux et autres arbres de réserve que l'adjudicataire étoit tenu d'y laisser. (DE PER.)

RÉCOLTE. Résultat et juste récompense des travaux du cultivateur, rentrée de ses avances, salaire de ses peines, cessation d'une partie de ses inquiétudes.

Les nombreuses considérations dont cet article est susceptible rentrent toutes dans celles que j'ai développées à ceux des plantes qui font un objet de culture ; je puis donc me dispenser de revenir sur elles.

Chaque récolte a son époque indiquée par la nature de son objet, mais cette époque peut être avancée ou reculée de quelques jours sans de grands inconvéniens apparens. Il est rare que les cultivateurs choisissent exactement cette époque, et il en résulte que s'ils la devancent leurs produits n'ont pas toute la perfection désirable, et ne sont pas de garde, et que s'ils la dépassent ils perdent une partie de ce qu'ils avoient lieu d'attendre. Il suffit d'avoir vécu quelques années à la campagne pour être convaincu que ces deux causes diminuent immensément chaque année, mais certaines années plus que d'autres, les bénéfices généraux de la culture.

Toute récolte a besoin d'instrumens et d'agens. Un cultivateur soigneux doit se précautionner des uns et des autres avant le moment précis de la faire, s'il ne veut pas être exposé à les payer plus cher, et même quelquefois à en manquer. C'est ce à quoi ne font pas assez généralement attention les habitans de la campagne, sur-tout dans les pays de petite culture.

Les agens des récoltes sont presque par-tout des étrangers, et se payent, soit à la tâche, soit à la journée, soit en argent, soit en nature. Le plus souvent on les nourrit. Chacune de ces manières a des avantages et des inconvéniens qu'il seroit trop long de détailler. C'est à celui qui les emploie à les calculer pour sa localité. D'ailleurs il est beaucoup de ces localités où l'usage fait loi, et où il seroit impossible de le changer.

Les trois principales récoltes de la grande culture sont la coupe des foins, la moisson et les vendanges. Toutes trois exigent une grande activité, et sont d'autant plus assurées qu'elles sont faites plus promptement, parcequ'elles ne craignent plus les pluies et autres accidens lorsqu'elles sont rentrées.

La récolte des foins est la première ; ses agens sont des faucheurs, des faneurs. Les voituriers et les chargeurs sont ordinairement les agens attachés à l'exploitation. On doit la faire sur les prairies artificielles lorsque les plantes entrent en fleurs, et sur les prairies naturelles lorsqu'elles sont en pleine fleur. L'important est qu'il ne pleuve pas pendant sa durée. Arrivé au degré de dessiccation convenable, il ne faut pas craindre de multiplier les moyens de transports ; car souvent, par une fausse économie, on éprouve de grandes pertes. *Voyez* PRAIRIES.

Après les foins viennent les moissons. On coupe les céréales à la faucille ou à la faux ; ce dernier moyen, beaucoup plus expéditif, et qui ne cause réellement pas plus de perte de grains que le premier, semble prévaloir en ce moment. Il faut donc avoir des scieurs, des faucheurs et des lieurs. Les voituriers et les chargeurs sont encore les personnes attachées toute l'année à l'exploitation. Quoique les pluies soient moins à craindre pour les céréales que pour le foin, il est prudent de ne les laisser que le moins possible sur la terre après qu'elles sont suffisamment desséchées, même les avoines, qu'un absurde préjugé veut qu'on fasse JAVELER (*voyez* ce mot). Les mois de la moisson sont ceux des orages, et il ne faut souvent que quelques minutes pour faire perdre le fruit d'une année de peines et de sollicitude.

Lorsqu'on n'a pas des bâtimens assez considérables pour serrer la totalité des foins et des fromens, des seigles, des orges, des avoines de sa récolte, on les réunit en tas dans le champ même, tas qu'on appelle MEULES. *Voyez* ce mot.

Pour faire les vendanges il faut se précautionner de vendangeurs. Les transports et les opérations subséquentes se font par les vignerons et autres personnes attachées à la culture dans la localité. Un temps sec et chaud est celui qui est le plus favorable. Plus tôt elles sont terminées et mieux c'est ; aussi ne faut-il point épargner les bras. *Voyez* aux mots VIGNE et VIN.

La première et la dernière de ces récoltes sont accompagnées ou suivies de ris, de jeux et de danses. Une joie douce et la tendresse caractérisent la coupe des foins ; une joie bruyante et les plaisirs de la table accompagnent les vendanges. C'est l'effet de la différence des saisons, ainsi que de la différence des lieux où on agit.

Une empreinte de tristesse, produite par l'excès de la chaleur et de la fatigue, se remarque en tous pays parmi les moissonneurs. Dormir est ce qu'ils recherchent le plus.

Les autres récoltes qui se succèdent dans la campagne pendant les intervalles de celles-ci n'ont point de caractères particuliers, et se font presque toutes sans le secours d'agens étrangers à l'exploitation.

Le propre de la culture des jardins est de donner des produits pendant tout le cours de l'année, les temps de neige ou de gelée seuls exceptés; ainsi les récoltes qui s'y font sont journalières. On y distingue cependant la récolte des fruits d'hiver comme plus importante. *Voyez* FRUIT et FRUITIER.

Les départemens méridionaux ont deux récoltes majeures qui n'ont pas pu entrer dans la série de celles dont il vient d'être question; c'est celle du MAÏS et des OLIVES. *Voyez* ces mots.

Relativement à son importance actuelle la récolte des pommes de terre doit être aussi citée. La culture de cette précieuse racine, sauvegarde contre les disettes, s'étend chaque jour, et bientôt elle deviendra par-tout aussi commune qu'il est à désirer qu'elle le soit. (B.)

RÉCOLTE DÉROBÉE. On donne ce nom, dans quelques endroits, à la récolte qu'on fait après celle du seigle, du blé, etc., sur le même terrain semé avant, ou labouré et semé immédiatement après la moisson; ce sont généralement, dans le nord de l'Europe, des raves, de la spergule, des choux, le tout pour fourrage, de la navette d'hiver, du sarrasin, la cameline, etc. pour graine ou pour être enterrés en fleur. Pour le midi ce sont des carottes, des panais, du maïs, etc., pour fourrage. Il est quelques natures de culture, comme les pois, les haricots, la vesce, la gesse, la navette d'hiver, les choux pour fourrage, etc., qui permettent toujours une récolte dérobée, parcequ'on en dépouille la terre de très bonne heure. Un agriculteur intelligent doit faire des récoltes de ce genre le plus souvent qu'il peut; loin de nuire à la fertilité de la terre, elles l'améliorent, sur-tout lorsque leur produit est consommé sur place par les bestiaux, et de plus augmentent le revenu. *Voyez* au mot ASSOLEMENT. (B.)

RÉCOLTES ENTERRÉES POUR ENGRAIS. Il est probable qu'on a remarqué, depuis des milliers d'années, que les plantes vivantes enterrées étoient, après les substances animales, et parmi ces dernières je place les FUMIERS (*voyez* ce mot), le meilleur des engrais; mais ce n'est cependant que depuis peu, du moins à ma connoissance, qu'on s'est imaginé de semer uniquement dans l'intention d'enterrer la récolte pour en faire produire à la terre une autre plus avantageuse.

La théorie de cette opération est fondée sur ce que les plantes vivantes portent dans la terre une surabondance de carbone, une humidité durable, et prolongent l'effet des labours en y laissant des vides.

Un grand nombre de faits prouvent que plus les plantes sont garnies de feuilles, et plus elles soutirent de principes nutritifs de l'atmosphère, et que ce n'est que lorsque leurs graines commencent à se former qu'elles EFFRITENT la terre où elles se trouvent. *Voyez* ce mot. Ainsi en les enfouissant avant leur floraison on sera certain qu'elles rendront plus à la terre qu'elles n'en auront tiré. Th. de Saussure a de plus constaté que c'étoit à cette époque qu'elles contenoient le plus de POTASSE (*voyez* ce mot); et on doit croire que l'abondance de ce sel a une action quelconque dans cette circonstance.

C'est, comme je n'ai cessé de le répéter, de la juste proportion de l'eau et de la chaleur que résulte la bonne végétation; or, l'eau qui entre comme partie constituante dans les plantes enterrées vivantes s'évapore bien plus lentement, comme le prouve l'expérience, que celle que les pluies et les arrosemens portent dans la terre; de sorte que les nouvelles productions qui les remplaceront trouveront cette constante et égale humidité si favorable à leur croissance.

La conséquence de cette observation c'est qu'il faut préférer d'enterrer ou des plantes à racines épaisses, ou des plantes à tiges charnues, ou des plantes à feuilles nombreuses, et que c'est dans les terrains naturellement secs et légers que cette pratique doit être la plus avantageuse. Dans les localités argileuses et humides, il conviendroit, au contraire d'enterrer des plantes à tiges très ramifiées, très sèches et d'une très lente décomposition, afin qu'elles tinssent plus long-temps le sol en état de division.

Une autre circonstance importante à considérer, c'est de n'employer que des plantes à végétation très rapide, car on juge facilement qu'il n'y auroit pas de profit d'occuper la terre pendant un an avec une plante destinée à être enfouie; lors même qu'on seroit certain de doubler, par son moyen, le produit de la récolte qui doit lui succéder; car, dans ce cas si favorable, on auroit encore en déficit et la valeur de la semence et le prix des labours.

Celles de ces plantes qu'on préfère le plus généralement dans les climats septentrionaux sont, pour les terrains secs et légers, la RAVE, le SARRASIN, le TRÈFLE et la SPERGULE, et pour les terrains argileux la FÈVE DE MARAIS, les POIS et la VESCE. Le LUPIN et le CHICHE sont presque les deux seules plantes qu'on sacrifie à cet usage dans les pays chauds.

Je pourrois beaucoup étendre cet article, mais comme ce que je dirois ne seroit qu'une répétition de ce qu'on trouve aux articles précités et à ceux ASSOLEMENT et SUCCESSION DE CULTURE, je me contenterai d'y renvoyer le lecteur. (B.)

RÉCOLTE MORTE. C'est une récolte que la sécheresse, les gelées, les grandes pluies, les inondations, etc., ont rendue si médiocre, qu'elle ne mérite pas les frais de son enlèvement. Dans ce cas, le meilleur parti à prendre est ou de l'enterrer par un labour avant la maturité des graines, ou de semer d'autres articles, comme naves, spergule, trèfle, etc., soit sans hersage, soit sur un hersage. Voyez ASSOLEMENT.

RECOQUILLER, ou RECROQUEVILLER. Feuilles qui se contournent sur elles-mêmes. Voyez CLOQUE.

RECOTTONNER. Synonyme de taller. Voyez au mot BLÉ.

RÉCOULER. Dans le département des Ardennes c'est donner le troisième labour aux terres à blé.

RECOUPE ET RECOUPETTE. Seconde et troisième farines qu'on retire du son remoulu. Voyez FARINE.

RÉCOURADEU. Araire à deux versoirs pour chausser le blé dans le Médoc.

RECRUE D'UN BOIS. Veut dire la pousse annuelle de son taillis.

REDONDES. Cercles de dix pouces de diamètre et de la grosseur du bras, faits de branches d'orme ou de chêne entrelacées, et qui servent à atteler les bœufs dans le département de la Haute-Marne. On ne peut trop blâmer cet appareil qui rappelle la grossièreté des arts à l'enfance des sociétés.

REDOUL, *Coriaria*. Arbuste qui croît très abondamment dans les parties méridionales de l'Europe, et dont les feuilles, réduites en poudre, sont très employées dans la teinture des étoffes et dans le tannage des cuirs. Il forme, avec deux ou trois autres, un genre dans la diœcie pentagynie.

Le REDOUL A FEUILLES DE MYRTHE a les tiges quadrangulaires; les feuilles opposées, sessiles, ovales aiguës, glabres, accompagnées de stipules membraneuses; les fleurs blanchâtres, disposées en grappes axillaires ou terminales, et accompagnées de bractées; il s'élève à trois ou quatre pieds, fleurit au commencement de l'été, et conserve ses feuilles bien avant dans l'hiver; ses fruits et ses feuilles passent pour être un poison pour les hommes et les animaux. Leurs effets délétères se portent principalement sur les nerfs.

Cet arbuste ne se cultive point dans son pays natal, où il en croît naturellement plus qu'il n'en est besoin pour les services auxquels il est employé ; mais dans les parties septentrionales de l'Europe, aux environs de Paris par exemple, on le trouve dans les pépinières pour l'usage des jardins paysagers, où on le place avec avantage au premier ou au second rang des massifs, ses larges buissons très garnis de feuilles d'un vert gai garnissant fort bien le dessous des grands arbres. Il craint les gelées dans ce climat; mais comme il n'y a presque jamais que les tiges qui périssent, même dans les hivers les plus rigoureux, et que les pousses qu'il donne lorsqu'il est coupé rez-terre sont dès la même année presqu'aussi hautes que les anciennes, on ne doit pas s'en inquiéter ; seulement on n'a point de fleurs, privation de peu d'importance, car elles ne sont pourvues d'aucun agrément. Il est même nécessaire, en bonne culture, de lui faire subir cette opération tous les trois ou quatre ans, pour renouveler son aspect et lui faire pousser plus abondamment des rejets latéraux. On le multiplie de graines, de rejetons et d'éclat de ses racines. Ces deux dernières manières sont les seules employées dans les pépinières, comme les plus faciles et les plus rapides. En effet, il suffit de séparer des bourgeons d'un vieux pied au printemps lorsqu'ils commencent à se développer, pour, en les mettant en terre, en pépinière, à douze ou quinze pouces de distance l'un de l'autre, en former autant de pieds nouveaux, qui, l'année suivante, pourront être mis définitivement en place. Toute exposition et toute sorte de terre lui conviennent ; mais il paroît se plaire davantage dans les lieux abrités des vents froids et dans les terres légères et chaudes. Les eaux stagnantes lui sont mortelles : il ne demande pour ainsi dire pas de culture ; cependant il est bon de donner tous les hivers un binage de quelques pouces de large autour de ses touffes, dont l'étendue est souvent de plusieurs pieds, et qui, quand on ne les divise pas, finissent par périr dans le centre. (B.)

REFROUCHIS. Nom d'une terre qu'on ne laisse pas reposer dans le département des Ardennes.

REGAIN. Seconde herbe que donnent les prairies naturelles, et dernière des prairies artificielles.

Dans les prairies basses ou arrosables la récolte du regain est assurée; mais le fourrage qu'il fournit a peu de qualités, et ne doit pas être donné aux animaux qui travaillent, qui nourrissent ou qu'on veut engraisser.

Comme le regain se dessèche quelquefois fort difficilement,

à raison de l'époque où on le coupe et de sa nature très aqueuse, il est bon de le stratifier avec de la paille, à laquelle il communique une partie de l'odeur qu'il conserve et qui concourt à sa conservation. Ce mélange est ensuite donné aux vaches, aux veaux, aux poulains et aux moutons pendant l'hiver.

Très souvent on fait pâturer les regains sur place par les bestiaux; cette méthode a des avantages et des inconvéniens; mais quelle est celle qui n'en a pas en agriculture? C'est au cultivateur à calculer ce qui lui convient le mieux. *Voyez* PRAIRIE. (B.)

RÉGISSEUR. Homme qui dirige, moyennant salaire, la culture des propriétés rurales d'un autre.

Ce que j'ai dit au mot ÉCONOME, mot presque synonyme de régisseur, me dispense d'entrer ici dans aucun détail; j'y renvoie le lecteur.

REGLISSE, *Glycirhiza*. Genre de plantes de la diadelphie décandrie et de la famille des légumineuses, qui renferme une demi-douzaine d'espèces, dont une est d'une grande importance pour l'agriculture des parties méridionales de l'Europe, à raison du commerce qu'on fait de ses racines, dont l'usage en tisane ou en extrait est très fréquent dans la médecine.

La RÉGLISSE OFFICINALE, *Glycirhiza glabra*, Lin., est une plante vivace de trois à quatre pieds de haut, dont les racines sont traçantes, jaunâtres; les tiges cylindriques, nombreuses, ligneuses, du diamètre du petit doigt et annuelles; les feuilles alternes, pétiolées, ailées et composées de onze ou plus communément de treize folioles, ovales, légèrement glutineuses en dessous, dont l'impaire est pétiolée; les fleurs petites, rougeâtres ou bleuâtres, disposées en épis grêles dans les aisselles des feuilles supérieures; les fruits très aplatis et glabres.

Cette plante croît naturellement dans les parties méridionales de l'Europe et fleurit au milieu de l'été. Elle craint peu les gelées ordinaires du climat de Paris; mais lorsque les hivers sont très rigoureux, ils atteignent les racines et les font périr; c'est ce qui fait qu'elle est rare dans les jardins qui entourent cette ville, où d'ailleurs sa racine n'a pas la saveur sucrée dont elle est pourvue aux extrémités méridionales de la France et encore plus en Espagne et en Italie. C'est donc là seulement qu'il faut la cultiver pour le produit. On peut la multiplier de ses graines et on y gagneroit sans doute des variétés importantes; mais on préfère généralement employer comme plus expéditive la voie des bourgeons qu'on sépare des vieux pieds au printemps.

La terre qui convient le plus à la réglisse est celle qui est sablonneuse et cependant substantielle, c'est-à-dire celle où

les racines peuvent facilement pénétrer, et trouvent abondamment les sucs nécessaires à leur croissance. Celles qui
sont pierreuses, et sur-tout argileuses, celles qui sont trop
s'ches, et sur-tout celles qui sont marécageuses, ne valent
absolument rien pour elle. On doit labourer cette terre le plus
profondément possible, plutôt à la bêche ou à la pioche qu'à
la charrue ; car plus elle sera meuble, et plus les racines pros-
pèreront. Pour effectuer la plantation, on sépare les bourgeons
des pieds qu'on vient d'arracher vers le premier mars, plus
tôt ou plus tard, selon le climat et l'état de l'atmosphère,
mais jamais après que ces bourgeons se seront développées, et
on les met en terre à la pioche, à un pied et demi de distance
en tout sens, ou à un pied sur l'un et à deux sur l'autre.

La plantation fait généralement peu de progrès la première
année. On la fume et on la laboure à la bêche ou à la pioche
pendant l'hiver suivant, et, après cette opération, la végétation se développe, et la croissance des tiges et des racines devient vigoureuse. Ordinairement on fait la récolte, c'est-à-dire
qu'on arrache les racines à la fin de la troisième année, lorsque les tiges sont mortes ; mais quelquefois on attend à la fin
de la quatrième.

Il me semble qu'un ou deux binages d'été ne pourroient
qu'être fort utiles la seconde et la troisième année ; car les
tiges procurent alors une ombre rafraîchissante au sol ; et tout
binage qui ne cause pas une trop forte évaporation de l'humidité de la terre, favorise toujours l'augmentation des racines
en longueur et en grosseur.

J'ai vu des plantations de réglisse dans mes voyages, mais
je n'ai pas résidé assez long-temps dans les localités où elles
avoient lieu pour en suivre la culture d'une manière à pouvoir
la critiquer avec connoissance de cause ; en conséquence je me
borne à cette simple observation.

Tout le monde connoît les usages de la réglisse dans la toux
et dans les maladies de la peau. Elle entre comme base ou
comme accessoire dans un grand nombre de préparations pharmaceutiques. On en tire un extrait en grand, et dans le pays
même, qu'on vend chez tous les droguistes sous le nom de
suc, ou *sucre de réglisse*, et qui jouit des mêmes propriétés
que la racine, mais qui est plus échauffante. Cet extrait est
solide, noir, et souvent âcre et amer. Il paroît qu'on n'emploie
pas toujours pour le faire toutes les précautions convenables,
ou que la racine, recueillie dans différens terrains, donne
des résultats différens ; car rarement en trouve-t-on dans deux
magasins qui soit identique.

La culture de la réglisse dans le climat de Paris se réduit à
quelques pieds, qu'on place dans les jardins par curiosité.

Cette plante a peu d'agrémens extérieurs ; et ses racines dans ce climat sont toujours ou âcres ou insipides. On la multiplie comme il a été dit précédemment.

La racine de cette plante étant douce et sucrée plaît beaucoup aux enfans, et on devroit la mettre entre les mains de ceux dont la dentition s'effectue, plutôt que ces hochets de verre ou de corail qui ne servent, à raison de leur dureté, qu'à faire naître sur les gencives des callosités qui rendent la sortie des dents plus difficile.

Il y a encore une autre espèce de réglisse, la RÉGLISSE HÉRISSÉE, *Glycirhya echinata*, Lin., qui diffère de la précédente par sa foliole impaire qui est sessile, par les stipules qui accompagnent ses feuilles, et par ses légumes hérissés d'épines. Elle est originaire de l'Italie et de la Grèce. C'est l'espèce dont les anciens se servoient ; aussi l'appelle-t-on quelquefois *réglisse de Dioscoride*. Ses propriétés et sa culture sont les mêmes que celles de la première. Elle supporte cependant plus facilement les hivers du nord de la France ; aussi se voit-elle plus fréquemment dans les jardins de Paris. (B.)

REGREFFER. C'est greffer une seconde fois un arbre. On est quelquefois forcé de recourir à cette opération, qui est la même que celle de GREFFER (*voyez* ce mot), 1° lorsque le fruit d'un arbre est de qualité médiocre ou mauvaise ; 2° lorsqu'un pépiniériste a trompé, en donnant une qualité pour une autre qu'on ne demandoit pas, ou qui devoit être placée ailleurs ; 3° lorsqu'on désire avoir des fruits excellens pour la qualité et superbes pour la grosseur. La greffe perfectionne les espèces, parceque les canaux directs de la sève sont détournés dans l'endroit où la greffe fait son insertion avec le sujet ; il s'y forme une espèce de bourrelet qui filtre cette sève, qui la prépare, l'épure, et ne permet qu'à la portion raffinée de la sève de pénétrer plus haut. Dès-lors on est assuré que le fruit aura plus de qualité : par exemple, que les bons chrétiens d'hiver et ordinaires seront moins pierreux, les beurrés gris plus parfumés, etc. ; mais cette sève n'agit pas seulement sur la perfection de la qualité ; mais encore sur la grosseur. Dès qu'un propriétaire aperçoit un fruit plus gros et plus beau que celui qu'il récolte sur ses arbres (toutes circonstances égales), il doit en prendre des greffes et regreffer ses arbres sur ses pousses nouvelles ; s'il répète cette opération cinq, six et même dix fois de suite au moins, sur des arbres de chaque qualité et espèce de fruit, il est assuré de trouver pour l'avenir, et sans sortir de chez lui, les greffes les meilleures et les plus perfectionnées. Cet avis, que je donne aux propriétaires, s'applique encore bien mieux aux pépiniéristes marchands d'arbres ; c'est le moyen le plus assuré de se faire une réputation, si d'ailleurs leurs pieds d'arbres ne sont pas trop fluets, trop élancés ; en un mot, s'ils ont été conduits comme ils doivent l'être. L'expérience a prouvé qu'un marronnier d'Inde, greffé sept ou huit fois sur lui-même, a donné des fruits beaucoup moins âcres et moins amers ; le même phénomène a été observé sur les pommes sauvages des buissons. Que sera-ce donc si on greffe sur une espèce déjà très perfectionnée une espèce qui l'est beaucoup plus ? Amateurs de beaux fruits, faites-en l'expérience ; c'est la meilleure leçon que vous puissiez recevoir. Que sera-ce donc si vous greffez sur franc, si vous prenez vos greffes sur franc (peu d'espèces font exception à cette loi), sur-tout si vous donnez à ces espèces d'arbres toute la portée que leurs branches exigent ? Autrement vous n'aurez que du bois, et vos arbres s'épuiseront par le retranchement successif de ce bois. (R.)

RÈGUE. C'est dans le département de la Haute-Garonne le sillon qu'ouvre la charrue. La RÈGUE PERDUE est un labour dans lequel les bœufs viennent toujours commencer le sillon au même bout. C'est en effet du temps précieux de perdu.

RÉGULIÈRE (FLEUR). Fleur dont toutes les parties sont d'égale grandeur et ont une disposition uniforme. *Voy*. FLEUR et PLANTE.

REINE MARGUERITTE. C'est l'ASTÈRE DE LA CHINE.

REINE DES PRÉS. Espèce de SPIRÉE.

REINS. MÉDECINE VÉTÉRINAIRE. Les reins sont situés à l'extrémité du dos, entre cette partie et la croupe ; c'est là que sont les vertèbres lombaires ; elles jouissent d'un mouvement infiniment plus considérable et plus apparent que les vertèbres dorsales.

La longueur des reins dans le cheval doit avoir une certaine proportion ; un cheval en qui cette partie est courte est plus susceptible de l'union ou de l'ensemble ; il ramène plus aisément sous lui ses parties postérieures ; ses mouvemens néanmoins se font sentir bien davantage au cavalier, leur réaction étant infiniment plus dure que dans l'animal dont les vertèbres auroient plus d'étendue, et qui, par cette raison, se rassemblent avec plus de peine.

On doit faire attention que la selle n'ait pas porté sur les reins, et ne les ait pas offensés. On jugera par les actions du cheval et par ses allures de l'intégrité de ces parties : s'il sent une douleur extrême en reculant, si sa croupe se berce, si elle chancelle quand il trotte, il souffre pour l'ordinaire d'un effort, c'est-à-dire d'une extension forcée des ligamens qui servent d'attache aux vertèbres, ou d'une contraction plus ou moins violente des muscles. *Voyez* EFFORT. Quant au traitement, dans le cas où cette extension a été très forte, à peine l'animal peut-il faire quelques pas en avant ; il traîne son derrière, et il est sans cesse prêt à tomber.

Il est au surplus des chevaux qui se bercent en trottant, sans avoir essuyé aucun effort ; souvent cette allure provient d'une foiblesse naturelle, souvent aussi elle est occasionnée par un travail forcé, ou prématuré ; souvent encore, parceque l'animal a été de trop bonne heure au service des cavales, et en général nous voyons qu'elle est assez commune dans tous les chevaux qui leur sont destinés, et qui sont occupés à les saillir. (R.)

REJET, REJETON. Ces mots sont presque synonymes et ont plusieurs acceptions en agriculture. Rigoureusement on devroit les réserver aux seules pousses des arbres ou arbustes, et des plantes vivaces qui sortent des racines et forment de nouveaux arbres ; mais on les applique souvent à celles qui naissent de l'écorce des arbres étêtés, et même à toutes les pousses en général lorsqu'elles ne sont pas la continuation directe d'une tige ou d'une branche.

Tous les rejets se confondent avec les BOURGEONS et en portent le nom la première année de leur apparition, et ce que je puis dire d'eux sous la seconde de leurs acceptions se trouve développé à ce mot.

Quant aux rejets véritables, c'est-à-dire provenant des racines, ils doivent être pris ici en considération particulière, car ils sont un des moyens qu'emploie la nature pour multiplier les espèces, et même certaines espèces se propagent plus facilement par eux que par graine. Je citerai parmi les arbres les PEUPLIERS BLANC et GRIS, l'AYLANTHE ; parmi les arbustes le LILAS, le ROSIER ; parmi les plantes d'ornement les ASTÈRES, les MILLEFEUILLES, etc., etc.

L'expérience a prouvé que les arbres provenant de rejets s'élevoient moins haut et vivoient moins que ceux qui résultoient d'un semis de graines. Il est même des espèces qui, par une longue succession de multiplications de cette sorte, perdent la faculté de produire des graines fécondes. *Voyez* aux mots ÉPINE-VINETTE, JASMIN, BANANIER, etc.

Comme les arbres provenant de rejets n'ont jamais ou presque jamais de pivots, ils sont plus sujets à donner de nouveaux rejets que ceux qui doivent l'existence à des graines ; aussi combien de PRUNIERS, de CERISIERS (les deux arbres fruitiers qui en donnent le plus dans cette circonstance), n'offrent que de chétives récoltes, que des fruits insipides, qu'une courte durée, parcequ'ils s'épuisent à en produire.

Il est donc avantageux au bien général de l'agriculture de ne pas trop se livrer, comme l'intérêt des pépiniéristes les y porte malheureusement, aux multiplications des arbres et arbustes par rejets.

On favorise la multiplication par rejetons, 1° en arrachant un arbre et en laissant l'extrémité de ses racines dans la terre; 2° en séparant quelques unes de ses racines secondaires des principales; 3° en blessant l'écorce de ses racines; 4° en mettant à l'air une portion de l'écorce de quelques racines; 5° en faisant une ligature avec un fil de fer, ou en enlevant un anneau d'écorce à une racine. Tous ces moyens sont fréquemment employés dans les pépinières d'arbres étrangers et réussissent plus ou moins facilement selon l'espèce d'arbre et la nature du terrain. Je dis la nature du terrain parcequ'ils s'effectuent plus facilement dans celle qui est légère et fraîche que dans celle qui est argileuse et sèche.

Il est des champs voisins de grandes routes plantées en ormes ou en peupliers blancs, dont on n'obtient presque pas de récoltes, parceque chaque année la charrue, en blessant les racines de ces arbres, détermine la naissance d'une forêt de rejets qui étouffent les plantes qu'on y a semées. Il est des jardins peu soignés qui présentent le même résultat par suite de la multiplication des rejets de pruniers, de cerisiers, etc.

L'orme, le prunier et le cerisier sont si faciles à multiplier de graines, qu'il semble qu'on devroit repousser tous ceux qui sont venus de rejets. Combien de pays cependant où on ne trouve que de ceux qui ont été produits par cette dernière voie. Les environs de Paris même en sont infestés.

Comme il n'arrive pas toujours qu'il y ait du chevelu à la partie de la racine d'où sort un rejet, il est prudent, si on craint son manque de reprise, de le laisser deux ans se fortifier en place. Alors ordinairement il pousse du chevelu du collet même de la racine, et on peut supprimer, ce qui est très avantageux, la portion de racine qui lui a donné naissance, portion qui en pourrissant cause souvent sa perte. Dans tous les cas cependant il vaut mieux mettre les rejets deux ou trois ans en pépinière que d'attendre qu'ils aient grandi sur les racines de l'arbre qui leur a donné naissance, parceque les racines propres à ces rejets n'augmentent jamais, dans ce dernier cas, proportionnellement à l'accroissement de leur tige, et que leur réussite est, en conséquence, d'autant moins assurée.

Les plantes qui se multiplient par rejets ne demandent d'autres soins que d'être débarrassées de ces rejets à mesure qu'ils deviennent trop nombreux. On peut planter sans inconvénient les nouveaux pieds qui en résultent l'hiver même qui suit leur naissance. (B.)

RELAISSE. On donne ce nom, dans les herbages de la

ci-devant Normandie, aux herbes que les bœufs mis à l'engrais rebutent pendant l'été, et qu'on fauche pour les leur faire manger pendant l'hiver. *Voyez* HERBAGE et FOIN. (B.)

RELEVER. Mot qui a plusieurs acceptions en agriculture.

On relève un arbre qui a été abattu par le vent, ou par l'action des eaux.

Lorsque l'arbre est petit il suffit de l'effort des bras. Lorsqu'il est gros il faut des cordes, des poulies, des moufles, etc.

Le plus souvent il faut replanter complètement les arbres abattus, quelquefois il suffit de faire une fosse sous les racines qui ont été mises hors de terre par l'effet de la chute. Dans l'un et l'autre cas on doit, si c'est en été sur-tout, couper une partie de leurs branches, décharger sa tête, pour me servir da l'expression consacrée, afin qu'il y ait continuité de rapports entre les racines et elles.

On lève le plant du lieu de son semis pour le planter en rigole. On relève ce plant mis en rigole pour le planter en ligne à vingt ou vingt-cinq pouces d'écartement. On relève ce plant mis en ligne pour le planter définitivement, c'est-à-dire au lieu où il doit toujours rester. On relève du plant de cerisier qui a été mélangé avec du plant d'orme, afin de le réunir aux autres cerisiers, etc.

RELIER UN TONNEAU. *Voyez* TONNEAU.

REMANANS. Brindilles, rognures des bois qui restent dans les ventes après leur exploitation. On en fait des cendres.

REMISE. Petit bois planté au milieu des plaines pour servir de retraite au gibier. Il doit être composé principalement d'arbrisseaux, afin qu'il soit touffu.

On coupe les remises tous les six à huit ans pour faire du fagotage.

Les remises, si communes avant la révolution, sont fort rares aujourd'hui, et il est à désirer qu'elles ne se replantent pas, car leur voisinage étoit un fléau pour les cultivateurs.

REMPLACEMENT. Opération qui ne se pratique guère qu'à Montreuil, mais qui est très avantageuse au pêcher dont elle assure les productions d'une manière régulière.

Presque par-tout les jardiniers taillent très long les branches à fruits dans l'intention d'avoir beaucoup de pêches, et en effet, ils en ont beaucoup la première année; mais comme dans cet arbre les branches qui ont donné du fruit n'en donnent plus, elles se dégarnissent la seconde, et périssent le plus souvent la troisième. A Montreuil, on taille court les mêmes branches; on n'y laisse qu'un ou deux boutons à bois, ceux qui sont les plus près de leur base. Ces boutons poussent des bourgeons qui seront des branches à fruits l'année suivante. Le remplacement consiste à ravaler immédiatement après la cueille des fruits les branches à bois sur ces bourgeons, afin de favoriser leur développement. L'année suivante ils sont taillés selon les règles.

Il falloit toute l'application qu'apportent les cultivateurs de Montreuil à l'étude du pêcher pour deviner les avantages de cette opération, également appuyée sur la théorie et la pratique, et qui leur procure des bénéfices si considérables. *Voyez* aux mots Pêcher et Taille. (B.)

REMPOTAGE. Toute plante resserrée dans un pot consomme rapidement les principes nutritifs de la terre dans laquelle elle est plantée, sur-tout si cette terre n'est pas surchargée de ces principes; il faut donc lui en donner de la nouvelle lorsqu'elle en a besoin.

On reconnoît qu'une plante en pot souffre par défaut de nourriture lorsqu'elle jaunit, lorsque ses pousses sont foibles, que ses fleurs avortent, que ses fruits n'arrivent pas à maturité.

L'époque du rempotage varie à raison de la nature et de la grandeur de la plante, à raison de la grandeur du pot et de la qualité de la terre. La combinaison de ces diverses circonstances fait qu'il seroit fort difficile dans un jardin de botanique, ou dans une grande pépinière, de faire des rempotages partiels; aussi a-t-on trouvé plus court d'en faire un seul, mais général, tous les ans, ordinairement au commencement de l'automne, quelquefois au commencement du printemps, sans préjudice cependant de ceux qu'on est déterminé de faire par des motifs particuliers dans le cours de l'année. Je dis au commencement de l'automne, ou au commencement du printemps, parceque l'instant où la sève est tombée est le plus favorable au succès de l'opération; car quoiqu'on laisse toujours, ou presque toujours, de l'ancienne terre autour des racines, le rempotage est une véritable Transplantation. *Voyez* ce mot.

Les rempotages se font ordinairement sur une table à hauteur d'appui, pour les rendre moins fatigans et plus aisés aux ouvriers qui y sont employés. Un gros tas de terre, soit naturelle, soit mélangée, conformément aux indications que fournissent les plantes (indications qui seront mentionnées aux articles de chacune), est placé au milieu de cette table. Cette terre est passée à la claie, à demi sèche et pulvérulente. Sur un des bouts sont des pots préparés.

On appelle pots préparés des pots au fond desquels on a mis un tesson, une poignée de sable, et qu'on a remplis à moitié de terre. Le tesson, pour boucher le trou et retarder l'écoulement de l'eau des arrosages. Le sable, pour que l'eau circule plus facilement. La terre, pour que la besogne des rempoteurs aille plus vite.

Trois personnes doivent travailler simultanément, et ce par

les mêmes motifs ; savoir, une qui ôte les plantes des vieux pots, et enlève la portion de terre convenable ; une qui met ces plantes dans les nouveaux pots, en ôte les rejetons, en dispose les branches ; une qui enlève les pots vides, ceux nouvellement garnis, et en apporte d'autres à mesure du besoin.

Pour procéder au rempotage, il faut donner, une ou deux heures avant, un léger arrosement aux plantes, afin que la terre ne s'émiette pas lorsqu'on les dépotera. Ensuite, tenant le pot de la main gauche, tâcher de tirer à soi la terre en tirant la tige de la plante. Lorsque cela ne réussit pas, on renverse le pot, on soutient la terre de la main droite en faisant passer la tige de la plante entre les doigts, et on frappe quelques légers coups du bord du pot contre celui de la table. Ordinairement la terre cède à cette percussion. Si elle ne cédoit pas, il n'y auroit plus qu'à tenter de la cerner avec un couteau, ou se résoudre à casser le pot.

La motte séparée, on en enlève avec précaution une partie de la terre, soit avec les doigts, s'il ne paroît pas de racines, soit avec la lame d'un couteau, si elle en est entremêlée. C'est presque toujours la moitié, plus rarement le tiers, encore plus rarement le quart de la terre qu'on enlève ainsi. C'est à l'opérateur à se décider, selon l'importance de la plante, son plus ou moins de vigueur, etc. Je dis l'importance, parceque souvent on économise la terre et la place en mettant des plantes communes dans des pots plus petits que leur grandeur le demande, et que celles qui sont rares ne sont pas soumises à ce calcul. Il faut se conduire d'après les mêmes bases pour le choix des pots qui seront plus grands, non seulement pour les plus grandes plantes, mais encore pour les plus précieuses.

Très souvent les plantes vigoureuses tapissent de leur chevelu la totalité de la surface du pot en se contournant de mille manières. Il ne faut jamais craindre de couper le chevelu ainsi contourné, parcequ'il nuiroit dans un pot plus grand à l'accroissement de la plante. Dans tout autre cas, on en coupe plus ou moins, selon la vigueur ou l'importance de la plante. Je ne puis donner de règles générales à cet égard, parceque réellement elle change pour chaque pied et chaque année.

Quelquefois, lorsque le tesson mis sur le trou du pot a été dérangé, une racine est passée par ce trou, il faut la couper sans miséricorde à deux pouces au-dessus de ce trou. Au reste, ce cas n'arrive qu'aux pots qu'on a enterrés pour être dispensé de les arroser aussi fréquemment.

La terre dont on a rempli le pot où on vient de placer une plante doit être d'abord tassée en donnant quelques coups du cul de ce pot sur la table ; c'est pourquoi j'ai dit au commencement de cet article qu'elle devoit être à moitié sèche et pulvérulente. Ensuite on la comprime légèrement avec les pouces et le dos de la main. Pour faire tout cela vite et bien, il faut de l'usage. Une heure de travail en apprendra plus que des volumes de préceptes.

Les plantes rempotées doivent être arrosées, mais toujours légèrement; car alors leurs racines mutilées et non en action végétante sont plus disposées à la pourriture. Après l'arrosement, la précaution la plus importante à prendre c'est de les tenir à l'ombre et à l'abri de tout courant d'air; par exemple, contre un mur au nord, dans une orangerie. Il faut avoir pratiqué pour se faire une idée de l'influence que le manque de ces soins a sur la végétation des plantes conservées en pot. Souvent un pied qu'on a laissé se faner par oubli, pendant seulement vingt-quatre heures, s'en ressent pendant tout le reste de sa vie.

Ordinairement les plantes rempotées, lorsque l'opération a été faite en temps convenable, et conformément aux indications ci-dessus, sont parfaitement rétablies au bout de six ou huit jours. Alors on peut les remettre dans la place où elles se trouvoient sans aucun inconvénient.

Il est bon de profiter du moment du rempotage pour décharger les arbustes du bois mort, des gourmands, des feuilles sèches, etc., pour leur donner de nouveaux tuteurs ou réparer les anciens. J'ai dit plus haut que c'étoit aussi alors qu'on séparoit les rejetons. J'ajouterai qu'on divise les bulbes, les tubercules, les touffes, qu'on lève les marcottes, qu'on en fait de nouvelles, etc. (Th.)

RENARD. Animal du genre des chiens, dont les cultivateurs ont trop à se plaindre pour que je ne doive pas lui consacrer un article de quelque étendue.

« Le renard, dit Buffon, est fameux par ses ruses, et mérite en partie sa réputation; ce que le loup ne fait que par la force, il le fait par adresse, et réussit plus souvent. Sans chercher à combattre les chiens et les bergers, sans attaquer les troupeaux, sans traîner les cadavres il est plus sûr de vivre. Il emploie plus d'esprit que de mouvement; ses ressources semblent être en lui-même; ce sont, comme on sait, celles qui manquent le moins. Fin autant que circonspect, ingénieux et prudent, même jusqu'à la patience, il varie sa conduite; il a des moyens de réserve qu'il sait n'employer qu'à propos. Il veille de près à sa conservation : quoique aussi infatigable, et même plus léger que le loup, il ne se fie pas entièrement à la vitesse de sa course; il sait se mettre en sûreté en se pratiquant un asile, où il se retire dans les dangers pressans, où il s'établit, où il élève ses petits. Il n'est point animal vagabond, mais animal domicilié. »

La longueur du renard est généralement de deux pieds, et sa hauteur moyenne d'un pied. De longs poils d'un fauve foncé le couvrent, excepté autour des lèvres, sur les pieds et au bout de la queue, où il y a du blanc; au bout des oreilles et sur les pattes de devant, où il y a du noir, et sous le ventre qui est gris.

Cinq à huit petits sont le nombre que font les renards à chaque portée, et il y a quelquefois deux portées par an. La gestation dure deux mois. Ils sont deux ans à croître, vivent, selon Buffon, environ quatorze ans.

Les terriers des renards sont autant que possible creusés entre des rochers, sous des racines de gros arbres. Ils ont toujours plusieurs issues fort éloignées les unes des autres. C'est là qu'ils se retirent souvent pendant le jour, et toujours au moment du danger, et qu'ils font leurs petits; mais il n'est pas vrai qu'ils y déposent le produit de leur chasse; c'est sous des feuilles sèches, dans le sable, qu'ils le mettent en sûreté.

Tous les animaux plus foibles que le renard peuvent devenir sa proie. Il les approche en rampant, et saute dessus d'une assez grande distance. Quelquefois cependant plusieurs se réunissent, et un ou deux poursuivent les lièvres en donnant de la voix, tandis que les autres les attendent au passage. J'ai eu occasion de tuer des renards ainsi chassant le lièvre, en me dirigeant sur leur voix et sur les allures du lièvre. Les amateurs de la chasse n'ont pas de plus grand ennemi, car la destruction qu'il fait des lièvres, des lapins, des perdrix, des faisans, sur-tout au printemps, est immense. Les cultivateurs voisins des bois le redoutent beaucoup, parcequ'il fait une guerre perpétuelle à leurs poules, à leurs dindes, à leurs oies, à leurs canards, et quelques unes de ces volailles deviennent toujours de temps en temps leur proie, tant ils savent opposer de patience et de ruse à la surveillance la plus active. Il mange aussi le miel de leurs ruches pendant l'hiver, et les raisins de leurs vignes dès qu'ils commencent à mûrir. Aussi, quoiqu'il rende des services à la société en détruisant les fouines, le belettes, les taupes, les mulots, les campagnols, les hannetons, les sauterelles, les guêpes et autres insectes, tout le monde se réunit pour désirer sa destruction.

On tue les renards à l'affût, en faisant crier une poule ou une oie. On les chasse aux chiens courans. On les force dans leur terrier au moyen de bassets à jambes torses, et en fouillant ce terrier, opération qui n'est pas toujours facile, ou bien on les enfume avec du soufre, après avoir bouché toutes les issues du terrier autre que celle sur laquelle on opère, et le lendemain on le fouille.

Différens pièges s'emploient pour la chasse du renard. Des lacets de fil de laiton ou des assommoirs, qu'on place à l'entrée de leurs terriers, ou dans les lieux où on sait qu'ils passent habituellement, remplissent quelquefois le but, mais ne valent pas ce qu'on appelle *traque-renard*. Il y en a de deux sortes. L'une qui se détend lorsque l'animal marche sur une planchette de fer, l'autre lorsqu'il tire un appât attaché à une ficelle. Je ne donnerai pas la description de ces deux sortes de pièges, parceque les cultivateurs ne peuvent pas les construire eux-mêmes avec économie, et qu'on les trouve tout faits dans les villes. Au reste, tous les moyens si variés dont on fait usage pour prendre le loup peuvent s'appliquer au renard, ce qui fait que je puis me dispenser de m'étendre sur cet objet. *Voyez* Loup.

La peau du renard tué pendant l'hiver devient une fourrure d'une certaine valeur, ce qui doit engager à lui faire la chasse spécialement dans cette saison. (B.)

RENCAISSAGE. Opération par laquelle on ôte une plante d'une caisse, soit pour la mettre dans la même avec de la nouvelle terre, soit pour la mettre dans une plus grande.

Les principes d'après lesquels on fait les rencaissages ne diffèrent pas de ceux qui déterminent les rempotages; et lorsque les caisses sont petites, les procédés à suivre sont les mêmes. Ainsi, pour éviter des redites qui ne mèneroient à rien, je renvoie aux articles REMPOTAGE, CAISSE et ORANGER. A ce dernier mot on trouvera l'exposé de la pratique des rencaissages et des demi-rencaissages dans les grandes caisses. (B.)

RENONCULE, RANONCULE, *Ranonculus Asiaticus* de Linné, qui la classe dans sa polyandrie polygynie. Elle est de la famille des renonculacées.

Les racines de cette plante, au moment où la végétation est arrêtée, sont de petits corps ovales, droits ou un peu recourbés, qui se terminent en pointe à une extrémité, et qui diminuent également de l'autre, où elles sont adhérentes à un petit tronc; elles n'ont que quatre à six lignes de longueur. Leur couleur approche de celle de feuille morte. Elles contiennent une matière farineuse, qui, au moment de la végétation, se mêle au suc séveux, et forme un lait épais Le tronc où elles sont réunies est de la même matière, fort court, ayant à la partie supérieure un, deux ou trois yeux, suivant le nombre des racines. Ces yeux sont recouverts par un poil grisâtre. On a nommé l'ensemble griffe, de la forme de ses racines un peu recourbées et terminées en pointe.

Quand la plante commence à végéter, il part de la partie qui environne les yeux plusieurs filets blancs fort minces,

qui, dans leur plus grande longueur, ont six pouces, et ordinairement quatre à cinq. Ces filets sont d'égale grosseur jusqu'à ce qu'ils aient pris leur accroissement ; mais ils grossissent dans la partie adhérente au tronc, et forment une ou plusieurs griffes ; une, si l'ancienne n'avoit qu'un œil, ou si les
nouvelles racines n'ont fait qu'environner tous les yeux en
masse ; plusieurs, si chaque œil a été entouré de racines dans
toute sa circonférence.

Il sort de chaque œil trois tuniques blanches, dont la première est fort petite, la seconde un peu plus longue, et la
troisième s'élève jusqu'au niveau de la terre. Ces tuniques
embrassent la moitié et quelquefois les deux tiers de la tige.
Elles sont de la même matière que les pédicules des feuilles,
et sont destinées par la nature à faciliter et à protéger leur
sortie de terre. Les feuilles partent également du tronc ; elles
sont une à deux fois ternées, à folioles trifides, incisées et
glabres. Il sort du centre une et quelquefois deux tiges, depuis six jusqu'à dix-puit pouces de hauteur, qui portent à
leur extrémité une fleur. Cette tige a souvent une feuille au
tiers ou à la moitié de sa hauteur, de l'aisselle de laquelle il
sort une branche qui fournit également une fleur à son extrémité. Souvent ces tiges se subdivisent encore, et donnent d'autres fleurs un peu plus tardives que les premières.

Quand l'ancienne griffe a rempli le but de sa destination,
elle se dessèche et périt. En levant les nouvelles griffes avec
précaution on la retrouve au-dessous. Sa couleur très foncée
la fait facilement reconnoître. Il en résulte que la plante s'é-
lève tous les ans de l'épaisseur de la griffe.

Les détails sur la fleur sont indiqués plus haut en détaillant
les caractères distinctifs.

Je ne me suis autant étendu sur les racines de cette plante,
généralement connue et cultivée, que parceque les auteurs
qui en font mention ne décrivent que la griffe toute formée,
et nullement dans son état de végétation.

En la considérant sous ce rapport, on voit que la griffe une
fois formée est annuelle, puisqu'elle périt tous les ans. Mais
dans l'état de nature et dans nos jardins, quand on l'obtient
de semence, il lui faut deux ans pour se former et prendre son
accroissement ; et ce n'est qu'après ce temps que sa végétation prend une marche nouvelle et produit de nouvelles
griffes.

Ainsi livrée à elle-même, elle ne doit subsister que deux
ans, parceque la semence n'étant que légèrement recouverte
ne peut former de nouvelles griffes au-dessus de l'ancienne, à
moins que quelque évènement accidentel ne la recharge de
terre. Mais dans nos jardins, où on la relève tous les ans pour

la remettre à la profondeur nécessaire, quoique la griffe soit annuelle, elle peut, par ses nouvelles productions, être conservée très long-temps, au moyen d'une terre et d'une nourriture convenable, jusqu'au moment où la température ou ses ennemis la détruisent.

Les premières renoncules cultivées en France sont venues de Mauritanie, et sont connues par les fleuristes sous le nom de *renoncules pivoines* ou *péones*. Les secondes sont d'Asie, d'où elles ont été apportées en Grèce, cultivées avec soin à Constantinople; elles se sont répandues ensuite dans le reste de l'Europe. On les a distinguées dans le principe par le nom de *semi-doubles*, parceque les semi-doubles étoient très recherchées. Ensuite, quand par les semis on a obtenu de belles plantes doubles, on les a nommées simplement *renoncules*. La couleur primitive de celles d'Afrique est rouge. Celles d'Asie paroissent avoir réuni deux couleurs, le jaune et le rouge, mais sur des plantes séparées.

Les amateurs de cette plante ne seront pas fâchés de connoître l'époque, peu éloignée, où la renoncule d'Asie a fixé les yeux des fleuristes et est devenue un des plus beaux ornemens de nos parterres. Voici ce qu'en dit le père Arsenne dans son Traité des renoncules.

« La première époque marquée de la gloire des renoncules est celle du règne de Mahomet IV. Cara-Mustapha, son visir, connu par le siège de Vienne en 1662, fit préférer l'amour des fleurs à celui de la chasse. Le souverain, devenu fleuriste, obtint bientôt de Candie, de Chypre, de Rhodes et de Damas, tout ce que ces pays possédoient de curieux et de singulier en ce genre. Les bostangis, connoissant le goût du sultan, multiplièrent leurs soins, et les jardins du sérail renfermèrent les plus belles fleurs pendant long-temps et exclusivement. Mais la soif de l'or tenta les bostangis. Ils se laissèrent séduire par les ambassadeurs, qui envoyèrent des griffes de renoncule à leur cour, et par plusieurs riches négocians qui en envoyèrent à leurs amis. Marseille en devint le premier dépôt, et M. de Malcaval s'attacha à leur culture. C'est ainsi que les renoncules ont voyagé de proche en proche, et les amateurs en ont multiplié par les semis les variétés à l'infini. Le patient et laborieux Hollandais en a fait une branche de commerce ainsi que des autres fleurs.

« Ce n'est pas que le sol de la Hollande soit très propre à la culture des renoncules, et qu'elles y viennent aussi bien qu'en France. Mais la réputation des Hollandais pour leurs belles jacinthes et leurs bénéfices sur cette fleur les ayant déterminés au commerce des autres fleurs, par les demandes qui leur étoient faites, ils tirèrent des plantes de toute l'Europe pour en fournir également toute l'Europe. Leur climat étoit trop froid pour pouvoir planter leurs renoncules dans la saison propre à cette plante et en avoir de belles. Mais les Normands, mieux situés, ayant réussi à varier les nuances sombres de la renoncule, et les Flamands les claires, les Hollandais en tirèrent de ces deux provinces pour en approvisionner l'Europe. »

Des variétés de renoncules. J'ai déjà observé que nos renoncules avoient été tirées d'Asie et d'Afrique. Ces dernières étoient probablement déjà doubles quand elles nous sont parvenues, de manière que les variétés n'en ont pas augmenté en Europe, et se réduisent à quatre ; la pivoine ou péone rouge ou rouma ; la pivoine jaune jonquille ou séraphique d'Alger ; la pivoine orange ou souci doré, ou merveilleuse ; la pivoine rouge, panachée de beau jaune, ou turban doré. Les autres variétés, connues sous le nom de *pivoine*, et improprement *péones*, ne sont que des variétés de la renoncule asiatique, telles que la blanche nompareille, la blanche de Culbur, le muphti, le féricus à flamme, l'orangère, etc. Ce sont des variétés trouvées dans les premiers semis à l'époque où on faisoit peu de cas des doubles, et où on ne recherchoit que les semi-doubles. Leur beauté les fit conserver, et on les classa parmi les pivoines. Mais quelques pleines qu'elles fussent, leur forme fut toujours celle des renoncules asiatiques, au lieu que les fleurs doubles des pivoines se distinguent par leur volume, leur forme rapprochée de la conique et leurs doubles boutons qui s'élèvent du centre de la fleur sur un pédicule d'un demi-pouce ou d'un pouce, et qui s'épanouissent avec les mêmes couleurs que celles de la fleur. Leurs feuilles en trèfle, et rares, présentent également des différences. Ce qui les a fait confondre, c'est que dans les climats où on est dans l'usage de ne les planter qu'au printemps, elles ne prennent pas assez de nourriture pour fournir des fleurs très fortes. Alors elles ont rarement le double bouton, et leur forme est la même que la renoncule d'Asie ; et comme le feuillage de cette dernière varie beaucoup, on n'aura pas fait attention à ces différences dans un temps où l'on écrivoit peu, où l'on observoit encore moins.

Comme cette espèce nous est venue en fleurs doubles, et qu'on n'a pas jugé à propos d'en rechercher le type, on n'a pu la faire varier par les semis. J'en ai semé deux fois ; car elle devient quelquefois semi-double par dégénérescence, et rien n'a levé. J'en ai été d'autant plus fâché que cette plante, plus ancienne et plus naturalisée dans nos climats, craint moins le froid, peut se planter avant l'hiver et est plus prime. Ses qualités et le volume de sa fleur l'eussent mise à même de soutenir la concurrence avec la renoncule asiatique, si on avoit pu la varier comme la dernière par les semences.

Les amateurs divisent les renoncules asiatiques en simples, semi-doubles et doubles. Les simples sont celles qui n'ont que cinq pétales, et ne diffèrent des renoncules dans l'état de nature que par la largeur et les nuances variées de leurs pétales. Les fleuristes n'en font aucun cas.

Les semi-doubles sont celles qui réunissent un plus grand nombre de pétales, en conservant tous les signes de la fécondation. Elles ont fait long-temps les délices des fleuristes. Leur vigueur, leur élévation et la vivacité de leurs nuances les faisoient rechercher; et les belles renoncules asiatiques n'étoient connues que sous le nom de *semi-doubles*, qu'elles conservent encore dans plusieurs départemens. Mais comme les fleuristes s'aperçurent qu'elles dégénéroient après trois ou quatre fleuraisons, ils ne les mettoient point en ordre, et les laissoient en mélange, sans autre dénomination que celles de semi-doubles; et ils faisoient tous les ans de nouveaux semis pour remplacer les anciennes.

Les doubles sont celles qui n'ont ni pistil ni étamines, mais dont les pétales remplissent le centre de la fleur. Elles ont il est vrai quelquefois un bouton au centre qui sembleroit annoncer qu'elles pourroient être fécondées et produire des graines. Mais ces apparences de fécondité sont trompeuses et ne donnent aucun résultat. Comme le bouton est noir, les amateurs ont nommé ces fleurs *gueule noire*. Ces fleurs doubles sont divisées par espèces jardinières, comme les jacinthes, les anémones et les tulipes; leurs couleurs auxquelles il ne manque que le bleu de ciel pour les réunir toutes, et leurs formes ainsi que leur feuillage servent à les distinguer. La position des couleurs y varie tellement que deux renoncules avec les mêmes nuances sont cependant très différentes; les unes n'ont qu'une couleur pure, les autres ont le fond piqueté d'une autre couleur; d'autres sont panachées, d'autres ont le cœur d'une couleur, et sont bordées d'une autre. Il semble que la nature se soit plue à orner cette belle fleur de toutes les manières pour fixer l'attention du jardinier; aussi est-elle mise au rang des six fleurs qui occupent spécialement les fleuristes, et quoiqu'elle soit privée du doux parfum de la jacinthe, qu'elle ne dure pas aussi long-temps que l'anémone, qui, lorsqu'elle est plantée de bonne heure, offre une succession non interrompue de fleurs pendant deux ou même trois mois, lorsque la saison est favorable, et qu'elle n'ait pas l'éclat de la tulipe, dont les riches couleurs sont bien plus distinctes sur leurs larges pétales qui les réfléchissent mieux, la renoncule est aussi recherchée que ces fleurs et elle est souvent préférée. L'œil se repose avec plaisir sur les plates-bandes et les corbeilles

remplies de renoncules, et elles partagent avec l'anémone
l'avantage de doubler les jouissances de l'amateur, en lui per-
mettant d'en couper et d'en distribuer à ses amis sans nuire à
la beauté de sa planche.

Ici je crois entendre les clameurs de tous ces fleuristes
égoïstes qui font consister leur bonheur dans des jouissances
privatives, et qui non seulement ne couperoient pas une fleur
de leurs parterres, mais même qui feroient l'acquisition de
toutes les belles plantes qui se trouvent dans les autres jardins,
quoiqu'ils les eussent déjà, s'ils en avoient les moyens et qu'on
y consentît, non pour multiplier leurs jouissances par une
plus grande quantité de plantes, mais pour être les seuls à
les posséder. Semblables à ces vils despotes de l'Asie, dont la
grandeur n'est que fictive et ne consiste que dans l'avilisse-
ment des esclaves qui les environnent, leur principale jouissance est de pouvoir se dire : Je suis le seul heureux, parceque je suis le seul qui possède ces trésors. Ainsi les Gengis
Kan, les Tamerlan, les Aurengzeb, et tous ces autres bri-
gands qui ont ravagé la terre et fait le malheur de leurs con-
temporains, croyoient être au comble du bonheur, parcequ'ils
étoient seuls grands, puissans, et que tout trembloit à leur
aspect. Insensés, qui ne savoient pas que le bonheur n'est
rien s'il n'est partagé, et que les jouissances qu'on procure aux
autres doublent les nôtres ! Oui, je le soutiendrai, parceque
j'en ai fait l'expérience pendant vingt-cinq ans, un des grands
avantages que la renoncule procure à l'amateur sensé, est de
pouvoir en donner sans gâter ses planches, et de voir au moment de sa distribution le plaisir peint sur tous les visages
qui l'entourent. La tulipe et la jacinthe n'ayant qu'une fleur
sur chaque pied, ne permettent pas d'en couper sans nuire au
coup d'œil des planches d'ordre ; et cet inconvénient m'en
auroit dégoûté, si mes oignons s'étant multipliés ne m'avoient
pas mis à même de faire des planches à part, où mon épouse
et moi trouvions les moyens de faire des heureux sans toucher à la planche d'ordre.

Les amateurs recherchent une renoncule quand la tige est
forte et soutient bien les fleurs, lorsque ces dernières ont un
grand nombre de pétales larges, épaisses, arrondies comme
celles de la rose avec laquelle une belle renoncule a beaucoup
de rapports pour la forme quand la rose est bien pleine et
très ouverte. Ils exigent en outre que les couleurs soient nettes,
vives, et que si la fleur en réunit plusieurs, elles tranchent
bien avec le fond. Si une renoncule réunit à ces qualités un
joli feuillage bien découpé et d'un beau vert, elle est parfaite.
Ils n'insistent pas sur la hauteur de la tige, parcequ'ils veulent que leurs fleurs soient d'inégale hauteur, afin que leurs

plantes étant plates, les fleurs fassent le dos d'âne. Quant aux couleurs, ils recherchoient et recherchent encore les couleurs les plus foncées, et une renoncule noire est une merveille à leurs yeux. Ils ont eu lieu d'être satisfaits en ce genre, car il en existe une ou deux noires comme de l'encre quand elles commencent à s'épanouir; mais malheureusement leurs pétales sont trop minces pour absorber tous les rayons solaires, et quand les pétales se développent la couleur s'éclaircit. La manie des couleurs foncées étoit telle il y a vingt ans en Normandie, que j'ai vu des planches qui ressembloient à des draps mortuaires. Ce goût n'a jamais été le mien. J'ai toujours mêlé les couleurs gaies à ces couleurs sombres; et en réunissant aux plantes normandes les belles fleurs flamandes, les candiotes et celles que je me suis procurées par les semis, j'ai trouvé que les planches avoient plus d'éclat et produisoient plus d'effet sur toutes les personnes qui les ont visitées. Enfin, une renoncule verte et une bleue sont maintenant le sujet des recherches des amateurs. J'ai déjà trouvé une verte, il ne s'agit plus que d'avoir une bleue.

Culture des renoncules. La culture de la renoncule présente peu de difficultés, et je partage l'opinion de M. Rozier dans ses observations ci-après, auxquelles il y a peu de choses à ajouter.

« La plupart des fleuristes attachent une grande importance à la composition de la terre destinée aux renoncules, et chacun fait une recette particulière qu'il dit être supérieure à toutes les recettes connues. Mais sans s'amuser à ces combinaisons longues, coûteuses, et pas meilleures les unes que les autres, la base fondamentale se reduit à ceci. Ayez une terre très légère et très substantielle, et vous aurez celle qui convient aux renoncules. »

Ce premier précepte a besoin d'explication. La renoncule a sans doute besoin d'une terre assez légère pour que ses racines, qui ne sont au moment où la végétation commence que des filets fort délicats, puissent y pénétrer; mais cette plante aime un peu l'humidité et ne s'accommode pas des arrosemens qui buttent la terre, renversent son feuillage qui se colle contre la terre et souvent en est couverte, ce qui nuit à sa végétation. Il faut donc rendre la terre plus ou moins compacte, suivant le climat et la situation des lieux qu'on habite, de manière qu'elle soit plus légère dans les terrains humides où les pluies sont abondantes, et plus compacte dans les climats secs et chauds.

« La meilleure, pour base, est celle d'un jardin potager cultivé et bien cultivé depuis longues années; comme chaque fois que l'on refait une planche on l'enrichit de fumier, cette terre devient à la longue une espèce de terreau. Si à cette base on ajoute, en quantité proportionnée, le terreau qu'on tire des couches ruinées, on l'enrichira encore ; mais comme le fumier et conséquemment les couches sont très rares en province, on peut se procurer avec un lit de fumier, un lit de feuilles d'arbres et d'herbages quelconques, et un lit de cette terre, un terreau très bon. Avant de l'employer, tout doit être parfaitement consommé. Si on l'arrose une ou deux fois avec du jus de fumier, il deviendra encore plus actif.

« Il convient de tenir cette préparation à l'abri de la pluie, mais non pas du grand air ni du soleil, parceque l'une et l'autre la bonifient. La crainte des pluies ne peut avoir lieu que dans les pays où elles seroient très abondantes et où elles tomberoient en torrent comme celles d'orage. Ailleurs il est utile d'exposer les tas à la pluie, parcequ'on ne craint pas qu'elle délave la composition et entraîne avec elle les sucs nutritifs. Les observations suivantes en sont la preuve. Mais comme les corps ne se dissolvent, ne se combinent et ne se recomposent que par la fermentation, et qu'il n'y a point de fermentation sans humidité, il faut humecter le tas lorsqu'on s'aperçoit qu'il se dessèche. Humecter n'est pas le noyer d'eau. Sa quantité s'opposeroit à sa fermentation ; cette remarque est essentielle : il vaut mieux y revenir à plusieurs fois, sur-tout pendant l'été, époque à laquelle la chaleur unie à l'humidité accélère la décomposition des corps. J'ai dit que les feuilles peuvent suppléer le défaut des couches ; mais toutes les feuilles n'ont pas la même propriété, au moins pour les renoncules. J'avois fait rassembler et pourrir beaucoup de feuilles de noyer ; je mêlai leur résidu avec ma terre, et presque toutes mes renoncules périrent. Une partie échappa dans la terre où le mélange avoit été peu considérable. Je crois que les feuilles de châtaignier ne vaudroient pas mieux, à cause de leur astriction. (Il auroit également pu citer celles de chêne qui leur sont aussi nuisibles ; cependant mon expérience m'a prouvé qu'on pouvoit se servir des feuilles parmi lesquelles il s'en trouvoit d'une ou deux de ces espèces, pourvu qu'elles y fussent en petite quantité. Je fais cette remarque, parcequ'il est difficile d'en ramasser dans les bois sans mélange.) Le point essentiel, le point unique est de concentrer dans la terre qu'on destine à la culture des renoncules une grande quantité d'humus ou terre végétale, ou terre soluble dans l'eau, parceque c'est la seule qui entre dans la composition des plantes et forme leur charpente. Les animaux et les végétaux par leur destruction sont les seuls qui produisent cet humus, base fondamentale et unique de toute végétation. Si on peut se procurer une quantité suffisante de bois pourri et réduit presqu'en poussière, de ce terreau qu'on trouve dans les troncs d'arbres, ce mélange sera excellent avec la terre de jardin. La tourbe décomposée est encore très bonne, et c'est à la grande quantité que les Hollandais ont la facilité de s'en procurer qu'ils doivent le perfectionnement de toute espèce de fleurs, parceque cette tourbe devient une espèce de terreau. (Sans déprécier les propriétés de la tourbe, j'ai peine à croire que ce soit à elle que les Hollandais doivent le perfectionnement de leurs fleurs, puisqu'il ne m'a pas paru pendant mon voyage en Hollande, pas plus que dans leurs écrits, qu'ils s'en servoient pour leurs belles fleurs, et que la renoncule n'y réussit pas aussi bien qu'en France. *Voyez* leur culture au mot JACINTHE.)

« Lorsqu'après un certain laps de temps on juge que les substances végétales et animales du monceau ont été complètement décomposées par la fermentation, on passe le tout au crible à mailles larges et on l'amoncelle de nouveau jusqu'au moment où la saison invitera à planter les renoncules. Par cette opération la terre des jardins est mélangée avec les débris végétaux et animaux, et par le nouvel amoncellement chaque partie s'assimile avec sa voisine, et devient une masse de terre analogue. Le moment de planter ou de semer étant venu, on repasse la totalité par un crible à mailles très serrées, afin qu'il ne reste ni gravier, ni grumeaux, ni substance qui ne soit pas décomposée.

« Quelques uns préfèrent l'usage de la terre neuve, par exemple celle que l'on tire de la fondation d'une maison, des fouilles d'une cave, etc., qu'ils mélangent ensuite avec des fumiers. Ce procédé devient plus dur; il faut plus long-temps travailler cette terre pour la rendre meuble et la charger d'humus. Qu'on s'en tienne à ce qui est plus simple; mais l'homme aime ce qui est compliqué et ne trouve beau et bon que ce qui est difficile. Toute terre noire et douce est en général très bonne et sert de base. Des gazons bien pourris tiendront lieu de feuilles et produiront le même effet. »

Telles sont les observations fort sages de Rozier, qui annoncent l'amateur qui a cultivé lui-même et a fait des expériences nombreuses. Cependant le reproche qu'il fait à ceux qui recherchent les terres des fouilles de caves et des démolitions ne me paroît pas fondé, sur-tout dans les terrains humides. Ces terres contiennent du salpêtre qui s'oppose aux fermentations putrides et qui donne du ton aux racines. C'est le motif qui m'a déterminé à employer du sel marin dans la composition de mes terreaux pour les renoncules, ou d'en répandre sur la terre au mois d'octobre, quand ma terre étoit humide et le climat pluvieux. Depuis que je m'en sers il ne m'a pas péri de griffes, malgré la grande humidité qui régnoit dans l'atmosphère pendant trois mois consécutifs après la plantation des griffes. On peut abréger l'opération qu'il propose en se contentant de briser le tas avec de fortes binettes, si dans le mélange on n'avoit pas employé de terre pierreuse. Mais s'il en existoit, il faudroit la passer au crible, ou au moins à la claie, parcequ'il ne faudroit qu'une pierre de quelques lignes sur l'œil pour forcer la pousse à prendre une route oblique qui l'épuiseroit, ou même pour arrêter cette pousse et occasionner la perte de la griffe.

J'ai peu de choses à ajouter pour les amateurs qui ne cultivent que des fleurs et ne veulent pas même de melons dans leurs jardins. Cependant, comme en ne cultivant que des fleurs ils sont bien aise d'avoir une couche pour les semences des fleurs d'été et d'automne, et qu'il est désagréable d'avoir de grands tas de fumier en fermentation, sans en tirer aucun parti et sans les rendre au moins agréables à l'œil, ils jugeront s'ils ne peuvent pas profiter de la méthode que j'ai adoptée et que je suis depuis longues années pour la culture de mes renoncules. Malgré les excellentes observations de Rozier, que j'ai copiées mot à mot, parcequ'en refondant ses articles il m'a paru juste de conserver de lui tout ce qui est utile et lui appartient, je crois pouvoir présenter ma méthode. Je sens toutefois combien il est désagréable de prendre la plume après d'excellens auteurs qui ont laissé peu de choses à dire sur certains articles, et qui ont acquis à juste titre la confiance générale. Aussi ne me permettrais-je pas de nouvelles observations, si une expérience de plus de vingt-cinq années, suivie de succès assez heureux, pour avoir conservé pendant ce temps une collection qui monte aujourd'hui à trente mille griffes, que les premiers amateurs et marchands fleuristes regardent comme la plus riche collection de France en ce genre, ne me donnoit la confiance de présenter ma méthode après celle de Rozier.

Comme j'ai toujours aimé les fleurs, mais que ce goût n'a jamais été privatif et ne m'empêchoit pas de rechercher les bons légumes comme les bons fruits, j'avois des artichauts qu'il falloit couvrir pendant l'hiver; je faisois provision de feuilles à cet effet, et malgré l'avantage que celles de châtaignier et de chêne présentent pour couverture, je n'en employois que le moins possible. Au printemps, je faisois des couches dans lesquelles je mettois ces feuilles inutiles alors aux artichauts. J'y ajoutois un peu de fumier chaud et souvent de la tannée pour donner de la chaleur et exciter la fermentation. Lorsque ces couches étoient inutiles, je les faisois briser, et une partie de leurs débris servoit à recouvrir les renoncules lorsqu'elles étoient plantées, ainsi que les semences, une autre pour mêler avec le terreau nécessaire aux nouvelles couches, et le surplus, pour faire une ou deux couches pour les semences qui n'avoient pas besoin d'être pressées. J'ajoutai à cette troisième partie le surplus du terreau des couches, et je salai le tout légèrement. Je laissois ces couches pendant un mois sans m'en servir. Au mois de juin ou de juillet je détruisois ces couches, et je faisois porter trois pouces de ce terreau sur le terrain destiné à recevoir les griffes de renoncules. On bêchoit la terre; ou y mêloit bien le terreau et on y plantoit des laitues, ou chicorées ou scaroles. Le but de cette plantation étoit plus d'attirer le ver blanc et le gris, pour les détruire, que le désir de profiter de ces légumes. Lorsque ces légumes étoient arrachés, je ne manquois pas de saler la terre si je n'avois pas jeté de sel dans le terreau, ce que je faisois rarement, parceque je ne pouvois pas toujours attendre un mois sans m'en servir. Je laissois ensuite ma terre en cet état jusqu'au moment de la bêcher, pour y planter les renoncules. Si l'automne et l'hiver n'avoient pas été aussi pluvieux en Bretagne, je lui aurois donné un labour à la fin de septembre ou au commencement d'octobre; mais l'expérience m'avoit appris que les terres nouvellement bêchées conservent mieux l'eau que les autres. Ainsi je ne pouvois donner ce labour qui seroit très utile dans les autres climats, et encore j'avois souvent de la peine à rendre ma terre fort meuble au moment de la plantation. Si elle étoit trop humide, après l'avoir fait bécher, je la recouvrois d'un fort pouce de terreau de couche, et je la faisois herser ensuite. Telle étoit et est encore ma préparation pour mes renoncules.

J'observe que j'avois fait passer la terre à la claie, parcequ'elle étoit pierreuse. Cette méthode plus simplifiée que la précédente, puisqu'elle évite la préparation et le transport des terres, a toujours été couronnée du succès.

On m'objectera peut-être que j'ai déjà conseillé le sel pour d'autres plantes, que cependant le sel a été considéré pendant long-temps comme un signe de stérilité, et que les anciens en étoient tellement convaincus, que, lorsqu'ils avoient détruit une ville, ils répandoient du sel où avoient été les murailles.

Il est certain que le sel répandu en trop grande abondance sur un terrain corrode les racines et les germes des plantes; mais si on n'en met que la quantité suffisante, il produit l'effet contraire. Les laboureurs bretons, instruits par l'expérience, sont dans l'usage de saler leurs terres; et on a vu dans les provinces où la gabelle étoit établie prendre de l'eau de mer pour arroser les terres avant d'y répandre de la semence.

Tous les cultivateurs savent que le sable de mer est excellent pour engraisser les terres, et que trois ou quatre ans après que la mer a abandonné des terrains qu'elle avoit inondés, on y a de superbes récoltes. Ainsi les préjugés contre le sel, comme amendement, et dans ma manière de voir comme engrais, me paroissent dénués de fondemens raisonnables.

Lorsqu'on a une terre propre aux renoncules, il ne s'agit plus que de les planter. L'époque de leur plantation a donné lieu à des discussions fort longues qui n'étoient pas fondées sur des principes généraux, mais seulement sur des expériences locales, et qui mettoient les fleuristes dans l'impossibilité de s'entendre. Ainsi le père Dardenne, qui habitoit la Provence, indiquoit les mois de septembre ou d'octobre, et combattoit les écrivains des climats plus froids qui vouloient qu'on retardât la plantation jusqu'au mois de mars. Ils avoient tous raison pour les lieux où ils faisoient leurs expériences; mais ils avoient tort en voulant fixer l'époque de la plantation pour toutes les latitudes, sans considérer les degrés de froid et de chaleur, l'abondance des pluies ou leur rareté, points essentiels qui varient, non seulement suivant les latitudes, mais encore suivant la situation des lieux plus ou moins élevés, en plaine ou environnés de montagnes, très voisins de la mer, et même des grandes rivières, ou à une distance assez considérable pour que les plantes ne pussent en recevoir l'influence. Si à ces considérations générales on avoit ajouté l'examen du degré de chaleur et d'humidité nécessaire à la plante, ainsi que les modifications qu'elle a éprouvées par la culture, on auroit été bientôt d'accord sur l'époque de la plantation, et les soins à donner aux plantes suivant l'intensité du froid et l'augmentation de la chaleur, la végétation de la plante auroit encore fourni des données.

J'ignore à quelle latitude on a trouvé la renoncule dans son état naturel. Mais je sais que sa culture l'a beaucoup modifiée, qu'elle est devenue plus délicate, et conséquemment qu'elle ne peut supporter ni le même degré de froid, ni le même degré de chaleur, ni la même humidité, ni la même sécheresse que dans l'état de nature; il lui faut une température douce qui ne passe que d'une manière insensible d'un froid modéré à une chaleur également modérée.

Lorsque la griffe de renoncule est plantée, l'abondance du suc séveux la fait gonfler, et la partie farineuse qu'elle contient en est délayée au point qu'elle ressemble à un lait épais. Ses nouvelles racines ne sont que des filets très délicats également chargés de sucs séveux. Nul doute que dans cet état, si la gelée la saisissoit, elle ne pérît, parceque un des effets de la congélation étant d'augmenter le volume des liquides dont le froid a resserré les parties jusqu'au moment de la congélation, il en résulteroit que les petits canaux qui sont pleins de sève ne pourroient plus la contenir et qu'ils seroient brisés, ce qui détermineroit la destruction de la plante.

La chaleur lui nuiroit également ; elle dessècheroit promptement la terre et la priveroit d'une partie du suc aqueux qui est indispensable à sa végétation ; elle précipiteroit sa végétation en diminuant les ressources, et la plante ne pourroit plus acquérir ses dimensions ; sa griffe n'auroit que la moitié de son volume, et les feuilles ainsi que les fleurs seroient proportionnées à la griffe. Le passage subit de la chaleur du jour au froid de la nuit influeroit également sur la plante.

Il faut donc éviter ces deux extrêmes, si on veut cultiver les renoncules avec succès. D'une autre part, plus long-temps une renoncule a été enterrée avant sa fleuraison, plus elle a eu de temps pour réunir les sucs nécessaires à sa végétation ; sa nouvelle griffe est déjà aux trois quarts formée, son feuillage a eu le temps nécessaire pour s'étendre et remplir en partie le but de sa destination. Les tiges qui s'élèvent avant les grandes chaleurs fournissent des fleurs qui se développent avec facilité et sans précipitation ; les couleurs qui ne sont pas saisies par la sécheresse sont plus vives, plus distinctes.

Si on ne lève pas les griffes des renoncules, ou si on en oublie quelques unes dans les planches, elles commencent à végéter en septembre ou octobre, et même plus tôt si la saison est pluvieuse. La nature semble donc nous indiquer ces mois pour la plantation des renoncules. Mais la délicatesse des griffes qui craignent les trop grands froids et qui peuvent souffrir dans les hivers très pluvieux force souvent à retarder sa plantation, si on est dans un climat exposé à de fortes gelées, ou qu'ayant son jardin dans un bas-fonds, les hivers y soient très pluvieux. C'est à toutes ces considérations qu'il faut s'attacher pour fixer l'époque de la plantation. Les principes généraux que je viens de présenter n'admettent point d'exception. Mais le moment de la plantation doit varier en raison de l'application de ces principes dans tous les climats.

Ainsi on peut planter dans le midi de la France, comme Nice, Toulon, Marseille, Narbonne, etc., au mois de septembre ou d'octobre, c'est-à-dire à l'époque où les grandes chaleurs sont passées. Je pense même qu'on peut le faire à Lyon, parceque le froid n'y est pas de longue durée ; mais dans l'ouest de la France, on est forcé d'attendre les mois de décembre et de janvier, quelquefois même février ; et au nord on retarde jusqu'au mois de mars. J'indique trois mois pour cette plantation à l'ouest, parceque dans ces climats et sur-tout sur les bords de la mer, les pluies ne permettent pas de fixer le jour de la plantation et qu'il faut saisir le moment favorable, qui, quand on l'a manqué, ne se retrouve souvent qu'au bout d'un mois ou six semaines. Comme je plante vingt-cinq à trente mille griffes tous les ans, et qu'il faut plusieurs jours

pour leur plantation par ordre, il m'arrive souvent, après
avoir mis en terre le tiers ou la moitié des griffes, d'être
obligé d'attendre quinze jours ou trois semaines pour achever.
C'est dans le mois de janvier que j'ai planté à Versailles jusqu'à ce jour, c'est-à-dire depuis quatre ans que je l'habite.

Je ne m'étendrai pas davantage sur la question de savoir si
la lune influe sur ces plantations ; j'ai déjà combattu ce système, après une foule d'expériences qui m'en ont démontré la
fausseté. Je me contenterai d'observer à ceux qui y tiennent
encore, et qui prétendent que, pour les conserver doubles,
il faut choisir telle ou telle phase de la lune, que le temps n'est
pas toujours favorable à l'époque déterminée par la lune, et
que cette méthode peut les retarder d'un ou deux mois. D'une
autre part, s'ils veulent se donner la peine d'observer, ils
verront que les années où les fleurs doubles fournissent le plus
de boutons sont celles où la saison a été pluvieuse depuis
le moment de la pousse de la tige jusqu'à celui de la fleuraison,
à quelque phase de la lune qu'on les ait plantées. L'augmentation de la sève et la facilité de sa circulation déterminent
la plante à remplir le vœu de la nature et à se reproduire
par semences. Cette observation, que j'ai faite plusieurs fois,
tend à prouver ce que j'ai avancé à l'article FLEURS DOUBLES,
que les plantes ne donnent pas de fleurs doubles parcequ'on
leur procure une nourriture plus abondante, mais parcequ'on
change leur nourriture et qu'on les modifie par la culture.

Les fleuristes, dit Rozier, ne sont pas d'accord entre
eux sur la distance qu'on doit laisser entre les griffes en les
plantant. Ils varient de trois à six pouces. Il fait à cet égard
des réflexions qui seroient fort justes si tout étoit égal dans
tous les climats. C'est encore une discussion qui tient à la
différence des températures plus ou moins pluvieuses, plus ou
moins chaudes.

Le plus grand nombre des amateurs prétendent que les fa-
nages doivent se confondre, tapisser le sol et le faire paroître
vert comme un pré. A cet effet ils plantent à trois pouces en
tout sens : d'autres, qui agissent par raisonnement et non par
routine, espacent de six pouces chaque rayon ; sur la longueur
de la raie l'espace est de six, cinq ou quatre pouces, suivant
la grosseur de la griffe. Si le fleuriste consultoit la nature,
il diroit : lorsque je plante telle espèce de renoncule isolée,
la longueur et la largeur de ses feuilles occupent une circonférence de tant de pouces, car cette longueur et largeur varient beaucoup suivant la nature des espèces et la force des
griffes ; mais lorsque les feuilles se croisent, se chevauchent,
elles se nuisent mutuellement. En effet on les voit s'élever,
se tordre et occuper le moins d'espace possible, afin de jouir

autant qu'il est en leur pouvoir des bienfaits de la lumière et de l'air. Donc je dois placer les griffes à une distance suffisante pour que les feuilles et toute la plante soient à leur aise.

Ce raisonnement fort sage démontre la nécessité de placer les plantes à une distance convenable pour qu'elles ne se gènent point. Mais elle démontre également la nécessité d'augmenter ou de diminuer cette distance suivant la force de la végétation. Ainsi, comme dans le même climat des rénoncules mises avant l'hiver auront, toutes choses égales d'ailleurs, des feuilles plus longues, des tiges plus garnies de fleurs que celles placées au printemps, il faudra les espacer davantage, parcequ'il faut sur-tout dans les pays méridionaux que la terre soit couverte de feuilles pour rompre les rayons du soleil et empêcher qu'elle ne se dessèche promptement ; d'où je conclurai qu'il est nécessaire de rapprocher davantage les griffes dans les climats chauds que dans ceux tempérés. En Bretagne, je les plaçois à six pouces sur six ou cinq ; à Versailles, je ne mets que cinq pouces sur quatre.

Quant à la question de savoir si on doit faire tremper les griffes avant de les planter, Rozier ne laisse rien à ajouter à son raisonnement et à la conclusion qu'il en tire. Quand la griffe a été levée de terre et bien desséchée, il faut pour qu'elle entre en végétation qu'elle puisse attirer à elle le suc séveux, et elle le peut d'autant moins que la terre est plus sèche. Si on la plante avant l'hiver, elle a du temps pour parvenir à toutes ses dimensions avant que le soleil ait pris de la force ; mais si on ne la met en terre qu'au printemps, alors elle est exposée à être saisie par la chaleur, et il est bon de précipiter sa végétation. Or, il est démontré que la renoncule trempée pendant vingt-quatre heures avance de huit jours sa pousse ; donc il est utile de la tremper.

Mais dans quelle composition ? Je crois que l'eau pure où on mêleroit un peu de suie est la meilleure, parcequ'elle tend à empêcher les insectes d'attaquer la plante. Quant aux compositions recherchées par plusieurs amateurs elles me paroissent au moins inutiles, si elles ne sont pas nuisibles.

Le moment de planter étant venu, on prépare ses planches, auxquelles on donne trois pieds et demi ou quatre pieds au plus de largeur. Ceux qui les mettent d'ordre emploient deux moyens : ils tracent des rayons dans les deux sens de la planche, et ils enfoncent leurs griffes dans les points d'intersection, ou ils enlèvent, avant de tracer, environ deux pouces de terre, et lorsqu'ils ont placé leurs griffes sur les points d'intersection, ou ils se contentent de les enfoncer de manière à les mettre au niveau de la terre ; pour empêcher qu'on ne les dérange, ils remettent avec précaution sur la planche la terre qu'ils en avoient tirée, de sorte que la griffe est enfoncée de deux pouces. Je pense qu'on pourroit la charger d'un pouce de plus dans les climats chauds ; elle conserveroit plus d'humidité à cette profondeur et seroit moins échauffée par les rayons solaires. Quand on a donné le coup de râteau, ou recouvre avec un demi-pouce de terreau. J'ai vu des amateurs recouvrir avec du crottin de cheval frais, et j'en ai vu plusieurs perdre une partie de leurs griffes pour s'être servis de cette couverture, dont les sucs étoient entraînés par les eaux jusqu'aux racines avant d'avoir éprouvé de nouvelles combinaisons par la fermentation.

Je ne me sers d'aucune de ces méthodes, parceque la première est vicieuse, en ce qu'elle tasse la terre sous la plante et que les racines la pénètrent plus difficilement ; et parceque la seconde, quoique très bonne, fait perdre un temps précieux qu'il faut ménager l'hiver.

Voici comme je procède à la plantation. Si c'est une planche d'ordre, après avoir fait préparer la terre, j'y fais faire autant de rayons qu'il y a de rangs. Ces rayons n'ont que deux pouces de profondeur. Quand la planche est rayonnée, je la mesure pour m'assurer du nombre de griffes qu'elle doit contenir, si je n'ai pas fait ce travail d'avance, pour préparer mes griffes dans des casiers disposés à cet effet. Si la longueur de ma planche contient quarante griffes, je la divise des deux côtés en huit parties au moyen de marques en bois de six pouces que j'enfonce dans les deux rayons des bords. Il est facile d'espacer cinq griffes dans chaque division, et les divisions des bords suffisent pour régler celles des rayons du centre. Cette marche dispense de tracer toute la planche. Les marques restent en terre jusqu'au moment de la fleur, et si on ne les étiquette pas, on s'en sert également pour relever les griffes. On doit avoir l'attention de varier les nuances et de mettre une couleur claire auprès d'une couleur sombre ; l'une sert à donner de l'éclat à l'autre. Si on a fait un catalogue en règle de ces fleurs, on y a marqué leur hauteur. On met dans ce cas les plus hautes dans les rangs du centre et les basses sur les côtés. On s'évite par-là le désagrément de bomber les planches, en donnant plus d'élévation au centre qu'au côté, pour donner plus d'agrément aux fleurs qui par ce moyen, comme par l'autre, forment le dos d'âne. Mais ce dernier moyen a l'inconvénient de donner plus d'humidité aux griffes des côtés de la planche qu'à celles du centre, et ne doit être employé que pour les renoncules placées au mois d'octobre dans les climats pluvieux ; on a alors l'attention de relever les planches sur les bords à trois pouces au moins au-dessus des sentiers. Si je plante par famille ou en mélange, après avoir fait les rayons, j'y place mes griffes sans rien tracer. J'ai seulement l'attention d'espacer davantage les grosses griffes et de rapprocher les petites. Quand j'ai des griffes fortes et foibles dans les familles, ou dans le mélange, j'en mets une petite entre deux grosses. On donne ensuite le coup de râteau pour unir la planche qui est d'égale hauteur dans toutes ses parties, à l'exception d'un petit rebord que je laisse tout autour pour y conserver les eaux des pluies et d'arrosement, et pour les bien distinguer des sentiers. Je recouvre ensuite d'un demi-pouce de terreau.

Toutes les observations ci-dessus sont relatives aux renoncules asiatiques; celles d'Afrique, connues sous le nom de pivoine ou péones, peuvent être traitées de la même manière, à quelques différences près, ainsi que quelques renoncules asiatiques moins sensibles au froid que les autres, telles que l'orangère, la blanche de culbur et la lucrèce, connues à Paris sous le nom de rose cœur vert et de saintongeoise. Comme ces plantes n'acquièrent tout leur volume que lorsqu'elles ont passé l'hiver en terre, il est essentiel de les planter au mois d'octobre. Dans les climats où on craint de fortes gelées, on doit les placer dans des plates-bandes contre des murs exposés au midi, et si les pluies sont fréquentes, on relève la plate-bande au-dessus du sentier, du côté duquel on lui donne un peu de pente pour l'écoulement des eaux, et pour recevoir moins obliquement les rayons solaires. Si les griffes sont fortes on les espace de six pouces en tout sens et on les enfonce à trois pouces. La terre doit être la même que pour les renoncules d'Asie, et on les traite de même si on les plante depuis octobre jusqu'en mars.

Les griffes mises en terre ne craignent le froid que lorsqu'elles sont en lait. Si, huit jours après leur plantation, il survient une forte gelée, elles le supporteront facilement; mais cette époque passée, dès que la terre est gelée à un pouce de profondeur, et que le baromètre, ainsi que les vents, annoncent du froid et une gelée plus forte, il faut couvrir les planches. Tout est bon à cette époque, les feuilles, la fougère, la paille et la grande litière; mais si les plantes sont poussées, il faut plus de précautions, et on n'attend pas pour couvrir ses planches que la terre soit gelée à un pouce de profondeur. Il faut également prendre quelques précautions pour placer les couvertures sans qu'elles portent sur la terre, autrement elles nuiroient aux plantes. Les amateurs soigneux ont des cadres de la largeur des planches sur lesquelles ils placent leurs paillassons, paille ou fougère; ils soutiennent ces cadres à trois pouces au-dessus de la planche avec des piquets. Les autres se contentent de couvrir les planches avec des moyennes branches d'arbres qui soutiennent les couvertures. Dès que le temps est adouci, on enlève les couvertures pour empêcher les plantes de blanchir, d'étioler et de s'attendrir. Ces couvertures se placent pour la neige comme pour les gelées ; on les visite alors le matin pour donner la chasse aux limaces.

Quand la chaleur douce du printemps a remplacé les froids glacials de l'hiver, on enlève les cadres et les branches d'arbre, et on donne un léger binage aux planches. Je dis léger, parcequ'il faut bien se donner de garde de toucher aux racines. Si on a perdu quelques plantes et qu'on ait eu soin d'en mettre en pots, c'est le moment de les remplacer ; mais il faut veiller avec soin au dépotage des plantes : si la motte se rompt, il est très difficile de sauver la plante.

Ces opérations terminées, on sarcle suivant le besoin et on continue la chasse des limaces. Si la chaleur dessèche trop la terre, on arrose les planches. On doit se servir d'arrosoirs dont la pomme soit percée de très petits trous, et il faut passer promptement l'arrosoir. On repasse à deux ou trois reprises la planche et on donne conséquemment à l'eau le temps de pénétrer la terre sans la tasser : on tient l'arrosoir fort bas. Ces précautions sont également utiles aux plantes. L'eau, ne tombant que comme une pluie douce, n'abat pas les feuilles et ne les couvre pas de terre, et si les plantes sont en fleurs, elles ne sont pas renversées par l'arrosement. Enfin les fleurs paroissent et dédommagent les fleuristes de leurs soins. Elles font un coup d'œil d'autant plus beau qu'elles forment un massif plus considérable. Les fleurs paroissent dans les départemens de l'ouest et du nord lorsque les tulipes et les anémones qui ont passé l'hiver commencent à défleurir, et le spectacle brillant des jacinthes, tulipes, anémones et auricules ne nuit pas aux planches de renoncules qui leur succèdent, principalement si les fleurs sont très variées et les planches bien ordonnées.

L'ordre est bien plus facile à établir dans les planches de renoncules que dans les autres fleurs ; comme on les plante dans les départemens de l'Ouest et du Nord en décembre jusqu'en mars, on a les soirées d'hiver pour les préparer. Les tulipes, les jacinthes et les anémones exigent des planches de trente à quarante pieds ; celles de renoncules peuvent être de douze à treize pieds ; mais elles doivent être multipliées et très rapprochées les unes des autres : un petit sentier d'un pied et demi de large doit suffire. L'éclat des planches est d'autant plus grand que les fleurs sont plus variées à chaque rang ; cependant la vue des planches qui ne contiennent que sept à huit espèces est également très belle, si elles sont bien choisies. On ne met qu'une espèce par rang, et alors il est bien facile de les lever ; si on en met deux, on en place une à tous les numéros pairs, et une à tous les impairs, et l'opération est encore aisée.

Comme le soleil a de la force à l'époque de la floraison des renoncules, il est bon de les couvrir depuis dix heures du matin jusqu'à trois heures de l'après-dîner ; les fleurs, moins précipitées dans leur développement, en sont plus belles et durent plus long-temps. Les couvertures des tulipes étant inutiles à cette époque peuvent servir pour les renoncules. Je dois observer que les renoncules plantées de bonne heure ne fleurissent que quinze jours avant celles mises en terre au mois de mars; mais comme elles ont eu plus de temps pour se nourrir, les griffes et les fleurs sont plus fortes.

Les amateurs qui désirent jouir de cette fleur une grande partie de l'année en plantent une planche tous les mois, depuis mars jusqu'au mois d'août; mais malgré les abris qu'ils leur donnent pour les préserver du soleil, et les fréquens arrosemens, la végétation est si prompte que jamais ces fleurs n'ont l'éclat des premières, et que leurs griffes ne valent rien en général, parcequ'elles n'ont pas eu le temps de se nourrir, et qu'étant placées au nord, elles ne peuvent se bien dessécher : on ne doit donc faire ces plantations tardives que lorsqu'on a assez de griffes pour en sacrifier une partie. D'autres en mettent en pots, et le cœur vert ainsi que quelques espèces y fleurissent assez bien : il faut choisir pour les pots les espèces qui fournissent le plus de fleurs.

Si la chaleur est vive pendant la floraison, on continue les arrosemens jusqu'à ce que les fleurs soient passées ; mais dès que les feuilles jaunissent, il faut les cesser. En vain dira-t-on que les griffes peuvent encore avoir besoin de sève ; j'en doute : elles sont alors formées et ont besoin de se dessécher ; il ne leur faut donc plus d'humidité. Si on continue de les arroser, on s'expose à un nouveau développement des germes ; la sève fermente dans les griffes qui végètent de nouveau, et on est exposé à les perdre.

Lorsque les feuilles et les tiges sont sèches, il est temps de lever les griffes : on prend les tiges d'une main, et de l'autre on enfonce sous la griffe un petit instrument en forme de langue d'aspic, ou de cuiller, ou même de truelle, et on l'enlève ; cette opération est fort prompte : on secoue la griffe pour en détacher la terre et on la met dans un casier, si les plantes sont par ordre, après avoir détaché la tige si elle se sépare sans effort; si elle résiste on la coupe, parcequ'en l'arrachant on pourroit enlever l'œil de la griffe : s'il y a plusieurs griffes réunies, on ne les sépare pas; au cas que les

plantes soient en mélange, on les jette dans un panier, et où
les porte ensuite dans un lieu bien aéré et bien sec, et à
l'ombre.

Rozier conseille d'attendre que les griffes soient desséchées
pour les séparer et les nettoyer ; l'expérience m'a prouvé
que cette époque étoit aussi mauvaise pour cette opération
que celle où on les tire de terre. Dans le dernier cas, chaque racine est pleine du suc séveux, et se rompt facilement à l'endroit où elle est adhérente au tronc. Dans le premier, le suc séveux étant évaporé, ces mêmes racines sont
fort dures, et comme celles de deux ou trois griffes réunies
sont mêlées, que pour les séparer il faut en écarter plusieurs
pour donner du passage aux autres, on les rompt facilement,
parcequ'elles sont trop fermes pour plier : le moment favorable pour cette opération est celui où les griffes ont perdu une
partie du suc séveux ; elles ont alors diminué de volume, les
racines en sont molles, se manient facilement, et se détachent
moins du tronc. On peut alors, sans craindre de leur nuire,
les séparer, en tirer la terre et enlever l'ancienne griffe ; si
elle est encore adhérente à la nouvelle, on la jette, parcequ'on
la planteroit inutilement, et qu'elle ne pousseroit pas. On
détache également les filets minces qui sont à l'extrémité de
la griffe et formoient le prolongement des racines. Les griffes
ainsi disposées, on les remet dans le même lieu, où elles achèvent de sécher, et on les ramasse ensuite dans un lieu sec :
pendant la dessiccation on les visite de temps à autre ; on ouvre
les croisées tous les matins, si le temps est beau, pour renouveler l'air. Les renoncules ne craignent pas d'être exposées
au soleil une heure ou une heure et demie pendant la dessiccation ; mais l'humidité peut occasionner la moisissure et les
faire périr.

Il est un moyen plus prompt de dessécher et de nettoyer les
griffes : aussitôt qu'on les a levées de terre et séparées des
tiges et des feuilles on les jette dans un panier ou dans un crible fort clair, on le plonge dans l'eau et on remue les griffes ;
la terre s'en détache, et passant avec l'eau lorsqu'on élève
le panier ou le crible au-dessus du vase, elle s'y précipite,
on refait cette opération à plusieurs reprises jusqu'à ce que la
terre soit tout-à-fait dissoute ; quant aux feuilles ou autres
matières plus légères que l'eau, et sur-tout aux petits vers
qui attaquent l'ancienne griffe et couvrent souvent les nouvelles, on plonge le crible ou le panier à un demi-pouce au-
dessous du niveau de l'eau ; les griffes restent au fond, mais
les feuilles, les parties décomposées des anciennes griffes et
les vers surnagent, et on les écarte avec la main. Quand les
griffes sont propres, on les étend à l'air à mi-soleil jusqu'à ce

que l'eau qui les environne soit évaporée, et on les porte ensuite dans l'appartement destiné pour leur dessiccation ; elles
se dessèchent plus promptement, et quand on les nettoie il
ne s'agit plus que de les séparer, ce qui est plus facile, parceque la terre n'est plus un obstacle, et de détacher les filets
qui peuvent rester à l'extrémité des racines et les anciennes
griffes : non seulement on enlève tous les petits vers qui auroient pu continuer leurs ravages dans la serre, mais leurs
œufs, s'il s'en trouve, ce que je n'ai pas vérifié, en sont également séparés. J'ai nettoyé mes griffes de ces deux manières
pendant plusieurs années, et j'ai fini par adopter la dernière.

Lorsque les griffes sont bien desséchées, on les met dans
des casiers couverts ou dans des sacs de papier où on peut les
conserver deux ans. Elles sont moins sujettes à dégénérer
quand elles se sont reposées une année.

J'ai remarqué que les renoncules sont plus sujettes à dégénérer quand les hivers et les printemps sont très pluvieux. La
dégénération des renoncules asiatiques doubles consiste à
donner un bouton qui les range parmi les semi-doubles, et à
perdre leurs panaches ; celle des renoncules pivoines suit une
marche différente ; les soucis dorés, la séraphique, etc., prennent une teinte rouge telle qu'on les distingue difficilement
de la rouge ordinaire ; si la dégénération continue, la forme
et la couleur des feuilles de ces pivoines rouges changent
beaucoup ; la feuille qui étoit d'un vert pâle prend une teinte
très foncée, et sa forme, semblable à un trèfle, n'en conserve
que la partie supérieure plus aplatie et dentelée ; il en sort
quelquefois, car ces plantes fleurissent rarement, une ou deux
petites tiges qui portent à l'extrémité une petite fleur simple
et rouge. Ses pétales sont assez petites pour que les fleurs que
j'ai eues ne fussent pas plus larges que des pièces de douze
sous. Cette dégénération est telle qu'on ne pourroit pas supposer que les plantes doubles et les simples eussent quelque
rapport : leur comparaison me fit croire, la première année
qu'on m'en expédia de Normandie, que j'avois été trompé,
parceque je trouvois des fleurs rouges parmi les jaunes, qui
sont deux et trois fois plus chères, et des simples parmi les
doubles rouges ; mais comme j'eus l'attention de les séparer
l'année suivante, et que je trouvai des séraphiques moitié
jaunes et moitié rouges, il fallut céder à l'évidence, et me
convaincre de la dégénération de la plante. J'ai semé deux
fois de la graine de ces plantes, mais inutilement ; depuis j'ai
pris le parti de les arracher à mesure qu'il en paroissoit dans
mes planches.

Tels sont les soins à donner aux renoncules qu'on possède

pour les conserver et les multiplier ; et ceux qui ne veulent pas se donner la peine de faire des semis peuvent former de riches collections en s'adressant aux jardiniers fleuristes qui les cultivent, ou aux marchands de Paris, tels que MM. Vilmorin, Grandidier et Tollard, qui mettent la plus grande exactitude dans leurs envois ; mais les amateurs qui, non contens des découvertes d'autrui, veulent s'enrichir de leur propre fonds, font des semis qui leur procurent des espèces nouvelles ; ils conservent à cet effet des semi-doubles dont les pétales sont larges, épaisses et bien arrondies ; quant aux couleurs, elles doivent être indifférentes, pourvu qu'elles soient nettes et vives : les couleurs fausses sont rejetées. On doit conserver des semi-doubles de toutes les couleurs pour obtenir des fleurs panachées ; mais ceux qui ne cherchent que des couleurs sombres doivent prendre des brunes sur fond violet, et non rouges ; on les distingue facilement en plaçant les pétales entre le soleil et l'œil.

Lorsque la graine est mûre, ce qu'on aperçoit quand elle perd sa couleur verte pour prendre celle de la tige quand elle est desséchée, on la cueille deux ou trois heures après le lever du soleil, pour donner à la rosée le temps de se dissiper ; on frotte les têtes dans les mains pour en séparer la graine, et on peut semer sur-le-champ ; mais il est prudent de n'en semer qu'une partie et de réserver l'autre pour le printemps. On attend pour frotter cette dernière le moment où on la sèmera : on l'expose une ou deux heures au soleil ; et on la frotte ensuite.

Comme la graine est fine et très délicate, et que le jeune semis ne pourroit pas supporter les rigueurs de l'hiver, on sème toujours à l'automne dans des terrines qu'on remplit d'une terre bien légère et bien chargée de terreau et passée dans le tamis le plus fin à fil de laiton ; on dresse bien cette terre et on répand la graine dessus, un peu clair si la majeure partie des graines a une lentille bien marquée au centre ; mais fort épais s'il s'en trouve peu qui en aient ; car celles qui ne contiennent pas de lentilles sont des graines avortées. On couvre bien légèrement cette graine, soit avec la main, soit en passant dessus le tamis garni de la terre nécessaire et qu'on secoue : deux lignes de terre sont suffisantes. On porte ces terrines à l'ombre, mais on les pose sur une planche soutenue par des tréteaux, pour empêcher les cloportes d'y monter ; on les couvre de mousse ou de menue paille, et on les tient fraîchement ; la graine lève en quarante jours. Si on a semé en automne, on ne manque pas de ramasser les terrines aux premières gelées, et de les placer sous un châssis ou dans l'orangerie auprès d'une croisée ; on les y arrose légèrement. Il faut,

pour l'arrosement de ces terrines, des arrosoirs fort petits et
dont la pomme ait les trous très fins. Lorsque le temps est
beau on leur donne de l'air; au printemps ou les retire de la
serre pour les placer au soleil levant : on met avec la main
deux ou trois lignes de terre préparée, qu'on place en soulevant les feuilles pour ne pas les enterrer; on arrache les mauvaises herbes, on les arrose au besoin, et on les en retire
quand les feuilles sont desséchées.

Les semis qu'on fait au printemps demandent les mêmes
soins; si on les fait en pleine terre, il faut qu'ils soient exposés de manière à n'avoir que le soleil levant jusqu'à dix ou
onze heures, au plus midi. Il faut les visiter souvent pour faire
la chasse aux limaces et aux insectes, et pour les sarcler sans
donner le temps aux mauvaises herbes de pousser de fortes racines. Si le plant est clair et qu'on habite un climat où les
gelées ne soient pas très fortes, quand la feuille est desséchée,
on les recouvre d'un demi-pouce de terre préparée et on les
couvre au besoin l'hiver; mais si les gelées sont telles qu'on
ne puisse planter les fortes griffes qu'en janvier, on lève les
jeunes plantes quand les feuilles sont desséchées pour les replanter en même temps que les autres.

Ces griffes fleurissent la troisième année, et quand l'année
est favorable une partie donne ses fleurs la seconde; mais
toutes celles qui fleurissent la seconde année ne méritent pas
de fixer les regards des amateurs; ce sont ordinairement les
simples et quelques semi-doubles. La troisième année on
peut faire son choix, c'est-à-dire mettre de côté toutes les
plantes qui paroissent doubles; mais on ne peut les juger
qu'après deux ou trois autres floraisons. Alors si elles n'ont
pas dégénéré, et qu'elles aient les qualités requises, on les
classe parmi les belles plantes de la collection; dans le cas
contraire, on les rejette; telle est la méthode à suivre pour les
semis; mais si on conserve la graine une année avant de la
semer, on a plus d'espérance de succès; dans ce cas, il
faut la conserver, telle qu'on l'a cueillie, dans des sacs qu'on
expose un jour au soleil dans le mois de juin; on la frotte
quand on veut s'en servir. Dans le principe on ne cherchoit
que des renoncules doubles à une seule couleur, des blanches,
des roses, des rouges, des feux, des jaunes orange, jonquilles
et soufre, des olives, des brunes et des noires. Quand on a
été satisfait sous ce rapport, on a voulu des plantes des couleurs ci-dessus avec des cœurs verts, enfin des plantes panachées. Un amateur sage réunit toutes les belles renoncules,
soit qu'elles n'aient qu'une couleur, soit qu'elles en aient
deux, bordées ou panachées. S'il a du goût, et qu'il les mêle
avec art, il établit des contrastes qui leur donnent un nouvel

éclat, et cette harmonie de couleurs, si je puis m'exprimer
ainsi, contribue à ses jouissances et à celles de tous les amateurs éclairés qui viennent admirer sa collection et l'ordre
qu'il y a établi. (Fen.)

Outre cette espèce, les botanistes comptent encore soixante
autres renoncules dont plusieurs se cultivent aussi quelquefois
dans les jardins d'agrément, et dont un plus grand nombre
sont si communes dans les campagnes, ou ont des propriétés si
nuisibles, qu'il est important, pour les cultivateurs, d'apprendre
à les connoître. Les principales d'entre elles sont,

La RENONCULE FLAMME, *Rauonculus flammula*, Lin., qu'on
appelle aussi *petite douve*. Elle a les racines vivaces; les tiges
lisses et penchées, hautes d'environ un pied; les feuilles alternes, pétiolées, lancéolées, dentées et glabres; les fleurs jaunes
et disposées en petits bouquets lâches à l'extrémité des tiges.
Elle croît souvent très abondamment dans les marais, les prés
humides, et fleurit au milieu de l'été. Toutes ses parties sont
très âcres. On la regarde comme un dangereux poison pour les
animaux pâturans. Cependant Lasteyrie observe que, lorsque
ces animaux n'en mangent qu'une petite quantité, elle agit
comme stimulant et favorise leur digestion. Malgré cela tout
cultivateur prudent fait tous ses efforts pour la détruire dans
ses prés, et il le peut facilement en les labourant et en les
cultivant pendant quelques années en céréales, en fèves de
marais, etc., etc.

La RENONCULE GRANDE DOUVE, *Ranunculus lingua*, Lin., a
les racines vivaces; les tiges droites, velues, hautes de deux à
trois pieds; les feuilles alternes, lancéolées, entières, amplexicaules; les fleurs grandes, jaunes et disposées en petit nombre
à l'extrémité des tiges. Elle croît dans les marais fangeux, au
milieu même de l'eau. Elle ressemble autant par son aspect que
par ses qualités délétères à la précédente. Tout ce que j'en ai
dit lui convient parfaitement; mais elle est moins commune
en général, et sur-tout dans les pâturages habituellement fré-
quentés par les bestiaux. Elle peut être placée avec avantage
dans les eaux des jardins paysagers.

La RENONCULE DES BOIS, *Ranunculus auricomus*, Lin., a les
racines vivaces; les tiges droites, glabres, rameuses, hautes
de six à huit pouces; les feuilles alternes, les radicales pétiolées, réniformes, crénelées, incisées, les caulinaires amplexicaules et digitées par des découpures linéaires; les fleurs jaunes, dont les pétales se développent successivement et avortent
quelquefois. Elle se trouve très abondamment dans les bois
argileux et humides, et fleurit des premières au printemps.
Cette circonstance la rend propre à être introduite sous les
massifs des jardins paysagers, dont elle couvrira la nudité à

une époque où peu de fleurs sont encore en évidence. Elle ne forme que de petites touffes, mais on les multiplie autant qu'on veut par le semis de ses graines ou la séparation de ses racines.

Tous les bestiaux, excepté les chevaux, la mangent, ce qui indique qu'elle a peu d'âcreté.

La RENONCULE BULBEUSE a une racine épaisse, arrondie, vivace; une tige droite, velue, rameuse, haute d'un à deux pieds; des feuilles alternes, les radicales ternées et incisées, les supérieures plus ou moins digitées; des fleurs jaunes à calice réfléchi et disposées en bouquet terminal. Elle croît naturellement dans les prés, les pâturages, le long des chemins et fleurit pendant tout l'été. On l'appelle vulgairement la *grenouillette*. Elle est très âcre dans toutes ses parties, sur-tout dans ses racines, qu'on pourroit employer comme vésicatoire et qui sont mortelles pour les rats. Les chèvres et les moutons seuls mangent cette plante qui infeste souvent les prairies à un point prodigieux. On doit la détruire par les labours de ces prairies et leur culture pendant quelques années en céréales ou autres articles. Ses fleurs doublent dans les jardins et y sont connues sous le nom de *boutons dor*, comme celles des espèces suivantes.

La RENONCULE ACRE a les racines fibreuses; les tiges droites, rameuses, glabres, hautes de deux à trois pieds; les feuilles alternes, pétiolées, palmées ou découpées en lobes incisés; les fleurs jaunes, luisantes, portées sur des pédoncules terminaux Elle est extrêmement commune dans les prés et fleurit au milieu de l'été. On la connoît vulgairement sous le nom de *bassinet*. On en cultive dans les jardins une variété à fleurs doubles sous celui de *bouton d'or*. Fraîche elle est âcre et cause des excoriations à la peau sur laquelle on l'applique. Les chèvres et les moutons sont les seuls bestiaux qui la mangent alors; mais sèche elle perd son âcreté et devient propre à tous. Elle n'en est pas moins une plante nuisible aux prairies; et son abondance, quelquefois telle qu'elle domine sur toutes les autres plantes, est un indice que la prairie est épuisée et qu'il faut la labourer.

La RENONCULE DES PRÉS, *Ranonculus repens*, Lin., a les racines fibreuses; les tiges couchées à leur base, et hautes d'un pied au plus; les feuilles pétiolées, palmées ou divisées en plusieurs lobes incisés, velus, tachés de blanc; les fleurs jaunes, luisantes, portées sur des pétioles sillonnés. Elle est très commune dans les prés, les champs cultivés et laissés en jachère, le long des haies, sur le revers des fossés, et fleurit au milieu du printemps. Vulgairement elle est connue, comme la précédente, sous le nom de *bassinet*. Elle se multiplie avec une si prodigieuse rapidité, tant par ses graines que par ses tiges rampantes qui prennent racine à chaque nœud, que j'ai fréquemment vu des champs en jachère, auxquels on n'avoit pas donné de labours d'été, en être complètement couverts à la fin de l'automne. Il est même souvent difficile d'en débarrasser les champs un peu humides ou ombragés, qui sont ceux où elle se plaît le plus. Les moutons et les chevaux s'en accommodent, mais les autres bestiaux n'en veulent point lorsqu'elle est fraîche ; cependant elle paroît moins âcre que les espèces précédentes ; ses fleurs doublent comme les leurs et portent le même nom.

La RENONCULE A FEUILLES D'ACONIT a les racines fibreuses, vivaces ; les tiges droites, glabres, hautes d'un ou deux pieds ; les feuilles alternes, pétiolées, palmées, à folioles lancéolées, incisées, dentées ; les fleurs blanches et souvent solitaires sur de longs pédoncules terminaux. Elle est originaire des hautes montagnes de l'Europe, fleurit au commencement de l'été et fournit une variété à fleurs doubles qu'on cultive fréquemment dans les jardins sous le nom de *bouton d'argent*. Cette plante a beaucoup d'élégance et contraste fort bien avec les espèces précédentes.

Les variétés doubles de ces quatre dernières espèces embellissent toujours les parterres et les jardins paysagers où on les place avec intelligence, attendu qu'elles ont beaucoup d'élégance dans leur port et dans leurs feuilles, et que leurs fleurs ont un genre d'éclat qui contraste avec celui des autres plantes. On les multiplie très facilement par leurs rejetons ou par le déchirement de leurs vieux pieds pendant l'hiver. Leur culture ne consiste même qu'à empêcher leurs touffes de s'accroître plus qu'il ne faut, car elles produisent moins d'effet lorsqu'elles sont trop maigres et trop grosses. Un terrain frais et substantiel est celui qui leur convient le mieux.

La RENONCULE DES MARAIS, *Ranonculus sceleratus*, Lin., a les racines annuelles, fibreuses ; les tiges fistuleuses, striées, rameuses, glabres, hautes d'un à deux pieds ; les feuilles alternes, lisses, les radicales pétiolées, arrondies, trilobées et incisées, les caulinaires sessiles et plus ou moins profondément digitées ; les fleurs petites, jaunes, disposées en bouquets terminaux ; le réceptacle des fruits oblong. On la trouve quelquefois en grande abondance dans les marais, autour des mares, dans les lieux sur-tout où l'eau est corrompue. Toutes ses parties sont très âcres, et sur-tout sa racine, qu'on emploie quelquefois comme vésicatoire, et qui peut donner la mort à ceux qui en mangeroient. Les chèvres et les moutons broutent cependant ses feuilles et l'extrémité de ses tiges. On dit même que les haitans du nord de l'Ecosse s'en nourrissent. Cependant, malgré que Daubenton l'ait semée pour l'usage de ses troupeaux, je crois qu'il est bon de ne l'employer, lorsqu'elle est très abondante, que pour augmenter la masse des fumiers, ce à quoi l'épaisseur de ses tiges et de ses feuilles la rendent très propre. J'ai lieu de soupçonner qu'elle absorbe le gaz hydrogène et autres qui s'exhalent des marais corrompus, et qu'ainsi elle contribue à rendre leurs environs moins dangereux pour l'homme et les animaux. Sous ce point de vue elle mérite d'être, non seulement conservée, mais même multipliée.

La RENONCULE DES CHAMPS a les racines annuelles; les tiges velues, rameuses, hautes de six à huit pouces; les feuilles alternes, glabres, les radicales à trois lobes trifides, et les caulinaires découpées très menu; les fleurs petites, d'un jaune pâle, et les fruits velus. Elle est très commune dans les champs frais ou ombragés, et fleurit au milieu de l'été. Des expériences faites par Brugnone et Krapf, et insérées dans la Feuille du Cultivateur, tom. 2 et 3, prouvent qu'elle est vénéneuse. Son abondance la rend souvent nuisible aux récoltes des céréales, et il n'y a d'autres moyens pour en débarrasser un canton que de le mettre en prairies artificielles, ou en cultures qui demandent des binages d'été; car ses graines mûrissent avant le blé, et elles se conservent plusieurs années en terre lorsqu'elles sont trop loin de la surface.

La RENONCULE HÉRISSÉE diffère peu de la précédente par ses feuilles et ses fleurs, mais ses semences sont hérissées d'épines qui blessent souvent les cultivateurs qui marchent nu-pieds. Elle est aussi très commune dans les blés des parties méridionales de l'Europe, et même de la France.

La RENONCULE AQUATIQUE a les racines vivaces; les tiges grêles, rampantes; les feuilles qui sont dans l'eau capillaires, et celles qui nagent sur la surface arrondies et lobées; les fleurs blanches, axillaires, solitaires et pédonculées. Elle croît dans les eaux stagnantes ou peu courantes, fournit plusieurs variétés, et fleurit au printemps et pendant l'été. Toutes ses parties sont fort âcres, et aucune n'est mangée par les bestiaux. Souvent elle remplit complètement des fossés, des mares et autres amas d'eau, et dans ce cas elle offre au cultivateur actif une ressource contre la rareté des engrais. En effet, il suffit de la tirer de l'eau pendant l'été avec de grands râteaux, et de la laisser pourrir sur le bord, ou de l'apporter sur le fumier pour en obtenir un engrais excellent et abondant. Les Anglais ne la laissent point perdre dans les cantons où l'agriculture est bien suivie. Comme elle embellit les eaux lorsqu'elle est en fleur, il convient d'en mettre quelques pieds dans celles qui sont dans les jardins paysagers, mais il faut en arrêter la trop grande multiplication. Les poissons aiment à frayer sur cette plante, qui leur donne une ombre agréable et utile, et les défend de la vue des quadrupèdes et des oiseaux qui leur font la guerre. (B.)

RENONCULE FICAIRE. *Voyez* FICAIRE.

RENOUÉE, *Polygonum*. Genre de plantes de l'octandrie trigynie et de la famille des polygonées, qui renferme une cinquantaine d'espèces, dont une est l'objet d'une culture de grande importance, et dont plusieurs sont très communes et employées en médecine.

La RENOUÉE DES OISEAUX, *Polygonum aviculare*, Lin., a les racines fibreuses, rampantes, annuelles ; les tiges rampantes, grêles, cylindriques, noueuses, rameuses, longues d'un à deux pieds ; les feuilles alternes, sessiles, lancéolées, lisses, d'un vert noir ; les fleurs blanches, solitaires et sessiles dans les aisselles des feuilles. Elle croît dans toute l'Europe, dans les lieux cultivés, et fleurit à la fin de l'été. Elle couvre quelquefois en automne, presque exclusivement, des espaces considérables dans les lieux qui lui conviennent. C'est une manne que la nature envoie aux animaux pâturans et aux oiseaux granivores pour achever de les engraisser et leur donner les moyens de supporter les privations auxquelles ils peuvent être exposés pendant l'hiver. Tous les bestiaux la mangent, et les cochons sur-tout en sont fort friands. On dit cependant, je ne sais sur quels motifs, qu'elle est nuisible aux moutons. Elle passe pour astringente et vulnéraire, et s'emploie en conséquence en médecine contre les dyssenteries et les blessures.

L'abondance de cette plante lui a fait donner une quantité de noms vulgaires, tels que *traînasse*, *sanguinaire*, *centinode*, *fausse cenille*, *renue*, *langue de passereau*, *herbe des saints Innocens*, *herniole*, etc. Elle varie prodigieusement selon le terrain et le climat.

Dans beaucoup d'endroits on la ramasse avec soin au moyen de râteaux à dents de fer, ou même à la main, pour la nourriture des cochons, des vaches, des lapins, des poules, etc., ou pour en faire de la litière et augmenter la masse des engrais. Malgré les services qu'elle rend aux habitans des campagnes, on a mis en question si elle n'étoit pas plus nuisible qu'utile à l'agriculture. En effet, dans les jardins mal cultivés, dans les semis de raves ou de navette d'hiver qui ne sont pas binés, elle est souvent nuisible, parcequ'elle étouffe les jeunes plantes ; mais elle ne l'est pas dans toutes les cultures dont on fait la récolte pendant l'été, dans celles des céréales sur-tout, et elle ne s'empare des prairies artificielles que lorsque le terrain est épuisé. Je vais plus loin, car je soutiens que dans les pays où on conserve la mauvaise méthode des jachères, et où on ne la ramasse pas, elle devient un excellent engrais lorsqu'on l'enterre encore verte dans les labours d'automne.

Au reste, il est assez difficile de la détruire dans ces pays, parceque répandant successivement ses graines, et ses graines subsistant plusieurs années dans la terre sans germer lorsqu'elles sont placées trop profondément, les labours à la charrue ne servent qu'à favoriser son développement. C'est seulement par une sage application des principes du système des assolemens, par l'alternative des cultures de plantes fourrageuses et de plantes qui exigent des binages d'été qu'on peut s'en débarrasser à la longue. On n'en voit point dans les champs des environs de Lille, dans ceux du comté de Suffolk, etc.

On trouve souvent sur le collet de sa racine une cochenille qu'on a autrefois employée à la teinture sous le nom de *cochenille de Pologne.*

La RENOUÉE SARRASIN, ou le *sarrasin, Polygonum fagopyrum*, Lin., qui a les racines annuelles; les tiges droites, cylindriques, rameuses au sommet, hautes de deux pieds; les feuilles alternes, pétiolées, hastées en cœur; les fleurs blanchâtres ou rougeâtres, disposées en bouquets à l'extrémité des rameaux. Elle est originaire de la haute Asie, et se cultive dans toute l'Europe pour sa graine et sa fane. *Voyez* au mot SARRASIN, où il est traité avec de grands développemens de ses usages et de sa culture.

La RENOUÉE DE TARTARIE, qui ne diffère presque de la précédente que par ses semences, qui sont légèrement épineuses. *Voyez* SARRASIN.

La RENOUÉE LISERONE, *Polygonum convolvulus*, Lin., a les racines annuelles; les tiges cylindriques, striées, grimpantes; les feuilles pétiolées, sagittées; les fleurs blanchâtres, obtuses, diposées en petites grappes axillaires; les fruits nus, ailés. Elle croît en Europe dans les champs, les haies, et fleurit au milieu de l'été.

La RENOUÉE DES BUISSONS, *Polygonum dumetorum*, Lin., a les racines annuelles; les tiges cylindriques, unies, grimpantes; les feuilles pétiolées, en cœur; les fleurs blanchâtres, carinées, disposées en grappes axillaires; les fruits ailés. Elle se trouve dans les parties méridionales de l'Europe, aux mêmes endroits que la précédente, dont elle diffère fort peu.

Ces deux plantes s'élèvent souvent à deux ou trois pieds, et forment des touffes très considérables, même dans de très mauvais terrains. Tous les bestiaux, et sur-tout les vaches et les moutons, les aiment beaucoup. Elles produisent une grande quantité de graines très recherchées par les volailles. Ces circonstances devroient déterminer à en établir des cultures en grand. Elles sont certainement plus productives que le sarrasin, et ne craignent pas comme lui la gelée; mais elles veulent être ramées pour se développer avec toute l'étendue possible, et cette opération peut paroître embarrassante et coûteuse. De longues perches attachées au sommet de pieux d'un pied de haut, et écartées de deux pieds, ou le semis de quelques fèves de marais et autres plantes à tiges fortes suffiroient pour remplir ce dernier objet. *Voyez* MÉLANGE.

La RENOUÉE BISTORTE, ou simplement *la bistorte*, a la racine vivace, charnue, épaisse, contournée ou tordue; les tiges droites, simples, hautes d'un pied; les feuilles ovales, glauques en dessous, les radicales pétiolées, les caulinaires amplexicaules; les fleurs rougeâtres, disposées en épi ovale au sommet des tiges. Elle croît naturellement dans les pays de montagnes. Sa racine est âpre et astringente, et s'emploie beaucoup en médecine dans les diarrhées, les fleurs blanches, les blessures, etc. Tous les bestiaux, excepté le cheval, mangent ses feuilles; les vaches sur-tout en sont très friandes.

Cette plante, qui a neuf étamines, faisoit un genre dans Tournefort.

La RENOUÉE PERSICAIRE a les racines annuelles, fibreuses; les tiges cylindriques, fistuleuses, noueuses, rougeâtres, hautes d'un pied; les feuilles alternes, lancéolées, sessiles, glabres; les fleurs rouges et disposées en épis axillaires. Elle croît très abondamment dans les lieux humides, les fossés des bois, le bord des mares, etc., et fleurit en mai. Les vaches et les cochons la repoussent, mais les autres bestiaux la mangent. Ses graines sont fort recherchées par la volaille et les petits oiseaux. Il est des lieux où elle est si abondante qu'on ne doit pas négliger de la couper pour servir à faire de la litière et augmenter ainsi les engrais. Ses feuilles passent pour astringentes, et s'emploient assez fréquemment en médecine.

Cette plante étoit, dans Tournefort, le type d'un genre de son nom.

La RENOUÉE POIVRÉE, *Polygonum hydropiper*, Lin., a les racines annuelles, fibreuses; les feuilles alternes, sessiles, lancéolées; les fleurs hexandres, peu colorées, et disposées en épis axillaires fort grêles. Elle croît naturellement dans les lieux humides, le long des chemins des bois, sur le bord des mares qui se dessèchent en partie pendant l'été, époque où elle fleurit. On l'appelle vulgairement le *poivre d'âne*, la *persicaire brûlante*, le *piment brûlant*, le *curage*, tous noms qui indiquent son âcreté; aussi les bestiaux n'y touchent-ils pas. Elle est employée en médecine comme détersive, résolutive, et sur-tout diurétique. Elle teint les laines en jaune. Ses semences peuvent au besoin suppléer le poivre.

La PERSICAIRE AMPHIBIE a les racines vivaces; les tiges grêles, rampantes, articulées; les feuilles alternes, pétiolées, ovales, pointues; les fleurs rougeâtres, en épis axillaires et longuement pétiolées. Elle croît indifféremment dans les endroits inondés pendant l'hiver, ou dans les étangs. Dans ce dernier cas, ses feuilles inférieures deviennent membraneuses, très étroites, et ses feuilles supérieures nagent sur la surface de l'eau. Elle fleurit au milieu de l'été. Tous les bestiaux, excepté les vaches, la mangent. Les chevaux en sont très friands; mais c'est pour eux une mauvaise nourriture. Elle est du nombre de ces plantes aquatiques que leur abondance indique comme devant être récoltées par les cultivateurs pour augmenter leurs fumiers.

Cette plante, lorsqu'elle est en fleur, et elle y reste long-temps, embellit la surface des eaux. Il est donc bon d'en mettre quelques pieds dans les étangs des jardins paysagers.

La RENOUÉE DU LEVANT, *Polygonum Orientale*, Lin., a les racines annuelles; les tiges cylindriques, droites, rameuses à leur sommet, hautes de sept à huit pieds; les feuilles alternes, ovales aiguës, d'un vert tendre; les fleurs rouges, disposées en longs épis pendans, à l'extrémité de longs pédoncules axillaires et terminaux. Elle est originaire des Indes, se cultive dans nos jardins d'ornement, et y fleurit à la fin de l'été. C'est une plante d'un port très élégant, dont l'effet est majestueux, sur-tout lorsqu'on la considère de loin et qu'elle est éclairée par le soleil, mais qu'il ne faut pas trop multiplier dans les mêmes lieux. On la place dans les grands parterres, dans les plates-bandes voisines des murs, contre lesquels elle se dessine, au milieu des buissons des derniers rangs des massifs dans les jardins paysagers. Elle demande une terre légère et substantielle, et une exposition chaude. Ordinairement elle est frappée de la gelée, dans le climat de Paris, lorsqu'elle est encore dans tout l'éclat de sa beauté. Il faut, en conséquence, avoir soin de recueillir ses premières graines aussitôt qu'elles sont mûres pour les mettre à l'abri de cet accident. On sème ces graines sur couche au printemps, quand il n'y a plus de gelées à craindre; et lorsque le plant qui en est provenu a acquis cinq à six pouces de haut on le transplante à demeure. Ordinairement on met deux ou trois pieds à côté l'un de l'autre pour prévenir les accidens; mais un seul, de belle venue, fait toujours mieux que plusieurs. J'en ai vu dont la tige avoit la grosseur du bras à sa base. Il est bon d'ombrager et d'arroser fréquemment ce plant pendant les premiers jours, ensuite il ne demande plus aucun soin. (B.)

RENTOUILLER. Dans le département de la Meurthe, c'est faire porter à un terrain du blé ou du méteil immédiatement après la récolte du blé. Cette détestable pratique doit être proscrite. *Voyez* ASSOLEMENT. (B.)

RENVERSEMENT DE LA MATRICE. Le renversement de la matrice est la sortie complète de ce viscère hors du bas-ventre; c'est une espèce de sac charnu qui pend quelquefois jusque sur les jarrets.

Cet état exige des secours prompts. Les uns tiennent au procédé opératoire à employer pour remettre et maintenir la matrice à sa place; les autres aux moyens accessoires qui doivent précéder l'opération pour en assurer la réussite.

Avant d'opérer il faut que la bête soit placée de manière à ce que le derrière soit plus élevé que le devant, afin de déterminer la masse des viscères à se porter en avant et faciliter la réduction ou le replacement de la matrice. Pour cet effet on creuse le sol sous les pieds de devant, ou on élève ceux de derrière, soit avec des planches, soutenues par des pierres ou par tout autre moyen; cette position est indispensable.

L'artiste ou la personne qui se propose d'opérer ne peut le faire seul; il faut que deux aides, munis d'une nappe ou d'une grande serviette, soulèvent la matrice et la supportent pendant que l'opérateur agit. Il doit d'abord vider l'intestin rectum avec la main, ensuite il lavera la matrice avec de l'eau tiède; puis si le délivre tient encore, comme cela arrive presque toujours, il cherchera à le détacher, en observant de commencer toujours par les parties qui offrent le moins de résistance; il aura soin de faire humecter de temps à autre avec l'eau tiède les parties qu'il voudra détacher; et pour celles qui tiendront davantage, il agira des deux mains, c'est-à-dire que de l'une il soutiendra la matrice, tandis que de l'autre il cherchera à décoller le délivre; et il continuera ainsi jusqu'à ce qu'il soit entièrement détaché.

Cette première opération faite, il s'assurera de l'état de la matrice, afin de reconnoître s'il y a hémorragie, des meurtrissures, des engorgemens noirâtres, des tuméfactions ou des dépôts sanguins.

Il lave de nouveau tout le viscère avec de l'eau tiède dans laquelle on aura mis ou du vin ou du vinaigre, ou de l'eau-de-vie, ou encore avec quelque infusion de plantes aromatiques ou de fleurs de sureau. S'il y a hémorragie, il faudra rechercher soigneusement le point d'où elle part, et étuver ce point à plusieurs reprises avec du vinaigre chaud ou de l'eau-de-vie; il faut aussi vider les dépôts, scarifier les engorgemens, et emporter même avec le bistouri tout ce qui paroît mort et désorganisé, en ayant cependant l'attention de ne pas porter l'instrument trop profondément, et de ne pas percer le viscère; toutes les parties qui ont paru mortes et désorganisées seront lotionnées avec l'essence de térébenthine ou la teinture de quinquina ou d'aloès, et avec le vinaigre chaud, si l'on n'a pas ces substances sous la main.

Toutes ces précautions prises, on procède à la réduction, c'est-à-dire à la rentrée de la matrice. La bête maintenue dans la position que nous avons indiquée au commencement de cet article, les deux aides soulèveront la matrice à la hauteur de la vulve, et l'opérateur cherchera à y faire rentrer le viscère, observant de commencer par le fond de la grande branche, et de n'agir que la main fermée et avec le poing pour ne pas déchirer les parties avec les ongles ; ce qu'il lui seroit difficile d'éviter, vu les efforts et la résistance qu'il aura à vaincre.

Ce premier pas fait, il faut chercher à faire rentrer pareillement l'autre branche, puis successivement le corps de la matrice, jusqu'à ce que la réduction soit achevée.

Il faut s'armer de patience dans cette opération ; les efforts réitérés de la bête tendent toujours à repousser les parties au dehors ; on se contentera de les maintenir seulement pendant la durée de ces efforts.

La réduction faite, il faut s'assurer de l'état de la vessie, et la vider, si elle est pleine, pour empêcher que la pression des muscles du bas-ventre, qui a lieu pour opérer l'évacuation de l'urine, ne détermine aussi la sortie de la matrice.

Il y a des moyens pour empêcher une nouvelle chute de la matrice. Nous ne croyons pas devoir indiquer ici le pessaire, il n'y a guère que les personnes de l'art qui en soient munies ; nous indiquerons des moyens qui sont à la portée de tout le monde. Il faut, 1° maintenir pendant plusieurs jours la bête dans la position élevée de l'arrière-main ; 2° faire à l'orifice de la vulve quatre ou cinq points de suture avec un fort fil ciré ; on doit prendre assez de peau pour ne pas craindre le déchirement qui ne manqueroit pas d'avoir lieu si les points étoient faits trop près des bords ; on peut soutenir ces points par une large sangle qu'on place sous la queue, sur laquelle on attache une pelotte de la grosseur du poing, laquelle pelotte doit s'appliquer le plus exactement possible sur la vulve. Cette sangle doit prendre les fesses, passer sur les parties latérales du ventre, et venir pour être fixée par chacun de ses bouts à une autre sangle qui entoure le corps, et à laquelle on attache une espèce de poitrail pour maintenir le bandage d'une manière plus sûre.

Ce travail fini, on fait prendre à l'animal une bouteille de vin dans lequel on fait fondre une demi-livre de miel.

Comme le renversement ou la chute de la matrice est ordinairement la suite d'efforts violens, auxquels succède un grand relâchement, il importe de fortifier. On y parviendra en donnant le breuvage ci-dessus, en administrant des lavemens d'infusion de thym, de sauge ou de lavande, en appliquant sur les reins de l'avoine cuite dans le vinaigre, et en injectant dans la vulve, avec une seringue, les mêmes infusions que celles indiquées pour les lavemens.

Lorsque la vulve se dégonflera, que la bête reprendra l'appétit, qu'elle ne fera plus d'efforts, et qu'elle paroîtra mieux, on pourra supprimer le bandage, couper les points de suture, et lui rendre à l'étable sa position ordinaire ; il ne faut cependant pas trop se hâter.

Tout ce que nous venons d'indiquer ici est plus particulièrement applicable aux gros animaux, tels que la jument, l'ânesse et la vache, et sur-tout à cette dernière, chez laquelle le renversement de la matrice se rencontre plus fréquemment.

Le même traitement peut être mis en usage pour la brebis et la chèvre ; il ne s'agit que de diminuer les moyens, et d'en proportionner l'application à la taille et à la force de ces animaux ; il en est de même à l'égard de la chienne et de la chatte. Il a été parlé de cette maladie à l'article PART. *Voyez* ce mot. (DES.)

RÉPARATION. Ouvrage qu'on fait ou qu'il faut réparer. Il est facile de juger au premier coup d'œil si un domaine appartient à un homme vigilant et qui entend ses intérêts, ou à un maître insouciant. Ici, je vois qu'à la première gouttière le maçon est sur les toits ; que si du mortier ou une pierre se détachent, ils sont aussitôt remis en place ; que si la pluie ou de grosses eaux ont creusé un petit ravin, il ne tarde pas à être comblé, etc. Tout annonce l'œil et la présence du maître. Oh, combien le tableau change de l'autre côté ! c'est un pan de mur qui tombe, ce sont des poutres en l'air, ou mal soutenues, des champs creusés, et dont toute la terre végétale est entraînée, et qui seront bientôt changés en vallons ; en un mot on ne voit que dégradations. Mais, comme dans cet état les dépenses que les réparations exigent seroient très considérables, on laisse tout dépérir, et l'on est forcé de vendre à un prix très modique un domaine autrefois excellent. Il ne faut pas des siècles pour produire ces désastres ; c'est tout au plus l'affaire de huit à dix ans.

Rien ne vieillit sous un maître vigilant, rien ne devient caduc : il sait que la dépense d'un petit écu faite dans le principe lui économisera celle de 300 livres deux ou trois ans après, et quelquefois davantage ; mais tout homme qui s'en rapportera à son fermier, à son maître-valet, à son homme d'affaires, sera trompé. Le premier ne lui proposera des réparations que dans les parties où il souffre ; le second est à peu près indifférent sur tout, parceque, de quelque

manière que les choses aillent, il est payé ; le troisième répond de *minimis non curat prætor* ; plus les réparations seront
considérables et plus il gagnera. *Il n'est pour voir que l'œil du
maître*, ai-je souvent répété après le bon La Fontaine ; et
j'ajoute, *pour faire exécuter il faut sa présence*. Aucune réparation qui concerne la maçonnerie , les toitures, les plan-
chers, ne doit être remise à un temps éloigné, et bien moins
encore toutes celles qui ont pour objet d'arrêter les progrès
des eaux. (R.)

RÉPARER. C'est ôter avec une serpette bien tranchante
toutes les bavures, les esquilles, les lambeaux d'écorce qui
sont la suite de la fracture, ou de la coupe, ou du sciage d'une
branche ; c'est enfin d'unir une plaie pour empêcher les eaux
pluviales de s'y arrêter et d'y faire naître un CHANCRE.

REPEUPLEMENT DES FORÊTS. *Voyez* au mot FORÊT.

Je voudrois ajouter à ce que dit mon collaborateur de Perthuis sur ce sujet que, dans les terrains frais, outre les peupliers, il est encore avantageux de semer ou de planter des
frênes, et dans les terrains secs des pins, des sapins, des
genevriers de Virginie, etc., parce qu'il est de leur nature
de croître à l'ombre des autres arbres. (B.)

REPIQUER, ou REPIQUAGE. On donne ce nom à la
plantation des arbres d'un ou deux ans, ou à celle des légumes et des fleurs qui ont été semés sur couche ou sur une
planche particulière. Il vient de ce qu'on emploie (trop souvent) un *piquet* de bois pour effectuer ces plantations, c'est-à-
dire le PLANTOIR. *Voyez* ce mot.

Le repiquage des arbres dans une pépinière a trois principaux motifs d'utilité ; 1° il espace les arbres à une distance
égale et proportionnelle ; 2° il donne de la nouvelle terre et
de la terre nouvellement remuée à leurs racines ; 3 il détermine la formation d'une plus grande quantité de chevelu.
Aussi les plants repiqués croissent-ils plus vite et sont-ils plus
sûrs à la reprise que ceux qui ne l'ont pas été. Il est même
des arbres, comme les pins, les sapins et congénères, qui viennent d'autant mieux, et craignent d'autant moins d'être re-
plantés, qu'ils ont été plus souvent repiqués ; aussi, en bonne
culture, les change-t-on de place chaque année pendant
les trois premières de leur vie.

Le seul inconvénient du repiquage, mais il est grand pour
plusieurs espèces d'arbres forestiers, c'est de supprimer le
pivot, cette partie de la racine qui, s'enfonçant perpendiculairement, va chercher la nourriture à une grande profondeur, et assure les arbres contre les efforts des vents.

Un repiquage, pour être bon, doit être fait en temps, en
terre et en exposition convenable pour chaque espèce d'ar-

bre. La terre doit être rendue bien ameublie par des labours, cependant un peu plombée à sa surface autour du collet des racines. Ceux faits dans des rigoles creusées à la bêche ou à la pioche valent mieux que ceux faits au plantoir, parceque cet instrument tasse toujours la terre, et donne souvent aux racines une position forcée. Il en est de même pour les repiquages des laitues, des choux, des melons, des fleurs et autres articles du jardinage, qu'on est dans l'usage de semer dans un lieu différent de celui où ils devront grandir. Rarement j'ai vu employer toutes les précautions nécessaires pour assurer la reprise et la bonne végétation des plantes soumises au repiquage : aussi combien de milliers d'arbres et de plantes périssent-elles à la suite de cette opération.

On repique pendant toute l'année, mais principalement au printemps.

Il est toujours utile, à moins qu'il ne pleuve, et souvent nécessaire d'arroser les plants repiqués, et de les garantir du soleil pendant les deux ou trois premiers jours de leur transplantation, sur-tout lorsqu'il y a des feuilles. L'arrosement tasse doucement la terre autour des racines, et facilite l'introduction de la sève dans leurs pores absorbans. La privation du soleil diminue les effets de l'évaporation sur les feuilles, empêche qu'elles ne se fanent, etc.

Le repiquage dans des pots ne diffère pas essentiellement de celui en pleine terre.

Il faut, autant que possible, conserver un peu de terre autour des racines du plant qu'on arrache pour le repiquer, ne couper que ses racines altérées, et lorsqu'on veut supprimer le pivot (on le veut presque toujours), le couper net avec une serpette à une raisonnable distance du collet des racines.

Je ne m'étendrai pas plus sur ce sujet, quelque important qu'il soit, parcequ'il a été traité, sous plusieurs de ses rapports, aux mots PLANTATION, REMPOTAGE, etc. (B.)

REPIS. Second trait de la charrue dans le département de la Haute-Garonne.

REPLANTER. Ce mot a deux acceptions principales en agriculture. On dit replanter un terrain qui étoit précédemment planté, et replanter un arbre ou une autre plante qu'on veut changer de place. Lorsque cet arbre et cette plante sont très jeunes on dit REPIQUER. *Voyez* ce mot et celui PLANTATION.

La plus importante des considérations qui doivent guider le cultivateur qui veut replanter un terrain, c'est que chaque espèce d'arbre épuise le sol des sucs qui lui sont propres ; il ne faut pas y mettre une seconde fois, sans un intervalle plus ou moins long, selon la nature de l'arbre et la qualité du terrain, la même espèce ou des espèces analogues. On trouvera au mot ALTERNER le développement des principes sur lesquels ce principe est appuyé.

« On replante un bois, dit Rozier, qui ne produit plus que des buissons, une avenue qu'on a coupée, un bosquet qui est trop clair. On replante un arbre qui est mort. Certainement les arbres sont sujets à la mort, et il ne dépend pas plus de l'homme de prévenir cet évènement à leur égard, qu'au sien propre ; mais pourquoi meurt-il tant d'arbres les deux premières années de leur transplantation ? c'est qu'on a planté à contre-temps, que les eaux pluviales ont noyé leurs racines dans une fosse peu profonde, et qui a retenu l'eau ; c'est que dans une fosse de peu de profondeur, et dont le terrain est sablonneux, la sécheresse a abîmé les racines, faute de quelques arrosemens. De la terre forte mêlée avec la terre sablonneuse, et la sablonneuse avec l'argileuse, auroient prévenu ces extrémités, sur-tout si la fosse avoit été large et profonde, parceque les jeunes racines auroient eu la force de garantir l'arbre ; ces arbres tiennent aux localités et au peu de prévoyance ; mais la mutilation des racines tient au pépiniériste et au planteur. Un particulier va chez un pépiniériste et dans le nombre de ses arbres marque les plus beaux : ils sont superbes sur place, et lorsqu'on les aura sortis de terre ils seront réduits à l'état des piquets : en effet, comment concevoir qu'un ormeau, qu'un sycomore de dix pieds de tige et de six pouces de circonférence par le bas, plantés à dix-huit pouces les uns des autres, puissent être enlevés de terre sans que leurs racines soient brisées, soient mutilées ? Se figure-t-on que le marchand sacrifiera les voisins pour donner ceux que vous avez demandés, garnis de leurs racines et de leurs chevelus ? A coup sûr il n'y trouveroit pas son compte. La bêche est mise en terre à neuf pouces de distance du tronc, elle coupe et mâche les mères racines, et aussitôt après trois ou quatres hommes s'efforcent d'arracher l'arbre ; s'il a fait quelques racines pivotantes et qui le retiennent, elles sont impitoyablement coupées comme les autres ; enfin l'arbre est sorti de terre et livré à l'acheteur par le pépiniériste ; de là il passe dans les mains du jardinier qui, sous prétexte de rafraîchir les racines, les mutile, les écourte et ensuite il plante son arbre ; heureux encore ce pauvre arbre si la violence de l'arrachement n'a pas détruit tous ses chevelus ! Et l'on veut, après cela, qu'on ne soit pas dans le cas de replanter ! Le pépiniériste et le jardinier rejettent la mort de l'arbre sur la saison, tandis qu'on doit l'imputer à eux seuls. En effet, peut-on se persuader qu'un arbre de la grosseur et de la grandeur supposées puisse reprendre n'ayant que peu de racines, et des racines de six à huit pouces de longueur ; si on ne se hâtoit de donner à ces arbres de fort tuteurs, il est impossible qu'ils ne fussent renversés par le plus léger coup de vent, puisqu'ils n'ont presque pas de point d'appui. Peu importe au pépiniériste que ses arbres prospèrent : plus il en mourra et plus il en vendra pour les remplacer. On replante souvent, parceque dans le principe, sous le prétexte de plus tôt jouir, on a planté trop près ; il en résulte que le terrain est bientôt rempli des racines ; que les plus fortes dévorent la substance des plus foibles, et que leurs arbres périssent ; à cette époque on replantera cent et cent fois et toujours inutilement. L'arbre replanté subsistera et végètera pendant un an ou deux et même trois, suivant le diamètre de la profondeur donnée à la fosse destinée à le recevoir. Les racines des arbres voisins, attirées par cette terre meuble et nouvellement fouillée, se hâteront d'y pénétrer ; mais dès qu'elles auront rencontré celles de l'arbre nouvellement planté, elles les dévoreront et l'arbre périra d'inanition : d'ailleurs pendant le temps que le jeune arbre pousse ses nouvelles branches, celles des arbres voisins se mettent à leur aise, s'allongent et s'étendent afin de mieux recevoir les influences de la lumière et du soleil, et leur ombre étouffe le jeune arbre en le privant des bienfaits dont elles jouissent. On a sans cesse sous les yeux dans les promenades publiques, dans les quinconces, l'exemple du peu de succès des replantations. Le seul remède à opposer à ces abus, c'est de couper un arbre, entre deux, sur toute la longueur et la largeur du quinconce. Au premier coup d'œil après l'abattis il paroîtra de grands vides ; mais quatre ou cinq ans après la verdure sera aussi belle que dans les premiers temps, les arbres épargnés en seront bien plus beaux et leur existence assurée ». (B.)

REPONCE. *Voyez* CAMPANULLE RAIPONCE.

REPOS DES TERRES. D'un côté la pratique des laboureurs leur prouve que toute terre qui a donné une ou deux récoltes consécutives de céréales cesse d'être aussi fertile, et qu'en la laissant reposer pendant une ou plusieurs années, elle reprend de nouvelles forces, donne des produits plus abondans. De l'autre, il n'est personne qui ne puisse observer que les bois, les prés, les pâturages subsistent pendant des siècles avec une égale vigueur de végétation dans le même local. Quelle est la cause de cette différence de résultat ? ce n'est que d'après très peu d'années qu'on la connoît, et cet ouvrage est le seul où elle ait encore été développée avec toute l'étendue qu'elle mérite, et appliquée à toutes les circonstances dans lesquelles elle agit.

En effet, quoique Rozier et autres écrivains modernes l'aient entrevue, c'est Th. de Saussure qui le premier a prouvé, par des expériences rigoureusement exactes, 1° que le terreau ou humus étoit la seule partie solide qui entrât dans la composition de la sève des plantes; que pour y entrer il falloit qu'il fût à l'état soluble, et qu'il ne le devenoit que successivement par l'action de l'oxygène de l'air, à moins qu'on n'employât la potasse, la chaux et autres dissolvans du même ordre; 2° que les plantes tiroient, dans leur jeunesse, plus de nourriture de l'air que de la terre; mais que, lorsque la fécondation étoit effectuée, elles en tiroient au contraire plus de la terre que de l'air, et ce toujours en augmentant jusqu'à ce que la graine fût complètement formée.

D'après ces faits, on doit conclure que si un terrain ne contient que douze parties d'humus, dont deux seulement soient solubles, ces deux parties ne seront qu'au quart consommées par le blé qu'on y aura semé si on le coupe au moment de sa floraison, mais qu'elles le seront entièrement si on ne le coupe qu'après que sa graine sera arrivée à maturité. Il faudra donc, pour que la récolte suivante de la même plante soit également belle, qu'il y ait assez de temps écoulé pour que l'oxygène de l'air puisse décomposer deux autres parties de terreau ou d'humus; mais, quoique continuelle, cette décomposition est fort lente, même lorsqu'elle est favorisée par des labours faits à propos; ainsi il faut attendre, pour réparer cette perte, une année entière. C'est sur cela qu'est appuyé le système des JACHÈRES, système bien réellement dans la nature; mais que ce que je viens de dire prouve qu'on peut facilement suppléer, soit par le moyen des engrais qui remplacent la portion d'humus soluble absorbée, soit par celui de la chaux qui accélère la solubilité de la portion d'humus restant, soit enfin en semant après le blé des plantes destinées à être coupées avant leur fructification, c'est-à-dire qui consommeront chaque année moins que les deux parties d'humus supposées solubles, telles que des prairies artificielles, comme la luzerne, ou des graines dont la fane doit être coupée en vert comme la vesce, ou des racines bisannuelles qui doivent être arrachées dans le cours de l'hiver, comme les raves, les carottes, etc. C'est d'après ces principes, sur lesquels reposent les bases de la théorie et de la pratique de la véritablement bonne agriculture, que sont rédigés les articles fondamentaux de ce Dictionnaire.

Toujours donc on peut se dispenser, au moyen des engrais, des amendemens et d'un système régulier d'assolement, de laisser reposer les terres; même on peut leur faire porter des récoltes doubles, triples chaque année. Ce résultat n'est borné que par le manque de capitaux ou de débouchés, et ce seulement pour les gros propriétaires, car les petits en travaillant et consommant se mettent au-dessus de ces circonstances.

L'objet que je traite est susceptible de fort longs développemens ; cependant je m'arrête pour éviter un double emploi. *Voyez* aux mots ASSOLEMENT, JACHÈRE, SUCCESSION DE CULTURE, etc. (B.)

REPRISE. *Voyez* ORPIN.

REPRISE DES PLANTES. C'est le signe qu'elles donnent de leur végétation après avoir été replantées. Si on veut que la reprise soit prompte, qu'on ménage les racines des arbres, des plantes, ainsi qu'il a été si souvent dit dans le cours de cet ouvrage ; qu'à la manière des jardiniers, on ne supprime pas toutes les racines des laitues, des choux, et que, du moment que le plant est hors de terre, jusqu'à ce qu'il soit replanté on le tienne dans l'eau. Les arbres, les arbustes, les plantes délicates demandent à être garantis du soleil pendant plusieurs jours de suite, et découverts depuis qu'il est passé jusqu'à son lever du lendemain ; la terre demande à être tenue fraîche, et non pas noyée d'eau ; la trop grande abondance d'eau nuit plus à la reprise qu'un peu de sécheresse. (R.)

RÉSÉDA, *Reseda*. Genre de plantes de la dodécandrie trigynie, et voisin de la famille des capparidées, qui renferme une douzaine d'espèces, dont une est d'un grand emploi dans l'art de la teinture, et une autre fréquemment cultivée dans les jardins pour la bonne odeur de ses fleurs.

Le RÉSÉDA GAUDE, *Reseda luteola*, Lin., a la racine annuelle, pivotante ; les tiges droites, striées, rameuses, hautes de deux à trois pieds ; les feuilles éparses, lancéolées, entières, avec une dent de chaque côté vers la base ; les fleurs d'un vert jaunâtre, à calice à quatre divisions et disposée en long épi terminal. On le trouve dans toute la France, dans les bois, les terres incultes, le revers des fossés, etc. Ses fleurs se développent au milieu de l'été. Il passe en médecine pour apéritif et diaphorétique, mais c'est comme plante teinctoriale qu'il est principalement important à considérer, donnant une couleur jaune, solide, sans aucun intermédiaire. Sa culture a lieu en grand dans plusieurs cantons sablonneux de la France, et il y est l'objet d'un produit souvent fort avantageux. *Voyez* au mot GAUDE, où sa culture est indiquée.

Le RÉSÉDA JAUNE, *Reseda lutea*, Lin., a les racines pivotantes, annuelles ; les tiges droites, cannelées, rameuses, hautes d'un à deux pieds ; les feuilles éparses, pinnatifides, à découpures ondulées ; les fleurs jaunâtres, disposées en long épi terminal. Il croît dans toute l'Europe aux lieux secs, sur le revers des fossés, dans les champs en jachères, etc. On en obtient une teinture jaune, mais inférieure à celle du précédent, et qui n'est par conséquent pas employée.

Ces deux plantes ont une grandeur et un aspect qui autorisent à les faire entrer comme ornement dans les jardins paysagers, où elles se placent en petits groupes dans les parties les plus arides entre ou en avant des buissons des derniers rangs des massifs.

Le RÉSÉDA ODORANT a les racines annuelles ; les tiges cannelées, rameuses, en partie couchées ; les feuilles alternes, sessiles, tantôt entières, tantôt trilobées, toujours glabres ; les fleurs blanchâtres avec les étamines rouges. Il est originaire d'Egypte, et se cultive beaucoup dans nos jardins, à raison de l'odeur suave de ses fleurs qui se succèdent pendant presque tout l'été. Une terre légère et sèche, une exposition chaude est ce qu'il lui faut. Lorsqu'il se trouve dans un sol gras et ombragé, il pousse beaucoup de feuilles, mais ses fleurs n'ont presque point et même point d'odeur.

Cette plante doit toujours être semée en place, soit en pleine terre, soit dans des pots, car elle souffre beaucoup de la transplantation. Les plus petites gelées la font immanquablement périr ; il ne faut par conséquent la semer que lorsqu'elles ne sont plus à craindre. On peut la conserver deux ou trois ans en coupant ses tiges en automne et en la mettant en serre pendant l'hiver. On peut accélérer sa croissance en la semant dans des pots sur couche et sous châssis, soit qu'on veuille la laisser dans ces pots, soit qu'on veuille la placer, avec la motte entière, en pleine terre.

Cette plante n'a aucun autre agrément que l'odeur de ses fleurs ; mais cette odeur est très suave, sur-tout quand on s'en trouve à quelque distance. Plus il fait chaud et plus cette odeur est intense et fixe. Sentie de près, il s'y mêle une odeur herbacée qui l'altère ; aussi ne faut-il jamais la cueillir, soit pour la porter à la main, soit pour la mettre dans l'eau. Ceci indique qu'elle doit être placée aux environs de la demeure, sous les fenêtres des appartemens, dans les lieux où on va souvent. Il est agréable d'en avoir un pot sur l'escalier, sur la cheminée, même sur la table à manger. Les femmes sur-tout aiment beaucoup son odeur ; aussi en voit-on à Paris pendant toute l'année, quoique les pieds qu'on fait fleurir artificiellement, pendant l'hiver, dans des baches, en aient fort peu.

Il faut arroser le réséda pendant les grandes chaleurs, sans quoi il perd ses feuilles et meurt même souvent. (TH.)

RÉSERVE. Portion de bois qu'on laisse croître au-delà du temps fixé pour la coupe des taillis, afin qu'il s'y forme une futaie.

La formation des réserves ne doit avoir lieu que dans les

bois en bon fond, ainsi que l'a prouvé Varennes de Fenilles. *Voyez* FORÊT et EXPLOITATION DES BOIS.

RÉSERVOIR. Amas d'eau factice destiné soit à alimenter des jets d'eau et des cascades, soit à conserver le poisson pour l'usage journalier de la table, soit à arroser les terres. Dans tous les cas il est toujours plus petit qu'un étang.

On construit les réservoirs ou en maçonnerie, ou en terre grasse corroyée. Souvent il est fort difficile de les empêcher de perdre leur eau, et alors la dépense de leur entretien devient fort considérable. Lorsqu'un réservoir prend une forme allongée on lui donne ordinairement le nom de CANAL; lorsque l'eau qu'il contient est remplie de plantes aquatiques ou corrompues il s'appelle une MARE; il prend la qualité d'A-BREUVOIR quand il sert à l'usage des bestiaux. Un réservoir, pour remplir tous les usages auxquels il peut être propre, doit être situé sur une hauteur d'où il distribue ses eaux avec facilité. *Voyez*, quant à sa construction, les mots CANAL et ÉTANG. (B.)

RÉSINE. Produit immédiat de la végétation, dont les principales propriétés sont de brûler avec flamme par le contact d'un corps actuellement embrasé et d'être dissoluble dans l'esprit-de-vin et non dans l'eau. *Voyez* au mot GOMME.

Les chimistes modernes regardent les résines comme des huiles essentielles épaissies par la perte d'une partie de leur hydrogène et l'absorption d'une partie d'oxygène.

Il y a des résines solides et cassantes, des résines solides et non cassantes. Il y en a de molles, et même de liquides.

Un grand nombre d'espèces d'arbres, appartenant à des familles fort différentes, fournissent des résines qui sont employées dans la médecine et dans les arts; mais en France il n'y a que ceux de la famille des conifères de qui on en retire, encore parmi les genres de cette famille les pins et les sapins sont-ils les seuls qui, sous ce rapport, intéressent les cultivateurs.

Le sapin commun, le sapin pesse, le pin sylvestre, le pin maritime, le pin d'Alep et le pin cembro donnent, soit naturellement, soit par incision, des résines qui se confondent continuellement dans le commerce les unes avec les autres.

La résine, ou poix résine jaune de Bourgogne, provient du pin sylvestre, le seul de son genre qui croisse naturellement dans cette ancienne province.

La résine jaune se fabrique dans les landes de Bordeaux en faisant fondre ensemble le BARAS et le GALIPOT que fournit le pin maritime. *Voyez* ces mots.

Le BRAI GRAS, le BRAI SEC, la POIX NOIRE, le GOUDRON,

(*voyez* ces mots) ne sont que des mélanges de résines avec de la térébenthine, du noir de fumée, et des sucs séveux, etc.

Les résines sont employées à un grand nombre d'usages, et leur commerce est d'une importance majeure pour quelques cantons de la France. Ce sont généralement les cultivateurs qui en font la récolte et qui la vendent de première main. Ils ne peuvent donc trop multiplier les arbres qui la produisent, arbres de la diminution desquels on se plaint presque par-tout. *Voyez* PIN, SAPIN, MÉLÈZE, CÈDRE, TÉRÉBINTHE.

M. Malus, dans un mémoire inséré tome 10 des Annales d'agriculture, a prouvé par des expériences nombreuses que les bois de pin, de sapin et de mélèze, dont on avoit extrait la résine, étoient aussi durs, aussi forts et plus légers que ceux qui n'avoient pas subi cette opération. Les conséquences de ces expériences sont très favorables aux propriétaires de forêts d'arbres résineux. (B.)

RESPICÉ. Parcelles de paille qui résultent du dépiquage du blé dans le midi de la France, et qui ne servent qu'à jeter sur le fumier.

RESSUYÉE. On dit qu'une terre est ressuyée, lorsque la surabondance d'eau dont elle étoit imprégnée s'est infiltrée ou évaporée, et qu'il devient possible de la labourer, planter, etc.

Il n'est jamais bon de travailler les terres, ou de travailler dans les terres avant qu'elles soient suffisamment ressuyées. Les pays où elles se ressuient difficilement, et ils sont nombreux, ne sont fertiles, et même cultivables, que les années où la sécheresse est dominante.

C'est par des fossés d'écoulement, par des rigoles, des sillons transversaux, etc., qu'on peut accélérer le ressuiement des terres. *Voyez* ÉGOUT DES TERRES.

Des marnes très calcaires, des sables, etc., affoiblissent aussi la disposition des terres à conserver l'eau; mais leur emploi est très coûteux. (B.)

RESTOUBLÉ. C'est le chaume dans le département du Var.

RETAILLER. Donner le second labour aux terres.

RÉTIAU. Synonyme de râteau.

RÉTICULAIRE, *Reticularia*. Genre de plantes cryptogames de la famille des champignons, qui renferme un grand nombre d'espèces dont plusieurs causent souvent de grands dommages aux cultivateurs, et que cependant fort peu d'entre eux ne connoissent autrement que par leurs effets.

Ce genre a été subdivisé depuis peu en plusieurs autres,

dont un a été mentionné sous le nom d'ECIDIE. Il se rapproche beaucoup des VESSE-LOUPS, des UREDO et des SCLÉROTES. (*Voyez* ces mots.) Ses caractères présentent une pulpe plus ou moins molle, difforme, souvent très grosse, étalée sur la terre ou sur les plantes mortes, ou sortant de l'écorce des plantes vivantes.

La RÉTICULAIRE DES JARDINS ressemble dans sa jeunesse à une masse d'écume ; ensuite elle prend de la consistance et devient jaunâtre ; à sa mort elle est très frayable et remplie d'une poussière noire qui, se dispersant par le déchirement de sa membrane extérieure, laisse voir un réseau intérieur blanchâtre. On la trouve quelquefois en masses d'un demi-pied de diamètre sur les fumiers, la tannée des serres, les vieilles couches, etc. Je la cite à raison de son abondance dans certains lieux ; car elle ne fait du mal que lorsqu'elle embrasse des végétaux par le pied, circonstance peu commune et à laquelle on peut toujours s'opposer facilement avec beaucoup de surveillance.

La RÉTICULAIRE JAUNE et la RÉTICULAIRE CHARNUE ne diffèrent pas de cette première par leurs effets, mais sont un peu plus rares.

La réticulaire des blés de Bulliard est aujourd'hui un URÈDO. *Voyez* ce mot. (B.)

RÉTILLIER. C'est, dans le département des Ardennes, rassembler le foin qu'on vient de couper ou de faner.

RÉTOIRE, FEU MORT. MÉDECINE VÉTÉRINAIRE. On donne ce nom aux substances qui, appliquées en manière de topique sur le corps de l'animal vivant, et fondues par la lymphe dont elles s'imbibent, rongent, brûlent, consument, détruisent les solides et les fluides, et les changent, comme le feroit le feu même, en une matière noirâtre qui n'est autre chose qu'une véritable escarre.

Ces substances sont encore appelées caustiques, cautère potentiel. C'est par leurs degrés divers d'activité que l'on en distingue les espèces. Les unes agissent seulement sur la peau, les autres n'agissent que sur les chairs dépouillées des tégumens ; il en est enfin qui opèrent sur la peau et sur les chairs ensemble.

Les premiers de ces topiques comprennent les médicamens que nous nommons proprement rétoires, et qui dans la chirurgie humaine sont particulièrement désignés par le terme de vésicatoires ; les seconds renferment les cathérétiques, et ceux de la troisième espèce les escarrotiques ou ruptoires.

Les rétoires ou vésicatoires que la chirurgie vétérinaire emploie le plus communément sont les poudres de moutarde, de poivre long, d'ellébore, d'euphorbe, de cantharides, de méloé, etc. , qu'on incorpore avec des substances capables d'en seconder l'action et de la maintenir sur la partie. On en forme des emplâtres en les mettant avec la cire, la poix blanche, la térébenthine; des cataplasmes, en les liant avec du levain et du vinaigre; des onguens, en les unissant au miel, au basilicum, etc.

M. de Soleysel prescrit une huile que le méloé rend vésicante. Cet insecte est désigné dans le système de la nature par ces mots : *Melæ proscarabæus : Antennæ filiformes, alytrâ dimidiatâ, alæ nullæ.* On l'appelle encore *scarabæus majalis onctuosus.* Quelques auteurs le nomment *proscarabæus, cantharis onctuosus*, le scarabé des maréchaux. Il est mou et d'un noir foncé, il a les pieds et les fourreaux coriaces. On le trouve pendant le mois d'avril et de mai dans des terrains humides et labourés, ou dans les blés.

On prend un certain nombre de ces insectes que l'on broye dans suffisante quantité d'huile de laurier; on les y laisse pendant l'espace de trois mois dans un vase bien fermé; ce temps expiré on fait chauffer le tout ; on coule ou jette le marc, et on garde l'huile pour le besoin.

Quelque précieux que ce remède ait paru à M. de Soleysel pour dissiper des Suros , des Mulettes , des Vessigons (*voyez* ces mots), l'expérience a prouvé néanmoins plus d'une fois qu'il étoit inutile et impuissant dans ses différentes circonstances.

Quelques praticiens, et M. Soleysel lui-même, conseillent, avant d'appliquer le rétoire sur les suros et autres tumeurs osseuses, de les battre légèrement avec une petite planche, à travers laquelle on a fait passer une douzaine de petits clous d'épingle ; ils prétendent que la partie ainsi préparée reçoit plus facilement et plus sûrement le rétoire.

Quoi qu'il en soit, les effets des rétoires sont d'une part l'ébranlement du genre nerveux et de l'autre l'évacuation qu'ils procurent. L'un et l'autre sont quelquefois à désirer en même temps, comme dans un Claveau confluent (*voyez* ce mot), dont l'éruption est difficile dans le plus grand nombre des maladies épizootiques, pestilentielles, malignes, où il s'agit souvent d'irriter, et où il n'importe pas moins d'ouvrir une porte à une portion de l'humeur morbifique, et d'en débarrasser la masse. Ils sont indiqués encore dans les affections soporeuses, dans l'Apoplexie, dans la Paralysie (*voyez* ces mots), où l'on ne se propose que l'agacement des fibres pour parvenir au rétablissement de la sécrétion de la lymphe nervale ; enfin il est des cas où l'on n'attend de ces médicamens qu'une évacuation salutaire : tel est celui dans lequel on se voit contraint de rappeler une suppuration indûment supprimée, ce qui arrive quelquefois, eu égard à certaines AFFECTIONS CUTANÉES, aux CREVASSES, aux MALANDRES, au FARCIN, etc. (*Voyez* ces mots.) Tels sont de plus les catarrhes, les maux d'yeux; mais ici le séton est à préférer aux rétoires et même aux cautères, que nous pratiquons très peu, attendu qu'il nous est beaucoup plus commode d'entretenir la suppuration par des mèches que par les corps étrangers, qu'on est dans l'obligation de tenir dans ces mêmes cautères et qui peuvent être facilement dérangés.

On doit bannir au surplus les rétoires dans les cas d'inflammation, d'éréthisme, de crispation, soit universelle, soit particulière. Dans le premier, la fièvre et l'incendie augmenteroient, tandis que dans le second la mortification seroit à craindre. (R. et DES.)

RETOUR. Les arbres en retour sont ceux qui ont des marques sensibles de dépérissement, tels que le dessèchement des branches supérieures. Ils demandent à être coupés, parceque, quoiqu'ils croissent encore en grosseur, ils sont exposés à se carier intérieurement. *Voyez* BOIS.

RETRAIT. Se dit des semences qui ne sont pas parvenues à parfaite maturité par des circonstances particulières, ou par la faute des cultivateurs. On connoît les blés retraits à leur petitesse, et aux rides dont ils sont chargés. La farine qu'ils fournissent est peu abondante et de mauvaise qualité.

Toute graine retraite ne vaut rien pour être semée, attendu qu'elle lève rarement, et que, lorsqu'elle lève, ses produits sont foibles et de peu de durée.

RÉVEILLE MATIN. *Voyez* EUPHORBE.

REVENUE. Expression forestière, qui signifie la pousse des bois qui viennent d'être coupés. C'est de la beauté de la revenue que dépendra, pendant toute sa durée, celle du taillis, et même de la futaie, dont elle est le commencement. *V.* BOIS.

REVERDIR, ou DEVENIR VERT UNE SECONDE FOIS. Dans certaines circonstances, des arbres poussent de nouvelles feuilles ou de nouvelles fleurs; c'est un signe de souffrance : par exemple, si une sécheresse forte, soutenue, et encore augmentée par la chaleur, dissipe l'humidité et empêche en grande partie la sève de monter des racines aux branches, il est clair que ce peu de sève ne peut plus entretenir la synovie des articulations formée à la réunion du PÉTIOLE et de la branche. *Voyez* ce mot. Cette synovie desséchée, les mamelons qui forment l'articulation se dessèchent à leur tour, et occupent moins d'espace; dès-lors ils se déboitent, et la feuille tombe. Dans le cas supposé, il est clair que l'humidité que les feuilles absorbent de l'atmosphère est en petite quantité, et n'est pas susceptible de les nourrir sans le concours de la sève. Il faut donc qu'elles tombent. Le bouton toujours placé à la base du pétiole, et dont la feuille étoit la nourrice, périt si la sécheresse a lieu au printemps. Il se développe au contraire après la première pluie, lorsque la sécheresse a été tardive. Ce bouton devoit naturellement ne feuiller et ne fleurir que l'année d'après ; mais dans le cas présent il s'épanouit, parceque la pluie a redonné de l'activité à la sève, et cette sève agit, comme au premier printemps, sur des boutons qui se trouvent assez formés pour s'épanouir. Cette manière de reverdir est forcée, et nuit beaucoup à l'arbre, puisqu'une partie de ses boutons destinés à pousser l'année suivante devance l'époque de leur développement, et prive l'arbre de ses ressources futures. Les vieux arbres sont beaucoup plus sujets que les autres à ces développemens forcés ; leurs canaux séveux sont beaucoup plus oblitérés que dans les jeunes troncs ; la sève y monte donc avec moins d'impétuosité, moins d'abondance, et est moins raffinée ; dès-lors les boutons sont plus tôt formés et propres à produire des feuilles et des fleurs.... On voit souvent les arbres reverdir et fleurir après les grêles. On voit à Orléans, dans la cour d'une des principales auberges, un marronnier d'Inde se dépouiller deux fois l'année, et refleurir de nouveau. On m'a assuré, sur les lieux, que la seconde feuille étoit constante chaque année. Je l'ai vu chargé de fleurs dans le courant de septembre. A quoi tient ce phénomène annuel ? (R.)

REVERS DES FEUILLES. *Voyez* Feuille.

REY. C'est le soc de la charrue dans le département du Var.

RHAPONTIQUE. Espèce de rhubarbe.

RHÉDHIBITION. On appelle ainsi la remise par l'acheteur au vendeur d'un animal à lui vendu comme bon, et en qui il a été reconnu des défauts ou des maladies cachés qui le rendent impropre au service qu'il en attendoit.

La loi a fixé les cas ou défauts et les maladies qui donnent lieu à la rédhibition, c'est-à-dire les Cas rédhibitoires. *Voyez* ce mot.

RHENNE, *Cervus tarandus*. Quadrupède du genre des cerfs, qui se trouve sauvage et domestique dans le nord de l'Europe, et qui, à raison des services qu'il rend aux habitans voisins du cercle polaire, mérite de trouver place ici.

La taille du rhenne est à peu près la même que celle du cerf, mais ses jambes sont plus courtes. Son bois, qui tombe toutes les années, est dirigé en arrière, recourbé en devant, et offre à la base deux andouliers presque parallèles, dirigés en avant et au sommet, dans le mâle, une fourche, et dans la femelle une empaumure à quatre ou cinq andouliers. Il pa-

roît au reste que la forme de ce bois varie. Un gris brun avec
du gris blanc sur la tête, sur le cou, sur les fesses, sous le
ventre et sur les pieds, forme la couleur de son poil. Un
fanon garni de poils grisâtres pend sous son cou.

On trouve le rhenne sauvage entre le cercle polaire et les
bords de la mer Glaciale, en Europe, en Asie, ainsi qu'en
Amérique. Sa chair sert de nourriture, et sa peau est employée
aux vêtemens des habitans de ces tristes climats. En Amérique,
où il est connu sous le nom de caribou, il forme d'innombra-
bles troupeaux. En Europe et en Asie, il est devenu plus rare,
mais il a été rendu domestique, et se conserve à l'abri de l'intérêt de la propriété. Chez les Lapons, qui paroissent être le
peuple qui en a su tirer le meilleur parti, il remplace le cheval,
la vache et la chèvre, c'est-à-dire que ces peuples l'emploient à
tirer les traîneaux dans lesquels ils voyagent ou avec lesquels ils
transportent leurs marchandises ; qu'ils obtiennent des femelles un lait qu'ils boivent, ou dont ils font des fromages
excellens, et du beurre qui a la consistance et l'aspect du suif.
Leur chair est très bonne à manger, et leur peau extrêmement
propre à être passée en mégisserie. La richesse parmi eux est
calculée d'après le nombre de rhennes qu'on possède. Mille
de ces animaux forment une fortune honnête. On les mène
paître pendant l'été sur les montagnes, et on les renferme
pendant l'hiver dans des espèces d'écuries voisines des habitations, où on les nourrit de foin, de ramilles et du lichen de
leur nom, à cet effet récoltés en automne.

C'est par le cou qu'on attelle les rhennes, à peu près comme
les chevaux. Les guides s'attachent aux cornes. Une longue
baguette, terminée par un marteau, sert de fouet. Tantôt on
en met une seule sur chaque traîneau, tantôt deux à la file
ou de front. La plupart sont dressés à courir nuit et jour pendant cinq à six jours, en se reposant et mangeant toutes les
deux ou trois heures.

Les femelles des rhennes sont en chaleur en mai, portent
huit mois, et ne font qu'un petit. Un male peut suffire à plusieurs femelles. On châtre la plupart de ces derniers à la fin de
leur première année, c'est-à-dire quand ils ont pris tout leur
accroissement. La suite de cette opération est de les rendre
plus dociles, et d'empêcher leurs cornes de tomber.

La vie des rhennes est, dans l'état sauvage, de vingt à vingt-
cinq ans, et, dans l'état domestique, de douze à quinze.

On a fait, à différentes époques, des essais pour naturaliser
les rhennes dans les pays tempérés, qui ont été sans succès. La dernière exportation qui ait eu lieu en France est
vers 1780. Elle fut mise à l'école vétérinaire d'Alfort, mais a
peu vécu. A Stockholm même, où on fait grand cas de sa chair,

de cet animal, et où on en amène de grandes quantités de Laponie, on ne peut les conserver pendant l'été.

Les gants, les culottes, et autres ouvrages de ce genre,
faits en peau de rhenne, sont les meilleurs connus. Aussi
ces peaux sont-elles l'objet d'un commerce fort important.
C'est de la baie d'Hudson qu'il en vient le plus. (B.)

RHIZOPHORE, *Rhizophora*, Lin.; nom donné au MAN-
GLIER et au PALÉTUVIER. *Voyez* ces mots. (D.)

RHUBARBE, *Rheum*. Genre de plantes de l'ennéandrie
trigynie, et de la famille des polygonées, qui renferme huit
espèces, dont cinq sont dans le cas d'être cultivées pour l'u-
sage de la médecine et même pour l'agrément.

Ce genre, fort voisin de celui des PATIENCES, offre des
plantes à grosses racines vivaces, à grosses tiges creuses, rameuses, hautes de trois à quatre pieds et plus; à feuilles alternes, les inférieures pétiolées, extrèmement grandes (plus d'un
pied de diamètre), les supérieures sessiles; à fleurs blanchâtres, petites, disposées en vastes panicules formés par des panicules particuliers sortant des aisselles des feuilles supérieures.

La RHUBARBE RHAPONTIQUE a les feuilles en cœur, obtuses,
avec leurs nervures de dessous velues : elle est originaire de
Hongrie. On la cultive depuis long-temps dans les jardins;
pour l'usage de la médecine; mais je ne sache pas qu'on en
ait jamais fait de plantations en grand. C'est un purgatif astringent, d'un emploi fréquent dans les diarrhées.

La RHUBARBE ONDULÉE a les feuilles oblongues, fortement
ondulées sur leurs bords, légèrement velues : elle est originaire
de la Tartarie chinoise. Quelques personnes prétendent que
c'est elle qui fournit la véritable rhubarbe des boutiques; d'autres soutiennent que c'est la suivante; d'autres, que c'est la
palmée. Il est très probable que toutes les trois en fournissent,
car leurs racines diffèrent peu.

Le RHUBARBE COMPACTE a les feuilles presque lobées, dentelées, fort glabres : on la trouve sur les montagnes de la Tartarie chinoise. Ce que j'ai dit de la précédente lui convient
parfaitement.

La RHUBARBE PALMÉE a les feuilles palmées et rudes au toucher : elle est originaire de la Tartarie chinoise. On la regarde
comme la véritable, ou mieux, la meilleure rhubarbe; mais
le vrai est qu'on ne sait rien de positif sur ce fait.

On ne cultive point les rhubarbes dans le pays dont elles
sont originaires; on va récolter tous les ans, pendant l'hiver,
les racines de celles qui sont parvenues à la grosseur convenable, sur les montagnes où elles se trouvent, et cette opération se fait sous l'autorité du gouvernement. Voici ce qu'en dit
Forster.

« Les racines sont souvent de deux pieds de long et de la grosseur de la jambe; quelquefois plus longues et presque de la grosseur du corps : il leur faut environ cinq années pour arriver au point de perfection désirable. Elles sont pleines d'un suc jaune dans lequel réside sa vertu : si on tardoit à les dessécher elles pourriroient ; si on le laissoit couler elles deviendroient légères et perdroient de leur prix; c'est pourquoi aussitôt qu'elles sont arrachées on commence à effectuer leur dessiccation sur des tables, après les avoir pelées et coupées en morceaux gros comme le poing. Au bout de cinq à six jours on perce ces morceaux, on les enfile à des ficelles, et on les suspend à l'abri du soleil : elles se dessèchent complètement dans l'espace de deux mois. Elles perdent six septièmes de leur poids par la dessiccation. »

Ces trois espèces de rhubarbe, et principalement l'ondulée, sont cultivées dans plusieurs parties de la France et aux environs de Paris dans les champs. Beaucoup de jardins en contiennent : j'en ai pratiqué et suivi la culture. »

Une terre profonde, grasse et fraîche est celle où la rhubarbe prospère le mieux : elle s'accommode assez de l'ombre des grands arbres et de l'exposition du nord. On peut la multiplier de graines ; mais comme il est rare que ces graines soient fertiles dans le climat de Paris, et qu'il faut attendre long-temps (six à sept ans) leur produit , on en fait fort rarement usage ; c'est de bourgeons enlevés au collet des racines qu'on la reproduit. Il suffit qu'il y ait un demi-pouce de racine au-dessous de ces bourgeons pour qu'on soit assuré de leur reprise. Une racine de quatre à cinq ans en donne jusqu'à trente ou quarante : on peut sans grand inconvénient éclater ceux qui sont extérieurs, sur les racines qui sont destinées à rester en terre. L'époque de cette opération est la fin de l'hiver, lorsque ces bourgeons commencent à se montrer hors de terre.

On plante les bourgeons de rhubarbe entre quatre et six pieds de distance en tous sens (moins écartés dans les terres médiocres, plus dans les terres fertiles) après les avoir laissé se faner un jour à l'ombre afin que la plaie se cicatrise un peu. Si la terre ou le temps n'est pas humide, des arrosemens legers sont avantageux au succès de leur reprise; des pluies continuelles sont très à craindre, parcequ'elles provoquent leur pourriture.

Comme pendant les deux premières années les feuilles des pieds de rhubarbe ne remplissent pas l'espace laissé entre eux, il sera bon d'y planter quelques touffes de légumes ou autres objets.

Au moins deux binages d'été et un labour d'hiver sont de

rigueur pour accélérer la croissance des pieds de rhubarbe. Il faut éviter d'arracher ou de couper leurs feuilles, parcequ'elles concourent précisément au même but.

C'est la quatrième ou la cinquième année que la rhubarbe est bonne à être arrachée ; plus tôt, elle est molle, peu résineuse, et perd, dit-on, jusqu'à onze douzièmes de son poids par la dessiccation ; plus tard, elle se creuse et même se pourrit au centre, devient filandreuse en ses bords. On l'arrache à la fin de l'automne, dès que ses feuilles sont fanées, et de suite on la pèle et on la prépare comme il a été dit plus haut.

Généralement on laisse monter les tiges qui le veulent, et beaucoup le veulent la seconde et encore plus la troisième année. Peut-être seroit-il bon, non de les couper, ce qui entraîneroit la pousse de rejets épuisans, mais de les tordre pour les empêcher de fleurir. Je dis peut-être, parceque je n'ai point d'expérience à citer pour appuyer ce que la théorie m'indique sur cet objet.

Au prix où est la rhubarbe de Russie ou de Chine, depuis une vingtaine d'années, il sembleroit que la culture de cette plante devroit être extrêmement fructueuse. Quelques personnes en ont, à ma connoissance, tiré de grands bénéfices, mais quelques autres n'ont pas pu trouver à la vendre. Se fondant sur l'apparence de celle qui vient de Tartarie, les droguistes refusent de prendre celle de France, ou en offrent un prix inférieur à ce qu'elle a coûté à produire ; cette apparence, qui sans doute n'est due qu'à ce que cette dernière est plus fraîche, n'a pas encore pu lui être donnée.

Au reste, les essais faits à Paris et ailleurs ont constaté que la rhubarbe cultivée en France étoit aussi bonne que celle venue de son pays natal, seulement qu'il falloit la donner à plus forte dose.

La RHUBARBE ACIDE, *Rheum ribes*, Lin., a les feuilles obtuses, couvertes de tubercules en-dessus, et encore plus en-dessous. Elle est indigène au Liban et autres montagnes de l'Asie. On la cultive au jardin du Muséum, de graines apportées par La Billardière ; mais on n'a pas encore pu l'y multiplier.

Voici une note qu'Olivier, de l'institut, a remise à Desfontaines, à qui on doit une bonne description et une figure de cette plante. *Voyez* ANNALES DU MUSEUM.

« Les Persans donnent à cette plante le nom de ricbas ; elle croît naturellement dans les terres argileuses assez sèches, couvertes de neige une partie de l'année. Ils font grand cas des jeunes pousses, surtout des pétioles qu'ils mangent crus, assaisonnés avec du sel et du poivre, après en avoir enlevé l'écorce, et qu'ils vendent dans les marchés ; leur saveur est piquante et agréable ; ils en expriment le suc qu'ils évaporent et réduisent à l'état de sirop et de conserve avec du miel et du raisiné, et dont ils font de grands envois dans tout le pays. Ils les emploient aussi comme médicamens dans les fièvres putrides et malignes. »

Il y en a en Perse deux sortes, la sauvage et la cultivée : cette dernière devient beaucoup plus grande. On la couvre de terre pour faire blanchir ses feuilles et ses tiges. (B.)

RHUBARBE DES MOINES. *Voyez* au mot Patience, dont elle est une espèce.

RHUM. *Voyez* Rack.

RHUMATISME. Il est très probable que les animaux domestiques sont affectés de rhumatisme comme l'homme ; mais comme cette maladie n'a pas de caractères extérieurs, il est impossible de savoir quand ils en sont attaqués, et par conséquent quand il convient de leur donner des remèdes propres à la combattre. Ce que quelques auteurs ont appelé rhumatisme dans les chevaux qui ne peuvent se tenir sur leurs jambes, et qui éprouvent un sentiment douloureux, lorsqu'on touche les muscles de ces jambes, ne peut être assimilé à cette maladie dans l'homme. C'est probablement un commencement d'Inflammation, bientôt suivie de la résolution, et qui quelquefois ne se termine que par un Abcès. *Voyez* ces deux mots. (Desp.)

RHUPS. Nom vulgaire du raifort raphanistre dans le Médoc.

RHUS. Nom latin du sumac.

RIBE. Nom d'un moulin à meule conique, tournant horizontalement dans un auget, comme les roues à huile, et qui sert en Franche-Comté et ailleurs pour broyer le chanvre et le lin. Il est décrit et figuré dans la Feuille du Cultivateur, du 10 décembre 1791.

RICIN, *Ricinus*. On donne ce nom à un genre de plantes et à un genre d'insecte.

Le genre de plantes est de la monœcie monadelphie, et de la famille des tithymaloïdes.

Il offre un petit nombre d'espèces encore imparfaitement déterminées. Ce sont de grandes plantes des pays chauds, à feuilles alternes, pétiolées, peltées, lobées, munies de stipules.

La seule dans le cas d'être citée est,

Le ricin commun, ou *palma christi*. Il a une racine rameuse ; une tige droite, fistuleuse, branchue ; les feuilles larges de plus d'un demi-pied ; a sept lobes pointus et dentés, d'un vert obscur en dessus et blanchâtre en dessous ; les fleurs jaunâtres et naissant sur des épis axillaires. Il est originaire des parties les

plus chaudes de l'Asie et de l'Afrique, et fleurit au milieu de
l'été. C'est une plante d'un beau port, et qui orne parfaitement les grands parterres, le bord des bosquets des jardins
paysagers. Elle est bisannuelle, et souvent haute de vingt à
trente pieds dans son pays natal. Mais ici, comme elle est fort
sensible au froid, elle ne s'élève qu'à cinq à six pieds, périt
tous les ans, à moins qu'on ne la rentre dans la serre avant
l'hiver; cependant quand elle a été semée avec les précautions
convenables, elle amène assez de fruit à maturité pour être
propagée l'année suivante. On tire dans les pays chauds une
huile de ce fruit, qui s'emploie pour brûler et pour purger
principalement les personnes sujettes aux vers. On en fait sous
ce dernier rapport un usage assez étendu en Europe. Elle produit cet effet, même lorsqu'on l'applique simplement sur le
creux de l'estomac.

Dans le climat de Paris, la graine de ricin doit être semée
sur couche, dans des petits pots remplis d'une terre forte et
substantielle. Lorsque les plants qui en proviennent ont acquis
cinq à six pouces de haut, et qu'on ne craint plus les gelées,
on peut les transplanter à demeure dans une terre bien amendée, et dans un lieu abrité et exposé aux rayons du soleil.

On a proposé de cultiver cette plante en grand dans les parties méridionales de la France pour tirer de l'huile de ses
graines; mais cela ne me paroît pas pouvoir être mis en pratique d'une manière fructueuse, car elle prend immensément
de terrain, fournit fort peu de graines, et ses graines mûrissent successivement. En Caroline même, où le climat est plus
chaud et où elle acquiert douze à quinze pieds de haut et un
diamètre égal à celui du bras, il m'a paru impossible d'en
tirer parti sous ce rapport. Il faut donc se borner en France
à cultiver cette plante comme objet d'ornement.

Le genre d'insecte est de l'ordre des aptères fort voisin de
celui des poux, dont il diffère en ce qu'au lieu d'un tube à la
bouche, il a deux crochets écailleux, qui lui servent à s'accrocher aux poules, aux canards, aux pigeons et autres
oiseaux, dont il suce le sang et qu'il fait maigrir, ou au
moins tourmente beaucoup. On en compte une quarantaine
d'espèces connues; mais le nombre de celles qui se trouvent
sur les oiseaux de l'Europe seulement doit être beaucoup plus
considérable, car j'en ai souvent observé jusqu'à trois espèces
sur un seul oiseau; et il m'a paru que celles d'Amérique sont
toutes différentes de celles d'Europe. Ce genre, au surplus, a
été à peine étudié. Frische et Rhedi sont presque les seuls qui
en aient figuré les espèces. On en trouve toute l'année; mais
c'est pendant les chaleurs de l'été que les oiseaux en sont le
plus tourmentés. On doit les chercher principalement sous

les ailes, sur la tête et autres endroits où le bec et les pattes ne peuvent pas atteindre.

Ceux qui vivent sur les trois oiseaux précités sont les seuls dans le cas d'intéresser les cultivateurs. Il est des cantons et des années où ils sont si abondans que les volailles maigrissent, et périssent même souvent par suite de leurs piqûres. Les moyens à employer pour les en débarrasser sont, dit-on, de les laver avec une décoction de feuilles de noyer, de feuilles de sureau; le poivre et le staphisaigre vaudroient sans doute mieux, mais ils sont trop chers pour être employés en grand. Je crois que le moyen le plus simple est de tenir les poulaillers et les colombiers aussi propres que possible, d'y faire entrer des courans d'air qui s'opposent à la permanence de cette atmosphère chaude et humide qu'on y trouve si souvent, et qui est si favorable à la multiplication des insectes dans tous les pays du monde. J'ai vu des poulaillers, j'ai vu des colombiers en être infestés au point que ceux même qui y alloient chercher les œufs ou les petits avoient en peu de minutes leurs habits couverts de ces insectes. On cite plusieurs des derniers qui ont été abandonnés des pigeons uniquement par cette cause. Dans ce cas, il faut, pour les y rappeler, nettoyer l'intérieur le plus exactement possible, et y employer pendant trois ou quatre jours consécutifs les procédés de désinfection de Guiton-Morveau. La vapeur d'acide muriatique non seulement corrige le mauvais air, mais tue de plus tous les animaux qui se trouvent exposés à son action, sans en excepter les insectes, quoiqu'ils soient cependant ceux qui en supportent plus long-temps l'effet. *Voyez* DÉSINFECTION.

Les deux espèces qui se trouvent le plus abondamment sur les poules sont le RICIN DE LA POULE, qui a la tête pointue des deux côtés. et le RICIN DU CHAPON, dont l'abdomen est bordé de noir. Ils dépassent rarement une ligne de long. Le RICIN DU CANARD est allongé, pâle, avec le bord ponctué de noir. Enfin le RICIN DU PIGEON a le corps filiforme, ferrugineux, plus épais postérieurement.

Quelques naturalistes ont aussi donné le nom de ricin aux TIQUES (*acarus*). *Voyez* ce mot. (B.)

RIDEAUX. Plantation d'arbres ou d'arbustes qu'on fait dans les pépinières uniquement pour donner de l'ombre et favoriser le semis et le repiquage des plantes qui craignent le trop fort soleil.

On donne aussi quelquefois le même nom à des plantations qui ont pour objet de cacher un mur ou une vue désagréable.

Les arbres verts, et parmi eux principalement les thuya et les genevriers, conviennent beaucoup pour faire des rideaux. On y emploie aussi fréquemment le peuplier d'Italie.

Ce que j'ai dit aux mots ABRI, OMBRE, PALISSADE et SEMIS me dispense de m'étendre plus au long sur l'objet des rideaux.

RIGÉE. Plant de vigne en pépinière dans le département des Deux-Sèvres.

RIGOLE. On donne généralement ce nom à des fossés peu profonds, faits à la bêche, à la pioche ou à la charrue pour donner de l'écoulement aux eaux des pluies; mais par extension on l'a appliqué dans les pépinières à ces petites tranchées dans lesquelles on place le plant trop foible pour être disposé en quinconce, et dans les jardins à ces petites raies creuses dans lesquelles on sème les graines dont on veut que le produit soit disposé en lignes ou rangées.

La confection des rigoles sous le premier rapport est d'un usage très fréquent dans la grande agriculture, sur-tout dans les pays plats et argileux. Il est des localités où sans elles on ne pourroit souvent obtenir de récoltes de céréales, parceque les champs y sont sujets à être noyés par les eaux. Indiquer les cas où elles sont nécessaires est chose impossible, puisque la nature et la disposition du terrain doivent seules toujours les déterminer. Je me bornerai donc à recommander de ne les point épargner, par de mauvaises raisons d'économie. *V.* ÉGOUT.

Sous le second rapport, les pépiniéristes tirent un grand parti des rigoles. Ordinairement elles ont six pouces de large sur autant de profondeur. On y place le plant près à près, c'est-à-dire à deux pouces de distance, parcequ'il ne doit y rester qu'un an (très rarement deux). J'ai indiqué au mot PÉPINIÈRE le mode de leur établissement. J'y renvoie le lecteur.

Lorsque les rigoles sont destinées à recevoir des semis on se contente de leur donner une profondeur d'un à deux pouces. Souvent même on les trace avec le bout du manche d'un râteau qu'on fait glisser le long d'un cordeau. Cette méthode de semer a des avantages marqués sur celle qu'on appelle à la volée. *Voyez* au mot SEMIS. Elle est employée de toute ancienneté dans les jardins et commence à l'être dans la grande culture, principalement en Angleterre. *Voyez* aux mots RAYONS et RANGÉES.

RIMOTTE. Synonyme de gaude dans le département de Lot-t-Garonne. *Voyez* MAÏS.

RIORTE. Synonyme de hart dans le département des Deux-Sèvres.

RIVELLE. En terme forestier ce sont des brins de chêne en grume qu'on réserve pour les charrons lors de l'exploitation des bois. Si les charrons ne les achètent pas on les équarrit et on les vend comme chevrons.

RIVERAIN. Ce mot signifie proprement celui qui a des terres sur le bord d'une rivière ; mais il s'applique généralement, dans quelques lieux, à tous les tenans et aboutissans d'un bien. On est riverain d'une forêt, d'une route, du champ de Pierre, de la vigne de Jacques, etc. *Voyez* Limite et Borne.

RIVIÈRE. Grand courant d'eau douce qui se jette dans un fleuve, c'est-à-dire dans un courant d'eau encore plus grand, qui a son embouchure dans la mer. *Voyez* le mot Eau.

Toute rivière a été Ruisseau et tout ruisseau Fontaine, à moins que l'un ou l'autre ne sorte d'un lac ou d'un étang alimenté par les eaux de Pluie. *Voyez* ces mots.

Les rivières ont une influence directe ou indirecte sur l'agriculture. Est-elle navigable, elle sert à l'exportation des produits de la terre ; ne l'est-elle pas, elle est employée à faire mouvoir des moulins, des forges et autres usines propres à faciliter l'emploi de ces produits ; souvent ses eaux peuvent être employées à arroser les terres voisines. Dans l'un et l'autre cas, elle abreuve les hommes et les animaux domestiques, fournit, par les poissons qu'elle contient, un supplément de nourriture, et par les émanations de ses eaux entretient la fraîcheur et la vie à une distance considérable de ses bords.

Les rivières navigables et leurs bords, dans une étendue de quatre à cinq mètres, appartiennent au public. Les propriétaires riverains ne peuvent faire aucuns travaux sur ces bords sans une autorisation expresse de l'autorité.

Les rivières non navigables appartiennent au propriétaire ou aux propriétaires du sol qu'elles traversent. Il peut ou ils peuvent en employer l'eau à l'irrigation de ses ou de leurs prés, sous certaines restrictions. La pêche lui ou leur appartient également.

Lorsque les montagnes des chaînes centrales étoient six à huit fois plus élevées qu'aujourd'hui, les grandes rivières rouloient une épouvantable masse d'eau. C'est dans ces temps reculés qu'elles ont creusé les vallées où elles coulent, et dont elles ne remplissent plus qu'une fort petite étendue. Chaque année elles diminuent proportionnellement à l'abaissement de ces montagnes et des défrichemens, ou coupes de bois faites sur leurs sommets ou sur leurs pentes.

Une rivière est un mauvais voisin, dit le proverbe ; et en effet les terres qui formoient son ancien lit sont dans le cas d'être rongées par elle, à être couvertes de ses eaux. (*Voyez* aux mots Torrent, Débordement, Inondation), inconvéniens qu'elle compense cependant quelquefois en favorisant les Irrigations, en formant des Alluvions, et en couvrant les terres d'un limon régénérateur. *Voyez* ces mots.

Généralement les champs voisins des rivières sont laissés en
Prairies naturelles, et leurs bords sont plantés en Saules,
en Peupliers, en Aunes, en Frênes, etc. *Voyez* ces mots. (B.)

RIZ, *Oryza sativa*, Lin. Plante célèbre de la famille des
graminées, qu'on croit originaire de la Chine ou des Indes,
et qui est cultivée non seulement dans ces deux vastes pays,
mais dans toute l'Asie, en Afrique, dans les contrées chaudes
de l'Amérique, en Espagne et en Italie. Le riz nourrit les deux
tiers des habitans du globe. Son grain se conserve très long-
temps ; il se mange pour ainsi dire sans préparation, avantage qu'il a sur le froment et nos grains d'Europe ; cuit et
crevé dans l'eau bouillante ou à sa vapeur, et assaisonné
simplement d'un peu de sel ou de sucre, il forme une nourriture saine et substantielle, tandis que, pour être converti
en aliment, le blé ne peut se passer des arts du meunier
et du boulanger.

Le riz constitue seul un genre. Il est annuel, et se sème
tous les ans. Sa racine est fibreuse, et ressemble à peu près
à celle du froment ; elle pousse des tiges hautes de trois à
quatre pieds, grêles, plus grosses cependant et plus fermes
que celles du blé, et garnies de nœuds d'espace en espace.
Les feuilles du riz sont longues, étroites, terminées en pointe,
et placées alternativement ; elles embrassent la tige par la base.
Les fleurs, de couleur purpurine, naissent aux sommités des
tiges, et forment des panicules comme celles du millet ou
du panis ; elles sont contenues une à une dans une balle sans
arête, à pointe aiguë, et à deux valves à peu près égales ;
chaque fleur est composée d'un calice à deux valves inégales,
creusées en forme de bateau, l'extérieure sillonnée et surmontée d'une arête, de six étamines, et d'un ovaire muni
à sa base de deux écailles opposées et soutenant deux styles
à stigmate plumeux. La semence ou graine renfermée dans
le calice est oblongue, obtuse, sillonnée, dure, demi-trans-
parente, et ordinairement blanche. *Voyez* à la fin de cet
article l'analyse chimique et les propriétés et usages de cette
semence.

Le riz est connu et cultivé de toute antiquité ; par conséquent il doit en exister beaucoup de variétés. En général,
il se cultive dans les lieux humides, marécageux ou inondés,
et dans les pays chauds. Cependant on connoît plusieurs espèces de riz sec, à la croissance duquel les eaux pluviales
suffisent. On peut aussi cultiver le riz jusqu'au quarante-cin-
quième degré. Les campagnes du Piémont qui en sont couvertes se trouvent à peu près à cette latitude.

Dans les Indes orientales le riz est d'un très grand commerce ; on y en cultive beaucoup, tant parceque le climat

et la nature des terres lui conviennent, que parceque les rivières y sont nombreuses et abondantes, et qu'il est par conséquent très facile d'inonder les champs de riz. Le Malabar, l'île de Ceylan et celle de Java sont les lieux qui en donnent du meilleur. La presqu'île de Malaca, la Cochinchine et le royaume de Siam en produisent aussi beaucoup de bon. Ce grain tient lieu de pain à tous les Indiens. Il sert à nourrir dans ces pays les équipages des vaisseaux marchands, tant des compagnies de l'Europe que des autres particuliers, et cette nourriture est beaucoup plus saine sur mer que le pain ou le biscuit. On ne voit jamais de scorbut, ou que très rarement, sur les flottes qui reviennent des Indes, et qui n'ont alors que du riz; au lieu qu'il y en a toujours plus ou moins sur les vaisseaux qui y vont, et dont les équipages sont nourris avec du biscuit. Enfin le riz est une bonne marchandise dans les pays des Indes ou de l'Asie où on n'en cultive point, comme les Moluques, l'Arabie, et les bords du golfe Persique.

Le riz des Indes est beaucoup meilleur que celui de l'Europe. Il y en a une espèce au Japon dont le grain est fort petit, très blanc, et le plus excellent qu'il y ait au monde; il est aussi nourrissant qu'il est délicat. Les Japonais n'en laissent presque pas sortir de leurs îles. Les Hollandais en apportent tous les ans un peu à Batavia. Les naturels de ces îles en font une liqueur vineuse qu'ils appellent *facki*.

I. CULTURE DU RIZ.

Dans les lieux où le riz est cultivé, le soin des terres devient pour l'homme une immense manufacture. Il importe donc d'entrer dans quelques détails à ce sujet. D'ailleurs le riz exige une culture particulière qui ne ressemble point aux autres, et qui demande à être circonstanciée. Par cette raison, je crois devoir d'abord faire connoître en peu de mots les méthodes locales employées par les principaux peuples qui cultivent cette plante précieuse. Je m'appuie pour cela de l'autorité et des observations de plusieurs naturalistes voyageurs qui se sont occupés de cet objet, tels que Sonnerat, Thunberg, Cere, Catesby; et comme dans chaque méthode décrite il se trouve des omissions importantes, pour y suppléer, je présente ensuite au lecteur des vues générales dont il lui sera aisé de faire l'application à tous les climats et à tous les lieux où le riz peut prospérer.

§. 1. *Culture du riz dans l'Inde.* Le riz étant le principal aliment des Indiens, ils se sont appliqués à sa culture. Comme ce grain demande beaucoup d'eau, et que la plus grande partie des terres, sur-tout à la côte de Coromandel, sont sèches et sablonneuses, leur industrie s'est appliquée à trouver des machines propres aux arrosemens.

Ils sèment d'abord après les pluies le riz fort épais dans un coin de rivière ou d'étang. Lorsque la plante est parvenue à la hauteur de cinq à six pouces, ils l'arrachent et la transplantent par petits paquets à une distance suffisante dans une terre préparée, et qui a reçu un bon labour à la charrue. Dans quelques parties de l'Inde, au lieu de transplanter le riz, on le sème à demeure avec une sorte de plantoir surmonté d'une trémie qui, à chaque coup de plantoir, laisse tomber deux ou trois grains.

Quand le riz est mûr, on le coupe à hauteur d'appui avec une grande serpette, et jamais rez terre comme nous coupons le blé en Europe. Les Indiens en forment des gerbes, qu'ils battent contre terre sur une aire convenable pour en retirer le grain. Après l'avoir ramassé, ils font un tas des gerbes, et les battent alors avec un bambou, afin que tout le grain qui peut s'y trouver encore en sorte.

Pour cette culture, toutes les terres sont divisées en petits carrés de cinquante à soixante toises, séparés les uns des autres par une élévation ou rebord bien battu, de manière que chaque carré forme comme un réservoir où sont contenues les eaux absolument nécessaires à la croissance du riz. On les conduit par des rigoles d'un carré à l'autre, si bien qu'avec une seule bascule on peut arroser un terrain immense.

La bascule, que les Indiens appellent *picote*, est une machine également simple et ingénieuse, dressée sur le bord d'un puits ou d'un réservoir d'eaux pluviales, pour en tirer l'eau et la conduire ensuite où l'on veut. Elle est construite de la manière suivante. Près du puits est plantée une pièce de bois fourchu par le haut. Dans cette fourche est assujettie par une cheville une autre pièce de bois destinée à faire la bascule, et garnie d'échelons pour donner la facilité de monter et de descendre à celui qui fait mouvoir la machine. Ordinairement la partie inférieure de cette bascule est un gros tronc d'arbre ; et lorsqu'il n'est pas assez lourd pour faire contre-poids, on y attache une grosse pierre. A la partie supérieure est fixée une perche au bout de laquelle pend un grand seau de cuir. Un homme monte par les échelons au haut de la bascule, en se soutenant à un treillis de bambou élevé à côté de la machine ; il fait plonger le seau dans le puits, après quoi il descend et fait remonter par son poids le seau, qu'un autre homme attend pour le verser dans un bassin d'où l'eau se répand dans les rigoles qui la distribuent à tout le champ. Celui qui verse chante, pour s'exciter, ces paroles : un, deux, trois, selon le nombre de seaux qu'il a vidés.

Lorsque l'eau des étangs est au niveau de la surface du terrain, les Indiens se servent pour l'arroser d'un panier rendu imperméable par un enduit de bouze de vache et de terre glaise. Ce panier est suspendu par quatre cordes. Deux hommes en tiennent une de chaque main ; ils puisent l'eau et la versent en balançant le panier.

Les rizières de l'Inde ne sont point malsaines, parceque, aussitôt que le riz a passé fleur, on en fait écouler l'eau qu'on y introduit de nouveau, un peu avant la parfaite maturité du riz. Avant de le récolter, on retire l'eau une seconde fois, et quand le sol est bien sec on enterre le chaume, et l'on dispose le terrain pour recevoir de nouveau riz.

§. 2. *Culture du riz au Japon.* Le grain de première nécessité pour les Japonais, dit Thunberg, est le riz. Ils n'ont pas d'autre pain que du gruau de riz extrêmement blanc et d'un goût exquis. Ils en mangent avec toutes les viandes. Voici comment on cultive ce grain au Japon. Dès les premiers jours d'avril on bêche les champs destinés à le recevoir ; ensuite on les submerge. Quand ces champs sont des vallées ou des terrains qui peuvent être inondés sans le secours de l'art et par leur propre situation, on les laboure avec une charrue attelée d'un bœuf ou d'une vache.

On commence par semer le riz sur une couche très épaisse, semblable à celle que nous faisons pour nos choux. Quand il a acquis un pied à peu près de hauteur, on le transplante en pleine terre par bouquets, séparés de dix à douze pouces les uns des autres. C'est ordinairement le travail des femmes ; elles sont obligées de marcher dans l'eau et dans la bourbe, où elles enfoncent à une assez grande profondeur.

Les Japonais inondent ordinairement leurs plantations de riz avec l'eau du ciel, qu'ils recueillent dans des terrains élevés, pour la répandre ensuite sur les plaines qui se trouvent au-dessous. Ces plaines sont garnies dans toute leur circonférence d'un petit parapet destiné à retenir l'eau qu'ils font couler ensuite dans les vallons quand leurs rizières ont été suffisamment submergées. Le riz ne mûrit que dans le mois de novembre ; alors on le coupe et on le rentre lié en bottes. Il se bat très aisément, car il suffit de frapper les bottes contre un tonneau ou contre une muraille pour en faire tomber tout le grain ; mais on a beaucoup de peine à débarrasser ce grain de son enveloppe. Cette dernière opération ne se fait qu'à mesure qu'on en a besoin, et de deux manières différentes, tantôt dans une espèce d'auge ou de mortier à plusieurs pilons mus par la roue d'un moulin à eau, et tantôt par un homme qui foule le grain avec les pieds, et l'agite avec un bâton, pour le faire passer dans une espèce de chausse. Ces auges sont rangées sur deux lignes au nombre de quatre au moins de chaque côté. On bat aussi le riz à la porte des maisons, sur des nattes en plein air, avec des fléaux à trois battans. Sur les vaisseaux, on le bat avec un pilon de bois dans une auge faite avec un tronc d'arbre creusé.

Le riz du Japon est le plus estimé de tous ceux qu'on récolte aux Indes orientales ; il est glutineux, nourrissant et d'un beau blanc.

§. 3. *Culture du riz à la Chine et à la Cochinchine.* Elle est à peu près la même dans ces pays que dans l'Inde et au Japon. Les laboureurs chinois sèment d'abord leur riz dans un petit champ, et le transplantent ensuite. Ils le plantent au cordeau et en échiquier, afin que les épis, appuyés les uns sur les autres, se soutiennent réciproquement et soient plus en état de résister à la violence des vents.

Quoiqu'il y ait dans quelques provinces de la Chine des montagnes désertes, les vallons qui les séparent en mille endroits sont couverts du plus beau riz ; l'industrie chinoise a su aplanir entre ces montagnes tout le terrain inégal qui est capable de culture. Pour cet effet, les habitans divisent comme en parterre le terrain qui est de même niveau, et disposent par étage, en forme d'amphithéâtre, celui qui, suivant le penchant du vallon, a des hauts et des bas. Ils pratiquent partout, de distance en distance et à différentes élévations, de grands réservoirs pour ramasser l'eau de pluie et celle qui coule des montagnes, afin de la distribuer également dans tous leurs parterres de riz. C'est à quoi ils ne plaignent ni soins ni fatigues. Ou ils laissent couler l'eau par sa pente naturelle des réservoirs supérieurs dans les parterres les plus bas, ou ils la font monter des réservoirs inférieurs, et d'étage en étage, jusqu'aux parterres les plus élevés. Enfin les campagnes de riz sont inondées de l'eau des canaux qui les environnent ; et les Chinois emploient pour élever les eaux certaines machines semblables aux chapelets dont on se sert en Europe pour dessécher les marais.

Les Cochinchinois, qui cultivent avec soin le riz, ne font point usage de machines, comme les Chinois, pour arroser leurs champs ; mais ils n'en ont pas besoin, leurs plaines sont dominées d'un bout à l'autre du royaume par une chaîne de hautes montagnes remplies de sources et de ruisseaux, qui viennent naturellement inonder les terres, suivant que leur cours est dirigé. Ils labourent leurs champs avec des buffles. Ces animaux, dont l'espèce est très grande à la Cochinchine, sont plus forts que les bœufs dans les pays chauds, et ils se tirent mieux des boues. On les attelle exactement comme des chevaux.

Les Cochinchinois, selon M. Poivre, cultivent six espèces de riz ; savoir, le *petit riz*, dont le grain est menu, allongé et transparent : c'est celui qui est le plus délicat, et qu'on fait manger aux malades ; le *gros riz long*, dont la forme est ronde ; le *riz rouge*, ainsi nommé parceque le grain est enveloppé d'une peau de couleur rougeâtre, si adhérente que les opérations ordinaires ne peuvent l'en détacher. Ces trois sortes de grains sont ceux dont le peuple se nourrit, et qui font l'abondance : ils demandent de l'eau, et les terres qui les portent doivent être inondées. Enfin ils cultivent deux autres sortes de riz appelés *riz secs*, et dont nous parlerons bientôt.

§. 4. *Culture du riz en Egypte*. Le riz est une des plus riches productions de ce pays. On ne le cultive en grande quantité que dans la Basse-Egypte, aux environs de Damiette et de Rosette. Voici ce que dit Savary sur cette culture : « On prépare les rizières au printemps. Des bœufs, un bandeau sur les yeux, tournent des roues à chapelets qui versent l'eau dans un bassin, d'où elle se répand dans les champs. On l'y laisse séjourner une semaine ; lorsque la terre en est profondément imbibée, hommes, femmes, enfans nus jusqu'à la ceinture, marchent dans la boue, où ils s'enfoncent bien avant, et enlèvent sans effort toutes les racines des plantes. Ce travail fini, on arrache le riz haut d'un pied, et on le transplante dans la rizière. Inondé chaque jour, il croît avec une rapidité étonnante. A la fin de juillet, les terrains qui bordent le Nil et les canaux en sont plantés. On le coupe en novembre ; on étend les gerbes sur l'aire. Un homme assis sur une charrette basse, à laquelle deux bœufs sont attelés, et dont les roues sont tranchantes, se promène dessus la paille et la hache en morceaux. Le van la sépare du grain ; il est transporté dans des magasins où l'on se sert d'un moulin propre à détacher la pellicule qui l'enveloppe : ainsi préparé, on y mêle du sel, et on le serre dans des couffes faites de feuilles de dattier.

Aussitôt que le riz est coupé les cultivateurs arrachent le chaume, donnent un léger labour à la terre, et sèment l'orge qui mûrit en peu de temps. Il y en a qui font succéder au riz une plante fourragère appelée *barsim* par les Arabes (1). Elle croît avec une extrême promptitude ; on la fauche trois fois avant la saison propre à transplanter le riz. Ainsi, dans l'es-

---

(1) Le *barsim* n'est autre chose que la luzerne, selon Savary. Quelques voyageurs ont confondu le *barsim* avec le sainfoin ; mais M. Sonnini assure que c'est une espèce ou plutôt une variété de notre trèfle.

pace de douze mois, le même champ donne deux moissons, l'une de riz, l'autre d'orge; ou quatre récoltes, l'une de riz et trois de foin.

En parlant de la même culture, M. Sonnini (*Voyage en Egypte*) entre dans quelques détails présentés avec autant de précision que d'élégance, et il fait l'observation suivante sur les rizières d'Egypte : « On ne doit pas les considérer, dit-il, comme des marais dangereux à remuer à cause des exhalaisons qui en sortent. Dans les vastes plaines de la Basse-Egypte, outre que les vents forts et réguliers purgeroient l'atmosphère des vapeurs nuisibles dont elle pourroit être chargée, ce n'est point sur des terrains marécageux que le riz est cultivé. Une eau stagnante et infecte ne croupit point dans les champs qui le produisent; on les humecte, on les baigne avec l'eau du fleuve, que toutes les ressources de l'art des arrosemens sont employées à y conduire. Cette eau s'écoule, et on cesse de l'y porter dès que les plantes n'exigent plus cet état de légère inondation. Un autre genre de culture qui ne demande pas la même fraîcheur, et qui absorbe les restes d'une trop grande humidité, succède à celle du riz, et de beaux tapis de verdure prennent la place de la robe jaunissante dont peu de temps auparavant les mêmes campagnes étoient couvertes. »

§. 5. *Culture du riz à la Caroline.* On sait que cette partie de l'Amérique septentrionale produit du riz en abondance, et en fournit une grande quantité au commerce et à la consommation de l'Europe. Ce grain bienfaisant, dit Catesby, fut planté pour la première fois dans la Caroline, vers l'an 1688, par M. le chevalier Johnson, alors gouverneur de ce pays; mais comme il n'étoit que d'une espèce petite et peu profitable, on ne l'y multiplia pas beaucoup. En 1696, un vaisseau qui venoit de Madagascar y aborda par accident, et y apporta de cette île environ un demi-boisseau de riz d'une espèce beaucoup plus grosse et plus belle, et c'est de cette petite provision qu'il s'y est multiplié comme nous le voyons aujourd'hui.

La première espèce est barbue; le grain en est petit et ne croît que dans l'eau. Le riz de la seconde espèce est plus gros, plus clair, et se multiplie davantage. Il croît et dans l'eau et dans des terres assez sèches. Il n'y a à la Caroline que ces deux espèces de riz qui soient essentiellement différentes. Il y arrive seulement quelques petits changemens qui proviennent des différens terroirs; ou bien ces riz dégénèrent lorsqu'on sème continuellement la même espèce dans la même terre, ce qui fait enfin rougir le riz.

De tous les terrains, celui dont le riz s'accommode le mieux est un terrain gras et humide, et qui ordinairement est couvert de deux pieds d'eau au moins pendant deux mois de l'année. On sème le riz, en mars ou en avril, dans des sillons peu profonds faits avec la houe, ou dans de petits trous. On en a vu de grandes récoltes sans autre culture que celle de semer la graine sur le champ tout nu, et de la couvrir de terre. Il faut sarcler le riz plusieurs fois, non seulement avec la houe, mais même avec la main, jusqu'à ce qu'il ait plus de deux pieds de haut. Au milieu de septembre on le coupe et on le serre, ou bien on le met en monceaux jusqu'à ce qu'on le batte avec le fléau. Quelquefois, pour détacher le grain des gerbes, on les fait fouler par les pieds des chevaux. On se sert d'un moulin à bras pour enlever la balle ou peau extérieure.

M. La Rochefoucauld-Liancourt (*Voyage dans les États-Unis d'Amérique*) donne les détails suivans sur la culture du riz en Caroline. « La terre, dit-il, destinée à cette plante est labourée à la bêche et en sillons, à la profondeur de huit à neuf pouces. C'est dans les raies des sillons que le riz est semé; cette opération est faite par une femme; les nègres recouvrent aussitôt le grain avec la terre du sillon; une semeuse suffit à vingt bêcheurs ou recouvreurs, parmi lesquels sont aussi beaucoup de femmes.

« La semence commence à lever au bout de dix à douze jours. Dès que la plante est haute de six à sept pouces, et que les nègres l'ont nettoyée à la bêche des plantes étrangères qui lui nuisent, on fait entrer l'eau dans le champ de façon à ne laisser à découvert que la cime de la plante poussante. Le riz profite et s'élève, tandis que les mauvaises herbes ne poussent plus et meurent en partie. Après trois ou quatre semaines, on laisse couler l'eau. Les nègres enlèvent encore à la bêche les herbes qui ne sont pas tout-à-fait détruites, et on remet l'eau qui n'est retirée que peu de jours avant la récolte. Les indices de la maturité du riz sont sa couleur jaune de l'épi et la dureté de la paille. Le riz alors est coupé à la faucille et mis en meule jusqu'en hiver.

« Il est battu au fléau pour séparer le grain de l'épi; on le porte ensuite dans une petite maison de bois, élevée de quelques pieds au-dessus de la terre, soutenue par quatre piliers et percée à son plancher d'un gros crible. On jette le riz sur ce crible; il se sépare des restes d'épis auxquels il pouvoit encore être mêlé, et dans l'espace qu'il a à parcourir jusqu'à terre le vent achève de le nettoyer.

« Le riz, ainsi séparé entièrement de l'épi, doit être dégagé de sa première écorce. A cet effet il est mis au moulin. Ces moulins sont composés de deux meules de bois de pin, épaisses d'environ quatre pouces et de deux pieds à deux pieds et demi de diamètre; l'une est fixe et l'autre est mobile. Toutes les deux sont, de leur centre à la circonférence, taillées en une suc-

cession de petits plans inclinés tranchans à leur extrémité, et
contre lesquels le grain pressé se dépouille de son écorce. Ces
moulins sont tournés par un nègre. La rapidité du mouvement
des meules, l'effort qu'elles font dans leur travail, et le peu
de dureté du bois dont elles sont faites, les mettent hors d'é-
tat de servir plus d'une année ; encore faut-il les réparer plusieurs fois. Le riz tombant du moulin est vanné, mais il a
encore une seconde écorce dont il doit être dépouillé. Cette
opération se fait en le pilant. Les pilons sont également mus
par les nègres, et ce travail est aussi pénible que celui du
moulin. Quelquefois plusieurs pilons sont mis en mouvement
à la fois par une espèce de moulin tourné par des bœufs. Le
grain de riz se casse plus ou moins : il est alors vanné de nouveau pour en séparer cette seconde écorce que le pilon a détachée, puis on le passe dans un autre crible ou gros tamis,
pour séparer les petits grains des gros. Ces derniers sont seuls
marchands ; mais l'exactitude de cette séparation dépend de
la bonne foi du planteur, et ils conviennent eux-mêmes que
depuis que le riz a acquis un si haut prix, et qu'il est si recherché, leur exactitude est moins sévère, et leur tamis plus
serré. Les inspections pour le riz ne sont pas d'ailleurs dans la
Caroline plus exactes que celles pour le tabac. Le riz destiné
à la vente est mis en barils, et c'est en cet état qu'il est soumis
à l'inspection et qu'il est ensuite exporté.

« Dans les premiers momens de sa crue, le riz est attaqué
par de petits vers qui en mangent la racine ; à la même époque,
de petits poissons vivant dans l'eau l'attaquent aussi. Les oiseaux qu'on nomme *aigrettes* sont alors les seuls protecteurs
du riz ; ils vivent de ces vers et de ces petits poissons, et sont,
à ce titre, ménagés des planteurs.

« Quand le riz approche de sa maturité, il est dévoré par
des nuées de petits oiseaux, connus en Caroline sous le nom
d'oiseaux à riz. On les fait chasser des champs par des négril-
lons que l'on y tient constamment. »

Le produit d'un acre planté en riz est de cinquante à quatre-vingt boisseaux selon la qualité du sol. Il y a des exemples
d'une récolte de cent vingt boisseaux dans une acre ; mais
ils sont rares. Vingt boisseaux de riz revêtu de son écorce
pèsent environ cinq cents livres ; quand il en est dépouillé,
ces vingt boisseaux n'en font plus que huit, mais il y a eu peu
de perte pour le poids. La paille se donne aux chevaux et aux
bœufs de travail.

M. La Rochefoucauld-Liancourt prétend que la culture du
riz est le plus mauvais genre de culture auquel un planteur de
Caroline puisse appliquer ses soins et son travail : outre que
cette culture, par son insalubrité, dépeuple le pays, elle est,

dit-il, sous le rapport des profits, la moins productive ; elle emploie plus de bras qu'aucune autre, et, par cette raison, elle s'oppose au défrichement de beaucoup de terres qui, consacrées à d'autres productions, seroient d'un meilleur rapport. On peut voir dans son ouvrage les preuves qu'il donne à l'appui de ces assertions.

§. 6. *Culture du riz en Espagne.* C'est principalement dans le royaume de Valence et en Catalogne qu'on cultive ce grain. Lorsqu'on veut former une rizière, dit M. Barrère (*Mémoire envoyé à l'académie royale des sciences*), on choisit un terrain bas, humide, un peu sablonneux, facile à dessécher, et où l'on puisse faire couler aisément l'eau. La terre où l'on sème doit être labourée une fois seulement dans le mois de mars. Ensuite on la partage en plusieurs planches égales, ou carreaux, chacun de quinze à vingt pieds de côté. Ces planches de terre sont séparées les unes des autres par des bordures en forme de banquettes, d'environ deux pieds de hauteur, sur un pied de largeur, pour y pouvoir marcher à sec en tout temps, pour faciliter l'écoulement de l'eau d'une planche de riz à l'autre, et pour l'y retenir à volonté sans qu'elle se répande. On aplanit aussi le terrain qui a été foui de manière qu'il soit de niveau, et que l'eau puisse s'y soutenir par-tout à la même hauteur.

La terre étant ainsi préparée, on y fait couler un pied, ou un demi-pied d'eau, dès le commencement du mois d'avril, après quoi on y jette le riz de la manière suivante. Il faut que les grains en aient été conservés dans leur balle ou enveloppe, et qu'ils aient trempé auparavant trois ou quatre jours dans l'eau, où on les tient dans un sac jusqu'à ce qu'ils soient gonflés et qu'ils commencent à germer. Un homme, pieds nuds, jette ces grains sur les planches inondées d'eau, en suivant des alignemens à peu près semblables à ceux qu'on observe dans les sillons en semant le blé. Le riz, ainsi gonflé, et toujours plus pesant que l'eau s'y précipite, s'attache à la terre, et s'y enfonce même plus ou moins, selon qu'elle est plus ou moins délayée. Dans le royaume de Valence c'est un homme à cheval qui ensemence le riz.

On doit toujours entretenir l'eau dans les champs ensemencés jusque vers la mi-mai, où l'on a soin de la faire écouler. Cette condition est regardée comme indispensable pour donner au riz l'accroissement nécessaire et pour le faire pousser avantageusement.

Au commencement de juin on conduit une seconde fois l'eau dans les rizières, et l'on a coutume de l'en tirer vers la fin du même mois pour sarcler les mauvaises herbes, sur-tout la presle et une espèce de souchet qui naissent ordinairement parmi le riz et qui l'empêchent de profiter.

Enfin on lui donne l'eau une troisième fois ; savoir, vers la mi-juillet, et il n'en doit plus manquer jusqu'à ce qu'il soit en épi, c'est-à-dire jusqu'au mois de septembre.

On fait alors écouler l'eau pour la dernière fois ; et ce dessè-chement sert à faire agir le soleil d'une façon plus immédiate sur tous les sucs que l'eau a portés avec elle dans les rizières, à faire grainer le riz, et à le couper enfin commodément, ce qui arrive vers le milieu d'octobre, temps auquel le grain a ac-quis toute sa maturité.

On coupe ordinairement le riz avec la faucille à scier le blé, ou, comme on le pratique en Catalogne, avec une faux dont le tranchant est découpé en dents de scie fort déliées. On met le riz en gerbe, on le fait sécher, et, après qu'il est sec, on le porte au moulin pour le dépouiller de sa balle. Ces sortes de moulins ressemblent assez à ceux de la poudre à canon. Ce sont pour l'ordinaire six grands mortiers rangés en ligne droite, et dans chacun desquels tombe un pilon, dont la tête, qui est garnie de fer, a la figure d'une pomme de pin de demi-pied de long et de cinq pouces de diamètre ; elle est tail-ladée tout autour comme un bâton à faire mousser le chocolat. Je ne m'arrêterai point à décrire la force motrice qu'on y emploie, et qui peut différer suivant les lieux ; en Catalogne on se sert d'un cheval attaché à une grande roue.

§. 7. *Culture du riz dans le Piémont.* On doit à M. Choiseul-Gouffier un très bon mémoire sur cette culture, inséré parmi ceux de la société d'agriculture de Paris, année 1789, tri-mestre de printemps. Ce qui suit en est extrait. Pour une ri-zière on choisit un terrain uni, bien exposé au soleil et légè-rement incliné, de manière que la partie la plus élevée soit voisine d'une rivière, d'un lac ou d'un étang. L'eau de fon-taine, comme trop crue, n'est point avantageuse à cette cul-ture ; si, faute d'autre, on étoit obligé de s'en servir, il fau-droit pratiquer des bassins où elle pût reposer et perdre sa trop grande fraîcheur ; en général, un terrain dans lequel on peut mettre l'eau et l'ôter à volonté est préférable à un sol trop marécageux qu'on ne pourroit dessécher qu'avec beaucoup de peine : on ne laisse ni arbres, ni haies près des rizières, à cause de l'ombre qu'ils y porteroient, et parcequ'ils attire-roient les oiseaux qui font beaucoup de tort au riz.

En Piémont comme en Espagne, c'est au printemps qu'on laboure les champs dans lesquels on veut semer le riz ; ce la-bour se fait soit à la charrue, lorsque le dessèchement du ter-rain le permet, soit à la bêche, lorsque le sol est trop humide ;

Il ne doit être, dans aucun cas, fort profond, moins encore dans les terres médiocres.

La rizière étant labourée, on la divise par carrés, autour desquels on élève de petits épaulemens ou banquettes d'une hauteur et d'une largeur convenables. L'espace et le diamètre des carrés sont toujours proportionnés au plus ou au moins de pente du terrain ; plus le sol est incliné, plus on tient ces carrés petits, par la raison qu'il faudroit, si on leur laissoit une grande étendue, donner trop de hauteur aux épaulemens, ce qui deviendroit un inconvénient, comme on verra tout à l'heure ; chacun de ces carrés a plusieurs ouvertures en sens opposés qui servent à recevoir l'eau et à la donner aux carrés adhérens. On ne souffre point d'herbe sur les épaulemens, à cause des graines qu'elle produiroit et qui se répandroient dans la rizière.

Les rizières nouvelles sont ensemencées en avril, et celles qui ont déjà porté deux ans, vers le 10 ou le 20 mai, afin que la terre qui avoit été inondée et par conséquent refroidie pendant les deux années précédentes, ait le temps d'être échauffée par le soleil. On assure que le riz semé dans des terres salées y rapporte bien davantage. D'après cela les lieux voisins de la mer doivent être très propres à cette culture.

Avant de semer on met l'eau dans les rizières, et lorsqu'elle s'est répandue sur toute la surface des carrés on y jette le grain, après quoi un homme conduisant un cheval attelé à une planche de neuf à dix pieds de longueur sur douze à quinze pouces de largeur et de deux pouces d'épaisseur, sur laquelle il monte, se soutenant par l'appui des guides avec lesquels il mène le cheval, passe ainsi sur toute l'étendue des carrés, ayant l'attention de descendre de dessus la planche lorsqu'elle doit traverser les banquettes pour ne point les abattre par sa pesanteur. Cette opération sert à aplanir les inégalités que la charrue a laissées, et à enterrer les semences dans la vase, moyen dont on ne pourroit user si on donnoit trop de hauteur aux banquettes.

Au bout de douze à quinze jours le riz commence à paroître : à mesure qu'il croît il faut augmenter l'eau de manière que l'extrémité des plantes soit toujours flottante à fleur d'eau ; car, tendres comme elles sont alors, elles se courberoient bientôt si elles venoient à en manquer ; on ne court plus ce risque à la moitié de juin, parcequ'elles ont acquis plus de force ; alors on ôte pendant quelques jours l'eau de la rizière.

L'indication la meilleure pour suspendre l'arrosement est lorsque le riz a acquis une nuance d'un vert foncé, et que sa tige a déjà un nœud formé. Cette cessation d'eau paroît le faire souffrir ; il devient jaune et semble même fondre ; mais aussitôt qu'on l'arrose de nouveau il reprend toute sa force et pousse alors plus en quinze jours qu'il n'auroit fait si on l'avoit toujours tenu inondé. La plus grande portion de la sève, se portant pendant ce dessèchement aux racines et au collet de la tige, leur donne une vigueur qui bientôt se communique au reste de la plante dès qu'on a remis l'eau. Quelques jours après cette nouvelle inondation on sarcle la rizière ; les travaux finis, on a soin d'y entretenir l'eau presque jusqu'à la hauteur des plantes.

Vers la moitié de juillet, et avant que le riz soit en fleur, on le cime, c'est-à-dire qu'avec des faux emmanchées à la renverse on coupe la cime du riz, afin de rendre la surface de la rizière parfaitement égale, ce qui fait fleurir toutes les plantes en même temps, et pour ainsi dire le même jour, et procure au riz une égale maturité.

Quinze jours après ce cimage le riz entre en fleur, et au bout de quinze autres jours le grain se forme : tout cela s'accomplit ordinairement depuis le 20 juillet jusqu'au 20 août ; c'est sur-tout le moment où il est nécessaire d'avoir une grande quantité d'eau ; on la soutient autant qu'il est possible jusqu'à mi-hauteur des plantes ; plus on peut leur en donner, plus on fait de riz, sur-tout lorsqu'on est secondé par une forte chaleur, avantage auquel on doit s'attendre en cette saison. On voit d'après cela la nécessité de changer l'eau plus souvent, quand il fait très chaud, que lorsque l'air est plus tempéré.

Quand on s'aperçoit que la graine est formée et que la paille commence à jaunir, on dessèche entièrement les rizières, mais les unes après les autres, en ouvrant les bouches des derniers carrés, et de suite jusqu'au premier qui fournit l'eau. On a l'attention de laisser le passage parfaitement libre jusqu'au bas des banquettes, afin que l'eau s'écoule entièrement, et que le terrain perde son humidité, tant pour faciliter la récolte que pour qu'il puisse recevoir le labour au temps convenable.

Le riz n'est point sujet aux maladies qui attaquent le blé ; il y a cependant des contrées où le vent que les Italiens appellent *scirocco* lui cause une espèce de nielle lorsqu'il vient en fleur ; cette nielle est contraire à sa fructification.

Le jaune foncé que prend l'épi de riz annonce sa parfaite maturité ; il est alors bon à couper. La récolte est plus ou moins tardive, selon la nature des terres, et selon les qualités des eaux qui les ont arrosées ; elle a lieu ordinairement à la fin de septembre : on scie le riz à moitié paille, à moins qu'il ne soit peu élevé ; alors il faut le couper plus bas. On le bottelle aussitôt qu'il est coupé, et on a soin de ne pas faire les bottes trop grosses, mais proportionnées à la longueur de la paille : on les lie ordinairement ou avec des liens de paille de blé, ou avec des branches d'osier.

Des cultivateurs du Piémont qui récoltent une grande quantité de riz ont à côté de leurs rizières des emplacemens préparés en aires pour le battre, ce qui évite l'embarras et le retard des transports ; ils ont de même des hangars pour placer le riz lorsqu'il est battu, d'où on le retire pendant les beaux jours, pour le faire bien sécher avant de le porter dans les greniers ou magasins préparés à cet effet. Les aires doivent être unies et bien battues ; on doit les tenir plus élevées que le sol ordinaire, et leur donner un peu de pente pour l'écoulement des eaux pluviales.

On se sert de chevaux pour battre le riz. Voici comment on exécute cette opération. On enfonce solidement dans l'aire un poteau de six à sept pouces de diamètre, et de quatre pieds hors de terre ; on pose autour de ce poteau les bottes bien serrées les unes contre les autres, l'épi tourné en haut ; elles sont disposées en spirale qu'on prolonge autant qu'il est nécessaire pour qu'elles puissent être bien foulées par huit ou dix chevaux marchant de front attachés les uns aux autres par une corde qui tient d'un bout au piquet, et dont l'autre est tenu par un homme qui conduit les chevaux et les fait tourner également. Quand le riz est bien battu d'un côté, on retourne les bottes, en plaçant autant qu'il est possible les épis en dessus, et on recommence la même opération quelquefois jusqu'à trois reprises, lorsque le riz n'a pas acquis une parfaite maturité ou qu'il n'est pas bien sec. Aussitôt que les bottes sont entièrement égrainées on retire les pailles, que l'on met en monceaux, puis on amasse le riz en tas et on le vanne ; ensuite on le porte sous les hangars, ou, si le temps est beau, on l'étend sur l'aire, où plusieurs ouvriers le remuent avec des râteaux, afin qu'il reçoive également les influences du soleil, et qu'il sèche parfaitement, ce dont on peut s'assurer en posant quelques grains sous la dent, où il doit être aussi ferme et aussi sec que celui qu'on consomme ; on le passe ensuite dans trois différens cribles pour l'épurer entièrement. Après toutes ces opérations le riz est encore recouvert de sa balle, et dans cet état les Piémontais l'appellent rizon ; car ils ne donnent le nom de riz qu'à celui qui est préparé et blanchi.

On blanchit le riz au moyen d'un moulin fait exprès, que fait aller ou l'eau ou un cheval ; il est composé d'une roue, d'un rouet et d'une rangée de pilons et de mortiers : les pilons mus par les rouages du moulin battent les uns après les autres, et enlèvent ainsi la balle ou enveloppe du riz mis dans les mortiers. Quelques moulins ont ces pilons en pierre ;

mais ils sont communément faits de bois dur, tel que le chêne, et revêtus en fer dans leur partie inférieure : ces derniers sont préférables.

Il est difficile de déterminer le temps que le riz doit rester dans le mortier pour être blanchi, cela dépend de son plus ou moins de grosseur et de sécheresse ; les ouvriers le reconnoîtront aisément en regardant à toutes les heures dans quel état est le riz ; et cette précaution est indispensable pour éviter l'inconvénient de le laisser trop long-temps sous le pilon, qui finiroit par l'écraser entièrement.

On doit avoir à côté du moulin des sacs dans lesquels est le rizon que l'on veut blanchir. Avant de le mettre dans le mortier on le passe dans le tarabatte, pour lui ôter la paille et autres parties étrangères qu'il auroit pu conserver.

Lorsqu'il y en a une partie de blanchie, on ôte le riz des mortiers pour séparer celui-ci d'avec celui qui ne l'est pas encore, ce qui se fait aisément avec le tarabatte : en remuant légèrement, le riz blanchi reste au-dessous; alors on ôte l'autre avec les mains, puis on le remet dans les mortiers pour le retravailler.

On ne nettoie pas davantage le riz dans les rizières. Les agriculteurs trouveroient peu leur compte à le purifier entièrement ; les marchands qui l'achètent s'attendent à y trouver le déchet ordinaire, et ne le paieroient pas davantage. Le déchet du rizon au riz blanchi est dans le rapport de trente-huit à vingt-cinq. Le prix du riz de Piémont blanchi est d'environ deux sous et demi la livre. Les marchands, après l'avoir purifié, en forment plusieurs qualités qu'ils vendent à différens prix. La qualité la plus inférieure se nomme rizot, et ce rizot sert au bas peuple, auquel il fait encore une assez bonne nourriture. On s'en sert aussi pour faire de l'amidon, mais qui ne vaut pas celui du blé, étant trop sec ; on l'emploie avantageusement pour nourrir la volaille, qu'il engraisse parfaitement.

La balle de riz que les Piémontais appellent *bulla*, se donne aux chevaux après l'avoir légèrement mouillée; mais ce n'est jamais qu'une très médiocre nourriture. Quant à la longue paille, on n'en peut faire que de la litière aux bœufs.

Il n'y a point de règle fixe pour le nombre des années pendant lesquelles on peut cultiver les rizières sans interruption ; cela dépend absolument de la qualité de la terre que l'on cultive : les unes peuvent produire du riz pendant six années de suite, les autres n'en peuvent donner que pendant deux ans ; mais en général lorsqu'une terre a porté trois ou quatre fois, il est à propos de la laisser reposer pendant un an. Il y a des cultivateurs qui profitent de cette année de repos pour y semer quelque autre grain ; mais il vaut mieux la laisser en jachère, et la fumer si l'on peut se procurer des engrais.

§. 8. *Résumé de ce qui vient d'être dit, et vues générales sur la culture du riz* (1). 1° Le riz n'est point une plante vorace ; il tire sa principale nourriture de l'eau ; par cette raison il n'épuise point la terre, et toute terre à peu près lui convient, pourvu qu'elle contienne une petite quantité de principes, et qu'elle ne laisse point échapper ceux que les eaux tiennent en dissolution.

2° Le terrain destiné à une rizière doit être de niveau pour pouvoir retenir les eaux, et cependant avoir une pente douce pour rendre plus facile leur distribution et leur écoulement.

3° On ne peut donc établir des rizières que dans les plaines.

4° Elles doivent être bien exposées au soleil. Celles qui n'auroient pas cet avantage ne produiroient que des plantes grêles et peu abondantes en grain ; le grain même auroit peu de qualité, seroit peu spongieux et crèveroit difficilement dans la cuisson.

5° Les eaux des fleuves et des rivières sont les plus convenables pour arroser les champs de riz ; après celles-là ce sont les eaux des étangs et des mares ; celles de sources, de fontaines ou de puits sont trop froides : lorsqu'on est obligé de s'en servir on doit employer les moyens connus pour diminuer leur fraîcheur et leur ôter leur crudité.

6° Une rizière demande à être préparée par des labours ; plus la terre est ameublie, plus elle est favorable à la végétation du riz.

7° On doit aussi la fumer de temps en temps. On se sert des fumiers les plus chauds pour les terres froides, et des fumiers humides pour celles qui sont naturellement sèches et brûlantes.

8° Toute rizière doit être divisée en carrés à peu près égaux, d'une certaine étendue, contigus les uns aux autres et entourés chacun d'une petite levée ou chaussée, à laquelle on pratique des ouvertures ou clefs pour faire couler l'eau dans les carrés et l'en ôter à volonté.

9° Presque par-tout c'est de mars en mai qu'on sème le riz. On le sème aussi épais à peu près que le blé et toujours dans une terre qui a été ramollie et humectée par les arrosemens.

10° Il est convenable avant de semer de faire tremper la graine dans l'eau un jour ou deux.

11° Après avoir semé, on couvre le sol de deux ou trois pouces d'eau, qu'on a soin de tenir à cette hauteur. Dans la

---

(1) Je préviens qu'il s'agit toujours du riz humide.

suite on en proportionne toujours le volume au degré d'accroissement du riz. Quelquefois on la retire, soit pour sarcler le
terrain, soit pour donner plus de consistance à la plante et
l'empêcher de filer. Mais alors on ne tarde pas à remettre
de nouvelle eau et en plus grande quantité qu'auparavant,
sur-tout lorsque le riz se dispose à fleurir.

12° Peu de jours avant l'époque de la parfaite maturité du
riz, on fait couler les eaux dont la présence rendroit la récolte
difficile.

13° Quand on moissonne le riz on doit couper la paille à
une petite distance de l'épi, telle qu'on puisse en former des
gerbes, et que ces gerbes donnent le moins de peine possible
à battre lorsqu'il s'agit d'en séparer le grain.

14° Le riz battu et vanné est mis en grenier avec sa balle.
Il doit être serré bien sec et remué de temps en temps, plus
ou moins souvent selon la saison et les circonstances.

15° Pour en faire usage ou le rendre marchand, il faut lui
enlever sa balle. On emploie à cet effet divers procédés et
différens moulins. J'en ai décrit quelques uns.

16° L'eau dont le sol a été couvert pendant la croissance
du riz a empêché l'évaporation des principes qui y étoient
contenus; elle a attiré à elle les émanations de l'air; une multitude d'insectes a pris naissance dans son sein et y a laissé ses
dépouilles; les plantes non aquatiques s'y sont pourries, et de
toutes ces compositions le sol s'est enrichi. On peut donc avec
confiance et avec succès cultiver du riz dans le même terrain
pendant plusieurs années de suite. Et quand après on change
de culture, les herbes ou les grains substitués au riz ne manquent jamais de produire abondamment.

II. Du riz sec.

Le riz sec est celui qui vient dans des terres sèches, c'est-
à-dire sur un sol qui n'est point inondé et couvert d'eau, mais
seulement arrosé plus ou moins fréquemment par les eaux de
la pluie. Quelques personnes prétendent qu'un tel riz n'existe
point. Ce graminée, disent-elles, de quelque espèce qu'il soit,
demande par sa nature à naître et à végéter dans l'eau. S'il y
avoit un riz sec, sa culture n'étant point dangereuse et malsaine comme celle du riz humide, auroit été de tout temps
préférée par les peuples qui vivent de ce grain, et seroit aujourd'hui généralement répandue dans les contrées qu'ils habitent. On ne peut expliquer, je l'avoue, pourquoi les Indiens,
les Chinois et tous les peuples de l'Asie ou de l'Afrique septentrionale qui cultivent le riz, donnent la préférence au riz
humide; c'est sans doute à cause des récoltes abondantes et
certaines qu'il produit, tandis que celles du riz sec seroient

toujours plus ou moins éventuelles. Peut-être aussi à la Chine et dans l'Inde a-t-on une manière d'arroser les champs de riz qui n'altère pas la salubrité de l'air; la population immense de ces deux vastes pays sembleroit le faire croire. On peut dire encore que dans ces pays beaucoup plus chauds que le midi même de l'Europe, les terrains consacrés à la culture du riz sont promptement desséchés par le soleil dès que l'eau en a été retirée, ce qui empêche les rizières d'être malsaines.

Quoi qu'il en soit, on ne peut se refuser à l'évidence ni contester des faits et des témoignages certains. Voici ce qu'on lit dans un écrit de M. Poivre, ayant pour titre: *Voyage d'un Philosophe*. « Les Cochinchinois, dit cet homme célèbre, cultivent deux sortes de riz sec, c'est-à-dire qui croissent dans des terres sèches, et qui ne demandent comme notre froment d'autre eau que celle de la pluie. L'une de ces espèces a le grain blanc comme la neige lorsqu'il est cuit; il est très visqueux; on l'emploie à faire différentes pâtes telles que le vermicelle. Ils sont l'un et l'autre un grand objet de commerce pour la Chine. On ne les cultive que sur les montagnes et les coteaux. Après avoir donné à la terre une façon avec la bêche on sème le riz sec comme nous semons le froment, vers la fin de décembre ou dans les premiers jours de janvier, temps auquel finit la saison des pluies. Il n'est pas tout-à-fait trois mois en terre, et il rapporte beaucoup.

« Je suis fondé à croire, dit toujours M. Poivre, que la culture de ce grain précieux réussiroit en France s'il nous étoit apporté. En 1749 et 1750 je traversai plusieurs fois les montagnes de la Cochinchine où ce riz se cultive; elles sont très élevées et la température de l'air y est froide. J'ai observé au mois de janvier 1750 que le riz étoit très vert et avoit plus de trois pouces de hauteur, quoique le thermomètre de Réaumur ne fût qu'à quatre degrés au-dessus de la congélation. J'emportai à notre Ile-de-France quelques quintaux de ce grain, qui y fut semé avec succès et rapporta plus que n'auroit fait aucune espèce du pays. Les colons reçurent mon présent avec d'autant plus d'empressement que ce riz, qui est plus fécond et de meilleur goût, reste sur la terre quinze ou vingt jours de moins que les autres, et peut être cueilli et serré avant la saison des ouragans qui emportent très souvent les moissons des autres espèces de riz. Ceux-ci sont plus tardifs; ils demanderoient des inondations que le peu d'intelligence des cultivateurs n'a pas permis jusqu'à ce jour de leur donner. »

Après la lecture de ces deux paragraphes, qui pourroit contester l'existence du riz sec?

Ce n'est pas tout. Outre ce riz apporté à l'Ile-de-France par

M. Poivre et qu'on y a, dit on, perdu, on en cultive, dans la même île un autre de même nature à peu près, et qui n'a pas besoin d'être inondé pour réussir. Voici comment s'exprime M. Ceré, directeur du jardin de botanique de cette île, dans un mémoire sur le riz, adressé à la société d'agriculture de Paris.

« Le riz, dit-il, ce grain précieux croît aussi à l'Ile-de-France ; ailleurs on le cultive dans des marais où il se plaît. Ici, faute de marais, *on ne le cultive que dans les quartiers où il pleut fréquemment.* Il faut, ajoute-t-il, que les terrains consacrés à ces plantations soient assez avantageusement situés, soit auprès des forêts, soit dans le voisinage des montagnes, et dans des expositions assez favorables pour faire espérer au propriétaire assez de pluie pour obtenir des récoltes qui le dédommagent de ses avances. M. Ceré donne ensuite les détails suivans sur la culture de ce riz.

Dans le mois d'octobre et de novembre on nettoie la terre destinée au riz ; en décembre on la repasse afin d'enlever toutes les mauvaises herbes. Vers le 20 de ce mois, qu'il pleuve ou non, on charge les noirs les plus intelligens de faire les fosses dans cette terre ainsi préparée ; elles sont faites d'un seul coup de pioche, et douze à quinze noirs en font en peu de temps autant qu'il en faut pour une assez grande étendue de terrain, ce travail étant facile et aisé. Dans les vieilles terres ces fosses sont rapprochées de sept à huit pouces, et on les espace de douze à quinze dans les terres neuves et fortes. Des femmes qui suivent les nègres jettent trois, quatre ou cinq grains dans chaque trou, à mesure qu'il est fait, et les recouvrent avec la terre restée sur le bord. On a l'attention d'y mettre plus ou moins de grains, suivant que la terre est plus ou moins forte, qu'elle est plus ou moins anciennement cultivée, et que les insectes sont plus ou moins abondans sur la pièce. On observe aussi le temps que ce grain pourra rester à lever par le défaut de pluie. Toutes ces causes modifient le nombre de grains qu'on jette dans chaque trou. Si après les semailles la pluie ne survient pas, ces grains risquent d'être dévorés dans la terre par les fourmis. Les oiseaux, les lièvres et les rats en font leur pâture ; et on peut tout perdre si l'on n'a pas le soin de garantir et la semence et les plantes naissantes de ces ennemis destructeurs.

Le riz est le grain auquel les ouragans nuisent le moins quand il est grand ; mais s'ils surviennent lorsqu'il est en herbe ou encore petit, les torrens l'emportent souvent, sur-tout lorsqu'il est planté dans des ravins.

On a encore la précaution de laisser dans la pièce où l'on sème quelques sentiers de distance en distance ; on leur donne ordinairement dix-huit pouces ou deux pieds de largeur , et un arpent est communément divisé en six ou huit carrés. Par ce moyen on se ménage la facilité de se transporter par-tout sans nuire à la culture.

Quand le riz est parvenu à la hauteur de sept à huit pouces, on peut s'occuper à arracher les mauvaises herbes qui croissent avec lui ; et, cette opération faite, il n'a plus rien à craindre jusqu'au développement des épis. Si les années sont pluvieuses, le sarclage doit être répété au moins deux fois : le riz ne s'en trouvera que mieux.

Dès que les épis commencent à paroître , les oiseaux s'y portent en troupes; ils sucent les grains en lait et les font couler. On ne doit rien épargner pour écarter ces animaux, qui bientôt ne font plus au riz une guerre aussi destructive, à mesure que le grain se forme , se durcit, et arrive à son dernier point de maturité. Mais les rats prennent alors leur place , et nuisent beaucoup au riz. Malgré tous ces inconvéniens, dans une année où les pluies sont fréquentes et abondantes, la récolte du riz ne laisse pas de satisfaire le cultivateur.

A cinq mois et demi ou environ le riz commence à jaunir ; c'est l'indice de sa maturité. Alors , si les épis sont bien secs on ne tarde point à entrer dans le champ , et le parcourant en entier , on coupe sur pied tous ceux qui sont mûrs ; autrement ils s'ouvriroient, et la récolte seroit perdue. Ils sont reçus dans de grands paniers, portés dans un magasin et mis en meules. Le lendemain on retourne au champ pour y faire la même opération, qu'on réitère tous les jours , jusqu'à ce que tout le riz ait été successivement cueilli. La récolte finie , on arrache les souches, on nettoie les terres , et on procède sur-le-champ aux semailles d'un autre grain.

Le riz ainsi disposé en meules dans les magasins y éprouve quelquefois une fermentation assez forte , et la chaleur qui en résulte est telle qu'on ne peut tenir long-temps la main dans le tas. Alors on le change de place. Il peut se conserver long-temps en meules, et cela fait qu'on choisit à son aise le temps nécessaire aux autres travaux qu'il exige pour devenir marchand. Quand on veut le rendre tel , on l'étend en épi au soleil, on le bat, on le vanne, et on le met en magasin. Il reste toujours enveloppé de sa balle. Dans cet état, on le nomme *riz en paille* ou *nely*. Le grain destiné pour semence est conservé dans des sacs bien fermés, et mis dans un grenier bien aéré.

Quand le grain du riz est beau, bien nourri, bien plein , cent livres de riz en paille ou nely donnent jusqu'à soixante-quinze livres pesant de riz blanc ou pilé. S'il n'a pas toutes ces qualités, il donne depuis quarante jusqu'à cinquante livres pesant.

Le riz ou nely récolté bien sec, aéré et remué souvent dans les premiers temps, peut se conserver pendant un grand nombre d'années; au lieu que s'il n'a pas été cueilli dans son point de maturité parfaite, ou bien s'il l'a été par un temps humide ou pluvieux, il s'échauffe dès qu'il est mis en tas, sa qualité est inférieure, le grain est d'un mauvais goût, et il lui arrive aussi de germer. Il s'y forme alors une végétation qui en couvre toute la superficie, les papillons y naissent, et leurs chenilles l'attaquent même sous son enveloppe, aussi-bien que d'autres insectes. Le riz pilé ou dégagé de sa balle est à l'abri de ces inconvéniens.

Il est inutile d'entrer dans des détails sur la manière dont on pile le riz. Il suffit de dire qu'un homme peut, dans une journée, piler cent livres de nely ou de riz en paille, pourvu qu'il soit bien sec, sans quoi le grain casse, et l'ouvrage devient plus difficile. Les moulins à eau sont très avantageux et très expéditifs pour cette opération. Quand cette ressource manque, on a de petits bluteaux à bras, qui épargnent aussi bien du temps et du travail.

Telle est, selon M. Ceré, la méthode suivie à l'Ile-de-France pour la culture du riz que les habitans de cette colonie consomment journellement, et qui, je le répète, n'a pas besoin pour prospérer d'être semé dans des rizières proprement dites.

La même culture, à peu près, a lieu à Saint-Domingue, pour le riz particulier qu'on y récolte. On ne le trouve point au bord de la mer et dans les plaines basses, mais sur les plaines les plus élevées, dans les vallées et même sur le penchant des montagnes. Ce sont communément les planteurs de caféyers qui le cultivent, parcequ'il pleut fréquemment dans les cantons qu'ils habitent. Cette culture n'est point exclusive, mais accessoire des autres cultures. Le riz de Saint-Domingue est servi tous les jours sur la table des maîtres, mais la plus grande partie de ce grain est employée à la nourriture des noirs; il en entre peu dans le commerce. Ce riz est d'une extrême bonté, gros et très blanc, il renfle aisément, et, quand il est cuit à propos, sans autre assaisonnement qu'un peu de sel et de graisse, il a un goût agréable de noisette. Les planteurs même de la Caroline le préfèrent au leur pour leur consommation.

D'après tout ce qui vient d'être dit, il est clair que la distinction de *riz humide* et de *riz sec* est bien établie. Il n'est pas moins démontré que ces deux principales espèces, ou, si l'on veut, ces deux races de riz, quoiqu'ayant besoin l'une et l'autre de beaucoup d'eau pour croître et fructifier, diffèrent pourtant essentiellement entre elles, en ce que la première demande à avoir la tige et le pied dans l'eau pendant tout le temps de sa végétation, tandis que la seconde se contente d'une terre non inondée, mais arrosée fréquemment par les eaux du ciel. Si on pouvoit substituer la culture du riz sec à celle du riz humide, avec le même avantage dans les produits, on remédieroit aux inconvéniens qui résultent de celle-ci ; car on ne peut nier que le voisinage des rizières ne soit dangereux. A la Caroline du sud il n'est permis de cultiver le riz qu'à dix lieues de Charles-Town. En Espagne il est défendu d'établir des rizières, si ce n'est à une lieue de distance des villes. On a voulu autrefois essayer cette culture en France dans quelques cantons du midi ; elle a été défendue par le gouvernement. Les anciens gouvernemens de l'Italie ont été moins sévères, ou pour mieux dire plus indifférens sur la santé des citoyens. Dans le Piémont on n'a encore pris aucune précaution pour se garantir des funestes effets de la culture du riz ; et dans le bas Milanais on suit depuis long-temps pour les rizières une méthode également préjudiciable aux récoltes et aux habitans. L'eau qui sert à les arroser y est conduite froide, de sorte qu'elle retarde la végétation, et le riz mûrit trop tard. Après qu'on l'a coupé, on laisse séjourner l'eau dans les champs, sous prétexte de faire pourrir les chaumes pour servir d'engrais ; l'air est vicié, et les champs se trouvent changés en marais.

Doit-on, par ces raisons, abandonner dans ces pays une culture aussi précieuse et l'interdire parmi nous ? Non, sans doute. Mais il faut employer tous les moyens possibles de prévenir les dangers qui l'accompagnent. Il y auroit à cet égard deux grandes expériences à faire, et que je propose aux riches propriétaires, mais sur-tout au gouvernement.

La première seroit d'essayer une nouvelle culture du riz humide, et de rechercher si l'on ne pourroit pas accoutumer par degrés cette plante à croître sans avoir le pied dans l'eau. Cet essai a été fait à l'Ile-de-France par M. Poivre ; il fit semer de ce riz dans différens cantons au commencement de la saison des pluies. Quelques parties périrent ; mais cet arrosement naturel parut suffire à quelques autres, dont le grain devint propre à germer, croître et fructifier avec un moindre arrosement.

La seconde expérience seroit de tenter la naturalisation du riz sec en France dans les lieux qui pourroient lui convenir par leur température et par leur position. Il faudroit y semer l'espèce de la Cochinchine, dont j'ai parlé, qui vient sur les montagnes élevées de ce pays où l'air est assez froid. On commenceroit par cultiver ce riz dans les départemens les plus méridionaux de l'empire français ; on chercheroit ensuite à

l'acclimater de proche en proche jusque vers le quarante-sep-
tième ou quarante-huitième degré. Je ne doute pas qu'il ne
réussît même à cette température.

Si le succès de ces expériences étoit heureux, on cesseroit
de décrier la culture du riz ; on n'opposeroit plus d'obstacles
à l'introduction de cette culture en France ; elle deviendroit
une nouvelle ressource pour le pauvre, auquel elle offriroit
un aliment sain et peu coûteux; et elle procureroit à notre
commerce une nouvelle branche, qui pourroit peut-être un
jour soutenir la concurrence avec l'étranger.

III. Analyse chimique, propriétés et usages du riz.

Le riz entier et hors de sa pellicule est blanc, transparent,
dur et difficile à casser sous la dent. Il paroît être un suc gom-
meux très desséché. Mis sous la meule, il se réduit dans sa
totalité en une farine comparable à l'amidon pour la blancheur
seulement ; car elle n'en a ni la ténuité, ni le cri, ni le
toucher.

Le riz entier ne se dissout pas dans l'eau froide et n'y subit
pas d'altération sensible, même après y avoir resté quinze
jours ; on remarque seulement qu'il se brise un peu plus facilement ; il ne perd pas sa transparence. Soit qu'il soit en
poudre ou en grains, il ne se dissout dans l'eau qu'après y
avoir bouilli long-temps, et cette dissolution est muqueuse et
collante. Quand elle est rapprochée, elle forme une sorte de
gelée comparable à celle de l'amidon, mais qui est moins
transparente et qui ne se fond pas en peu de temps comme
cette dernière.

La farine de riz, mise en pâte avec l'eau, et malaxée un
certain temps, n'offre pas à beaucoup près les phénomènes de
la farine de froment traitée de la même manière. On est tout
étonné de voir que cette substance qui offre les caractères de
la colle, lorsqu'elle est bouillie, ne prend point au doigt quand
elle est délayée dans l'eau froide ; la masse se casse en plusieurs morceaux au moindre effort du doigt. Dans cet état,
elle prend facilement de la retraite, et peut se mouler comme
le plâtre. C'est ainsi que les Chinois s'en servent pour différens ouvrages.

Projeté sur le feu, le riz en poudre très fine fuse, petille
et s'enflamme comme l'amidon, et laisse pour résidu un peu de
charbon. La gomme arabique pulvérisée produit un effet semblable. Décomposé par la distillation à feu nu, le riz ne fournit
pas autant de produits huileux et salins ni autant d'esprit
ardent que le blé, ce qui semble prouver que ce grain, sous
le même poids et le même volume, ne renferme pas autant
de matière nutritive.

On ne trouve point dans le riz ce gluten, cette substance panifère qui existe dans le froment. Les principes du riz sont inséparables de lui-même, par tout autre moyen que les réactifs destructeurs, comme le feu, etc. En un mot, il ne ressemble point au blé. La farine de blé préparée pour être convertie en pain éprouve une sorte de décomposition et acquiert, par sa combinaison intime avec l'eau, la propriété de passer à l'état de pain, dont elle prend les qualités et toute la consistance. Le riz, au contraire, n'éprouve aucune décomposition, même après avoir subi toutes sortes de procédés. Par conséquent il est inutile de chercher à faire du pain de riz. Sa farine mêlée en nature et cuite, en diverses proportions, avec la farine de froment, rend le pain qui en résulte compacte, fade et indigeste. Aussi, chez tous les peuples qui cultivent ce grain, et dont il forme la principale nourriture, pour en faire usage, on se contente de le ramollir et le gonfler dans l'eau bouillante ou à sa vapeur, et c'est dans cet état qu'on le mange, concurremment avec les autres mets qui composent le repas de tous les jours. Sur la table des riches il est servi préparé de différentes manières. Les Orientaux sont très friands d'un mets fait avec du riz, connu sous le nom de *pilau*. Ce n'est autre chose que du riz renflé par un bouillon quelconque, préparé ensuite au gras ou au maigre, selon le goût et les facultés du consommateur. Tantôt le pilau tient lieu de soupe, d'autres fois d'entrée, quelquefois on le sert comme entremets. Voici la manière de le faire ordinairement employée à Constantinople.

Selon la quantité dont on en a besoin, et suivant le rang des convives, on prend, ou du mouton seulement, ou des poules, ou des cailles et des pigeonneaux qu'on fait bouillir dans un pot et cuire à moitié ou un peu plus; après quoi on vide le tout, viande et bouillon, dans un bassin. Le pot étant lavé, on le remet sur le feu, avec du beurre que l'on fait fondre jusqu'à ce qu'il soit bien chaud; on coupe en même temps la viande à demi cuite par morceaux, les poules en quatre, les pigeons en deux; on la jette dans le beurre, on la fricasse, et elle prend une couleur de rissolé. Alors on met dans ce pot par dessus la viande une certaine quantité de riz, préalablement lavé trois fois, et sur ce riz on verse du bouillon resté dans le bassin, jusqu'à ce qu'il surnage le riz d'un bon doigt. On couvre le pot; on fait dessous un feu clair, et l'on tire de temps en temps quelques grains de riz pour voir s'il ramollit et s'il est nécessaire d'y ajouter quelques cuillerées de bouillon pour achever de le cuire. Il faut qu'il soit cuit de manière que le grain reste pourtant entier, ainsi que le poivre dont on l'assaisonne. Dès que le riz a absorbé la totalité du bouillon, on couvre la bouche du pot avec un linge en cinq ou six doubles, le couvercle par-dessus ; quelque temps après on jette de nouveau beurre fondu et roussi dans des trous faits au riz avec le manche de la cuillère, après quoi on le recouvre promptement pour le laisser mitonner jusqu'à ce qu'on le serve. On le dresse dans de grands plats, la viande bien arrangée par-dessus. Tantôt le riz est blanc, c'est-à-dire laissé dans sa couleur naturelle, tantôt on le jaunit avec du safran ; quelquefois on lui donne une couleur incarnate avec de la teinture du jus de grenade.

En Europe on consomme beaucoup de riz sous forme de potages et de gâteaux. On conçoit que cette manière de le préparer ne peut convenir aux ouvriers et aux pauvres, parcequ'elle est trop chère, et qu'elle ne leur procureroit pas une nourriture assez substantielle. On a donc imaginé des préparations plus économiques et convenables à cette classe de citoyens. Celle que propose M. Renaud de Crux (*Biblioth.-phisico-économ.*) me paroît la plus simple et la plus propre à remplir son objet. Donner du riz aux ouvriers et aux pauvres en place de pain ne leur est guère profitable, si on ne leur enseigne la manière de le faire cuire, pour qu'il se multiplie en quelque sorte, et qu'il leur procure une bonne nourriture propre à les soutenir dans leurs travaux.

Le riz, quand il n'est pas cuit d'une certaine manière, est une nourriture légère qui n'apaise pas la faim. Celui qui ne mangeroit que du riz, peu d'heures après auroit un grand appétit, quand même il ne seroit point assujetti à un travail pénible.

A l'ouvrier qui n'a que peu de pain, une soupe claire n'est pas suffisante. Il doit y suppléer en employant la farine. Il faut une livre et demie de farine par jour pour nourrir un ouvrier si on la met en pain, et il n'en mangera pas une demi-livre si on la lui donne en bouillie.

D'après ces considérations M. de Crux propose un potage économique très simple, composé de riz, de farine et de pain ; on devroit, dit-il, en faire toujours usage dans une disette ou pénurie de grains. Il a été employé avec avantage en Suisse, dans les années 1770, 1771 et 1772, sur-tout dans tout le canton de Neufchâtel. Malgré la cherté du blé et du riz, on y nourrissoit le pauvre avec sept à huit creutzers par jour, qui ne faisoient pas, monnoie de France, six à sept sous. Voici comment ce potage doit être préparé.

On prend deux onces de riz pour chaque personne. On le fait cuire dans peu d'eau jusqu'à ce qu'il soit crevé. On y ajoute alors une pinte d'eau ; en même temps on coupe un quart de pain en petits carrés d'un pouce, qu'on jette dedans. On laisse cuire le tout quelque temps ; après quoi on délaye deux onces de farine dans un peu d'eau, que l'on jette dans le potage : on fait bouillir le mélange jusqu'à ce qu'il n'ait plus le goût de farine. On y met un peu de beurre ou de graisse avec du sel, avant que d'y jeter la farine délayée. Le riz ayant crevé dans peu d'eau revient à toute sa grosseur et se développe entièrement. Le pain est renflé; il ne s'émiette pas par la façon dont il est coupé. La farine lie le tout ensemble en rendant le potage fort épais. Dans la campagne, où il y a du lait, on s'en sert pour délayer la farine, et alors on ne met qu'une once de farine par personne; le potage est aussi nourrissant. On peut se servir de lait écrémé, de petit-lait dont on a lavé le premier fromage. Cela est toujours plus nourrissant que l'eau. Quand tout est cuit, le potage donne deux grandes écuelles par personne, ce qui forme deux repas. Cette nourriture est bonne, saine et substantielle. *Voyez* Soupes économiques.

Dans quelques pays on nourrit la volaille avec le riz; il l'engraisse parfaitement.

On sait qu'à la Chine ce grain, soumis à la fermentation et à la distillation, fournit une liqueur spiritueuse appelée *arrach*. Les Chinois en composent aussi une pâte qui acquiert une grande dureté, et avec laquelle ils font divers ouvrages de sculpture. J'ai vu en Angleterre, chez le lord Anson, des statues de pâte de riz que son père avoit apportées de la Chine, et qui avoient la blancheur et la solidité du stuc. (D.)

RIZ DU CANADA. On a souvent donné ce nom à la Zizanie. *Voyez* ce mot.

ROBINIER, *Robinia*. Genre de plantes de la diadelphie décandrie, et de la famille des légumineuses, qui renferme une vingtaine d'espèces, lorsqu'on compte parmi elles celles qui se rapprochent du Caragana (*voyez* ce mot), lesquelles en font la moitié. Parmi les autres, il y en a quatre qui sont généralement cultivées dans les jardins et dont une devient chaque jour, de plus en plus l'objet d'un produit de première importance pour la grande agriculture.

Le robinier faux acacia, ou l'*acacia blanc*, ou simplement l'*acacia*, est un arbre de quarante à cinquante pieds et plus, de haut dont le tronc est droit, l'écorce ridée, les rameaux alternes, d'un vert brun dans leur jeunesse, armés à la base de chacune de leurs feuilles de deux aiguillons robustes, et très piquans; dont les feuilles sont alternes, ailées avec impaire, portées sur un pétiole canaliculé, composées de quinze ou dix-sept folioles ovales oblongues, souvent un peu échancrées à leur sommet, glabres et d'un vert gai; dont les fleurs sont blanches, odorantes, disposées en grappes pendantes dans les aisselles des feuilles supérieures.

Cet arbre est originaire de l'Amérique septentrionale, d'où il a été apporté en France par Robin, au commencement du dix-septième siècle. Il fleurit vers la fin de mai ou le commencement de juin. Son feuillage tendre, son ombre légère, la douce odeur de ses fleurs, la rapidité de sa croissance, le firent d'abord rechercher comme arbre d'agrément par tous les amis de la culture, mais ensuite on le rejeta des jardins, parcequ'il pousse tard; que ses feuilles tombent de bonne heure; que ses rameaux sont très cassans; qu'il se refuse à la taille; enfin qu'il est armé de redoutables épines. Il fut presque oublié; mais dans ces derniers temps le goût des jardins paysagers, où il produit de brillans effets, et sur-tout les avantages non contestés de sa culture comme arbre utile, l'ont fait reparoître sur la scène. Aujourd'hui c'est l'arbre étranger le plus généralement cultivé et avec raison, car peu présentent des avantages aussi certains et aussi étendus, à raison de la promptitude de sa croissance, de la bonté de son bois et de l'excellence de ses feuilles pour la nourriture des bestiaux. Dans son pays natal, où certes les bois ne manquent pas, on le juge si précieux, que lorsqu'un jeune homme se marie, il en plante une certaine quantité de pieds pour, par leur coupe, au bout de dix-huit à vingt ans, faire une dot à ses enfans. En effet, son bois est d'une agréable couleur jaune, bien veiné, très dur, susceptible de se fendre aisément; il pourrit difficilement et n'est attaqué par aucun insecte. Quoiqu'un peu cassant il sert à un grand nombre d'usages qui demandent de la force, parcequ'en masse il résiste beaucoup. On en construit les maisons, on en fait des courbes de vaisseaux, des pièces pour les moulins, des meubles, etc. Il se prête très bien au travail du tour. Son seul défaut est d'avoir les pores très grands et de n'être pas susceptible d'un poli vif. Il pèse sec environ cinquante-six livres par pied cube, selon Varennes de Fenilles. Il ne perd qu'un peu plus du sixième de son volume par la dessiccation. Sa retraite cependant le fait souvent fendiller. Les jeunes pousses et les feuilles du robinier faux acacia sont si sucrées qu'elles sont sucées avec plaisir par les enfans. Les vaches, les chèvres, les moutons, les lapins, etc., les aiment avec passion. Elles augmentent la quantité et la qualité du lait des premières, et la saveur de la chair des derniers d'une manière si notable, que je suis surpris que la France ne soit pas aujourd'hui couverte de forêts de cet arbre, qui fournit plus de fourrage, dans le même espace de terrain, qu'aucune autre plante ligneuse ou herbacée.

Un autre avantage du robinier faux acacia, c'est l'excellence des cercles et des échalas qu'on fait avec son bois. On sent aisément en effet que, croissant rapidement, il peut renouveler ses produits sous ces deux rapports beaucoup plus fréquemment que la plupart des autres arbres; cependant je dois dire que, s'il l'emporte sur le frêne et sur le châtaignier dans les premières années de sa plantation, ces derniers s'en rapprochent beaucoup lorsqu'ils sont parvenus à quinze ou vingt ans d'âge, de sorte qu'il ne peut être avantageux d'arracher des taillis qui en seroient composés pour le mettre à leur place.

L'enthousiasme avec lequel on a repris la culture du robinier faux acacia a fait exagérer quelques unes de ses bonnes qualités et par-là indisposé contre lui les cultivateurs de sang-froid qui ont été trompés dans leur attente. On a dit, par exemple, qu'il croissoit également bien dans toute espèce de terrain, et que le plus aquatique comme le plus aride pouvoit en être couvert avec succès. Le vrai est qu'il ne vient bien ni dans l'un ni dans l'autre de ces sortes de terrains. Bien des dépenses ont été perdues pour n'avoir pas reconnu cette vérité. Que sont devenues les plantations de Fontainebleau, de Rambouillet? Que deviendront celles du bois de Boulogne? Un sol léger, profond et frais est celui qu'il demande. Je conseillerai donc de le planter dans les terres médiocres, dans les sables humides, dans les terres argilo-cailouteuses, dans les interstices des roches fendillées, etc. Moins il poussera rapidement et plus souvent il faudra le couper, d'après le principe généralement reconnu, dans l'aménagement des bois, que la diminution des produits des arbres est en raison inverse du temps et directe de la nature du sol.

On multiplie le robinier faux acacia par racines, par rejetons, par marcottes et par graines. Les trois premiers moyens ont été employés, lorsqu'il étoit encore rare et qu'il ne produisoit pas de graines; mais aujourd'hui on s'en tient et on doit s'en tenir au dernier, comme fournissant le plus abondamment et le plus facilement du plant, et du plant de meilleure qualité, c'est-à-dire propre à produire de plus beaux arbres, et des arbres d'une plus longue durée.

La graine du robinier faux acacia ne se répandant pas naturellement avant l'hiver, il est bon de la laisser sur l'arbre jusqu'à la fin de l'automne. On la cueille à la main, ou en coupant, avec un croissant, l'extrémité des branches qui la portent. Lorsqu'on monte dans l'arbre pour le faire on risque de se blesser avec les épines, ou de se laisser tomber en cassant la branche sur laquelle les pieds sont posés; aussi est-elle rarement complète sur les vieux pieds. La graine cueillie se conserve dans ses gousses jusqu'au printemps, époque où on la nettoie et où on la sème. Elle peut se garder ainsi deux ans sans se détériorer trop sensiblement; mais passé ce temps elle perd sa faculté germinative, à moins qu'on ne l'ait enterrée très profondément et en masse, autant que possible avec sa gousse, dans une terre sèche, auquel cas elle est encore bonne cinq à six ans après, et peut-être plus. Comme elle alterne assez régulièrement, c'est-à-dire qu'il n'y en a point l'année qui suit une abondante récolte, il faut toujours s'en précautionner pour deux ans, lorsqu'on possède des pépinières, ou qu'on veut faire des plantations en grand.

C'est ordinairement en mai qu'on sème les graines de robinier faux accacia; mais on peut, en cas de nécessité, la semer plus tôt ou plus tard. Il y a des exemples que des semis faits en automne ont réussi. Ces semis s'exécutent, soit à la volée, soit en rayons, dans une terre douce et bien préparée, et se recouvrent au plus d'un pouce de terre. On les fait très clair, lorsqu'on sème sur place, c'est-à-dire dans le lieu où les arbres doivent rester toujours; mais il n'y a pas grand mal de les faire un peu épais, lorsqu'on sème pour cultiver ensuite le plant en pépinière. Des arrosemens abondans et fréquens sont avantageux dans les grandes sécheresses, soit avant, soit après la levée du plant. Bien conduit, et en bon fond, ce plant doit parvenir à un pied au moins de haut à la fin de la première année, et quelquefois à deux. Dans le climat de Paris sa tige gèle souvent l'hiver suivant; mais il est rare que sa racine en soit affectée. Plus au nord, il faut semer en terrine ou en caisse pour pouvoir rentrer le plant dans l'orangerie, ou couvrir ce plant avec de la paille ou de la fougère. On l'arrache au printemps suivant pour le mettre en pépinière à deux pieds de distance, après l'avoir habillé, comme disent les pépiniéristes, c'est-à-dire avoir coupé son pivot et sa tige, opération qui a peu d'inconvéniens pour lui. Le plant qui est trop foible pour être ainsi planté se met en rigole, c'est-à-dire se plante à cinq ou six pouces de distance dans des tranchées éloignées d'un pied, pour être relevé l'année suivante, lorsqu'il aura pris du corps, et planté de même à deux pieds.

Le plant, en pépinière, reçoit dans le courant de la première année deux ou trois binages et un labour d'hiver. Avant de donner ce dernier on coupe tous les pieds rez terre. Les racines qui se sont fortifiées poussent alors au printemps plusieurs jets vigoureux, dont on retranche successivement les plus foibles, de manière qu'à la fin de mai il n'en reste plus qu'un qui acquiert souvent, lorsque le terrain et la saison sont favorables, six à huit pieds de haut.

Pendant le cours de cette année on donne encore deux ou trois binages et un labour d'hiver, et sur la fin de cette dernière saison on coupe en crochets, c'est-à-dire à six pouces du tronc, tous les petits rameaux latéraux, et rez de ce tronc ceux qui rivalisent de grosseur avec lui.

L'année suivante même labour, retranchement complet de tous les rameaux inférieurs rez du tronc, ainsi que du sommet de la tige dans tous les pieds où elle a atteint huit pieds ou environ de hauteur. Cette dernière opération a pour but, 1° d'arrêter la croissance en hauteur, et de forcer la sève à refluer pour faire grossir le tronc; 2° de lui faire former une tête.

Souvent les robiniers faux acacias ont, l'hiver de la même année, assez de grosseur pour être transplantés à demeure; mais il vaut mieux attendre leur sixième année, sur-tout quand ils sont destinés à être plantés en avenues, à border les routes, etc., parcequ'alors ils sont de plus de défense contre les effets de la malveillance et de la dent des bestiaux.

Comme ce mode de culture est très coûteux, et qu'une grande plantation forestière ne pourroit pas en supporter les frais, on doit, lorsqu'on en veut faire une, mettre en place sur un labour à la charrue, dans des trous faits à la bêche et espacés de trois pieds, du plant de deux ans laissé sur la planche du semis, et donner un seul binage autour de chaque pied l'hiver suivant. Deux ou trois ans après on recèpe tous les pieds, et on les met en coupe reglée, ou on les laisse en futaie, selon le but qu'on se propose.

Le bois du robinier faux acacia étant, comme je l'ai déjà observé, très lourd et très cassant, et ses branches étant très garnies de feuilles, ces dernières sont sujettes à être rompues par les vents, ce qui déforme sa tête et nuit à ses produits. Il faut donc ne le planter isolément, ou n'en faire des avenues, que dans les lieux abrités.

Comme arbre d'agrément le robinier faux acacia produit de très bons effets dans les jardins paysagers, soit au printemps par le beau vert de son feuillage et la bonne odeur de ses fleurs, soit en été par les diverses nuances de jaune dont ces mêmes feuilles se colorent. Sa tête, ordinairement régulière, produit des masses d'ombres et de lumières que l'œil sent aisément. On le place sur le bord des massifs, en petits groupes, à quelque distance de ces mêmes massifs, ou isolé au milieu des gazons. On en fait des allées, des quinconces. On trouve difficilement à l'employer dans les jardins d'ornement autrement que de cette dernière manière, encore faut-il que ces quinconces ne soient pas trop fréquens ni trop étendus. Les massifs qu'on forme exclusivement avec lui sont inférieurs à ceux des arbres indigènes.

Comme je l'ai déjà dit, le robinier faux accacia ne se prête pas à la taille rigoureuse comme la charmille; mais on peut facilement, au moyen de quelques coups de croissant ou de serpe, régulariser sa tête et varier ses formes.

La plantation du robinier faux acacia de quatre, cinq ou six ans a lieu pendant l'hiver. On ne doit jamais lui couper la tête comme on ne le fait que trop souvent, mais seulement raccourcir ses principales branches à un ou deux pieds du tronc. Ses racines doivent être rigoureusement respectées. Les bourgeons qui naîtront le long du tronc au printemps suivant ne seront point enlevés avant le mois d'août, parcequ'ils assurent la reprise de l'arbre ; mais à cette époque on ne laissera que ceux qu'on destine à former la tête, afin que la seconde sève leur donne tout l'accroissement possible. J'ai vu cette année (1806) une grande plantation presque entièrement manquer par cette opération faite à contre-temps. L'hiver d'ensuite on donnera un léger labour à la base de tous les pieds.

Les années suivantes, à la même époque, si on veut faire monter l'arbre, on coupera ses branches inférieures à deux pieds du tronc, et on le sèvrera de ses bourgeons caulinaires à quelque époque que ce soit : après quoi il n'a plus besoin de soin, si ce n'est de loin en loin quelques labours d'hiver à son pied.

Les haies composées de robinier faux acacia seroient excellentes si elles ne s'emportoient pas trop vite et si elles n'étoient pas dévorées par les bestiaux. On doit en conséquence n'en faire que dans les cas où on est pressé de jouir, et dans les lieux qui sont déjà clos.

Lorsqu'on veut cultiver le robinier faux acacia pour la nourriture des bestiaux, on doit ou le tenir en têtards, dont on coupe les branches tous les deux ans, soit que ces têtards soient élevés de cinq à six pieds, soit qu'ils soient presque rez terre. On gagne à cette méthode des feuilles plus nombreuses, plus grandes et plus sucrées. C'est au milieu de l'été qu'on fait l'opération lorsqu'on désire faire sécher les rameaux pour l'hiver, et alors on a l'attention de laisser une ou deux maîtresses branches pour entretenir la végétation, branches qu'on coupe à leur tour en hiver. Ces branches se mettent en petites bottes, et après sept à huit jours d'exposition à l'air on les porte au grenier et on les stratifie avec de la paille à laquelle elles communiquent leur saveur sucrée. Quand on veut donner les fanes en vert on coupe les branches tous les jours à mesure du besoin, en prenant la même précaution d'en laisser quelques unes.

Les taillis de robinier faux acacia pour cercles et pour échalas doivent se couper tous les cinq ans dans les bons terrains, et tous les six dans les médiocres. Lorsqu'on ne veut qu'en faire des fagots la moitié de ce temps suffit.

Les racines de ce robinier sont très sucrées, et peuvent suppléer la réglisse dans les tisanes.

On a obtenu, ces dernières années, par les semis, une variété de cette espèce qui n'a pas d'épines, et qu'on multiplie par la greffe. C'est chez Desmet que je l'ai vue pour la première fois.

Ceux qui voudront de plus grands détails sur cet arbre précieux les trouveront dans l'ouvrage sur sa culture et ses usages, publié par M. François (de Neufchâteau.)

Le ROBINIER VISQUEUX ne s'élève guère au-dessus de vingt pieds. Son écorce est grise, ses rameaux de l'année visqueux et noirâtres ; ses feuilles sont alternes, ont dix-neuf ou vingt-une folioles ovales, aiguës, cordiformes à leur base, d'un vert foncé en dessus, glauques en dessous ; leur pétiole est rougeâtre, canaliculé et accompagné de deux épines filiformes ; ses fleurs sont rougeâtres, disposées en grappes très serrées et pendantes dans les aisselles des feuilles supérieures. Il est originaire de la Floride, où il a été découvert par Michaux. Ordinairement il fleurit une première fois en juin, et une seconde en août. Ses fleurs ne sont point odorantes, mais produisent beaucoup d'effet. On le cultive aujourd'hui très fréquemment dans les jardins paysagers des environs de Paris, où il figure fort agréablement, même à côté du précédent. Ses graines avortent le plus souvent ; en conséquence on le multiplie par ses drageons, par ses marcottes, et sur-tout par sa greffe sur le robinier faux acacia. Cette greffe se pratique au printemps, en fente et en terre. Souvent les jets qui en résultent atteignent six à huit pieds la même année, et donnent des fleurs la seconde. On conduit cette espèce dans les pépinières positivement comme il a été dit plus haut à l'occasion de la précédente.

L'infériorité de grandeur du robinier visqueux, et la difficulté de le multiplier en grand, s'opposent à ce qu'on le cultive de préférence sous le point de vue de l'utilité, quoique ses grands rapports avec le robinier faux acacia doivent faire croire qu'elle a toutes ses bonnes qualités. Réservons-la donc pour l'ornement de nos jardins.

Le ROBINIER SANS ÉPINES, *Robinia mitis*, Lin., a été mentionné par Linnæus, et oublié par la plupart des autres botanistes. C'est certainement une espèce bien distincte dont on ignore le pays natal. On le cultive abondamment dans les pépinières des environs de Paris, où il forme des buissons que le grand nombre de ses rameaux et la disposition de ses feuilles pendantes et fort longues rendent extrêmement précieux pour la décoration des jardins. Il ne fleurit presque jamais. J'ai cependant vu une de ses fleurs sur un vieux pied appartenant à Gilet-Laumont ; elle étoit blanche et solitaire dans l'aisselle d'une feuille supérieure. Ses rameaux sont diffus, gris, très cassans, et sans épines ; ses feuilles sont alternes, à pétiole canaliculé, et à folioles ovales, longues de deux pouces, au nombre de vingt-trois ou vingt-cinq au plus, pâles en dessous.

Cette espèce reprend quelquefois de boutures ; mais en général on ne la multiplie que par la greffe sur le robinier faux acacia. Cette greffe, faite en fente et en terre, ou en écusson et à œil poussant au printemps, ne manque présque jamais ; mais en fente hors de terre, ou en écusson, à œil dormant, en automne, elle réussit rarement. C'est à deux, trois ou quatre pieds de hauteur qu'on doit le plus souvent l'exécuter, parceque sa tige n'est jamais droite, est fort longue à s'élever, et qu'elle produit d'autant plus d'effet que ses feuilles retombent avec plus de liberté, qu'elle prend plus facilement la forme de parasol, forme qui lui est la plus avantageuse.

Cet arbrisseau se place, soit isolément, soit en groupe de deux ou trois au milieu des gazons, à quelque distance des massifs, et sur le bord de ces massifs dans les jardins paysagers. Lorsqu'il est assez élevé pour recevoir un banc contre son pied, il devient une retraite assurée contre les rayons du soleil et les premières atteintes de la pluie. Rien de plus agréable que les effets de lumière qu'il produit et qui frappent tous ceux qui le voient pour la première fois : aussi ne conçois-je pas comment il se trouve des jardins qui en soient privés.

Si le robinier sans épines pouvoit se multiplier facilement, je ne doute pas qu'il ne fût le plus précieux de tous les arbrisseaux pour la nourriture des bestiaux ; car ses feuilles sont si sucrées que l'homme même peut les manger, et si abondantes qu'on peut les prendre à la brassée.

Le ROBINIER ROSE, ou *acacia rose*, *Robinia hispida*, Lin., est un arbrisseau de dix à douze pieds de haut, très branchu, dont les rameaux et les pédoncules sont couverts de poils rougeâtres un peu épineux ; les feuilles alternes, à pétiole court et pubescent, à folioles ovales, grandes, acuminées, d'un vert obscur en dessus ; les fleurs grandes, rouges et disposées en grappes pendantes et axillaires. Il est originaire de la Caroline, où je l'ai fréquemment observé dans les bois humides : là, il ne forme jamais, comme ici, qu'un arbrisseau d'une mauvaise venue, qui ne dure pas long-temps et qui se reproduit naturellement par ses rejetons. En Europe, il fleurit ordinairement deux fois, en mai et en août. Son aspect, lorsqu'il est en fleur, est très agréable dans sa jeunesse, par le contraste de la couleur de ses fleurs et de ses feuilles ; mais il perd de ses avantages à mesure que ses rameaux se dégarnissent. Rarement il dure plus de quatre à cinq ans, soit qu'il soit franc de pied, soit qu'il soit greffé. Il produit fort peu d'effet dans les jardins paysagers, où on doit cependant en placer quelques pieds sur la lisière des massifs dans les lieux chauds et cependant ombragés. On le multiplie de rejets, de marcottes, et principalement par la greffe en fente et en terre sur le robinier faux acacia, qui, étant un grand arbre, l'emporte bientôt et concourt à l'empêcher de vivre long-temps. Le plus souvent il donne des fleurs l'année même de sa greffe. Il ne donne presque jamais de graine dans son pays natal, et encore plus rarement dans celui-ci. Les hivers rigoureux et la grande chaleur lui sont également contraires, et il aime encore moins que les autres à être gêné dans sa croissance, ou mutilé par la serpette du jardinier. (B.)

ROCAMBOLLE. *Voyez* au mot AIL.

ROCHE. Les roches sont la base sur laquelle reposent toutes les terres, qui même, pour la plupart, sont le produit de leur décomposition. Elles forment la masse de presque toutes les montagnes et se montrent souvent à nu. Quand on considère la grande influence qu'elles ont sur l'agriculture, soit directement, soit indirectement, on est étonné de voir qu'elles n'aient pas encore été l'objet des observations des auteurs agronomiques.

Les naturalistes distinguent un grand nombre de sortes de roches ; mais ici il ne doit être question que de celles qui sont assez fréquentes et assez abondantes pour jouer un rôle important dans le système agricole d'un pays étendu. Ce sont, dans l'ordre présumé de leur ancienneté, le granit, le gneiss, le schiste, le calcaire primitif, la craie, le grès primitif, le calcaire secondaire, le grès secondaire, le calcaire tertiaire, les laves et autres produits volcaniques.

Les roches jouissent de propriétes communes qui tiennent à leur position et à leur nature. Ainsi, formant le noyau de la plupart des montagnes, on doit les regarder comme donnant les abris, comme fournissant les cours d'eau qu'on est dans l'usage d'attribuer à ces dernières dans les ouvrages d'agriculture. Ce sont véritablement elles qui, dans l'origine, ont décidé, par les inégalités de surface qu'elles présentoient, la formation des vallées, quoiqu'aujourd'hui plusieurs de ces vallées soient creusées dans leur masse même, ainsi que le prouve l'observation des bancs correspondant dans presque toutes les montagnes. Très peu résistent à l'action de l'air et à celle de l'eau, comme l'examen des lieux où elles sont à nu le montre à chaque pas ; aussi les hautes montagnes s'abaissent-elles journellement, couvrent-elles d'abord les VALLÉES et ensuite les plaines de leurs débris. Les plus dures en apparence, celle de granit sur-tout, sont souvent celles sur lesquelles les météores ont le plus de prise. Il y a long-temps qu'on l'a dit, et je l'ai vérifié, on ne peut passer l'été, et surtout à l'instant du dégel, dans les hautes vallées des Alpes, au pied de ces rocs sourcilleux qui semblent braver le ciel, sans entendre leurs débris crouler de toutes parts sans causes apparentes, de sorte qu'on est fondé à supposer, d'après l'étendue des pays couverts de ces débris, que les Alpes étoient autrefois six à huit fois plus hautes qu'elles ne le sont en ce moment, et préjuger par cela même qu'elles continueront à s'abaisser jusqu'à ce que leurs sommets soient arrondis et couverts d'une couche de terre, par conséquent d'une végétation qui défende leurs restes de l'action destructive de l'air, de l'eau, du chaud, du froid, etc.

Ce que je dis des Alpes peut s'appliquer à toutes les autres montagnes où les roches sont également à nu; mais l'effet des agens destructeurs est d'autant moindre que leurs pentes sont moins rapides et leur nature moins altérable.

Il résulte de ces remarques que, si la destruction des roches est utile à l'agriculture en augmentant l'étendue ou la profondeur de la terre cultivable, elle lui est nuisible en diminuant et la hauteur des abris et la masse des eaux. Ce dernier point sur-tout est de grande importance, puisqu'il ne peut y avoir de végétation sans eau, et qu'il est prouvé par l'expérience que les hautes montagnes attirent et font fondre les nuages, qu'il pleut cinq fois plus sur le Chimboraço que sur le Saint-Gothard, et cinq fois plus sur le Saint-Gothard que dans les environs de Paris. La hauteur des montagnes influe aussi sur la direction habituelle des vents et sur leurs qualités. Le vent du sud-ouest domine et amène la pluie à Paris; il est sec à Milan. Le même phénomène se remarque par toute la terre dans les circonstances semblables.

Plusieurs causes concourent à la destruction des roches qui sont à nu. Les unes sont purement mécaniques, les autres sont chimiques, plusieurs sans doute participent des deux précédentes. Je vais en indiquer quelques unes.

La formation de la majeure partie des roches s'est effectuée dans une eau tranquille par la précipitation des molécules pierreuses de plusieurs sortes qui y étoient suspendues; mais il y a lieu de croire, d'après l'examen des résultats de cette précipitation, qu'elle étoit plus ou moins fréquemment interrompue, qu'il arrivoit sur une couche déjà formée des matières d'une autre nature, soit en grande, soit en petite quantité; de là les couches de diverses compositions, ou de divers élémens pierreux, qui se lient peu ou point entre elles. De plus la dessiccation de ces couches, ou des bouleversemens postérieurs à cette dessiccation, les ont fendues, brisées perpendiculairement, obliquement, c'est-à-dire dans tous les sens, comme on le remarque presque par-tout. L'eau trouve donc dans la plupart des roches des moyens de pénétrer plus ou moins dans l'intérieur de leur masse et d'y entraîner des molécules terreuses. Dans les pays froids cette eau gèle pendant l'hiver et en augmentant de volume soulève une couche, écarte une fente dans laquelle de la nouvelle terre vient se déposer ; alors les racines des plantes s'y introduisent, et en grossissant achèvent la séparation d'un fragment que les eaux entraînent dans les vallées, qu'elles froissent contre d'autres fragmens et qu'elles réduisent plus tôt ou plus tard, selon leur nature, en une terre impalpable.

Il paroît que les lichens concourent beaucoup à la destruction des roches entièrement nues et isolées, du moins ce sont eux qui fournissent la première terre végétale qui permet la naissance des mousses et ensuite des autres petites plantes dans leurs fissures.

L'action des agens chimiques sur les roches est incontestable. Il suffit de casser un morceau de quelque roche que ce soit, pourvu que ce ne soit pas du quartz pur, pour s'assurer que son intérieur a un aspect différent que son extérieur ; il suffit même de ramasser un fragment de roche pour voir que le côté exposé à l'air est plus altéré que celui qui touche à la terre. Toutes les roches quartzeuses, qui ne sont pas de pur quartz, se changent ainsi en argile qu'on reconnoît à son odeur, à sa propriété de haper à la langue, etc. Je ne chercherai pas à expliquer la cause de ce changement, il suffit qu'il soit constaté ; d'ailleurs on n'est rien moins que d'accord sur cette cause parmi les minéralogistes et les chimistes. Les roches, ou les fragmens des roches ainsi altérés, sont beaucoup plus tendres, donnent par conséquent plus de prise sur eux aux frottemens, etc.

Quelques roches se décomposent aussi dans leur intérieur par l'effet de la réaction de leurs principes ; mais ces cas sont rares et leurs résultats sont peu sensibles pour l'agriculture.

Ce que je viens de dire porte à penser qu'il est possible à l'industrie de l'homme d'accélérer la décomposition des roches pour les rendre plus tôt et plus complètement aptes à recevoir les produits de la culture. En effet, dans quelques endroits, au moyen du pic et même du feu, on brise ou calcine leur surface, que l'air ensuite, avec le temps, achève de réduire en argile ou en terre calcaire. Dans un plus grand nombre on mêle leurs fragmens, autant divisés que possible, avec l'argile ou la terre végétale qui s'est accumulée entre leurs couches ou dans leurs fentes. L'île de Malte est depuis long-temps célèbre par son industrie à cet égard. J'ai vu pratiquer ces procédés dans plusieurs cantons de la France. Les dépenses, il est vrai, sont presque toujours, dans ce cas, supérieures aux produits, ce qui est diamétralement opposé au but de toute opération agricole raisonnable ; mais il est des circonstances où il est permis de s'écarter des principes.

Les fragmens des roches d'une certaine grosseur qui se montrent dans quelques champs, soit qu'ils fassent partie du sol même, soit qu'ils y aient été amenés des hauteurs voisines, doivent être brisés et enlevés autant que possible, soit au moyen du pic, soit au moyen de la poudre, parcequ'ils emploient un espace qu'on pourroit utiliser et qu'ils gênent la culture ; encore ici il faut procéder avec économie, c'est-à-dire ne pas agir lorsqu'on juge que l'amélioration du champ n'y gagnera pas assez, s'arrêter lorsqu'il se présente des obstacles difficiles à vaincre, et sur-tout ne travailler que dans les momens perdus.

Ordinairement on a soin d'enlever, à la main, ceux de ces fragmens qui sont d'une médiocre grosseur ; cependant il est des cas où il est utile de les laisser. Je citerai principalement celui où la terre végétale seroit peu profonde et exposée aux rayons directs d'un soleil brûlant. Là l'eau si nécessaire à la végétation est promptement évaporée, et toutes les fois qu'on met un obstacle à son évaporation on produit un bien réel ; or, les pierres plates et couchées sur le sol produisent éminemment cet effet, sur-tout lorsque ce sont des pierres calcaro-argileuses qui absorbent et conservent par elles-mêmes une portion d'humidité. Aussi dans quelques vignobles l'observation des effets de ces pierres a-t-elle fait adopter le principe qu'il ne falloit pas les enlever. Aussi un champ en culture de céréales qui étoit passablement fertile, quoique couvert de ces sortes de pierres, est-il devenu, à ma connoissance, presque stérile lorsqu'on les en eut fait enlever. *Voyez* PIERRE.

Il en est à peu près de même de ces cailloux roulés qui couvrent les flancs et la base de quelques vallées, ainsi que les plaines qui entourent les chaînes des montagnes et les bords de la plupart des grandes rivières.

Mais chaque espèce de roche ayant une composition différente doit avoir un mode particulier d'action sur les objets de l'agriculture ; il convient donc de les passer successivement toutes en revue pour les considérer sous leurs divers rapports.

Dans ce qui va suivre je supposerai qu'il y a environ un pied de terre végétale au-dessus de la surface des roches ; car s'il n'y en avoit point elles seroient impropres à la culture, et s'il y en avoit beaucoup, les effets de ces roches ne seroient pas sensibles pour le cultivateur.

Le granit est généralement très dur ; il s'en trouve cependant qui se décompose très rapidement à l'air : aussi Saussure a-t-il remarqué dans les Alpes, Ramond dans les Pyrénées,

et moi en Espagne et dans diverses parties de la France, que
les montagnes qui en étoient composées étoient devenues plus
basses que les calcaires primitives qui leur étoient accolées, et
qui dans l'origine leur étoient nécessairement inférieures; c'est
le feldspath, qui entre souvent pour moitié dans la composition
des roches de cette sorte, qui joue le principal rôle dans cette
circonstance, en se transformant en argile, car le mica qui y
entre aussi, quoique plus argileux en apparence, se décompose beaucoup plus lentement. Quant au quartz pur, troisième élément des granits, il reste intact et couvre les champs
de ses fragmens anguleux.

L'eau qui tombe sur les roches de granits s'infiltre en petite quantité dans leurs fentes, pour aller, non loin de là,
former de petites fontaines; le reste coule sur la surface, et
entraîne dans les vallées le peu de terre végétale qui s'y étoit
formée. Les récoltes que produisent les terrains granitiques
sont presque toujours chétives, sur-tout lorsque le printemps
n'a pas été pluvieux. Les chênes et les châtaigniers y croissent
fort bien; mais ils ont besoin d'être écartés les uns des autres,
pour pouvoir y puiser la nourriture qui leur est nécessaire.
C'est le seigle et l'épeautre que, parmi les céréales, on y cultive le plus fréquemment : ce sont généralement de mauvaises propriétés. Dans beaucoup de localités on les laisse en
pâturages qui fournissent une herbe de bonne qualité, mais
très peu abondante. La plus avantageuse culture que j'aie vu
y pratiquer est sans contredit celle des RAVES (*voyez* ce mot),
qui toujours entourées de brouillards (dans les plus hautes
montagnes s'entend); y réussissent plus certainement que
dans la plaine, et y acquièrent une excellente saveur qui
compense leur peu de grosseur.

On bâtit des maisons d'une éternelle durée avec les granits
non sujets à décomposition; pour en tailler les morceaux, il
faut les mouiller, car sans cela l'acier ne mordroit pas sur
eux, ce qui prouve qu'elles peuvent absorber une certaine
quantité d'eau.

Lorsque le granit se décompose dans son intérieur, par le
seul effet de la réaction de ses principes les uns sur les autres,
il se produit une espèce d'argile sèche qu'on appelle kaolin,
et qui sert à fabriquer la porcelaine. J'ai vu en Espagne un
canton où de toute ancienneté on fait de la poterie commune avec de ce kaolin; et il est sans doute, en France, plus
d'un endroit où on pourroit en fabriquer aussi.

Les jaspes, les porphyres, les brèches et les poudings quartzeux, même les quartz purs forment quelquefois des montagnes; mais elles sont trop peu communes pour qu'il soit utile
de les prendre en considération particulière; toutes ces ro-

ches, excepté le quartz pur, se décomposent aussi en argile, ou mieux, en terre magnésienne par leur exposition à l'air.

Les gneiss ne diffèrent des granits que par les proportions de leur composition, car leurs élémens sont absolument les mêmes ; généralement ils sont en couches plus ou moins épaisses, et se lèvent en lames plus ou moins larges. Comme les granits, il en est qui s'altèrent très difficilement, d'autres qui se décomposent aussitôt qu'ils sont exposés à l'air : ces derniers contenant beaucoup d'argile, fournissent des sols un peu plus fertiles; mais ce que j'ai dit des sols granitiques leur est généralement applicable. Au reste, ces sortes de sols, qui sont toujours dans le voisinage immédiat des granits, sont assez peu communs pour que leurs productions marquent d'une manière sensible dans la masse de celles d'un empire grand comme celui de la France.

Il n'en est pas de même des sols schisteux, car ils sont généralement beaucoup plus étendus que les deux précédens dans tous les pays primitifs que j'ai parcourus. La composition du schiste est, du moins pour l'ordinaire, seulement de deux des élémens du granit, savoir l'argile et le quartz, intimement mêlés. De l'abondance du dernier dépend sa dureté et sa plus lente altération.

Les schistes très quartzeux ne reçoivent les eaux pluviales que pour les laisser s'infiltrer entre leurs couches ; ceux qui sont très argileux et en décomposition les absorbent bien, mais ne les gardent pas : aussi les terrains qui sont formés de ces derniers offrent-ils une boue incultivable pendant l'hiver, et tantôt une croûte dure, tantôt une croûte pulvérulente, mais toujours très sèche pendant l'été. Le plus souvent ils sont disposés en couches peu épaisses, que le simple effort de la charrue peut enlever et diviser en lames fort larges; aussi les champs cultivés sur le schiste sont-ils généralement couverts de ses fragmens ; et quelque soin qu'on prenne de les cultiver, il s'en montre toujours. Il est des schistes où la partie argileuse domine tellement qu'on ne peut presque les distinguer de l'argile proprement dite, que par leur position dans le voisinage des granits. Ces derniers sont quelquefois employés avec un grand succès, comme la marne, c'est-à-dire pour servir de correctif aux sols calcaires. Il en est d'autres qui contiennent une grande quantité de pyrites qui, se décomposant, fournissent, sous le nom d'AMPETITE, un amendement encore plus recherché. En général, les champs placés sur le schiste ne sont guère plus fertiles que ceux qui sont sur le granit ou sur le gneiss ; cependant lorsque le schiste est de facile décomposition, ils donnent, dans les années ni trop sèches ni trop pluvieuses, des récoltes pas-

sables, même en froment. Comme ils sont presque toujours
en pente, les pluies d'orage, dans ce dernier cas, les dégra-
dent beaucoup; j'ai vu en Espagne de ces champs entourés
de dalles qui en avoient été extraites, et dont quelques unes
portoient une toise de longueur sur la moitié de hauteur. On
couvre généralement les maisons avec les schistes qui sont durs.
L'ardoise qu'on emploie au même usage dans les pays de plaine
est une espèce de schiste, mais d'origine secondaire, et trop
peu commune pour être mentionnée particulièrement ici.

Les productions utiles des pays schisteux sont les mêmes
que celles des pays granitiques. Les bois y sont un peu plus
touffus, mais rarement plus beaux.

Parmi les schistes solides je range les cornéennes, les stéa-
tites et autres pierres argileuses dont sont formées quelques
montagnes, mais qui, comme les jaspes et autres pierres quartzeuses de la même catégorie, sont trop peu communes pour
être supposées avoir quelqu'influence sur l'agriculture de tout
un pays.

Le couleur générale des schistes est la grise tirant plus ou
moins sur la noire; quelquefois elle est toute noire ou le paroît
quand la pierre est mouillée. La substance noire avec laquelle
les charpentiers et les menuisiers tracent leurs lignes, avec
laquelle les dessinateurs travaillent quelquefois, est un schiste;
cette couleur influe beaucoup sur la végétation des plantes
qui croissent sur les schistes, parcequ'elle absorbe une plus
grande quantité de rayons solaires qui se concentrent dans le
sol et augmentent sa chaleur. Aussi remarque-t-on une différence notable entre la nature des plantes et l'époque de leur
floraison, lorsqu'on compare les productions d'une montagne
granitique ou d'une montagne schisteuse qui se touchent.
J'en ai fait cent fois l'observation dans le cours de mes voyages. Un agriculteur intelligent saisira donc cette circonstance
pour déterminer le choix et l'époque du semis des articles
qu'il doit cultiver. Dans quelques endroits des Alpes, qui
sont trop élevés pour que la neige fonde avant l'époque des
semis du seigle de printemps, de l'orge ou autres plantes susceptibles d'y croître, on profite de cette propriété des corps
noirs pour accélérer sa fonte; c'est-à-dire que là on sème de
la terre végétale ou du schiste pourri (réduit naturellement
en terre) sur la neige dès que le soleil commence à prendre de
la force. On obtient ordinairement par cette industrie quinze
à vingt jours d'avance à l'égard des terrains voisins qui n'y
ont pas été soumis, quelquefois moins, quelquefois plus, selon
que le soleil paroît plus souvent sur l'horizon.

J'appelle calcaire primitif les marbres et autres pierres qui
composent quelques montagnes adossées à celles dont il vient

d'être fait mention ; on le reconnoît à l'absence totale de corps marins et à la finesse de ses molécules : toujours il est susceptible de poli ; on en fait des statues, des vases, des dessus de tables, etc., etc. ; rarement s'altère-t-il spontanément. La nature du sol qu'il produit se rapproche beaucoup, quant à ses résultats agronomiques, de celui du sol calcaire secondaire dont je parlerai plus bas.

Il en sera de même du grès primitif qui forme des montagnes considérables, mais peu communes, quand on les compare à celles composées par les autres espèces de pierres. Il en sera fait mention à l'article des grès secondaires.

Le calcaire secondaire est tantôt superposé aux montagnes précédentes, et alors se lie avec le calcaire primitif ; tantôt il forme de très grandes chaînes particulières. Il est caractérisé principalement par la présence de certaines coquilles, dont on ne retrouve pas les analogues dans les mers actuelles, et qu'on suppose par conséquent avoir habité celles qui ont précédé les dernières grandes révolutions du globe. Les plus communes de ces coquilles sont les cornes d'ammon, les bélemnites, les gryphites, les térébratules, etc. Quelquefois la totalité de la pierre en est composée, c'est-à-dire qu'elles sont seulement liées entre elles par un gluten de même nature qu'elles ; plus souvent elles s'y montrent seulement de loin en loin. Il y a lieu de croire, d'après l'observation, que la totalité de cette sorte de pierre calcaire est produite par la destruction des coquilles. Tantôt elle a le grain fin comme les pierres calcaires primitives, tantôt le grain grossier. Il en est de pures, il en est, encore comme les primitives, d'intimement mélangées avec du quartz et de l'argile. En général elle présente des couches fort épaisses, mais souvent aussi des couches très minces. Lorsqu'elle est dure elle laisse couler l'eau, mais quand elle contient beaucoup d'argile, elle en absorbe une grande quantité ; c'est ce qui fait que les gelées, et même seulement l'alternative de l'humidité et de la sécheresse la décompose si facilement, ce qui n'arrive pas, ou du moins rarement, aux pierres calcaires primitives. Celle qui est dans ce cas ne vaut rien pour la bâtisse, et peut être employée très avantageusement comme amendement dans la grande agriculture, comme propre à corriger le trop de ténacité des sols argileux ; c'est une véritable marne. Très souvent l'argile lui est superposée ou l'accompagne ; et alors les terrains, auxquels elle sert de base, sont très fertiles. Après la pierre calcaire primitive, c'est elle qui, lorsqu'elle est dure et peu chargée d'argile, fournit la meilleure chaux. Il est des lieux où elle est superficielle et en couches si minces, qu'on la lève comme les schistes en plaques d'une certaine grandeur, dont on se sert pour couvrir les maisons ;

sous le nom de LAVE. Dans ces lieux, les champs en sont quelquefois si remplis, que le sol en paroît couvert. Les bois de toute espèce, excepté le châtaignier, viennent très bien dans les terrains qui en sont composés, parceque leurs racines s'introduisent dans les nombreuses fentes qu'elle leur offre, et qu'elles y trouvent une constante humidité.

On appelle pierre calcaire tertiaire celle qui se trouve par bancs dans les plaines, et qui contiennent un grand nombre de coquilles marines autres que celles indiquées plus haut, coquilles dont plusieurs vivent encore en ce moment dans les mers des pays chauds. Cette roche, pour le naturaliste, présente des différences nombreuses, quand on la compare avec la primitive et la secondaire; mais pour l'agriculture, elle produit des effets peu différens, si on en isole ceux qui tiennent au gissement. C'est en général sur elle que reposent en définitif les sols les plus fertiles, quoique très souvent des sables ou des argiles se montrent, en intermédiaire, immédiatement sous la terre labourable. Comme elle est presque toujours poreuse, elle conserve une grande masse d'eau qui remonte en vapeur à la surface du sol à mesure que la sécheresse ou la chaleur de l'atmosphère l'y détermine.

Le tuf, du moins ce qu'on appelle ainsi dans les cantons que j'ai habités, car ce mot a différentes significations dans le langage agricole, est une pierre calcaire très chargée d'argile et très poreuse. On le voit quelquefois se former dans les sols marneux par la simple infiltration des eaux chargées d'acide carbonique. Il est très nuisible, en ce qu'il empêche les racines des arbres de s'approfondir, et les eaux intérieures de se vaporiser. On l'emploie utilement à faire des voûtes de caves, à raison de sa légèreté.

La craie est une sorte de roche calcaire tertiaire relativement à sa situation dans les plaines, mais secondaire quant aux espèces de coquilles qu'on y trouve. Son origine n'est pas encore complètement expliquée. Elle absorbe très avidement l'eau, mais la laisse passer avec facilité. Les pays de craie sont de mauvais pays, ordinairement privés d'eau, à moins que cette craie ne soit surmontée, et cela arrive souvent, d'une épaisse couche d'argile. Comme elle est en général fort tendre, elle se réduit ordinairement en poudre lorsqu'on l'expose sur terre; cependant il en est qui au contraire durcit dans ce cas. La première peut être considérée comme une marne très calcaire, et est employée comme telle dans l'amendement des sols trop argileux. Il est quelques endroits où on creuse des caves, et même des habitations dans la craie.

Les grais secondaires, comme les primitifs, sont composés de grains quartzeux exactement ronds, et liés entre eux par un gluten de même nature, ou argileux, ou ferrugineux, ou calcaire. Les primitifs forment des montagnes dont les couches sont régulières, ou plus souvent forment des bancs dans les montagnes schisteuses. Les seconds sont en masses plus ou moins considérables dans les plaines, et également disposés par lits. Ceux qui sont entièrement quartzeux n'absorbent aucune portion d'eau; ceux qui sont très argileux en absorbent au contraire beaucoup; aussi les sols qui reposent sur les premiers sont-ils infertiles, tandis que les autres sont cultivés avec avantage. Les grès calcaires sont intermédiaires sous ce rapport. Tous sont susceptibles de se décomposer, et il en résulte du sablon, lequel laisse entièrement passer l'eau, et est par conséquent entièrement impropre à la végétation lorsqu'il est pur, et qu'il ne repose pas sur une couche argileuse, ou n'est pas au niveau d'une rivière. Comme le sable est beaucoup plus abondant dans la nature que les grès, la plupart des minéralogistes pensent que c'est de lui qu'ils se sont formés. Cependant les grès primitifs gissent dans des lieux où on ne voit point de dépôts considérables de véritable sablon non aglutiné.

Les grès calcaires se fendent facilement à angles droits; c'est pourquoi on les préfère pour fabriquer des pavés. Il en est qui contiennent des coquilles. Les grès argileux servent à faire des meules pour aiguiser les instrumens de fer ou d'acier.

Les eaux sont rares et généralement mauvaises dans les pays à grès.

Certains pays à sol tertiaire offrent dans une sorte d'argile superposée à toutes les autres parties composantes des pierres en masses irrégulières, plus ou moins grosses, et plus ou moins pourvues de cavités également irrégulières : ce sont les pierres meulières, ainsi appelées de l'usage qu'on en tire. On les emploie aussi beaucoup à la bâtisse, à raison de leur presque inaltérabilité, et de la facilité avec laquelle, au moyen de leurs nombreuses cavités, elles se lient aux différens mortiers. Je ne la cite ici que parceque ses fragmens couvrent souvent la surface du sol dans lequel elle se trouve; car elle n'a aucune influence sur la fertilité du sol lorsqu'elle est dans sa position naturelle, puisqu'elle est toujours alors entourée d'argile qui s'oppose au passage des eaux pluviales, et que d'ailleurs elle ne forme jamais de bancs continus. *Voyez* PIERRE et MEULIÈRE.

Les cailloux, ou pierres à fusil, qui se voient en si grande abondance dans certaines craies, sont positivement dans le même cas; mais quoique plus faciles à casser, leur contexture est presque toujours pleine. Il est des lieux où leurs fragmens couvrent les champs, soit parceque la charrue les a fait sortir de place, soit parcequ'ils ont été chariés par des rivières. Dans ce dernier cas, ils ont les angles émoussés et sont souvent très petits. Ils constituent ce qu'on appelle SABLE et GRAVIER, qu'il ne faut pas confondre avec le sablon dont il a été question plus haut. Ce sablon se voit souvent avec eux ; mais on le reconnoît facilement à sa figure sphérique régulière. C'est avec cette sorte de quartz qu'on fabrique les pierres à fusil et autres pierres à feu.

Les galets dont on trouve de si grands amas dans les terrains situés à la base des grandes chaînes de montagnes, sur les bords de quelques grandes rivières et de certaines parties des mers, ne sont autres que des pierres quartzeuses de toutes les espèces provenant de la décomposition des montagnes, et plus ou moins arrondis et aplatis par les frottemens réciproques, que leur ont occasionnés et que leur occasionnent encore les eaux. S'ils sont souvent loin des rivières actuelles, c'est que ces rivières ont changé de cours, et se sont beaucoup affoiblies par suite de l'abaissement des montagnes d'où elles tirent leur source. Lorsqu'ils sont aglutinés, ils forment des rochers qu'on appelle POUDINGUE.

Les volcans ont joué autrefois dans la nature un rôle bien plus étendu qu'aujourd'hui. Des pays considérables sont entièrement couverts de leurs débris. Les montagnes qu'ils ont formées sont très élevées. On appelle laves leur produit le plus ordinaire. Ce sont des pierres toujours irrégulières, plus ou moins noires, plus ou moins poreuses, composées de quartz et d'argile dans des proportions extrêmement variables. Lorsque le quartz domine leur décomposition est lente, lorsque c'est l'argile elle est très rapide. A la sortie du cratère elles sont presque vitrifiées, repoussent, ou mieux, laissent passer l'eau comme dans un crible. Alors elles sont complètement infertiles et présentent l'aspect de la désolation. Peu à peu l'action de l'air et de l'eau agit sur elles, et elles se décomposent avec d'autant plus de rapidité qu'elles sont plus argileuses. On peut accélérer cette décomposition en les réduisant en petits fragmens qu'on retourne souvent. Les terrains volcaniques, au dernier degré de décomposition, sont les plus fertiles de la nature, ainsi que le prouve la Limagne d'Auvergne et les vallées qui s'y jettent, parcequ'ils réunissent à une division extrême la faculté d'absorber, comme les schistes, l'eau et la chaleur solaire. Mais il faut pour cela qu'ils soient arrosés naturellement, ou puissent l'être artificiellement. En général ils ont beaucoup à redouter les étés secs, et c'est cette circonstance qui est cause que toutes les espèces de productions n'y réussissent pas toujours. La vigne y fait, lorsque l'exposition est bonne, des progrès qui tiennent du prodige. Ces avantages

sont affoiblis autour des volcans actuellement en activité, tels
que le Vésuve et l'Etna, par la crainte des ravages qui sont la
suite de leurs violentes irruptions qui anéantissent en peu d'instans les plus brillantes cultures, en les couvrant de laves brûlantes ou de cendres infertiles. Dans ces deux cas les propriétaires ont rarement moyen d'espérer trouver quelque ressource dans leur malheur. Il faut ordinairement plusieurs
siècles pour rendre au local son ancienne fertilité.

Au reste, la culture des sols volcaniques m'a paru ne pas
différer de celle de ceux d'une autre nature, si j'en juge par
ceux que j'ai vus, qui se réduisent à ceux de la ci-devant Auvergne et pays voisins, et à ceux du Vicentin en Italie. Dans
ces derniers on obtient souvent trois et quatre récoltes par an
du même champ; aussi la terre y est telle chère à proportion.

Les eaux sont généralement rares et mauvaises dans les montagnes volcaniques. Les pluviales y causent fréquemment de
grandes pertes, en entraînant la terre dans les vallées, et il
est difficile de s'opposer à leurs ravages, parceque le terrain
y est généralement peu solide. Aussi, de toutes les montagnes,
sont-ce celles qui s'abaissent le plus rapidement, d'après les
observations de Fortis. Celles où les laves sont très quartzeuses
se conservent cependant fort bien. *Voyez* TORRENS.

Les basaltes ne sont que des laves qui se sont fendues en
prismes réguliers, lors de leur refroidissement. La pouzzolane
est la lave poreuse réduite en très petites parcelles et très peu
altérée. La cendre volcanique est la même matière encore plus
fine. Les effets de ces diverses modifications de la lave, quant
à l'agriculture, ne diffèrent pas sensiblement. On bâtit avec
les laves solides des maisons très durables, et la pouzzolane est
la meilleure substance qu'on puisse mêler avec la chaux pour
en former du mortier, parceque sa porosité favorise son union.
C'est dans les constructions sous l'eau qu'elle est principalement avantageuse. (B.)

ROCHER. On donne, dans beaucoup d'endroits, indifféremment ce nom aux roches cachées dans la terre, et à
celles qui sont saillantes au-dessus de sa surface; mais généralement cette dernière acception est la plus usitée. J'ai
parlé longuement dans l'article précédent des effets directs
ou indirects des roches sur l'agriculture. Ici je parlerai des
rochers sous leurs rapports d'agrémens dans les montagnes
ou dans les jardins.

L'aspect des rochers, de quelque nature qu'ils soient,
produit toujours sur les hommes qui ne sont pas blasés, ou par
l'habitude ou par d'autres causes, des effets d'autant plus im-
posans qu'ils sont plus gros et plus élevés. Les sensations
qu'ils inspirent tirent leur source dans la fragilité de notre

nature, dans le peu de durée de notre existence, comparée à la leur, et sans doute encore dans l'influence qu'ils exercent sur le globe. Comme c'est dans les montagnes élevées qu'ils sont les plus communs et les plus majestueux, qu'en même temps l'air y est plus pur, c'est là principalement qu'ils excitent l'enthousiasme de toutes les ames sensibles. Je n'entreprendrai pas ici de les décrire poétiquement, assez d'autres l'ont fait avant moi ; je renverrai à leurs écrits ceux qui voudroient les connoître sous ces rapports. Ces écrits sont nombreux, car il n'est pas possible de se défendre du désir de peindre ce qu'ils font éprouver lorsqu'on a l'habitude d'écrire.

Non seulement les rochers présentent des agrémens d'une manière absolue, mais encore par leurs accessoires ; ainsi, les arbres qui les accompagnent, les eaux qui sortent de leurs flancs ou qui coulent sur leur surface augmentent les jouissances de l'observateur. Qu'ils sont à plaindre ceux qui n'ont pas joui, au moins une fois en leur vie, des beautés de tous genres qu'on rencontre à chaque pas dans les montagnes de la Suisse, qui n'ont pas vu les noirs sapins, les brillantes cascades qui embellissent ses rochers ! Mais si l'intérieur de la France ne présente pas des sites aussi majestueux que ceux de ce célèbre pays, elle en montre fréquemment qui ne leur sont pas inférieurs sous les autres rapports, et dans lesquels les rochers jouent le principal rôle. J'ai voyagé en Suisse, j'ai parcouru une partie de nos départemens ; et j'ai pu juger par comparaison.

Plusieurs années de ma jeunesse se sont écoulées dans une habitation entourée de rochers, dans la chaîne calcaire primitive qui lie les montagnes granitiques des Vosges avec celles du même genre de la ci-devant Bourgogne, chaîne dont Langres est le point le plus élevé. Aussi j'aime les rochers ; aussi dans mes momens de repos, après la fatigue du travail, ou le tumulte de la société, je ne désire, pour ma vieillesse, qu'une retraite dans un pays abondant en rochers, en bois et en eaux.

Toutes les fois que dans le terrain qu'on destine à un jardin paysager il s'y trouve naturellement des rochers, on doit en tirer parti ; mais ces cas sont rares, parceque les grandes villes, Lyon peut-être excepté, sont dans des plaines, et que ce sont principalement autour d'elles que s'établissent ces sortes de jardins ; aussi est-on le plus communément obligé d'en bâtir d'artificiels lorsqu'on veut se procurer la sorte de jouissance qu'ils donnent.

Dire comment on doit modifier les rochers naturels et disposer les rochers artificiels dans les jardins paysagers est impossible, attendu que le même cas ne se présente jamais deux fois de suite, et qu'il faudroit se livrer à des suppositions sans nombre. D'ailleurs, cet objet est plus du ressort de l'architecte que du cultivateur. Plusieurs ouvrages donnent des règles générales à cet égard, et on peut les consulter. Je remarquerai seulement que lorsqu'on peut choisir la nature des pierres qu'on doit employer, il faut toujours préférer les quartzeuses, non seulement parcequ'elles sont plus lentement altérées par l'influence des élémens et par les accidens, à raison de leur dureté, mais encore parceque leurs formes anguleuses imitent mieux la nature et permettent plus facilement de cacher les jointures qui les séparent. Aux environs de Paris les pierres meulières et les rognons de grès, qu'on trouve isolés dans les argiles et les sables, sont très propres à cet objet. Les pierres calcaires, quelque savamment taillées qu'elles soient, laissent toujours plus voir l'art, et détruisent par conséquent l'illusion.

Comme les eaux, comme les cavernes embellissent les rochers dans la nature, on a dû vouloir faire couler des eaux, fabriquer des cavernes dans ceux de l'art. Les localités décident de la possibilité de remplir son but sous ces deux rapports, et le bon goût de le remplir d'une manière convenable. Autant des petits rochers, évidemment construits pour former une cascade de quelques lignes d'eau, une caverne de quelques pieds de profondeur, sont ridicules, autant ceux où l'art est caché, où la masse est imposante, où les accessoires sont bien choisis, se contemplent avec plaisir. Tantôt les eaux coulent doucement, forment des nappes, tantôt elles se précipitent avec violence et tombent en cascade. Souvent on garnit l'intérieur des grottes de mousse, de coquillages, de minéraux éclatans, etc. Les effets qu'on peut tirer des uns ou des autres sont aussi variés que séduisans; mais, je le répète, il faut qu'ils soient combinés par des hommes de goût, c'est-à-dire qu'ils s'écartent le moins possible de la nature, laquelle seule plaît essentiellement, à laquelle on aime toujours à revenir, comme au type de toute beauté réelle.

Les rochers artificiels ne doivent jamais être laissés dénués de toute végétation. Ainsi on plantera autour non seulement des arbres de toute espèce, mais encore des plantes grimpantes ou rampantes, dont on dirigera les branches sur leur surface; mais encore on pratiquera des cavités sur leur sommet et sur leurs flancs pour y mettre de la terre et y planter les végétaux qui se trouvent dans la nature aux mêmes endroits. Rien de plus agréable qu'un rocher ainsi meublé lorsque la raison a présidé à la composition de toutes ses parties. On peut sur-tout en tirer un parti avantageux sous le rapport de la botanique, car beaucoup de plantes de montagnes ne peuvent se conserver dans les jardins que lorsqu'elles sont ainsi placées, sur-tout de celles qui veulent en même temps être abreuvées par de l'eau courante. (B.)

ROGNE. Sorte d'excroissances peu élevées, mais très rapprochées, qui se développent souvent sur les branches de l'olivier, et qui nuisent beaucoup à l'abondance des récoltes. On a long-temps cru que c'étoit un produit d'insectes; mais Giovène a prouvé, dans un mémoire spécial, qu'on devoit les considérer comme une maladie, c'est-à-dire comme de véritables exostoses. Cet observateur n'en indique pas la cause. Le seul remède, c'est la taille au-dessous de la partie attaquée. *Voyez* Exostose.

ROMARIN, *Rosmarinus*. Genre de plantes de la diandrie monogynie et de la famille des labiées, qui renferme deux arbrisseaux à feuilles opposées, linéaires, très entières, repliées par les bords, et à fleurs réunies en petits bouquets axillaires, dont un, qui est propre aux parties méridionales de l'Europe, se cultive fréquemment dans les jardins, même des parties septentrionales, pour l'odeur suave de ses feuilles et de ses fleurs, ainsi que pour ses usages médicinaux.

Le ROMARIN COMMUN, *Rosmarinus officinalis*, Lin., s'élève à trois ou quatre pieds et acquiert quelquefois la grosseur du bras. Ses rameaux sont nombreux, grêles, articulés; ses feuilles sessiles, d'un vert noir en dessus, blanches en dessous; ses fleurs bleuâtres et nombreuses. Il fleurit au commencement de l'été et conserve ses feuilles toute l'année. Ses diverses parties ont une odeur aromatique fort agréable. On en tire par la digestion sur l'esprit-de-vin et la distillation une liqueur cordiale et céphalique, connue sous le nom d'eau de la *reine de Hongrie*, liqueur dont on fait un grand usage en médecine et dans la toilette. L'huile essentielle de ses sommités fleuries est également employée dans les pharmacies et dans les parfumeries. On en fait aussi une conserve et un miel. Proust a prouvé, par le fait, que cette huile essentielle contenoit une assez grande quantité de camphre, qu'on en pouvoit aisément séparer par la cristallisation dans un lieu frais.

Dans les pays chauds on forme avec le romarin des palissades, des buissons qui ont l'avantage de garnir le sol le plus aride et le plus brûlé par le soleil. Là il remplace la charmille dans beaucoup de cas. L'odeur qu'il répand dans la chaleur est très forte et souvent fatigue les nerfs des personnes délicates. On l'y multiplie beaucoup; c'est à lui qu'est due l'excellence du miel de Narbonne et de Mahon.

Dans les pays froids, même dans le climat de Paris, il craint les fortes gelées de l'hiver, et ne doit être mis en pleine terre que dans les sols secs, et à des expositions très chaudes. On doit même toujours en tenir en pots quelques pieds pour réparer les pertes qu'on est dans le cas d'éprouver. Dans les terres humides il pousse très vigoureusement, mais il y a moins d'odeur et y est beaucoup plus sensible à la gelée. On peut le placer en bordure dans les parterres et au premier rang des massifs, ou contre les fabriques exposées au midi dans les jardins paysagers; il se voit très fréquemment dans les petits jardins de la campagne, où ses rameaux fleuris forment des bouquets assez agréables qu'on emploie quelquefois pour assaisonner les mets. Sa multiplication par graines est longue; aussi ne la pratique-t-on jamais; mais celle par rejetons, par marcottes, ou par bouture est très prompte et très facile. Ces dernières doivent être faites au printemps dans une exposition ombragée et chaude; l'année suivante on les relève pour les planter en pépinière à huit ou dix pouces de distance, et deux ans après on peut les mettre définitivement en place. Il est bon, dans le climat de Paris, lorsqu'elles ne sont pas en pot et qu'on n'a pas d'orangerie, de les couvrir de litière aux approches des grandes gelées.

On connoît une variété de romarin à très petites feuilles, et une autre à feuilles panachées. L'autre espèce, le ROMARIN DU CHILI ne se cultive pas en France. (B.)

ROMPÉS (BOIS). Arbres cassés, rompus par les vents.

RONCE, *Rubus*. Genre de plantes de l'icosandrie polygynie et de la famille des rosacées, qui renferme une trentaine d'espèces; trois sont très communes et très importantes à connoître à raison de l'utilité qu'on en retire et quelques autres sont dans le cas d'être citées.

LA RONCE FRAMBOISE ou le *framboisier*, *Rubus ideus*, Lin., a été l'objet d'un article particulier. *Voyez* FRAMBOISIER.

LA RONCE COMMUNE, *Rubus fructicosus*, Lin., a les racines traçantes; les tiges anguleuses, foibles, rameuses, velues, rampant sur la terre, ou se soutenant sur les branches des autres arbustes et garnies irrégulièrement d'épines recourbées; les feuilles alternes, pétiolées, velues en dessous, épineuses sur leur principale nervure, composées de trois ou de cinq folioles lancéolées; les fleurs blanches, disposées en grappes terminales, les fruits rouges avant et noirs après leur maturité. On la trouve dans toute l'Europe, dans les haies, les buissons, les bois, les lieux incultes; c'est un des arbustes les plus abondamment répandus par-tout. Elle fleurit à la fin du printemps sur les rameaux qui sortent des tiges de l'année précédente, et ses fruits mûrissent sur la fin de l'été. Sa végétation est fort remarquable, 1° en ce que les tiges qui ont porté des fruits périssent pendant l'hiver, et qu'il en pousse de nouvelles tous les printemps, de sorte que ce sont exclusivement les tiges de deux ans qui en donnent; 2° en ce que les tiges de l'année, lorsqu'elles touchent la terre, ce à quoi elles tendent toujours par suite de leur foiblesse, s'enracinent par leur extrémité et uniquement par ce point. Ainsi il y a toujours du bois mort et du bois de l'année dans un buisson de ronces ; ainsi leur multiplication est très rapide, puisqu'elle a lieu par les fruits, par les rejetons des racines et par l'extrémité des tiges.

Tout terrain convient aux ronces ; mais cependant elles prospèrent mieux dans celui qui est gras et humide. Là elles poussent quelquefois la première année des tiges de douze ou quinze pieds de haut et d'un pouce de diamètre. Ces tiges s'allongent peu la seconde année, attendu que toute leur force végétative est employée à former des rameaux aux aisselles des feuilles supérieures, et à nourrir les nombreuses fleurs qu'ils portent. J'ai vu des épis de ces fleurs avoir plus d'un pied de long. Un seul pied de ronce peut, à la longue, couvrir une étendue de terrain très considérable, et c'est ce qui fait qu'on n'aime point à en voir dans ses cultures, qu'on les regarde comme des arbrisseaux *parasites*, pour me servir de l'expression des cultivateurs.

A l'exception du cheval, tous les bestiaux aiment les feuilles de ronce. Les chèvres et les moutons les recherchent sur-tout beaucoup lorsqu'elles sont encore jeunes. Les vers-à-soie s'en accommodent assez bien. On les regarde cependant comme astringentes et détersives.

Le bois des ronces fournit fort peu de potasse par l'incinération, parcequ'il est très moelleux ; en conséquence, lorsqu'on en a plus qu'on n'en peut employer pour chauffer le four, il n'y a d'autre parti à prendre que de le jeter sur le fumier, où il pourrira rapidement et fournira un fort bon engrais.

Les haies naturelles sont presque toujours abondamment garnies de ronces, lorsque le sol où elles se trouvent leur est favorable ; mais elles leur nuisent, parceque poussant plus fortement que la plupart des arbustes qui les composent et se multipliant plus rapidement, elles les privent de l'air nécessaire à leur végétation. On peut cependant les placer avec avantage en avant des haies artificielles, c'est-à-dire plantées, en ayant soin d'arrêter leurs progrès, soit d'élévation, en coupant leurs tiges à deux ou trois pieds de terre au milieu de l'été, soit d'étendue, en arrachant chaque hiver les rejetons ou les marcottes qu'elles auront faites. Seules on en fait également d'excellentes haies, au moyen des mêmes précautions, lorsqu'on leur donne un palissage ou une haie sèche pour support. Elles forment également une excellente défense lorsqu'on les plante sur le revers des fossés, et de plus en retiennent très bien la terre par leurs racines traçantes et nombreuses. La plus-petite de ces racines laissée en terre suffit pour donner naissance à un nouveau pied ; en conséquence , dans ce dernier cas et même dans les autres , il est souvent avantageux d'arracher les vieux pieds pour augmenter l'épaisseur de la haie.

Quand on veut établir une haie de ronces, on peut ou en semer la graine, ou employer des plants enracinés arrachés dans les buissons. Le premier de ces moyens ne s'emploie guère, attendu qu'il est très long, que dans les pays secs et chauds, où la ronce est rare et ne vient pas bien. C'est au commencement de l'hiver qu'il faut la planter. On doit, en faisant cette opération, ou rabattre les tiges à quelques pouces des racines, ou les recourber pour enterrer leur extrémité, afin qu'elle prenne racine. Dans le premier cas on est plus sûr de la reprise, dans le second on peut espérer une haie mieux garnie.

On a obtenu, par la culture, plusieurs variétés de ronces; celles à fruits blancs et celles sans épines ne sont que de simple curiosité; celles à fleurs doubles, à feuilles découpées et à feuilles panachées peuvent être employées à la décoration des parterres, et sur-tout des jardins paysagers. La ronce à fleurs doubles sur-tout est d'un très grand éclat, lorsqu'elle est en fleur, et elle y reste long-temps. Il lui faut un terrain gras et ombragé pour que sa végétation se développe avec toute la vigueur nécessaire. Elle a , comme la ronce simple , le grave inconvénient de tracer et de s'emparer du sol , si par une surveillance continuelle on ne l'en empêche pas. On la multiplie par marcottes, par boutures et par rejetons. C'est principalement sur les rochers des jardins paysagers qu'elle produit le plus d'effet, mais elle se fait également remarquer par-tout où elle se trouve. C'est au compositeur du jardin à la placer de la manière la plus avantageuse. La ronce à feuilles découpées ne diffère de la commune que parceque ses folioles sont subdivisées; cependant on doit la préférer pour l'ornement, comme plus pittoresque.

Le fruit de la ronce est d'abord âpre au goût. Il devient ensuite acidule et enfin fade par l'excès de sa maturité. Il est nourrissant et rafraîchissant. Les enfans le recherchent beaucoup en tous pays. Dans quelques endroits on en fait du vin qui n'est pas, dit-on, de beaucoup inférieur à celui de la vigne. On en fait aussi des confitures et un sirop agréables, recommandés dans les maladies du poumon et les ardeurs d'urine. La difficulté de leur récolte est seule la cause qu'on n'en fait pas un usage plus fréquent.

La RONCE BLEUATRE, *Rubus cæsius*, Lin. , a les tiges bien plus grêles et bien plus courtes que celles de la précédente , mais encore plus garnies de petites épines; ses feuilles sont pétiolées, ternées, à folioles lancéolées, les latérales bilobées. Son fruit est plus petit, d'un noir bleuâtre, couvert d'une poussière blanche. Elle croît dans toute l'Europe, dans les terrains incultes, le long des murs, des haies, etc. Presque toujours elle rampe. Du reste, ses propriétés ne diffèrent pas essentiellement de la précédente. Son fruit a une acidité bien plus agréable, c'est-à-dire qu'il se rapproche beaucoup des mûres pour la saveur. Ordinairement la plupart de ses ovaires avortent, et il ne se trouve sur le réceptacle qu'un petit nombre de baies, deux ou trois, qui alors deviennent plus grosses. C'est de ces fruits dont on doit se servir principalement pour faire le sirop de mûres.

Cette espèce embarrasse souvent la charrue par son abondance. Il est difficile de la détruire dans les champs soumis au système des jachères, mais elle ne peut se conserver dans ceux qui ont un assolement régulier, parcequ'elle est étouffée par les prairies artificielles, et tuée par les binages d'été.

La RONCE HISPIDE a les feuilles ternées ou quinées, glabres; les rameaux rampans et extrêmement épineux. Elle croit naturellement dans l'Amérique septentrionale, et se cultive dans les jardins depuis que j'en ai apporté les graines. Ses fruits sont plus gros et plus agréables au goût que ceux de la ronce commune. On en fait une grande consommation en Caroline, sous le nom commun de *black berry*. Il seroit avantageux de la multiplier pour le même objet en France.

La RONCE ODORANTE, *Rubus odoratus*, Lin., a les tiges droites, cylindriques, sans épines, jaunâtres, hautes de quatre à cinq pieds; les feuilles alternes, pétiolées, palmées, très grandes, velues, d'un beau vert, et a cinq lobes peu profonds. Ses fleurs sont rougeâtres, d'un pouce de diamètre, et disposées en petits bouquets terminaux. Elle est originaire de l'Amérique septentrionale, et est cultivée dans les jardins d'agrément, où elle fleurit au milieu de l'été. C'est une belle plante qui orne fort bien un jardin paysager. On la place sur le second rang des massifs, le long des murs, des rochers, etc. Elle demande une bonne terre et de l'ombre. On a de la peine à arrêter ses racines, d'où il s'élève des rejets nombreux. On la multiplie par ces rejets. Ce sont uniquement les tiges de deux ans qui fleurissent, et elles meurent ensuite, de sorte qu'il ne faut jamais les tailler et encore moins les tondre, comme je l'ai vu faire.

La RONCE SAXATILE a une tige herbacée haute de deux à trois pieds, rarement épineuse; les feuilles pétiolées, à trois folioles, ovales, grandes, dentées et glabres; les fleurs blanches, axillaires, et les fruits rouges dans leur maturité. Elle se trouve en Europe dans les pays de montagne.

La RONCE SEPTENTRIONALE, *Rubus acticus*, Lin., a les tiges herbacées, droites, hautes de deux ou trois pouces; les feuilles ternées, dentées, assez grandes; les fleurs roses, solitaires et terminales. Elle se trouve dans le nord de l'Europe, de l'Asie et de l'Amérique. Son fruit est très agréable au goût et sert de nourriture aux habitans les plus voisins du pôle. C'est pour eux une manne qui contre-balance les effets des substances animales qu'ils mangent habituellement. On la cultive dans les jardins des environs de Paris, où elle fleurit en juin. Il lui faut une ombre et une humidité constante et la terre de bruyère. Elle y trace comme les autres ronces et s'y multiplie avec une très grande rapidité, mais elle n'y donne jamais de fruit, ou si rarement, que je n'ai pas encore trouvé l'occasion d'en goûter.

La RONCE DES MARAIS, *Rubus chamæmorus*, Lin., a la tige herbacée, haute de cinq à six pouces; deux feuilles simples et lobées; une seule fleur terminale; un fruit noir et assez gros. Elle se trouve abondamment dans les marais des montagnes du nord de l'Europe. Son fruit se mange, mais est moins délicat que celui de la précédente. On la cultive aussi quelquefois dans les jardins de Paris. (B.)

RONDIER, *Borassus*, Lin. Arbre exotique des pays chauds, qui appartient à un genre du même nom dans la famille des PALMIERS. Il croît aux Indes et dans les îles qui en dépendent, et porte des fruits d'une grosseur considérable. Ses fleurs sont unisexuelles; les mâles et les femelles viennent sur différens pieds. Ses feuilles en forme d'éventail sont disposées au sommet de la tige qu'elles couronnent. On distingue deux principales espèces de rondier, le RONDIER LONTAR et le RONDIER DES SECHELLES.

On trouve le premier dans la partie orientale de l'île de Ceylan, sur la côte de Coromandel, à Java et dans d'autres contrées de l'Inde. Il acquiert la hauteur de vingt-cinq à trente pieds. Son tronc, marqué de distance en distance d'impressions circulaires, a environ un pied de diamètre; il est couronné à son sommet d'un faisceau de feuilles palmées, dont les unes droites, les autres plus ou moins horizontales, forment par leur réunion une cime ou tête arrondie; les pétioles de ces feuilles sont garnis d'épines de chaque côté.

L'individu mâle de ce rondier a beaucoup de ressemblance pour le port avec l'individu femelle, mais il en diffère par la qualité de son bois qui est plus dur, et sur-tout par sa fructification. Ses spadix sont terminés par de longs chatons cylindriques, et ceux de l'individu femelle sont divisés en plusieurs rameaux couverts de fleurs. Cet arbre ne donne des fruits qu'une seule fois en sa vie. La fructification paroît être en lui le dernier effort de la nature, car après cette époque il languit et meurt bientôt.

Le lontar est d'une grande utilité aux habitans du pays où il croît. De ses spathes coupés d'abord par moitié et dont on enlève successivement de nouvelles zones, on retire une liqueur d'un goût agréable, susceptible de fermentation vineuse et avec laquelle on fait une espèce de sucre très inférieur sans doute à celui de la canne, mais beaucoup plus estimé en général que le sucre obtenu des autres palmiers. Le bois du lontar est très dur, presque incorruptible et d'une belle couleur noire mêlée de veines jaunâtres. On l'emploie dans la construction des bâtimens et dans la fabrication de divers meubles et ustensiles. Avec les feuilles les Indiens couvrent les toits de leurs maisons ; ils en font aussi des parasols, des parayents, des nattes, et ils s'en servent en guise de papier pour écrire.

Le RONDIER DES SÉCHELLES est le même palmier dont le fruit est connu depuis long-temps dans l'Inde sous le nom de *coco des Maldives*. On avoit appelé ce fruit ainsi parcequ'il a quelque ressemblance avec un coco, et parcequ'on le trouvoit presque toujours flottant sur la mer aux environs des îles Maldives, où il étoit sans doute poussé par les courants ; mais l'arbre qui le produit ne croit que dans l'île Praslin et dans l'île Curieuse, situées dans l'archipel des Séchelles, et séparées l'une de l'autre par un canal de trois cents toises. Il vient indifféremment, dit M. Queau-Quincy, (*mémoire envoyé au musée impérial*), dans les sables, dans les mares et sur les rochers. Il croît avec lenteur et ne rapporte du fruit qu'à l'âge de vingt ou trente ans. Son tronc s'élève communément de cinquante à soixante pieds, quelquefois de quatre-vingts à cent ; il est droit comme un mât, parfaitement cylindrique ; et son diamètre qui varie a environ un pied. Le sommet de l'arbre est couronné par une touffe de douze à vingt feuilles qui ont jusqu'à vingt pieds de long sur dix à douze de large. Son bois est très dur à la surface, et rempli intérieurement de fibres molles qu'on sépare facilement. Chaque arbre porte environ vingt ou trente fruits très gros et pesant chacun de vingt à vingt-cinq livres. Ils sont plus d'un an à mûrir et ne tombent souvent qu'au bout de deux ou trois ans. Ce sont des espèces de drupes garnis d'un brou, et dont les noyaux sont ovales, durs, aplatis et divisés à leur partie inférieure en deux lobes, entre lesquels est une fente garnie de soies. Ces fruits, avant leur parfaite maturité, renferment une substance gélatineuse, blanche, ferme, transparente et très bonne à manger. Chaque fruit en contient à peu près deux assiettes. Elle s'aigrit et prend une odeur très désagréable quelques jours après que le fruit a été cueilli ; lorsqu'il mûrit sur l'arbre cette gelée se change en une amande dure comme de la corne.

Toutes les autres parties du rondier des Séchelles sont employées dans le pays où il croît aux mêmes usages que celles du cocotier. On peut aussi le cultiver de la même manière. *Voyez* le mot COCOTIER. (D.)

RONGEURS. Les naturalistes ont donné ce nom aux quadrupèdes qui ont deux dents incisives aux deux mâchoires et point de dents canines. Tous vivent de graines, d'écorce ou d'herbe. Plusieurs nuisent beaucoup aux agriculteurs. Ceux particulièrement dans ce dernier cas sont, en France, le RAT, la SOURIS, le MULOT, le CAMPAGNOL, le LEROT, le LOIR, l'ÉCUREUIL, le LAPIN et le LIÈVRE. *Voyez* ces mots.

ROQUETTE DES JARDINS, *Brassica eruca*, Lin. Espèce du genre des choux, originaire des montagnes de l'est de l'Europe, dont on fait usage en médecine comme aphrodisiaque, diurétique, stomachique, antiscorbutique et détersive, et qu'on cultive en conséquence dans quelques jardins. Elle se reconnoît à ses racines annuelles; à ses feuilles en lyre, presque ailées, lisses, les radicales pétiolées et étalées sur la terre, les caulinaires sessiles; à ses tiges hérissées de poils; à ses fleurs blanches et à ses siliques glabres. Elle fleurit en mai ou en juin et s'élève à deux ou trois pieds.

On sème fort clair la roquette au commencement du printemps, et même, si on veut avoir toujours des feuilles fraîches, pendant tout l'été, dans une terre labourée et bien exposée. On sarcle et éclaircit le plant au besoin et on l'arrose pendant les chaleurs de l'été, si on en a semé pendant cette saison. Du reste elle ne demande aucun soin particulier.

Ce sont des feuilles et des graines dont on fait usage en médecine.

ROQUETTE SAUVAGE. Espèce du genre SYSIMBRE.

ROQUILLE. Ancienne petite mesure pour les liquides.

ROSACÉES. Famille de plantes qui renferme un grand nombre de genres, dont beaucoup intéressent éminemment les cultivateurs à raison de leurs fruits, d'autres à raison de leurs fleurs. Ses caractères généraux consistent en un calice presque toujours persistant; en une corolle composée de cinq ou quelquefois d'un plus grand nombre de pétales, et insérées au calice; en un grand nombre d'étamines également insérées au calice; en un ovaire inférieur à un ou plusieurs styles latéraux; en un fruit qui varie beaucoup. Tantôt c'est une pomme, tantôt une espèce de baie, tantôt une ou plusieurs capsules monospermes, tantôt enfin un drupe charnu.

Les genres de cette famille, que les agriculteurs sont dans

le cas de connoître le plus généralement, sont, les POMMIERS, les POIRIERS, les COGNASSIERS, les NÉFLIERS, les ALISIERS, les SORBIERS, les CERISIERS, les PRUNIERS, les ABRICOTIERS, les AMANDIERS, les ROSIERS, les PIMPRENELLES, les AIGREMOINES, les FRAISIERS, les POTENTILLES, les RONCES, les BENOÎTES et les FILIPENDULES. *Voyez* ces mots. (B.)

ROSAGE, *Rhododendron*. Genre de plantes de la décandrie monogynie et de la famille des rosacées, qui renferme une douzaine d'espèces, dont deux se trouvent au sommet des montagnes élevées de l'Europe, et trois ou quatre autres se cultivent fréquemment dans les jardins, qu'ils ornent par la beauté de leurs fleurs.

Tous les rosages sont des arbrisseaux à feuilles éparses, coriaces, et les fleurs disposées en corymbes terminaux.

Le ROSAGE FERRUGINEUX a les feuilles ovales, oblongues, très entières, roulées en leurs bords, d'un vert noir et luisant en dessus, et d'un fauve ferrugineux en dessous. Ses fleurs sont rouges. On le trouve sur le sommet des Alpes. C'est un très agréable arbrisseau qui s'élève à un ou deux pieds et forme de larges buissons, qui fleurissent aussitôt que la neige est fondue, c'est-à-dire en juin. Je l'ai fréquemment admiré dans son pays natal. Il se cultive très difficilement dans les jardins du climat de Paris; aussi l'y voit-on rarement. On le multiplie par graines et par marcottes. L'ombre, la fraîcheur et la terre de bruyère lui sont absolument nécessaires. Ses feuilles restent vertes pendant toute l'année.

Le ROSAGE VELU a les feuilles lancéolées, velues en leurs bords, jaunâtres en dessous; et les fleurs d'un rouge éclatant. Il se trouve avec le précédent, dont il se rapproche beaucoup. On le cultive de même, et il est aussi difficile à conserver; souvent il périt, sans qu'on sache pourquoi, au moment où on le croyoit dans le meilleur état de santé.

Le ROSAGE PONTIQUE a les feuilles lancéolées, pointues, très entières, longues de six pouces, glabres, luisantes; les fleurs grandes, d'un violet plus ou moins foncé, et souvent fort nombreuses. Il est originaire des montagnes de l'Asie-Mineure, du royaume de Pont. On le cultive aujourd'hui très abondamment dans les jardins des environs de Paris, où il s'élève à cinq ou six pieds, et forme des buissons très touffus, toujours verts, et du plus grand éclat quand ils sont en fleurs. La terre de bruyère et de l'ombre lui sont nécessaires pour bien fleurir, et même se conserver. C'est la plus commune et la plus belle des espèces. On la place contre les murs, derrière les rochers, sous les arbres exposés au nord, dans les jardins paysagers. Elle est en fleurs pendant les mois de mai et de juin. Il offre quelques variétés peu remarquables.

Le rosage a grandes fleurs, *Rhododendron maximum*, Lin., a les feuilles plus épaisses, moins longues, moins noires et roulées en leurs bords ; les fleurs plus grandes et moins foncées en couleur ; les rameaux plus courts ; et les tiges moins élevées, mais du reste diffère si peu du précédent, qu'il faut beaucoup d'habitude pour l'en distinguer. Il est originaire de l'Amérique septentrionale, et se cultive également dans nos jardins, où il fleurit un peu plus tard. Il offre une variété à fleurs blanches.

Le rosage ponctué a les feuilles oblongues, glabres, ponctuées en dessous par des glandes résineuses. Il croît sur les montagnes de la Caroline, où j'en ai observé de grandes quantités. On le cultive dans quelques jardins, quoiqu'il soit inférieur en beauté aux précédens, et qu'il s'en rapproche beaucoup pour l'aspect.

Tous les rosages se multiplient de semences ou de marcottes. Les graines des trois derniers mûrissent dans le climat de Paris, lorsque l'hiver n'arrive pas de trop bonne heure. Il faut les semer aussitôt qu'elles sont recueillies, c'est à-dire au commencement de l'hiver, dans des terrines de terre de bruyère, qu'on place dans l'orangerie ou sous une bâche pendant les grands froids. Au printemps, on couvre ces terrines de quelques brins de mousse, et on les place sur une couche sourde à châssis, formée dans un lieu où il y a très peu d'air, telle qu'une petite cour, l'angle de deux murs, etc ; et on arrose fréquemment, mais légèrement. Comme la graine est extrêmement fine, il ne faut point l'enterrer et la répandre fort clair ; car si on l'enterroit seulement de deux lignes elle ne lèveroit pas, et si elle levoit trop dru tout le plant périroit. Ce plant paroît au bout de trois semaines, mais acquiert peu de force la première année. Quelques personnes le lèvent au printemps de la seconde, pour le mettre à un pouce de distance dans de grandes terrines ou seul à seul dans de petits pots ; mais il vaut mieux attendre celui de la troisième. En général, ce n'est que par des soins constamment suivis qu'on peut espérer d'amener à bien beaucoup de ces arbustes ; trop d'air, pas assez d'air, trop d'eau, pas assez d'eau, les font également périr. Un seul coup de soleil produit souvent le même effet. On est heureux quand mille graines fournissent cent pieds ; et quand de cent pieds ils en arrive dix à l'âge où ils produisent des fleurs. Cependant avec une continuité de soins on peut augmenter les chances de leur réussite.

Les pieds repiqués se conservent dans les pots ou les terrines pendant deux ans. Puis on les met en pleine terre, avec l'attention de les couvrir légèrement de paille pendant les grands froids. Ils y restent deux autres années, après quoi on doit les planter à demeure. C'est l'époque où ils commencent à fleurir. Alors ils ne demandent plus que les binages ordinaires aux jardins, et quelques arrosemens dans les grandes sécheresses. Il est bon, pour les empêcher de trop s'élever et leur faire donner des branches latérales, de supprimer, entre les deux sèves de la quatrième année, leur bourgeon supérieur, c'est-à-dire de les arrêter, comme disent les jardiniers. Leur transplantation se fait en automne ou au printemps et n'est point difficile ; mais il faut que la planche où ils doivent définitivement rester ait plus d'un pied de profondeur de terre de bruyère si on veut qu'ils prospèrent.

Le plus commun, le plus beau et le plus rustique des rosages est le pontique. Souvent on le plante dès la seconde année en pleine terre, et il commence à donner des fleurs dès la quatrième. J'ai observé le premier que la base de ses capsules, avant leur maturité, donnoit un sucre concret fort agréable au goût, mais qui peut paroître suspect.

Les premières gelées de l'automne et les dernières du printemps font souvent beaucoup de tort aux rosages dont les pousses sont encore tendres. Il n'y a pas de remède contre leurs effets ; mais rarement le pied en meure.

Lorsqu'on veut faire des marcottes de rosage il faut user de précautions, car leur bois est très cassant. Les deux premières espèces, qui ne donnent point de bonnes graines dans nos jardins, sont uniquement multipliées par cette voie et ne s'enracinent qu'au bout de deux à trois ans. Les marcottes des autres peuvent être relevées souvent dès la fin de la seconde. Au reste, les pieds qui en proviennent étant moins beaux et de moindre durée que ceux qu'on se procure par graine, on doit préférer le moyen des semis quoiqu'un peu plus long. (B.)

ROSE. *Voyez* ROSIER.

ROSE DE CAYENNE. Mauvaise dénomination de la KETMIE DES JARDINS.

ROSE DE CHIEN. C'est le ROSIER ÉGLANTIER. *Voy.* ce mot.

ROSE DE GUELDRE. Nom vulgaire de l'OBIER. *Voyez* au mot VIORNE.

ROSE DE NOEL. On appelle aussi l'HELLEBORE A FLEURS ROSE.

ROSE D'OUTREMER. *Voyez* au mot ALCÉE.

ROSE TREMIÈRE. *Voyez* au mot ALCÉE.

ROSEAU, *Arundo*. Genre de plantes de la triandrie digynie et de la famille des graminées, qui renferme une douzaine d'espèces, dont plusieurs peuvent être utiles aux cultivateurs sous des rapports économiques et autres.

Le ROSEAU A QUENOUILLE, ROSEAU CANNE, ROSEAU DES JARDINS, *Arundo donax*, Lin., a les racines traçantes, articulées, solides, un peu sucrées ; les tiges nombreuses, articulées, creuses, ligneuses, hautes de douze ou quinze pieds, quelquefois d'un pouce de diamètre; les feuilles engainantes, striées, longues de quinze à vingt pouces, sur un à deux de large; les fleurs rougeâtres, disposées en panicule terminale. Il croît naturellement dans les parties méridionales de l'Europe et septentrionales de l'Afrique. On le cultive dans les jardins, soit pour l'utilité, soit pour l'agrément. Ses racines passent pour favoriser la perte du lait aux femmes qui cessent de nourrir. On emploie ses tiges pour former des palissades, des échalas, des plafonds, des claies pour sécher les fruits, passer les terres, des peignes pour les tisserands, des bobines pour les fileuses, des perches pour la pêche à la ligne, enfin à une infinité d'autres objets. Elles résistent très long-temps à la pourriture même dans l'eau, sur-tout lorsqu'elles sont entières, c'est-à-dire lorsque leur écorce, si dure et si polie, n'est pas entamée. Jetées au feu elles se consument presque sans flamme, et ne donnent presque pas de chaleur. Les vaches et les chevaux mangent ses feuilles.

Il est rare que le roseau fleurisse dans le climat de Paris, les gelées arrivant ordinairement avant qu'il ait acquis toute sa hauteur et toute sa consistance. En conséquence, on n'en peut faire qu'un objet de décoration dans les jardins paysagers, où il produit un bel effet sur le bord des eaux, autour des rochers, des fabriques, etc., par sa grandeur, et l'opposition de sa manière de végéter avec celle des arbres et arbustes. Là il faut que ses touffes ne soient ni trop grosses, ni trop petites, et se détachent bien. On les coupe rez terre tous les hivers. Comme il trace beaucoup quand le terrain lui est favorable, c'est-à-dire qu'il est chaud et humide, il faut avoir soin d'arrêter ses accrues tous les ans. On le multiplie très facilement par le moyen de ses bourgeons latéraux, qu'on enlève au printemps et qu'on plante séparément. Il craint cependant d'être tourmenté; et un pied qu'on veut trop rigoureusement contenir périt souvent par cette cause. On doit prudemment couvrir ses pieds de litière pendant les fortes gelées.

Dans les parties méridionales de l'Europe on le place communément sur le bord des rivières, des ruisseaux, pour défendre les terres des effets de l'impétuosité des eaux. Il y croît avec une telle vigueur, qu'un seul bourgeon, au bout de quatre à cinq ans, s'est emparé de douze ou quinze pieds carrés. C'est là seulement que ses tiges acquièrent le degré de maturité nécessaire pour être employées dans les arts. Celles qu'on vend à Paris viennent presque toutes des Bouches-du-Rhône. On les coupe tous les ans rez terre. Si on les laissoit deux ans sur pied elles ne s'élèveroient pas davantage (ou très peu), et pousseroient des rameaux de presque tous leurs nœuds, ce qui en rendroit l'usage moins avantageux.

Cette plante a une variété à feuilles panachées, ou mieux, rubannées de blanc, qui vient de l'Inde, et ne s'élève qu'à trois ou quatre pieds. Elle est très délicate et demande l'orangerie pendant l'hiver.

On a rapporté d'Egypte une espèce de roseau qui se rapproche de celle-ci, mais qui a la singulière propriété de pousser, outre ses tiges droites et florifères, des tiges rampantes qui s'allongent de douze ou quinze pieds; et qui, l'année suivante, prennent racine de tous leurs nœuds. On a bien de la peine à la régler dans la partie du jardin des Plantes de Paris, où elle a été placée. Cette espèce seroit très précieuse pour fixer les sables des parties méridionales de l'Europe.

Le ROSEAU A BALAI, ou *roseau commun*, *Arundo phragmites*, Lin., a les racines traçantes; les tiges droites, hautes de quatre à six pieds; les feuilles longues, denticulées et coupantes en leurs bords; la panicule grande et d'un brun pourpre. Extrêmement commun dans toute l'Europe, dans les marais, les étangs, les rivières dont le cours est lent, il fleurit à la fin de l'été. On retire de ses tiges, en petit, les mêmes services que du précédent. On en fait des flûtes de Pan. Ses panicules de fleurs, coupées avant leur floraison, forment les petits balais dont on fait un si fréquent usage dans les appartemens pendant l'hiver, pour approprier les foyers. Sous ce rapport il pourroit être l'objet d'une culture productive dans quelques cantons; car le commerce qu'on fait de ces balais ne laisse pas que d'être considérable; mais il est presque par-tout si commun, que nulle part, que je sache, on ne le plante pour cet objet. La plupart des étangs qui ne sont pas alimentés par des eaux de source en ont leurs bords couverts. Ils en sont souvent la peste, parcequ'ils servent de retraite aux loutres et à tous les oiseaux qui vivent aux dépens des poissons. Sa multiplication est si rapide qu'un étang qui n'en avoit point, peut en être couvert en peu d'années. Elle n'est arrêtée que par le peu ou le trop de profondeur de l'eau. Il vient mal lorsqu'il y en a moins de six pouces et plus de deux pieds. Vouloir le détruire en l'arrachant est folie, à raison de l'énormité de la dépense et de l'impossibilité d'un succès complet. Le mieux, lorsque la localité le permet, est de dessécher l'étang pendant cinq à six ans, et de le cultiver en céréales ou autres productions; dès que la pourriture des racines du roseau permettra l'action de la charrue.

Ce roseau, lorsqu'il n'est pas très abondant, forme, quand ses panicules sont épanouies, et elles le sont pendant tout l'automne, un effet très pittoresque dans les lacs des jardins paysagers, en conséquence il est bon d'y en placer quelques touffes; mais il faut, on le pense sans-doute d'après ce que je viens de dire, en surveiller la multiplication avec la plus extrême rigueur.

Tous les bestiaux mangent les feuilles de ce roseau lorsqu'elles sont encore jeunes. Les vaches sur-tout en sont très friandes, et s'exposent souvent pour en aller manger dans les fondrières. On le coupe pour eux au printemps dans quelques endroits, et on devroit le faire par-tout, puisque ce seroit tirer un parti utile des terrains qui le produisent, et qu'on est dans l'opinion que ce fourrage augmente beaucoup leur lait, et donne au fromage et au beurre qui en proviennent une excellente qualité.

Le ROSEAU PLUMEUX, *Arundo calamagrostis*, Lin., a les racines traçantes; les tiges de deux à trois pieds; les feuilles rudes et coupantes; la panicule des fleurs très allongée, spiciforme et jaunâtre; les poils très abondans. On le trouve très communément dans les bois, où il fleurit en juillet. On fait des balais avec ses panicules, des appeaux pour la pipée avec ses feuilles; et on peut employer toutes ses parties à faire de la litière; ce sont les seuls usages auxquels il soit propre, car les bestiaux le repoussent ordinairement, et lorsque, pressés par la faim, ils en mangent, il leur donne la dyssenterie. Cependant il couvre quelquefois des espaces considérables. Une variété moins grande a été appelée *Arundo epigeos*.

Le ROSEAU DES SABLES, *Arundo arenaria*, Lin., qu'on appelle vulgairement *oyat* sur quelques unes de nos côtes, a les racines encore plus traçantes que celles des précédens. Ses feuilles radicales sont nombreuses, roulées, piquantes et d'un vert blanc; ses tiges hautes d'un à deux pieds; ses fleurs disposées en panicule spiciforme blanchâtre, de six à huit pouces de haut. Il croît dans les sables des bords de la mer, et fleurit en juillet. C'est une plante d'une grande importance pour les cultivateurs de certaines côtes, en ce qu'elle a la propriété de croître avec la plus grande facilité dans le sable le plus pur, de le fixer par ses racines et ses tiges, et par-là d'un côté de l'empêcher d'être emporté par les vents et les eaux, et de l'autre de permettre d'y établir des plantations d'arbres ou d'arbrisseaux, qui à la longue le consolident parfaitement. On le cultive en conséquence dans plusieurs endroits. Cette culture ne consiste qu'à arracher des drageons dans les lieux les moins exposés aux vents ou à la mer, et de les planter à un pied de profondeur dans le lieu qu'on désire en garnir. La première et même quelquefois la seconde année, il n'est pas en état de défendre; mais dès la troisième, il brave tous les efforts des vents, et ensuite toute l'action des eaux lorsqu'elle n'est pas au dernier degré de véhémence. Je ne puis trop recommander aux propriétaires de dunes non pas seulement de faire des plantations de cette espèce de roseau, mais encore de les entretenir et de les augmenter tous les ans du côté de la mer, lorsque de nouveaux amoncellemens de sable le permettent ; car on leur reproche généralement de ne plus s'occuper de leurs plantations lorsqu'elles sont terminées, ce qui fait que la mer, attaquant une partie dégarnie, mine le reste par dessous, et emporte le tout dans un de ses momens de furie. Je leur recommanderai aussi d'y mêler l'*elime des sables*, et d'autres plantes aréneuses ; car ce roseau, comme tous les autres végétaux, épuise à la longue le sol où il végète, et par conséquent n'y peut plus croître. On trouvera au mot Dune quelques détails de plus sur cet objet.

Le ROSEAU COLORÉ, *Phalaris arundinacea*, Lin., avoit été mal à propos placé parmi les phalarides. Ses racines sont traçantes ; ses tiges hautes de trois à quatre pieds ; ses feuilles longues et rudes ; ses fleurs disposées en panicule allongée et rougeâtre ; ses balles uniflores et ses fleurs laineuses. Il croît dans les prés, fleurit au milieu de l'été, et produit une variété à feuilles rayées de blanc et de pourpre, qu'on cultive fréquemment dans les jardins sous le nom de *ruban* ou de *chiendent rayé*. Cette variété fait un fort joli effet lorsqu'on la place d'une manière convenable ; mais elle se propage par ses drageons avec une si grande facilité, qu'il est souvent fort difficile d'arrêter ses progrès, sur-tout lorsqu'elle est dans une terre grasse et fraîche. On la multiplie par la section de ses pieds et on la plante en hiver, ou même à toutes les époques de l'année, car elle est on ne peut plus rustique.

Il y a encore le ROSEAU BAMBOU, ou simplement le *bambou*, dont on fait un si grand usage dans l'Inde et les îles qui en dépendent ; mais comme il ne s'y cultive pas, et qu'en Europe il demande la serre chaude, je n'en parlerai pas avec détail. J'observerai seulement que, d'après Rumphius, il y a plusieurs espèces très distinctes qui ont été confondues sous le même nom. (B.)

ROSÉE. Eau qui se condense pendant la nuit sur les plantes, et qui se dissipe le matin par l'effet de la chaleur solaire ou par suite de l'action des vents.

Les anciens ont attribué aux rosées une origine merveilleuse, des propriétés sans nombre. Aujourd'hui on est généralement revenu des erreurs auxquelles elle avoit donné lieu ; cependant il est encore des localités où on croit à son influence dans des cas où elle n'en a aucune. Je n'entreprendrai pas de combattre les opinions erronées dont elle est encore l'objet. Un simple exposé des faits et une explication de ces faits d'après les bases de la saine physique rempliront mieux mon but.

Les physiciens modernes distinguent trois sortes de rosées.

La première est produite par les vapeurs qui s'élèvent de la terre pendant le jour sans se dissoudre dans l'air, et qui se condensent pendant la nuit à raison du refroidissement de l'air.

La seconde a lieu par la précipitation, pendant la nuit, à raison du même refroidissement, de l'eau qui y étoit dissoute depuis plus ou moins long-temps.

La troisième est le résultat de la transpiration des plantes.

Ces causes de la rosée agissent quelquefois simultanément, quelquefois deux à deux, quelquefois isolément. La quantité d'eau qui en résulte varie dans toutes les proportions; mais la première et la troisième en fournissent plus pendant l'été, et la seconde pendant le printemps et l'automne. Pour l'agriculteur, les effets de la première et de la seconde sont les mêmes, et ceux de la troisième, certains cas exceptés, se confondent avec ceux de la TRANSPIRATION. *Voyez* ce mot.

Presque toujours la rosée est globuleuse, et peu de personnes savent pourquoi. C'est que le premier atome d'eau qui se fixe attire les autres par la grande loi des affinités électives. Je dis presque toujours, parceque quand la rosée a été abondante, quand sa chute a été rapide, ou qu'elle a eu lieu pendant qu'il faisoit du vent, l'attraction est troublée, et les gouttelettes se réunissent.

Lorsqu'il n'y a pas de vent, la rosée est proportionnelle à la chaleur du climat et du jour, et à la nature du sol. Ainsi il y a plus de rosée à Saint-Domingue qu'à Paris, plus en été qu'en hiver, plus dans les pays humides que dans les pays secs, plus dans les pays incultes que dans les pays cultivés. Les abris influent par conséquent beaucoup sur sa production. Aussi le même jour les vallons en offrent-ils davantage que le sommet des montagnes, les bois que les plaines.

Puisque pour qu'il y ait formation de rosée il faut qu'il y ait refroidissement de l'atmosphère et abondance de vapeurs dans l'air, ou émanation de vapeurs de la terre, on doit conclure que lorsqu'un vent chaud succède vers la fin du jour à un vent froid, il n'y a pas de rosée; que lorsque l'air est desséchant, il n'y a pas de rosée; que lorsque la terre est à une température plus basse que l'air, il n'y a pas de rosée. Pour ce dernier cas, il faut se ressouvenir que la terre conserve plus long-temps sa chaleur acquise que l'air, et que ce dernier est un très mauvais conducteur de cette chaleur, faits auxquels on n'a pas encore fait assez d'attention dans la pratique de l'agriculture.

La rosée n'est que de l'eau distillée *per adscensum*, ou *per descensum*; ainsi elle doit être pure comme elle, ou au plus contenir quelques atomes de l'acide carbonique qui nage dans

les couches inférieures de l'atmosphère, aussi l'a-t-on trouvée
telle lorsqu'on l'a recueillie sur des corps incapables de lui
communiquer aucun principe, comme du verre. Mais lorsqu'elle a séjourné sur des plantes, qu'elle s'est mélangée avec
celle qui provient de leur transpiration, elle se charge de
quelques uns de leurs principes extractifs.

On doit regarder la rosée comme le supplément des pluies,
et par conséquent comme influant presque autant qu'elles sur
la végétation. Beaucoup de faits tendent même à faire croire
que la rosée pénètre plus facilement le tissu cellulaire des végétaux. Une plante fanée faute d'eau reprend sa vigueur par
une courte exposition à la rosée, et il lui faut un fort long
temps pour qu'un copieux arrosement produise le même effet.
Il n'est personne qui n'ait acquis la preuve que les souliers
étoient plus promptement amollis par la rosée que par l'eau
ordinaire. Quelques espèces de plantes ne vivent que des influences de la rosée, sur-tout parmi celles qu'on appelle
grasses, parmi les lichens, les mousses, etc. Il est des pays
que leur position, relativement aux montagnes, prive entièrement de pluies; qui ne pourroient sans la rosée entretenir
leur végétation. Les plantes des lieux secs et arides n'ont été
généralement plus pourvues de poils que celles des marais, que
pour que ces poils leur donnent la faculté d'absorber une plus
grande quantité de rosée. Elle est donc un bienfait pour l'agriculteur. Sa privation doit donc être regardée comme un mal,
et son abondance, hors un petit nombre de cas, comme un
bien. Au reste, l'homme ne peut influer que très indirectement sur sa production, c'est-à-dire qu'il n'a pour cela que la
voie des haies et autres abris. Il doit par conséquent se contenter de jouir de ses bons effets.

De tous les inconvéniens dont l'ignorance a chargé la rosée,
il n'y en a qu'un qui soit véritablement constaté, c'est la brûlure. L'expérience de tous les pays prouve qu'il ne faut qu'une
rosée abondante suivie d'un soleil chaud pour tacher toutes
les jeunes feuilles de certains arbres. La plupart des arbres
fruitiers sont très sujets à cet inconvénient, ainsi que leurs
fruits, principalement les abricots et les raisins blancs. Il est
des années où la récolte des feuilles du mûrier manque par
la même cause. Ces feuilles et ces fruits sont, immédiatement
après l'évaporation de la rosée, blanchis ou jaunis dans la
place qu'occupoit chaque gouttelette; ensuite la place noircit
et paroît désorganisée, c'est-à-dire que l'épiderme est soulevé,
et le tissu cellulaire racorni. Un petit nombre de ces taches
sont sans inconvéniens sensibles; mais lorsqu'elles sont très
multipliées, il y a interruption dans les fonctions vitales,
principalement dans la circulation, et il en résulte ou la cou-

lure des fleurs, ou la chute des fruits, ou même la mort de la plante, et au moins toujours une moins grande grosseur, et une moins bonne saveur dans les fruits, et une plus foible pousse dans les tiges et les branches. Les pertes que les cultivateurs éprouvent par la brûlure sont annuellement très considérables, quoique peu remarquées de la plupart.

« Il y a, dit Rozier, deux manières d'expliquer ce phénomène : ou chaque gouttelette de rosée, étant sphérique et transparente, forme autant de miroirs ardens qui, pénétrés par les rayons du soleil, brûlent tous les points sur lesquels ils établissent leurs foyers; ou l'évaporation rapide de chaque gouttelette a produit le froid, et par conséquent une suspension de transpiration qui a donné lieu à un petit ulcère. C'est, dit-il encore, au lecteur à choisir. »

Il est quelques moyens d'empêcher les effets de la brûlure, ou au moins de diminuer les suites des rosées. Un d'eux a été cité par Olivier de Serres, et je ne puis mieux faire que d'emprunter les expressions de ce père de l'agriculture française.

« Les bruines ou fortes rozées du printemps endommagent estrangement les bleds, quand, sur la fin du mois de mai et commencement de celui de juin, dès une heure avant le jour, elles tombent sur les bleds jà avancés approchant leur maturité; où l'eau d'icelles arrêtée, s'échauffe de telle sorte, par le soleil frappant dessus, que l'espi du bled s'en noircit de pourriture, dont peu de grain sort par après, et encores mal qualifié, si que presque n'en faut espérer que de la paille. À ce mal le seul remède est d'en abbattre la rozée, avant que le soleil ait loisir de l'échauffer; à l'exemple des fruictiers, desquels les fruicts par secouer et esbranler les arbres sont garantis de telles tempestes; mais en ceci gist la difficulté, qu'il semble ce moyen ne pouvoir être employé en cest endroit pour la diversité du sujet : laquelle diversité par artifice est surpassée rendant la chose aisée. Deux hommes esbranlent les cimes du bled avec un cordeau, que chacun tient d'un bout roidement tendu au-dessous des espis, marchant à pas mesuré, l'un deçà et l'autre de là le champ, en y repassant tant de fois qu'il suffise. En champ de grande étendue, les hommes seront montés à cheval; au col des chevaux l'on accommodera le cordeau à la hauteur du bled, et ainsi à moindre peine satisferont à ceste entreprinse. Pourvu aussi que ce soit en raze campagne, où il n'y ait aucuns arbres; car où la terre en est occupée, cela ne se peut faire qu'en portions, esquelles le champ sera départi, en tant et telles que les arbres le permettront, à ce que librement le cordeau puisse jouer. »

J'ajouterai que dans tous les cas, on peut employer une fumée qui intercepte les rayons du soleil, ou une pluie artificielle qui détruise la sphéricité des gouttelettes. Les espaliers exposés au levant sont plus sujets que les autres arbres aux inconvéniens de la brûlure, sur-tout au printemps, et ils peuvent en être facilement garantis par des paillassons ou des toiles.

On a aussi attribué la ROUILLE (*voyez* ce mot) aux rosées du printemps; mais il est aujourd'hui prouvé que c'est une plante parasite de la famille des champignons. Il en est de même de la CARIE et du CHARBON. *Voyez* ces mots et le mot URÉDO.

Quant au règne animal, la rosée n'a d'autres inconvéniens que de causer, par le froid qui l'accompagne, des suppressions de transpirations dont les suites peuvent devenir graves. Elle donne aussi par la même cause des indigestions aux animaux pâturans, sur-tout aux moutons, qui ne doivent par conséquent y être exposés que le plus rarement possible. *Voyez* pour le surplus au mot BRULURE. (B.)

ROSETTE. Quelques agriculteurs donnent ce nom à ce que d'autres appellent lambourde dans les arbres fruitiers, c'est-à-dire à des branches grosses et courtes qui ne s'allongent point, et qui offrent à leur sommet, ou un bouquet de feuilles, ou un bouquet de feuilles et de fleurs. C'est presque toujours sur des rosettes que sont placés les fruits des poiriers et des pommiers. *Voyez* LAMBOURDE, POIRIER et POMMIER.

ROSIER, *Rosa*. Genre de plantes qui renferme une grande quantité d'arbustes, tous remarquables par la beauté, et quelques uns par l'odeur suave de leurs fleurs, dont plusieurs se cultivent de toute ancienneté dans les jardins, et dont il convient, sous beaucoup de rapports, de traiter ici avec quelques détails.

Les rosiers ont la tige ligneuse, le plus souvent garnie d'épines insérées uniquement sur l'épiderme, de sorte qu'on peut les enlever très facilement, et qu'elles tombent naturellement par l'effet de l'âge. Ces épines sont aplaties, plus ou moins recourbées, disposées dans un ordre à peu près régulier, et composées d'une substance subéreuse, recouverte d'une écorce très dure. *Voyez* AIGUILLON. Leurs feuilles sont alternes, ailées, ordinairement de sept folioles, dont les trois supérieures sont les plus grandes. Le pétiole de ces feuilles est presque toujours élargi et membraneux à sa base, et parsemé d'épines dans sa longueur. Leurs fleurs sont disposées en corymbes terminaux, et généralement d'une grandeur remarquable, avec des pédoncules et des calices souvent couverts de poils glanduleux. A trois ou quatre près, elles sont toutes d'un rouge tendre, c'est-à-dire de ce rouge qui de leur nom a pris celui de *couleur de rose*. Leurs fruits sont, pour la plupart, d'un rouge jaune ou couleur vermillon, et plus ou moins gros, plus ou moins pulpeux, selon les espèces.

Je pourrois ici me livrer au développement des sensations que font naître les roses, ou que rappelle leur nom ; mais, comme cet article doit être long à raison des détails dans lesquels il convient d'entrer pour faire connoître les espèces jusqu'à présent mal connues des botanistes, et encore plus des cultivateurs, je me bornerai à renvoyer aux romanciers et aux poëtes ceux qui aiment la peinture des jouissances que procurent les fleurs, et de l'influence qu'elles ont sur l'homme à toutes les époques de la vie, et sur-tout à celle où commencent les rapports entre les deux sexes. J'entre donc en matière.

Plusieurs roses sont cultivées depuis très long-temps dans nos jardins. La plus commune comme la plus belle de toutes, celle qu'on a principalement en vue quand on prononce simplement le mot *rose*, la rose cent feuilles (on devroit dire cent pétales), est principalement dans ce cas. On ignore non seulement quand elle a été apportée en France, mais même de quel pays elle est originaire. D'autres s'y sont pour la première fois montrées dans des temps très modernes. Chaque jour il nous en arrive de nouvelles, et les variétés produites par la culture se multiplient également. On en compte aujourd'hui plus de cent.

Eh ! qu'on ne se plaigne pas de ce grand nombre ; chacune a un mérite particulier, et leur réunion concourt à augmenter nos jouissances. Elles sont devenues un genre de luxe qui ne nuit à personne, qui fait vivre des citoyens industrieux, et contre lequel il n'y a que des esprits moroses ou la plus crasse ignorance qui puissent s'élever.

Les rosiers peuvent végéter dans toutes sortes de terrains ; mais ils réussissent généralement mieux dans ceux qui sont légers et frais. Il en est quelques uns qui craignent les gelées. Une exposition chaude et aérée est favorable à presque tous. La culture qu'ils exigent en pleine terre consiste en des labours d'hiver, des binages d'été, dans le retranchement des branches mortes ou trop vieilles, et de celles qui s'écartent trop. Souvent même on se dispense de ces soins sans qu'ils paroissent en souffrir. Autrefois on les tailloit avec le croissant, en boules, en pyramides, ou en d'autres formes encore plus ridicules les unes que les autres, et de manière qu'ils ne portoient pas de fleurs : aujourd'hui on se contente de les régulariser avec la serpette, et encore seulement dans certains cas, et on en obtient tout ce qu'on a droit d'en attendre.

Le palissage des rosiers contre des murs, des arbres, le long des berceaux, etc., qui étoit autrefois si en faveur, ne se fait plus guère aujourd'hui que pour les espèces qui demandent un abri et de la chaleur, telles que le rosier muscade.

Il est quelquefois utile de renouveler les pieds des rosiers en coupant toutes les tiges rez terre. Cette opération est ordinairement indiquée par des branches chargées de lichens, par des pousses très foibles, par des fleurs petites et peu nombreuses. Si elle ne produit pas des rejets vigoureux, il n'y a plus d'autre parti à prendre que de renouveler la terre autour du pied, ou de le transplanter ailleurs. En général, il est bon de changer les rosiers de place tous les dix à douze ans dans les terrains médiocres. Leur transplantation, quelque peu de racines qu'ils aient, est presque sans inconvéniens lorsqu'on la fait au commencement de l'hiver, ainsi que l'expérience de tous les jours le constate, et ainsi que je m'en suis assuré sur des pieds qui avoient plus d'un siècle et demi d'âge constaté.

Dumont-Courset observe qu'il ne faut tailler les rosiers que lorsqu'ils entrent en sève, parceque, dans le cas contraire, il se forme un chicot de bois mort au bout de chaque rameau coupé, chicot qu'on est obligé d'enlever ensuite si on tient à la propreté.

Plusieurs maladies attaquent les rosiers; la plus dangereuse est la rouille, produite par un UREDO (*voyez* ce mot). Elle lui donne un aspect désagréable et l'empêche de fleurir. Le meilleur moyen de s'en débarrasser pour l'avenir est de couper les tiges rez terre au commencement de l'été, c'est-à-dire avant que l'urédo ait amené ses semences à maturité. Un jardin infesté de cette maladie la conserve quelquefois pendant un grand nombre d'années, si on ne se détermine pas à faire ce sacrifice.

J'ai remarqué aussi que certains rosiers ne pouvoient amener leurs fleurs à épanouissement. Le bouton prêt à s'ouvrir se fanoit par le dessèchement de son pédoncule sans qu'il m'ait été toujours possible de reconnoître la cause de ce phénomène. Les rosiers pompons sont principalement sujets à cet accident.

Beaucoup d'insectes attaquent les rosiers, et plusieurs leur nuisent d'une manière notable. Je citerai le DIPLOLÈPE DU ROSIER, qui, en piquant l'écorce de ses branches et en y déposant ses œufs, fait naître cette singulière excroissance appelée *bédéguar*, excroissance dont la grosseur égale quelquefois celle du poing, qui est recouverte de filets rougeâtres, velus, entrelacés, et qui, en absorbant toute la sève destinée à la branche qui la porte, empêche les fleurs de s'épanouir. Je citerai encore la TENTHRÈDE DU ROSIER, dont la larve mange quelquefois en peu de jours toutes les feuilles, et empêche par-là la production des fleurs.

Les moyens de s'opposer aux ravages de ces insectes, c'est d'enlever les bédéguars aussitôt qu'ils commencent à se montrer, et de tuer les larves des tenthrèdes dès qu'on les aperçoit. Par-là on détruit la génération future dans la localité.

On multiplie les rosiers par toutes les méthodes connues, c'est-à-dire par semences, par rejetons, par déchirement des vieux pieds, par marcottes, par boutures, par racines et par greffe.

Les semences des rosiers doivent être mises en terre au commencement de l'hiver dans une terre préparée et exposée au levant. Elles restent ordinairement deux ans en terre, et le plant qu'elles produisent doit y rester encore deux autres années avant d'être repiqué ailleurs. Ce n'est guère qu'à la sixième ou septième année qu'il commence à donner quelques fleurs ; cette lenteur de végétation est cause qu'on n'emploie ce moyen que pour avoir des variétés nouvelles, et sur-tout pour faire doubler les espèces nouvellement arrivées des pays étrangers. Dans ces deux cas on accélère l'instant de la jouissance en semant la graine dans une terrine qu'on remplit d'une terre convenablement amendée et préparée, et qu'on place au premier printemps sur une couche à châssis.

Les rejetons sont le moyen le plus prompt et en même temps le plus facile de multiplier les rosiers. Leurs racines, sur-tout lorsqu'elles se trouvent dans une terre légère, ne sont souvent que trop disposées à en pousser au grand détriment du pied qu'ils affoiblissent. S'ils n'en donnoient pas on les y force, soit en les blessant, soit en les coupant. Un vieux pied mal arraché est ordinairement remplacé l'année suivante par des centaines de jeunes, qui s'élèvent quelquefois autant que lui dans l'espace d'une saison. On lève ces rejetons au commencement de l'hiver, et on met en pépinière, à deux pieds de distance, ceux qui sont trop foibles pour être immédiatement mis en place afin qu'ils se fortifient.

Quelques espèces, telles que le rosier muscade et le rosier mousseux, poussent rarement des rejetons ; aussi les multiplient-on principalement de marcottes qui s'enracinent ordinairement dans l'année lorsqu'on les a faites pendant l'hiver, que le terrain est frais, ou qu'on a multiplié les arrosemens pendant les chaleurs. Toutes les espèces se prêtent à ce genre de multiplication ; mais cependant quelques unes moins facilement que d'autres, parcequ'elles poussent toujours des rejetons directs : dans ce cas, il faut mettre une large pierre sur le pied, dont les branches auront été couchées, et ligaturer ces branches avec du fil de laiton : les plants que produisent ces marcottes sont mis en place ou en pépinière comme ceux provenant des rejetons.

Le déchirement des vieux pieds, c'est-à-dire la séparation de chacune de leurs tiges avec une portion de racines, soit par le seul effort de la main, soit avec un instrument tranchant, est encore un moyen de multiplication fréquemment employé ; on peut le pratiquer pendant tout l'hiver : il manque rarement lorsqu'on a pris les précautions convenables et qu'on a rabattu les tiges, en cas qu'elles soient vieilles, à deux ou trois pouces de terre.

Les boutures n'offrent aucune difficulté ; on les fait au printemps dans un lieu chaud et ombragé ; rarement on emploie ce moyen pour les espèces communes, quelque facile qu'il soit ; on le réserve principalement pour les espèces d'orangerie, et alors on les place dans des pots, sur couche et sous châssis, à toutes les époques de l'année.

Les racines s'enlèvent à un vieux pied, se coupent en tronçons de cinq à six pouces de long, et se mettent également dans des pots, sur couche et sous châssis, en ayant soin de laisser hors de terre quelques lignes du gros bout de chaque tronçon : des bourgeons ne tardent pas à se montrer, et les plants sont ordinairement bons à relever dès l'hiver suivant.

Il y a vingt ans qu'on ne greffoit que les espèces trop rares pour les multiplier d'une autre manière ; aujourd'hui on les greffe toutes, et même la greffe l'emporte dans les pépinières des environs de Paris, sur tous les autres moyens de multiplication ; c'est l'effet de la mode. On n'estime plus que les rosiers faisant la boule sur une tige unique, d'un, deux, trois, quatre et six pieds de hauteur. Certainement les rosiers en tête ont des avantages de plusieurs sortes sur ceux en buisson ; mais ces derniers en ont aussi qui leur sont particuliers, et je vois avec peine qu'on les dédaigne. Quoi qu'il en soit, ce sont des jeunes pousses, droites et sans branches, du rosier des haies, arraché dans les bois, et plantées en pépinière un an d'avance, qu'on emploie pour sujets. On fait usage aussi quelquefois des rejetons des rosiers à feuilles odorantes, turbinés et hérissés, mais ils sont inférieurs au premier : je crois qu'on pourroit aussi se servir avantageusement des rosiers blancs et évratins, à raison de la vigueur de leurs pousses. C'est assez généralement sur une ou deux des pousses latérales, supérieures de l'année, qu'on place les greffes ; cependant quelques pépiniéristes préfèrent les mettre sur la tige même lorsqu'elle n'a pas plus de trois ans. Ces greffes sont toujours en écusson, et presque toujours à œil dormant, c'est-à-dire faites pendant la pousse d'automne : lorsqu'on peut en placer deux, il faut le faire pour que la boule soit plus tôt formée et plus régulière ; mais on doit se refuser à mettre ces deux greffes, d'espèces différentes, comme quelques person-

nes le désirent, parcequel'une, la plus vigoureuse, l'emporte
et fait périr l'autre, et que celle qui reste souffre nécessairement de la lutte qu'elle a supportée.

Rarement les rosiers greffés sur le rosier des haies, ou sur
églantier, comme disent les jardiniers, subsistent long-temps,
(du moins je n'en connois pas qu'on puisse croire avoir plus
de dix à douze ans), parceque ou l'églantier est plus vigoureux et s'emporte en pousses qui, continuellement retran-
chées, le font périr, ou il est plus foible, et alors dans quelques cas se casse, parcequ'il ne peut plus soutenir sa tête, et
dans d'autres, ne peut pas lui fournir assez de nourriture.

Il faut donc continuellement surveiller les rosiers greffés
sur églantier, pour diminuer la gravité de ces inconvéniens
par les effets de l'art, c'est-à-dire qu'il faut ôter ou laisser
des bourgeons, raccourcir les rameaux, donner des tuteurs
selon les circonstances. Aussi je ne doute pas que la mode de
ces greffes ne passe, et qu'on ne les remplace par des tiges
franches de pied, tiges qu'il faut plusieurs années pour former, et qui ne peuvent même être formées avec toutes les espèces, mais qui durent incomparablement plus, et remplissent
par conséquent mieux leur objet.

Les agrémens dont sont pourvues les roses ont fait rechercher les moyens d'en avoir pendant toute l'année, et on y est
parvenu de trois manières. 1° On a multiplié certaines espèces
ou variétés qui avoient naturellement la faculté de fleurir continuellement ou plusieurs fois dans l'année, telles que celui
appelé le rosier de tous les mois ou des quatre saisons, quoiqu'il
ne donne des fleurs qu'au printemps et en automne lorsqu'on
l'abandonne à lui-même. 2° En empêchant, par le retranchement complet des bourgeons, lorsqu'ils commencent à pousser,
ou par la transplantation à la même époque de quelque espèce
que ce soit, à donner des fleurs dans la saison ordinaire, ce
qui l'oblige à une nouvelle végétation plus tardive, mais d'ailleurs suivant les mêmes phases. 3° En plaçant les rosiers dans
une serre chaude ou sur une couche à châssis, qui, soit en
automne, soit au printemps, accélère leur végétation.

Le second de ces moyens, appliqué avec intelligence aux
rosiers de tous les mois, peut fournir des pieds fleurissant
pendant tout l'été, et pendant toute l'année si on le combine
avec le troisième aux approches de l'hiver, ainsi qu'on peut
s'en assurer facilement chez les jardiniers fleuristes de Paris,
et chez les amateurs éclairés.

Ceci me conduit à observer que la culture du rosier en pot
fait l'objet d'un commerce d'une assez grande importance
dans cette ville pour mériter l'attention; tantôt ce sont des
buissons, tantôt ce sont des basses tiges qu'on place dans ces

pots ; l'art consiste à les distribuer dans des expositions telles que la floraison de ces rosiers s'effectue successivement; on l'avance en les plaçant contre des murs au midi, et on la retarde en les mettant contre des murs au nord. Ces pots demandent de fréquens mais modérés arrosemens; la terre qu'ils renferment doit être légère mais cependant consistante ; trop d'amendement détermine une trop forte pousse de bois, et par-là nuit à la production des fleurs. Les rosiers en pots gagnent à être taillés courts immédiatement après leur floraison.

Les usages économiques des rosiers et des roses ne sont pas très importans, mais cependant doivent être énumérés ici. Par-tout on brûle ceux qui croissent naturellement, et on emploie dans la confection des haies ceux qui sont assez grands pour en faire partie; leurs feuilles, leurs bourgeons et les excroissances qui naissent sur eux, sont astringens et employés en médecine dans la dyssenterie; leurs fleurs purgent légèrement. On trouve dans les pharmacies une eau distillée, une huile, un onguent, un miel, une conserve et un vinaigre rosat, qui, au moins, servent à amuser les malades à qui on les ordonne. Les arts du confiseur, du liquoriste, et sur-tout du parfumeur, tirent un parti plus réel de l'excellente odeur de leurs fleurs : on fixe cette odeur dans des pastilles, dans des crêmes, dans des glaces, dans des ratafiats, dans des essences, dans des huiles, dans des graisses, etc., etc. On fait des sachets de ces fleurs; on en met dans les armoires pour parfumer les habits et le linge : on en tire sur-tout une huile essentielle citrine d'une excellente odeur, qu'on appelle aussi *beurre de rose*, et qui est extrêmement recherchée, sur-tout dans l'Orient : c'est à Desfontaines qu'on doit de savoir qu'elle se tire principalement des fleurs du rosier muscade par la distillation. *Voyez* la Flore atlantique. Dans l'Inde, au rapport de Donald Mouro, on se contente de mettre les pétales dans un vase d'eau exposé au soleil, et de ramasser avec du coton l'huile qui vient nager à la surface. Cette huile se garde très long-temps sans s'altérer, et il suffit de ce qui se fixe à la pointe d'une épingle qu'on y trempe, pour embaumer un appartement pendant toute une journée ; mais elle est extrêmement chère, parcequ'il faut prodigieusement de roses pour en produire fort peu.

A Grasse et aux environs de Paris, on fixe l'odeur des roses (c'est la rose à cent feuilles) dans la graisse de porc, en faisant bouillir leurs pétales, avec cette graisse, dans de grandes chaudières pleines d'eau. On retire ensuite l'huile essentielle de cette graisse au moyen de l'esprit-de-vin, lorsqu'on veut faire des essences et autres parfums.

Je passe à l'énumération des diverses espèces et variétés de roses, laissant à mon collaborateur Parmentier, de compléter à la fin de cet article ce qui manque à ce que je viens de dire des usages des roses et de la culture des rosiers.

Rosiers à fruits ronds.

Le ROSIER A FEUILLES SIMPLES, *Rosa berberidifolia*, Pallas, a les feuilles simples, ovales, presque sessiles ; les tiges, les pédoncules et les fruits garnis d'épines recourbées. Il croît dans le nord de la Perse, d'où Michaux et Olivier l'ont rapporté. Ses tiges sont très grêles et leur hauteur surpasse rarement un pied. Il se conserve difficilement dans nos jardins. Les marcottes ou les greffes qu'on en a faites ont souvent réussi, mais n'ont pas duré. Une de ses greffes sur le rosier très épineux a cependant fleuri chez Cels. Olivier pense que ce défaut de succès tient au trop de soin qu'on en prend, et cela est possible ; mais il est permis d'en conclure que cette remarquable espèce ne sera jamais très abondante en Europe. Voyez la figure et la description qu'en a données ce célèbre naturaliste dans la relation de son voyage en Perse.

Le ROSIER JAUNE, *Rosa eglanteria*, Lin., a l'ovaire et le pédoncule glabres ; le calice et les pétioles épineux ; les aiguillons des rameaux droits à leur base et nombreux ; les feuilles à sept folioles ovales, profondément dentées, glabres des deux côtés, rarement de plus de huit ou dix lignes de long. Ses fleurs sont ordinairement d'un jaune ponceau et de plus de deux pouces de diamètre. On le trouve dans les montagnes de l'Allemagne et d'Italie, et on le cultive fréquemment dans nos jardins, où il fleurit à la fin de mai. Il fournit beaucoup de variétés, dont les principales sont celles à fleurs d'un rouge ponceau, celles à fleurs jaunes et rouges, (*Rosa bicolor*), celles à fleurs doubles, etc.

Ce rosier forme des buissons très rameux, qui s'élèvent à cinq ou six pieds et qui se chargent d'une immense quantité de fleurs sans odeur, mais d'un grand éclat, sur-tout quand le soleil donne dessus. On le place ordinairement dans les jardins paysagers au second rang des massifs, contre les rochers, même isolément au milieu des gazons. Il ne produit pas moins de bons effets dans les parterres et contre les murs des jardins ornés. Les terrains les plus arides lui conviennent ; et même ses fleurs y acquièrent une plus grande intensité de couleur que dans ceux qui sont plus fertiles. Le nom latin que lui a donné Linnæus fait qu'il a été confondu par quelques auteurs avec le rosier des haies, qu'on appelle vulgairement *églantier*, et avec le rosier odorant auquel Miller et autres ont donné le même nom.

Le ROSIER JAUNE SOUFRE, *Rosa sulphurea*, Wild., a les ovaires très gros, légèrement épineux ; les pétioles et les tiges garnies d'aiguillons géminés, recourbés et de différentes grosseurs ; les feuilles le plus communément à cinq paires de folioles ovales, obtuses, glabres, d'un vert pâle et presque glauques en dessous, dont les plus grandes ont environ un pouce. Ses fleurs sont d'un jaune clair, inodores et d'un pouce et demi de diamètre. On le dit originaire du Levant. Sa variété double se cultive dans nos jardins de temps immémorial ; mais comme ses fleurs se développent rarement avec régularité, que souvent même elles avortent, on en fait peu de cas. Il en est de même de sa sous-variété naine. On doit les planter dans un terrain sec et à une exposition chaude ou abritée. Elles fleurissent au commencement de l'été.

Le ROSIER DE MAI, *Rosa cinnamomea*, Lin., a l'ovaire et le pédoncule sans épine ; la tige d'un rouge brun, glauque, garnie d'aiguillons seulement à sa base ; les feuilles ordinairement à sept folioles ovales, glauques en dessous, souvent longues d'un pouce et demi, portées sur un pétiole commun, légèrement velu et quelquefois garni de quelques épines stipulaires ; les fleurs rouges, d'environ un pouce de diamètre, réunies en bouquet, d'une odeur douce, mais peu en rapport avec celle de la cannelle. Il est originaire de l'Europe méridionale, et se cultive depuis long-temps dans les jardins sous le nom ci-dessus et sous ceux de *rose cannelle*, de *rose du St.-Sacrement*. Ses fleurs s'épanouissent dès les premiers jours de mai, sont extrêmement nombreuses et se succèdent pendant près d'un mois. Ses tiges forment ordinairement des buissons fort touffus de six à huit pieds de haut. Il varie à fleurs semi-doubles et à fleurs doubles, ainsi qu'à tige non épineuse à la base. C'est une très agréable espèce qu'on doit beaucoup multiplier dans les jardins paysagers sur-tout, parcequ'elle est très rustique et se passe aisément de culture. Tout terrain et toute exposition lui sont bonnes. Son plus grand inconvénient c'est de trop tracer et par conséquent de fournir trop de rejetons. Il fait très bien sur le bord des massifs, et au milieu des plates-bandes. Dans ce dernier cas on le greffe sur églantier, et il forme alors des petites boules d'un charmant aspect lorsqu'elles sont couvertes de fleurs.

Le ROSIER DES CHAMPS a les ovaires glabres, les pédoncules hérissés de poils glanduleux ; les feuilles composées ordinairement de sept folioles ovales, aiguës, glauques en dessous, à pétiole commun garni de quelques aiguillons ; les tiges violettes, rampantes, glabres, armées de larges aiguillons recourbés ; les fleurs blanches ou rougeâtres, d'un pouce et demi de diamètre, d'une odeur foible, et disposées en bouquets terminaux souvent fort garnis. Il croît naturellement dans les bois et les champs, parmi les broussailles, les pierres, etc. On l'a long-temps confondu avec le rosier des haies, quoiqu'il puisse être facilement distingué seulement par le faisceau de ses pistils beaucoup plus élevé. J'en ai vu des rameaux qui avoient plus de vingt pieds de long. Le seul usage qu'on puisse en faire, c'est d'en garnir le derrière des rochers des jardins paysagers et de le faire ramper dessus. Il convient beaucoup pour garnir les haies, sur-tout quand elles commencent à devenir vieilles; mais il faut se donner la peine de diriger ses rameaux vers les clairières et de les entrelacer.

Le ROSIER TRÈS ÉPINEUX, *Rosa spinosissima*, Lin., a les ovaires glabres; les pédoncules glanduleux; sa tige est hérissée d'un grand nombre d'aiguillons inégaux, longs et peu courbes; ses feuilles sont à sept folioles rondes ou ovales, glabres, portées sur des pétioles garnis de quelques aiguillons; les fleurs rougeâtres, larges d'un pouce et demi, et ordinairement solitaires; le fruit est brun et très gros dans sa maturité. On le trouve en abondance sur les montagnes sèches de l'Europe, où il s'élève à un ou deux pieds, et où il fleurit au milieu du printemps. Il fournit une grande quantité de variétés, dont l'une a été appelée *rosier à feuilles de pimprenelle* par Linnæus et autres botanistes. Dupont cultive près d'une douzaine de ces variétés, dont une est remarquable par le défaut absolu d'aiguillons, et une autre par sa petitesse, n'ayant que quelques pouces de hauteur. Sur les montagnes de la ci-devant Bourgogne, qu'il couvre exclusivement dans des espaces considérables, on l'emploie à chauffer le four. On peut le faire entrer dans la composition des jardins paysagers; mais il y produit peu d'effets. Je ne le connois pas à fleurs doubles.

Le ROSIER A ÉPINES ROUGES, *Rosa rubrispina*, Bosc, a les ovaires et les pédoncules parsemés de longues épines rouges et rondes; les tiges d'un vert brun couvertes d'épines semblables, inégales et recourbées; les feuilles de cinq ou sept folioles très allongées, glabres, luisantes, coriaces, d'environ un pouce de long; les fleurs rougeâtres, d'un pouce de diamètre; il est, dit-on, originaire de l'Amérique. On le cultive depuis quelques années dans les jardins, quoiqu'il ne produise guère plus d'effet que le précédent. Il se rapproche beaucoup du *blanda* de Linnæus; peut-être même n'en est-il qu'une variété, sa hauteur surpasse rarement un pied.

Le ROSIER LUISANT, *Rosa lucida*, Wild., a les ovaires et les pédoncules parsemés de glandes pédicellées; les bourgeons de l'année glabres; les tiges hérissées d'aiguillons ronds, courbes et rouges; les feuilles composées de sept ou même neuf folioles ovales, aiguës, coriaces, luisantes, d'un pouce et demi de long, dont le pétiole commun est quelquefois armé d'aiguillons ; les fleurs rougeâtres, de deux pouces de diamètre, disposées en corymbes terminaux. Il vient d'Amérique. On le confond souvent avec le *rosier turneps*, quoiqu'il soit fort différent par ses fruits. Sa hauteur surpasse rarement deux pieds. Son aspect est agréable et il mérite d'être cultivé, si ce n'est pour ses fleurs qui, à ma connoissance, n'ont pas encore doublé dans nos jardins, au moins pour le beau vert de ses feuilles et la densité de ses touffes.

Le ROSIER TURNEPS, *Rosa rapa*, Bosc, a les ovaires très gros, semi-sphériques, parsemés, ainsi que les pédoncules, de glandes pédicellées ; les tiges garnies d'aiguillons rares et quelquefois non épineuses ; les feuilles composées ordinairement de sept folioles ovales, glabres, luisantes, d'un vert foncé ; les fleurs rouges, légèrement odorantes, d'un pouce et demi et plus de diamètre. Il est probablement originaire d'Amérique et fleurit à la fin du printemps. Ses ovaires se rapprochent pour la grosseur de ceux du rosier turbiné, et ses feuilles de celles du précédent ; cependant elles ne sont ni aussi luisantes ni aussi coriaces. C'est donc mal à propos qu'on lui a donné l'épithète de *lucida* dans quelques collections ; le nom anglais que j'ai adopté lui convient au mieux. On en cultive à fleurs simples, semi-doubles et doubles. C'est une très belle espèce qui ne s'élève guère à plus de deux à trois pieds, mais qui doit entrer dans la composition de toute espèce de jardins. Il paroît qu'une bonne terre substantielle lui est nécessaire.

Le ROSIER A PETITES FLEURS a l'ovaire légèrement aplati, parsemé, ainsi que le pédoncule, de glandes pédicellées ; ses tiges sont armées de longs aiguillons stipulaires, presque droits ; ses feuilles ont ordinairement cinq folioles ovales, aiguës, luisantes, coriaces, d'environ un pouce de long, portées sur des pétioles légèrement velus et souvent épineux ; ses fleurs sont rouges, légèrement odorantes et d'un pouce de diamètre. Il est originaire de l'Amérique septentrionale et fleurit pendant tout l'été. On cultive quelquefois dans les jardins sa variété semi-double sous le nom de rose de Caroline, et elle s'y fait remarquer par le grand nombre de ses fleurs. Sa variété parfaitement double n'existoit que dans l'école de la pépinière de Trianon, et elle a péri par suite de la destruction de cette école, destruction qui a nui à la propagation de tant d'arbres, qui en a fait perdre plusieurs, et qui m'a été si pénible.

Le ROSIER DE LA CAROLINE a l'ovaire tantôt parsemé de glandes pédicellées, tantôt glabre ; la tige armée d'aiguillons nombreux, parmi lesquels les stipulaires se font remarquer par leur grandeur et leur parfaite opposition ; les feuilles à cinq ou sept folioles ovales, aiguës, coriaces, luisantes, d'environ un pouce de long, portées sur des pétioles épineux, mais glabres; les fleurs rougeâtres, d'environ un pouce de diamètre. Il se trouve dans les marais en Caroline, où je l'ai observé et d'où j'ai rapporté les graines qui ont fourni le pied qui se voit chez Dupont. Il fleurit au commencement de l'été. Il a été confondu par beaucoup d'auteurs avec le précédent et avec les suivans, dont il se rapproche en effet beaucoup.

Le ROSIER EN CORYMBE, *Rosa corymbosa*, Erarht, a les ovaires et les pédoncules parsemés de quelques glandes pédicellées, les tiges armées de longs aiguillons axillaires, géminés et recourbés; les feuilles composées de sept folioles ovales, obtuses, velues en dessous, ainsi que leur pétiole; les fleurs disposées en corymbe, rougeâtres, d'un pouce et demi de diamètre. Il croît en Virginie et en Caroline au milieu des marais, et y fleurit pendant tout l'été, ainsi que je l'ai observé pendant mon séjour en Amérique. C'est une belle espèce qui a été confondue avec la précédente, dont elle est cependant fort distincte. Dans nos jardins ses feuilles deviennent plus velues et plus aiguës, et se rapprochent de celles de la suivante. On l'y cultive sous les noms de *rose de Virginie* et de *rose de Pensylvanie*. Elle varie souvent. C'est sur le bord des eaux, dans les terrains argileux qu'il faut la placer. Les buissons qu'elle forme s'élèvent à quatre à cinq pieds et sont fort touffus.

Le ROSIER DE PENSYLVANIE a les ovaires et les pétioles constamment glabres; les tiges armées d'aiguillons stipulaires, géminés et recourbés; les feuilles composées de sept folioles ovales, aiguës, velues et blanchâtres en dessous, ainsi que leur pétiole; ses fleurs sont rougeâtres, légèrement odorantes et ont un pouce de diamètre. Il est originaire de l'Amérique septentrionale. On cultive dans beaucoup de jardins sa variété double sous le nom de *rose de Caroline*, espèce dont elle diffère beaucoup plus que de la précédente. Cela tient à la confusion qui jusqu'à présent a régné dans la nomenclature de ces espèces. Celle dont il est ici question s'élève à trois ou quatre pieds et forme des buissons touffus qui sont chargés de fleurs pendant les deux derniers mois du printemps. Elle produit de fort agréables effets sur le bord des massifs des jardins paysagers comme au milieu des plates-bandes. Elle trace beaucoup, de sorte qu'on ne manque jamais de rejetons. Il m'a paru qu'un sol argileux et frais lui convenoit mieux que les autres.

Le ROSIER GLAUQUE, *Rosa rubrifolia*, Lamarck, a les ovaires rougeâtres, très glabres, ainsi que les pédoncules. Ils sont ovales, oblongs dans leur jeunesse, mais ils deviennent parfaitement ronds par l'effet de la maturité. Ses tiges sont rougeâtres et armées d'aiguillons recourbés. Ses feuilles ont sept folioles ovales, aiguës, glabres, rougeâtres dans leur jeunesse et glauques dans le parfait développement. Leur pétiole commun est armé d'aiguillons. Ses fleurs sont rougeâtres, larges d'un pouce et plus, et disposées en corymbe terminal. Il est originaire des montagnes de l'Europe, et fleurit en juin. On commence à le cultiver dans les jardins, principalement dans les jardins paysagers, à raison de la singulière couleur qu'offrent toutes ses parties au printemps. Il forme de gros buissons de cinq à six pieds de haut qui contrastent fort bien avec la verdure des autres arbustes. On en connoît une variété semi-double.

Cette espèce peut indifféremment se placer dans cette division ou dans celle à ovaires ovales.

Le ROSIER HÉRISSON, *Rosa rugosa*, Thunberg, a les ovaires globuleux, glabres; les tiges velues, surchargées d'aiguillons presque coniques, velus, blancs, d'inégales grandeurs; les feuilles à neuf folioles ovales, obtuses, longues d'un pouce, rugueuses et d'un vert cendré en dessus, très velues et blanchâtres en dessous, portées sur un pétiole commun, velu et aiguillonné. Il est originaire du Japon et se cultive dans quelques jardins des environs de Paris, où il s'élève au plus à deux pieds et où il fleurit à la fin du printemps.

A cette espèce, qui est très remarquable par le nombre de ses aiguillons, il faut provisoirement rapporter le *rosier de Kamtschatka* qui en diffère par des aiguillons plus petits et des feuilles moins velues, et qui a été envoyé de ce pays par les compagnons de l'infortuné Lapeyrouse.

Le ROSIER HISPIDE, *Rosa villosa*, Lin., a les ovaires et les pédoncules presque couverts de glandes longuement pédicellées, les tiges armées d'aiguillons ordinairement géminés, droits et aplatis; les feuilles composées de sept folioles ovales, velues en dessous et très souvent pourvues d'une glande à la pointe de chacune de leurs dentelures; leurs pétioles sont également velus, glanduleux et épineux; ses fleurs sont d'un rouge vif, foiblement odorantes, et larges de près de deux pouces. On le trouve dans les cantons montagneux de la France et de l'Angleterre. J'en ai cueilli des échantillons presque au sommet du Saint-Gothard. Il varie beaucoup selon le sol, l'aspect et le climat; mais ses feuilles froissées, exhalent une odeur légèrement résineuse qui le fait immanquablement reconnoître. Ses fruits atteignent quelquefois un pouce de diamètre. On les mange généralement sous le nom de *pommes de rosier*, et ils sont réellement agréables au goût. Les conserves qu'on fait avec elles sont plus délicates que celles faites avec ceux du *rosier des haies*. Il est probable qu'on en pourroit tirer de l'eau-de-vie par la fermentation.

Ce rosier s'élève à huit ou dix pieds. L'aspect qu'il présente est très agréable à toutes les époques de sa végétation, au printemps par ses larges feuilles blanchâtres, en été par ses nombreuses fleurs, en automne par ses fruits. On le multiplie beaucoup dans les jardins paysagers, et avec raison. Toute situation lui est bonne, excepté celle qui est trop ombragée. Sa variété à fleurs doubles est peu recherchée, parcequ'elle ne donne pas de fruit.

Comme c'est une des espèces qui poussent les plus grosses tiges, on a cru qu'elle pourroit convenir pour la greffe des autres espèces; mais l'expérience a prouvé que celles qu'on lui confioit réussissoient rarement, et ne subsistoient pas long-temps, probablement plutôt à raison de la nature résineuse de sa sève que par rapport à la vigueur de sa végétation.

Le ROSIER CILIÉ, *rosa ciliata*, Bosc., a les ovaires et les pédoncules couverts de glandes pédicellées; les tiges très peu épineuses; les feuilles composées de sept folioles, ovales, d'un vert foncé, glauques et glabres en dessous; ses fleurs sont rouges, peu odorantes et d'un pouce et demi de diamètre. Il est originaire des montagnes élevées de l'Europe, et se cultive chez Dupont. Ses fruits sont presque aussi gros que ceux du rosier velu, et de même qu'eux couverts de glandes. Les folioles de ses feuilles sont plus petites, d'une nuance différente, et très glabres en dessus comme en dessous. En général toutes ses parties sont dépourvues de poils.

Le ROSIER DE PROVENCE a les ovaires souvent ovales pendant la floraison, mais presque toujours globuleux lors de la maturité du fruit. Les glandes pédicellées dont ils sont couverts ainsi que les pédoncules, et même les rameaux, sont noires et visqueuses; ses tiges sont irrégulièrement parsemées de petits aiguillons rougeâtres; ses feuilles, composées de cinq folioles presque rondes et terminées en pointe, longues de plus d'un pouce, d'un vert foncé en dessus et très glauques en dessous, sont portées par un pétiole commun glanduleux; ses fleurs sont d'un rouge plus ou moins foncé, presque sans odeur, larges de plus de deux pouces, simples, semi-doubles ou doubles, et leur calice est formé par des folioles dont trois au moins sont toujours pinnées. Il est originaire des parties méridionales de l'Europe, et fleurit au milieu de l'été. Sa hauteur surpasse rarement trois pieds. Les terrains légers et chauds lui conviennent le mieux; mais il se soutient dans tous, pourvu qu'ils ne soient pas très humides. On le confond généralement avec le rosier gallique, quoiqu'il s'en distingue très bien par ses calices toujours pinnés, et par ses feuilles presque rondes. C'est une de ses variétés à fleurs extrêmement doubles et peu ouvertes, qu'on recherche dans les jardins sous le nom de *rose noire*, *rose cramoisie*, *rose de sang*, à raison de la forte coloration de ses pétales. La *rose de Champagne* ou *rose de Meaux* est aussi regardée comme une de ses variétés par quelques auteurs ; mais comme les folioles de son calice ne sont jamais toutes pinnées, je pense qu'on doit plutôt les rapporter à l'espèce suivante.

Le ROSIER GALLIQUE, ROSIER DE PROVINS, ROSIER ROUGE, a les ovaires globuleux, mais cependant quelquefois ovales, sur-tout avant la chute des pétales ; ses pédoncules et même ses rameaux sont, ainsi qu'eux, couverts de glandes noirâtres pédicellées ; ses tiges montrent des aiguillons nombreux, petits et irrégulièrement disposés ; ses feuilles sont composées de cinq folioles, ovales, oblongues, aiguës, longues souvent de plus de deux pouces, d'un vert foncé en dessus, très glauques en dessous, et portées sur un pétiole commun glanduleux et épineux ; ses fleurs sont d'un rouge foncé, peu odorantes, larges de deux ou trois pouces, et ont un calice dont les folioles ont rarement plus de deux à trois appendices ; ses fruits sont ronds, d'un brun rougeâtre, et de cinq à six lignes de diamètre. Il est originaire des parties méridionales de l'Europe, et fleurit au milieu de l'été. On le cultive très abondamment dans les jardins, où il s'élève rarement au-dessus de trois à quatre pieds. Tout terrain lui est bon ; cependant il forme de plus belles touffes, il donne des fleurs plus nombreuses et plus colorées dans celui qui est léger et chaud. Après le rosier cent feuilles c'est celui qui fournit le plus de variétés. Il est rare qu'on trouve deux pieds qui soient exactement semblables dans toutes leurs parties. On profite de cette circontance pour le multiplier dans les jardins, sans craindre la monotonie. Il ne peut être trop abondant dans ceux dits paysagers, où on le place à toutes expositions au dernier rang des massifs, sous les arbres isolés, au milieu des gazons, sur le bord des eaux, etc., et où par-tout il se fait remarquer par la grandeur et la belle coloration de ses fleurs. Les pieds à fleurs simples ou semi-doubles sont, aux yeux de quelques amateurs, préférables, dans ces cas, à ceux à fleurs parfaitement doubles ; cependant ces derniers, quoique réellement plus délicats et moins fournis, doivent être également recherchés. Toutes les variétés de couleur qui lui sont propres peuvent être réduites aux trois suivantes. *Rouge foncé*, *rouge pâle* (*rosa officinalis*), *rouge panaché de blanc* (*Rosa versicolor*). C'est la seconde qu'on cultive si abondamment aux environs de Provins, de Paris, etc., pour l'usage de la médecine et des confiseurs.

Quelques personnes regardent aussi la *rose de Champagne* ou *rose de Meaux*, plus petite dans toutes ses parties, comme une variété de celle-ci, et je penche à être du même avis. Il n'en est pas de même de la rose de Provence, que je crois une espèce distincte ainsi qu'on l'a vu à l'article précédent.

Le *rosier de Portland* me paroît encore une variété assez peu importante de celle-ci.

Toutes les variétés du rosier gallique ont des noms dans les catalogues de Hollande, qui changent souvent d'une année à l'autre, parceque l'important pour les pépiniéristes est d'avoir du nouveau, et que la plus petite différence, ou la différence la moins constante, suffit pour en établir une. Je ne crois pas, en conséquence, devoir donner ici la liste nominale de ces variétés, quoiqu'elle pût être agréable à quelques lecteurs. On peut les voir chez mon ancien camarade Dupont, qui les cultive toutes, et qui se fait un plaisir de faire participer aux fruits de sa longue expérience les amateurs qui se présentent chez lui.

Rosiers à fruits ovales.

Le ROSIER CENT FEUILLES a les ovaires très allongés, parsemés, ainsi que les pétioles, de glandes longuement pédicellées; ses tiges sont très chargées d'aiguillons inégaux et recourbés; ses feuilles composées de sept folioles ovales, souvent de plus de deux pouces de long, légèrement velues et glauques en dessous; ses pétioles velus, glanduleux et épineux; ses fleurs souvent de plus de deux pouces de diamètre, d'un rouge pâle et d'une odeur très suave. Il s'élève de six à huit pieds, fleurit au milieu du printemps, et fournit une grande quantité de variétés.

Cette espèce est cultivée de temps immémorial dans les jardins, et c'est proprement elle qu'on désigne vulgairement lorsqu'on parle de rosier ou de rose sans aucune autre désignation. C'est en effet la plus belle sous tous les rapports, ainsi que je l'ai déjà observé dans les généralités. On ignore quel est son pays natal; mais il est probable que ce sont les contrées orientales. Jusqu'à ces derniers temps on ne connoissoit que ses variétés semi-doubles ou doubles; mais Dupont en semant des graines des premières a obtenu le type simple, type qui diffère beaucoup, ainsi que j'ai pu le constater dans ses jardins, de toutes les variétés connues.

Il faudroit un volume pour décrire avec suffisamment de détails toutes les variétés du rosier cent feuillès. Je laisse ce soin à Dupont dans l'important ouvrage qu'il prépare sur le genre entier. Les catalogues des jardiniers, sur-tout des jardiniers hollandais, en portent le nombre à plusieurs centaines. Je me contenterai donc d'indiquer les plus belles ou les plus singulières.

Rose de Hollande. Sa fleur est extrêmement grosse, extrêmement double, d'un beau rouge, et d'une excellente odeur. C'est véritablement la perfection jardinière de l'espèce. J'en ai vu qui avoient quatre pouces de diamètre. C'est elle qu'on ne peut trop multiplier dans toutes les espèces de jardins. Il lui faut un sol riche, mais ni trop fumé ni trop humide, car dans ces deux derniers cas elle donne moins de fleurs et des fleurs moins odorantes.

Rose semi-double. Cette variété a beaucoup de sous-variétés. Celle que j'enteuds mentionner ici a les feuilles plus allongées et d'un vert plus obscur que le type. Ses fleurs, très grandes et d'un vert plus pâle, brillent même à côté de la variété précédente.

Rose mousseuse. Elle se fait remarquer autant par la grandeur, la vive couleur et l'excellente odeur de ses fleurs, que par la surabondance des glandes pédicellées, ou des aiguillons inégaux et glanduleux, dont ses ovaires, ses pédoncules et même ses rameaux sont couverts. Sa viscosité est plus grande que celle d'aucune des autres. Cette variété, qui est une véritable monstruosité, a été mal à propos regardée comme une espèce par quelques botanistes. Elle mérite, sous tous les rapports, d'être abondamment cultivée dans nos jardins; mais elle est plus délicate que la plupart des autres, et n'y est pas aussi commune qu'il seroit à désirer. Il lui faut une bonne terre franche et une exposition sèche. Van Mons l'a plusieurs fois obtenue par les semis de la variété précédente.

Rose aurore. La couleur de sa fleur tirant légèrement sur le jaune est ce qui la rend principalement digne d'être mentionnée. Elle contraste fort agréablement à côté de celle de la précédente. Ses feuilles sont plus petites.

Rose carnée. A la fleur de médiocre grandeur et d'un rouge très pâle, tirant sur la couleur de chair. C'est la *fausse cuisse de nymphe* de Dupont, qui a sur cette dernière (variété de la rose blanche) l'avantage d'être odorante. On en voit chez Vilmorin une très belle sous-variété, qui porte le nom de cet habile cultivateur.

Rose gros pompon, *rose de Bourgogne à grandes fleurs*, *rose de Bordeaux*. A les fleurs larges d'un pouce et demi, très nombreuses et foiblement odorantes; les tiges droites, très rameuses, grêles; les feuilles d'un pouce de long. On la cultive plus rarement que la suivante, dont elle ne diffère que par plus de grandeur dans toutes ses parties.

Rose œillet. Ses pétales sont comme avortés et très courts, de sorte qu'ils ont l'apparence de ceux d'un œillet double. Cette monstruosité, encore rare, est très jolie.

Rose sans pétales. Ici les pétales ont presque entièrement ou même souvent entièrement disparu. C'est le complément de la monstruosité précédente. Les étamines ont repris leur place. Cette régénérescence par dégénérescence est extrêmement remarquable et devroit être prise en considération spéciale par les physiologistes ; car si on conçoit comment les étamines peuvent se changer en pétales, on ne conçoit pas également comment des pétales peuvent redevenir des étamines. Au reste, cette variété n'a aucun agrément.

Rose foliée. Dans cette variété les extrémités des folioles du calice ont pris de l'amplitude, sont devenues des feuilles souvent larges d'un pouce, feuilles qui ne diffèrent des autres que parcequ'elles sont plus allongées, plus profondément dentées et plus glanduleuses. Son aspect est agréable, et elle mérite qu'on en place quelques pieds dans les environs de la maison. Ordinairement ses pétales restent courts et ne se développent pas complètement. Quelquefois elle est *prolifère*, c'est-à-dire que de son centre sort une nouvelle rose plus petite.

Ces deux monstruosités peuvent avoir lieu ensemble ou séparément sur plusieurs des variétés anciennement cultivées ; mais rarement elles y sont constantes, c'est-à-dire que les pieds qui en fournissoient le plus certaines années n'en montrent pas les suivantes.

Rose crénelée. Tire son nom de ce que les folioles de ses feuilles ont leurs dentelures plus larges et plus obtuses. Il n'est pas de botanistes qui n'en fît une espèce distincte, si on ne connoissoit pas son origine. Ses fleurs sont peu doubles et les folioles de son calice sont souvent bipinnées. Elle est, comme la précédente, dans le cas d'être cultivée pour sa singularité.

Rose bipinnée. A les folioles des feuilles si profondément crénelées qu'elles en paroissent bipinnées comme les feuilles du persil. Aussi l'appelle-t-on quelquefois *rose à feuilles de persil*. Cette division des feuilles est fort irrégulière, cependant le nombre trois y est le plus commun. Cette rose n'est que singulière ; rarement sa fleur se développe complètement, et rarement sa greffe sur l'églantier subsiste plus de trois ou quatre ans. Je ne l'ai jamais vue franche de pied.

Le ROSIER MULTIFLORE a les calices et les pédoncules pourvus de quelques glandes pédicellées ; les tiges peu garnies d'aiguillons ; les feuilles à sept folioles ovales, aiguës, longues de près de deux pouces, d'un vert noir en dessus, et les pédoncules communs velus et aiguillonnés ; ses fleurs sont d'un rouge foncé, peu odorantes, et réunies en gros bouquets presque toujours droits.

Ce rosier tient le milieu entre le précédent et le rosier de Provins. Il est probablement leur hybride. Il fleurit un des premiers, c'est-à-dire au commencement de mai, et reste en fleur jusqu'à la fin de juillet. C'est un des plus agréables pour l'aspect, à raison de la grande quantité de fleurs dont il se charge. Il produit sur-tout un très bel effet lorsqu'il est greffé sur un églantier un peu élevé et qu'il forme une grosse tête. La couleur rouge brun de ses ovaires, de ses pédoncules et même de ses rameaux est très remarquable. Dumont-Courset l'a mentionné le premier. Je le multiplie beaucoup dans les pépinières impériales.

Le ROSIER DE DAMAS, plus connu sous le nom de *rosier des quatre saisons*, *rosier de tous les mois*, *rosier bifère*, a les ovaires très allongés, rétrécis vers le calice, abondamment couverts, ainsi que les pédoncules, de glandes pédicellées. Ses branches sont très garnies d'aiguillons inégaux presque cylindriques et presque droits. Ses feuilles ont sept folioles ovales, aiguës, d'un vert pâle en dessus, légèrement velues en dessous, sur un pétiole commun velu et armé de quelques aiguillons. Ses fleurs sont droites, réunies en bouquets et de plus de deux pouces de large. Leur odeur est presque la même que celle de la rose cent feuilles. Leur couleur varie du rouge au blanc. Elles sont plus ou moins doubles.

Cette espèce provient des parties méridionales de l'Europe et de l'Asie. Elle forme bien espèce distincte, quoique quelques personnes la regardent comme une variété de la rose cent feuilles. Elle est très intéressante en ce qu'elle fleurit pendant tout l'été, ou au moins deux fois au printemps et en automne ; aussi la multiplie-t-on beaucoup dans les jardins. C'est elle qu'on doit préférer lorsqu'on veut avoir des roses pendant l'hiver, parcequ'il est plus facile de l'amener à en donner dans cette saison.

J'ai vu de ces rosiers dont les ovaires n'avoient presque pas ou même pas de glandes pédicellées. Au reste, ils varient beaucoup.

Le ROSIER BELGIQUE, regardé par la plupart des auteurs comme une variété du précédent, en diffère assez, au rapport de Dumont Courset, pour mériter le titre d'espèce. Ses ovaires sont plus courts, n'ont point d'étranglement et sont peu glanduleux. Les folioles de leurs calices sont plus courtes et presque toujours simples. Les folioles de ses feuilles sont rarement au nombre de plus de cinq. Ses fleurs sont rouges ou blanches et d'une odeur douce assez agréable.

Le ROSIER DE FRANCFORT, *Rosa turbinata*, a les ovaires aussi longs que larges de la forme d'une toupie, quelquefois de plus d'un demi-pouce de diamètre, et toujours parsemés, ainsi que le pédoncule, de glandes pédicellées ; ses tiges sont garnies de quelques aiguillons épars et recourbés ; ses feuilles, ordinairement composées de cinq folioles ovales, aiguës, ridées d'un vert très foncé en dessus et glauques en dessous, ont un pétiole commun velu et garni de quelques aiguillons; ses fleurs d'un rouge vif et larges de plus de deux pouces sont réunies en bouquets aux extrémités des rameaux et peu odorantes. Il est Européen, probablement des montagnes de l'Allemagne.

Cette espèce s'élève à quatre à cinq pieds de haut et a plus d'agrément de loin que de près. On en forme des buissons dans les jardins paysagers et dans les parterres, qui contrastent même avec les autres espèces par la nuance de la couleur des feuilles et des fleurs. Il offre quelques variétés, dont la plus intéressante est à mes yeux la semi-double, parceque la double se développe rarement d'une manière complète. Toutes fleurissent en juin et en juillet.

Je possède en herbier une branche de rosier à fleurs doubles dont l'ovaire est plus allongé et moins gros, mais du reste semblable à celui de cette espèce. Les folioles de ses feuilles sont beaucoup plus aiguës. Est-ce une espèce, est-ce une variété? Son aspect est fort différent.

Le ROSIER INERME a les ovaires à peu près de la forme et de la grosseur de la variété ci-dessus. Ses rameaux sont sans épines; mais ses feuilles en ont quelques unes sur leurs pétioles. On le dit originaire de la Chine. Il commence à être multiplié dans les collections. Ses fleurs sont rouges et simples, larges de près de deux pouces.

Le ROSIER DIGITAIRE, *Rosa digitaria*, Bosc, a les ovaires turbinés, parsemés, ainsi que les pédoncules, d'un très petit nombre de glandes pédicellées. Ses tiges sont rarement épineuses; ses feuilles sont composées de cinq folioles ovales, aiguës, d'un vert pâle, un peu plus claires en dessous, longues de plus d'un pouce; ses fleurs sont larges de deux pouces. J'ignore son pays natal. J'ai observé à la Malmaison sa variété semi-double et panachée de rouge et de blanc. Ses ovaires le distinguent fort bien du rosier turbiné et autres voisins, étant moins évasés à l'extrémité supérieure, et plus brusquement arrondis à l'extrémité inférieure, c'est-à-dire qu'ils ont la forme d'un dé à coudre renversé.

Le ROSIER ÉVRATIN, *Rosa evratina*, Bosc, a les ovaires ovales, allongés, extrêmement chargés, ainsi que les pétioles, de glandes longuement pédicellées. Ses tiges ont très peu d'aiguillons. Ses feuilles sont à cinq ou sept folioles ovales, souvent obtuses, de plus de deux pouces de long, d'un vert foncé, luisant en dessus et pâle en dessous. Ses fleurs sont d'un rouge pâle, légèrement odorantes, larges de deux pouces, et disposées en panicule pendante à l'extrémité des rameaux; les folioles de leur calice sont appendiculées, très longues et très glanduleuses.

J'ignore le pays natal de cette espèce, qui est venue de

Hollande sous le nom de *rose muscade rouge*, et dont je dois la connoissance à l'amateur Evrat. Elle est très distincte. C'est une très bonne acquisition, non seulement par le nombre et la beauté de ses panicules de fleurs, mais encore par la belle couleur de ses feuilles, et la vigueur de sa végétation. Je présume qu'elle sera très commune un jour dans nos jardins, et qu'on l'emploiera à la greffe des autres espèces, en place de l'églantier qui devient rare aux environs de Paris.

Le ROSIER DE MONTAGNE a les ovaires très allongés et couverts, ainsi que les pédoncules, de glandes longuement pédicellées. Ses tiges sont peu épineuses dans leur jeunesse ; ses feuilles ont sept folioles ovales, obtuses, d'un vert clair, glauques en dessous, rarement de plus d'un pouce de long, portées sur des pédoncules constamment épineux ; ses fleurs sont rougeâtres, de deux pouces de diamètre. Il croît dans les Alpes, et s'élève à cinq ou six pieds. On ne le cultive point dans les jardins, quoiqu'il le mérite. Un seul pied qui existoit dans l'école de la pépinière de Trianon a été arraché malgré mon opposition. Je ne le connois pas à fleurs doubles.

Le ROSIER POMPON, le PETIT POMPON, la ROSE DE BOURGOGNE, *Rosa parvifolia*, Wild. Il ne s'élève guère à plus d'un pied et demi. Ses tiges sont grêles, rameuses, droites ; ses fleurs très nombreuses, d'un rouge foncé, à peine d'un pouce de diamètre. C'est un des plus jolis et d'autant plus généralement cultivé. Il fleurit de très bonne heure, et peut facilement être placé sur couche ou sous châssis, et orner les cheminées et les fenêtres. On le place dans les parties abritées des jardins paysagers, dans les parterres les plus rapprochés de la maison. Quelquefois le défaut de chaleur et d'humidité fait que ses boutons se dessèchent au moment de s'épanouir. Il offre plusieurs sous-variétés de grandeur et de couleur, dont une a les feuilles panachées. Sa multiplication a presque exclusivement lieu par déchirement de vieux pieds, déchirement qui a lieu en automne.

Le ROSIER MUSCADE, *Rosa moscata*, Lin., a les ovaires allongés, et, ainsi que les pédoncules, velus et parsemés de quelques glandes pédicellées. Ses tiges sont armées de larges aiguillons recourbés ; ses feuilles sont composées de trois, cinq ou sept folioles ovales, très aiguës, longues de plus d'un pouce, luisantes, et d'un vert foncé en dessus, glauques et tomenteuses en dessous. Leur pétiole est très épineux. Ses fleurs nombreuses, blanches, larges de deux pouces, exhalent une odeur de musc foible, mais très agréable, et sont disposées en panicule pendante à l'extrémité des rameaux.

Cette belle espèce est originaire des côtes de Barbarie,

fleurit à la fin de l'été, et conserve ses feuilles jusque bien avant dans l'hiver. C'est d'elle dont on tire, au rapport de Desfontaines, l'*huile essentielle de rose*, qui se trouve dans le commerce. C'est elle que le naturaliste Olivier a vue former des arbres de trente pieds de haut dans les jardins du roi de Perse à Ispahan. Dans le climat de Paris elle gèle fréquemment; mais on ne l'y cultive pas moins, parcequ'elle repousse toujours de ses racines, que ses bourgeons donnent ordinairement des fleurs dès la première année, et qu'on la garantit aisément en empaillant ou en couchant ses branches en terre pendant l'hiver ; sa greffe sur églantier la rend plus robuste. On en voit de semi-doubles et de doubles. Les pieds de ces dernières sont plus délicats que ceux des autres. Une terre légère et une exposition chaude sont indispensables pour elle ; ce qui ne permet pas de la placer par-tout dans les jardins. On la cultive aussi en pots qu'on rentre dans l'orangerie. Dans ce cas, on la tient en boule sur des tiges de deux à trois pieds de haut. Cette manière mérite d'être préconisée.

Le ROSIER TOUJOURS VERT, *Rosa semper virens*, Lin. , a les ovaires allongés, couverts, ainsi que les pédoncules, de glandes pédicellées. Ses tiges sont armées d'aiguillons nombreux et recourbés ; ses feuilles sont composées de cinq folioles ovales, terminées par une longue pointe recourbée, d'un vert luisant en dessus comme en dessous, et subsistantes jusqu'à la pousse des nouvelles. Leur pétiole est pourvu d'aiguillons. Ses fleurs sont blanches, d'un peu plus d'un pouce de diamètre, exhalent une odeur musquée agréable, et sont généralement disposées en ombelle, et accompagnées de bractées lancéolées et réfléchies. Il est originaire de l'est de l'Europe, fleurit à la fin de l'été, et s'élève de douze à quinze pieds lorsqu'il a un support. Ses rapports avec le précédent sont nombreux; mais il s'en distingue cependant très bien à ses feuilles non velues en dessous, et à ses bractées. Quelquefois il est frappé par la gelée; mais il est facile d'éviter cet accident en le plaçant à une exposition chaude et en le couvrant de paille pendant l'hiver. En général on le cultive peu, quoiqu'il mérite de l'être, parcequ'on préfère le précédent, dont les fleurs ont une odeur plus forte et plus suave. Il se greffe fort bien sur l'églantier, mais n'y subsiste pas un grand nombre d'années.

Le ROSIER TRIFOLIÉ a les tiges brunes, garnies d'aiguillons rouges et recourbés; ses feuilles sont composées de trois folioles ovales très aiguës, très luisantes en dessus comme en dessous, et persistantes; leur pétiole, ainsi que leur grosse nervure, sont armés d'aiguillons linéaires et très longs. Il est originaire de la Chine, et est cultivé dans nos jardins sous le nom de *rosier toujours vert de la Chine*, mais il n'y fleurit presque jamais. C'est une très remarquable espèce.

Le ROSIER BLANC, *Rosa alba*, Lin., a les ovaires ovales, le plus souvent glabres; les pédoncules garnis de glandes pédicellées; les tiges et les pétioles armés d'épines recourbées; les feuilles composées ordinairement de cinq folioles ovales d'un vert foncé, les plus grandes d'un pouce et demi de long. Ses fleurs sont blanches, d'une odeur désagréable, et de plus de deux pouces de diamètre. Il se trouve dans les hautes montagnes de l'Europe; s'élève à douze ou quinze pieds, et fleurit au milieu de l'été. On le cultive de temps immémorial dans les jardins, où il offre un grand nombre de variétés à fleurs semi-doubles et doubles, entre autres la rose cuisse de nymphe, *rosa carnea*, d'une couleur de chair très agréable, et d'une forme des plus régulières.

Toute espèce de terrain convient à cette espèce. Par la vigueur de sa végétation, elle est plutôt propre à servir de sujet pour la greffe des autres espèces, qu'à être elle-même greffée; aussi n'est-ce guère que sa variété couleur de chair qu'on soumet à cette opération. Il est très fâcheux que son odeur soit disgracieuse, car elle produit toujours de bons effets dans les jardins, où on la place avec intelligence.

Il ne faut pas la confondre avec les variétés de la rose cent feuilles et autres qui sont blanches : celle-ci l'est par essence et naturellement.

Le ROSIER UNIQUE, *Rosa unica*, a les ovaires allongés, chargés, ainsi que leurs pétioles, de glandes pédicellées. Ses tiges sont armées d'épines nombreuses, inégales et presque droites. Ses feuilles ont ordinairement cinq folioles ovales, obtuses, de plus de deux pouces de long, et dont le pétiole commun est armé d'épines. Ses fleurs sont rouge vif à l'extérieur, et du blanc le plus pur à l'intérieur. Leur diamètre est souvent de plus de deux pouces.

Cette rose, sans contredit la plus belle de toutes celles que l'on cultive en ce moment dans nos jardins, c'est-à-dire *unique en beauté*, est regardée par quelques botanistes comme une variété de la précédente; mais si elle s'en rapproche par son odeur et par sa forme, elle s'en éloigne par ses feuilles et sur-tout par ses épines parfaitement semblables à celles du rosier cent feuilles. Je la soupçonne être une hybride de ces deux espèces, et comme telle je lui donne une place particulière. On la multiplie, ainsi que les autres, mais plus communément par la greffe sur églantier, et on la place ordinairement dans les parterres, au voisinage des maisons, afin qu'on puisse jouir de son éclat au moment où elle commence à s'épanouir. Les amis des roses ne sauroient trop la répandre.

Le ROSIER DES HAIES, *Rosa canina*, Lin., a les ovaires ovales, glabres, ainsi que les pédoncules. Ses tiges sont armées de larges aiguillons recourbés, souvent presque opposés. Les feuilles composées de sept folioles ovales, aiguës, d'un vert luisant, glabres, longues d'environ un pouce, et portées sur un pétiole commun armé d'aiguillons. Ses fleurs sont rougeâtres, légèrement odorantes, larges de plus de deux pouces, et ses fruits d'un rouge ponceau dans leur maturité. Il croît en abondance dans les bois, les haies, les buissons de presque toute l'Europe; s'élève de dix à douze pieds, quelquefois même au double, ainsi que je l'ai vu chez Dupont, et fleurit au milieu de l'été. On le connoît sous les noms de *rosier sauvage*, *rosier des chiens*, d'*églantier harponnier*, *gratte-cul*, *cynorrhodon*; c'est principalement lui qu'on emploie pour greffer les autres espèces. Ses fruits se mangent et s'emploient en médecine, ainsi que ses feuilles, ses racines et les excroissances que produit, sur ses tiges le DIPLOLÈPE DU ROSIER. (*Voy.* ce mot), excroissances connues sur les noms de *bédéguar*, *pomme mousseuse*, et d'*éponge d'églantier*. Il présente plusieurs variétés qui tiennent sans doute à la nature du sol et à l'exposition. On en voit souvent à fleurs semi-doubles, à fleurs blanches, à feuilles étroites, à fruit plus allongé, etc. Tous les bestiaux, excepté les chevaux, en mangent les feuilles. On peut en faire de très bonnes haies, mais elles ne dureront pas long-temps; en conséquence il vaut mieux le réserver pour regarnir celles qui sont formées d'autres arbustes, et dans lesquelles il se trouve des vides. On croit, dans quelques lieux, qu'il mange les haies, c'est-à-dire qu'il les détruit; mais c'est un préjugé fondé sur une fausse observation. Lorsqu'une haie vieillit, une partie des pieds des arbustes qui la composent périt par suite de l'épuisement du sol, et ils sont remplacés naturellement par le rosier qui, exigeant des sucs différens, peut vivre après eux; on a donc pris ici, comme dans tant d'autres circonstances, l'effet pour la cause.

La multiplication des rosiers des haies se fait par le semis de ses graines, par marcottes, par boutures, et mieux que tout cela, par les rejetons de ses racines. En effet, il suffit de couper, ou même seulement de blesser pendant l'hiver une de ses racines qui, la plupart du temps, rampent à la surface du sol, pour qu'il en sorte une ou deux pousses qui quelquefois atteignent cinq à six pieds dans le courant de la première année. Ce sont ces jeunes bourgeons qu'on doit toujours préférer pour la greffe des autres espèces. On les arrache en hiver, avec le plus de racines possible, et on les plante sur-le-champ. C'est ordinairement sur les pousses de l'année suivante qu'on place les greffes, mais quelquefois on les met sur la tige même.

Les fruits du rosier des haies ne sont regardés comme bien mûrs que lorsque la gelée a passé dessus ; ce n'est du moins qu'alors qu'il convient de les cueillir, soit pour les manger en nature, soit pour en composer des conserves, des sirops, etc. Leur goût propre, et encore plus celui des préparations où entre le sucre, est très agréable ; mais on a beaucoup de peine à se garantir des effets des poils qui entourent les graines, poils qui picotent et irritent d'abord le gosier, et ensuite le fondement, car ils ne se digèrent pas. C'est de cette dernière circonstance que ces fruits ont pris le nom de *gratte-cul*.

Le ROSIER A FEUILLES ODORANTES, *Rosa rubiginosa*, Lin., l'*églantier* proprement dit des Français, a les ovaires oblongs, parsemés ainsi que les pédoncules de quelques glandes pédicellées et visqueuses ; les tiges armées d'aiguillons fauves, aplaties, recourbées, souvent fort larges ; les feuilles composées de sept folioles, ovales, obtuses, rugueuses, d'un vert cendré, glanduleuses en leurs bords et en dessous, et exhalant dans la chaleur, ou lorsqu'on les froisse, une odeur résineuse, analogue à celle de la pomme de reinette. Ses fleurs sont rougeâtres, larges de deux pouces, et légèrement odorantes. Ses fruits sont d'un rouge brun. Il croît abondamment sur les montagnes pelées, dans les fentes des rochers, les haies, etc., s'élève à huit à dix pieds, et fleurit au milieu de l'été. Les sols calcaires paroissent être ceux qui lui conviennent le mieux ; cependant il se trouve aussi dans ceux qui sont argileux. Il ne s'élève pas à plus d'un pied, et ses feuilles n'ont que trois ou quatre lignes de long dans certains lieux secs et arides. En général il varie beaucoup, mais il est toujours reconnoissable à l'odeur de ses feuilles, odeur qui lui est exclusivement propre. Bien des fois, dans les jours chauds de l'été, j'ai découvert sa présence, par cette seule odeur, à plusieurs toises de distance. A cette époque de l'année ses feuilles, ses bourgeons, et sur-tout ses ovaires, sont extrêmement visqueux. Je ne sache pas qu'on ait tenté d'analiser la résine qui cause ces deux effets, mais j'ai lieu de croire qu'un travail qui l'auroit pour objet seroit de quelque intérêt. On voit rarement cette espèce dans les jardins, quoiqu'elle ne soit pas sans agrémens, et qu'elle fournisse des fleurs de plusieurs nuances de rouge, des panachées de blanc et des toutes blanches, des semi-doubles et des doubles, et qu'elle y fasse de l'effet, sur-tout au milieu des gazons, dans les parties les plus sèches de ceux appelés paysagers.

On substitue quelquefois le rosier à feuilles odorantes au rosier des haies pour la greffe des autres espèces, mais il est moins avantageux. J'ai l'expérience qu'une moitié plus de greffes marquent sur lui.

J'ai rapporté d'Amérique un rosier à feuilles odorantes, qui ne diffère presque de celui-ci que par le calice qui est plus arrondi, et les feuilles qui sont moins coriaces. Je crois cependant qu'on doit en faire une espèce.

Le ROSIER VELU, de Thuilier, paroît encore devoir être regardé comme une simple variété de celui-ci, qui, par circonstance locale, a offert des feuilles extrêmement velues. On n'en connoît que deux pieds qui ont, dit-on, fourni tous les échantillons qu'on trouve dans les herbiers. Ils se voient à Fontainebleau.

J'oserai en dire autant de la *rose de Crète*, quoique plusieurs botanistes l'aient regardée comme espèce. Les pieds qui se cultivent dans les jardins de Paris de graines rapportées par Olivier sont plus petits, mais du reste bien ressemblans à cette dernière variété.

Le ROSIER TOMENTÉUX, de Smith, a les ovaires plus arrondis, plus garnis de glandes ; les feuilles plus aiguës et moins velues. Peut-être est-ce une espèce distincte ; mais je n'ose l'affirmer, quoique je le possède en herbier.

Le ROSIER INTERMÉDIAIRE, *Rosa intermedia*, Bosc, a les ovaires très allongés, très glabres ; les rameaux garnis de quelques épines larges et recourbées ; les feuilles composées de sept folioles ovales, aiguës, finement découpées et portées sur un pétiole armé d'épines ; les fleurs rougeâtres, simples, d'un pouce et demi de diamètre. Il est probablement originaire d'Europe, et se cultive chez Dupont, où il fleurit régulièrement au printemps et en automne. Il tient du rosier à feuilles odorantes par la couleur et la forme de ses feuilles, et du rosier des haies par ses fleurs. On peut supposer qu'il est leur hybride, et qu'il deviendra très important lorsqu'on sera parvenu à lui faire donner des fleurs doubles.

Le ROSIER DES ALPES, *Rosa alpina*, Lin., a les ovaires ovales, glabres ; les pédoncules et les pétioles pourvus de quelques glandes pédicellées ; ses feuilles ont ordinairement neuf folioles ovales, oblongues, d'un vert clair, glabres, longues de six à huit lignes ; ses fleurs sont presque toujours solitaires, rougeâtres, légèrement odorantes, et de plus d'un pouce de diamètre. Les divisions de leur calice ne sont jamais pourvues d'appendices. Ses tiges sont rougeâtres et dépourvues d'épines. Il croît dans les Alpes, et se cultive dans quelques jardins, où il s'élève à cinq à six pieds. On le fait devenir semi-double. Quelquefois, sur-tout dans ce dernier cas, ses ovaires sont arrondis.

Le ROSIER A FRUITS EN CALLEBASSE, *Rosa lagenaria*, Lin., a les ovaires allongés, renflés et glabres ; les pédoncules et les pétioles pourvus de quelques glandes pédicellées ; les rameaux sans épines ; les feuilles à folioles ovales, obtuses, ordinairement au nombre de sept, glabres, glauques en dessous, et de huit à dix lignes de long. Il est originaire des montagnes de la Suisse, et se rapproche infiniment du précédent. C'est principalement par ses feuilles qu'il en diffère.

Je possède en herbier un rosier qui ressemble en tout à celui-ci, mais dont les ovaires et les pédoncules sont couverts de glandes pédicellées. Je l'en suppose une simple variété.

Le ROSIER A FRUITS PENDANS, *Rosa pendulina*, Lin., a les ovaires oblongs, renflés, glabres, recourbés après leur fécondation ; les pédoncules et les pétioles hérissés de glandes pédicellées ; les rameaux sans épines ; les feuilles ordinairement composées de sept folioles ovales, glabres, d'un vert foncé, glauques en dessous ; les plus grandes de moins d'un pouce de long ; les fleurs rougeâtres, toujours solitaires et larges d'un pouce et plus. Il est originaire de l'Amérique septentrionale, et se cultive dans quelques jardins, où il s'élève à cinq à six pieds, et où il fleurit au commencement de l'été.

Je possède en herbier un autre rosier du même pays, qui présente quelques différences, mais je n'ose assurer qu'il forme espèce distincte.

Le ROSIER DE MACARTNEY, *Rosa bracteata*, Ventenat, a les ovaires ovales, soyeux, accompagnés de bractées lancéolées et soyeuses ; les rameaux velus et armés d'un grand nombre de petites épines ; les feuilles composées de sept folioles obovales, glabres, luisantes, et d'un pétiole épineux et velu. Ses fleurs sont solitaires, d'un blanc jaunâtre, odorantes, et larges d'un pouce et demi. Il est originaire de la Chine, d'où il a été apporté par l'ambassadeur Macartney. Il craint les gelées du climat de Paris, et en conséquence on le cultive dans les orangeries, où il conserve ses feuilles toute l'année, et où il fleurit au printemps. On le multiplie par la greffe, les marcottes et les boutures. Il n'est pas encore commun.

Le ROSIER DU BENGALE, *Rosa indica*, Lin., a les ovaires ovales, glabres ; les pédoncules et les pétioles garnis de glandes pédicellées ; les tiges rougeâtres, armées de quelques épines larges et recourbées ; les feuilles composées de cinq, quatre, trois, deux, et même une seule foliole ovale, oblongue, aiguë, glabre, d'un vert clair, longue de plus de deux pouces ; les fleurs larges de plus de deux pouces, foiblement odorantes, solitaires, et d'un rouge plus ou moins foncé. Il est originaire de l'Inde, et se cultive depuis quelques années dans nos orangeries, où il s'élève à deux ou trois pieds, reste vert, et fleurit pendant presque toute l'année. Avec quelques précautions, sur-tout lorsqu'il est greffé sur églantier, on peut lui faire passer l'hiver en pleine terre, et alors il végète avec beaucoup de force et fournit un plus grand nombre de fleurs. Il a des variétés à fleurs doubles et semi-doubles de diverses nuances de rouge, et même blanches. On l'a appelé *Rosa diversifolia*, à raison des variations qu'offrent ses feuilles sur le même pied.

Le ROSIER TOUJOURS EN FLEUR, *Rosa semper florens*, Wild., a l'ovaire glabre; les pédoncules et les pétioles pourvus de glandes pédicellées; ces derniers et les tiges armés de larges épines recourbées; les feuilles ordinairement composées de cinq folioles ovales, aiguës, glabres; les plus grandes de moins d'un pouce de long; les fleurs larges d'un pouce et demi, plus ou moins rouges, et solitaires à l'extrémité des rameaux. Il est originaire de la Chine, s'élève à environ un pied, et se cultive depuis quelques années dans nos orangeries, où il reste vert et fleurit toute l'année. Il offre des variétés doubles et semi-doubles.

Le ROSIER DE LA CHINE, *Rosa sinensis*, Wild., a les ovaires glabres; les pédoncules et les pétioles pourvus d'un petit nombre de glandes pédicellées; les tiges très grêles, armées de peu d'aiguillons; les feuilles ordinairement de trois folioles ovales, glabres, les plus grandes d'un pouce de long; les fleurs rouge foncé, odorantes et solitaires à l'extrémité des rameaux. Il est originaire de la Chine, et se cultive dans nos orangeries, où il s'élève rarement au-dessus d'un pied, où il reste vert et fleurit toute l'année. Il offre ordinairement une seule fleur épanouie, et plusieurs boutons destinés à la remplacer successivement. On ne peut trop multiplier cette jolie espèce pour la placer sur les cheminées, les fenêtres, etc. On y parvient avec la plus grande facilité à toutes les époques par la voie des boutures ou des marcottes. Sa fleur varie de couleur, mais est toujours très foncée. Il y en a de semi-doubles et de doubles.

Ces trois dernières espèces sont probablement des variétés les unes des autres; mais leurs caractères se soutiennent assez pour qu'on doive les séparer, au moins dans la pratique du jardinage. (B.)

On ne cultive sous les rapports de l'utilité que deux espèces de rosiers, celui à cent feuilles et le rosier de Provins, le premier à cause de son parfum. On connoît la passion des Orientaux pour l'essence de roses qui se vend si cher à Constantinople; mais il est bon de savoir qu'on ne la retire pas, comme on l'a cru, par la distillation. Sa préparation consiste à effeuiller les roses dans un vase de bois dans lequel on met de l'eau et qu'on expose à la chaleur du soleil; il surnage une matière huileuse qu'on ramasse avec du coton fin, et qu'on exprime dans des petites bouteilles ensuite fermées hermétiquement. Cette huile, qui n'a pas subi l'action du feu, semble différer de celle-ci en ce qu'elle est fluide et d'une odeur plus suave.

Roses de Provins. Le second rosier est aussi cultivé en grand dans les environs de Paris, parceque les pétales des fleurs sont devenues une branche de commerce assez considérable pour un petit canton, fréquemment employées en médecine et distinguées par leur propriété tonique et astringente, diamétralement opposées par conséquent à celles des autres roses, qui toutes sont plus ou moins relâchantes et purgatives.

Les pharmaciens de Paris, qui ont tant contribué au perfectionnement de leur art, fatigués de faire circuler dans le commerce des roses qu'ils ne pouvoient se procurer qu'à une certaine distance pour les sécher eux-mêmes, se déterminèrent à rapprocher de leurs foyers la culture des roses de Provins, et choisirent, pour l'y établir, le petit village près de Sceaux, appelé *Fontenay-aux-Roses*, à cause de la nature du sol et de l'exposition, qui lui ont tellement été favorables, que l'arbrisseau n'a rien perdu de son port et de ses produits.

Sans doute il n'est pas toujours facile de constater l'intensité des effets médicinaux de certains objets analogues dans l'économie animale; mais après avoir soumis à l'analyse les roses de Provins et celles de Fontenay, M. Henry, chef de la pharmacie centrale des hôpitaux civils de Paris, a retiré de l'une et de l'autre, toutes circonstances égales d'ailleurs, autant d'acide gallique et de tannin : or on sait que c'est dans ces deux principes que réside leur efficacité.

Dessiccation des roses. Les auteurs les plus recommandables en matière médicale, Cartheuser, Lewis, Murray, Geoffroy, n'admettent aucune différence entre les roses cultivées aux environs de Paris; tous s'accordent à demander qu'elles soient cueillies avant leur entier épanouissement, parceque alors elles sont plus colorées et moins affoiblies dans leurs propriétés médicinales, les monder de leurs calices et ongler exactement leurs pétales. Cette opération minutieuse terminée, il faut procéder à leur dessiccation qui s'exécute à l'ombre lorsqu'il fait chaud, et à la chaleur de l'étuve ou sur le dessus d'un four de boulanger, quand la saison est humide, avec la précaution de les tenir élevées au moins de deux pieds au-dessus du sol.

Au reste, dans tous les cas, il faut faire en sorte que la dessiccation s'exécute promptement, selon l'observation de Ray, qui le premier a remarqué que tant que la rose tient à l'arbrisseau, elle exhale peu d'odeur, mais que celle-ci ne se développe complètement que par une dessiccation accélérée : on sait que le mélilot, la petite centaurée et le botrys sont dans ce cas. Nous n'ajouterons plus qu'une réflexion. C'est qu'il ne suffit pas d'avoir séché parfaitement les roses pour les conserver, il faut, avant de les renfermer, avoir soin de les secouer sur une toile, pour en séparer le sable, la terre et les œufs qui pourroient s'y trouver mêlés, sans quoi elles deviennent bientôt la proie des insectes ; aussi Poncet, après avoir fait un éloge pompeux de l'adresse des habitans de Provins à les faire sécher, prévient-il qu'il est difficile, malgré leurs soins, de les conserver un an ou dix-huit mois au plus sans que les vers ne s'y engendrent, et il croit qu'en mettant du vieux fer, ce seroit un moyen de les en préserver. Plusieurs auteurs ont fait à cet égard quelques recherches. Demachy, par exemple, vouloit qu'on remuât les roses épluchées et séchées dans une bassine sur le feu, afin de détruire les œufs d'insectes ; mais ce moyen détériore en même temps une partie de la couleur : ce qu'il y a de très certain, c'est que les roses rouges, dont on fait commerce à Paris, bravent plus long-temps la durée du temps sans s'altérer ; pourvu qu'on les tienne renfermées dans un endroit sec et frais, qu'on les visite et les crible de temps en temps dans l'année. (Par.)

ROSSE. Cheval vieux et maigre, ou affoibli au point de ne pouvoir plus donner qu'un mauvais service. *Voyez* Cheval.

ROSSE, ou GARDON. Poisson du genre cyprin, qui vit dans les eaux douces, qui multiplie beaucoup, et qu'on doit placer dans les étangs où on tient des brochets et des truites, afin de leur servir de nourriture.

Rarement la rosse atteint plus d'un pied de long. Elle aime les eaux claires, mais vit cependant dans celles dont le fond est vaseux. Sa chair est blanche et d'un assez bon goût; mais elle est si garnie d'arêtes qu'on peut difficilement la manger.

On reconnoît la rosse à son dos d'un vert noirâtre, à son ventre blanc et à ses nageoires rouges.

ROSSE (BATTAGE A LA). On donne ce nom au Dépiquage dans les environs de Toulouse. *Voyez* ce mot.

ROTANG, *Calamus*, Lin. Genre de plantes de la famille des palmiers, qui comprend huit à dix espèces toutes indigènes aux contrées orientales de l'Asie, et dont plusieurs sont très utiles aux habitans de ces pays. Les *rotangs* ont des tiges articulées, droites, souvent très élevées, et communément terminées par un bourgeon en forme de corne, renfermant une substance amilacée, blanche et d'un goût agréable. Leurs feuilles sont alternes et pinnées avec impaire. Leurs fleurs ont les deux sexes et sont pourvues d'un calice à six divisions, de six étamines et d'un ovaire surmonté d'un style conique. La fructification est disposée sur des spadix axillaires, très rameux et couverts d'écailles imbriquées.

Parmi les espèces utiles on distingue le rotang commun, *Calamus rotang*, Lin., qui croît dans les forêts voisines des fleuves, et dont les rameaux s'appuient sur les arbres voisins, et s'élèvent à près de soixante pieds, quoiqu'ils aient rarement plus d'un pouce de diamètre. C'est cette espèce qui fournit au commerce ces cannes connues sous le nom de *joncs* que les Hollandais apportent en Europe, et dont on faisoit en France, il y a trente ans, un si grand usage. On mange, dans l'Inde, les fruits de ce rotang qui sont acides et agréables au goût ; on mange aussi ses jeunes pousses après en avoir enlevé l'é-corce et les avoir fait cuire dans l'eau ou torréfier sur les charbons.

Le ROTANG VRAI, *Calamus verus*, ainsi nommé parceque c'est cette espèce, et non la précédente, comme on l'a cru long-temps, qui produit ces jets extrêmement longs et minces, avec lesquels on fait dans l'Inde des cordes, des nattes, des treillis de toute espèce, et en Europe des sièges à jour, et des baguettes nommées badines ou servant à battre les habits. Les Hollandais font aussi un grand commerce des tiges de ce ro-tang, qui croît particulièrement dans les îles de Sumatra et de Java.

Le ROTANG OSIER, *Calamus viminalis*, qu'on trouve dans les forêts humides de Java et des Célèbes. Ses tiges sont à peine grosses comme une plume d'oie et presque aussi longues que celles des précédens. On en fait dans l'Inde un grand usage pour tous les objets auxquels on emploie l'osier en Europe. On en forme des liens de toute espèce, et des cordes qui servent même dans la navigation.

Le ROTANG A SANG DE DRAGON, *Calamus draco*, qui vient dans presque toute l'Inde, sur le bord des rivières ou plus communément dans les forêts susceptibles d'être inondées par les crues d'eau. Ses fruits sont couverts à leur maturité d'une gomme résine rouge qui est une des espèces de *sang-dragon* répandues dans le commerce. On peut voir dans le *Nouveau Dictionnaire d'histoire naturelle*, article ROTANG, la manière dont cette gomme est extraite, et son usage.

Le ROTANG ZALACCA, *Calamus zalacca*, croît dans la partie orientale de l'île de Java. On le cultive dans le Malabar. C'est un palmier de petite taille dont les feuilles sont épineuses, toutes radicales et fort grandes. Ses spadix naissent entre ses feuilles. Ses fruits sont plus gros que des poires et bons à man-ger ; ils ont une saveur agréablement acide qu'on compare à celle de l'ananas. On les mange crus et ils se conservent dans la saumure. Les marins en font toujours une provision quand ils s'embarquent. (D.)

ROTATION. On a appliqué ce mot à l'agriculture pour dé-signer l'ordre de succession dans lequel les végétaux soumis à nos cultures ordinaires peuvent se suivre avantageusement sur le même champ, pendant une série d'années plus ou moins prolongée, conformément aux principes d'Assolement. *Voyez* ce mot et les mots Alternat, Jachère et Succession de cultures, où ces principes sont établis, développés et confirmés par un très grand nombre de faits authentiques et concluans, tirés de l'agriculture française même. (Yvart.)

ROUANNE. Instrument dont les commis des aides et les marchands de vin se servent, pour marquer la contenance des futailles, après qu'ils les ont jaugées, soit en traçant des cercles, des demi ou quarts de cercle, soit en traçant des lignes droites dans l'épaisseur du bois. (R.)

ROUCOUYER ou ROCOU, *Bixa*, Lin. Arbre exotique de moyenne grandeur, de la famille des tiliacées, qui croît naturellement sur le bord des eaux dans l'Amérique méridionale et dans les îles de l'Inde, et dont la semence donne une matière colorante connue dans le commerce sous le nom de *rocou* ou *roucou*.

Le roucouyer s'élève à peu près à la hauteur des orangers. Il pousse plusieurs tiges droites et rameuses, couvertes d'une écorce mince, unie, pliante, brune en dehors et blanche en dedans. Ses feuilles, presque semblables pour la forme à celles du tilleul, sont grandes, pointues, lisses et d'un beau vert avec des nervures roussâtres en dessous; elles sont attachées à d'assez longs pétioles, accompagnées de stipules et alternes. Les rameaux du roucouyer portent deux fois l'année à leurs sommités des bouquets composés de plusieurs petites têtes ou boutons de couleur brune roussâtre, et ces boutons s'épanouissent en des fleurs à dix pétales qui sont disposés en rose, alternativement grands et petits, d'un rouge pâle tirant sur l'incarnat et sans odeur. Chaque fleur offre un calice à cinq feuilles qui tombent à mesure que la fleur se dessèche. Au milieu de cette fleur est une espèce de houppe composée d'un grand nombre d'étamines jaunes à leur base et d'un rouge purpurin dans leur partie supérieure; chacune de ces étamines est terminée par une anthère oblongue, blanchâtre, sillonnée et remplie d'une poussière blanche. Le centre de la houppe est occupé par un petit embryon, couvert de poils fins et jaunâtres, et surmonté d'une espèce de petite trompe fendue en deux lèvres à sa partie supérieure.

L'embryon en croissant devient un fruit ovale ou oblong, pointu à son extrémité, aplati sur les côtés, ayant à peu près la figure d'un mirobolan. Ce fruit est de couleur tannée, hérissé de poils d'un rouge foncé, et formé de deux valves qui renferment un grand nombre de semences, de figure pyramidale, attachées les unes près des autres à une pellicule mince et luisante qui tapisse l'intérieur des valves. Ces semences sont couvertes d'une matière humide, d'un beau rouge, d'une odeur forte, et très adhérente aux doigts lorsqu'on y touche avec le plus de précaution. C'est cette matière qui forme le rocou du commerce dont on fait un grand usage dans la teinture du petit teint. Quand elle est détachée sa semence offre alors une couleur blanchâtre tirant sur celle de la corne.

Le roucouyer peut se planter depuis le mois de janvier jusqu'au mois de mai ; mais soit qu'on le plante de bonne heure ou tard, l'arbre n'en produit pas plus tôt. Il se plante (1) à la manière des pois ou du mil, c'est-à-dire qu'après avoir bien nettoyé la terre on y fait de petits trous avec la houe, dans lesquels on jette deux ou trois graines au plus. La distance ordinaire qui suffit pour chaque plant est de quatre pieds en carré. Dans le cours de sa croissance on a soin de le sarcler ; et quand il s'élève trop haut, on le rabat pour l'épaissir et pour l'entretenir en buisson.

La récolte du rocou se fait deux fois l'année, à la fin de juin et à la fin de décembre. On le distingue comme en deux espèces, l'un qu'on nomme rocou vert, et l'autre rocou sec. Le premier est celui qu'on cueille aussitôt que quelque fruit ou capsule d'une grappe commence à sécher et à s'ouvrir ; le second est celui où dans chaque grappe il se trouve plus de capsules sèches que de vertes. Ce dernier peut se garder six mois ; l'autre ne peut guère être conservé que pendant quinze jours ; mais il rend un tiers plus que le rocou sec, et le rocou qu'il produit est plus beau.

Le rocou sec s'écale en le battant, après l'avoir exposé au soleil, et l'avoir remué quelque temps. A l'égard du rocou vert, il ne faut, pour l'écaler, que briser la capsule du côté de la queue, et le tirer en bas avec la peau qui environne les graines, sans s'embarrasser de cette peau.

Après que les graines ont été détachées, on les met successivement dans divers canots (vans) de bois faits d'une seule pièce, et qui ont différens usages et différens noms.

Le premier dont on se sert se nomme canot de trempe. On y jette d'abord la graine à sec, et on la concasse légèrement avec un pilon, après quoi on remplit le canot d'eau bien vive et bien claire à huit ou dix pouces près du bord. Il faut cinq barils d'eau sur trois barils de graine. On la laisse ordinairement dans le canot de trempe huit à dix jours, pendant lesquels on a soin de la remuer deux fois par jour avec un rabot, un demi quart d'heure environ à chaque fois. On appelle première eau

---

(1) Dans les colonies françaises on emploie communément le mot *planter* pour le mot *semer*.

celle qui reste dans le canot de trempe après qu'on en a retiré la graine avec des paniers.

De ce premier canot elle passe dans un second nommé canot de pile, où elle est pilée à force de bras avec de forts pilons pendant un quart d'heure ou davantage, de sorte que toute la graine s'en sente. Il faut que ce canot ait au moins quatre pouces d'épaisseur par le fond, pour mieux soutenir les coups de pilons. On met sur la graine de nouvelle eau qui doit y demeurer une ou deux heures, après quoi on la passe au panier en la frottant avec les mains. L'eau qui reste se nomme seconde eau et se garde comme la première.

Ensuite on met la graine dans un canot à ressuer; elle doit y rester jusqu'à ce qu'elle commence à moisir, c'est-à-dire près de huit jours. Pour qu'elle ressue mieux, on l'enveloppe de feuilles de balisier.

Après qu'elle a ressué on la pile de nouveau, et on la laisse tremper successivement dans deux eaux, qui s'appellent les troisièmes eaux.

Quand toutes les eaux sont tirées, on les passe séparément avec un hébicher, en mêlant un tiers de la première avec la seconde, et deux tiers avec la troisième. Le canot où se passent les eaux s'appelle canot de passe, et on nomme canot à laver un canot plein d'eau où ceux qui touchent les graines se lavent les mains, et lavent aussi les paniers, les hébichers, les pilons et autres instrumens qui servent à faire le rocou. L'eau de ce canot, qui prend toujours quelque impression de couleur, est bonne à tremper les graines.

L'eau passée deux fois à l'hébichet se met dans une ou plusieurs chaudières de fer, suivant la quantité qu'on en a, et en l'y mettant on la passe encore dans une toile claire et souvent lavée.

Quand l'eau commence à écumer, ce qui arrive presqu'aussitôt qu'elles sent la chaleur du feu, on enlève l'écume qu'on met dans le canot aux écumes, ce qu'on réitère jusqu'à ce qu'elle n'écume plus. Si elle écume trop vite on diminue le feu. L'eau qui reste dans les chaudières quand l'écume est enlevée n'est plus propre qu'à tremper les graines.

On appelle batterie une seconde chaudière dans laquelle on fait cuire les écumes pour les réduire en consistance et en faire le rocou. Il faut diminuer le feu à mesure que les écumes montent, et les remuer presque sans interruption, pour empêcher le rocou de s'attacher au fond ou aux bords de la chaudière. Quand le rocou saute et petille, on diminue encore le feu; quand il ne saute plus, on ne laisse que de la braise sous la batterie. A mesure que le rocou s'épaissit et se forme en masse, il faut le tourner et retourner souvent, diminuant peu à peu le feu, afin qu'il ne brûle pas, ce qui est une des principales circonstances de sa bonne fabrique, sa cuisson ne s'achevant guère qu'en dix ou douze heures.

Pour connoître quand le rocou est cuit, il faut le toucher avec un doigt qu'on a auparavant mouillé, et quand il ne s'y attache pas, sa cuisson est finie. En cet état on le laisse un peu durcir dans la chaudière avec une chaleur très modérée en le tournant de temps en temps, pour qu'il cuise et sèche de tous côtés, ensuite on le tire, observant de ne point mêler avec le bon rocou une espèce de gratin trop sec qui reste au fond, et qui n'est bon qu'à repasser avec de l'eau et des graines.

Le rocou, au sortir de la batterie, ne doit pas d'abord être mis en pain; mais il faut l'étendre sur une planche à une certaine épaisseur, et l'y laisser refroidir huit ou dix heures, après quoi on en fait des pains. L'ouvrier chargé de cette opération, avant de manier le rocou, doit se frotter légèrement les mains avec du beurre frais, du sain-doux ou de l'huile de *palma - christi*. Les pains sont ordinairement de deux ou trois livres; on les enveloppe de feuilles de balisier. Le rocou diminue beaucoup; mais il a fait toute sa diminution en deux mois.

Quand on veut faire de très beau rocou, il faut employer du rocou vert. On en met tremper les graines dans un canot, aussitôt qu'elles ont été cueillies et détachées de leurs capsules; après quoi, sans les battre et les piler, mais seulement en les remuant un peu, et en les frottant entre les mains, on les passe dans un autre canot. Après cette seule façon, on enlève de dessus l'eau, avec une écumoire, une espèce d'écume ou de graisse qui surnage; on la fait épaissir à force de la battre avec une spatule ou avec la main, et on la fait ensuite sécher à l'ombre, sans employer aucune sorte de cuisson. Ce rocou est excellent; mais on n'en fait que par curiosité, parcequ'il seroit trop cher et point marchand.

La manière dont les Caraïbes font le rocou est encore plus simple. Ils détachent les graines des capsules, et les frottent tout de suite entre les mains, qu'ils ont auparavant trempées dans l'huile de carapal. Quand la pellicule incarnate s'est détachée des graines, et qu'elle est réduite en une pâte très fine et très claire, ils la raclent de dessus les mains avec un couteau, pour la faire sécher à demi et à l'ombre sur une feuille bien propre; ensuite, lorsqu'il y en a suffisamment, ils en forment des pelottes grosses comme le poing, qu'ils enveloppent de feuilles de cachibou. C'est avec cette sorte de rocou, mêlé avec de l'huile de ricin, que les Caraïbes se font peindre par leurs femmes, soit pour s'embellir à leur mode, soit pour se garantir de l'ardeur du soleil ou de la piqûre des moustiques. Ils s'en servent aussi à mettre en couleur leur vaisselle de terre, ce qui lui donne beaucoup d'éclat.

Les ouvriers qui travaillent à préparer le rocou sont sujets à des maux de tête qu'on peut attribuer à l'odeur forte de la graine exaltée par la macération et la fermentation, et rendue alors insupportable. Mais à mesure que la pâte de rocou se dessèche, elle prend une odeur agréable, qui approche de celle de la violette.

Le rocou de bonne qualité est sec, haut en couleur, et d'un rouge ponceau, plus vif en dedans qu'en dehors. Il est doux au toucher, d'une bonne consistance, et n'offre aucune dureté. Celui qui a été mal desséché est d'un rouge pâle. Celui qui est frelaté ne se dissout pas entièrement dans l'eau. On le frelate en y mêlant, pendant sa préparation, de la brique pilée, de la terre rouge bien tamisée ou d'autres matières, ce qui augmente considérablement son poids et son volume.

Le rocou le plus estimé dans le commerce est celui qu'on prépare à Cayenne. Les teinturiers s'en servent pour mettre en première couleur les laines qu'ils veulent teindre en rouge, bleu, jaune, vert, etc.; car il est peu de couleurs où on ne le fasse entrer. Celle qu'il donne, employée seule, est très belle, mais elle ne dure point. L'air l'affoiblit et le savon l'emporte. Aussi ne fait-on point usage du rocou dans les fabriques de bon teint; on y supplée par un mélange de la gaude et de la garance. Pour l'employer dans les fabriques de petit teint, on se sert du procédé suivant. On fait fondre dans une chaudière de la cendre gravelée avec une suffisante quantité d'eau, et on fait bouillir pendant une heure. Ensuite on met autant de livres de rocou que de cendres, on remue bien, et on laisse encore bouillir le tout un quart d'heure; après cela on trempe les étoffes, préalablement mouillées, jusqu'à ce qu'elles aient pris le ton demandé; on les retire, on les passe à l'eau de rivière, et on les fait sécher.

Le bois du roucouyer est tendre et blanc; son écorce est filandreuse comme celle du tilleul; on en fait des cordes. (D.)

ROUGE-GORGE. Oiseau du genre de la fauvette, que son abondance dans les pays boisés et humides, et la bonté de sa chair, rendent le but d'une chasse de quelque importance. On le reconnoît à sa longueur de cinq à six pouces, à son bec mince, à ses plumes d'un gris brun sur la tête, le cou et le dos, d'un roux orangé à la gorge et à la poitrine, d'un blanc gris sous le ventre.

La plupart des rouge-gorges quittent la France au milieu de l'automne pour aller chercher des climats plus doux, où ils trouvent les insectes qui font presque exclusivement leur nourriture. Ceux qui restent se rapprochent alors des habitations ; et il n'est pas rare qu'ils s'établissent dans les granges des cultivateurs, où ils font la chasse aux mouches et aux araignées. Ils deviennent alors d'autant plus familiers, qu'on affecte moins de les effrayer. J'en ai connu un qui s'étoit habitué à entrer dans une maison pendant l'hiver dès qu'il trouvoit une fenêtre ouverte, et qui y restoit toute la journée sans s'inquiéter du nombre des allans et des venans, mais sachant fort bien déjouer les ruses des chats.

C'est presque exclusivement à la pipée qu'on prend les rouge-gorges. Je ne la décrirai pas, parceque les cultivateurs doivent désirer la conservation plutôt que la destruction de ces jolis oiseaux. (B.)

ROUGETTE. On donne ce nom dans le département des Ardennes à la mélampyre des champs.

ROUGISSURE. Maladie des fraisiers, qui en fait souvent perdre de grandes quantités. Elle paroît due à un uredo fort voisin de celui de la rouille, s'il n'est pas le même. *Voyez* Uredo.

ROUILLE. Les cultivateurs donnent ce nom à des taches plus ou moins semblables à la rouille de fer, c'est-à-dire jaunâtres, qui se développent sur les feuilles et sur les tiges de différentes plantes, principalement du blé, et dont l'effet est de diminuer la quantité du grain et même de s'opposer complètement à sa production.

Long-temps on a attribué la rouille aux brouillards, à la rosée, etc., et on a bâti des systèmes pour expliquer sa formation ; actuellement on sait qu'elle est produite par un champignon parasite du genre des Uredo (*voyez* ce mot), qui se propage probablement comme la carie et le charbon, *voy*. ces deux mots, c'est-à-dire par le torrent de la circulation.

Ce qui fait principalement qu'on a attribué à la rosée et aux brouillards la production de la rouille, c'est que ses effets sont peu différens de la brûlure, et qu'elle se montre réellement plus abondamment dans les années pluvieuses, dans les champs voisins des marais et des bois. J'ai connu en France des localités où on avoit été forcé de renoncer à la culture du froment par suite de son abondance, et ces localités étoient des vallées marécageuses ou au milieu des bois. Il m'a paru par quelques observations que c'étoit principalement elle qui s'opposoit à la culture de la même plante dans la basse Caroline, pays où l'air est toujours surchargé d'une abondante humidité.

Lorsqu'il n'y a que peu de rouille sur les feuilles d'un pied de blé, elle ne paroît pas influer d'une manière sensible sur sa végétation et par conséquent sur ses produits en grain; mais lorsqu'il y en a beaucoup sur les feuilles ou un peu sur la tige, elle absorbe la plus grande partie de la sève destinée à le nourrir; cette tige s'élève moins, ses grains avortent, et elle périt avant les autres.

Les moyens qu'on a proposés pour mettre obstacle aux désastreux effets de la rouille ne remplissent aucunement leur objet. Le seul qui mérite d'être mis à exécution, c'est de faucher les blés qui en sont infestés avant l'apparition de la tige; car il paroît que les nouvelles feuilles qui se développent en sont le plus souvent exemptes; d'ailleurs cette rouille n'ayant pas encore répandu ses bourgeons séminiformes, c'est autant de moins pour les récoltes suivantes. Ce que j'ai dit plus haut doit faire croire qu'un des moyens de la prévenir, c'est de semer le blé dans des endroits secs ou exposés aux grands vents.

Peut-être trouvera-t-on un jour quelques remèdes contre ce fléau. L'analogie sembleroit faire croire que le chaulage seroit son spécifique, comme il l'est et de la carie et du charbon; mais quelques rapports qu'il y ait entre ces derniers et la rouille, les circonstances sont fort différentes. En effet la rouille ou la plus grand partie de la rouille achève son évolution avant la maturité des grains; ses bourgeons séminiformes se répandent sur la terre et y attendent le grain qu'on doit y semer. Comment les attaquer? Il sembleroit que la marche la plus favorable à suivre seroit la culture à longs retours des céréales; car il ne paroît pas que la rouille qui attaque les légumineuses, les crucifères, et autres familles de plantes cultivées, soit la même que celle qui se voit sur les graminées; mais combien d'années ces bourgeons séminiformes peuvent-ils rester dans la terre en état de germer? C'est sur quoi on n'a aucune donnée positive; mais ce qu'on sait de la carie et du charbon peut faire penser que leur faculté de se reproduire ne dure pas long-temps. (B.)

ROUILLE DU FER. Nom vulgaire de l'oxide de fer au premier degré. *Voyez* FER et OXIDE.

Comme le fer exposé à l'air se rouille d'autant plus promptement que cet air est plus humide, et que non seulement il perd son éclat et son poli, mais qu'à la fin il se détruit, on a cherché les moyens de le garantir de son action.

Deux moyens principaux sont généralement employés; l'un c'est la peinture à l'huile rendue siccative par la rouille même ou l'oxide vitreux de plomb (litharge), l'autre c'est la graisse de porc (sain-doux) mélangée de plombagine en poudre. Cette dernière substance laisse au fer sa couleur brillante, ou mieux, lui en donne une semblable.

La rouille dissoute en partie dans l'huile est un excellent moyen pour marquer les linges grossiers d'une manière ineffacable. Tous les sacs, les bannes, et autres objets de ce genre d'un service journalier dans une exploitation rurale devroient être ainsi marqués. (B.)

ROUILLE DES FOINS. Quoique la plupart des herbes qui composent les prairies soient susceptibles de la rouille dont il a été question plus haut, ce n'est pas d'elle qu'entendent parler les cultivateurs lorsqu'ils disent que leurs foins sont rouillés, mais de l'application d'une couche de terre, le plus souvent argileuse et jaune, produite par une inondation d'eau trouble, lorsqu'ils étoient encore sur pied, mais déjà grands.

Les foins rouillés sont fréquemment totalement impropres à la nourriture des bestiaux qui les refusent, et auxquels ils occasionnent des maladies graves. En les battant avec un fléau ou des baguettes on fait bien tomber une partie de la terre qui les encroûte, mais il en reste toujours trop. En les lavant à l'eau courante on ne produit pas en eux une amélioration plus complète. Cependant ces deux moyens, séparément ou ensemble, doivent être employés lorsqu'on est forcé de donner les foins rouillés aux bestiaux. Une aspersion d'eau salée est un correctif important à mettre en usage dans ce cas.

Toutes les fois qu'on peut se dispenser de nourrir les bestiaux de foins rouillés il faut le faire et les consommer en litière, qui donne un fumier d'excellente qualité. *Voyez* PRAIRIE. (B.)

ROUISSAGE. Opération dont le but est de décomposer le gluten qui unit les fibres de l'écorce de chanvre, du lin, de l'ortie, etc., afin d'en faire de la filasse, ou chanvre d'œuvre, et par suite du fil et de la toile. *Voyez* CHANVRE et LIN.

On a beaucoup écrit sur cette matière, quoique la théorie en soit très simple, et la pratique peu compliquée. Je me contenterai d'exposer un résumé de l'un et de l'autre.

C'est ordinairement dans l'eau que s'exécute le rouissage; mais quelquefois cependant on l'effectue à la rosée ou dans la terre.

L'écorce du chanvre, comme celle de la plupart des autres, est composée de plusieurs couches dont les fibres sont longitudinales et intimement unies entre elles et avec la tige, par un gluten résino-gommeux, dont Rozier a le premier bien reconnu la nature; c'est ce gluten qu'il s'agit de décomposer ou de dissoudre. La proportion de la résine est de 4 gros 18 grains, et de la gomme, de 3 onces 3 gros et demi par livre; le reste est la filasse. *Voyez* ÉCORCE.

Les meilleures substances pour dissoudre ce gluten seroient d'abord l'eau de-vie, ensuite les alkalis, les savons, la chaux en petite quantité, les acides minéraux affoiblis, les acides végétaux et animaux.

La plupart de ces substances sont trop chères pour être employées en grand.

Heureusement qu'il est possible de parvenir au même résultat par le moyen de la fermentation dont la partie gommeuse est susceptible, et par son action sur la partie résineuse, qui est alors réduite en molécules si petites qu'elles n'ont plus la faculté agglutinante dont l'effet étoit d'empêcher la division de l'écorce en filasse.

Pour cela donc on met les tiges du chanvre réunies en petites bottes, après avoir coupé leurs racines, dans une eau stagnante ou peu courante, et on les charge de pierres pour les tenir constamment au fond. On appelle ROUTOIRS les endroits consacrés annuellement à cette opération. *Voyez* ce mot.

Lorsqu'il fait chaud, on voit, dès le lendemain du jour où on a mis le chanvre dans l'eau, des bulles d'air s'élever à la surface de cette eau ; ce n'est que de l'air commun : mais au troisième jour cet air est du gaz acide carbonique, et au cinquième de l'hydrogène. Alors l'eau est trouble et colorée ; elle exhale une odeur désagréable, même fétide : si elle contient des insectes, ou du poisson, ils périssent.

Dans le commencement du rouissage le poisson est enivré par le chanvre, et vient à la surface, mais il ne meurt pas ; ce n'est que lorsque la fermentation a absorbé tout l'oxygène de l'eau, c'est-à-dire vers la fin de cette opération qu'il périt immanquablement.

Les hommes, les animaux ne sont jamais dans le cas de boire de l'eau où le chanvre a roui, parcequ'ils sont avertis par la mauvaise odeur et la détestable saveur dont elle est pourvue. Ce n'est donc que lorsqu'elle est mêlée avec celle des rivières où elle a afflué qu'elle peut leur causer du mal. Ses effets, à très haute dose, doivent être narcotiques et purgatifs, mais rarement plus dangereux. *Voyez* CHANVRE.

« Qui ne reconnoît, observe Rozier, au simple énoncé de ces phénomènes, qu'ils sont produits par la fermentation ? Cette fermentation est retardée ou avancée par le froid et le chaud, plus forte et plus prompte dans les eaux stagnantes et peu abondantes, moins avantageuse dans les ruisseaux et les rivières. Les grandes masses de chanvre sont bien plus tôt rouies que les petites ; mais il n'y a que le gluten qui, dans le chanvre, contienne les élémens de la fermentation ; il s'humecte, il s'amollit, il s'enfle, comme tout mucilage dans le même cas. Si cette matière étoit entraînée à mesure qu'elle se dissout, il n'y auroit pas de fermentation : c'est la raison du peu de perfection que prend le rouissage dans les eaux courantes ; cependant à cet inconvénient s'oppose la construction des tas qui sont alors plus serrés et plus chargés que ceux des eaux dormantes. La partie du gluten encore enclavée dans l'écorce qui la distend de toute part et l'attaque dans tous les sens subit la fermentation et produit les différens gaz dont on a parlé, suivant les degrés de cette fermentation. On sait que tout mucilage qui a fermenté perd sa glutinosité et devient acide avant de pourrir ; que dans cet état il est un menstrue pour dissoudre les résines. Les sommités du chanvre sont encore glutineuses lorsque le rouissage est parfait pour les tiges. Cette partie est peut-être plus résineuse ; elle est d'ailleurs placée plus loin du centre de la fermentation ; elle a moins éprouvé le mouvement intestin qui atténue et mixtionne les principes. Ce sont ces observations qui ont sans doute engagé les Hollandais à mettre de la fougère entre les couches de leurs bottes de lin, afin de faciliter et d'accélérer la fermentation. »

D'après ce qui a été dit plus haut de l'utilité des feuilles pour hâter la fermentation, et de la plus grande résistance de l'extrémité des tiges à son action, on doit conclure que c'est mal à propos qu'on coupe la tête à ces tiges, puisque c'est là où il se trouve le plus de feuilles. Mais, dit-on, les feuilles coloreront la filasse, la rendront noire : cela n'aura lieu, répondrai-je, que lorsque le chanvre aura séjourné trop longtemps au routoir, et c'est pour qu'il y séjourne moins que je veux qu'on les conserve, à moins qu'on ne les remplace par des plantes moins colorantes, par du mauvais foin, par exemple, si on ne peut se procurer de la fougère.

Mais les plantes qu'on met à rouir ne sont pas toutes au même degré de maturité, ne sont pas toutes de la même longueur, grosseur, etc. ; or, on a reconnu que, toutes choses égales d'ailleurs, le chanvre femelle rouissoit plus tôt que le mâle, le gros plus tôt que le petit, le long plus tôt que le court, le vert plus tôt que le jaune, le voisinage des racines plus tôt que le voisinage de la tête, le nouvellement arraché plus tôt que le sec ; il faut donc séparer toutes ces qualités et les mettre rouir à part ou les placer différemment dans le routoir, c'est-à-dire mettre au centre celles qui sont les plus difficiles à rouir. Rarement cependant on prend ces précautions ; aussi combien de chanvre est chaque année inégalement roui, et par conséquent diminué de valeur ou en partie perdu ?

Il faut conclure de l'observation que le chanvre sec se rouit plus lentement que le vert, qu'il est avantageux de le porter au routoir aussitôt qu'il est récolté, par conséquent d'opérer sur le mâle avant d'opérer sur la femelle ; on gagnera encore à cela de profiter de la chaleur de la saison. Si on ne pouvoit absolument pas rouir peu de jours après la récolte, il faudroit, dans le climat de Paris, le faire avant la mi-octobre, à cause du froid et des pluies. D'ailleurs la dessiccation rapide au soleil ou à l'air est de rigueur, celle exécutée artificiellement dans un four ou au séchoir nuisant à la qualité de la filasse.

Le temps du rouissage varie selon la chaleur de la saison, la qualité et la quantité des eaux, la nature du chanvre et l'emploi de la filasse. Dans un routoir isolé et de moyenne grandeur, alimenté par des eaux de rivière, il est ordinairement, dans le climat de Paris, de quatre à cinq jours en juillet, de cinq à huit en septembre, de neuf à quinze en octobre. Il est retardé dans les eaux de source, dans les eaux courantes, dans les eaux trop profondes ou trop étendues, dans les eaux séléniteuses, les eaux salées, etc. J'ai fait voir plus haut que tous les pieds et même les diverses parties du même pied ne rouissoient pas dans le même espace de temps. Le chanvre destiné à faire des cordes ou de la grosse toile, doit être moins roui que celui qu'on veut employer pour faire de la toile fine : le lin ne demande à rester dans l'eau que la moitié du temps qu'exige le chanvre.

Un bon rouisseur visite tous les soirs son routoir pour voir si rien ne s'est dérangé, et lorsque l'opération approche de sa fin, il examine les changemens qui se sont opérés dans la couleur de l'eau, dans l'odeur qui s'en exhale ; il tire quelques tiges de chanvre au centre et sur les bords, et, réunissant toutes ses observations, il juge du moment où il faudra ôter le tout de l'eau.

Le signe de la terminaison du rouissage est lorsque l'écorce quitte la tige, qu'alors on appelle Chenevotte (*voyez* ce mot), d'un bout à l'autre, et lorsque la moelle a disparu.

Quand le rouissage a manqué par défaut on peut réparer le mal en mettant de nouveau les bottes dans l'eau ou en les étendant sur le pré ; mais lorsqu'il a manqué par excès il n'y a plus de remède : la filasse à moitié pourrie est noire, courte, se casse facilement, se transforme presque entièrement en étoupe dans les opérations du serançage et du peignage.

Le nombre des bottes ou javelles que l'on range les unes sur les autres dans le routoir dépend de la profondeur de l'eau ; mais tout routoir qui est profond est défectueux. Lorsqu'on rouit dans les rivières, outre les pierres destinées à tenir les bottes enfoncées, il faut encore employer des piquets qui les traversent, afin d'empêcher l'eau de les entraîner.

Le chanvre complètement roui est retiré de l'eau à la main, après avoir enlevé les pierres et les piquets qui l'assujettissoient,

Pour cela un homme entre dans l'eau. C'est le matin qu'il faut procéder à cette opération, à raison de l'insalubrité dont elle est pour les personnes qui y concourent, insalubrité qui est plus à craindre pendant la chaleur du jour. Dans quelques lieux on emploie des crocs; mais ce moyen ne doit être permis que dans un cas de nécessité absolue, à raison de ce qu'il brise les chenevottes, emmêle la filasse, et cause par conséquent beaucoup de déchet et de perte de temps.

Dès que les bottes de chanvre sont retirées de l'eau, il faut les laver, et c'est alors qu'une eau courante et abondante est une chose utile, parcequ'elle remplit mieux l'objet qu'une eau stagnante et sans profondeur; cependant on peut rarement l'employer, à raison des inconvéniens qui en résultent pour les poissons et même pour les hommes et les bestiaux. Le plus souvent on est réduit à les laver avec des seaux d'eau qu'on jette sur elles. Attendre que la pluie remplisse cet office, comme on le fait dans tant de lieux, est la pire de toutes les pratiques, parceque l'expérience prouve que tout chanvre roui qui n'est pas desséché le plus promptement possible perd de sa qualité, et prend une mauvaise couleur.

Il faut donc faire dessécher le chanvre aussitôt qu'il est lavé. Pour cela, ou on met les bottes en CHAÎNE (voyez ce mot), ou on écarte le pied de chaque botte en trois faisceaux sans défaire le lien, et on la dresse sur le sol. Ces manières d'opérer valent mieux que celle de placer les bottes le long des murs et des haies, parceque la dessiccation opérée par l'air agité est plus avantageuse que celle qui est la suite de la chaleur du soleil, laquelle colle la filasse, qui n'est pas encore débarrassée de toute sa résine, sur la chenevotte. D'ailleurs les abris retardent la dessiccation lorsque le soleil ne brille pas.

Il est des cultivateurs qui, au lieu de suivre un de ces trois procédés, délient leurs bottes de chanvre et étendent les chenevottes qui les composent sur la terre; mais ils sont exposés à les voir dispersées ou bouleversées par le vent, par les pluies d'orage, par les animaux, et il s'en casse toujours beaucoup en les étendant et en les ramassant.

Aussitôt que le chanvre roui est complètement desséché, on réunit un certain nombre de bottes ensemble pour en faire de plus grosses, ou on le transporte à la maison pour le TILLER ou le SÉRANCER (voyez ces deux mots), ensuite le peigner et le filer. Ces deux dernières opérations, quoique le plus souvent faites par les cultivateurs, sortent du domaine de l'agriculture; ainsi je n'en parlerai pas.

Il est bon que je revienne sur quelques considérations que je n'ai fait qu'indiquer plus haut.

Du même chanvre mis à rouir dans l'eau stagnante et dans l'eau courante, le premier a été plus tôt roui, a fourni plus de filasse, et de la filasse plus facile à blanchir; mais le second avoit la filasse plus blanche, plus entière, plus forte.

Il en a été de même du chanvre mis à rouir dans une eau de rivière stagnante et dans une eau de mer stagnante.

Les eaux de fumiers, les eaux dans lesquelles on a introduit des sels alkalis accélèrent le rouissage du chanvre. Il en est de même de l'eau dans laquelle du chanvre a déjà roui.

Une petite quantié de chaux mise dans un routoir produit le même effet, mais brûle trop la filasse.

M. Home, il y a une cinquantaine d'années, M. Brasle ensuite, et depuis M. Saint-Sever ont proposé de rouir le chanvre et le lin en peu d'heures; le premier en le mettant dans une eau alkaline chauffée, les derniers en l'imprégnant d'une eau semblable, et en l'exposant, dans une chaudière de cuivre, exactement fermée, à la vapeur de l'eau élevée à une haute température. Les nombreux essais qui ont été faits dans ces derniers temps, et dont j'ai vu les résultats, prouvent l'excellence de cette dernière méthode; cependant la dépense de l'appareil et la difficulté de l'opération ne permettront jamais aux habitans des campagnes de l'adopter. Plusieurs cultivateurs aisés l'ont pratiquée pendant quelques années dans les environs de Paris; mais il est douteux, à raison du haut prix actuel de la potasse et de la soude, qu'elle le soit encore chez un seul d'entre eux. Il est donc superflu que j'entre dans des détails plus étendus à son égard.

On a aussi fait des expériences qui ont prouvé qu'il étoit possible de rouir le chanvre dans des vapeurs d'acide sulfureux.

J'ai dit au commencement de cet article qu'on pouvoit rouir le chanvre en l'étendant sur l'herbe. Dans un climat médiocrement humide ce rouissage dure un mois. Or, que de chances d'accidens il y a à craindre pour lui pendant cet espace de temps? D'ailleurs, rarement ce rouissage est par-tout égal, et la filasse noircit beaucoup, ce qui la rend plus difficile à blanchir; souvent elle est tachée d'une manière ineffaçable. Beaucoup de pays qui manquent d'eau sont cependant forcés de rouir ainsi.

On peut accélérer le rouissage à l'air, en arrosant soir et matin, lorsque le temps est sec; mais quel emploi de temps! On peut produire le même effet en l'arrosant quelquefois avec des eaux alkalines; mais quelle dépense! Avec de l'eau de mer; mais il faut être sur les côtes!

On doit craindre de mettre le chanvre rouir à l'air sur les prés, parceque l'herbe s'imprègne pour long-temps de son odeur, et que les bestiaux n'en veulent pas. S'ils en mangeoient ils seroient exposés à des maladies graves, et même à la mort. *Voyez* CHANVRE.

Les inconvéniens du rouissage du lin à l'air sont bien moins graves que ceux de celui du chanvre, parceque cette plante se rouit plus promptement. C'est cette méthode de rouissage qu'on préfère dans les pays où on la cultive en grand, pour en faire de la batiste ou de la dentelle, comme en Flandre et en Hollande, parcequ'on a reconnu qu'elle donnoit une filasse bien affinée, très souple et très soyeuse.

Il est des localités où le manque d'eau disponible et la grande sécheresse du climat ne permettent pas de rouir dans l'eau et à l'air. Là on n'a d'autres ressources que de faire cette opération dans la terre. Pour cela on creuse à portée d'un puits une fosse, on y arrange le chanvre comme dans un routoir, on le recouvre d'un à deux pieds de terre, plus ou moins, selon la nature de cette terre; on donne une bonne mouillure au tout, et on attend que le rouissage s'accomplisse. Si on renouveloit la mouillure, on retarderoit l'opération, parceque l'eau froide nuit à toute fermentation active; cependant on est quelquefois obligé de le faire, lorsqu'on procède avec du chanvre déjà desséché ou dans les terres et dans les saisons sèches. C'est à l'expérience à décider du cas. Il faut assez communément le double de temps pour effectuer le rouissage dans la terre que pour effectuer celui dans l'eau. Lorsqu'on croit qu'il s'avance, on visite tous les deux ou trois jours une des bottes supérieures pour juger de l'état de la masse.

Lorsque le chanvre ainsi roui est retiré de la fosse on le fait rapidement sécher comme il a été dit plus haut. La terre qui lui est adhérente reste jusqu'au moment qu'il est teillé ou sérancé, à moins qu'on ait assez d'eau de puits pour l'enlever de suite. Cette terre au reste n'a pas les inconvéniens, pour la coloration de la filasse, de la boue des routoirs à eau, à moins qu'elle ne soit ferrugineuse; et, en ce cas, il ne faudroit pas y mettre le chanvre. Les résultats de ce rouissage, convenablement exécuté, sont en général fort beaux, le plus souvent préférables à ceux du rouissage à l'eau. Il y a donc lieu de désirer que sa pratique s'étende davantage. Je dois observer cependant que la marche de la fermentation est fort irrégulière dans ces fosses, et que souvent elle parcourt ses phases avec une telle rapidité, que du jour au lendemain la filasse est altérée. La cause en est à l'action de la chaleur atmosphérique, beaucoup plus variable que celle de l'eau.

On doit prendre de grandes précautions lorsqu'on enlève le chanvre de ces sortes de routoirs; car les gaz acides carboniques et hydrogènes sulfurés qui s'y trouvent sont dans le cas de causer instantanément la mort aux ouvriers. C'est le matin avant le lever du soleil qu'il convient d'y procéder. Il faut commencer par le bord au-dessus du vent, et pour plus de sûreté allumer un feu clair très près de ce bord.

La terre qui a recouvert le chanvre dans ces sortes de routoirs, ainsi que la boue du fond de ceux qui emploient l'eau, sont un excellent engrais. Il ne faudroit donc jamais négliger de les utiliser. Je n'ai cependant pas vu qu'elles fussent employées, quoique j'aie vécu long-temps dans des pays dont la culture du chanvre fait la richesse. (B.)

ROUISSOIR. *Voyez* ROUTOIR.

ROULAGE. Opération par laquelle, au moyen d'un cylindre de bois, de pierre ou de fer tournant sur une axe et traîné par des chevaux, on brise les mottes des champs nouvellement ou anciennement labourés, et on plombe le terrain. *Voy.* MOTTE, PLOMBAGE et ROULEAU.

Quels que soient les avantages dont il est dans les cantons où il est commun, le roulage n'est pratiqué que dans la plus petite partie de la France. Ce n'est cependant ni la cherté de l'instrument, ni la difficulté d'en faire usage qui s'oppose à son emploi. C'est uniquement l'attachement aux habitudes si enracinées parmi les habitans des campagnes.

On roule, soit immédiatement après le labour, et dans ce cas le seul but est de briser les mottes. On roule après le hersage et l'ensemencement, et l'objet est alors de briser les mottes et de plomber la terre. Quelquefois on répète cette opération, c'est-à-dire qu'on la fait après le labour et après l'ensemencement. C'est dans les terres fortes que cela a principalement lieu.

Il est des cultivateurs qui roulent leurs fromens après l'hiver, leurs orges et leurs avoines un peu avant qu'ils montent en épi. Leur intention, disent-ils, est d'écraser les trochées de ces céréales et de les forcer par-là à pousser un plus grand nombre de rejets latéraux. Une observation exacte et répétée des résultats de cette sorte de roulage m'ont convaincu que ce n'étoit pas seulement parceque les trochées étoient écrasées qu'elles poussoient davantage de rejets, mais parcequ'elles étoient buttées par la terre des mottes renversées dans les creux qui accompagnent ces mottes. *Voyez* BUTTER.

Les terres légères demandent à être principalement roulées pour les plomber, et les terres fortes pour écraser leurs mottes; les semis des prairies artificielles pour l'un et l'autre de ces objets, et pour unir le terrain afin de faciliter le fauchage.

On peut plus difficilement rouler dans les pays où on laboure en billon, mais on y parvient cependant au moyen de rouleaux courts, qu'on fait passer successivement sur les deux côtés du billon.

Une terre ni trop humide ni trop sèche est celle qui se roule avec le plus d'avantage ; car, lorsqu'elle est trop humide, elle s'attache au rouleau et se plombe trop, et lorsqu'elle est trop sèche, elle résiste à l'effet de l'opération. Dans ce dernier cas on doit prendre un rouleau très pesant ou des CASSE-MOTTES. *Voyez* ce mot. (B.)

ROULEAU A DÉPIQUER LES GRAINS. *Voyez* DÉPIQUAGE et BATTAGE.

Il paroît, par ce que les journaux d'agriculture ont rapporté, que le meilleur de tous les rouleaux imaginés pour battre le blé est celui de M. Martine, perfectionné par M. Carrère.

Ce rouleau est formé par deux roues de charrette, transformées en décagone, fixées par un essieu, et portant sur leur pourtour dix arêtes obtusément tranchantes.

Vis-à-vis du milieu de l'intervalle que laissent entre eux les arêtes du cylindre, chacune des extrémités de l'axe est percée d'un trou qui la traverse diamétralement. Ces trous doivent être distans entre eux d'un intervalle égal à celui qu'on a mis entre les tringles du battoir, que ces trous doivent recevoir, et dans lesquels elles doivent couler librement.

Chaque battoir est composé d'un cadre rectangulaire. Deux tringles de fer rond en forment les montans, et deux solives de chêne les traverses. Celles-ci ont de longueur celle de l'intervalle des deux roues décagones, et les tringles quelques pouces de plus que l'élévation de l'axe de la machine.

On sent que, pour que les tringles des dix battoirs qui répondent aux dix intervalles entre les arêtes ne se rencontrent point à leur croisement dans l'axe, l'intervalle entre les tringles doit décroître, de manière que chaque trou se trouve à un pouce au moins de celui qui précède. Il faut faire en sorte que les trous pratiqués de chaque côté de l'axe pour les recevoir soient renfermés dans un intervalle de six à sept pouces. De cette construction il suit nécessairement,

1° Que, puisque les tringles ou montans de chaque battoir traversent diamétralement l'axe du cylindre, cinq battoirs occuperont les intervalles entre les arêtes, de manière qu'une traverse de chaque battoir répondra à deux intervalles diamétralement opposés ;

2° Que si dans le moment où le cylindre en repos porte sur l'extrémité de deux rayons ou arêtes consécutives, on soulève le battoir qui répond au milieu de leur intervalle ; ce battoir coulant dans ces trous tombera par son poids, avec une force proportionnée à la hauteur à laquelle il aura été élevé, et qu'ainsi la traverse inférieure s'appliquant sur le sol, la traverse supérieure se trouvera arrivée à quatre ou six pouces à peu près de l'axe du cylindre ;

3° Que si, dans cet état de choses, on fait faire au cylindre une demi-révolution, la traverse inférieure devenant alors la plus élevée, le cadre descendroit en tombant de son poids; l'autre traverse frapperoit à son tour avec une force proportionnée à la hauteur de la chute, c'est-à-dire à l'élévation de l'axe au-dessus du terrain.

Ce qui est dit ici d'un battoir devant s'entendre de tous, il est évident que cinq battoirs auront frappé chacun deux coups dans chaque révolution du cylindre.

Le jeu de cette machine est si heureusement adapté au pas du bœuf, qu'il tire de sa lenteur même la plénitude de son action. Il est en effet aisé de sentir que dans ce rouleau le jeu des battoirs exige une certaine lenteur dans les mouvemens, que trop de précipitation empêcheroit chacun des battoirs d'arriver jusqu'à terre avant d'être remplacé par le suivant, et qu'ainsi successivement aucun n'auroit le temps de produire son effet.

Il a donc fallu que M. Carrère combinât l'élévation de l'axe du cylindre qui détermine la hauteur de la chute de ses cadres et les poids de ces mêmes cadres avec la vitesse que les bœufs devoient imprimer à la machine. Ce ne peut-être qu'après de longs tâtonnemens qu'il a pu donner à chacune de ces parties les dimensions les plus avantageuses pour l'effet désiré, et qu'on ne pourroit changer sans s'exposer à détruire l'accord qui doit régner entre elles. C'est d'après ces considérations qu'on les donne ici.

	pieds.	pouces.
Roues polygones, diamètre.	6	
Intervalle entre les roues, environ. .	4	
Diamètre de l'axe.		10
Tringles des battoirs, diamètre . . .		1
Hauteur des cadres.	4	
Longueur des traverses des battoirs. .	3	6
Poids des cadres. . . . . 40 livres.		
Poids du cylindre. . . . 800 *id*.		

L'aire sur laquelle M. Carrère a fait manœuvrer son rouleau à l'aide d'un seul bœuf, a quatre-vingt trois pieds de diamètre; à son centre est élevé un poteau d'environ dix pieds de hauteur, à l'extrémité supérieur duquel est pratiqué un collet embrassé par un collier tournant, auquel est fixée la longe qui détermine les rayons successifs du cercle que le bœuf doit décrire. Cette manière d'attacher la longe laisse la liberté de passer au-dessous et facilite le reste du service.

Les gerbes disposées circulairement, comme dans la manœuvre du cylindre ordinaire, étoient au nombre de 240.

Elles furent, malgré que le temps ne fût pas favorable, dépouillées de leur grain en trois heures, sans que le bœuf parût fatigué, tandis que dans la méthode ordinaire une douzaine d'hommes n'eussent pu exécuter le même effet par un travail forcé pendant une journée entière. Le résultat fut reconnu plus parfait que par aucune autre méthode connue.

Un autre rouleau à dépiquer, en usage dans quelques cantons de l'Italie, et depuis quelques années introduit dans les environs d'Agen, de Toulouse, de Montpellier, etc., est celui qui est décrit et figuré dans les Annales d'agriculture de mon collaborateur Tessier.

C'est un cône tronqué de trois à quatre pieds de long (*voyez pl.2, fig.* 1), sur vingt pouces de diamètre d'un côté et seize de l'autre (ces proportions peuvent varier en plus ou en moins), sur la surface duquel sont solidement attachées huit barres ou jumelles de même longueur et de six pouces de haut sur quatre de large. Le bord supérieur de ces jumelles est arrondi. A travers ce cône tronqué passe un essieu de fer d'un pouce de diamètre, qui le déborde de quatre pouces de chaque côté. Cet essieu sert à fixer le rouleau dans un cadre dont les côtés sont recourbés en haut, et aux extrémités antérieures duquel sont fixés deux crochets de fer qui servent à attacher les cordes destinés à faire traîner le tout par un cheval.

On peut, au lieu de jumelles, entailler des cannelures dans le cône même, mais cela devient plus coûteux, et si une d'elles se cassoit il faudroit toujours la remplacer par une jumelle.

Pour faire agir cette machine, on la fait traîner avec une rapidité moyenne, par un cheval, sur les gerbes déliées et disposées en rond ou en hélice. Un homme placé au centre dirige le cheval au moyen d'une corde qu'il allonge ou raccourcit à volonté. D'autres personnes disposent les gerbes, les retournent, etc. *Voyez* aux mots Battage et Dépiquage. Chaque fois qu'une jumelle quitte la surface de l'aire, sa suivante tombe sur le blé avec une force proportionnelle et à leur distance respective et au poids total de la machine. Il en résulte d'abord une percussion et ensuite une compression qui font sortir le blé de sa balle. La seule attention à avoir, je le répète, c'est de ne pas faire marcher le cheval trop vite ni trop lentement.

Il paroît, d'après des calculs et des expériences, sur l'exactitude desquels on ne peut jeter aucun doute, qu'il y a un vingtième à gagner par l'emploi de ce rouleau comparé à celui du dépiquage au moyen des pieds des animaux; que de plus la paille est bien moins brisée, bien moins salie et par conséquent conserve plus de valeur; qu'enfin l'opération se fait plus promptement.

On doit donc engager les propriétaires des pays où le dépiquage est encore en usage de préférer ce rouleau d'ailleurs si simple et si peu coûteux.

C'est de frêne qu'on doit faire autant que possible le rouleau, à raison de la pesanteur moyenne de son bois ; car trop lourd comme trop léger il ne produiroit pas autant d'effet. (B.)

ROULEAU A PLOMBER LES TERRES. Cylindre d'un bois dur et pesant, quelquefois de pierre ou de fonte de fer, traversé par un axe de fer, tournant dans un cadre ou à l'extrémité d'un brancard, qu'on fait traîner par des chevaux ou par des bœufs sur les terres nouvellement labourées, 1° pour écraser les mottes ; 2° pour unir le terrain ; 3° pour le plomber ; ou par des hommes sur les gazons et les allées des jardins, pour les unir.

On a des rouleaux de toutes les dimensions et de tous les poids qui ne surpassent pas celui qu'un cheval peut traîner. Ceux en fonte sont quelquefois creux. Il en est qui sont armés de dents de bois ou de fer.

L'usage du rouleau n'est pas aussi général dans la grande agriculture que l'importance dont il est pour le succès des semis semble le comporter. Il est inconnu dans la plus grande partie de la France. On peut juger de son utilité aux mots Motte, Plombage et Roulage. (B.)

ROULEAU A POINTES. Ce rouleau est beaucoup plus avantageux que le rouleau simple dont il vient d'être question pour briser les mottes et réduire en poussière le labour le plus incomplet. On peut aussi l'employer utilement pour remettre en état de recevoir la semence un labour anciennement fait, ou que des pluies abondantes, une inondation momentanée auroit plombé au-delà du terme nécessaire. Il est également propre à briser les terres qui ne contiennent point de mauvaises herbes. Son usage est extrêmement économique, puisqu'il ne s'agit que de le passer deux fois sur un terrain pour rendre sa surface aussi meuble que possible, et qu'il peut suppléer la charrue toutes les fois qu'un nouveau labour n'est pas indispensable. Je ne sache pas qu'on en fasse usage en France ; mais il paroît qu'il commence à devenir d'un emploi commun en Angleterre. Les deux modèles dont je présente le dessin, *pl.* 1, *fig.* 2 *et* 3, au lecteur, sont tirés du Cultivateur anglais d'Arthur Young. Je n'en donne point les dimensions, parcequ'elles peuvent, comme celles du rouleau simple, varier sans inconvéniens. Celui de la figure 3 a sur le premier l'avantage de moins fatiguer les chevaux, parcequ'il offre deux lignes de rotation, l'une à l'axe du cylindre, l'autre à l'axe des petites roues supérieures. Il est digne des amis de l'agriculture française, que leurs lumières et leurs richesses mettent au-dessus des simples laboureurs, de faire valoir cet utile instrument par la puissante influence de l'exemple. (B.)

ROULURE. Accident causé aux arbres par les grands vents. Les fibres en deviennent torses, et dans cet état ils ne sont plus susceptibles d'être employés aux usages que pourroient comporter leurs dimensions. (De Per.)

ROULURE. Maladie des arbres qui s'annonce par la séparation entière ou partielle d'une ou de plusieurs de leurs couches ligneuses, et qui diminue beaucoup la valeur de ceux de ces arbres qui sont destinés à la charpente, à la marine ou autres hauts services.

Il paroît que plusieurs causes concourent à cette maladie, très rare dans la jeunesse des arbres et plus commune dans certaines espèces. Le châtaignier, par exemple, y est si sujet qu'il n'est presque jamais possible d'employer à autre chose qu'à brûler les vieux pieds qui ont été étêtés. Ici c'est à la foiblesse des fibres transversales, ou rayons médullaires, à peine apparentes dans le châtaignier, qu'on doit en attribuer la cause; ailleurs c'est peut-être à la gelée, ou à la grande sécheresse qui l'une et l'autre peuvent agir sur le liber, véritable créateur des couches ligneuses. Au reste, il n'y a pas moyen d'empêcher cet effet d'avoir lieu. On le remarque dans les lieux secs et sablonneux plus qu'ailleurs. *Voyez* aux mots Couches ligneuses, Aubier, Liber, Cadran, Gélivure. (B.)

ROUSSAILLE (POISSON). C'est la même chose que Blanchaille.

ROUSSILLE. Nom vulgaire du bolet orangé.

ROUSSIN. On donne ce nom dans quelques cantons aux chevaux les plus mal faits, ou d'un aspect lourd et désagréable, qu'on emploie au tirage des charrettes. *Voyez* Cheval.

ROUSSIN D'ARCADIE. Nom vulgaire de l'ane.

ROUTE. On donne ce nom dans le département du Var aux défrichemens des landes.

ROUTES, CHEMINS (PLANTATION DES). La diversité de la nature du sol et la nécessité de substituer une espèce à une autre obligent de planter sur les routes des arbres différens, et cependant presque par-tout, et sur-tout dans les environs de Paris, on n'y voit que des ormes.

Certainement l'orme, par la rapidité de sa croissance, par sa faculté d'être planté gros, par l'excellence de son bois pour le charonnage, par la facilité avec laquelle il s'accommode des terrains médiocres, et supporte les accidens, mérite d'y être employé de préférence; mais pourquoi toujours des ormes?

Il est prouvé par l'expérience qu'un arbre quelconque, planté à la place qu'en occupoit un autre de la même espèce, végète foiblement, et meurt souvent l'année même de sa plantation, parcequ'il ne trouve plus dans la terre les principes nécessaires à sa nourriture, tandis que si on y eût placé un pied d'une autre espèce, sur-tout de genre fort éloigné, il eût poussé avec vigueur. En effet, le système des assolemens s'applique aux arbres isolés comme à ceux des forêts, comme aux plantes annuelles. *Voyez* le mot ASSOLE-MENT. Il seroit donc beaucoup plus conforme à l'intérêt public et particulier que les règlemens sur les plantations des routes exigeassent que, toutes les fois qu'on arracheroit un orme de plus de vingt-cinq ans d'âge, il seroit remplacé par un arbre d'espèce différente; et qu'on ne dise pas que la différence du port et du feuillage jetteroit sur le coup d'œil des routes une bigarrure désagréable; car l'uniformité actuelle est bien ennuyeuse pour les voyageurs qui font attention à ces sortes d'objets. D'ailleurs, si c'est un inconvénient, il est petit, et doit céder à un avantage général.

Mais quelles sont les espèces d'arbres qui peuvent être substituées à l'orme? Ici on se trouve embarrassé, toutes les espèces ayant qualité requise, se trouvant avoir en même temps quelques inconvéniens. Dans cette position des choses, il faut prendre un parti d'après les circonstances locales, c'est-à-dire d'après la nature du terrain et la facilité de se procurer telle ou telle espèce avec plus d'économie et de certitude de succès.

Ici je ne puis mieux faire, je crois, que de passer en revue les différentes espèces d'arbres indigènes qui peuvent concourir à remplacer l'orme.

Le CHÊNE devroit être préféré à l'orme sous plusieurs rapports; mais sa transplantation réussit rarement lorsqu'il est parvenu à la grosseur qui le rend défensable, c'est-à-dire à plus d'un pouce de diamètre, et il n'acquiert cette grosseur qu'au bout de dix à douze ans et plus. Ainsi, il y a plus d'incertitude de succès et plus grande dépense en plantant cet arbre qu'en plantant des ormes. Pour former sûrement et économiquement des avenues de chênes, il faut au préalable planter des haies et semer des glands, ou planter du plant de deux ou trois ans au milieu de ces haies. *Voyez* au mot CHÊNE.

Le FRÊNE. Après l'orme, c'est l'arbre qu'on voit le plus souvent sur les routes; cependant il y est rarement beau, parcequ'il ne se plaît que dans les lieux humides et ombragés. Il se transplante fort bien lorsqu'il a la grosseur convenable pour être défensable, mais il a le défaut de donner peu d'ombre. On pourroit substituer au frêne commun, dans les mauvais terrains, le frêne à fleur qui y croît assez bien, et qui est plus garni de feuilles. Jamais on ne doit couper la tête aux arbres de ce genre. *Voyez* au mot FRÊNE.

Le CHARME. Il y a quelques départemens où on trouve beaucoup de charmes sur les grandes routes. Il vient facilement
dans tous les terrains, pourvu qu'ils ne soient pas trop secs.
Probablement que la cause qui le fait rejeter des plantations de cette sorte aux environs de Paris, c'est qu'on y a beaucoup besoin de bois de charronnage, et que le sien n'est presque employé qu'à brûler. Des élagages modérés lui sont nécessaires dans ses premières années pour le faire filer en hauteur.

Le HÊTRE. Ce bel arbre devroit se trouver fréquemment sur
les routes; cependant il ne s'y voit presque jamais. La cause
en est que, comme le chêne, et même encore plus que lui,
il ne peut être transplanté avec certitude de réussite lorsqu'il
à la grosseur requise pour être défensable, et que sa croissance
est lente.

Le CHATAIGNIER. Si cet arbre s'accommodoit de toute espèce
de terrain, on devroit le faire entrer dans la plantation des
routes, car il y convient sous bien des rapports; mais il ne
prospère que dans les sols quartzeux ou schisteux. Il peut se
planter défensable. Au reste, beaucoup de routes sont dans
un sol qui lui est propre.

Le BOULEAU. Les observations précédentes peuvent être appliquées à cet arbre, moins important pour nous sans doute
que le châtaignier, mais dont cependant le bois peut être appliqué à un grand nombre d'usages économiques, comme le
montrent les habitans du nord de l'Asie, pour qui il est une
source de richesse.

Le SYCOMORE. On voit assez souvent des pieds de cet arbre
sur les grandes routes, et il mérite d'y être placé par la beauté
de son feuillage et l'emploi de son bois dans quelques arts. Il
se plante très sûrement à l'époque où il est défensable, pousse
rapidement, et craint peu les accidens; mais il faut lui conserver la flèche comme au frêne.

Le TILLEUL. Quoiqu'on ne fasse que peu d'usage de son bois,
il doit être placé dans certains sols qui ne conviennent pas à
l'orme même. Il fera au moins décoration. On peut sur-tout
l'employer à regarnir les files de ce dernier arbre qui commencent à devenir vieilles. Il se plante très défensable.

Le POIRIER et le POMMIER. Beaucoup de départemens plantent leurs routes avec ces deux arbres, et s'en trouvent bien.
Le poirier sur-tout, lorsqu'il n'est pas affoibli par la greffe,
devient dans les sols de bonne nature un arbre de première
beauté, et dont le bois peut être d'une grande utilité pour
les arts. Le produit en fruits de ces arbres sera moins considérable que dans les vergers, à raison des délits et des
vents; mais il suffit presque toujours pour payer la rente
de la terre et l'intérêt de la dépense de leur plantation. J'in-

vite donc à multiplier beaucoup le poirier sur les routes.
Il se plante très défensable.

Les PEUPLIERS NOIR ET BLANC se voient sur beaucoup de
routes dont le terrain est humide. L'avantage qu'ils ont de
se multiplier très facilement, de pousser très rapidement,
et de pouvoir se planter très gros, doit les faire choisir
pour toutes celles qui sont dans le même cas. Le peuplier
blanc ou l'*ypréau* devient d'une grosseur énorme, et son
bois est utilement employé dans plusieurs arts. Je réunis
sous le même nom le *grisard*, quoiqu'il fasse certainement
une espèce distincte.

L'AUNE ne vient bien que dans les lieux frais ou susceptibles
d'être inondés, et doit être conservé pour ces sortes de terrains,
ou pour border les canaux. Son bois est recherché pour faire
des conduites d'eau, parcequ'il pourrit difficilement. On plante
cet arbre très défensable.

Les ARBRES VERTS, sur-tout le sapin et le pin sylvestre,
feroient un très bel effet sur les routes; mais ils ne peuvent
être plantés lorsqu'ils sont défensables, et ils exigent la conservation de toutes leurs branches; c'est pourquoi ils y sont
rares, et n'y présentent pas tous leurs avantages. Pour espérer les voir prospérer, il faudroit les semer au milieu
d'une haie vive, comme les chênes, et les surveiller rigoureusement contre les malveillans pendant six à huit ans, ce
qui devient fort difficile.

Il est encore des arbres indigènes qu'on pourroit placer sur
les grandes routes, mais que le peu d'utilité de leur bois,
ou la lenteur de leur croissance en éloigne. Parmi les premiers sont les saules blancs et marsault. Parmi les seconds,
les sorbiers, les cormiers, les azaroliers.

Dans les parties méridionales, on plante de plus le micocoulier, le mûrier blanc et l'amandier, arbres d'une grande
importance, le premier pour son bois, le second pour sa
feuille, et le troisième pour son fruit.

Parmi les arbres depuis long-temps acclimatés en France,
on n'emploie guère dans la plantation des routes que le noyer,
le platane et le peuplier d'Italie. Le premier gèle souvent. Le
troisième a les inconvéniens des autres peupliers, et est, à mes
yeux, fort inférieur à l'ypréau. L'avantage de faire naturellement décoration est ce qui le distingue le plus. Reste le second qui réunit un grand nombre d'avantages et point d'inconvéniens. Aussi est-ce celui que je voudrois voir substituer
à l'orme par-tout où le terrain n'est pas extrêmement sec. La
grandeur à laquelle il parvient et la beauté de son port le
rendroient très précieux lors même que son bois ne seroit
pas aussi utile qu'il peut l'être.

Parmi les arbres nouvellement acclimatés et qu'on peut ou pourra employer à la plantation des routes, il faut distinguer le robinier faux acacia, l'érable neguando , l'érable rouge , les noyers noir et cendré, les peupliers de Canada et de Virginie, et l'aylante.

Le premier, dont la croissance est si rapide et l'utilité si variée, se voit déjà sur quelques routes, mais il n'y est pas encore multiplié autant qu'il seroit à désirer. Il est sur-tout très propre à remplacer les ormes qui périssent à un certain âge dans une file, quoique son feuillage contraste beaucoup avec le sien.

Le second et le troisième sont encore rares ; mais il est cependant possible de s'en procurer aux environs de Paris des quantités suffisantes pour faire quelques plantations.

Les noyers noir et cendré sont encore plus rares ; mais comme il y a des pieds dans les jardins des environs de Paris qui donnent des fruits, il est probable qu'ils deviendront bientôt communs. Ils seroient, selon moi qui les ai vus dans leur pays natal, très propres à être employés à ce genre de plantation.

La rapidité de la croissance des deux peupliers précités, l'excellence de leur bois et leur facilité à croître par-tout, les rendra bientôt un des ornemens de nos routes.

Quant à l'aylante, quelque beau qu'il paroisse , et quelque rapide que soit sa végétation, comme il ne produit presque jamais de bonnes graines, qu'on ne le multiplie que de racines, il faudra encore long-temps attendre pour en jouir sous ce rapport.

Il est à espérer que si le goût des plantations se perpétue au degré où il est en ce moment, que si le gouvernement fait encore quelques sacrifices pour faire venir des graines d'Amérique, le nombre des espèces exotiques s'augmentera beaucoup. Je pourrois en faire une liste de plus de vingt de la première grandeur, que j'ai observés en Amérique et dont la réussite me paroît certaine.

Les départemens voisins de Paris sont pourvus d'un si grand nombre de pépinières, qu'il n'est pas à craindre qu'on manque d'arbres pour la plantation des routes ; mais il n'en est pas de même dans la plupart de ceux qui sont éloignés de cette ville ; là on est souvent obligé de se pourvoir d'arbres dans les forêts, arbres qui réussissent rarement, qui végètent mal et ne vivent pas long-temps, comme je le ferai voir ailleurs. Je désirerois donc que l'administration établît des pépinières forestières pour chaque deux ou trois départemens , lesquelles cultiveroient non seulement les arbres indigènes , mais encore les exotiques les plus avancés vers la naturalisation, pour pouvoir les substituer aux ormes qui ont épuisé le terrain où ils se trouvent par la succession des années. De plus il est des lieux, aux environs de Paris principalement, où les chenilles du bombice cossus ne permettent plus de conserver des plantations d'ormes jusqu'à l'âge requis, et où il devient indispensable de leur substituer d'autres arbres pour arrêter l'effrayant accroissement de cet insecte dévastateur. *Voyez* au mot Bombice.

On doit regarder comme une chose avantageuse non seulement de replanter sur la même route des arbres d'espèces différentes de ceux qui y étoient auparavant, mais même de les placer dans les intervalles des lieux qu'ils occupoient, plutôt que dans les lieux mêmes.

M. Rast-Maupas a publié un projet de plantation de routes ou d'avenues, plantation qu'il appelle perpétuelle, et qui consiste à placer entre des arbres de grandes dimensions et très écartés un arbre de moyenne et deux de petites dimensions, et après que ces trois derniers seront coupés leur substituer deux de grandes dimensions qui devront remplacer les premiers du même ordre, plantés soixante ou quatre-vingts ans auparavant. Lorsque ces derniers seront enfin coupés, on les remplacera par trois arbres, dont un de moyenne et deux de petite taille, et ainsi de suite dans la série des siècles.

On ne peut qu'applaudir à cette idée de M. Rast-Maupas, qui satisfait au grand principe de l'Assolement (*voy.* ce mot), ne laisse jamais la route ou l'avenue dégarnie et donne des produits à des époques différentes et peu éloignées. Il ne s'agit que de savoir choisir les espèces conformément à la nature du terrain.

Les trous destinés à recevoir les arbres des routes doivent avoir au moins un mètre cube et être faits plusieurs mois à l'avance si cela est possible. La terre dont on les remplira sera celle de la surface du sol environnant, plutôt que celle tirée du trou même, comme plus riche en principes de végétation, que celle qui a toujours été privée des influences atmosphériques. On les espacera plus ou moins selon la nature du sol et l'espèce des arbres, c'est-à-dire qu'ils seront plus rapprochés dans un mauvais terrain, et qu'un frêne le sera plus qu'un orme. Le terme moyen sera dix-huit pieds. Il peut paroître paradoxal de dire qu'il faille rapprocher les arbres dans un mauvais terrain lorsque la nature les y espace davantage, ainsi que le prouvent les bois existans dans ces sortes de terrains ; mais cela n'en est pas moins vrai, puisqu'on les plante pour donner de l'ombre et du bois. Or ils donneront plus de l'un et de l'autre lorsqu'ils seront rapprochés ; seulement ils vivront moins long-temps.

Dans les cas où le terrain seroit très argileux, il faudroit creuser des trous plus profonds, afin que les racines pussent pivoter un peu pendant les premières années de la plantation, et par conséquent aller chercher au loin leur nourriture et s'affermir contre la puissance des vents.

Aux environs de Paris, et dans beaucoup d'autres lieux, on est dans l'usage de faire une fosse entre chaque distance d'arbre, tant pour recevoir les eaux pluviales que pour empêcher les voitures de passer dans les champs voisins. On ne peut qu'approuver cette pratique dans les terrains argileux et profonds ; mais dans ceux qui sont sablonneux et où la terre végétale est peu épaisse, ils ont l'inconvénient de favoriser dans les étés secs l'évaporation de l'eau au-dessus des racines, et de nuire par conséquent à la vigueur de la végétation des arbres, même de les faire périr. J'en ai des exemples.

Toutes plantations d'arbres de route doivent être faite autant que possible à la fin de l'automne et par un temps humide, pour donner à la terre le temps de se tasser et de s'humecter. Celles qu'on entreprend au printemps sont sujettes à manquer, parceque la terre n'a pas le temps de se tasser autour des racines, ou que l'eau pour opérer ce tassement leur manque. On doit éviter de les faire pendant les gelées et par la même raison, et parceque les racines de la plupart des arbres, d'ailleurs très rustiques, de l'orme par exemple, sont très sensibles à leurs effets.

Je ne parlerai pas des moyens d'aligner les arbres, ni des autres procédés relatifs aux plantations des routes, parceque cela se trouvera autre part et allongeroit trop cet article.

Les arbres qu'on tire des pépinières marchandes sont ordinairement assez mal arrachés ; de là vient principalement les mécomptes qu'on trouve sur leur reprise. Il faut donc rédiger les marchés de telle manière qu'on puisse rebuter ceux qui ont les racines trop écourtées, ou mieux, faire remplacer, sans frais, ceux qui meurent dans les deux ou trois premières années. Cependant souvent aussi la non reprise provient de la faute des planteurs, qui laissent les racines des arbres exposées à l'air, où elles se dessèchent et perdent leur faculté d'absorber la sève.

On est généralement dans l'usage de couper la tête aux arbres qu'on plante sur les routes ; mais il vaut beaucoup mieux se contenter de rapprocher leurs grosses branches à un pied du tronc, parceque les bourgeons ont beaucoup moins de peine à percer l'écorce d'une branche qui a un an ou deux de moins et qui est inclinée, et que la tête se forme avec plus de facilité. Il est des arbres, tels que les chênes, les pins, sapins, etc., que cette suppression de leur tête fait fréquemment mourir. Il en est d'autres, tels que les frênes, les érables, etc., qu'elle déforme presque toujours. Cette pratique de RAPPROCHER (voyez ce mot) les branches des arbres qu'on transplante est fondée sur la plus saine physique, puisque les branches des arbres doivent être proportionnées à leurs racines, et que toujours on coupe une partie de ces dernières dans l'arrachage, et que toujours ces racines sont quelque temps avant de reprendre toute leur énergie vitale. Aussi plus l'arbre est vieux, plus le terrain où on le plante est mauvais, plus la saison est sèche et plus il faut le raccourcir. Mais, dira-t-on, vous aurez des arbres de hauteurs inégales? oui, mais seulement les premières années, car je saurai bien par la suite les réduire au même niveau. D'ailleurs par combien d'avantages rachète-t-on ce léger défaut! Sûreté dans la reprise, rapidité dans la croissance, beauté dans la direction de la branche principale, etc., etc.

On sait que pour empêcher les bestiaux d'ébranler les arbres plantés sur les routes tant qu'ils ne sont pas affermis sur leurs racines, on les entoure de quelques branches d'épines attachées avec du fil de fer. Il ne faut pas négliger cette précaution, mais avoir soin d'enlever le fil de fer lorsque les épines sont détruites; car il entre dans l'écorce et nuit à la croissance de l'arbre pendant plusieurs années.

Généralement on laisse croître les arbres plantés sur les routes pendant trois ou quatre ans sans y toucher, et ensuite on les élague jusqu'au sommet, c'est-à-dire qu'on ne laisse qu'un petit bouquet de branches à ce sommet. On ne peut imaginer une pratique plus opposée aux vrais principes, plus destructive des plantations, dont elle retarde la croissance et anéantit la beauté. Cependant on commence à conduire les plantations des routes d'une manière moins absurde dans les environs de Paris, et je ne puis qu'engager les ingénieurs des ponts et chaussées et les propriétaires de suivre cet exemple. Ainsi, au lieu de faire couper les branches inférieures rez le tronc, il les feront couper à un pied de distance, ou mieux ils se contenteront d'arrêter l'extrémité de ces branches par quelques coups de croissant. C'est une véritable taille en crochet qui s'oppose à l'allongement des branches latérales, favorise celui de la pousse perpendiculaire, et qui cependant ne prive pas l'arbre des feuilles qui sont si importantes à son bien-être. On doit faire cette opération pendant l'été entre les deux sèves. Quelquefois on est obligé de la répéter une des années suivantes, mais le plus souvent elle suffit seule. Si deux branches supérieures rivalisent de force, on coupera rez le tronc celle qui sera la moins droite ou la plus mal venante.

Il y a un tel rapport entre les branches et les racines des arbres, que toutes les fois qu'on diminue la masse des unes on nuit à l'augmentation des autres et par suite à celle du tronc qui leur est intermédiaire. On peut en avoir la preuve en comparant ces ormes ou ces tilleuls, taillés en boule de deux ou trois pieds de diamètre, qu'on voit dans les parterres de quelques jardins dits français, avec ceux qui croissent librement dans les massifs des mêmes jardins. Quoique plantés en même temps et dans la même terre, les seconds ont des troncs quatre, et même, je l'ai constaté un jour, six fois plus gros que les premiers. Il en résulte qu'on ne devroit jamais élaguer les arbres, sur-tout ceux qui sont destinés à fournir de grosses pièces à la charpente ou au charronnage ; cependant cela devient souvent indispensable pour ceux des routes qui ne doivent pas empêcher le soleil de les dessécher, et qui ne doivent pas nuire aux récoltes des propriétés voisines en les étiolant. On peut satisfaire à toutes ces considérations en agissant avec prudence, c'est-à-dire en ne coupant chaque année que quelques unes des branches les plus inférieures, et en raccourcissant leurs voisines de quelques pieds pour les préparer à être également coupées les années suivantes ; par cette conduite ; en commençant à élaguer la quatrième année de la plantation, on arrivera à avoir au bout de huit à dix ans des arbres très élancés et d'une belle forme, auxquels on devra se dispenser de toucher le reste de leur vie. Le point où il est bon de s'arrêter peut être fixé à douze pieds dans les mauvais sols, et à vingt-quatre dans les bons. Les élagueurs perdront à cette méthode de conduite ; mais la société en général y gagnera, mais les propriétaires des arbres y gagneront, ce qui doit paroître plus juste.

Outre les inconvéniens cités plus haut, je dois encore faire mention de ceux qui résultent des plaies multipliées et des larges plaies qui sont faites aux arbres. En effet l'écorce ne pouvant les recouvrir, le bois se fendille, la pluie s'y introduit, il se forme un chancre qui petit à petit gagne le cœur se change en ulcère, carie toute sa longueur, le rend impropre au charronnage et par conséquent diminue sa valeur des trois quarts. Il suffit d'avoir vu exploiter les arbres d'une route pour être en état d'apprécier toute l'étendue des pertes qui résultent pour la société de l'altération de leur bois.

J'ajouterai que non seulement les hommes à pied souffrent du défaut absolu d'ombre sur les routes, mais encore les chevaux, et que les conducteurs des messageries m'ont souvent dit, lorsque j'étois à la tête de cette administration, qu'ils en perdoient beaucoup plus par les coups de sang sur ces routes que sur celles qui n'avoient pas été élaguées ou l'avoient été modérément.

Il est à observer que les inconvéniens d'un élagage exagéré sont plus sensibles sur un arbre qui n'y a jamais été assujetti que sur celui qu'on y soumet régulièrement. On en a vu périr de fort âgés à la suite d'une de ces opérations, tandis qu'il en est qui y sont assujettis depuis leur enfance tous les cinq à six ans, et qui ne paroissent pas en souffrir; au contraire quand ils ne continuent pas à l'être leur tête périt presque immanquablement. *Voyez* ELAGAGE.

L'échenillage des arbres des grandes routes est nécessaire, puisque les chenilles en rongent souvent toutes les feuilles, et que c'est en grande partie par la privation des feuilles que l'élagage est nuisible. On doit donc le maintenir rigoureusement. Il faut seulement recommander à ceux qui s'en chargent de respecter la flèche, ou le bourgeon direct, dans tous les arbres dont les branches sont opposées, comme les frênes, les érables, etc.

Le moment d'arracher les arbres des routes est indiqué, comme celui des arbres qui croissent naturellement dans les forêts, par la cessation de leur croissance en hauteur, c'est-à-dire par le dessèchement de leur cime, dessèchement qu'on appelle leur COURONNEMENT; cependant il est toujours utile pour la qualité du bois de le devancer de quelques années, parcequ'il est rare que ce bois reste sain jusqu'à cette époque. L'espèce des arbres et la nature du terrain concourent tous deux pour fixer ce moment; en conséquence il n'est pas possible de donner de règles générales, l'inspection en apprend plus que le discours. En effet, dans le même terrain le chêne vit plus long-temps que l'orme, et dans un bon terrain l'orme vit deux fois plus long-temps que dans un terrain aride. De plus, il est des circonstances dépendant de la manière dont l'arbre a été semé, planté, conduit dans sa jeunesse, des accidens de toute espèce qu'il a pu essuyer pendant le cours de sa vie, qui avancent sa fin. (B.)

ROUTINE EN AGRICULTURE. C'est une constance de pratique telle qu'elle s'oppose à tout changement, lors même qu'il est évidemment avantageux.

Plus que dans la plupart des arts, la routine est nuisible en agriculture, parcequ'il n'y en a pas qui soit influencé par un plus grand nombre de causes opposées, et qui procède sur une aussi grande quantité d'objets divers; cependant c'est celui où elle est la plus générale et la plus enracinée.

On peut supposer, sans craindre de beaucoup se tromper, que la routine, soit en occasionnant des pertes, soit en empêchant des améliorations, diminue de moitié les produits annuels du sol de la France. Elle est donc le plus terrible des fléaux de notre agriculture.

Mais comment substituer à la routine une pratique exempte de ses inconvéniens? En instruisant les cultivateurs dès leur jeune âge. *Voy.* PRATIQUE et THÉORIE. (B.)

ROUTOIR, ou ROUISSOIR. Lieu où on fait rourir le Chanvre et le Lin. *Voyez* ces deux mots et le mot Rouissage.

Quelquefois les routoirs ne sont que des espaces consacrés dans les rivières, les lacs, les étangs, au rouissage du chanvre, et alors on choisit les localités où les eaux sont les moins rapides et les moins profondes ; mais comme cette opération produit des gaz et une matière miscible à l'eau, qui sont mortels pour les poissons, ces sortes de routoirs sont presque partout défendus par la loi. Je n'en parlerai donc pas plus au long.

Le plus souvent les routoirs sont des fossés creusés pour l'écoulement des eaux, ou des fosses destinées à dessécher les terres marécageuses, à recevoir le superflu des eaux d'une fontaine, ou des mares naturelles, c'est-à-dire qu'ils remplissent habituellement un autre objet que celui de rourir le chanvre.

Ces deux premières sortes de routoirs peuvent être appelées des routoirs circonstanciels ; aussi perdent-elles leur nom dès qu'elles ne sont plus garnies de chanvre ou de lin.

Les véritables routoirs sont des fosses de médiocre largeur, longueur et profondeur, qu'on établit sur le bord d'un cours, ou d'un amas d'eau, ou même seulement d'un puits, et qui sont uniquement destinées à rourir le chanvre et le lin.

L'emplacement d'un routoir doit être éloigné des habitations, parceque les émanations qui en sortent lorsqu'il est rempli de chanvre sont désagréables à l'odorat et nuisibles à la santé.

On a peut-être exagéré les inconvéniens du voisinage des routoirs ; mais il est impossible de nier que les gaz qui s'en dégagent soient dangereux, et l'excès de précaution ne nuit jamais lorsqu'elle a pour objet la salubrité de l'air.

Le meilleur routoir est celui qui est en terrain argileux, et qui peut à volonté recevoir ses eaux d'un côté, et les écouler de l'autre. Ces eaux doivent y arriver à la température de l'atmosphère, pour que le rouissage s'y termine plus promptement. Ceux qui sont alimentés par des fontaines très voisines sont donc inférieurs à ceux qui tirent leur eau des ruisseaux ou des rivières, encore plus des étangs.

Il est reconnu que le rouissage se fait moins bien dans les Eaux crues, c'est-à-dire ou Séléniteuses, ou Calcaires (*voyez* ces trois mots). Il faut donc les éviter autant que possible.

La longueur et la largeur d'un routoir sont extrêmement variables, et le plus souvent dépendent de la quantité de chanvre qu'on a à y mettre chaque année. Comme le rouissage se fait mieux en grande qu'en petite masse, il faut que ces dimensions soient plutôt fortes que foibles ; mais comme le service d'une grande fosse est plus difficile que celui d'une moyenne, il est bon qu'elles soient restreintes. Deux toises de long sur une de large paroît une grandeur moyenne assez convenable.

Quant à la profondeur elle doit être toujours de trois à quatre pieds au plus, tant pour que la température y soit toujours égale, que pour pouvoir mettre et ôter aisément et sans danger les rangs inférieurs des bottes de chanvre.

Loin d'y avoir de l'inconvénient à ce qu'il y ait plusieurs routoirs à la suite les uns des autres, dont les supérieurs déchargent leurs eaux dans les inférieurs, il y a le plus souvent de l'avantage, parceque les eaux qui ont déjà servi à rouir accélèrent le rouissage du nouveau chanvre.

Il est quelques endroits où on bâtit des rouissoirs en maçonnerie, qui, hors du temps du rouissage, servent à laver le linge ou autres objets. Toujours il seroit bon que tous fussent au moins pavés.

En général, les rouissoirs sont mal creusés, mal placés, mal conduits, de sorte qu'il en résulte une défectuosité et un déficit dans le chanvre roui, qui cause annuellement de grandes pertes à la France.

On a proposé de forcer les communes à faire creuser des routoirs communs; mais l'exemple des fours, des moulins banaux et autres institutions de ce genre, me fait craindre d'applaudir à cette proposition, qui auroit quelques avantages.

Chaque année les routoirs doivent être curés. La terre qu'on en tire est un engrais de première qualité; ainsi les frais de cette opération sont nuls.

La salubrité exige que le pourtour des routoirs soit planté de grands arbres qui, comme on sait, absorbent les gaz délétères, et renouvellent l'air par le moyen de leurs feuilles. Une haie ne produiroit pas le même effet, parcequ'elle empêcheroit les vents de balayer ces gaz de dessus la surface de l'eau. (B.)

ROUX-VENTS. On donne vulgairement ce nom à des vents d'est et de nord-est, qui sont en même temps forts, secs et froids, et qui au printemps causent souvent de grandes pertes aux cultivateurs, en desséchant les bourgeons naissans, en empêchant les graines de lever. *Voyez* VENT et HAIE.

Des ABRIS et des ARROSEMENS fréquens sont les seuls moyens que l'industrie humaine puisse opposer aux désastreux effets des roux-vents. *Voyez* ces deux mots.

La lune rousse tire son nom de ce que les roux-vents soufflent ordinairement pendant sa durée. (B.)

ROUX - VIEUX. MÉDECINE VÉTÉRINAIRE. La gale qui ,
dans le cheval , le mulet et l'âne , occupe les plis que forme
la peau sur la partie supérieure de l'encolure sous la crinière,
est connue sous le nom de *roux-vieux*.

Les différences du roux-vieux à la gale humide portent sur
ce que le siège du premier est uniquement, comme nous venons de le dire , dans la crinière , c'est-à-dire dans les plis
que forme la peau qui couvre la partie supérieure du ligament
cervical. Cette maladie arrive communément aux encolures
épaisses et chargées ; les chevaux entiers y sont très sujets : les
pustules sont très profondes ; leur siège est dans les bulbes des
crins , ce qui établit de véritables petites tumeurs enkistées ,
ouvertes à la superficie par un émissoire très petit en raison
du fond. Plusieurs de ces pustules s'ouvrent quelquefois par
leurs parties latérales, les unes dans les autres ; alors le foyer
est très grand ; nous en avons vu qui occupoient un pli entier ;
elles renferment souvent des vers , et toujours beaucoup de
matières blanchâtres. L'encolure des chevaux de charrette ,
chez lesquels cette maladie est ordinairement négligée , présente très souvent de ces clapiers renfermant des vers.

La gale humide est aux roux-vieux ce que la gale sèche est
aux dartres ; ces maladies ne diffèrent que du plus au moins ;
en effet, elles reconnoissent les mêmes causes ; les mêmes
procédés en triomphent ; elles sont toutes également contagieuses, et la contagion des unes et des autres a lieu , non
seulement entre les animaux de la même espèce, mais entre
les animaux d'espèce différente. La manière la plus ordinaire,
et peut-être la seule dont cette contagion s'opère , est par
les pores absorbans des tégumens ; au surplus, l'animal dar-
treux ne communique pas toujours des dartres, ni le galeux
la gale ; cette dernière , ainsi que le roux-vieux , naît quelquefois à la suite d'un attouchement, *et vice versá*. Les effets
de ce virus naturellement admis ne sont pas toujours , dans
l'individu qu'il pénètre , ce qu'ils étoient dans celui qui le
communique ; les modifications qu'il éprouve dépendent de
l'état actuel des humeurs qu'il attaque , et de l'action des
organes, qui, plus ou moins susceptibles de recevoir son impression , rendront ses effets ou nuls ou de peu de conséquence,
ou fâcheux.

Le roux-vieux et les autres maladies psoriques sont ordinairement une suite de la rétention des parties excrémentielles
dans l'intérieur des individus, soit à raison de la foiblesse
des organes sécrétoires et excrétoires , ou de leur obstruction ,
soit à raison de la viscosité, de la tenacité, et de la *compacité*
des molécules sanguines et lymphatiques, etc. , etc. Tout ce
qui peut appauvrir le sang , affoiblir le ton des solides, épaissir

la lymphe, la charger des parties âcres et hétérogènes, etc., sera et doit être regardé comme la cause du virus dont il s'agit. Il peut naître d'une perte excessive de lait et de semence, de la rétention de ces sécrétions, des alimens mal récoltés et échauffés, de la trop grande ou de la trop petite quantité dans les rations, de la malpropreté et de la crasse dans laquelle on laisse croupir les animaux, du défaut d'exercice, enfin, de l'admission des particules de ce virus dans un animal sain. On voit souvent éclore les maladies dans le cheval après certaines affections de poitrine, telles que la gourme, la fausse gourme, la péripneumonie, la morfondure, la morve, etc. Après la cure des eaux, des javarts, des atteintes et autres maux qui auront fait beaucoup souffrir l'animal, et auront exigé un séjour plus ou moins long dans l'écurie, presque tous les chevaux épais et massifs, qui y sont condamnés par une cause quelconque, sont bientôt affectés de cette maladie, si l'on n'a soin de les panser régulièrement de la main trois fois par jour, de diminuer leur ration, et d'entretenir la fluidité de leur sang.

Le traitement de cette maladie doit être établi d'après les symptômes qui l'accompagnent, les causes qui lui ont donné lieu, la forme sous laquelle elle se montre, le nombre et l'étendue des parties affectées, l'ancienneté du mal, l'état actuel du malade, le climat qu'il habite, la saison régnante, le tempérament et les maladies qui ont précédé l'éruption, et qui lui ont le plus souvent donné lieu.

Le roux-vieux fortement étendu, profond et ancien, résiste long-temps, mais il cède, et le traitement fait avec méthode n'est pas suivi d'accidens.

Les soins et régime seront les mêmes que ceux prescrits à l'article GALE. Le traitement local demande, outre les ablutions prescrites dans les formules du même article dont on doit faire un assez long usage, beaucoup d'opérations de la main; pincez chaque pli par le moyen d'une paire de tenettes, et pressez assez fortement pour faire sortir le pus contenu assez souvent dans chaque pustule; s'il y a des clapiers, ouvrez-les et pincez encore; lavez, brossez et nettoyez à fond, plusieurs fois le jour, toutes les parties de la crinière. Les animaux auxquels on fait cette opération paroissent éprouver une sensation agréable, et cette sensation cesse lorsqu'on a assez exprimé la suppuration que cette tumeur contenoit, ce qui guide sur le temps pendant lequel on doit pincer et tenailler ainsi l'animal.

Quant au traitement interne, il sera le même que celui indiqué à l'article GALE, ci-dessus cité; mais le roux-vieux cède facilement aux frictions, ainsi que la gale qui occupe le tronçon de la queue, et ce n'est que rarement qu'on est obligé d'avoir recours aux lotions antipsoriques. On doit avoir la plus grande attention d'empêcher que les animaux ne se mordent et ne se lèchent les parties couvertes de ces onguens, dans lesquels entrent des substances caustiques. Ils s'empoisonneroient indubitablement. (R.)

ROUZELLO. Nom vulgaire du pavot coquelicot aux environs de Toulouse. Cette plante, par son excessive abondance, nuit encore plus aux moissons de ce pays qu'à celles du nord de la France.

ROYE. *Voyez* RAIE et SILLON.

ROYER. C'est faire de petits fossés dans les prairies pour leur irrgatation.

ROYER. Synonyme de rouir dans le département des Ardennes.

RU. Synonyme de ruisseau.

RUBANNIER, ou RUBAN D'EAU, *Sparganium*. Plante à racines rampantes, épaisses ; à tiges rondes, flexueuses, rameuses, remplies de moelle, haute d'un à deux pieds ; à feuilles alternes, engaînantes, très longues, étroites, rudes, coupantes par leurs bords ; à fleurs blanches, réunies en boules éparses au sommet des tiges, qui croît dans les eaux stagnantes mais pures, dans les rivières dont le cours est lent, et qui, avec deux ou trois autres, forme un genre dans la monœcie triandrie, et dans la famille des typhoïdes.

Cette plante est très abondante dans quelques cantons, et on doit voir avec peine qu'elle se perde tous les ans sans utilité pour l'agriculture, lorsqu'en la coupant à la fin de l'été on pourroit en former de la litière et par suite de l'excellent fumier. Les chevaux et les cochons la mangent lorsqu'elle est jeune ; cependant on s'aperçoit à peine de la consommation qu'ils en font, car elle repousse très rapidement. On peut aussi l'employer, avec beaucoup de succès, pour élever les terres des flaques d'eau que les alluvions ont laissées, parceque ses diverses parties sont fort épaisses et que ses racines tracent beaucoup. Les îles des rivières qui en sont bordées s'augmentent en largeur au lieu de diminuer, parceque la vase se fixe entre ses feuilles et ses racines. Elle concourt puissamment à former la tourbe, mais ce n'est que lorsqu'il y a moins d'un pied d'eau, car elle ne croît pas dans les lieux où il y en a davantage à l'époque de sa floraison. Dans quelques endroits on couvre les chaumières et on rembourre les fauteuils et les paillasses avec ses feuilles. Ses racines passent pour sudorifiques.

On peut employer ses feuilles pour fixer les greffes en écusson. (B.)

RUBAT. Instrument dont on se sert aux environs de Toulouse pour battre le blé. C'est un cylindre de six pieds de diamètre et d'un peu plus de longueur, armé de douze dents arrondies, qui, tombant successivement sur les épis en font sortir le grain. On y attelle un cheval au moyen d'un timon attaché à un axe mobile. *Voyez* ROULEAU ADÉPIQUER.

RUCHE. Logement des abeilles domestiques fait de main d'homme. *Voyez* ABEILLE.

RUDBECK, *Rudbeckia*. Genre de plantes de la syngenésie frustranée, et de la famille des corymbifères, qui renferme une dixaine d'espèces, toutes de l'Amérique septentrionale, et la plupart susceptibles d'être employées comme ornement dans nos jardins, où on en cultive plusieurs en pleine terre.

Les espèces les plus communes dans ces jardins sont,

Le RUDBECK A FEUILLES LACINIÉES. Il a les racines fibreuses; les tiges glabres, rameuses à leur sommet, hautes de cinq à six pieds; les feuilles alternes, pétiolées, les inférieures à cinq lobes pointus et trifides, les supérieures ovales, pointues, dentées; les fleurs jaunes, grandes, solitaires et terminales. Il croît en Caroline dans les lieux sablonneux, où j'en ai observé de grandes quantités.

Le RUDBECK A FLEURS POURPRES. Il a les racines fibreuses, traçantes; les tiges droites, peu rameuses, hautes de trois ou quatre pieds; les feuilles alternes, pétiolées, ovales, lancéolées, entières, glabres; les fleurs solitaires et terminales, grandes, d'un rouge obscur, à rayons pendans, bifides, d'un rouge plus clair, et longs de trois à quatre pouces. Il se trouve dans les mêmes endroits que le précédent, mais plus rarement. C'est une plante très remarquable par la grandeur de sa fleur, mais dont la tige est trop grêle. On la place dans le milieu des grands parterres, à quelque distance des massifs des jardins paysagers, où elle appelle toujours l'attention des promeneurs. C'est le plus rare.

Le RUDBECK VELU a les racines fibreuses; les tiges de deux ou trois pieds; les feuilles alternes, pétiolées, ovales, oblongues, trinerves, dentées et velues; les fleurs assez grandes, solitaires, terminales et jaunes. Il se trouve aussi en Amérique; c'est le moins beau des trois.

On multiplie les rudbecks par leurs graines, qui, excepté celles du second, mûrissent assez ordinairement dans le climat de Paris, qu'on sème au printemps dans une terre légère, bien préparée et bien amendée à l'exposition du levant, et qu'on arrose fréquemment, mais légèrement. Le plant levé se sarcle et s'éclaircit au besoin : l'année suivante, au printemps, on le

lève, soit pour le repiquer en pépinière, soit pour le mettre
immédiatement en place; ordinairement il fleurit cette même
année; les suivantes on peut, au commencement de l'hiver ou
du printemps, séparer les bourgeons qui se trouvent avoir
poussé latéralement, et en former de nouveaux pieds; ce mode
de multiplication est même le plus pratiqué, mais il produit
des individus moins beaux et de moindre durée que ceux qui
résultent des semis.

Un terre légère et une exposition chaude sont ce qui convient aux rudbecks; cependant, comme ils sont peu délicats,
rien n'empêche de les placer par-tout où on le juge à propos.
Les plus rudes gelées ne leur font pas de mal; mais une humidité trop constante leur est préjudiciable. (B.)

RUE, *Ruta.* Genre de plantes de la décandrie monogynie,
et de la famille des rutacées, qui renferme une dixaine de
plantes dont une est trop fréquemment cultivée dans les jardins, à raison de ses usages médicinaux, pour négliger d'en
parler ici.

La RUE COMMUNE, ou *Rue des jardins, Ruta graveolens,* Lin.,
a une racine ligneuse, très fibreuse, de couleur jaune; une
tige frutescente, rameuse, haute de trois à quatre pieds; des
feuilles éparses, pétiolées, deux fois pinnées, à folioles ovales, charnues, lisses, glauques, longues de trois ou quatre
lignes; des fleurs jaunes, disposées en panicule terminale, la
supérieure de chaque rameau ayant toujours une partie de
plus que les autres.

On trouve la rue sur les montagnes des parties méridionales
de l'Europe, aux lieux les plus arides. Elle fleurit au milieu
de l'été : toutes ses parties ont une odeur forte, aromatique,
qui déplaît à beaucoup de monde, et une saveur âcre et
amère. On la regarde comme éminemment résolutive, antispasmodique, antivermineuse et emménagogue : on en fait un
fréquent usage sous ces rapports. Comme elle forme des touffes d'un aspect remarquable et qui conservent leurs feuilles
pendant tout l'hiver, on l'emploie quelquefois à la décoration
dans les jardins paysagers, en la plaçant contre les rochers,
lès fabriques, en avant des massifs, dans les expositions les
plus chaudes. Un terrain sec et léger est celui qui lui convient le mieux; la gelée l'endommage dans le climat de Paris,
lorsque les hivers sont humides, mais jamais elle ne fait périr
les racines; de sorte que dans ce cas il suffit de couper les
tiges rez terre pour avoir au bout de deux ans un pied aussi
fort que le premier; il est même bon de lui faire subir cette
opération tous les quatre à cinq ans pour conserver sa beauté.

Cette plante se multiplie de graines qu'on sème au printemps,
soit dans des pots sur couche et sous châssis, soit en pleine terre

à une exposition méridienne. Souvent il en lève spontanément de grandes quantités autour des vieux pieds. Le plant se repique au printemps de l'année suivante, et commence à fleurir la troisième année ; mais ce n'est guère qu'à la quatrième que la touffe qu'il forme est propre à figurer avantageusement par sa grosseur. On ne donne aux vieux pieds que la culture ordinaire des jardins. (B.)

RUE DE CHÈVRE. *Voyez* GALÉGA.

RUE DE MURAILLE. *Voyez* ADIANTE.

RUE DES PRÉS. *Voyez* PICAMON.

RUISSEAU. Foible courant d'eau, c'est-à-dire très petite RIVIÈRE. *Voyez* ce mot.

Toute source, qui a un écoulement, forme un ruisseau, et c'est l'origine du plus grand nombre ; cependant il est beaucoup de ruisseaux qui sortent des rivières, des étangs, des lacs et autres courrans ou amas d'eau.

La multiplicité des ruisseaux dans un canton en plaine est généralement un indice de sa fertilité, parcequ'elle suppose des localités supérieures dont les terres ont été entraînées par les eaux pluviales dans ces ruisseaux, et déposées sur leurs bords. Presque toujours c'est tout le contraire dans les pays de montagnes, parceque ces ruisseaux se changent en TORRENS à certaines époques de l'année. *Voyez* ce mot.

On peut quelquefois tirer un grand parti des ruisseaux dans ces mêmes pays de montagnes, et même dans quelques plaines, pour l'arrosement des terres. *Voyez* IRRIGATION et FONTAINE.

Une propriété rurale qui n'a que des eaux de puits, ou de citerne, ou de mare pour abreuver ses bestiaux et arroser ses cultures, a beaucoup de désavantages sur celle qui jouit de l'usage d'un ruisseau ou d'une rivière. De plus, les eaux courantes jettent de la vie dans un paysage, et, lorsqu'elles ne sont pas surabondantes, augmentent la salubrité de l'air. *Voyez* EAU.

Souvent les plus petits ruisseaux, principalement dans les pays de montagnes, sont peuplés d'écrevisses et de petits poissons d'un excellent goût, telles que la cobite loche franche, les cyprins chevane et vairon, même des lottes et des truites, qui augmentent beaucoup leurs agrémens.

Le bord des ruisseaux, dans le plus grand nombre des cas, peuvent être plantés de saules, de peupliers, d'aunes, de frênes, et autres arbres propres à produire un revenu, et en même temps à embellir leurs bords.

Un ruisseau qui offre un volume d'eau suffisant pour faire tourner un moulin est souvent une propriété précieuse, surtout dans les pays de montagnes, où on trouve facilement la pente nécessaire. *Voyez* MOULIN.

Les ruisseaux sont un des plus beaux ornemens des jardins paysagers, lorsqu'ils y sont convenablement dirigés. Tantôt ils doivent serpenter entre des pierres, sur de la mousse, sous l'ombrage des bosquets; tantôt ils entoureront en partie le pied d'un grand arbre isolé, feront une flaque, tomberont d'une cascade, circuleront dans une prairie, se perdront sous terre pour reparoître plus loin, formeront des îles, etc. Entre les mains d'un compositeur habile ils se métamorphoseront de cent façons. L'important c'est qu'ils aient assez de pente, et que la masse de leurs eaux soit assez considérable. Leur nombre doit cependant être en rapport avec l'étendue du terrain, car il faut sur-tout, dans ces sortes de jardins, éviter la trop fréquente répétition des mêmes scènes. (B.)

RUMINATION. Action par laquelle certains animaux font revenir dans leur bouche et y remâchent les alimens qui étoient déjà descendus dans leur estomac. Plusieurs auteurs ont écrit sur la rumination, et Peyerus en particulier, sur tous les animaux soumis à cet exercice. En général, tous les quadrupèdes frugivores ruminent, et sur-tout ceux qui sont à pieds fourchus; quelques oiseaux et un grand nombre d'insectes ruminent; le perroquet, la mouche, le taupegrillon en sont un exemple; et Peyerus cite l'exemple de plusieurs hommes qui ruminoient. On doit à Daubenton un travail complet sur la rumination des quadrupèdes domestiques, et personne n'en a mieux que lui développé le mécanisme. Son ouvrage est inséré dans le volume de l'Académie des sciences de Paris, année 1768.

On sait que plusieurs espèces de quadrupèdes mangent deux fois le même aliment : après avoir pris leur nourriture comme les autres animaux, ils la font revenir dans leur bouche par la gorge, ils la mâchent de nouveau et ils l'avalent une seconde fois; c'est ce que l'on appelle la *rumination*. On sait aussi que les animaux ruminans ont plusieurs estomacs; on a même cru jusqu'à présent qu'ils en avoient quatre. A l'inspection de ces estomacs et des matières qu'ils contenoient, on a reconnu que les alimens étoient conduits la première fois dans le premier estomac, et qu'ils en sortoient pour revenir à la bouche, et qu'ils rentroient dans l'œsophage après la rumination, pour aller dans un autre estomac; mais on a tenté vainement d'expliquer le mécanisme de cette opération singulière. (R.)

RUSQUE. Nom du liège dans le département du Var.

RUSTIQUE. On dit qu'un arbre, qu'une plante sont rustiques lorsqu'ils bravent le chaud et le froid, la sécheresse et l'humidité extrême, qu'ils viennent aussi bien sans culture que ceux auxquels on prodigue le plus de soins.

RUTABAGA, ou NAVET DE SUÈDE. Variété de la rave qu'on cultive aujourd'hui en France et en Angleterre pour la nourriture des bestiaux, et qui diffère beaucoup du chou de Laponie avec lequel on l'a confondu. *Voyez* au mot CHOU. En effet ses feuilles ont des aspérités et sont vertes comme celles de la rave ; ses racines sont rondes, jaunes et très sucrées; il est plus hâtif de quinze jours au moins que cette dernière. *Voyez* RAVE.

Je crois devoir donner ici un extrait du mémoire de M. d'Edelcrantz sur le navet de Suède ou rutabaga.

Ce navet a un goût plus doux et plus sucré que les autres, sur-tout quand il est cuit. Il offre beaucoup plus de consistance dans sa chair, ce qui fait qu'il résiste mieux au froid et se conserve hors de terre une année sur l'autre. Ses feuilles, qui s'étendent horizontalement sur la terre, peuvent être successivement enlevées pour la nourriture des bestiaux, qui en sont très friands, ce qui n'empêche pas que ses racines ne soient du plus grand produit, puisqu'un arpent de Suède peut en produire 28,000, c'est-à-dire 350 quintaux. Les plus mauvais terrains ou ceux qui ont déjà porté une récolte lui suffisent. On sème une demi-livre de sa graine sur un arpent de Suède au commencement ou au milieu de mai. Le plant se repique à la fin de juin ou au commencement de juillet et s'arrose de suite. Planter et arroser de cinq à six mille pieds est la journée d'un homme ou de deux femmes. Un ou deux binages augmentent singulièrement ses produits. La récolte se fait au commencement de novembre et se conserve dans des fosses ou dans des caves non humides. (B.)

S.

SABE. Synonyme de sève dans le département du Var.

SABINE. Espèce de GENÉVRIER. *Voyez* ce mot.

SABLE. Fragmens anguleux (quelquefois très petits cristaux réguliers) de quartz qui forment dans certains lieux des amas d'une grande étendue et d'une grande épaisseur, amas qui sont par conséquent dans le cas d'être pris en considération par les cultivateurs.

Presque par-tout le sable provient de la décomposition des roches granitiques qui forment le noyau des MONTAGNES PRIMITIVES (*voyez* ce mot), montagnes autrefois bien autrement élevées qu'aujourd'hui.

Dans l'usage ordinaire on confond généralement le sable avec le gravier. (*Voyez* ce mot.) Sabler l'allée d'un jardin, c'est presque toujours la recouvrir de gravier.

Les naturalistes mêmes ne sont pas d'accord sur l'acception précise qu'il faut donner à ce mot. Dans leurs ouvrages on voit souvent le sable pris pour le sablon, quoique ce dernier soit toujours globuleux, c'est-à-dire sans angles.

Comme il y a peu de différence pour la pratique de l'agriculture entre les terrains composés de sable et ceux composés de sablon, je traiterai des uns et des autres au mot SABLONNEUX sans les distinguer.

Lorsque le sable ou le sablon sont purs et privés d'eau, ils deviennent le jouet des vents, c'est-à-dire que le vent fait continuellement changer leur superficie de place, et que là où il y avoit hier un monticule il y a aujourd'hui une plaine, et qu'il y aura demain une vallée. On appelle ces localités des sables *mouvans*. Elles sont d'un séjour dangereux pour les hommes et les animaux, et généralement peu susceptibles de productions agricoles ; cependant, comme je le dirai au mot sablonneux, l'industrie de l'homme peut les fixer et en tirer parti. *Voyez* DUNE.

Les sables mouvans ne couvrent pas des espaces fort étendus en France, mais il n'en est pas de même en Asie et en Afrique. Quelques plantes leur sont particulières.

Le sable, encore plus que le sablon, est employé dans la composition du mortier, avec lequel il se lie mieux, à raison de son irrégularité et de ses angles. On en fait également usage pour la composition du verre, des poteries communes, etc.

Par l'habitude on a donné le nom de sable à tout ce qui est en petits fragmens. Il y a des sables calcaires, des sables ferrugineux, des sables volcaniques ; mais ils ne sont pas assez abondans dans la nature, ni assez différens du sable quartzeux, dans leurs effets agricoles pour que je doive les mentionner particulièrement.

Le sable (ou le sablon) mêlé avec les terres argileuses est un excellent amendement, en ce qu'il divise les molécules de ces terres et les rend perméables à l'eau. On gagne toujours à faire ce mélange lorsque la dépense de l'extraction et du transport n'est pas trop forte.

Sur les bords de la mer on emploie le sable, et comme amendement et comme engrais dans le même cas, parceque celui que les flots rejettent sur le rivage est toujours mélangé de matières animales et végétales réduites en petites parcelles. (B.)

SABLER. C'est mettre du gravier, du sable ou du sablon sur la surface d'une allée, afin que d'un côté on puisse s'y promener immédiatement après la pluie, et que de l'autre la pousse des herbes y soit moins active.

Comme ayant les grains plus gros, le GRAVIER (*voyez* ce mot) est préférable au sable et au sablon; mais on n'est pas toujours le maître de choisir, puisqu'à raison de la dépense c'est la matière la moins éloignée qui est à préférer.

On tire le gravier des rivières ou de la terre. Dans ce second cas il faut le passer à la CLAIE (*voyez* ce mot), pour en séparer d'un côté la terre et de l'autre les grosses pierres.

Le sable et le sablon se prennent toujours dans la terre, par la difficulté de les extraire de l'eau.

Souvent on met, par des intentions économiques, le sable sur les allées seulement après les avoir dressées et en avoir égalisé la terre ; mais ce sable s'enfonçant dans la terre par suite de la fréquentation de ces allées combiné avec l'action des pluies et des dégels, il arrive qu'il faut continuellement les recharger, ce qui devient très coûteux. Le mieux est de mettre d'abord, ou une couche de recoupes de pierres, c'est-à-dire de ces fragmens de pierres qui résultent du travail des tailleurs de pierres, ou une couche de plâtras de trois, quatre, cinq et six pouces d'épaisseur, bien tassée avec la BATTE. (*Voyez* ce mot.)

L'épaisseur du sable qu'on met dans les allées varie beaucoup ; mais elle ne doit pas être assez considérable pour qu'il soit mouvant sous les pieds des promeneurs, parceque cette circonstance leur donne une démarche guindée, les fatigue beaucoup, déforme et use leurs souliers. Il en faut bien moins, comme je viens de le dire, sur les allées à couche de pierres ou de plâtre que sur les autres. Il vaut mieux en remettre de loin en loin que d'en accumuler trop à la fois.

Quelquefois on emploie du sable coloré en rouge, en jaune, en noir et en blanc, pour faire des dessins sur les allées; mais cela est plus rare aujourd'hui qu'autrefois. (B.)

SABLIÈRE. lieu où on tire du Sable. *V.* le mot précédent.

SABLON. Globules quartzeux, au plus d'une demi-ligne de diamètre, qui couvrent souvent de grandes étendues à la surface de la terre, et dont je dois par conséquent parler, comme intéressant l'agriculture.

Il est presque général de confondre le sablon avec le sable, quoique ce dernier étant composé de fragmens, anguleux et irréguliers soit fort différent. *Voyez* Sable. J'imiterai cependant les cultivateurs en traitant de ces deux sortes d'amas au mot Sablonneux.

Les Grés (*voyez* ce mot) sont tous composés de sablon aggloméré avec du quartz, du calcaire, ou avec des argiles ferrugineuses. Or tout porte à croire que le grès est une pierre formée par cristallisation confuse, en même temps que les Gneiss et les Schistes. *Voyez* ces mots. Donc on peut conclure que le sablon, comme le Sable, comme le Gravier, comme les Cailloux roulés, est le produit de la décomposition des Montagnes primitives. *Voyez* ces mots.

C'est le sablon qu'on emploie ordinairement pour polir les ouvrages de métal, de verre, pour récurer les marmites, les chaudrons et autres ustensiles de cuisine, pour composer le verre, pour diminuer le retrait des poteries. Comme il est souvent coloré en jaune et en rouge par le fer, on s'en sert quelquefois pour recouvrir les allées des jardins. Il est, quoiqu'inférieur au sable, souvent employé à la fabrication des mortiers. C'est lui qu'on doit préférer pour enterrer les légumes dans la serre ou les bouteilles de vin dans la cave.

Il est bon que le lecteur consulte les articles Dune, Landes, Bruyère (terre de) et Grève, où le sablon est considéré comme agissant sur l'agriculture. (B.)

SABLONNNEUX (TERRAINS). On applique ce nom à des terrains graveleux, et à des terrains sableux bien plus fréquemment qu'à ceux à qui il appartient véritablement; cependant comme la nature de ces trois sortes de terrains est presque la même, que leur culture diffère peu et que partout on est dans l'habitude de les confondre, je réunirai ici tout ce que j'ai à en dire. *Voyez* Gravier, Sable et Sablon.

Généralement les terrains sablonneux sont le produit de la décomposition des granits et autres roches quartzeuses ; cependant ils le sont quelquefois des silex. *Voyez* Montagne, Granit, Quartz, Silex, Cailloux, Galet, Torrens, Rivière. Aussi est-ce dans les plaines qu'on en trouve le plus. Ils recouvrent seuls des espaces d'une grande étendue, et forment des collines fort élevées. Quand on considère seulement l'immense quantité qui s'en trouve en France, l'esprit ne peut se faire une idée de leur origine, tant il faut supposer de hauteur et de largeur aux montagnes à l'époque de leur formation, et de longueur à la série des siècles qui se sont succédés depuis lors, à plus forte raison quand on se rappelle que les déserts de l'Asie et de l'Afrique, déserts qui ont des centaines de lieues de diamètre, en sont également composés.

Il est heureusement assez rare de trouver des terrains sablonneux exempts de mélange ; car lorsqu'ils sont de pur gravier, de pur sable ou de pur sablon, et qu'ils manquent d'humidité, ils forment les SABLES MOUVANS, sables qu'on ne peut rendre productifs qu'avec des travaux et par conséquent des dépenses considérables, ainsi que je le dirai plus bas.

Le plus ordinairement les terrains sablonneux sont mêlés d'une grande quantité d'argile et de quelque peu de calcaire, de fer et de terre végétale. Les proportions de ces diverses parties varient sans fin. Souvent l'argile domine au point qu'on les appelle terrains argileux. *Voyez* ARGILE. Quelquefois le fer y est si abondant qu'il lie en une seule masse les grains du sable et les transforme en mine de fer. *V.* FER. Lorsque le mélange est convenable, c'est-à-dire qu'il n'y a pas plus des deux tiers de sable contre un d'argile, on peut les regarder comme de bonnes terres à blé, pour peu qu'elles contiennent de l'humus ou terre végétale. Ce n'est que lorsqu'elles offrent trois quarts de sable qu'on les appelle TERRES LÉGÈRES, TERRES SABLONNEUSES, TERRES A SEIGLE.

Je ne parlerai ici que de ces dernières.

Quelquefois la terre est argilo-sablonneuse, et est recouverte d'une couche sablonneuse plus ou moins épaisse. Ces sortes de terrains qui constituent les LANDES de Bordeaux, de la Sologne, de la Bretagne, sont exposés à être noyés d'eau pendant l'hiver et extrêmement secs pendant l'été. C'est cette circonstance qui s'oppose le plus à leur amélioration, car on pourroit, en mélangeant la couche inférieure avec la supérieure, donner à l'une et à l'autre le degré de densité moyenne le plus favorable à la végétation. Comme j'ai traité de cette nature de terre au mot LANDE, j'y renvoie le lecteur.

Lorsque la surface d'un terrain ainsi constitué est composée de sable non argileux mêlé avec plus d'un quart de terreau ou de fragmens de végétaux en décomposition, on dit qu'elle est formée de TERRE DE BRUYÈRE, du nom de la plante qui y croît le plus généralement et le plus abondamment. J'ai également présenté au mot BRUYÈRE les principales considérations agricoles qui regardent cette terre.

Ce qui manque spécialement aux terrains sablonneux de quelques pieds de profondeur, c'est l'humidité, parceque l'eau des pluies les traverse pour gagner les couches inférieures, et que la petite quantité qui reste adhérente aux molécules de leur surface est facilement évaporée par l'action de la chaleur du soleil ou des vents desséchans. C'est donc au printemps et en automne, et dans les années pluvieuses, qu'ils sont le plus productifs.

Puisque les plantes peuvent vivre dans les sables, ou les sablons quartzeux, les mieux calcinés, les mieux lavés, même dans le verre pilé, etc., elles le peuvent à plus forte raison dans les terrains sablonneux qui contiennent toujours, ainsi que je l'ai observé plus haut, quelques parcelles d'argile, de calcaire, de terreau, etc. Aussi tous les terrains sablonneux, quelque stériles qu'ils soient pour l'agriculture, lorsque les vents sur-tout ne bouleversent pas journellement leur surface, donnent-ils naissance à un assez grand nombre de plantes, appelées plantes aréneuses ou sablonneuses, qui ne se plaisent que là. Beaucoup de ces plantes sont propres à la nourriture des bestiaux ; mais peu assez grandes, ou d'assez bonne qualité, pour mériter la peine d'être coupées et séchées. La plupart des terrains sablonneux sont donc dans le cas de fournir naturellement un pâturage peu abondant, mais très propre aux moutons. Ainsi ces sortes de terrains offrent un produit à l'agriculture sans aucune dépense. C'est malheureusement ce à quoi on se restreint le plus souvent à leur égard ; je dis malheureusement, parcequ'il est presque toujours des moyens d'en tirer un parti plus avantageux, comme je le dirai plus bas.

Plusieurs arbres et arbustes croissent aussi naturellement, ou peuvent être plantés sans beaucoup de dépense, dans les terrains sablonneux. Les principaux d'entre eux sont l'OSIER DES SABLES, le SAULE MARSAULT, le BOULEAU, le TAMARIX, le GENÊT, le LILAS, les PEUPLIERS BLANC et GRIS, le CHALEF, le LYCIET, l'ÉPINE VINETTE, les CHÊNES ROUVRE et TOZA, l'AUBÉPINE, le GROSEILLIER ÉPINEUX, la ROSE TRÈS ÉPINEUSE, le SUREAU, l'ORME, les ÉRABLES COMMUN et DE MONTPELLIER, le FRÊNE A FLEUR, les PINS SYLVESTRE, de GENÈVE, MARITIME, LARICCIO et d'ALEP. On peut donc créer des forêts dans des localités qui ne produisent presque rien. Les pins sur-tout sont dans le cas, par la promptitude de leur croissance et le grand nombre d'objets d'utilités qu'ils offrent, d'enrichir les propriétaires de terrains sablonneux.

D'après ce que j'ai dit plus haut de l'influence de l'eau sur la végétation des terrains sablonneux, on doit conclure que les cultures qu'il est le plus avantageux d'y faire sont celles qui se recueillent au printemps, ou qui se sèment en automne, c'est-à-dire celles qui n'ont pas à redouter les chaleurs dévorantes de l'été.

L'observation prouve que les terrains sablonneux, toutes

choses égales d'ailleurs, sont plus précoces que les autres. Ce fait s'explique par le peu d'eau qu'ils contiennent, et par la facilité avec laquelle la chaleur du soleil pénètre entre leurs molécules. *Voyez* Précocité.

Comme étant très perméables aux racines des plantes, les terrains sablonneux doivent donner, lorsqu'ils sont chargés d'engrais et convenablement arrosés, des productions très vigoureuses, et ce qui a lieu en effet. *Voyez* Racine. Mais quand ils sont maigres et secs, leurs productions sont très chétives.

L'air et la chaleur pénétrant plus facilement, comme je viens de le faire remarquer, dans les terrains sablonneux que dans les autres, et l'eau y étant moins permanente, les fruits et les légumes y sont plus savoureux. Ce fait est principalement si marqué dans les racines alimentaires, qu'il faudroit presque se refuser à cultiver autre part les Pommes de terre, les Carottes, les Panais, les Raves, les Betteraves, etc. *Voyez* ces mots.

Il devient donc très avantageux de former des jardins dans les terrains sablonneux ; je dis même qu'on ne peut avoir de bons jardins que dans ces sortes de terrains. *Voyez* Primeur et Jardin. Il le devient également d'y faire des semis et plantations, par conséquent d'y établir des Pépinières. *Voyez* ce mot et celui Bruyère.

Dans les environs des grandes villes, où les pois, les haricots, les fraises, les cerises de primeur sont payés fort cher, et où les engrais sont abondans et à bon compte, il est profitable d'en faire des cultures en grand dans les terrains sablonneux. Par leur moyen tel arpent de terre qui ne devroit pas rapporter six francs en culture de céréales, rapporte quelquefois deux et trois cents francs.

La culture des terrains sablonneux est beaucoup moins coûteuse que celle des terrains argileux. Ils demandent moins de labours et des labours moins profonds. Souvent il est possible de leur faire produire plusieurs récoltes successives, sans autres labours que des binages ou même des hersages. Le Roulage leur est nécessaire, après leur ensemencement, à raison de leur grande légèreté, afin de les Plomber. *Voyez* ces mots.

Quelques terrains sablonneux, tels que ceux provenant des alluvions des rivières, ceux placés à la base des montagnes, et qui en reçoivent les dépouilles végétales par le moyen des eaux des pluies, sont naturellement très fertiles ; mais en général leur nom rappelle l'idée de la stérilité. Ils n'ont presque toujours qu'une portion trop peu considérable d'humus pour nourrir le froment ; en conséquence c'est le seigle, qui en consomme moins, qu'on y cultive de préférence, et ce avec d'autant plus de raison, que, mûrissant le premier, il est moins sujet aux atteintes de la sécheresse. Des engrais sont donc nécessaires, lorsqu'on veut y cultiver le froment et autres articles qui en demandent beaucoup ; mais parmi les engrais il y a un choix à faire ; car ceux qui ont naturellement plus d'humidité, ou qui la conservent le plus long-temps, le fumier de vache, par exemple, sont préférables. Il en est de même du fumier de cheval très consommé.

Mais les fumiers sont peu abondans et chers, les terrains sablonneux fort étendus et de peu de valeur. Ne seroit-il pas possible de les améliorer par des moyens moins actifs, moins durables peut-être, mais qui rempliroient cependant le but ? Oui, répondrai-je, il ne s'agit que de leur donner un bon système d'assolement, système dans lequel entreront de temps en temps des récoltes enterrées au moment de leur floraison. *Voyez* Assolement et Succession de culture.

La pratique d'enterrer des récoltes à la charrue est fondée sur le principe que, depuis l'époque de la germination des plantes jusqu'à celle où la floraison s'accomplit, elles tirent plus de nourriture de l'air que de la terre. La consommation d'humus soluble qu'elles font est donc restituée avec bénéfice lorsqu'on les rend à la terre. *Voyez* Végétation et Récoltes enterrées.

Parmi les amendemens, le meilleur pour les terres sablonneuses est l'argile, ou la marne très argileuse, parcequ'elle leur donne la consistance qui leur manque, les rend plus aptes à retenir l'eau des pluies. *Voyez* Argile et Marne. La chaux, si fructueuse sur les terres riches en humus, ne sert souvent qu'à les détériorer, parceque, je le répète, elles manquent d'humus. *Voyez* Chaux.

On voit par tout ce que je viens de dire qu'avec de l'eau on peut rendre fertiles les terrains les plus sablonneux : ce sont donc des Arrosemens qu'il leur faut. *Voyez* ce mot.

C'est au moyen des irrigations que tant de terrains sablonneux, et naturellement fort mauvais, sont devenus si productifs dans la ci-devant Lombardie et autres cantons de l'Italie. *Voyez* Irrigation. C'est au moyen des arrosemens par infiltration que les habitans de Saint-Lucar de Barameda sont parvenus à rendre leur navazos supérieur aux plus excellentes terres. C'est par arrosemens à la main que les cultivateurs de Houilles et de Montesson, près Paris, que les jardiniers de tant de localités, ont transformé des terres infertiles en jardins productifs.

Par-tout où on peut arroser les terres sablonneuses par irrigation, il faut le faire, à raison de l'économie et de la puissance d'action de ce mode. C'est dans les pays chauds que ses effets sont les plus étonnans : là on peut souvent, par son moyen, obtenir quatre à cinq superbes récoltes par an d'un champ, qui, sans lui, en auroit donné à peine une très foible. J'en ai vu des exemples nombreux dans mes voyages.

Par-tout où, comme aux environs de Saint-Lucar de Barameda, ou de Houilles, ou de Montesson, l'eau sera infiltrée à une petite distance de la surface du sol, on pourra faire dans le sable de vastes bassins dont le fond sera toujours humide (San-Lucar), ou creuser un grand nombre de puits qui permettront d'arroser abondamment par écoulement (Houilles et Montesson.)

C'est à l'estimable Lasteyrie qu'on doit la description du procédé usité dans le premier de ces lieux. (Supplément de la première édition de Rozier.) C'est moi qui ai fait connoître la pratique qu'on suit dans le second. (Bibliothèque des propriétaires ruraux.)

Mais les terrains disposés aussi favorablement que ceux-ci sont rares ; de sorte que, généralement, c'est eu tirant de l'eau d'une grande profondeur qu'on arrose les terrains sablonneux, ce qui augmente beaucoup la dépense, et ce qui rend impossible l'amélioration par ce moyen de tant de plaines vouées à l'infertilité. (B.)

SABOT. Chaussure de bois en usage dans une grande partie de la France, sur-tout parmi les cultivateurs.

La fabrication des sabots sortant du plan de cet ouvrage, je n'en parlerai pas ; mais j'observerai qu'il n'est pas indifférent de choisir des sabots de tel bois plutôt que de tel autre, tant pour la durée que pour la santé.

Les meilleurs sabots sont faits avec le noyer ; après viennent ceux de hêtre. Les premiers sont très chers, et les seconds très cassans ; mais ils remplissent bien leur objet, et ne prennent pas l'eau.

Les plus mauvais sont ceux d'aune et de bouleau ; ils sont légers, peu cassans, mais absorbent l'eau et la conservent long-temps.

Je ne me rappelle pas en avoir vu fabriquer en grande quantité avec d'autres espèces de bois.

Les avantages des sabots sont de tenir le pied sec quoiqu'on reste la journée entière dans la boue, et de coûter très bon marché.

Leurs inconvéniens, c'est de déformer ou blesser les pieds, de ne pas permettre une course rapide, et de se casser fréquemment.

Sans vouloir dépriser les sabots plus qu'il ne convient, je crois pouvoir émettre le vœu qu'on en abandonne l'usage. Il semble qu'ils sont l'indication de l'imperfection des arts et le signe de la misère. J'ai vu, dans les pays où ils sont les plus employés, qu'ils n'étoient pas toujours aussi économiques que leur bas prix semble le faire croire, parcequ'ils se cassent souvent et s'usent vite.

Je préférerois beaucoup voir les pauvres cultivateurs chaussés avec ce qu'on appelle dans quelques endroits des claques, c'est-à-dire avec des souliers à semelle de bois épaisse d'un pouce, souliers qui offrent la plupart des avantages des sabots, et n'ont que fort peu de leurs inconvéniens. (B.)

SABOT. MÉDECINE VÉTÉRINAIRE. Ongles du pied du cheval. *Voyez* PIED.

SABRE. Instrument de jardinage avec lequel on tond les haies et les palissades pour les tenir garnies et pour économiser le terrain. Sa longueur est de deux pieds et demi, la douille comprise ; sa largeur de vingt et une lignes. Son tranchant est recourbé en arrière vers son extrémité. Cet instrument est fixé à un manche de quatre pieds (D.)

SACS A FRUIT. Ce sont de petits sacs de papier, de toile ou de crin, dans lesquels on enferme les grappes de raisin quand elles commencent à mûrir, afin de les garantir des attaques des oiseaux et de la piqûre des guêpes ou des mouches. Ce moyen de préservation n'est employé que dans les jardins situés au milieu ou dans le voisinage des villes. Les sacs de papier, même ceux imbibés d'huile, sont peu propres à remplir l'objet dont il s'agit, parceque la moindre pluie qui survient les crispe et les ramollit, et qu'alors les oiseaux les crèvent sans peine, béquètent le raisin et facilitent l'entrée aux insectes. Les sacs faits en toile de canevas grossier sont préférables ; mais les meilleurs sans contredit sont ceux de crin noir ou blanc. On doit en avoir de plusieurs grandeurs, et quelques uns qui puissent contenir deux ou trois grappes. Les sacs de crin noir sont employés de préférence à ceux de crin blanc, parceque non seulement ils préservent parfaitement le raisin, mais encore accélèrent de quatre ou cinq jours sa maturité, à cause de leur couleur noire qui absorbe et retient la chaleur. *Voyez* le mot FILETS. (D.)

SADON. Ancienne mesure de superficie. *Voyez* MESURE.

SAFRAN, *Crocus*. Genre de plantes de la triandrie monogynie et de la famille des iridées, qui renferme trois espèces, dont deux sont cultivées pour le produit ou l'agrément.

Le SAFRAN CULTIVÉ, ou simplement le *safran*, est originaire de l'Orient. Ses feuilles sont longues, en apparence cylindriques, et ses stigmates sont plus longs que les divisions de sa corolle ; son bulbe de plus d'un pouce de diamètre. On le cultive depuis long-temps dans quelques cantons de la France, principalement aux environs d'Angoulême, aux environs de Nemours et aux environs de Caen, en Beauce, etc., uniquement pour ses stigmates. Ces stigmates, qui sont longs d'un pouce, d'une couleur rouge orangée et d'une grosseur assez considérable, ont une odeur particulière très suave, et des propriétés médicinales fort étendues. Ils sont pour la France l'objet d'un commerce de quelque importance, et un moyen de fortune pour les cultivateurs des cantons précités.

On doit à La Rochefoucauld des observations sur la culture de cette plante aux environs d'Angoulême, et à Duhamel une description très détaillée de celle qu'on lui donne autour de Nemours, c'est-à-dire dans le ci-devant Gâtinois. Je suis passé dans ces deux contrées et y ai visité des safranières; mais je ne puis cependant en parler que d'après ces deux célèbres agriculteurs, et en employant la plus grande partie de la rédaction de Rozier.

La culture du safran ne peut être entreprise avec succès que par des cultivateurs travaillant de leurs propres mains, principalement par des pères de famille, parcequ'elle exige beaucoup de bras, ainsi qu'une surveillance minutieuse et toujours active. Tous les propriétaires aisés qui ont voulu l'entreprendre avec des hommes à gages n'ont pas réussi. Ces propriétaires sont cependant intéressés à ce qu'elle ait lieu sur leurs propriétés, parceque les terres reconnues propres à produire le safran se louent trois ou quatre fois plus que les autres.

Les bonnes terres légères, non pierreuses, sont les plus propres pour le safran. Il ne réussit bien ni dans les sables arides, ni dans les argiles pures; l'humidité sur-tout lui est très contraire.

Les bulbes du safran, qui ont environ un pouce de diamètre et sont aplaties, donnent plus de caïeux, et celles qui sont plus petites et globuleuses donnent plus de fleurs. La couleur de leurs enveloppes varie du fauve clair au fauve rouge, et au fauve noir; mais la nature de ces nuances ne paroît pas influer sur la quantité ni la qualité des produits. Ces bulbes sont recherchées par tous les bestiaux, sur-tout par les cochons, et fournissent un très bel amidon. Les mulots les aiment aussi beaucoup. Une petite scolopendre vit à leurs dépens.

Les fleurs du safran cultivé sont d'un gris violet, striées, longues de près de deux pouces, et se développent en automne avant la pousse des feuilles. Ces dernières croissent pendant tout l'hiver et le printemps. Elles sont un très bon fourrage pour les bestiaux; aussi les coupe-t-on, pour leur usage, à la fin du printemps, lorsqu'on juge que cela ne peut plus nuire à l'oignon.

Le champ qu'on destine à une plantation de safran doit être préalablement divisé par des labours avec la houe ou la bêche jusqu'à neuf ou dix pouces de profondeur. Il ne faut pas épargner ses peines dans le cours de ces opérations préliminaires, desquelles dépend principalement le succès. Elles se font pendant l'hiver et au printemps.

On a remarqué que le fumier diminuoit la qualité du safran ; en conséquence on n'en met jamais en Gâtinois dans les terres qui en portent, ou qui sont destinées à en porter ; mais aux environs d'Angoulême on est moins scrupuleux ; cependant les cultivateurs honnêtes se contentent d'amender leurs terres avec du marc de raisin, des feuilles sèches, de la terre ramassée dans les bois, des curures de rivières, d'étang, etc.

C'est au commencement de l'automne, c'est-à-dire vers la fin de juillet ou les premiers jours de septembre, qu'on plante les oignons de safran. Pour cela on ouvre des tranchées de six à sept pouces de profondeur, et on y dépose les oignons à un ou deux pouces de distance. La terre retirée de la seconde tranchée sert à combler la précédente, et ainsi de suite. Il y a six à huit pouces de distance entre chaque tranchée pour pouvoir donner les façons et faire la cueillette.

Quelques cultivateurs enlèvent les enveloppes des oignons (leur robe), séparent rigoureusement tous les caïeux avant de les mettre en terre ; mais les plus expérimentés ne le font pas, et n'enlèvent les caïeux que lorsqu'ils sont devenus trop nombreux, ou lorsqu'ils en ont besoin pour augmenter leur culture.

Dès que les premières pluies d'automne ont pénétré la terre, si le temps s'est conservé doux, les fleurs du safran commencent à poindre, et ne tardent pas à se développer. On donne alors un léger binage à la plantation.

La récolte du safran commence ordinairement vers les premiers jours d'octobre. Alors les cultivateurs n'ont aucun moment de repos, car les fleurs se succèdent avec une grande rapidité. Cette récolte dure ordinairement trois semaines. Pendant ce temps, hommes, femmes, enfans vont dès la pointe du jour dans les champs avec des paniers, et chacun se mettant à califourchon sur une rangée de plants de safran, la suit dans sa longueur, coupant de la main droite, avec l'ongle, ou simplement rompant les fleurs qui sont complètement développées, ou qui commencent à s'ouvrir, et les mettant avec précaution dans le panier qu'il tient de la main gauche. Comme ces fleurs passent promptement, et que plus elles restent long-temps épanouies et plus leur stigmate perd de sa qualité et est difficile à enlever, il faut, autant que possible, que la récolte de chaque jour soit terminée avant que la rosée soit dissipée ; cependant dans le plus fort de la récolte on cueille aussi le soir, et on est quelquefois forcé d'attendre au lendemain pour en éplucher le produit ; alors on étend les fleurs sur des toiles, où elles se fanent, mais se conservent.

La première année un arpent ne fournit guère que quatre à cinq livres de safran ; mais la seconde et la troisième, il en produit jusqu'à quinze, vingt et même vingt-cinq livres.

La récolte finie, on ne s'occupe plus de la plantation que vers la fin de mai, pour couper (ou arracher) les feuilles. Vers la mi-juin on donne un premier labour de trois à quatre pouces de profondeur ; à la fin d'août on en donne un autre absolument semblable, et en septembre un binage comme il a été dit plus haut.

On continue cette culture pendant trois ans, et la quatrième on relève les oignons pour les planter autre part, 1° parceque la terre est épuisée, et que les récoltes suivantes deviendroient inférieures : les fleurs de celle de la troisième sont déjà moins belles que celles de la seconde ; mais, comme elles sont plus nombreuses, le résultat est le même ; 2° parceque l'oignon du safran se renouvelant chaque année, et au-dessus de l'ancien, celui qui étoit à six pouces de profondeur est remonté de trois pouces, et est par conséquent plus exposé à la gelée, aux ravages des mulots et aux blessures des instrumens de labourage ; 3° parceque les caïeux sont devenus trop nombreux, et se nuisent réciproquement. En effet on a calculé que cinq boisseaux d'oignons en fournissoient vingt en quatre ans.

On place environ six cent mille oignons par arpent dans le Gâtinois, et un tiers moins dans l'Angoumois, parcequ'on les espace davantage dans ce dernier canton.

Duhamel a discuté la question de savoir s'il convenoit mieux de replanter les oignons du safran aussitôt qu'ils sont sortis de terre que d'attendre qu'ils fussent un peu desséchés, et se décide en faveur de la première méthode. Tout homme éclairé sera de son avis, non qu'il y ait de l'inconvénient, pour les oignons, à attendre, mais parceque plus tôt ils seront en terre, et plus tôt ils commenceront à développer leur action végétative, et plus les fleurs qu'ils produiront seront belles ; cependant, dans ce cas, il faut se conformer aux circonstances, et ne pas sacrifier à une plantation anticipée de quelques jours d'autres opérations importantes.

Les terres qui ont porté du safran sont cultivées en autres natures de plantes pendant sept, dix, quinze et même vingt ans. On a remarqué que le sainfoin réussissoit très bien sur l'arrachis ; en conséquence on l'y sème ordinairement, et quand il est usé, c'est-à-dire huit à dix ans après, on lui substitue le blé et les autres céréales.

Il n'y a pas de doute que si l'on restituoit à la terre par des amendemens autres que le fumier les principes que le safran lui a enlevés, ou si on la défonçoit de deux pieds (le sol supposé le permettre), on pourroit y remettre du safran peu de temps après ; mais il est, à mon avis, très utile d'accoutumer les cultivateurs aux rotations à longues années, parcequ'elles ne peuvent produire que des résultats avantageux. *Voyez* ASSOLEMENT.

Les oignons de safran sont sujets à trois maladies dangereuses.

1° Le *fausset* ou *luette* ; c'est une excroissance allongée, souvent en forme de corne, qui paroît ne pas différer des exostoses, quoique Duhamel la compare à un anévrisme. Elle diminue le produit des fleurs, et même fait périr les oignons ; mais elle est rare, et ne se communique pas. On la guérit en extirpant cette excroissance lors de la transplantation des oignons.

2° Le *tacon* ; c'est un véritable ulcère qui s'annonce par une tache pourpre sur le corps même de l'oignon, tache qui devient jaune, et enfin noire et sanieuse. Il est très abondant dans les terrains et les années humides. Les pluies du mois de mai le produisent principalement. Lorsque cet ulcère est parvenu au centre, l'oignon périt. Jusque-là on peut le sauver en extirpant la partie gangrenée, en faisant un peu dessécher la partie conservée, et en la replantant ensuite. Comme cette maladie est contagieuse, il vaut mieux, comme le conseille La Rochefoucauld, planter séparément les oignons opérés que de les placer avec les autres, ainsi qu'on le pratique dans le Gâtinois.

3° La *mort*. On a été long-temps dans l'ignorance de la cause de cette maladie qui seule fait plus de ravages dans un champ de safran que toutes les autres causes de destruction réunies. Duhamel, qui avoit une sagacité si éminente pour observer, s'est aperçu le premier que cette maladie étoit produite par une espèce de champignon fort en rapport avec les truffes, et Bulliard a mis ce fait hors de doute dans son superbe ouvrage sur les champignons. Depuis, Persoon en a fait un genre particulier, qu'il a appelé SCLEROTE. La forme de ce singulier végétal est irrégulièrement globuleuse. Sa couleur est roussâtre, sa chair assez ferme. Il pousse de divers côtés des racines ramifiées qui vont chercher les oignons de safran à une distance considérable, de sorte qu'un seul pied infecté devient le centre d'un cercle d'infection, qui ne tarde pas à s'étendre sur tout le champ. Lorsqu'une de ces racines atteint un oignon sain, ses enveloppes deviennent violettes et hérissées ; ensuite il se forme de nouveaux tubercules qui pénètrent dans l'intérieur de l'oignon, et en détruisent totalement la substance. Il a été observé par Duhamel que ce redoutable parasite vit aussi aux dépens de plusieurs autres plantes, telles que la bugrane, l'hyèble, l'asperge, et sur-tout le liseron des champs ; de sorte qu'on n'est jamais sûr qu'il n'y en a pas, ou qu'il n'y en a pas eu dans un champ qu'on veut planter en safran. On ne connoît pas de remède pour les oignons attaqués de cette maladie, et il n'y a d'autre moyen préservatif, lorsqu'à la dessiccation des feuilles on juge qu'elle commence à exercer ses ravages, que de faire une tranchée profonde autour du cercle de l'infection, et d'en rejeter la terre en dedans. Une seule pelletée de cette terre suffit pour propager la maladie dans un autre champ, et la place où la maladie a existé en conserve les germes pendant quinze à vingt ans ; de sorte qu'on ne doit plus y remettre de safran sans craindre de l'y voir renaître. Cette cruelle maladie se développe au printemps, et dure pendant trois mois. *Voyez* au mot POMMIER.

Mais j'en suis resté à la cueillette du safran, et il faut parler des opérations qui en sont la suite.

Les fleurs du safran se fanent très facilement lorsqu'elles sont exposées à l'air, et se pourrissent très rapidement lorsqu'elles sont entassées. Dans le premier cas, il devient plus difficile d'en séparer le pistil, but de la culture, comme je l'ai déjà dit. Dans le second, il est altéré au point de ne pouvoir plus être mis dans le commerce. Il faut donc qu'on s'occupe sur-le-champ de l'épluchage, c'est-à-dire d'isoler ce pistil. En conséquence, aussitôt que les fleurs sont arrivées à la maison on les étend sur de grandes tables autour desquelles sont assises des éplucheuses ayant à côté d'elles une assiette sur laquelle elles mettent les stigmates, après les avoir coupés un à un avec l'ongle, un peu au-dessous de leur origine. Une ouvrière habile peut ainsi éplucher une livre de safran vert dans l'espace d'une journée ; malgré cela les cultivateurs de safran sont presque toujours obligés de louer du monde pour cette opération, à raison de la célérité qu'elle nécessite. Il faut surtout qu'on ait la plus scrupuleuse attention de ne laisser dans le safran épluché aucune portion des pétales, parceque, se moisissant, elles lui communiqueroient une mauvaise odeur. Il en est de même des étamines, quoique susceptibles de se dessécher plus facilement.

A mesure qu'on épluche le safran il faut le faire sécher au feu. C'est une opération délicate dont le maître ou la maîtresse se chargent ordinairement. Les moyens employés sont grossiers, mais conduisent au but, au moyen des précautions nécessaires.

Dans le Gâtinois on l'étend sur des tamis de crin suspendus à un pied et demi au-dessus de la braise allumée et recouverte de cendre. Dans d'autres lieux on l'étend sur des plats de terre, ou des plaques de cuivre, etc. Dans toutes les manières le point est de le remuer continuellement, et de ne le laisser ni brûler ni s'imprégner de l'odeur de la fumée, car il seroit perdu. Quand il est parvenu à un degré de dessiccation tel qu'il se brise entre les doigts, on le met refroidir entre des feuilles de papier, et ensuite on le renferme dans des boîtes qu'on place dans l'endroit le plus sec de la maison. Cinq livres de safran vert n'en fournissent qu'une après la dessiccation.

On peut conserver le safran dans ces boîtes pendant deux ou trois ans, pourvu qu'il ne soit pas exposé à l'humidité ; mais ensuite il s'altère petit à petit si on ne le prive pas complètement du contact de l'air. Les fraudes auxquelles il donne lieu sont la mouillure pour augmenter son poids, et son mélange avec le safranum, pour corriger sa mauvaise couleur. On reconnoît la première au toucher, le safran bien sec devant toujours se casser sous le doigt ; la seconde au point de réunion des stigmates, cette partie, qui a une ligne de long, étant blanche dans le safran naturel. Le bon safran doit avoir une couleur vive et une odeur forte. Celui du Gâtinois passe pour le meilleur de France, et l'est en effet, parcequ'on ne fume pas, comme aux environs d'Angoulême et de Caen, les terres qui le produisent, et parcequ'on prend toutes les précautions nécessaires pour ne pas le détériorer dans l'opération de son dessèchement et dans sa conservation.

Le safran du commerce sert à un grand nombre d'usages dans la médecine, l'économie domestique et les arts. Il est béchique, emménagogue, détersif, résolutif, anodin, céphalique, ophtalmique, stomachique, diaphorétique, etc. ; mais son usage n'est pas sans danger, et on ne doit l'employer qu'avec beaucoup de circonspection, car à haute dose il provoque l'assoupissement léthargique, les vomissemens, le délire, etc. Son odeur seule cause souvent ces accidens, et les éplucheuses ainsi que les sécheuses ne doivent en conséquence travailler que dans un lieu bien aéré. Malgré ces précautions elles sont souvent attaquées de pertes, d'enflure aux yeux et autres parties du corps, et même de syncope. On cite un garçon droguiste mort pour s'être endormi sur un sac qui en étoit rempli. Cependant il est des peuples qui en font un usage habituel ; les Espagnols et les Polonais en mettent presque tous dans leurs sauces. Il entre dans les crèmes, les biscuits, les vermicelles, les conserves, les liqueurs de table, dans beaucoup de préparations pharmaceutiques et autres. Il colore souvent le beurre, etc.

Les peintres à la gouache et les teinturiers de petit teint en emploient quelquefois.

La culture du safran est très importante à encourager en France, parceque ses produits sont presque tous exportés et procurent des bénéfices importans. On a calculé qu'à raison de 50 francs la livre, un arpent donnoit au bout de trois ans plus de 1500 francs de bénéfice, terme moyen. Il est fâcheux 1° que des fortes gelées fassent quelquefois périr les oignons dans la terre, sur-tout ceux de trois ans qui, comme je l'ai observé, sont moins enfoncés que les autres; 2° que les petites gelées hâtives diminuent ou fassent manquer totalement une récolte en frappant les fleurs au moment où elles se montrent; 3° que des pluies prolongées à la même époque produisent les mêmes effets en les faisant pourrir; 4° que la *mort* en fasse quelquefois disparoître en trois mois des champs entiers; 5° que sa trop rapide floraison ne permette pas toujours de l'éplucher en temps convenable; 6° qu'on en perde quelquefois par suite de sa mauvaise dessiccation ou de sa conservation dans des lieux humides, etc.

On cultive rarement le safran dont il vient d'être question dans les jardins, mais bien le SAFRAN PRINTANIER qui en diffère, parceque ses feuilles sont plus larges et ses stigmates moins longs que les divisions de la fleur. Il est originaire des Alpes et fleurit dès les premiers jours du printemps avant le développement des feuilles. Ses stigmates n'ont point d'odeur. Sa fleur est bleue, grise, jaune, rougeâtre, blanche avec des stries ou des raies de diverses couleurs. Ses nuances sont sans nombre. C'est lui que les jardiniers appellent crocus. Il forme des touffes ou des bordures du plus grand éclat pendant les premiers jours du printemps. On le relève tous les trois ou quatre ans pour changer sa place et le débarrasser des caïeux qu'il produit en grande abondance et avec lesquels on le multiplie. La nature de terre propre à la précédente espèce lui convient. On le plante au commencement de l'hiver. Sa précocité fait qu'on en garnit souvent des pots qu'on place sur la cheminée, qu'ils ornent par leurs fleurs dès le mois de janvier. L'art consiste à mélanger les variétés de manière à produire le meilleur effet possible. On ne peut trop recommander la culture de cette jolie plante aux amateurs des fleurs. Elle ne craint point les gelées; et si elle est sujette, comme cela est probable, aux maladies indiquées plus haut, on ne s'en plaint pas. (B.)

SAFRAN BATARD. *Voyez* CARTHAME.

SAFFRE. Terme usité aux environs de Marseille pour indiquer la roche qui existe sous la couche de terre végétale. C'est un véritable TUF (*voyez* ce mot), c'est-à-dire une pierre calcaro-argileuse peu dure.

SAGOUTIER , *Sagus farinifera* , (Gœrtn). C'est un palmier très intéressant, qui est utile dans toutes ses parties, et qui produit une substance médullaire farineuse, que les habitans de l'Inde mangent sous différentes formes. Cet arbre croît naturellement dans plusieurs contrées de l'Asie , principalement à Amboine et à Sumatra. Il vient dans les endroits marécageux. Ses racines s'étendent à de grandes distances et poussent des rejets nombreux. Son tronc s'élève à la hauteur de dix à douze pieds. Ses feuilles sont ailées , longues de vingt pieds, réunies à leur base et armées à leurs pétioles de touffes d'épines qui protègent le tronc naissant contre la dent des animaux. Il porte des fleurs unisexuelles ; les mâles et les femelles naissent sur le même pied.

Le sagoutier ne donne des fruits que lorsqu'il est parvenu à son dernier développement , c'est-à-dire lorsqu'il approche de l'âge de retour. Comme sa fructification n'a lieu qu'aux dépens de sa substance farineuse , les habitans en retardent l'époque. Lorsque les feuilles se couvrent d'une poudre blanchâtre, qui ne paroît être qu'une transsudation de la moelle , on juge alors que celle-ci a acquis la qualité convenable pour être mangée. Quelquefois on en retire des parcelles du tronc après y avoir fait un trou , et on les broie dans la main pour reconnoître par la qualité de la farine si elle est parvenue à son point de maturité. La récolte de cette substance se fait de la manière suivante.

On coupe le tronc du sagoutier et on le partage en plusieurs tronçons que l'on fend ; on enlève la moelle ; on la dépouille de ses enveloppes ; elle est écrasée et mise dans un baquet avec de l'eau ; on l'agite jusqu'à ce que la fécule soit entièrement suspendue ; elle est passée alors dans un tamis de crin. On met ce qui a passé dans des vases, où la fécule se dépose et d'où on la retire après avoir décanté l'eau. Cette fécule est coupée en petits pains qu'on fait sécher à l'ombre. C'est le véritable *sagou*.

Cette substance, qui est très blanche et très fine, supplée abondamment au riz. On en fait du pain ou plutôt des galettes , car elle n'est pas seule susceptible de fermentation. On mange aussi le sagou en bouillie ou cuit dans les sauces ; on le prépare enfin d'autant de manières que notre pomme de terre. Il s'en fait dans l'Inde une grande consommation. Tenu dans un lieu sec, le sagou se conserve très long-temps. Pour les voyages de mer, on le dessèche au four, on en rôtit un peu la surface, soit en galette , soit après qu'il a été réduit en grains de la grosseur du riz. C'est ordinairement sous cette dernière forme qu'il arrive en Europe , où les Hollandais en importent une assez grande quantité. Employé en potage comme du vermicelle, il devient transparent et se gonfle beaucoup; on le consomme plus ordinairement en bouillie, ou cuit avec du lait ou sucre et des aromates. C'est un aliment agréable, très léger et peu nourrissant; il convient aux enfans, aux vieillards, aux convalescens et à tous ceux dont les forces digestives sont affoiblies.

Il découle des incisions faites au sagontier une liqueur saine et agréable à boire, mais qui passe promptement à la fermentation. On n'en fait pas un grand usage, parcequ'elle est fournie aux dépens de la substance farineuse. Le tronc et les feuilles de ce palmier sont d'une grande ressource dans la construction des maisons; le tronc fournit la charpente et les planches, et les feuilles donnent la couverture; avec celles-ci on fait des nattes, des cordes et plusieurs petits objets d'utilité domestique. (D.)

SAIGNÉE. La saignée est l'ouverture d'un vaisseau quelconque à l'aide d'un instrument tranchant, dans l'intention de procurer une évacuation de sang; on la pratique sur les artères et sur les veines, mais plus particulièrement sur les veines : ce genre de vaisseaux est plus apparent que les artères, leur ouverture est moins dangereuse, et l'effusion du sang qu'ils fournissent est plus facile à arrêter. D'autres motifs déterminent encore à saigner plutôt aux veines qu'aux artères; mais ils tiennent à des considérations physiologiques qui seroient déplacées ici.

On a peu d'occasion de saigner aux artères; cette sorte de saignée ne se pratique guère qu'à l'artère temporale, dans l'intention de procurer une prompte évacuation des vaisseaux et sinus sanguins du cerveau; encore, dans ce cas, fait-on l'ouverture de l'artère et de la veine en même temps, comme dans la saignée au palais (sur laquelle nous ferons quelques remarques), et dans celle que l'on pratique à la partie du pied, qu'on appelle la *pince*.

Les veines auxquelles on saigne le plus ordinairement sont la jugulaire, ou veine du cou; celle des ars, ou céphalique; celle de l'éperon, ou thoracique externe; celle du plat des cuisses, ou saphène; celle des tempes ou temporales, appelée aussi *veine des larmiers*; celle du palais, appelée *palatine*; celle de la queue, ou sacrée; celle du paturon, et enfin celle de la pince.

Les instrumens avec lesquels on saigne sont la flamme, la lancette et le bistouri; le choix de ces divers instrumens est déterminé par le genre et le volume du vaisseau à ouvrir, et l'espèce d'animal sur lesquels on a à agir.

Dans le cheval, l'âne, le mulet et le bœuf, on ouvre les gros vaisseaux avec la flamme, et les petits avec la lancette.

Dans le mouton, la chèvre, le chien, le chat et le cochon, toutes les saignées se font avec la lancette. Il en est de
même pour les volatiles, chez lesquelles on la fait sous l'aile,
tout près de l'articulation.

La saignée du palais et celle qu'on fait à la pince ne sont
pratiquées que sur le cheval, l'âne, le mulet et le bœuf:
quant à la première, nous croyons qu'elle ne doit pas être
faite avec un clou appointé, comme elle est usitée par quelques personnes, ni même avec un bistouri ou autre instrument tranchant (1); mais bien avec la corne de chamois, ainsi
que l'indique Soleysel, qui la recommande comme un moyen
de donner de l'appétit aux chevaux.

Pour faire la saignée de la pince, il faut parer le pied dans
toute la circonférence de la sole, puis amincir le plus possible le point où l'on doit saigner, et ensuite inciser les vaisseaux avec un bistouri : cette opération faite, on peut mettre
le pied dans l'eau chaude, ou le laisser saigner tout simplement : on arrête l'hémorragie au moyen d'un petit appareil ;
premièrement on applique un fer préparé pour cela, puis on
met sur l'ouverture des bourdonnets ou plumasseaux trempés
dans l'eau-de-vie ; on a soin de les contenir et de les comprimer
avec deux éclisses, dont une doit être placée selon le grand
axe du pied, c'est-à-dire dans toute sa longueur, et l'autre le
traverser dans sa largeur.

Le manuel de cette saignée est, comme on le voit, bien
différent de celui qui doit avoir lieu pour les vaisseaux qui
rampent sous la peau.

Pour ces vaisseaux, si on opère avec la lancette, on fait la
compression avec une main, et avec l'autre on pratique l'ouverture en ponctuant, puis en faisant un mouvement d'élévation.

Si c'est avec la flamme, l'instrument étant ouvert on en
tient la lame entre le pouce et l'index, puis avec les autres
doigts de la même main on prend un point d'appui sur le vaisseau, dont on fait en même temps la compression, et de l'autre
main on frappe sur la flamme avec un morceau de bois ou
tout autre agent. Il faut tenir la lame de l'instrument tant soit
peu éloigné de la peau ; si elle la touchoit, avant de donner
le coup, elle exciteroit l'animal à faire des mouvemens qui
gêneroient l'opérateur. On ferme cette saignée avec une

_____

(1) La difficulté de borner l'instrument à cause des mouvemens de l'animal doivent faire préférer la corne qui glisse sur le périoste et ne peut
jamais l'endommager. Au reste, nous pensons avec M. Lafosse, et beaucoup de vétérinaires, que la saignée du palais peut être abandonnée et
supprimée de la saine pratique.

épingle qu'on passe à travers les deux lèvres de la plaie, et avec laquelle on les réunit par le moyen d'un petit bout de ficelle ou de quelques brins de crins dont on entortille le tout; en plaçant l'épingle il faut éviter de tirer la peau ; cela donne lieu à l'épanchement du sang entre cuir et chair, et occasionne un engorgement, qu'on appelle *trombe*.

Dans les petits animaux on arrête les saignées faites par la lancette avec une compresse maintenue par une bande.

On saigne facilement à la jugulaire le mouton, la chèvre, le chien et le chat ; il n'en est pas de même du cochon ; la graisse dont il est recouvert masque les vaisseaux et les rend difficiles à trouver : ils sont plus apparens à l'oreille ; c'est à cette partie qu'on saigne ces animaux.

Les fortes inflammations, les grandes douleurs requièrent l'usage de la saignée ; elle a quelquefois fait cesser la suppression et la rétention d'urine, lorsque ces maladies n'étoient pas compliquées d'indigestion ; enfin, elle est calmante, relâchante, et d'une grande efficacité lorsqu'elle est employée avec discernement. Dans la fourbure, par exemple, elle produit les meilleurs effets ; mais si cette maladie est occasionnée par l'usage immodéré de l'avoine elle devient nuisible, et ne doit être faite qu'après avoir traité la maladie principale.

On pratique la saignée dans beaucoup de cas ; il seroit trop long d'indiquer ici toutes les maladies qui en nécessitent l'emploi, et celles qui en doivent interdire l'usage.

Le cheval est de tous les animaux celui qu'on saigne le plus fréquemment presque toujours sans motifs plausibles, ni nécessité bien marquée. Les écuyers, les piqueurs, les maréchaux, les marchands de chevaux, les palfreniers, les charretiers, les garçons d'écuries saignent ou font saigner leurs chevaux pour tous les genres de maladie indistinctement. Il n'y a pas en vétérinaire de remèdes dont on fasse un plus grand abus ; les saignées de précaution font chaque année bien des victimes.

La saignée ne doit être faite que lorsqu'on n'a pas à craindre l'accumulation des alimens dans l'estomac et les intestins ; on doit aussi se garder de la faire lorsqu'il y a prostration des forces, à moins que cet état ne soit causé par la pléthore sanguine, ce que l'on reconnoît à la dureté du pouls et à la tension des artères.

Elle est également nuisible pendant la durée des crises opérées par la nature ; si elle les favorise avant le paroxisme, elle peut les empêcher et même les supprimer lorsqu'on la pratique dans le temps qu'elles ont lieu.

Elle fait disparoître les tumeurs critiques ; elle en opère le rentrée subite, occasionne des métastases plus ou moins dangereuses et quelquefois mortelles.

Il y a des personnes qui, après de grandes fatigues, des exercices forcés et de longues routes, ont l'habitude de faire saigner leurs chevaux, dans l'intention de les rafraîchir et de leur *renouveler le sang* ; telle est leur expression. Nous ne pensons pas que par cette opération ils atteignent le but qu'ils se proposent, sur-tout s'il y a foiblesse générale, comme cela arrive ordinairement dans ces circonstances ; ce qui se manifeste par la teinte morne du poil et la facilité avec laquelle les crins se détachent. Nous ne prétendons pas cependant dire ici qu'il ne se rencontre pas quelques cas qui, après de longues fatigues, ne justifient l'usage de la saignée ; mais ces cas sont rares, et souvent les bains, les frictions, le repos et les petites promenades réitérées triomphent de la plupart des accidens, et remettent promptement des plus grandes fatigues.

Nous avons encore à signaler ici un autre abus de la saignée, qui, pratiquée dans le sens opposé à celui dont nous venons de parler, ne nous en paroît pas moins condamnable ; c'est la méthode qu'ont certaines personnes de saigner leurs chevaux pour les préparer à des exercices violens, tels que les courses, ou encore pour préparer les étalons à la *monte* ; on sent aisément toute l'absurdité de cette méthode. *Voyez* le volume de 1792 des Instructions vétérinaires ; on y trouve un fort bon mémoire sur la saignée. (DES.)

SAIGNÉE. Sorte de petit fossé qu'on pratique dans les berges des rivières, des canaux, et de tout amas d'eau, afin de diriger vers un point une certaine quantité d'eau, ou pour faire écouler toute l'eau, et les mettre à sec. L'agriculture pratique fréquemment des saignées.

SAINDOUX. Graisse qui se trouve autour des intestins du cochon. *Voyez* AXONGE.

SAINFOIN, *Hedysarum*. Genre de plantes de la diadelphie décandrie, et de la famille des légumineuses, qui renferme près de cent cinquante espèces, la plupart propres à la nourriture des bestiaux, et dont deux sont, dans ce but, l'objet d'une culture de grande importance pour la France.

Les caractères des sainfoins sont, 1° calice à cinq divisions ; 2° corolle papilionacée à étendard oblong, pointu et réfléchi, à ailes étroites, à carenne transversalement obtuse ; 3.° dix étamines dont les filets sont réunis en deux paquets ; 4° un ovaire supérieur oblong, terminé par un style en alène et recourbé ; 5° une gousse droite, articulée, renfermant une seule graine à chaque articulation.

Il y a des sainfoins à racines annuelles, à racines vivaces et à tiges frutescentes ; les unes ont les feuilles simples, les autres les ont ailées ; leurs fleurs sont en général disposées en épi au sommet de pédoncules axillaires ou terminaux ; mais quelques espèces offrent une disposition différente.

Le SAINFOIN COMMUN, *Hedysarum onobrychis*, qui porte aussi les noms d'*esparcette*, de *Bourgogne*, est une plante originaire des montagnes calcaires de l'Europe moyenne et méridionale. Elle a la racine vivace, pivotante ; les tiges droites, flexueuses, hautes d'environ un à deux pieds ; les feuilles alternes pinnées, accompagnées de stipules, composées de neuf à treize folioles cunéiformes, glabres ; les fleurs rougeâtres, striées, disposées en tête spiciforme, à l'extrémité de longs pédoncules axillaires ; les gousses monospermes et hérissées de pointes.

Il est à observer que le nom de sainfoin s'applique en quelques lieux à la LUZERNE. *Voyez* ce mot.

Du temps d'Olivier de Serres le sainfoin étoit peu cultivé en France ; aujourd'hui il couvre, dans les pays montagneux et dans quelques plaines sablonneuses, des espaces extrêmement étendus, non seulement dans le midi, mais encore dans le nord de la France. Cette amélioration est due aux principes de culture qui commencent à prédominer en France.

Les terrains sablonneux et humides conviennent au trèfle ; ceux qui sont profonds et substantiels sont réservés à la luzerne : le sainfoin se contente des sols les plus secs et les plus pierreux, sur-tout s'ils sont calcaires. Il fournit un fourrage moins abondant, mais plus substantiel que le dernier ; sa qualité compense sa quantité. Les animaux qui s'en nourrissent sont plus forts, ont la chair plus ferme et plus savoureuse que ceux qui vivent exclusivement de luzerne. Cette supériorité du sainfoin est sur-tout remarquable dans le midi de la France ; là il donne de plus trois et même quatre coupes, tandis que dans le nord il en donne à peine deux.

« Le sainfoin, dit Rozier, est un magnifique présent de la nature pour les pays qui manquent de fourrages, à raison du peu de valeur de leurs champs ; jusqu'à présent on ne connoît aucune plante capable de le suppléer ; ainsi tous les soins des cultivateurs doivent tendre à y multiplier cette culture : le trèfle ni la luzerne, malgré leur excellence, ne les en dédommageroient point, puisque dans de tels champs ils ne sauroient prospérer ; mais dans les bons fonds, les produits de l'un ou de l'autre l'emporteront de beaucoup sur les siens. Il vaut mieux avoir peu de fourrage que point du tout, sur-tout lorsque ce peu est d'excellente qualité ; les craies pures, si rebelles à toutes autres cultures, permettent celle du sainfoin. Ce n'est que depuis qu'il a été introduit dans cette partie de la France, ci-devant appelée Champagne pouilleuse, que le triste aspect qu'elle présentoit a changé, qu'on a pu y élever quelques bestiaux qui ont fourni des engrais et procuré des ressources à ses misérables habitans. Cette faculté de croître dans les sols les plus ingrats, le sainfoin la doit à ses racines qui s'enfoncent, selon Tull, jusqu'à trente pieds, et selon Gilbert, jusqu'à six pieds et demi. Je les ai vus s'enfoncer dans les fissures des roches calcaires sur lesquelles il n'y avoit que deux ou trois pouces de terre, et en suivre les sinuosités jusqu'à une profondeur considérable. »

Le sainfoin peut donc mieux qu'aucune autre plante aller chercher l'humidité à une grande distance de la surface, et par conséquent résister aux chaleurs les plus intenses, aux sécheresses les plus prolongées, réussir dans les terrains les plus arides, dans les expositions les plus brûlantes. A ces avantages déjà si majeurs il faut joindre ceux non moins importans, 1° de n'exiger que fort peu de soins et de dépenses pour son semis et son entretien; 2° d'améliorer le terrain pour les récoltes futures en céréales ou autres, par les débris de ses feuilles et de ses racines, ainsi que par les résultats d'un bon assolement.

Il résulte de ces considérations, que, quelque étendue que soit la culture du sainfoin en France, elle n'est pas encore arrivée au point que doit désirer tout ami de son pays; il est des départemens entiers qui ne la connoissent pas du tout, quoique le sol y soit très propre; d'autres où elle est restreinte à quelques communes et même à quelques fermes. La cause en est sans doute à cette inertie générale des cultivateurs peu éclairés, qui les porte toujours à se refuser à l'introduction de nouveaux objets dans la rotation de leurs assolemens. De plus, sa culture est extrêmement peu soignée, même dans les lieux où elle est le plus en faveur, dans la ci-devant Bourgogne, par exemple. Arthur Young, qui a souvent si bien vu ce qui manque à notre agriculture, observe que chez nous cette plante ne dure que six ans au plus, et souvent deux ou trois seulement, tandis qu'en Angleterre elle subsiste douze ou quinze ans. Il attribue cette différence, 1° au préjugé si désastreux que la production du blé doit être le but principal de toute culture; 2° au peu de longueur des baux qui, étant généralement de neuf ans, ne laissent pas à celui qui sème la certitude de récolter; 3° au peu d'importance qu'on met à la multiplication des bestiaux; 4° enfin au peu de soin qu'on apporte à nettoyer la terre par des cultures de plantes qui exigent des binages d'été, comme les pommes de terre, les haricots, etc., des mauvaises herbes qui finissent par étouffer le sainfoin.

Le même Arthur Young nous a donné des renseignemens précieux sur l'importance qu'on met en Angleterre à la culture du sainfoin, sur les avantages qui en sont la suite, et sur le mode qu'on y emploie. Je vais en présenter l'extrait.

Des provinces entières ont changé d'aspect depuis qu'on y cultive le sainfoin. De riches récoltes ont succédé aux plus maigres pâturages. C'est sur-tout sur les sols craïeux que les avantages de cette plante se font sentir ; mais elle vient d'ailleurs fort bien dans les sables et dans les argiles lorsqu'il n'y a pas excès d'humidité. On a reconnu que, soit frais, soit sec, il formoit une excellente nourriture pour les bestiaux, qu'il leur en falloit moins que du trèfle ou de la luzerne pour les tenir en bon état. Les moutons le préfèrent à tout autre. Il donne au lait et par suite au beurre des vaches une qualité supérieure. Les cochons qui s'en nourrissent sont mieux disposés à l'engrais. Les poules, les pigeons et autres volailles recherchent ses graines, dont l'usage les porte à pondre davantage.

Généralement le sainfoin dure de dix à quinze ans. On a remarqué que sa plus grande durée et ses plus belles récoltes avoient lieu lorsqu'on le semoit sur une terre préparée par la culture des turneps ; qu'il étoit plus avantageux de le semer à la volée qu'en rangée, et avec de l'orge et de l'avoine que seul ; qu'un temps humide étoit favorable au succès de cette opération ; qu'il améliore les terrains pauvres au point que celui qui, avec des fumiers, n'auroit donné que de chétives récoltes de seigle, donne, sans fumier, après sa destruction, de belles récoltes de froment. Les engrais ou amendemens qui lui conviennent le mieux sont les cendres, la suie et le plâtre.

Ce que je viens de rapporter peut servir à établir sur des bases solides le meilleur mode de culture du sainfoin.

D'abord on doit le semer de préférence, 1° sur les sols calcaires ; 2° sur les sols sablonneux ; 3° sur les sols argileux lorsqu'ils sont trop secs pour donner de belles récoltes de trèfle ou de luzerne.

Les coteaux exposés au midi paroissent être la vraie localité du sainfoin. Il y prospère mieux que nulle autre part. Aussi, en Bourgogne, est-il généralement substitué aux vignes qu'on est dans le cas d'arracher.

Ensuite il faut préparer le terrain par la culture antérieure de raves, de pommes de terre, de haricots, de pois, de lentilles, etc., binées deux ou trois fois dans le courant de l'été.

On peut semer le sainfoin en automne avec du blé ; mais comme il est sensible, sur-tout lorsqu'il est jeune, aux fortes gelées de l'hiver, on ne le sème guère qu'au printemps.

Un labour très profond avant l'hiver, un autre pendant cette saison, et un troisième à l'époque des semailles sont indispensables au succès d'un semis de sainfoin. Ceux qui croient qu'un seul est nécessaire n'ont nulle connoissance de la constitution de cette plante. Il suffit en effet de considérer la durée de son existence et la longueur de ses racines pour voir qu'il faut qu'elle trouve une terre meuble dans sa jeunesse, c'est-à-dire lorsqu'elle n'a pas encore la force nécessaire pour pénétrer dans celle qui n'a jamais été remuée; faire passer deux fois la charrue dans le même sillon, ou employer ces charrues *approfondissantes* inventées en Angleterre, est toujours une bonne opération.

C'est avant le dernier labour qu'on répand le fumier, lorsqu'on le juge nécessaire, ou la suie, les cendres, la marne, la chaux et autres amendemens toujours si avantageux Le plâtre qui produit des effets si prononcés sur le sainfoin, quoiqu'un peu inférieurs à ceux qu'il donne sur le trèfle et la luzerne, ne se répand que la seconde année du semis et lorsque la plante est en pleine végétation.

La quantité de semence du sainfoin doit être double de celle du blé qu'on emploieroit sur la même superficie du terrain. Cette quantité seroit peut-être trop forte dans les bons sols; mais il est rare qu'il n'y ait pas un quart, et même un tiers de cette graine qui ne lève pas, soit parcequ'elle est mangée par les mulots et les oiseaux, soit parcequ'elle n'a pas été assez enterrée pour pouvoir profiter de l'humidité du sol, soit enfin parcequ'elle ne valoit rien, les fleurs du sommet des épis avortant ordinairement.

La seconde de ces considérations doit engager à choisir un temps pluvieux et de ne pas tarder plus que le milieu de mars pour semer le sainfoin. Je l'ai vu généralement d'autant mieux réussir qu'il avoit été semé plus tôt.

Le hersage du sainfoin se fera avec tout le soin possible par cette même considération et par la première.

On sème toujours des céréales comme du blé, du seigle, de l'orge et de l'avoine, avec la graine de sainfoin, tant pour payer une partie de la dépense de la culture de cette année, par la récolte de ces céréales, que pour protéger le jeune plant contre les ardeurs du soleil de l'été. On sent bien que dans ce cas il faut que ces céréales soient peu serrées pour ne pas étouffer le plant. L'orge et l'avoine, comme moins élevés, sont préférables par la même raison.

Lorsque le semis a manqué, par quelque cause que ce soit, il est toujours possible de semer de la nouvelle graine dans les places vides au printemps de l'année suivante. Les pieds qui en proviendront, quoique d'abord plus foibles, se distingueront par la suite difficilement des autres.

La première année le plant de sainfoin fait peu de progrès.

Souvent même il paroît clair, car beaucoup de graines ne lèvent que la seconde. On ne doit pas le couper et encore moins le faire pâturer, parceque les racines prennent d'autant plus de force qu'il y a plus de feuilles, et que le collet de ces racines est souvent saillant d'un pouce au-dessus de la surface de la terre; or, toute jeune plante coupée au-dessous de ce collet meurt immanquablement.

Quelques cultivateurs, d'après la considération de cette élévation du collet des racines, attendent le premier hiver pour marner leurs sainfoins, afin de les chausser par cette opération. On ne peut mieux faire que de les imiter, car le principe d'après lequel ils agissent est dans la nature. Les semis en pente sont encore plus dans ce cas que les autres, à raison de l'entraînement des terres par les eaux pluviales.

L'année suivante on peut couper le sainfoin deux et même trois fois, selon le climat et autres circonstances. Dans le midi de la France, lorsque son irrigation est possible, on peut le couper jusqu'à cinq, et alors ses produits sont égaux à ceux de la luzerne. L'époque la plus avantageuse à choisir pour cela est le moment où il commence à entrer en fleur. Plus tôt il est peu substantiel et se retrait prodigieusement. Plus tard il est trop dur et perd toutes ses feuilles par la dessiccation, le bottelage, etc.

Il est préférable, sous plusieurs rapports, de réserver des sainfoins uniquement pour la graine. Je blâme ceux qui laissent monter la seconde coupe toutes les années et ceux qui attendent que leurs sainfoins soient dans le cas d'être rompus. Les bénéfices que l'on retire de la vente de la graine ou de son emploi pour la nourriture de la volaille ne dédommagent pas de l'infériorité des fourrages et de la diminution de la durée du semis. Une prairie déjà usée donne plus de graine proportionnellement aux pieds qui la composent, parceque ces pieds étant plus espacés jouissent mieux des influences de l'air et de la lumière, mais cette graine est moins belle ou moins bonne.

C'est cette seconde année et la cinquième, ou sixième, en supposant que le sainfoin doive durer dix ans, qui est le plus long terme commun usité en France, qu'il faut le plâtrer. Si on ne le plâtre pas il sera bon de le fumer la cinquième ou sixième année, ou d'y répandre des curures d'étang, des boues de villes, et autres matières analogues pour le ranimer. A toutes les époques on devra, au commencement du printemps, avant qu'il monte en fleur, le débarrasser par un sarclage des grandes plantes vivaces ou annuelles qui nuiroient à son accroissement ou à la qualité du fourrage qu'il doit fournir.

Beaucoup de cultivateurs se contentent d'une coupe de sainfoin, et font manger sur place ses repousses par leurs bestiaux. Je ne m'opposerai pas à cette pratique qui peut être commandée par les circonstances ; mais j'observerai qu'il est prouvé par des expériences comparatives qu'elle diminue de beaucoup l'abondance et la durée des produits.

Une utile opération à faire sur les sainfoins, sur-tout sur les vieux, c'est de les herser une ou deux fois pendant l'hiver avec une herse à dents de fer, et d'y répandre de suite de la chaux en poudre. Il en résulte une augmentation considérable de produit, ainsi que l'a également prouvé l'expérience.

On ne doit rompre les sainfoins que lorsque au moins la moitié des pieds a péri. Jamais il ne faut, d'après les principes des assolemens, resemer de la graine dans les places vides, dans l'intention de perpétuer sa durée. D'ailleurs les avantages qu'on est dans le cas de retirer des productions en céréales qu'on confie après lui à la terre sont tels qu'il ne peut être que rarement désirable de prolonger cette durée au-delà du terme fixé par la nature. Si on vouloit cependant le faire, il seroit mieux de regarnir les places vides avec de la luzerne ou du trèfle ; mais alors il faudroit faire pâturer le mélange sur place, parceque la différence de l'époque de la maturité de ces plantes rendroit le fourrage sec inférieur en qualité.

La coupe du sainfoin se fait comme celle de tous les autres fourrages. Sa dessiccation est prompte lorsque le temps est favorable. Rarement le foin qu'il fournit est dans le cas de s'échauffer, de moisir, de pourrir comme la luzerne et le trèfle. Lorsqu'on le stratifie avec de la paille de blé ou d'avoine, immédiatement après sa récolte, il leur communique de son odeur et même un peu de sa saveur, de sorte que les bestiaux la mangent avec plus de plaisir. Les opérations qui suivent cette coupe, comme le bottelage et le transport au grenier, doivent être faites avant sa parfaite dessiccation, afin que les folioles des feuilles qui tiennent peu à leur pétiole ne tombent pas ; car il arrive souvent, lorsqu'on ne prend pas cette précaution, qu'il ne reste que des tiges dures et insipides.

On doit à M. Huillier un fort bon mémoire sur la culture du foin, inséré tome 36 des Annales d'agriculture, dans lequel il observe avec raison que le sainfoin serré trop humide s'échauffe, moisit et pourrit ; serré trop sec se brise et perd sa saveur. Voici le procédé qu'il suit pour l'avoir à l'état mitoyen de sécheresse, qui est le plus parfait.

« Lorsque le sainfoin est à demi sec, je le préserve de la rosée de la nuit en l'amassant en roue, le lendemain à chaque dix pas je fais une tranchée dans la roue ; puis deux personnes avec la fourche forment un petit tas de ce qu'il y a de foin d'une tranchée à l'autre. Je laisse ces tas sans y toucher pendant vingt-quatre heures ; puis je réunis sept à huit tas dans un seul. Cette opération est facile : deux personnes, au moyen d'un bâton de deux mètres de long qu'elles glissent sous le tas, l'emportent ; une troisième personne se tient sur le principal tas et le foule aux pieds. On a soin que la dernière mise forme un sommet bien arrondi, afin que la pluie ne puisse pénétrer. On laisse ainsi ce tas pendant six jours ; le sainfoin devient doux au toucher ; il reste vert, conserve toutes ses feuilles et son agréable odeur. Ayant subi une fermentation modérée il n'est pas sujet à se gâter, et on peut le serrer sans crainte. Cette manière de faner coûte moins de main-d'œuvre que la manière ordinaire. »

La récolte du sainfoin pour graine doit être faite de façon qu'on perde le moins possible de graine et que la plus grande partie de cette graine soit mûre. Le point juste est difficile à saisir, attendu que les premières graines sont bonnes à recueillir quand les dernières sont à peine nouées. L'inspection de la plante peut seule guider dans ce cas. La coupe de ce sainfoin se fera le matin, ses produits seront emportés à la maison le soir du même jour et déposés dans une grange, où ils achèveront de se dessécher lentement. Par ce moyen la graine mûre ne tombera pas, et celle qui ne l'est pas se perfectionnera. On peut la battre au bout de huit jours ; la laisser dans sa gousse est très avantageux à sa conservation. Il est beaucoup de lieux où jamais on ne la dépouille de cette gousse, opération longue et inutile pour la réussite des semis, que lorsqu'il s'agit de la donner aux bestiaux ou aux volailles. C'est avec le fléau qu'on procède ordinairement à ce dépouillement ; quelquefois cependant on emploie un rouleau ou une pierre plate.

Les tiges du sainfoin qui a fourni sa graine, car toutes les feuilles tombent dans l'opération du battage, sont trop dures et trop insipides pour être du goût des bestiaux. M. Huillier, dont j'ai ci-devant parlé, les hache avec les hache-pailles, mélange ses fragmens avec de la paille hachée et du son, mouille le tout vingt-quatre heures à l'avance, et en fait ainsi une excellente nourriture pour ses chevaux qui recherchent avec ardeur ce mélange.

La graine de sainfoin se conserve bonne pendant deux ans et même trois lorsqu'elle est restée dans sa gousse. Il faut la renfermer dans des sacs ou des tonneaux défoncés d'un bout, et la placer dans un lieu ni trop sec ni trop humide. Les avantages qu'on retire du sainfoin le font souvent employer à garnir les allées et les pièces de gazons des jardins. Il est d'un aspect très agréable au premier printemps et quand il est en fleur ; mais après qu'il est coupé et pendant l'hiver, il ne remplit plus que très imparfaitement le but qui a fait établir ces allées et ces gazons parcequ'il laisse la terre trop nue.

Il y a plusieurs variétés de sainfoin qui se distinguent, soit par la couleur des fleurs, soit par la grandeur et le nombre des folioles des feuilles, soit par la hauteur de la tige, soit enfin par la précocité de sa végétation. Cette dernière est de beaucoup préférable, puisqu'elle fournit presque toujours une coupe de plus chaque année. M. Pincepré l'a introduite dans les environs de Péronne, d'où elle s'est répandue dans les départemens voisins. Les cultivateurs doivent chercher les moyens de s'en procurer de la graine, qu'on trouvera à Paris chez Vilmorin. La manière de la semer, couper, sécher, conserver, etc., ne diffère pas de celle du sainfoin ordinaire. »

Le SAINFOIN D'ESPAGNE, *Hedysarum coronarium*, Lin., a la racine vivace ; les tiges nombreuses, hautes de deux à trois pieds ; les feuilles composées de onze à quinze folioles elliptiques et légèrement velues ; les fleurs grandes, rouge foncé, disposées en gros épis sur de longs pédoncules axillaires ; les fruits longs, articulés et hérissés. Il est originaire des parties méridionales de l'Espagne et de l'Italie. Dans ces lieux, de même qu'à Malte et en Sicile, on le cultive comme fourrage. Aux environs de Paris on doit se borner à le faire servir à l'ornement des parterres, parcequ'il y arrive rarement à toute sa hauteur et qu'il y est exposé à être frappé par les gelées.

Mon estimable ami Roland de La Platière, et tous les autres voyageurs qui ont écrit sur la culture de Malte, vantent beaucoup les avantages que lui procure cette plante qu'on y appelle *sulla*. C'est presque le seul fourrage qu'on y voit. Il est également recherché par les chevaux, les mulets, les bœufs et les moutons, soit en vert, soit en sec. C'est en mai qu'on le récolte ; mais comme ses tiges sont fort dures, il vaut mieux le couper en avril, c'est-à-dire dès que ses premières fleurs sont épanouies.

Toute espèce de terre peut recevoir le sulla ; mais celles qui sont crétacées et profondes lui conviennent mieux. On doit le semer en automne pendant les pluies et sur un bon labour ; cependant l'ignorance des premiers principes de la culture fait qu'on se contente de répandre la graine sur le chaume du blé nouvellement coupé et de la faire enterrer par le trépignement des bestiaux qui y pâturent. En Calabre on procède d'une manière encore plus absurde, puisqu'on met le feu au chaume après avoir semé la graine.

La réussite de la sulla dépend, 1° de la qualité du sol ; 2° des pluies ; 3° du sarclage, sur-tout de celui du chiendent, qui, dans les pays chauds, a une vigueur de végétation dont on ne se fait pas d'idée.

Un semis de sulla bien conduit et qui n'est pas frappé de

la gelée, car à Malte même il gèle quelquefois, peut donner
de bonnes récoltes pendant plusieurs années; cependant on ne
le laisse pas subsister au-delà de la première, probablement
par l'importance de multiplier les récoltes de blé.

Pour avoir de la graine, on laisse toujours un coin de champ
intact. On en fait la récolte lorsque la gousse est prête à tomber, et avant le soleil levant, pour éviter sa chute. Cette graine
se garde plusieurs années.

Les essais qu'on a faits pour introduire la culture en grand
du sulla en France n'ont pas eu de succès. Les gelées s'y
sont toujours opposées. Il semble cependant qu'il n'y a rien à
craindre de ces gelées si on le regarde comme plante annuelle.
L'exemple de Malte, où le terrain est si précieux, prouve
qu'il y auroit de l'avantage à le semer tous les ans. L'exemple de Paris, où il donne tous les ans de la bonne graine
dans les jardins, où il repousse même lorsque l'hiver est
doux, comme j'en ai depuis trois ans l'exemple sous les yeux
dans les pépinières impériales, en indique la possibilité.

Il y a lieu de croire que le produit de la culture en grand
de cette espèce de sainfoin seroit trois fois plus considérable
que celui de l'espèce commune.

Lorsqu'on veut cultiver le sainfoin d'Espagne dans les jardins, on en sème la graine sur couche et dans des pots en
février ou en mars. En mai, lorsqu'il n'y a plus de gelées à
craindre, on arrache la surabondance des pieds de chaque
pot, c'est-à-dire qu'on n'y laisse que deux ou trois de ces
pieds, et on transplante le reste en motte dans les parterres.
Les fleurs commencent à se montrer à la fin de juin et durent
jusqu'aux gelées. Il y a toujours assez de graines mûres avant
cette époque pour la reproduction, cependant par prudence
il convient de laisser quelques pieds en pots, pour les rentrer
dans l'orangerie.

Lorsque les printemps sont chauds, le semis en place peut
aussi bien et même mieux réussir que celui sur couche. J'en
ai l'expérience.

Le coup d'œil des touffes de sainfoin d'Espagne, que quelques jardiniers appellent *sainfoin à bouquets*, est fort brillant
lorsque les fleurs sont développées. Le beau vert et l'abondance
des feuilles concourent aussi aux effets qu'il produit.

Il y a encore deux espèces de sainfoin dont je dois dire un
mot.

L'un, le SAINFOIN ALHAGI, est un arbrisseau épineux des
contrées orientales, dont les feuilles sont simples; les fleurs
rougeâtres, disposées en petites grappes axillaires; les fruits
recourbés et articulés d'un côté seulement. Ses feuilles et ses
jeunes branches se chargent dans les grandes chaleurs de

l'été d'une liqueur ónctueuse, qui se solidifie pendant la nuit et que les habitans ramassent le matin. C'est une sorte de manne analogue à celle du frêne à feuilles rondes, mais un peu inférieure en vertu.

Cette plante sert aussi de nourriture aux chevaux et aux chameaux. Elle se conserve fort bien en pleine terre dans le climat de Paris, comme on peut s'en assurer au jardin du Muséum, et s'y multiplie en abondance par ses rejetons. Je ne doute pas que sa culture, dans les terrains sablonneux, soit avantageuse. On pourroit probablement la couper six à huit fût par an, pour la donner en vert aux bestiaux.

Le SAINFOIN OSCILLANT, *Hedysarum gyrans*, Lin., a les feuilles ternées, ovales, lancéolées, avec les folioles latérales beaucoup plus petites; ses fleurs sont terminales. Il est originaire du Bengale et ne peut se conserver dans le climat de Paris que dans les serres chaudes. Ce qui me détermine à en parler, c'est qu'il présente un fait de physiologie végétale fort remarquable. Les folioles latérales de ses feuilles ont un mouvement presque continuel d'oscillation, c'est-à-dire s'abaissent et s'élèvent alternativement le plus souvent l'une en sens contraire de l'autre. Ce phénomène est encore inexpliqué. (B.)

SAINT-GERMAIN. Variété de POIRE.

SAINFOIN C'est la luzerne dans le département de la Haute-Garonne.

SAINTENEIGE. C'est le chiendent dans le Médoc.

SAISON. Les astronomes divisent l'année en quatre saisons de trois mois chacune, le printemps qui commence au 20 mars, l'été qui commence au 20 juin, l'automne qui commence au 22 septembre, et l'hiver qui commence au 21 décembre.

Mais pour l'agriculteur les saisons commencent à d'autres époques, qui varient tous les ans, ou mieux, qui ne sont jamais précises, puisqu'elles ne sont pas les mêmes pour chaque climat, et même pour les différentes expositions, les différentes natures de terre d'un même climat. A leur égard, le printemps, par exemple, commence lorsqu'il ne gèle plus, lorsque la végétation commence à se développer; or, ce moment arrive plus tôt à Marseille qu'à Lyon, plus tôt à Lyon qu'à Paris, plus tôt à Paris qu'à Bruxelles, plus tôt dans un lieu exposé au midi que dans un lieu exposé au nord, plus tôt dans une terre sèche et sablonneuse que dans une terre humide et argileuse.

Lors donc qu'on parle d'une saison dans un ouvrage sur l'agriculture, il faut considérer la localité que l'auteur a en vue. Dans celui-ci c'est toujours le printemps des agriculteurs et de tous les climats, que j'indique lorsque je parle du printemps en général. Quand je veux préciser davantage, j'indique le mois et même le jour du mois.

C'est des saisons, encore plus que du climat, de la nature de la terre, des travaux du labourage, etc., que dépend le succès des récoltes. Ainsi, si, dans le climat de Paris, l'hiver est trop humide, les blés pourriront; s'il est trop froid, ils gèleront; s'il est trop court, ils prendront trop de force; s'il est trop long, ils n'en prendront pas assez. Si le printemps est humide, ils ne produiront que de l'herbe; s'il est trop sec, ils resteront stationnaires; s'il est trop précoce, ils risqueront de verser; s'il est trop tardif, ils monteront rapidement en graine et fourniront de courts épis. Si l'été est humide, les grains mûriront tard et seront sans saveur. S'il est sec, ils seront petits.

L'automne même influe sur eux; car c'est l'époque des labours et des semailles, et ces deux opérations sont de première importance pour le succès des récoltes.

Ce que je dis du blé s'applique à toutes les autres cultures sans exception.

La variation des saisons d'une année à l'autre est ce qui gêne le plus les cultivateurs qui raisonnent leurs procédés; car jamais, quoi qu'en disent quelques savans, ils ne peuvent prévoir, lorsqu'ils exécutent un semis, quelles seront les circonstances par lesquelles il passera, ainsi que celles qui accompagneront la croissance et la récolte de ses productions.

La puissance de l'homme sur les saisons est nulle; mais il peut, jusqu'à un certain point, augmenter leur influence en bien, ou diminuer leur influence en mal par des moyens industriels, lorsqu'il ne s'agit que de petites cultures, par le moyen des abris et des arrosemens.

Je pourrois écrire un volume sur les considérations qui découlent du sujet que je traite; mais comme elles seront toutes développées aux articles généraux de cet ouvrage, ce seroit un double emploi que de les rappeler ici.

Chaque saison est marquée, en agriculture, par des travaux différens. Ils seront indiqués en général à leurs noms, et plus en détail à ceux de chaque mois de l'année.

Dans beaucoup de départemens on appelle *saison* ou *sole* une certaine quantité de terre, ordinairement le tiers de la masse de celle d'un domaine, destinée à une culture particulière. Ainsi cette quantité donne du blé dans la première saison, de l'orge ou de l'avoine dans la seconde, et se repose dans la troisième. Cette méthode de culture est sujette à de grands reproches. *Voyez* aux mots JACHÈRE et ASSOLEMENT. (B.)

SALADE. Mets composés de feuilles de certaines plantes susceptibles d'être mangées crues et assaisonnées avec du vinaigre, de l'huile, du sel et du poivre. Par suite on a cependant appelé du même nom des racines, des graines, des feuilles cuites, de la viande, etc., assaisonnées de même.

L'usage des salades est si général en Europe, que la culture des plantes qui les fournissent est un des articles importans du jardinage. Le but qu'on doit se proposer dans cette culture, c'est de produire les feuilles les plus grandes et les plus douces; et on y parvient principalement par les Arrosemens et par l'Etiolement. *Voyez* ces deux mots.

Les plantes qu'on mange le plus communément en France en salade sont, la Laitue, la Chicorée, l'Endive, le Cresson, la Mache, le Chou, le Céleri, le Pourpier, la Pimprenelle, le Pissenlit, plantes auxquelles on mêle souvent du Cerfeuil, du Persil, de l'Oignon, de la Ciboule, du Baccile, du Piment, de la Menthe et du Basilic. *Voyez* ces mots.

SALAISONS. Les assaisonnemens les plus usités de nos alimens sont le sucre et le sel marin (muriate de soude), mais il faut les employer dans une certaine proportion; car à petite dose, loin de leur servir de condimens, ils deviennent les instrumens de leur altération. Le premier de ces assaisonnemens paroît destiné par la nature à conserver les matières végétales, tandis que le second est réservé spécialement pour les substances animales.

Le but qu'on se propose dans l'emploi de ces deux grands moyens de conservation, c'est d'abord de fournir à la matière qui en est l'objet un principe qui s'oppose à sa décomposition, de lui communiquer ensuite une saveur qui convienne à l'organe du goût, enfin de rendre le nouveau corps qu'on en obtient plus agréable, d'une digestion plus facile et plus avantageuse à l'économie. On a donné le surnom de sirops et de confitures à un ordre de préparations pharmaceutiques, dont le sucre est la base; mais ces préparations varient autant par la couleur, la forme, la consistance, que par la saveur. On en a fait un art qui tient un rang distingué parmi les arts d'agrémens, et qui est devenu aujourd'hui une branche de commerce assez lucrative.

De tous les écrits publiés à ce sujet, nous pensons qu'il n'en existe pas de plus conforme aux bons principes que le *Confiseur moderne*, ou l'*Art du confiseur et du distillateur*, par Machy. Les lecteurs trouveront dans cet ouvrage beaucoup de procédés utiles, que, jusqu'à présent, on a tenu secrets, et plusieurs recettes nouvelles; enfin le confiseur, le distillateur, le parfumeur, le limonadier, l'amateur lui-même y trouveront des notions positives et nécessaires, relativement à la préparation dont chacun d'eux traite en particulier. Ne nous occupons ici que des salaisons.

Du sel. Son choix n'est pas une chose aussi indifférente qu'on le croit communément pour la qualité des viandes conservées par ce moyen. Le vieux sel mérite la préférence sur le nouveau :

celui-ci est âcre et amer, et s'humecte à l'air, à cause des muriates calcaire et magnésien qu'il contient par surabondance : c'est peut-être à cette cause que les salaisons du ci-devant Bigorre et du Béarn, connues sous le nom de *jambon de Baionne*, doivent leur réputation, assurément bien méritée. On peut lui donner la qualité de sel vieux par une purification spontanée, ou par une dissolution dans l'eau ; par ce moyen, on le débarrasse d'une matière terreuse, qui recouvre toutes les faces de ses cristaux, et altère leur blancheur.

Une autre opération préalable à l'emploi du sel c'est de le sécher, de l'égruger, et de ne jamais l'associer avec des épices et des aromates, ainsi qu'on l'a recommandé fort mal à propos.

Saloir. C'est un ustensile essentiel du ménage ; il doit être fait en bois de chêne et tenu dans une extrême propreté. Une ferme bien montée en a deux ordinairement, un pour le porc et l'autre pour le bœuf.

Saumure. Le sel n'est pas seulement employé dans l'état sec, on le fait fondre et bouillir à la dose de quatre livres et de deux onces de salpêtre dans seize pintes d'eau ; on écume exactement la liqueur quand elle est assez concentrée pour qu'un œuf plongé dans la liqueur surnage, et qu'elle est parfaitement refroidie. On la décante, et on la verse sur la viande déjà salée et arrangée dans le saloir ou dans le tonneau qui doit la conserver. Lorsqu'il s'agit de retirer la viande du saloir on peut se dispenser de jeter la saumure, quoique toute colorée par le sang dont elle est imprégnée ; en lui faisant prendre un bouillon, l'écumant et la passant à travers un tamis, elle est encore en état de servir une seconde fois ; c'est une épargne pour le ménage.

Quand bien même la saumure placée dans un endroit chaud et humide, ou surchargée de matières lymphatiques, auroit contracté une mauvaise odeur, il seroit possible de lui appliquer, comme au beurre devenu rance, la chaleur de l'ébullition et de lui enlever sa mauvaise qualité en l'écumant.

Salaison du bœuf. On désosse la viande, on la laisse se mortifier pendant deux jours ; après en avoir séparé la tête et les pieds, on la découpe en morceaux de cinq à six livres, on les frotte de sel, et on les place dans des baquets de bois ; on les charge d'un poids considérable, qui en exprime une liqueur rougeâtre à laquelle on procure un écoulement en débouchant le fond du baquet.

On retire les morceaux de viande des baquets pour les placer sur des planches ; on les frotte de nouveau avec du sel pilé, et ensuite on les arrange, en isolant chaque morceau, dans des barils, qu'on ferme et qu'on remplit par l'ouverture du bondon avec la saumure ; et lorsqu'on est assuré qu'il n'existe dans le baril aucun vide, qu'il est bien rempli, on le ferme hermétiquement, opération qu'on répète pendant deux ou trois jours. C'est par le moyen d'un procédé à peu près semblable qu'on parvient à saler la chair des autres quadrupèdes. Olivier de Serres indique les vaches, les chèvres comme propres aux salaisons ; mais il faut pour cela qu'elles aient subi la castration, afin qu'elles prennent facilement la graisse, car la viande maigre se sale mal ; les moutons ne sont même soumis à une préparation de cette espèce que par nécessité.

Salaison du porc. La quantité de viande qu'il faut saler pour les besoins de la maison dépend de la saison ; une ménagère éclairée connoît parfaitement quel est le moment le plus opportun pour y pourvoir. On tue les cochons en automne et dans les premiers jours de janvier.

Dès que la viande est refroidie on la découpe, on garnit le fond du saloir d'une bonne couche de sel ; on étend chaque morceau après l'avoir bien frotté tout autour de sel ; on fait un premier lit des plus gros morceaux, sur lesquels on en jette encore, puis un second et ainsi de suite ; les autres pièces les moins en chair, comme oreilles, têtes et pieds, occupent le dessus.

Le tout étant distribué et arrangé, on recouvre la partie supérieure d'un lit copieux de sel ; on ferme exactement le saloir de manière à empêcher l'accès de l'air extérieur pendant six semaines environ.

Dans l'île de Sandwich la salaison des porcs se pratique ainsi : on tue l'animal le soir et après en avoir séparé les entrailles ; on ôte les os des jambes et des échines ; le reste est divisé en morceaux de six à huit livres. Tandis que sa chair est encore pourvue de sa chaleur naturelle, on les entasse sur une table élevée ; on les couvre de planches surchargées de poids les plus lourds, et on les laisse ainsi jusqu'au lendemain au soir. Quand on les trouve en bon état, on les met dans une cuve remplie de sel et de marinage.

S'il y a des morceaux qui ne prennent point le sel, on les retire sur-le-champ, et on met les parties saines dans un nouvel assaisonnement de vinaigre et de sel ; six jours après on les sort de la cuve ; on les examine pour la dernière fois, et quand on s'aperçoit qu'ils sont légèrement comprimés, on les met en barriques en plaçant une légère couche de sel entre chaque morceau.

Les petits ménages qui se bornent à saler quelques livres de cochon ont le soin d'examiner si la viande n'est pas trop salée au moment de s'en servir ; alors ils la retirent du saloir, la trempent un moment dans l'eau bouillante, et la suspendent au plancher, ou bien à la cheminée, où elle sèche insensiblement.

Du lard. Il s'enlève de dessus le cochon ; on ne laisse que le moins de chair qu'on peut ; on l'arrange sur des planches dans la cave, où l'on a soin de ne laisser entrer ni rats ni souris, et sur dix livres de lard on met une livre de sel pilé. Quand on l'a bien frotté par-tout on met les tranches de lard les unes sur les autres, ensuite on met des planches dessus et des pierres sur les planches pour les charger, afin que le lard en soit plus ferme ; on le laisse ainsi dans le sel pendant quinze jours ou trois semaines, après quoi on le suspend dans un endroit sec pour perdre son humidité.

Salaison des oies. Ce ne sont pas seulement les oies qu'on soumet aux salaisons. Le dindon et le canard se salent aussi très bien ; comme ces derniers ne fournissent pas suffisamment de graisse pour recouvrir leurs débris, on se sert de celle de porc ; en sorte que par ce moyen on peut toute l'année manger de ces oiseaux dans la soupe des habitans à la campagne, et leur procurer constamment un mets, qui avec des choux et des racines potagères, peut leur fournir la bonne chère.

Les cantons où les oies ont le plus de qualité sont ceux qui peuvent cultiver le maïs, tant ce grain est propre à la constitution de ces oiseaux. C'est là aussi où on entend le mieux à les élever, à les engraisser et à les saler. Il faut un peu s'écarter du procédé suivi pour le cochon.

En économie domestique les procédés les plus simples sont précisément ceux qui doivent mériter la préférence, et qu'il faut s'empresser de répandre ; car pour peu qu'ils paroissent exiger quelques soins et des opérations compliquées, on les rejette même avant de les avoir essayées ; c'est à cette cause souvent qu'est due la lenteur avec laquelle les meilleures pratiques sont adoptées dans les campagnes.

On connoît deux méthodes pour conserver les oies en pot. La première consiste à les employer crues ; dans la seconde, il s'agit de les cuire. Toutes deux ont leurs partisans ; la première est la plus délicate, mais la plus coûteuse, parcequ'il devient nécessaire alors de se servir d'une graisse étrangère pour condiment.

Pour les préparer cuites, ce qui est d'usage le plus général, on fait rissoler les quartiers d'oies dans un chaudron de cuivre où la graisse fond. Quand les os paroissent et qu'une paille entre dans la chair, l'oie est assez cuite ; on arrange les quartiers dans des pots de terre vernissés, au fond desquels on met trois ou quatre brins de sarment pour empêcher les quartiers de toucher au fond, et que la graisse les entoure de tous côtés. Il faut avoir soin de couper les os dont la chair s'est retirée : c'est la première partie de la salaison qui rancit et qui gâte le reste. On y verse de la graisse d'oie, de sorte qu'en se figeant elle couvre bien toute la chair et la garantisse du contact de l'air. Quinze jours après on verse par-dessus la graisse de cochon jusqu'à l'ouverture du pot, pour bien remplir les fentes qui se sont faites à la graisse d'oie, et on couvre le vaisseau d'un papier trempé dans l'eau-de-vie, et d'un gros papier huilé ; mais malgré ces précautions les quartiers les plus élevés contractent au bout de cinq à six mois une odeur légère de rance.

Pour conserver l'oie salée crue, après avoir coupé la viande en demi-quartier ou l'équivalent, on presse en tous sens un morceau contre le sel égrugé comme du gros sable, et bien sec, et on le place dans le pot avec le sel qu'il a pu prendre; on continue ainsi morceau par morceau, ayant le soin, en les plaçant, de les presser fortement les uns contre les autres, et contre les parois du pot, pour ne laisser de vide que le moins possible : on remplit ainsi le pot jusqu'à quatre travers de doigt de l'entrée. Avant d'y mettre de la graisse, on observe qu'elle ne soit pas bouillante ; on l'y verse peu à peu avec une grosse cuiller de bois, on en remplit le pot. Ordinairement les premiers morceaux sont aussi frais que ceux de l'intérieur Nous devons ces détails d'économie domestique à M. Puymaurin, membre du corps législatif, dont tous les délassemens ont un objet d'utilité publique.

Observations sur les salaisons. On ne sauroit douter que l'examen du sel employé aux salaisons n'inufle sur leur qualité. Ce qu'il y a de certain, c'est que le sel blanc et le sel gris varient dans leurs effets ; le premier passe dans quelques cantons pour faire de mauvaises salaisons en tout genre, ailleurs c'est l'autre. Il seroit donc bien nécessaire que des expériences suivies, multipliées et comparatives pussent approfondir la véritable manière d'agir de ce condiment.

La saison la plus favorable pour saler indistinctement toutes les viandes est l'hiver ; préparées dans une autre, elles ne sont pas autant susceptibles de conservation, car c'est une erreur de croire qu'il faille choisir absolument le temps de la pleine lune pour tuer ou saler les bœufs ; les charcutiers de Paris se livrent à ce travail à chaque époque du mois.

Les endroits les plus secs et les moins chauds sont ceux qui conviennent le mieux à la conservation des viandes salées ; il est également nécessaire que les vases qui les renferment soient bien fermés à l'abri de la lumière, de ne se servir que d'une fourchette de bois pour en retirer les viandes et de les fermer aussitôt.

Toutes les viandes peuvent indistinctement être soumises

à la salaison et fournir des résultats plus ou moins utiles à l'économie ; mais c'est sur-tout celle du porc qui prend le mieux le sel, et qui offre de grandes ressources pour les approvisionnemens des armées, soit de terre, soit de mer, et aussi dans les circonstances où le cochon frais est ordinairement fort cher.

Mais une circonstance qui appartient à tous les genres de salaisons, c'est la proportion dans laquelle s'y trouve le sel. Avant que la gabelle fût supprimée, les hommes qui s'occupent des salaisons n'y employoient à peu près que la quantité strictement nécessaire de sel ; aujourd'hui qu'il est tombé à vil prix, on en force la dose, parcequ'il se vend au même taux que la viande ; elle est même saturée quelquefois au point que sa saveur naturelle se trouve masquée, et n'a plus absolument que celle du sel ; d'ailleurs sa propriété spécifique est de s'emparer de l'humidité qui constitue la souplesse de la fibrine, et il rend la viande dure et coriace. Pour se fortifier des reproches qu'on leur fait, les charcuitiers ont toujours dans la bouche ce proverbe, que jamais sel n'a gâté cochon.

Chargé par ordre du gouvernement de me rendre à Honfleur pour visiter l'établissement de salaisons des frères Hellot, j'observai alors que cet établissement pouvoit devenir à peu de frais susceptible de prendre une grande extension, et que, moyennant quelques encouragemens accordés à ces négocians estimables, ils seroient en état de fournir aux besoins de l'Empire. C'est alors que je proposai au département de la marine de désosser les viandes, comme un grand moyen d'améliorer les salaisons, parceque d'abord les os ne prennent pas le sel, et qu'ensuite les chairs qui les recouvrent le plus immédiatement sont celles qui se gâtent avec le plus de facilité.

Aucun ouvrage, il faut l'avouer, ne s'est encore expliqué clairement et en détail sur cette partie intéressante des subsistances publiques ; parceque d'un côté les Anglais, long-temps en possession de nous approvisionner en ce genre, ont toujours fait mystère de leur procédé, ou plutôt de la composition de la saumure qu'ils emploient, et que de l'autre le haut prix du sel a toujours été un des principaux obstacles à ce que cette branche de l'industrie pût tourner au profit de notre commerce.

Les saleurs de la meilleure foi n'ont souvent d'autres règles que celle de leur palais pour juger de la quantité de sel dont ils doivent se servir ; cette préparation est cependant bien digne de fixer l'attention, quand on réfléchit sur-tout que la mauvaise qualité des salaisons a plus fait périr d'hommes que les naufrages et la fureur des combats. Espérons qu'un jour, plus familiers avec les lois à observer pour préparer la chair, non seulement des quadrupèdes, mais encore des volailles et des poissons, à recevoir et à conserver le sel qui doit l'attendrir, l'assaisonner et en prolonger la durée dans tous les climats, nous cesserons, à cet égard, d'être tributaires de nos voisins, avec d'autant plus de facilité que le sel français possède une supériorité reconnue et avouée par toutes les nations, chez lesquelles cependant nous allons chercher à grands frais une grande partie de nos salaisons. (Par.)

SALEP. On donne ce nom aux racines d'orchis qu'on apporte de Turquie pour l'usage de la médecine. Je me demande toujours pourquoi on ne fait pas de salep en France. *Voyez* Orchis.

SALICAIRE, *Lythrum*. Plante à racines vivaces, fibreuses; à tige droite, quadrangulaire, noueuse, rameuse, rougeâtre, velue, haute de trois à quatre pieds et plus; à feuilles opposées, sessiles, lancéolées, en cœur, un peu velues, longues de trois à quatre pouces; à fleurs rouges, disposées en long épi terminal; qui, avec quelques autres, forme un genre dans la dodécandrie monogynie, et dans la famille des calycanthèmes.

La salicaire commune, *Lythrum salicaria*, Lin., qu'on appelle vulgairement *lysimachie rouge*, croît dans les marais, les bois et les prairies humides, sur le bord des étangs et des rivières, et fleurit à la fin de l'été. C'est une plante fort élégante et qu'on peut employer avantageusement à la décoration des jardins paysagers dont le sol lui convient. Elle est regardée en médecine comme astringente, vulnéraire et détersive. On en fait sur-tout usage avec beaucoup de succès dans les dyssenteries séreuses et épidémiques : tous les bestiaux la mangent; les moutons sur-tout la recherchent beaucoup. On ne doit pas moins la regarder comme une plante nuisible aux prairies, parcequ'elle y tient beaucoup de place, et nuit par son ombre à la croissance et à la qualité du foin. Un cultivateur soigneux la fera donc couper entre deux terres avec une pioche à fer étroit, lorsqu'il s'apercevra qu'elle devient trop abondante.

Cette plante est au Kamschatka un article important pour les hommes qui en boivent la décoction en guise de thé, en mangent les feuilles en guise d'épinards. Sa moelle sur-tout, soit crue, soit cuite, est pour eux un mets fort recherché, et de plus elle sert, en la mettant dans l'eau, à faire un véritable vin qui donne de l'alcohol et se change en vinaigre. (B.)

SALICOR, *Voyez* l'article suivant.

SALICORNE, *Salicornia*. Genre de plantes de la monandrie monogynie, et de la famille des chenopodées, qui renferme une dixaine d'espèces, toutes croissant sur les bords de la mer, dans les marais salés, et dont deux, qui se trouvent en Europe, sont, dans certains endroits, l'objet d'un produit de quelque importance.

La salicorne herbacée a les racines annuelles ; les tiges épaisses, articulées, rameuses, couchées, dentées au sommet des articulations, et hautes de six à huit pouces. Elle est très commune en France.

La salicorne ligneuse a la tige frutescente, droite, très rameuse, haute de plus d'un pied ; ses articulations sont courtes, grêles et bidentées à leur sommet. Elle croît principalement en Espagne.

Ces deux plantes coupées pendant leur végétation, ensuite desséchées et brûlées, fournissent une grande quantité de soude semblable à celle que donnent les plantes de ce nom lorsqu'on les brûle de même. On dit que la première est cultivée dans quelques endroits pour cet objet ; cependant je ne puis l'assurer. Cette culture, au reste, ne doit pas différer de celle de la soude annuelle ; elles ont tant de rapports avec les soudes, qu'on les confond généralement sous le même nom. *Voyez* au mot Soude. (B.)

SALIQUOT. C'est la macre.

SALISBURI, *Salisburia.* Arbre du Japon, plus connu sous le nom de *ginkgo*, qu'on cultive depuis nombre d'années en pleine terre dans les jardins de France et d'Angleterre, où il a d'abord été si rare qu'on a vendu ses pieds quarante écus pièce.

Cet arbre s'élève de quinze à vingt pieds et plus ; ses feuilles sont alternes, réunies en faisceaux sur les vieux rameaux, pétiolées, cunéiformes, striées, arrondies à leur sommet, bilobées, déchirées, luisantes et d'un vert foncé ; ses fleurs sont verdâtres et réunies en petits paquets au milieu des faisceaux des feuilles. Il a fleuri en Europe pour la première fois en 1796 ; mais il n'a pas encore porté de fruits.

Dans son pays natal le salisburi se cultive pour son fruit, dont l'amande est très bonne à manger lorsqu'on la fait cuire sur les charbons. En France il n'est propre qu'à la décoration des jardins, où il se fait remarquer par la forme singulière de ses feuilles. Un terrain léger et substantiel est celui qui lui convient ; une exposition abritée, mais non méridienne, est celle qu'il préfère. Il craint les premières gelées de l'automne, et résiste à celles de l'hiver. On le multiplie par boutures qu'on fait au printemps, sur couches à châssis, avec du bois de deux ans, et qui réussissent ordinairement, mais qui sont très long-temps avant de donner des pousses vigoureuses, au moins dans le climat de Paris ; car en la Caroline j'en ai obtenu dès la première année de plus d'un pied de hauteur. Ces boutures se rentrent de bonne heure à l'orangerie pendant leurs premières années, et ensuite se mettent en pépinière à quinze à vingt pouces de distance, jusqu'à l'époque où on veut les mettre définitivement en place. On le multiplie aussi par marcottes, qui, lorsqu'on ne les étrangle pas, restent souvent trois ou quatre ans avant de s'enraciner. Ce dernier moyen est cependant le plus prompt pour avoir des arbres, parceque les pousses sont plus vigoureuses dans ce cas que dans le premier.

Une fois mis en place, le salisburi ne demande plus d'autre culture que celle qu'on doit à tous les arbres des jardins. (B.)

SALLE DE VERDURE. On donne ce nom, dans les jardins français, à un groupe de quelques grands arbres planté en carré, ou en rond, ou en ovale, et dont les sommets sont rejetés par la taille de leur extérieur du côté de leur intérieur, et forment ainsi berceau.

Lorsque les salles de verdure ne sont pas trop multipliées dans un jardin, et que la taille ne les a pas trop défigurées, elles produisent un assez bon effet : on les garnit de bancs; quelquefois leur centre est orné d'une statue, d'un vase, etc.

SALMÉE. Ancienne mesure de superficie en usage en Provence. *Voyez* Mesure.

SALPÊTRE, ou NITRE. Au dire de quelques personnes, ces deux mots sont synonymes; cependant celles qui s'occupent de chimie et des arts, qui ont cette science pour base, appellent salpêtre le nitre mêlé de nitrate de chaux, de muriate de potasse, de muriate de chaux et d'autres sels, c'est-à-dire celui qu'on obtient par l'évaporation de l'eau qu'on a fait passer à travers les plâtras et les terres nitrées.

Les cultivateurs sont fréquemment dans le cas d'observer la formation du salpêtre sur les murs de leurs écuries, de leurs caves, en général de tous leurs bâtimens qui sont bas et voisins des fumiers, des fosses d'aisance, etc. Ils ont même quelquefois à se plaindre de son abondance, soit parcequ'il accélère la dégradation de leurs murs, soit parcequ'la loi accorde aux salpêtriers, patentés par le gouvernement, la faculté exclusive de l'extraire, contre leur gré, et toujours d'une manière nuisible à leurs intérêts.

L'usage du salpêtre dans les salaisons et dans la médecine vétérinaire, le goût que la plupart des bestiaux ont pour lui, leur rendent également sa connoissance indispensable.

Le plus grand emploi du salpêtre est pour la fabrication de la poudre à canon, dans laquelle il entre pour environ soixante-quinze parties sur cent.

On reconnoît le salpêtre à sa saveur fraîche et fade, et surtout à sa propriété de brûler (fuser) lorsqu'on le jette sur des charbons ardens.

Il peut être souvent utile aux cultivateurs d'extraire eux-mêmes le salpêtre de leurs bâtimens; mais pour le faire avec sécurité il faut qu'ils en demandent la permission à l'administration, et qu'ils s'engagent à le lui livrer au prix fixé. L'opération n'est pas difficile, puisqu'il ne s'agit que de balayer ou de gratter les murs qui en sont chargés, de mettre le résidu de cette opération dans de l'eau chaude, de laisser déposer toutes les parties terreuses ou pierreuses, de décanter l'eau, de la faire évaporer dans une grande chaudière jusqu'aux deux tiers, et de laisser refroidir le reste. A mesure que le refroidissement s'opère le salpêtre se précipite et se cristallise sur les parois, d'où on l'enlève pour le mettre égoutter et sécher.

L'eau qui reste est un excellent stimulant. Lorsqu'on la jette sur le fumier elle en augmente considérablement les effets.

Les murs ainsi balayés ou grattés reproduisent du nitre en plus ou moins de temps, selon l'état de l'atmosphère. Ainsi il en paroît plus tôt ou davantage lorsqu'il fait humide et qu'il n'y a pas de vent; c'est pourquoi le printemps et l'automne sont plus favorables à sa création que l'été et l'hiver.

C'est principalement dans les terrains calcaires que le salpêtre se forme abondamment; cela tient sans doute à ce que la pierre calcaire contient encore, disséminée dans sa masse, une partie de la gélatine qui constituoit les animaux qui l'ont formé; car cette gélatine contient beaucoup d'azote, et le salpêtre est composé d'acide nitrique et de potasse. Le premier certainement, et la seconde probablement sont formés en majeure partie d'azote.

Mais il est rare que le salpêtre soit assez abondant pour être ainsi extrait. Dans la plus grande partie de la France on est obligé, pour se le procurer, de lessiver la terre formant le sol des écuries, des granges, les plâtras provenant de la démolition de leurs murs. Des cuviers semblables à ceux dans lesquels on fait la lessive, ou des tonneaux défoncés d'un côté et disposés de même, servent à cette opération. On emploie toujours de l'eau bouillante, parceequ'elle dissout mieux le salpêtre que l'eau froide. On fait passer la même eau plusieurs fois sur le même tonneau, ou mieux, successivement sur plusieurs tonneaux, afin qu'elle entraîne tout le salpêtre et s'en charge le plus possible. Cette eau est ensuite évaporée, comme je l'ai dit plus haut.

On fait aussi des nitrières artificielles en élevant, sous un bâtiment fort surbaissé, peu aéré, voisin des fumiers, des voiries et autres lieux où il y a des matières animales en décomposition, de petits murs composés de terre végétale, de cendre, de matières animales et végétales de toute espèce, murs qu'on arrose légèrement de temps en temps, et sur lesquels le nitre se forme et se reproduit continuellement. On le retire de ces murs en le grattant. La terre lessivée sert à former de nouveaux murs, en y mêlant de nouvelles matières animales et végétales, et ces murs deviennent les plus productifs. On y voit réellement pousser le salpêtre.

Le salpêtre donne une belle couleur rouge aux salaisons dans lesquelles on le fait entrer. Il excite le cours des urines et rafraîchit le sang lorsqu'on le donne à petite dose aux hommes et aux animaux. Il purge à forte dose. On le prescrit généralement dans les maladies inflammatoires.

J'ai déjà dit que les animaux domestiques l'aimoient beaucoup ; les vaches et les pigeons sur-tout en sont friands. On voit souvent les premières lécher, et les seconds béqueter les murs sur lesquels il est cristallisé. Un des moyens de fixer ces derniers dans un colombier, c'est de suspendre dans le milieu une masse de terre qui en soit imprégnée.

Le haut prix du salpêtre ne permet pas de l'employer à l'amélioration des engrais lorsqu'il est purifié ; mais au moins la connoissance de ses effets doit engager les cultivateurs à faire jeter sur leur fumier tout celui qu'ils peuvent retirer par le balayage (houssage) des murs de leurs écuries, de leurs granges, etc. Répandu sur les terres en état de pureté, il produit peu ou point d'effet ; mais lorsqu'il est mêlé avec les sels déliquescens, dont il a été question au commencement de l'article, il devient utile de l'employer sous ce mode, probablement parcequ'il conserve à la terre une humidité toujours nécessaire, et dont elle manque quelquefois. Au reste, ce résultat est contesté, et quoique j'aie personnellement des faits à faire valoir pour l'appuyer, je ne le présente ici que comme douteux. *Voyez* pour le surplus au mot NITRE. (B.)

SALSIFIS, ou CERCIFI, *Tragopogon.* Genre de plantes de la syngénésie égale et de la famille des chicoracées, qui renferme une douzaine de plantes dont l'une est l'objet d'une culture assez étendue dans nos jardins, et l'autre se trouve assez fréquemment dans nos prairies.

Le SALSIFIS COMMUN, ou *Salsifis blanc, Tragopogon porrifolium,* Lin., a la racine fusiforme, bisannuelle, souvent fort longue et de la grosseur du pouce ; la tige fistuleuse, rameuse, haute de deux à trois pieds ; les feuilles alternes, lancéolées, amplexicaules, très glabres, très vertes, celles du collet de la racine très rapprochées et souvent fort longues; les fleurs d'un bleu pourpre, solitaires à l'extrémité des rameaux.

Cette plante est originaire des montagnes du midi de l'Europe, et se cultive de toute ancienneté dans nos jardins pour sa racine qu'on mange cuite et assaisonnée de diverses manières. Elle fleurit au milieu du printemps. On ne fait pas attention aux petites variétés qu'elle offre.

Une terre très légère, très profonde, un peu fraîche, parfaitement labourée et bien fumée, est celle où le salsifis réussit le mieux ; cependant, comme il prend très facilement l'odeur du fumier, il vaut mieux ne lui donner que du terreau bien consommé. On le sème ordinairement en rangées écartées de huit à dix pouces, quelquefois à la volée, aussitôt que les gelées ne sont plus à craindre. Il faut malgré cela, par prudence, faire ces semis à différentes époques éloignées de huit à dix jours, et les recouvrir de feuilles sèches ou de litière. Plus le semis est précoce et plus les racines sont belles. Le plant levé s'éclaircit de manière qu'il y ait d'un à deux pouces d'écartement entre les pieds. Il se bine deux ou trois fois dans le courant de l'été, et s'arrose abondamment pendant les sécheresses. Couper la fane pour la donner aux bestiaux est toujours une opération nuisible à la beauté et à la bonté de la racine, d'après le principe que les plantes vivent autant par leurs feuilles que par leurs racines. Si des pieds montoient en fleur il faudroit les arracher sans miséricorde pour les donner aux bestiaux, qui les aiment avec passion.

C'est vers la fin de septembre qu'on commence à arracher le salsifis pour le manger ; mais, si on le peut, on attendra un mois plus tard, car c'est seulement aux approches des gelées qu'il a acquis toute la grosseur et toute la saveur qu'il doit avoir.

Dans les climats où les hivers ne sont pas rigoureux, on laisse le salsifis en terre pendant tout l'hiver, les fanes seules en souffrent ; mais dans ceux où les gelées sont très fortes on l'arrache pour le déposer dans des SERRES A LÉGUMES (*voyez* ce mot), lit par lit avec du sable, ou pour l'enterrer, stratifié de même, dans une fosse profonde. On le mange jusqu'à ce qu'il monte en graine.

Les pieds réservés pour graine doivent être autant que possible laissés en terre, par la raison que toutes les plantes à longues racines sont toujours affoiblies par suite d'une transplantation, et que cet affoiblissement nuit à la bonté de la graine. On les couvre d'une épaisse couche de feuilles sèches, de fougère ou de litière. *Voyez* COUVERTURE. La graine se recueille au milieu de l'été à mesure qu'elle arrive à maturité. On la conserve dans des sacs dans un lieu sec.

Dès que le salsifis monte en fleur sa racine devient creuse, perd sa saveur et n'est plus bonne qu'à donner aux bestiaux. Elle convient à tous, mais principalement aux cochons.

La racine de salsifis est un aliment très sain et très nourrissant. On n'en fait pas autant usage que la facilité de sa culture, et l'abondance de ses produits le comportent. Les estomacs même foibles le digèrent facilement. On mange aussi ses feuilles en salade ou en potage.

Le SALSIFIS DES PRÉS, vulgairement *barbe de bouc*, ne diffère presque du précédent que parceque les folioles de son calice sont plus courtes. Il croît dans les prés gras, sur le bord des rivières. Sa présence annonce toujours un sol fertile. Les touffes qu'il forme sont extrêmement recherchées de tous les bestiaux. On mange ses feuilles en salade. (B.)

SALSPAREILLE, *Smilax*. Genre de plantes de la diœcie hexandrie et de la famille des smilacées, qui renferme plus de quarante espèces, dont la plupart sont ligneuses, sarmenteuses, épineuses et munies de vrilles. Leurs feuilles sont alternes, coriaces, nerveuses; deux de ces espèces sont propres à l'Europe, et, plusieurs originaires de la Chine ou de l'Amérique, fournissent à la médecine des remèdes très employés.

La SALSPAREILLE ÉPINEUSE a les tiges nombreuses, quadrangulaires, épineuses, hautes de deux à trois pieds; les feuilles en cœur, très aiguës, panachées de blanc et épineuses en leurs bords. Elle croît dans les parties méridionales de l'Europe et sur la côte d'Afrique. Je l'ai vue concourir à former d'excellentes HAIES en Italie. (*Voyez* ce mot.) On vend quelquefois ses racines comme celles de la véritable salspareille, dont elle a les vertus à un plus foible degré.

La SALSPAREILLE OFFICINALE, *Smilax salsparilla*, Lin., a les tiges angulaires et épineuses; les feuilles en cœur, sans épines et d'un vert clair. Elle croît dans l'Amérique méridionale et en Caroline. Je l'ai vue dans ce dernier pays s'élever à trente ou quarante pieds de haut et former des fourrées, de plusieurs toises de diamètre, impénétrables à tous les animaux. C'est sa racine dont on fait un si grand usage dans la médecine comme sudorifique.

La SALSPAREILLE DE LA CHINE est la plante qui fournit la squine, racine qui a les mêmes vertus que la précédente.

Aucune salspareille n'est cultivée dans nos jardins d'agrément. De toutes celles que je connois il n'y a que celle à feuilles de laurier qui pût y être employée; mais elle craint les gelées du climat de Paris. (B.)

SALUBRITÉ DES BATIMENS RURAUX. ARCHITECTURE ET ÉCONOMIE RURALES. Cette qualité est aussi désirable pour les bâtimens que leur solidité. A quoi serviroient en effet les édifices les plus solides, même les plus commodes et les mieux distribués intérieurement, si leur insalubrité ne permettoit pas de les occuper? On obtient la salubrité des bâtimens par une position saine et un orientement convenable à leur destination.

Mais, ainsi que nous l'avons dit au mot PLACEMENT, on n'est pas toujours le maître de choisir leur position, et il est toujours nécessaire de procurer à ces bâtimens la salubrité la plus grande.

L'humidité, que nous avons déjà signalée comme la cause principale des dégradations des bâtimens, est aussi le foyer du mauvais air qui affecte toujours plus ou moins les hommes et les animaux, et le principe de presque toutes les maladies qui abrègent leur vie.

L'humidité est encore l'état de température le plus favorable à la fermentation des grains et à la multiplication des insectes qui les dévorent. Cette humidité si nuisible de l'air intérieur des bâtimens est souvent occasionnée par le sol même sur lequel ils ont été édifiés, soit parcequ'il est naturellement humide, soit parceque les bâtimens sont terrassés. Quelquefois encore elle est l'effet de vents dominans qui, avant de les frapper, traversent des étangs ou des marais.

Dans le premier cas, il faut assainir le terrain naturellement trop humide, tenir le rez-de-chaussée du bâtiment qu'on veut élever dessus à un niveau supérieur à celui de ce terrain desséché, et établir son pavé ou carrelage sur un lit de terre absorbante, ou de charbon de bois pulvérisé, ou de tan, ou de machefer, ou de sciures de bois (*bran de scie.*) Dans le second cas, c'est-à-dire lorsqu'il ne seroit pas possible d'établir le pavé du rez-de-chaussée du bâtiment à un niveau partout supérieur à celui du terrain environnant, sans être obligé de l'élever trop haut, il faut extraire les terres des côtés où elles terrassent ce bâtiment, dans une largeur de quatre mètres au moins, et sur une profondeur suffisante pour que le niveau de son pavé intérieur soit supérieur d'un demi-mètre environ à celui du terrain environnant. Et dans le troisième cas il faudroit supprimer toutes les ouvertures du bâtiment qui seroient exposées au mauvais vent, ou du moins n'en conserver que le moindre nombre possible, et les multiplier aux autres aspects et particulièrement du côté du nord. Un autre moyen de se préserver de l'air malsain amené par les vents, qui seroit encore préférable, parceque son efficacité est incontestable, ce seroit d'abriter le bâtiment par des plantations en massifs placées à sa mauvaise exposition.

Ce dernier moyen de purifier l'air extérieur, que l'on peut employer avec tant de facilité, est beaucoup trop négligé dans les campagnes. Indépendamment de cette propriété qu'ont les arbres d'absorber le mauvais air, leur proximité des bâtimens les garantiroit encore souvent des avaries que les vents impétueux occasionnent dans les couvertures, et ils leur serviroient aussi de paratonnerre naturel.

Nous avons l'expérience de ces bons effets des plantations autour des bâtimens ruraux; les arbres doivent être placés à une distance de quatre mètres au moins de leur côté extérieur, afin qu'ils n'entretiennent pas les murs dans un état d'humidité préjudiciable.

Il est à désirer, sous tous les rapports, que les établissemens ruraux soient tous embellis par de semblables plantations, qui d'ailleurs deviendroient un objet de revenu pour les propriétaires. (De Per.)

SAMENA. L'action de semer dans le département de Lot-et-Garonne.

SANA. C'est châtrer les bestiaux et faire écouler les eaux des prairies dans le département de Lot-et-Garonne.

SANELE. C'est la binette dans le département de Lot-et-Garonne.

SANG, MAL DE SANG, MALADIE ROUGE, MALADIE DES MOUTONS DE LA SOLOGNE, OU MALADIE DE LA SOLOGNE. La maladie rouge est une maladie des moutons; c'est une vraie dissolution du sang, une altération de ses principes constituans; elle est le plus souvent due à des causes générales qui agissent en même temps sur presque tous les individus; en sorte qu'elle prend assez promptement le caractère épizootique; elle est pour ainsi dire habituelle dans quelques parties de la Sologne, ce qui la fait regarder comme *enzootique* à ce pays : elle se manifeste plus particulièrement après les grandes chaleurs, ou les grandes pluies, et encore après un hiver dur pendant lequel les animaux n'ont eu qu'une nourriture malsaine et pas assez abondante; dans ce cas c'est au printemps qu'elle se développe; elle attaque indistinctement les bêtes de tous les âges; mais les plus gras, les plus forts, enfin ceux qui paroissent les mieux portans en sont attaqués les premiers; on a remarqué qu'en Sologne, qui est le pays où elle exerce les plus grands ravages, quelques fermiers en garantissoient leurs moutons en évitant de les mener paître dans les bruyères et en leur donnant du genêt (1). Il paroît qu'elle se montre peu dans les pays où la nature du sol et l'aisance des propriétaires leur permettent de donner une nourriture saine, et de faire observer à leurs moutons le régime qui leur convient; à moins que quelques unes des circonstances dont nous venons de parler, telles que les grandes sécheresses et les grandes pluies, n'en favorisent le développement.

_____

(1) On assure aussi que les habitans du Dauphiné en préservent leurs moutons en les soumettant à l'usage du Genièvre et du sel commun; ce dernier moyen employé sans ménagement devient quelquefois nuisible.

Cette maladie a des symptômes généraux qui appartiennent aussi à d'autres maladies ; on peut les regarder comme précurseurs de son invasion. Ces symptômes sont la perte de l'appétit, la tristesse, la lenteur de la marche, et un état pour ainsi dire stationnaire ; il leur succède la chaleur de la bouche, quelquefois le flux par les naseaux d'une humeur glaireuse, des évacuations sanguines qui lui ont fait donner le nom de mal de sang ou maladie de sang ; ces évacuations qui ont lieu par les naseaux, par les yeux, par l'anus avec les excrémens qu'elles teignent et par les urines, ne sont autre chose qu'une sérosité roussâtre, quelquefois noirâtre, enfin un sang dissous dépourvu de ses parties vivifiantes ; la diarrhée se joint aussi à ces symptômes dans quelques animaux ; à cette époque le pouls est petit et misérable ; la durée de la maladie est relative aux forces et à l'état particulier de chaque individu. Il y en a qu'elle emporte en trois ou quatre jours, et d'autres chez lesquels elle dure jusqu'à dix ou douze.

A l'ouverture des cadavres on trouve des taches noires répandues sur les intestins, quelquefois même des dépôts séreux et sanguinolents, la rate gonflée ou plus volumineuse que dans l'état naturel et gorgée de sang noir ; le foie, qui n'est le plus souvent malade que dans les animaux qui ont eu la diarrhée, a ordinairement une teinte jaune, et sa substance se sépare facilement avec les doigts ; dans la poitrine on trouve les poumons gorgés de sang noir et dissout.

Les grandes chaleurs, l'extrême sécheresse, suivie de pluies abondantes, le défaut de nourriture ou une nourriture malsaine, la privation de boisson à certaines époques, une nourriture succulente donnée en trop grande quantité après une assez longue abstinence, le pacage dans des lieux aquatiques et avant que la rosée ne soit dissipée, enfin tout ce qui peut affoiblir ces animaux, dont le tempérament est mou et cachéxique, sont autant de causes qui peuvent donner lieu à la maladie rouge ; il faut par conséquent chercher à les éviter, et à en atténuer pour ainsi dire les mauvais effets par le régime qu'on doit faire observer aux animaux.

Quant au traitement curatif, il est incertain, et, comme dans toutes les maladies épizootiques, difficile à administrer ; les moyens sont si insuffisans et les ressources si promptement épuisées, qu'on se décide avec peine à indiquer des remèdes ; il paroit prudent de se borner aux préservatifs qu'on doit choisir de préférence dans les moyens diététiques.

Lorsque l'on aura à craindre que les causes dont nous venons de parler plus haut peuvent donner lieu à la maladie, on ne conduira les bêtes aux champs qu'après que la rosée sera dissipée et de préférence sur les parties les plus élevées ; à l'étable ón leur donnera , s'il est possible , quelques poignées de bon foin , de bonne paille , soit de froment , de seigle , d'orge ou d'avoine; pour les abreuver, on placera à la porte des bergeries des baquets remplis d'eau qu'on blanchira avec quelques poignées de farine ; ce seroit bien le cas d'y ajouter le vinaigre ; mais, pour peu que le troupeau soit nombreux et qu'il y en ait plusieurs à abreuver , cette ressource seroit bientôt épuisée ; on y suppléera en mettant dans ces baquets des morceaux de fer rouillé : si les bergeries sont basses , peu aérées , on y pratiquera des jours pour y établir des courans d'air , et pendant que les bêtes seront aux champs on parfumera ces habitations avec les moyens désinfectans de M. Guyton de Morveau, ou avec des plantes aromatiques (*voyez* DESINFECTION); on aura soin d'enlever les fumiers , de ne les y pas laisser plus d'un jour; on en lavera le sol à grande eau à force de bras et avec des balais pour les pousser en dehors ; enfin on tiendra les bergeries dans la plus grande propreté.

Nous croyons devoir indiquer quelques médicamens dont on pourroit faire usage si l'on n'avoit à traiter qu'un petit nombre de moutons ; on peut administrer tous les matins l'extrait de genièvre ou celui de gentiane ; le premier à la dose de seize grammes à trente-deux grammes (quatre gros à une once) , et le second à celle quatre grammes à un décagramme (un gros à trois gros); l'oxide de fer noir, *æthiops martial* , ou battitures d'enclume , peut encore être employé avec quelque avantage : on le donne à la dose de quatre grammes à un décagramme (un gros à trois gros), avec à peu près la même quantité de poudre d'aulnée ou de gentiane ; on incorpore le tout dans le miel et on fait un opiat qu'on donne le matin à jeun ; on sent bien que ces médicamens doivent être secondés par le régime que nous avons indiqué plus haut.

On trouve dans les instructions vétérinaires, volume de 1790, page 320, des remarques sur la maladie rouge des moutons de la Sologne , par M. Flandrin; on peut aussi consulter les mémoires qui ont été publiés sur cette maladie par MM. Tessier et Huet de Froberville. (DES.)

SANGLIER. C'est le type sauvage du cochon domestique. On le trouve dans toute l'Europe et une partie de l'Asie. Il vit dans sa jeunesse en troupes plus ou moins nombreuses , formées par la réunion de deux, trois ou quatre familles , et presque toujours isolé dans sa vieillesse.

La première année de sa vie la couleur du poil du sanglier, qu'on appelle alors marcassin , est un mélange de fauve et de brun, avec des raies plus fauves et des grises. Cette couleur devient ensuite rousse, puis noire.

La nourriture du sanglier est aussi animale que végétale. Il mange absolument tout ce qu'il trouve. Il se contente d'herbe lorsqu'il n'a pas de racines et sur-tout de fruits.

Les cultivateurs ne doivent apprendre à connoître le sanglier que pour le détruire, car il est un de leurs plus dangereux ennemis, non en le chassant à grands frais comme font les gens riches, mais en le tirant à l'affût, en le suivant à la trace pendant la neige, en lui tendant des pièges de toute espèce.

Dans le voisinage des forêts marécageuses, où les sangliers se tiennent exclusivement, il arrive souvent que leurs bandes se rendent pendant la nuit dans les blés, les orges, les avoines, les maïs, etc., et y causent des pertes considérables autant par le dégât qu'ils font avec leurs pieds que par ce qu'ils consomment. Il en est de même en automne dans les vignes, dans les champs de raves, etc. Presque toujours ils reviennent dans le lieu où ils ont trouvé abondamment une nourriture qui leur plaît; ainsi il ne s'agit que d'avoir la patience de les attendre pendant plusieurs nuits consécutives.

Les pièges qu'on tend aux sangliers sont des lacets horizontaux attachés à un jeune arbre qui se redresse lorsque l'animal en marchant a fait tomber le mécanisme qui le tenoit courbé, des pièges à renard à planchette, des fosses recouvertes de branches et de feuilles sèches.

Pendant l'automne les sangliers s'engraissent beaucoup en mangeant des pommes et des poires sauvages, des glands, des faînes et autres graines. Comme ils labourent continuellement la terre avec leur grouin pour trouver leur nourriture, ils enterrent beaucoup de ces fruits et de ces graines, et concourent par-là au repeuplement des forêts. *Voyez* aux mots Chêne et Cochon. (B.)

SANGSUE. On donne ce nom à de petits fossés creusés dans les terres arables ou dans les prairies, dans le but d'en faire écouler les eaux. Ils ne diffèrent des Rigoles que par leurs moindres dimensions, et des Maîtres, que parcequ'on les fait avec la bêche ou la pioche; quelquefois ils sont recouverts. *Voyez* ces deux mots et le mot Egout des terres.

SANGSUE. Genre de vers qui renferme une quinzaine d'espèces vivant dans les eaux douces et qui sont caractérisées par un corps cylindrique ou aplati, très susceptible d'allongement ou de contraction à la volonté de l'animal, offrant, à chacune de ses deux extrémités, un disque susceptible de se dilater et de se fixer comme une ventouse, et de plus à l'antérieure une bouche à trois dents.

Je dois dire ici un mot des sangsues, non parcequ'une ou deux de leurs espèces sont employées dans la médecine humaine pour faire des petites saignées locales, mais parceque les bestiaux sont exposés à leurs morsures lorsqu'ils vont se baigner ou même boire dans les eaux qui en contiennent.

Les sangsues sont hermaphrodites et vivipares. Elles multiplient beaucoup. Les eaux stagnantes et boueuses sont celles qu'elles préfèrent. Elles nagent par un mouvement de bas en haut et de haut en bas. Elles marchent en appliquant alternativement leurs deux extrémités au même point. Leur nourriture de prédilection est du sang qu'elles tirent des animaux; mais comme elles n'en ont pas toujours elles se contentent de l'humeur séreuse des insectes et des autres vers qui habitent les eaux ainsi qu'elles.

Lorsqu'un cheval, un bœuf ou une vache sont piqués par des sangsues, et j'en ai vu des douzaines fixées en même temps sur leurs pieds, sous leur ventre et à leur museau, il ne faut pas chercher à les enlever de force, parcequ'on risqueroit de faire naître une inflammation par suite du séjour de la tête dans la blessure; il ne faut pas non plus les couper, comme on le fait souvent, parcequ'il en pourroit résulter une hémorrhagie difficile à arrêter. C'est du sel ou du tabac qu'il faut employer pour les faire tomber; une pincée suffit pour chacune. Au reste, s'il n'y a qu'un petit nombre de sangsues il ne faut pas s'en inquiéter, puisqu'il n'en résulte qu'une très légère saignée.

On accuse souvent les sangsues d'entrer dans l'estomac des animaux qui boivent et de les faire périr. Cela se pourroit dans un chien; mais quand on a vu boire le cheval et le bœuf on conçoit difficilement comment cela auroit lieu. Je crois donc que c'est à quelque maladie qu'on doit la mort des animaux qu'on dit avoir été tués par elles. D'ailleurs pourroient-elles vivre dans l'estomac de ces animaux? Au reste, des boissons d'eau salée sont probablement ce qui conviendroit le mieux dans ce cas.

Les petites sangsues aplaties qu'on trouve dans les eaux pures des fontaines et des ruisseaux s'appellent actuellement des PLANAIRES. (B.)

SANICLE, *Sanicula*. Plante à racine vivace, fusiforme, fibreuse; à feuilles presque rondes, divisées en cinq lobes dentés, les radicules longuement pétiolées, les caulinaires alternes, et d'autant moins pétiolées qu'elles sont plus éloignées des premières; à tige légèrement rameuse, et à fleurs blanches disposées en petites ombelles, qu'on trouve dans les bois dont le sol est argileux et l'exposition froide.

Cette plante fleurit au milieu du printemps. Ses feuilles restent vertes toute l'année. Elle a joui autrefois d'une grande réputation médicale; mais aujourd'hui on n'en fait presque plus usage. Elle est astringente et détersive. Dans quelques endroits on la donne aux vaches qui viennent de vêler, pour faciliter la sortie de l'arrière-faix.

SANICLE DE MONTAGNE. C'est la BENOITE.

SANSONNET. Nom vulgaire de l'ÉTOURNEAU.

SANTAL, SANTALIN, *Santalum*, Lin., arbre exotique de la famille des ONAGRES ou des MYRTHES, dont le bois desséché a une odeur aromatique très agréable, sur-tout quand on le brise.

Le santalin croît aux Indes orientales, principalement dans le royaume de Siam et dans les îles de Tymor et de Solor. Il s'élève à la hauteur d'un noyer, et se garnit de feuilles ovales, oblongues, lisses et opposées. Ses fleurs, d'un bleu noirâtre, naissent en corymbes aux aisselles des feuilles et à l'extrémité des rameaux. Elles n'ont point de corolle, mais quatre étamines et un pistil, enfermés dans un calice fait en forme de vase, et dont l'entrée est couronnée par quatre écailles barbues. Ses fruits sont des baies ovoïdes, grosses à peu près comme une cerise, d'abord vertes et ensuite noires à l'époque de leur maturité; quoiqu'elles soient insipides, elles sont mangées avec avidité par les oiseaux.

Le *santal blanc* et le *santal citrin* du commerce sont tirés de cet arbre, que les Indiens appellent *sarcanda*, et les botanistes *santalin*. L'aubier est le santal blanc, et la partie intérieure de l'arbre, ou le bois proprement dit, est le santal citrin.

Le santal citrin est pesant, compacte; il a des fibres droites qui le rendent facile à fendre en petites planches. Sa couleur est d'un roux pâle; sa saveur aromatique, et mêlée d'une petite amertume qui n'est point désagréable. Son odeur semble être un mélange de musc, de citron et de rose.

Le santal blanc ne diffère du précédent que parcequ'il a une couleur plus pâle et une odeur foible. Les parfumeurs d'Europe emploient ces bois; comme ils sont fort chers et fort rares, on leur en substitue quelquefois d'autres, tels que le *bois de citron*, le *bois de jasmin*, etc. Dans les Indes on fait des étuis et autres petits meubles avec le bois de santal; on en brûle aussi pour parfumer les temples et les appartemens.

On connoît dans le commerce un *santal rouge*, qui est très différent de ceux dont je viens de parler, et qui n'est pas tiré du même arbre. Il est fourni par le *ptérocarpe santalin*. C'est un bois solide, dense, pesant, à fibres tantôt droites, tantôt ondées et imitant les vestiges des nœuds. Il n'a aucune odeur sensible, et sa saveur est légèrement astringente et austère. Il est employé dans la teinture.

Le santalin ne peut être cultivé dans nos climats qu'en serre chaude. (D.)

SANTOLINE, *Santolina*. Genre de plantes de la syngénésie polygamie égale, et de la famille des corymbifères, qui réunit huit à dix plantes, dont deux ou trois s'emploient en médecine comme vermifuges, emménagogues, stomachiques, etc., et se cultivent en conséquence dans quelques jardins.

La SANTOLINE A FEUILLES DE CYPRÈS est un arbrisseau d'un à deux pieds de hauteur, très touffu, dont les rameaux sont couverts d'un duvet blanchâtre; les feuilles alternes, ou mieux, imbriquées sur quatre rangs, sessiles, linéaires, quadrangulaires, dentelées par des tubercules; les fleurs jaunes, solitaires à l'extrémité de longs pédoncules terminaux. Elle est naturelle aux endroits les plus arides des parties méridionales de l'Europe, et fleurit au milieu de l'été. Son odeur est forte et aromatique; sa saveur âcre et amère. On la place assez fréquemment dans les grands parterres, où on la tient en buisson dans le milieu des plates-bandes, et où on en fait des bordures et des palissades qui se taillent aussi facilement que le buis. On la met aussi dans les jardins paysagers, où le contraste de sa couleur avec celle des feuilles des autres arbustes produit des effets fort avantageux. Il lui faut toujours un terrain sec et léger, et une exposition chaude. Dans des lieux frais et argileux, elle pousse plus vigoureusement, mais elle est beaucoup plus sensible aux gelées.

On multiplie cette plante par le semis de ses graines (moyen très long et peu usité), par marcottes et par boutures. Les premières se font avant l'hiver en couvrant de terre les branches latérales. Elles s'enracinent dans le cours de l'été suivant, et se mettent en place au printemps de la seconde année. Les boutures peuvent s'entreprendre en tout temps, si on les met sur couche et sous châssis, et seulement au printemps si on les met en pleine terre. Elles manquent rarement, et ne doivent être mises en place qu'à la troisième année si on veut jouir sur-le-champ.

Il est toujours prudent d'en conserver quelques pieds en pots, qu'on rentre dans l'orangerie, pour parer aux accidens des hivers rigoureux.

La santoline se dégarnit à la longue de ses branches inférieures, ce qui altère sa beauté. Dans ce cas il faut la couper rez terre, et si elle ne repousse pas, ce qui arrive souvent, la remplacer par un jeune pied.

Cette plante s'appelle *auronne femelle* ou *garde robe* dans les jardins. On a cru que son odeur chassoit les larves des teignes qui mangent les habits et autres étoffes de laine; mais Réaumur a prouvé que c'étoit une erreur.

La SANTOLINE A FEUILLES DE ROMARIN et la SANTOLINE A

FEUILLES BLANCHES ne diffèrent que fort peu de celle-ci, et leurs propriétés, ainsi que leur culture, sont les mêmes. (B.)

SAOUZE. C'est le saule dans le département du Var.

SAPERDE, *Saperda*. Genre d'insectes de l'ordre des coléoptères, qui renferme près de cent espèces connues, dont les larves vivent toutes dans l'intérieur des arbres ou des plantes, et causent quelquefois de grands dommages aux cultivateurs. Parmi elles une trentaine appartiennent à l'Europe.

Les espèces les plus communes de ce genre sont,

La SAPERDE CARCHARIAS. Elle est chagrinée, jaunâtre, ponctuée de noir; ses antennes sont courtes et annulées de gris et de noir; sa longueur est d'un peu plus d'un pouce. Sa larve vit dans différens arbres, principalement dans les peupliers.

La SAPERDE SCALAIRE. Elle est noire, avec la suture et des taches jaunes, dont plusieurs font partie de cette suture même. Sa longueur est de huit lignes. Sa larve vit dans le peuplier, l'érable-sycomore, etc.

La SAPERDE OCULÉE. Elle est couleur de rouille, avec la tête, les antennes et deux points sur le corcelet noirs. Ses élytres chagrinés et de couleur ardoisée. Sa longueur est de huit à dix lignes. Sa larve vit dans les saules et les peupliers.

La SAPERDE LINÉAIRE. Elle est noirâtre, avec les pattes jaunes. Sa longueur est de huit lignes. Sa larve vit dans le noisetier.

La SAPERDE CYLINDRIQUE. Elle est noire, avec les pattes antérieures jaunes. Sa longueur est de six lignes. Sa larve se trouve dans les branches du poirier, du pommier et du prunier dont elle dévore la moelle. Souvent par son abondance elle cause beaucoup de dommage à ces arbres, car toutes les branches attaquées par elle meurent immanquablement. Elle y vit deux ans, après quoi elle se transforme en insecte parfait, qui sort vers le commencement de l'été par un trou qu'elle lui a ménagé.

La SAPERDE POPULÉE. Elle est noire, chagrinée, avec le dessous du ventre, cinq raies sur le corcelet et quatre points jaunâtres sur chaque élytre. Sa longueur est de cinq à six lignes. Sa larve vit dans les branches du peuplier blanc et autres du même genre, sur lesquelles elle fait naître des nodosités très remarquables. Il m'a paru qu'elle exerçoit principalement ses ravages sur les peupliers grisard et blanc plantés dans des terrains secs et arides. J'ai vu des cantons, entre autres la partie supérieure de la vallée de Montmorency, où tous les peupliers en étoient infestés au point qu'ils ne pouvoient s'élever et périssoient même. Cette larve reste deux ans dans le bois et l'insecte parfait en sort vers le milieu de l'été.

La SAPERDE DU TREMBLE. Elle est verte, avec des points noirs sur les élytres et le corcelet. Elle a huit à neuf lignes de long. Sa larve vit dans le tremble, le peuplier blanc et autres arbres de cette famille. On la trouve rarement aux environs de Paris; mais elle cause quelquefois de grands dommages dans les parties méridionales de la France. Il y a une quinzaine d'années qu'elle fit périr une grande partie de ces arbres dans les environs de Toulouse.

Il n'y a aucun autre moyen de s'opposer à la multiplication des saperdes que de faire la chasse aux insectes parfaits dans le court intervalle qui s'écoule entre leur sortie de la branche où a vécu leur larve et leur accouplement; mais ce moyen donne des résultats si peu considérables qu'on ne peut réellement le mettre en usage que pour des arbres précieux, car comment attendre tous ces insectes dans les forêts, sur le sommet des arbres plantés en avenues, etc. J'ai voulu les faire chercher dans les pépinières, où tous les ans ils font périr beaucoup de greffes de *peupliers d'Athènes*, de *peupliers à grande dent*, etc., mais cela a été sans succès.

Les espèces qui font naître des nodosités sur les branches peuvent être attaquées dans leurs larves mêmes; mais pour cela il faut sacrifier les branches, car faire un trou dans la nodosité pour la tuer a en définitif pour résultat la mort de la branche, ce qui équivaut par conséquent à son amputation.

Les greffes qui sont attaquées par des larves de saperdes se cassent fort aisément par l'effort des vents. Elles végètent assez bien la première année, mais languissent et meurent ordinairement la seconde. (B.)

SAPIN, *Abies*. Genre de plantes de la monœcie monadelphie et de la famille des conifères que plusieurs botanistes réunissent à celui des pins, mais qui en diffère autant par son aspect que par les caractères de son fruit, qui est un cône allongé composé d'écailles en recouvrement.

Ce genre renferme une douzaine d'espèces d'arbres la plupart utiles sous plusieurs rapports, et dont on cultive la moitié dans les jardins d'agrément des environs de Paris; leurs feuilles sont toujours solitaires, courtes, roides et persistantes; leurs tiges terminées par une flèche droite; leurs troncs abondent en résine. Ils croissent naturellement dans les pays froids.

Le SAPIN COMMUN, ou *sapin blanc*, ou *sapin argenté*, sapin de Normandie, ou *sapin à feuilles d'if*, *Abies alba*, Juss., *Pinus picea*, Lin., est un arbre de la première grandeur, dont la forme est pyramidale; les branches verticillées et horizontales; les feuilles linéaires, aplaties, échancrées à leur sommet, blanches ou argentées en dessous, disposées en forme de peignes des deux côtés des rameaux; les cônes longs d'un demi-pied, solitaires, pédonculés et relevés, ayant leurs écailles rougeâtres, filamenteuses, obtuses et leurs semences anguleuses et noirâtres. Il croît naturellement sur les montagnes élevées et dans le nord de l'Europe. On en voit de vastes forêts dans quelques parties de la France, telles que les Alpes, les Vosges, le Jura, les Pyrénées, l'Auvergne, la Haute-Normandie, les environs de Strasbourg, etc. C'est un arbre qui s'élève à plus de cent pieds de hauteur, et dont les branches horizontales et verticillées par étage forment naturellement une superbe pyramide. Rien de plus imposant qu'un vieux sapin isolé au milieu des rochers. Les effets qu'il produit dans les jardins paysagers, quoique moins pittoresques, n'en sont pas moins agréables, soit qu'isolé au milieu des gazons, il produise seul ce qu'on en attend, soit lorsqu'étant placé sur le bord des massifs, il fasse contraster sa forme et sa couleur avec celle des arbres placés derrière lui. Mais ce n'est point sous les rapports de l'agrément qu'il faut principalement le considérer.

Le sapin est pourvu d'une flèche, c'est-à-dire d'un bourgeon terminal, ce qui fait qu'il s'élève toujours droit; mais aussi quand ce bourgeon est cassé par accident, ou se dessèche par quelques circonstances, l'arbre cesse le plus souvent de croître en hauteur. Aussi la sage nature a-t-elle pris pour sa conservation des précautions particulières. Le bouton dont il sort est plus gros, plus abondamment pourvu d'écailles protectrices, et il se développe plus de quinze jours après les autres. Il est le seul de son espèce sur chaque pied. Ordinairement il est accompagné de quatre autres boutons plus petits destinés à donner des branches, à l'extrémité desquelles se formeront trois autres boutons également plus petits. Ainsi quelques efforts qu'on fasse pour faire produire une autre flèche à un arbre qui l'a perdue, on n'y parvient point. J'ai vu quelquefois de ces bourgeons à flèche sortir naturellement de la partie supérieure d'une branche, mais jamais de son extrémité. Dans ce cas la jeune pousse a l'air d'un greffe.

La végétation du sapin est lente dans ses premières années, elle prend ensuite plus d'activité, et se ralentit de nouveau après douze ou quinze ans. Elle est d'autant plus rapide que le sol et le climat sont plus convenables, c'est-à-dire que le premier est plus léger, et le second plus froid et plus humide; car cet arbre est celui des nuages; il ne vient naturellement que sur les hauteurs où ils sont permanens.

Les forêts de sapin étoient beaucoup plus communes autrefois en France qu'elles ne le sont actuellement, et les lieux où elles existoient, aujourd'hui dépourvus d'arbres, n'en peuvent plus être naturellement regarnis. Cela tient à l'avidité du

gain ou au défaut d'intelligence. Le sapin ne repousse jamais
du pied et son jeune plant a besoin d'abri pendant les premières années ; il faut donc ne pas couper ces forêts *à*
blanc, pour me servir de l'expression technique, comme
je le ferai voir plus bas. Il est fort difficile par conséquent,
même impossible, de replanter les forêts qui ont été détruites
par l'effet des coupes inconsidérées et qui se trouvoient dans
leur lieu naturel, c'est-à-dire à environ neuf cents toises
au-dessus du niveau de la mer, élévation où les chênes cessent
de croître. Aussi une grande partie des pentes des Alpes,
jadis couvertes de superbes sapins, sont-elles destinées à
ne plus fournir que des pâturages, et par conséquent à
rester désertes, car dans des élévations aussi froides où les
hivers sont de six à sept mois, il faut abondance de chauffage
pour que l'homme puisse les habiter. Il n'y a que le pin cembro
ou alvier et le mélèze qui croissent dans les zones supérieures
au sapin, et ces deux arbres se trouvent dans le même cas
que lui.

On rencontre, par-ci par-là, en Suisse, dans les lieux où existoient des forêts de sapins, des pieds qui y subsistent isolés depuis
l'époque de leur destruction et qui ont cessé de croître en hauteur, soit par l'effet de leur vétusté, soit parcequ'ils ont perdu
leur flèche. Ces pieds étendent au loin leurs épais rameaux et
servent de retraite aux hommes et aux bestiaux pendant les
orages. On les appelle en conséquence des *abris tempête*, et il
est défendu de les couper. J'en ai vu plusieurs dont l'effet
étoit réellement imposant ; mais ils n'offrent rien qui ne se
remarque dans les arbres des autres genres placés dans la
même circonstance ; s'ils ne se multiplient pas, quoiqu'annuellement surchargés de graines, cela tient à ce qui vient d'être
dit de la nécessité des abris pour le jeune plant.

C'est principalement dans les pentes exposées au nord, et
dans les sols schisteux, que se trouvent les forêts de sapin.
Les racines de ces arbres savent aller chercher la terre dans
les fissures des rochers. Souvent ces racines courent sur la
surface de ces rochers, dans une longue distance, avant de
pouvoir trouver une de ces fissures.

Comme je l'ai dit plus haut, la croissance des sapins est lente
dans les premières années ; mais quand ils sont parvenus à cinq
ou six ans, et qu'ils se trouvent dans des circonstances favorables, elle s'accélère beaucoup. Un sapin de cinquante ans a
souvent un pied de diamètre et cent vingt pieds de haut. Comme
ils sont presque toujours très rapprochés ils filent beaucoup, et
les plus foibles périssent successivement, étant privés de nourriture et de lumière par les plus forts, de sorte que, s'ils sont
abandonnés à eux-mêmes, il n'y en a qu'un petit nombre qui

parviennent à la plus grande vieillesse. Ils n'ont pas l'avantage
dont jouissent les autres arbres de se soutenir long-temps dans
l'état intermédiaire entre la vie et la mort, et de pouvoir reprendre, par conséquent, vigueur lorsque les causes qui les ont
affoiblis cessent d'agir. Dès qu'une de leur partie est frappée, il
est rare que l'arbre entier ne meure pas bientôt. Ils ne repoussent jamais de leurs racines. Ces circonstances indiquent le mode
d'exploitation qui convient aux forêts qui en sont composées,
mode qui cependant a donné lieu à des discussions parmi les
agronomes forestiers, parceque beaucoup d'entre eux n'ob-
servent pas la nature et mettent à sa place les résultats de leur
imagination. Ainsi ce ne sera pas en abattant d'une seule fois
la totalité des sapins d'une forêt qu'on en tirera un revenu, mais
en coupant successivement ceux qui auront acquis la grosseur
et la hauteur désirée, c'est-à-dire en jardinant. Par-là on brise
sans doute beaucoup de jeunes pieds, soit par la chute de ceux
qu'on coupe, soit par la nécessité de faire des chemins pour
les sortir ; mais on conserve et des pieds porte-graine, et l'humidité et l'ombre nécessaires à la croissance du plant dans ses
premières années. D'ailleurs la perte seroit plus considérable
encore si on coupoit la forêt en une seule fois, à cinquante ans,
par exemple, parcequ'il s'y trouveroit immensément de pieds
qui ne seroient bons qu'à brûler et que ce bois est d'un fort
médiocre emploi sous ce rapport, sur-tout lorsqu'il est jeune ;
d'ailleurs, dans les lieux où il croît naturellement, l'ébranchage
de ceux qu'on abat, de ceux qui sont cassés ou arrachés par
les vents, qui meurent de vétusté, etc., suffit à la consommation des habitans peu nombreux et économes. Mais, dira-t-
on, telle et telle forêt qui a été coupée à blanc dans une de ses
parties a repoussé ? Oui, répondrai-je, mais c'est parceque cette
partie étoit abritée des grands vents, des vents desséchans par
les autres parties, et que ces autres parties y ont envoyé leurs
semences, ou que la coupe a eu lieu une année où il y avoit
beaucoup de semences, ou que la situation de la forêt n'étoit pas
assez élevée pour qu'il n'y crût pas des arbustes ou de grandes
plantes propres à protéger le plant pendant son premier âge. En
général dans les forêts de sapins le sol ne produit aucune autre
espèce de végétaux ; il semble que l'ombre ou la qualité cor-
rosive de ses débris les empêchent de croître ; mais cependant
lorsque ces forêts se trouvent placées au-dessous de la zone
ou le chêne et le hêtre cessent de croître, ces deux arbres, et
plusieurs autres, entrent toujours dans leur composition. Là il y
auroit moins d'inconvéniens sans doute à les couper à blanc ;
mais cependant on ne le fait généralement pas, parceque l'expérience a indiqué comme plus avantageuse la coupe que j'indique comme telle. L'influence des orages dont j'ai déjà tou-

ché un mot, est des plus importante à considérer dans les zones élevées. Il suffit souvent de quelques instans pour déraciner une forêt toute entière de vieux arbres ; que deviendroit donc une forêt de jeunes ? Aussi m'a-t-on cité les vents comme la principale cause qui s'opposoit à la recroissance de celles qui ont été imprudemment abattues sur les Hautes-Alpes.

Quoique naturel aux zones élevées, le sapin peut croître aussi dans les plaines et encore mieux sur la croupe nord des montagnes du dernier ordre. On en voit des plantations dans beaucoup d'endroits. Il croît sur-tout fort bien dans les sols argilo-sablonneux. Là on peut l'obtenir, soit de semis dans les clarières des taillis, soit par la plantation des pieds élevés dans les pépinières. Il est quelquefois un excellent moyen de repeupler les forêts épuisées. Dans ce cas il est préférable au pin, qui craint le trop d'ombre dans sa jeunesse. Dans quelques cantons on le sème, on le plante même dans les haies, et il y fournit de superbes arbres, d'un bois d'autant meilleur qu'ils sont plus isolés. Je ne puis trop recommander ce genre de culture dans tous les lieux qui lui sont convenables.

Généralement on coupe les sapins à la fin de l'automne lorsque les travaux de la culture sont terminés, et cela est bon lorsqu'on veut faire des planches, des poutres et autres objets qui demandent de la légèreté, et qui ne sont pas exposés à l'air ; mais quand on les coupe, comme on le fait si souvent en Suisse, dans le but d'en construire des maisons, des palissades, des retenues d'eau, des parties de moulins, etc., il convient de le faire lorsqu'ils sont le plus abondamment pourvus de résine, afin que cette résine concoure à rendre le bois plus durable.

Le bois du sapin est du service le plus étendu pour la marine, la menuiserie, la charpente, etc. Sa tranche présente alternativement des zones blanches et tendres, et des zones fauves et dures, plus étroites que les précédentes. Il réunit la solidité à la légèreté. Sa pesanteur est d'environ trente-deux livres par pied cube, et sa retraite de $\frac{3}{26}$. Il devient rouge lorsqu'il commence à s'altérer par vétusté. Varennes de Fenilles avoit commencé sur ses qualités une suite d'expériences dont sa mort funeste a empêché de connoître le résultat.

On a observé que ce bois étoit celui qui transmettoit le mieux les sons, c'est-à-dire qui rend le ton le plus haut lorsqu'on frappe ou qu'on parle à une des extrémités de ses fibres longitudinales.

Outre l'emploi du bois pour les usages ci-dessus et autres de même genre, de l'écorce pour tanner les cuirs, les sapins fournissent encore un produit d'une grande importance. C'est la

Térébenthine de Strasbourg du commerce, différente de la térébenthine de Venise, qui est fournie par le Mélèze et de la véritable térébenthine, ou térébenthine de Scio, qui découle du Pistachier térébinthe. *Voyez* ces mots.

Cette liqueur, qui est transparente, visqueuse, d'une odeur agréable et d'une saveur amère, se trouve dans des vessies, quelquefois d'un pouce de diamètre, tantôt presque rondes, tantôt allongées transversalement, qui se forment, pendant les deux sèves, sous l'épiderme de l'écorce, et sur-tout pendant celle du printemps. Pour l'obtenir, des hommes montent sur l'arbre au moyen des crochets dont leurs souliers sont armés, et avec une corne de bœuf percée et épointée, ou un cornet de fer blanc, crèvent les vessies à mesure qu'ils les rencontrent, et en font découler la liqueur dans une bouteille attachée à leur ceinture.

Les sapins commencent à montrer quelques vessies lorsqu'ils ont acquis trois pouces de diamètre, et continuent d'en fournir jusqu'à ce qu'ils aient acquis environ un pied, époque où l'écorce devient trop épaisse pour leur permettre de se former. Alors il faudroit les aller chercher au sommet ou sur les branches, ce qui deviendroit plus long, plus difficile et même plus dangereux. Ces arbres fournissent moins de térébenthine dans les mauvais terrains et dans les années sèches; mais ils ne paroissent pas s'épuiser lorsqu'on l'enlève comme s'épuisent les épicéa, les pins, dont on tire la résine; quoique cette substance, réabsorbée par la végétation lorsqu'on la laisse dans ses réservoirs, doive être nécessaire à la formation du bois. M. Malus, dans un mémoire inséré dans le dixième volume des Annales d'agriculture, établit, par des expériences, que les arbres ainsi épuisés sont aussi durs, aussi forts et plus légers, résultat très favorable aux propriétaires des forêts d'arbres résineux. Dans beaucoup de parties des Alpes, on ne fait au reste cette récolte qu'une fois l'an au mois d'août, ce qui est avantageux aux arbres.

Il est rare que les vessies crèvent naturellement; mais il suinte souvent de leurs environs, ou des plaies qu'on leur fait, une véritable résine analogue à celle des Épicéa, résine dont il sera parlé à l'article de ce dernier arbre; mais comme elle est peu abondante, on la récolte rarement.

On ne fait subir d'autre opération à la térébenthine que de la débarrasser par le filtrage à travers du linge, ou même seulement d'une botte de branches de sapin, des corps étrangers qui s'y sont mêlés.

Il est quelques cantons où on tire aussi la térébenthine des cônes de sapin en les hachant et en les distillant avec de l'eau dans de grands alembics à ce destinés. Probablement on en tireroit également des rameaux qu'on traiteroit de même ; mais le retranchement de ces rameaux feroit périr l'arbre si on le pratiquoit souvent.

La térébenthine jaunit et s'épaissit avec le temps. On en fait peu usage ; mais lorsqu'on la distille avec de l'eau on obtient ce qu'on appelle dans le commerce l'*essence de térébenthine*, qui est sa partie la plus subtile et la plus aromatique, son huile essentielle. C'est cette huile essentielle dont on fait un si grand usage dans les arts et en médecine. Les vernisseurs l'emploient sur-tout beaucoup pour dissoudre les autres résines, et les peintres pour rendre plus fluides et plus sicatives leurs couleurs ; c'est le plus puissant diurétique connu et un excellent détersif. Les urines de ceux qui en font usage sentent la violette. Lorsqu'on mêle avec de l'essence de térébenthine de l'acide muriatique oxygéné, il se précipite du véritable camphre, fort difficile à distinguer, lorsqu'il est bien purifié, du camphre de l'Inde. Cela joint aux expériences faites sur d'autres huiles essentielles prouve que toutes doivent leur volatilité au camphre, et fait espérer qu'on pourra un jour retirer cette dernière substance, en grand, des végétaux indigènes.

Le résidu de la distillation de la térébenthine est une résine appelée *colophone* ou *colophane* qui sert à frotter les archets des joueurs de violon, à fabriquer des vernis, et qu'on emploie quelquefois en médecine.

La culture du sapin diffère peu de celle des autres arbres verts ; elle consiste, en grand, à répandre la semence dans les clairières des bois, après avoir légèrement gratté la terre ; cette graine demande à être peu enterrée et défendue contre les mulots et les oiseaux qui en sont très friands. Rarement on doit, d'après ce que j'ai dit plus haut, tenter de faire un semis sans avoir au préalable garni le terrain de grandes plantes vivaces ou d'arbustes propres à protéger le plant pendant ses premières années contre l'ardeur du soleil et l'action des vents desséchans ; j'indique comme propre à cet objet le To-PINAMBOUR, et ensuite L'ONAGRE BIENNE. *Voyez* ces mots.

Dans les pépinières on sème la graine de sapin au printemps, lorsqu'il n'y a plus de gelée à craindre, dans une planche exposée au nord, et dans une terre légère et bien préparée : la terre de bruyère est la meilleure. On couvre cette planche de mousse ou de débris de feuilles, afin d'empêcher d'autant l'évaporation de l'humidité, et on lui donne des arrosemens au besoin. Le plant ne s'élève guère au-dessus d'un pouce la première année, et demande à être repiqué dès le printemps de la seconde, à quatre à cinq pouces de distance, dans une terre et à une exposition semblable. Là il reste deux ans, et est ensuite transplanté dans tout autre lieu, cependant, autant que possible, frais et abrité, pour y rester deux autres années, après quoi il est propre à être mis en place définitive. A cette époque il a ordinairement deux ou trois pieds de haut. Pendant tout le temps qu'il reste en pépinière on lui donne deux binages pendant l'été, et un bon labour pendant l'hiver. Ses ennemis sont alors d'abord les COURTILIÈRES, et ensuite les VERS BLANCS. *Voyez* ces mots.

En général, plutôt on plante les jeunes sapins et plus on est assuré de leur reprise et de la beauté des arbres qu'on en attend; cependant ils sont moins délicats à cet égard que plusieurs autres espèces de leur genre.

C'est toujours au moment où le sapin entre en sève qu'il convient de le transplanter, et il faut faire en sorte que ses racines restent exposées à l'air le moins de temps possible, le hâle les frappant très rapidement de mort. Cette circonstance détermine beaucoup de pépiniéristes à les repiquer dans des petits pots qu'ils enterrent complètement, de sorte qu'une partie de ses racines reste dans le pot, et l'influence de la dessiccation ne peut agir sur elles. Lorsqu'on transplante les arbres ainsi conduits, on se contente de casser le pot sans en ôter les morceaux qui sont bientôt désunis par le seul effet de la végétation. Cette pratique mérite d'être plus généralement suivie qu'elle ne l'est.

Dans aucun cas il ne faut mutiler les racines de sapins, et on doit toujours être très réservé sur le retranchement de leurs branches, parceque les suçoirs de la sève se trouvent exclusivement à l'extrémité des premières, et que les feuilles des secondes sont encore plus nécessaires à l'accroissement du tronc que celles des autres arbres. D'ailleurs leur élagage diminue considérablement de leur beauté : il suffit de comparer deux arbres différemment conduits pour être convaincu de ce fait. Dans les forêts les branches inférieures périssent naturellement par l'effet de la privation de la lumière et de l'air ; de là viennent ces troncs d'une énorme longueur et presque sans branches dont on fait des mâts, des poutres, des planches, etc.

Les cônes du sapin doivent être cueillis à la fin de l'automne ; lorsqu'on attend à la fin de l'hiver, on risque de les trouver privés de la plus grande partie de leur graine. On en tire cette graine en les exposant au soleil sur des toiles, ou en les mettant dans une étuve ; la pratique d'employer pour ce but la chaleur du four est sujette à beaucoup d'inconvéniens. Cette graine peut se garder plusieurs années sans perdre sa faculté germinative, mais en général il vaut mieux la semer sur-le-champ. Elle lève toute la première année, à moins que le défaut d'eau ne s'y oppose, dans lequel cas elle se conserve en terre pour l'année suivante.

On peut greffer le sapin et le multiplier par marcottes et par boutures; mais ces moyens sont rarement employés parcequ'ils ne fournissent des arbres ni d'une belle venue ni d'une longue durée.

Le SAPIN BAUMIER, vulgairement BAUMIER DE GILEAD, *Pinus balsamea*, Lin., diffère si peu du précédent, qu'il faut beaucoup d'habitude pour les distinguer. Ses feuilles couvrent toute la partie supérieure des rameaux, sont un peu plus larges et plus blanches en dessous; ses cônes sont plus gros et plus courts; il s'élève rarement à plus de vingt-cinq à trente pieds de haut. Le nord de l'Amérique est son pays natal. On le cultive assez fréquemment dans les jardins paysagers, où il produit des effets encore plus agréables que ceux du sapin. La térébenthine qu'il fournit est d'une odeur très suave, analogue au baume de la Mecque ou de Giléad. On emploie fréquemment dans le Canada cette térébenthine dans la guérison des plaies et des ulcères; mais on n'en récolte pas assez pour la faire entrer en concurrence commerciale avec celle du sapin.

La culture du sapin baumier ne diffère pas de celle du sapin ordinaire. On remarque généralement qu'après une existence de douze ou quinze ans dans nos jardins, il se charge progressivement chaque année d'une plus grande quantité de cônes, et finit par périr. Dumont Courset, à qui on doit de si excellentes observations en agriculture, pense que cette abondance de fruit n'est pas, dans ce cas, comme on l'a cru, cause de sa mort, mais qu'ils sont l'un et l'autre la suite d'une transplantation ou trop tardive, ou mal faite, ou dans un sol inconvenant. Il paroît qu'une atmosphère humide et un terrain léger sont encore plus nécessaires à cette espèce qu'à la précédente.

Le SAPIN NAIN a les feuilles plus petites et d'un vert plus foncé que le sapin ordinaire. Il est originaire de la baie d'Hudson. M. Lafortelle en cultive depuis quinze ans un pied dans son jardin à Versailles, et il n'a pas plus d'un pied et demi de hauteur : c'est peut-être le *pinus taxifolia* de Lambert.

Le SAPIN LANCÉOLÉ de Lambert, originaire de la Chine, n'est pas cultivé dans nos jardins.

Ces quatre espèces peuvent être regardées comme les véritables sapins, étant les seules dont les feuilles sont aplaties, et qui donnent de la térébenthine.

Le sapin du Canada, *Pinus Canadensis*, Lin., a les feuilles
aplaties, solitaires et rangées à côté les unes des autres des deux
côtés des rameaux. Elles sont petites, d'un vert gai et blanchâtres en dessous. Ses cônes sont ovales, de moins d'un pouce de
long et pendans à l'extrémité des rameaux. Cet arbre, qui s'é-
lève à trente ou quarante pieds, est originaire du nord de l'A-
mérique, où il est connu sous le nom d'*hemlock-spruce*, et où
on emploie généralement ses jeunes pousses pour fabriquer de
la bière. On le cultive dans plusieurs des jardins paysagers de
France et d'Angleterre, et il y donne de bonnes graines. Son
aspect est fort différent des autres sapins; c'est-à-dire que ses
branches sont plus longues, plus grêles, plus inégalement dis-
tribuées sur le tronc, et qu'il n'a pas de flèche Il n'en produit
pas moins un effet agréable lorsqu'il est convenablement placé.
Le sol qu'il préfère est celui qui est frais et médiocrement
ombragé. Il fleurit en mai. On le multiplie presque exclusivement de graine, quoique ses marcottes et même ses boutures
prennent assez facilement racine. Sa culture est la même que
celle des précédens. On gagne beaucoup à le planter jeune.

J'ai bu en Amérique et en France de la bière faite avec
ses rameaux ; son goût résineux est peu agréable, mais on s'y
accoutume bientôt, et son usage passe pour extrêmement
sain ; elle est sur-tout éminemment antiscorbutique. On y mêle
de la mélasse et de l'orge lorsqu'on veut augmenter sa force
et sa qualité nutritive.

Le sapin pesse ou pece, picéa ou épicéa, sapin de Norwège,
faux sapin, *Pinus abies*, Lin., est fréquemment confondu
avec le sapin, avec lequel il a en effet beaucoup de rapports
par son bois, mais dont il diffère considérablement par la
forme de ses feuilles et la disposition de ses fruits. Il croît naturellement dans le nord de l'Europe et dans les montagnes
dont la hauteur est considérable, telles que les Alpes, les Vosges, etc. Il s'élève à plus de soixante pieds, et toujours très
droit, au moyen de sa flèche semblable à celle du sapin commun. Ses branches sont verticillées et se recourbent avec grace
dans leur vieillesse ; ses feuilles sont longues d'un demi-pouce,
tétragones, piquantes, d'un vert noir, nombreuses, et courant irrégulièrement les parties supérieures et latérales des
rameaux. Ses cônes sont pendans à l'extrémité de ces rameaux,
et ont quatre à cinq pouces de long, sur quinze à dix-huit
lignes de diamètre : leurs écailles sont échancrées.

Cet arbre n'est par moins utile que le sapin dans les lieux
où il croît naturellement, et ces lieux sont plus rapprochés
des habitations des hommes, car on en voit beaucoup dans
les vallées inférieures des montagnes, et par conséquent dans
des lieux susceptibles de culture. Son bois, comme je l'ai déjà

dit, diffère peu de celui du sapin commun ; il est seulement plus blanc. On l'emploie absolument aux mêmes usages, et on le recherche également pour tous les services qui demandent en même temps de la force et de la légèreté. C'est lui qui fournit la *poix ordinaire*, ou *poix grasse*, ou *poix de Bourgogne*, qu'il ne faut pas confondre, comme on le fait souvent, avec le Galipot et le Goudron qui proviennent du pin, ni avec le Bitume minéral ou asphalte. *Voyez* ces mots.

La coupe des sapins pesses doit être faite dans les mêmes principes que celle des sapins communs, c'est-à-dire çà et là, ou en jardinant. Le semis de leurs graines, en grand et dans les pépinières, n'en diffère pas non plus d'une manière importante ; cependant, comme ils ont moins besoin d'humidité et qu'ils sont moins sujets à être frappés, pendant l'été, par des coups de soleil, la réussite de leur plant est plus certaine ; aussi sont-ils plus communs dans les jardins paysagers. L'effet qu'ils y produisent est beaucoup plus pittoresque que celui des sapins. Rien de plus imposant qu'un vieil épicéa isolé au milieu des gazons, ou placé sur le bord et à quelque distance des massifs, ainsi qu'il est facile d'en juger dans une infinité d'endroits aux environs de Paris et ailleurs. Leur surabondance seule nuit à leurs effets.

On peut aussi très facilement multiplier cet arbre par marcottes et par boutures ; mais, malgré l'assertion de Dumont Courset, je ne crois pas que les arbres ainsi produits valent ceux venus de semences.

Il se cultive dans les pépinières impériales un sapin pesse venant des Vosges, qui a les feuilles plus plates et plus piquantes, et qui paroît devoir former une espèce distincte. Un pied qui portoit des fruits a été arraché malgré mon opposition, lors de la destruction de l'école de cet établissement. Ces fruits différoient aussi de ceux du sapin pesse ; mais j'ai négligé de les décrire.

La résine ou la poix des sapins pesse découle en gouttes fluides et blanches (qui ne tardent pas à devenir solides et jaunâtres après leur exposition à l'air) de toutes les fentes qui se trouvent naturellement à leur écorce. Ils en fournissent tant qu'ils subsistent. Cette poix ne se trouve pas accumulée dans des réservoirs, comme la térébenthine du sapin, mais coule de l'aubier pendant la durée des deux sèves ; on l'obtient artificiellement en beaucoup plus grande abondance, en faisant de légères entailles au bois du côté du midi ; entailles qu'on rafraîchit tous les quinze jours, lorsqu'on vient récolter la résine qui en a découlé et qui s'est consolidée sur leurs bords ou plus bas. Dans les cantons où on veut ménager les arbres, on n'opère qu'à la sève d'août ; on ne leur fait qu'une entaille, et on ne leur demande plus rien lorsqu'ils sont parvenus à un certain âge, car une production outre mesure les épuise et finit par les faire périr. Dans les années sèches et chaudes, la récolte est plus abondante et son résultat de meilleure qualité.

La poix détachée de l'arbre se met dans un sac et est apportée à la maison, où on la purifie en la fondant dans des chaudières pleines d'eau et en la passant dans des toiles claires. Sa couleur est alors jaune, et sa consistance peu solide. La moindre chaleur la ramollit. On en fait de la poix noire en la fondant à feu nu avec du noir de fumée.

Les usages de la poix sont fort étendus dans la marine et dans les arts. La France ne fournit pas à beaucoup près celle qui est nécessaire à sa consommation. On en tire par la distillation une espèce d'essence de térébenthine qu'on appelle *eau de rase*, et qu'on emploie comme la véritable térébenthine, quoiqu'elle lui soit de beaucoup inférieure.

Le SAPIN BLANC, *sapin de Canada* de Miller, qu'on appelle *sapinette blanche* dans le Canada, où il croît naturellement, est un arbre de quarante à cinquante pieds de haut, qui diffère du précédent par ses feuilles plus courtes, plus courbées, et glauques sur leurs quatre faces; par ses cônes beaucoup plus petits et plus nombreux. On le cultive fréquemment dans les jardins paysagers, parcequ'il croît rapidement, s'accommode de presque tous les terrains, et contraste fort agréablement avec les autres arbres verts, par la couleur blanchâtre de ses feuilles. Sa culture est absolument la même, et encore plus facile que celle du sapin pesse. Il est probable qu'il peut fournir de la poix, car son écorce en laisse souvent fluer naturellement; mais on ne la récolte pas. La gelée ne fait aucun tort au plant qui en provient, cependant on ne sème ses graines, comme celles des autres, qu'à la fin du printemps. Je ne sache pas qu'on ait encore fait en France de plantations en grand de cet arbre, quelque avantageux qu'il fût d'en entreprendre, à raison de son peu de délicatesse. J'invite les propriétaires de forêts délabrées à en regarnir leurs clairières.

Le SAPIN NOIR, *sapin d'Amérique* de Miller, *sapinette noire* des Canadiens, s'élève moins que le précédent, a les feuilles moins glauques, moins recourbées, et plus courtes; les cônes au plus d'un pouce et demi de long sur six à sept lignes de diamètre, et formés d'écailles ondulées sur leurs bords. On le cultive également dans les jardins paysagers d'Europe. Tout ce que j'ai dit plus haut lui convient complètement.

Le SAPIN D'ORIENT n'a pas été revu depuis Tournefort.

Le SAPIN ROUGE, OU SAPINETTE ROUGE, qui a les cônes beaucoup plus gros et leurs écailles bilobées, est regardé par quelques botanistes comme une variété des précédentes; mais il forme certainement espèce distincte. Il croît dans le Canada. On le voit plus rarement dans nos jardins.

Toutes ces espèces ont les cônes pendans et en maturité dès la fin de l'été. Il faut les cueillir à cette époque, si on ne veut pas perdre la plus grande partie de leurs graines. En général il est mieux de laisser cette graine dans leurs cônes pendant tout l'hiver que de la séparer plus tôt.

Le genre des pins est encore obscur pour les botanistes. Lambert vient d'en publier une monographie qui ne les satisfait pas pleinement. Ce n'est qu'en l'étudiant dans la nature même qu'on peut espérer de parvenir à le débrouiller. *Voyez* pour le surplus au mot PIN (B.)

SAPONAIRE, *Saponaria*. Genre de plantes de la décandrie digynie et de la famille des saponacées, qui renferme une dixaine d'espèces, dont deux sont dans le cas d'être mentionnées ici, à raison de l'utilité qu'en peuvent retirer les cultivateurs.

La SAPONAIRE OFFICINALE a les racines noueuses, traçantes, fort longues; les tiges droites, cylindriques, articulées, presque ligneuses, rameuses, hautes d'un à deux pieds; les feuilles opposées, presque conées, lancéolées, d'un vert glauque; les fleurs rougeâtres, légèrement odorantes, disposées en panicule sur des pédoncules trifides qui naissent du sommet de la tige et des aisselles des feuilles supérieures. Elle croît dans toute l'Europe aux lieux argileux et frais, et fleurit à la fin de l'été. Son nom lui vient de la propriété de ses feuilles, qui, écrasées et froissées dans l'eau, donnent une écume semblable à celle du savon, mais qui n'a certainement pas la propriété de blanchir le linge, comme on l'a prétendu, puisque cette écume n'est qu'un mucilage. *Voyez* SAVON.

Cette plante, qui est légèrement amère, passe pour un puissant résolutif, pour un spécifique contre les dartres, la gale et même les maladies vénériennes. On l'emploie soit en décoction, soit en fomentation, soit en bain. La couleur remarquable de ses feuilles, la beauté de ses panicules de fleurs, la rendent propre à entrer dans la décoration des jardins, où on la place, soit dans les plates-bandes, soit sur le bord des massifs, des pièces d'eau, au pied des rochers, etc. Elle subsiste dans tous les terrains, pourvu qu'ils ne soient pas trop secs. Toutes les expositions lui sont indifférentes, pourvu qu'elle ait de l'air et de la lumière. On la multiplie de graines, ou mieux et plus rapidement par les rejetons qu'elle pousse annuellement en abondance. C'est même cette facilité de s'étendre qui la fait repousser des jardins d'ornement, dont, quand le terrain lui convient, elle couvriroit bientôt toute la surface.

Les bestiaux ne mangent point la saponaire ; en conséquence, dans les lieux où elle est très abondante, et ces lieux ne sont pas rares, l'agriculture ne peut en tirer parti que pour augmenter la masse des fumiers, ou pour faire de la potasse. Sa récolte est toujours facile, parcequ'elle croît en grosses touffes.

Elle fournit une variété à fleurs doubles, une autre à feuilles concaves, et plusieurs nuances dans la couleur de ses fleurs. A mon avis, la plus commune, lorsque ses panicules sont bien fournis, me paroît préférable pour l'aspect.

La SAPONAIRE A CINQ ANGLES, OU BLÉ DE VACHE, *Saponaria vaccaria*, Lin., a les racines annuelles ; les tiges articulées, rameuses, hautes d'un à deux pieds ; les feuilles opposées, presque perfoliées, ovales pointues, lisses, glauques ; les fleurs rouges, disposées en panicule terminale. Elle croît dans les champs les plus arides des parties méridionales de l'Europe, et fleurit en juillet. Les bestiaux et principalement les vaches la mangent avec avidité, d'où lui est venu son nom vulgaire. Quoiqu'annuelle, la grandeur de sa tige et la nature du terrain qui lui convient sembleroient la rendre propre à être utilement semée pour la nourriture des vaches dans les champs qu'on laisse en jachère. (B.,

SAPOTILLIER, SAPOTIER, *Achras*, Lin. Arbre fruitier de la famille du même nom, qu'on cultive aux Antilles dans les jardins ; son fruit passe, avec raison, pour le meilleur de ce pays après celui de l'oranger. C'est un arbre de la seconde grandeur, dont la racine est pivotante et chevelue, l'écorce d'un brun sombre, et le bois blanc et filandreux. Il a un très beau port et une forme comme pyramidale. Ses branches sont alternes ou opposées ; elles se couvrent de longues et larges feuilles lisses, luisantes et entières, pointues aux deux extrémités, et disposées par bouquets aux sommités des rameaux ; ses feuilles sont très veinées et remplies d'un suc laiteux, gluant et âcre ; leur surface inférieure est pâle, et la surface supérieure d'un vert foncé ; le pétiole qui les porte a un demi-pouce de longueur, et son prolongement forme une côte saillante qui divise la feuille en deux parties égales. Les fleurs croissent au centre des bouquets de feuilles au nombre de cinq ou six ensemble, soutenues par de courts pédoncules. Elles sont composées d'un calice persistant et à cinq divisions, d'une corolle en cloche, dont le limbe est découpé en six segmens, et garni à son orifice de six petites écailles échancrées, de six étamines et d'un style à stigmate obtus. Le fruit est une pomme arrondie ou ovale, contenant dans huit ou dix loges un même nombre de semences. On lui donne indifféremment le nom de *sapote* ou de *sapotille*.

La peau extérieure de la sapotille est brune et plus ou moins crevassée. Avant sa maturité, sa chair est verdâtre, et d'un goût fort âcre et désagréable ; mais quand elle est mûre, cette chair est d'un brun rougeâtre ; elle est fondante, et a une saveur délicieuse. Les pepins sont oblongs, aplatis, revêtus d'une écorce ligneuse, noire, dure et cassante, qui renferme une amande blanchâtre très amère. Ce fruit est très rafraîchissant et très sain ; on peut en manger beaucoup sans en être incommodé ; on le sert aux Antilles sur toutes les tables.

Le sapotillier, comme tous les arbres cultivés, offre plusieurs variétés, parmi lesquelles on distingue celles *à fruit oblong et ovoïde*, *à fruit oblong et gonflé au sommet*, *à fruit rond* dont le sommet et la base sont aplatis, et *à fruit rond* dont le sommet est pointu et la base aplatie. Ces variétés ne diffèrent pas seulement par la forme du fruit, mais encore par le goût qui est plus ou moins relevé et sucré.

Dans son pays natal, le sapotillier est aisé à multiplier de semences . qu'il faut pourtant mettre en terre de bonne heure, parcequ'elles ne conservent pas très long-temps la faculté de germer. La croissance de cet arbre est lente. Il aime un sol substantiel, qui ne soit ni sec ni humide, tel à peu près que celui où croît la canne à sucre. On ne le taille point ; on se contente d'enlever les branches mortes ou desséchées, et de couper celles que le vent auroit brisées ou fait éclater. Parvenu à sa hauteur naturelle, non seulement il donne alors une grande quantité de fruits, mais il fait encore l'ornement des jardins, et procure un ombrage frais et agréable ; c'est de tous les arbres fruitiers des Antilles celui qu'on cultive avec le plus de soin.

. Dans nos climats, il ne peut être élevé et conservé qu'en serre chaude. La meilleure méthode, dit Miller, pour se procurer des sapotilliers en Europe, est de faire venir les jeunes plantes d'Amérique. Voici le procédé qu'il indique. Aussitôt que les pepins sont tirés du fruit, on doit les mettre dans des caisses remplies de terre, et qui ne soient exposées qu'au soleil du matin ; on les arrose constamment. Quand les plantes poussent il faut les garantir des insectes, et les tenir nettes de mauvaises herbes. On les conserve en Amérique jusqu'à ce qu'elles aient un pied de haut. Alors on peut les mettre sur un vaisseau ; on doit nous les envoyer en été, de manière, s'il est possible, qu'elles aient assez de temps pour pousser de bonnes racines après leur arrivée en Europe. Dans la traversée on les arrose pendant qu'elles sont dans un climat chaud ; mais à mesure qu'elles approchent de nos régions froides, on ne leur donne que très peu d'eau. Il faut aussi les mettre à l'abri de l'eau de mer, qui les détruiroit en peu de temps. Quand elles arrivent, on les retire des caisses avec soin, en conservant une motte de terre à leurs racines, et on les plante dans des pots remplis d'une terre fraîche ; ensuite on les plonge dans une couche de tan de chaleur tempérée, en observant, si le temps est chaud, de couvrir chaque jour les vitrages avec des nattes, pour leur procurer de l'ombre jusqu'à ce qu'elles aient repris racine, et de ne pas trop les arroser d'abord, sur-tout si la terre dans laquelle elles arrivent est humide, parcequ'une trop grande humidité est nuisible à ces plantes avant qu'elles soient bien enracinées. Mais après cela il faut les arroser souvent dans les temps chauds, leur donner beaucoup d'air et les traiter par la suite de la même manière à peu près que les autres plantes de la zone torride. (D.)

SARCELLE. Espèce de petit canard qui vit sur les grands étangs, et qu'on chasse comme le canard sauvage. *Voyez* CANARD.

SARCLER. C'est arracher avec la main, ou couper entre deux terres, avec un instrument tranchant, les herbes qui nuisent aux cultures, et qu'on appelle si improprement *mauvaises herbes* ou *herbes parasites*. Cette opération a pour but principal d'empêcher ces herbes, qui, étant presque toujours propres au sol, croissent plus rapidement que les plantes qu'on cultive, d'étouffer ces dernières, et non, comme on l'a dit d'une manière trop absolue, afin de les faire profiter des sucs que les premières absorbent pour leur nourriture. Elle a pour but secondaire, dans la grande culture, d'empêcher les plantes de laisser mûrir leurs graines, qui se mêleroient avec celles du blé ou autres céréales ; c'est pour cela par exemple qu'on sarcle l'ivraie, la nielle. Il est même des cas où les sarclages sont nuisibles ; ce sont ceux où des plantes délicates seroient exposées, dans les premiers jours de leur vie, aux rayons d'un soleil trop ardent, si elles n'en étoient garanties par les feuilles de celles qui sont nées spontanément. Toutes les plantes des forêts, des prés, etc., germent constamment à l'ombre des autres, et dans la culture des plantes étrangères il faut presque toujours ombrer les semis, soit en les plaçant au nord, soit en les couvrant de claies, de paillassons, ou de toiles, pour les faire arriver à bien. En général les agriculteurs, qui ne sont point physiciens, outrent fréquemment l'application des meilleurs principes, parcequ'ils ne voient pas que ce qui est bien dans telle circonstance, et jusqu'à tel degré, devient nuisible dans telle autre, et lorsqu'on l'étend trop. On ne doit donc ordonner un sarclage qu'après avoir bien combiné ses avantages et ses inconvéniens, ce qui n'est pas toujours facile.

En général tous les sarclages, sur-tout ceux des semis, doivent être faits après la pluie lorsque la terre est encore humide, afin qu'en arrachant la plante inutile on n'arrache pas celle qui est l'objet de la culture. Il est bon d'arroser fortement après qu'ils sont terminés pour recouvrir les racines qui ont été déchaussées, remplir les crevasses qui se sont faites dans la terre, etc. Ils s'exécutent pendant presque toute l'année, mais principalement au milieu du printemps.

Le sarclage des blés, dans les pays où les jachères sont encore en faveur, est une opération très coûteuse, et presque toujours incomplète. Les herbes pour lesquelles elle a lieu le plus ordinairement, les COQUELICOTS, les BLEUETS, les MÉLAMPYRES, les CHARDONS, les AGROSTÊMES, les IVRAIES, les CAUCALIDES, etc., se resèment toujours et sont peu du goût des bestiaux. Dans la culture par assolemens variés et réguliers jamais on ne sarcle, et cependant les champs sont toujours propres, parcequ'on fait succéder au blé une prairie artificielle qui fait périr les plantes annuelles, et à la prairie une culture qui exige des binages d'été, telle que celle des haricots, des fèves, des pommes de terre, du maïs, etc., ou une de plantes étouffantes, telles que la vesce, les pois gris, etc., qui fait périr les plantes vivaces.

On a aussi appelé sarclages les véritables serfouissages, c'est-à-dire les légers binages, par l'effet desquels toutes les plantes étrangères aux cultures sont détruites ; mais cette opération se faisant, soit avec des ratissoires à tirer ou à pousser, soit avec de petites pioches particulières, soit même avec la charrue, ne doit pas être confondue avec celle dont il vient d'être question. *Voyez* aux mots SERFOUISSAGE, BINAGE et RATISSAGE.

En général, le défaut de sarclage dans un jardin, dans une vigne, dans un champ, etc., indique toujours un manque d'activité ou de moyens dans le cultivateur, et ses conséquences sont presque toujours nuisibles au produit des récoltes.

Les plantes qui proviennent des sarclages, lorsqu'on ne les donne pas aux bestiaux, sont le plus souvent abandonnées sur le lieu même à l'action desséchante du soleil ; cependant elles produiroient des effets plus utiles si on les apportoit à la maison pour en faire de la litière, ou simplement pour les jeter sur le fumier. L'influence des engrais est si marquée qu'on ne peut trop saisir d'occasions d'en augmenter la masse, et je crois devoir les indiquer chaque fois qu'elles se présentent à ma mémoire. (B.)

SARCOCÈLE. MÉDECINE VÉTÉRINAIRE. Le sarcocèle est une tumeur charnue qui prend naissance dans les testicules, ou dans les vaisseaux spermatiques, et souvent même se manifeste dans tous les deux à la fois. On le voit journellement accompagner la morve dans les chevaux, et même la précéder. Cette tumeur, toujours dure, vient à la suite des coups que l'animal aura reçu, d'une chute ou d'un vice quelconque dont il puisse être affecté. Aussitôt que cette tumeur paroîtra, employez le remède suivant, qui en rendant la douleur moins vive, finira par résoudre ce noyau qui fatigue l'animal et l'empêche de marcher.

Prenez quatre onces de savon blanc, et deux onces d'huile de tartre par défaillance. Le tout étant mêlé, appliquez-le sur la tumeur. Mais si le mal est parvenu à son dernier degré, il ne faut plus chercher aucun autre remède résolutif; n'ayez plus recours qu'à la castration, au moyen de la ligature ou ficelle passée dans le cordon spermatique.

Les suites quelquefois pernicieuses, et les douleurs que fait toujours éprouver à l'animal l'usage du feu et des caustiques, ne demandent pas d'autre explication pour prouver combien on doit préférer à ce remède pénible celui que nous avons indiqué ci-dessus. (Desp.)

SARIETTE, *Satureja*. Genre de plantes de la didynamie gymnospermie et de la famille des labiées, qui renferme une douzaine d'espèces, dont une est fréquemment cultivée dans les jardins et possède des propriétés qui la rendent importante sous plusieurs rapports.

La sariette des jardins a la racine annuelle, pivotante et fibreuse; la tige velue, rougeâtre, noueuse, a quatre angles obtus, et très rameuse, haute de huit à dix pouces; les feuilles opposées, sessiles, lancéolées, linéaires, un peu velues; les fleurs rougeâtres, géminées sur des pétioles axillaires. Elle est originaire des parties méridionales de l'Europe, et se voit dans la plupart des jardins des pays du nord, où elle fleurit au milieu de l'été, et où elle se multiplie ordinairement d'elle-même. Toutes ses parties ont une odeur et une saveur aromatique forte et agréable. On les emploie fréquemment pour assaisonner les mets, pour relever la fadeur des salades, sous le nom de *sariette d'été*. Elles fortifient l'estomac, raniment les forces vitales et échauffent beaucoup. On les regarde aussi comme fondantes appliquées à l'extérieur. Elles se conservent desséchées pour l'hiver.

La culture de cette plante est très facile, puisqu'il ne s'agit que d'en répandre la graine au printemps sur une terre préparée. Tantôt on les disperse çà et là dans les parterres, tantôt on en forme des bordures, des masses, etc. Elle ne craint ni le chaud ni le froid, mais périt souvent par excès d'humidité. (B.)

SARMENT. On donne ce nom aux bourgeons de la vigne,

lorsqu'ils sont devenus bois, c'est-à-dire après la vendange.
C'est avec les sarmens qu'on fait les PROVINS. Ceux qu'on
n'emploie pas à cet objet sont coupés lors de la taille, et
servent à chauffer le four, à faire bouillir la marmite, etc.
Voyez au mot VIGNE.

SARMENTEUX. Toute tige longue et grêle qui ne peut se
soutenir s'appelle ainsi, parcequ'elle a, comme le sarment de
la vigne, besoin d'un support. *Voyez* PLANTE.

SARRASIN, *ou blé noir, bucail ou bouquette.* Espèce du
genre des renouées, dont les racines sont annuelles; la tige
droite, cylindrique, rameuse, lisse, charnue, rougeâtre,
haute d'environ deux pieds; les feuilles alternes, en cœur,
d'un vert clair, les inférieures pétiolées, les supérieures sessiles; les fleurs rougeâtres, réunies en bouquets aux extrémités des rameaux.

Ce sont les Maures qui ont transporté le sarrasin d'Asie en
Afrique, et d'Afrique en Espagne. Son pays originaire est la
Perse, où Olivier de l'institut l'a trouvé dans l'état sauvage.
Aujourd'hui il est généralement cultivé dans toutes les parties
méridionales et moyennes de l'Europe, et le seroit par-tout
s'il ne craignoit pas autant les gelées; car il offre des avantages
précieux sous plusieurs rapports, dont les principaux sont l'a-
bondance de ses graines, la rapidité de sa croissance, la propriété de réussir dans les sols les plus arides, et de servir
à les améliorer lorsqu'on l'enterre pendant sa floraison.

Il est en France des pays d'une grande étendue qui se
trouveroient privés de leur plus sûr et plus abondant moyen de
subsistance si on leur enlevoit le sarrasin. La farine de son
grain, quoique peu susceptible de panification, n'en est pas
moins très nourrissante. Tous les bestiaux, toutes les volailles
aiment ce grain, qui les engraisse rapidement.

Non seulement les terres sablonneuses et légères sont très
convenables au sarrasin, mais encore les terres argileuses et
fortes. Il n'y a que celles qui sont froides, c'est-à-dire trop
humides, qui lui soient contraires. Dans un sol fertile, il
pousse avec une grande vigueur, mais donne peu de graines.

Des labours multipliés sont utiles à toute espèce de culture;
mais parceque le sarrasin ne peut être regardé que comme une
récolte secondaire, et qu'il faut que la dépense ne l'emporte pas
sur le produit, il suffit souvent de gratter la terre, lorsqu'elle
est légère, avec la houe à cheval, et lorsqu'elle est forte, de
donner un seul coup de charrue. Ceci s'applique particulièrement aux semis d'automne, qui n'ont pour objet que du fourrage, ou dont le résultat doit être enterré pour engrais.

L'important, c'est de labourer en billon les terres qui sont
sujettes à retenir l'eau, et d'y pratiquer des égouts, cette

plante, comme je l'ai déjà observé, craignant beaucoup une surabondance d'humidité.

La graine de sarrasin demande à être semée clair quand le but est une récolte de graine, parceque la plante se ramifie davantage, et donne plus de graine lorsqu'elle jouit des bénéfices de la lumière et de l'air ; mais quand on a l'intention de l'enterrer en fleur, ou de la faire servir à nettoyer les champs des mauvaises herbes, chose à laquelle elle est très propre, il faut la semer épais. Il est difficile de fixer raisonnablement la quantité de semences à employer, puisque, outre ces deux cas, elle dépend encore de la nature du sol et de l'époque des semis. Cependant on peut dire que cette quantité doit être le tiers de celle qu'on est dans l'usage d'employer pour le seigle dans le canton, et sur la même nature de terre.

C'est généralement à la volée qu'on répand la semence de sarrasin ; cependant, comme il gagne beaucoup à être biné et butté, il seroit possible qu'il y eût dans certains cas, comme quand on veut une surabondance de semence, de l'avantage à le semer par rangées. *Voyez* Semis par rangées.

Un bon hersage et un bon roulage concourent beaucoup au succès d'un semis de sarrasin.

Lorsqu'il fait chaud, que la terre est humide, ou qu'il pleut immédiatement après le semis du sarrasin, la graine n'est que quelques jours à lever. Il ne demande plus alors aucun travail jusqu'à l'époque de la récolte, qui a ordinairement lieu environ trois mois après, quelques jours moins ou plus, selon la chaleur du climat, la nature du sol, etc.

Dans les pays froids, et lorsqu'on sème le sarrasin comme récolte principale, et cela a lieu dans tous les pays où la terre est extrêmement maigre, principalement dans les pays granitiques, on le met en terre au printemps, dès qu'il n'y a plus rien à craindre des gelées ; mais dans les pays chauds, et lorsqu'on ne lui demande qu'une récolte secondaire, on le sème en été sur les terres qui ont déjà produit du seigle, du froment ou toute autre récolte. C'est principalement de cette dernière manière qu'il est à désirer qu'on le cultive, tant parceque ne produisant jamais directement des bénéfices comparables à ceux des céréales, il faut économiser plus que pour elles le terrain, le temps et le travail.

C'est ce motif si puissant, de la nécessité d'économiser, qui fait qu'on verse rarement des engrais sur les terres qu'on sème en sarrasin ; aussi quelles chétives récoltes il offre presque partout ! Il m'a semblé dans un grand nombre des cantons, même de ceux où on cultive cette plante comme récolte principale, qu'on avoit seulement voulu indiquer que l'intention avoit été d'en mettre dans tel champ, tant il y étoit rare et petit. On ne peut pas appeler cela cultiver, mais bien se ruiner ; car ces champs qui ne produisoient peut-être pas la semence qui avoit été employée à les semer n'avoient pas moins coûté des journées de chevaux et d'hommes pour être labourés, n'en payoient pas moins l'impôt, la rente du propriétaire, etc. Il faut donc mettre des engrais lorsque cela devient nécessaire, ou ne semer qu'après une récolte qui en a demandé beaucoup, qui a exigé des binages d'été, etc., c'est à-dire employer un judicieux assolement. Arthur Young, le premier, je crois, a fait des expériences pour rechercher après quelle culture le sarrasin prospéroit sans engrais immédiats ; et il a trouvé qu'après une jachère, qu'après des pois, qu'après des raves, qu'après des pommes de terre, il fournissoit davantage qu'après les céréales. L'opinion de ce célèbre agriculteur est que cette culture sera plus fructueuse que l'orge dans les terrains qui n'auroient pas été suffisamment préparés. Ainsi, il est indubitablement avantageux de substituer le sarrasin à l'orge, et encore plus à l'avoine, lorsqu'on veut allonger la série de la rotation de l'assolement des terres sèches, légères ou fortes, ou, puisqu'on peut le semer tout l'été, lorsque des circonstances de quelque nature qu'elles soient ont empêché de semer ces céréales à l'époque exigible.

Le même a encore conclu de ses expériences que le sarrasin épuise moins le sol que beaucoup d'autres plantes cultivées.

Mais, comme je l'ai observé plus haut, ce n'est pas seulement pour la graine que la culture du sarrasin est très avantageuse, c'est comme engrais ; dans beaucoup de lieux même il est principalement considéré sous ce rapport. On juge en effet, par le seul aspect de ses tiges herbacées et charnues, de ses feuilles larges, épaisses et nombreuses, qu'il doit se nourrir plus des gaz de l'atmosphère que des sucs de la terre, et qu'il doit porter, en s'y pourrissant, dans le sol où on l'enterre, au moment où il entre en fleur, beaucoup d'humus et une humidité durable. Dans le cas où on le cultive avec cette intention, il faut le semer plus épais, afin qu'il fournisse davantage de tiges, qu'il étouffe plus complètement les mauvaises herbes, et qu'il empêche mieux l'évaporation de l'humidité du sol.

« Je ne connois, dit Rozier, aucune plante qui fournisse un meilleur engrais, et qui se réduise plus tôt en terreau. De quelle ressource ne seroit-elle pas dans les climats approchans de ceux du bas Languedoc et de la basse Provence, où on est presque forcé de laisser les terres à grains en jachères, parceque les fumiers y sont rares. Dans ces climats on est obligé de semer de bonne heure, afin que le seigle et le froment aient le temps de taller en racines avant l'hiver, ce qui leur donne la force de résister aux chaleurs et aux sécheresses de l'été. Le proverbe de ces cantons est que les meilleures semailles sont celles faites dans les quinze derniers jours de septembre, et pendant les quinze premiers jours d'octobre. On a donc le temps avant les fortes gelées, qui y sont rares et tardives, de labourer à fond les champs destinés au repos ; ces labours seroient répétés en février avec autant de soin que si on vouloit y semer du blé. On sèmeroit sur la terre ainsi préparée le sarrasin à la fin de février, et même au milieu de ce mois, si la saison le permettoit, ou tout au plus tard au commencement de mars. La chaleur à ces époques est dans ces climats suffisante pour faire germer le sarrasin. En moins de quarante jours il commence à fleurir, et c'est le temps où il convient de l'enfouir avec la charrue à oreille. Les labours dans ce cas doivent être faits près à près et très serrés, afin que la fane soit mieux recouverte. Sur ces labours d'enfouissage, on sèmera de nouveau du sarrasin. Lorsque ce second semis sera en pleine fleur, on le labourera comme la première fois. Supposé que quelques pieds fussent mal enterrés, il suffira de faire passer un troupeau de moutons sur le champ. Le premier enfouissage sera donc au milieu ou à la fin d'avril, et le second en juin. Pendant tout le mois de juillet l'herbe pourrira en terre ; il restera août et tout le milieu de septembre pour préparer le champ à recevoir la semence du blé. La seule dépense extraordinaire consistera dans l'acquisition de la semence du sarrasin. Cette opération n'est à coup sûr ni coûteuse ni difficile, et souvent elle double le produit du sol.

« Dans les climats beaucoup plus tempérés, la prolongation des froids, et leur retour plus prochain, ne permettent pas de songer à doubler les semailles. On se contentera d'une seule, qui aura lieu lorsqu'on ne redoutera plus les gelées tardives. Comme cette plante est originaire des pays chauds, la plus petite gelée la détruit.

« De quelle utilité cette plante ne peut-elle donc pas être pour les mauvais terrains secs qui ne produisent rien sans engrais ! On objectera que celui-ci dure très peu, j'en conviens ; mais il suffit à produire une bonne récolte de grains. Pourquoi ne la répèteroit-on pas chaque année de repos, puisqu'il se trouve tout porté sur le champ et suffit aux besoins. En outre on ne fait pas assez attention que ces plantes enfouies tiennent la terre soulevée pendant un certain espace de temps, et qu'alors l'air la pénètre davantage ; qu'une plus grande masse est exposée à la lumière du soleil ; que cette opération détruit bien mieux les mauvaises herbes que ne le feroient les labours multipliés. Si la terre est forte et compacte, elle est adoucie et divisée par l'humus ou terre végétale résultante de la décomposition des plantes ; enfin l'humus seul fournit la terre végétale qui contient tous les matériaux de la sève. »

Je n'ajouterai rien aux observations de Rozier, quelqu'important qu'en soit l'objet, parceque l'emploi du sarrasin, comme engrais et comme servant aux assolemens, sera de nouveau pris en considération par mon collaborateur Yvart aux mots Assolemens et Succession de culture.

La plus petite grêle fait un tort irréparable au sarrasin en pleine végétation. Ses tiges étant charnues et tendres sont exposées à être écrasées par les hommes et les animaux qui les foulent aux pieds. Les chasseurs en détruisent beaucoup en automne. Elles sont aussi renversées ou pliées par les grands vents.

La floraison du sarrasin s'effectuant successivement et pendant près de la moitié de sa durée, c'est-à-dire un mois et demi, il en résulte que les premières graines sont mûres avant même que les dernières soient formées. A ce grave inconvénient, auquel il n'y a pas moyen de remédier, se joint celui que les graines, lorsqu'elles sont mûres, tombent avec la plus grande facilité. Il faut donc laisser constamment perdre les premières et sacrifier les dernières de ces graines. Heureusement que, malgré que souvent la moitié des fleurs avorte, la récolte de celles qu'on peut appeler intermédiaires est suffisante pour satisfaire l'ambition du cultivateur, lorsqu'il en fait la récolte au moment et avec les précautions convenables. Ces précautions consistent, 1° à choisir le point de maturité du plus grand nombre de graines, et l'inspection du champ peut seul le donner ; 2° à ne couper ou arracher les tiges que le matin, c'est-à-dire avant que les effets de la rosée aient complètement cessé ; 3° à mettre sur-le-champ les tiges en bottes de moyenne grosseur, et à les réunir une douzaine ensemble les pieds sur terre, soit en les traversant d'un échalas, soit en écartant leur base en trois faisceaux ; 4° en couvrant leur tête de paille, ou de bottes de sarrasin renversées, ouvertes et écartées par leur tête de manière que les oiseaux ne puissent pas manger la graine ; 5° en les laissant ainsi sur le champ jusqu'à ce que les tiges, et par conséquent les feuilles et les fruits, soient entièrement desséchés ; 6° en les enlevant avec douceur pour les jeter dans une charrette garnie de toile ; 7° en les déposant dans une grange à l'abri des ravages des volailles et des rats.

Rarement on doit se dispenser de battre le sarrasin peu après son arrivée à la maison, parceque, quelque soin qu'on prenne, chaque jour de retard cause des pertes. Cette opération se fait avec le fléau, et est extrêmement prompte, la graine tenant à peine à son calice. On vanne cette graine comme le blé, mais en deux fois, c'est-à-dire qu'on rejette d'abord tous les débris des feuilles et des tiges et les graines qui ne contiennent aucune farine, et qu'ensuite on reprend le tout pour expulser ces graines qui, n'étant arrivées qu'à la moitié de leur maturité, seroient impropres à la reproduction, et ne donneroient que de la mauvaise farine. On reconnoît ces dernières, qui peuvent encore servir à la nourriture de la volaille, à leur couleur peu foncée et à leur légèreté. Rarement la bonne graine forme le tiers du tout. Cette dernière est ensuite montée au grenier, étendue sur le plancher, remuée à la pelle tous les huit jours, puis mise en sac, où elle se conserve deux ou trois ans.

La farine de sarrasin est assez blanche, et a une saveur propre qui plaît beaucoup à ceux qui y sont accoutumés. Elle n'est pas susceptible de la fermentation panaire, ainsi que je l'ai déjà observé (*voyez* au mot PAIN); mais on en fait d'excellente bouillie, des galettes fort nourrissantes, etc. J'ai cru remarquer qu'elle étoit bien plus savoureuse dans les pays granitiques, tels que les Cévennes, le Limousin, la Haute-Bourgogne, la Basse-Bretagne qu'ailleurs. La consommation qui s'en fait en France est considérable; mais elle commence à diminuer depuis que la pomme de terre est connue dans les pays où on en fait usage.

Beaucoup de cultivateurs, même dans les pays riches, donnent la graine du sarrasin à leurs chevaux en place d'avoine, ou mêlée avec l'avoine, et s'en trouvent très bien. Les bœufs, les cochons et les moutons s'engraissent promptement par son usage, sur-tout quand elle est réduite en farine, et donnée en bouillie chaude et un peu salée. Tous les oiseaux de basse-cour la recherchent avec passion. Elle les fait pondre de bonne heure, et les engraisse également. On a même cru remarquer que leur graisse étoit plus fine, plus savoureuse que lorsqu'elle étoit le résultat d'une autre nourriture.

On voit, d'après ce rapide exposé, que l'emploi du grain de sarrasin ne manque pas, et que si sa production n'est pas plus considérable, c'est uniquement par le fait de notre ignorance des avantages des assolemens variés, et du parti qu'on en peut tirer pour engrais.

La fane du sarrasin est médiocrement du goût des bestiaux lorsqu'elle est verte. Il paroît même qu'elle est sujette à quelques inconvéniens pour leur nourriture pendant sa floraison. Cependant tous la mangent. Elle augmente la quantité et la qualité du lait des vaches. Comme les tiges sont presque toujours pleines de vie, lorsqu'on fait la récolte, quelques cultivateurs ont proposé de les couper plus tôt que de les arracher, afin que, repoussant, elles puissent donner un pâturage; mais ils ne font pas attention que les tiges coupées se dessèchent plus vite que les tiges arrachées, et que par conséquent une moins grande quantité de graine non encore mûre parvient à perfection, ce qui leur occasionne une perte bien plus considérable que le profit qu'ils peuvent retirer de leur pâturage.

On donne également la fane sèche aux bestiaux, soit seule, soit mêlée avec de la paille ou du foin. Il n'y a point d'exemple que dans ce cas elle leur ait fait du mal. Lorsqu'elle est altérée, ce qui arrive souvent, elle peut servir à faire de la litière ou à chauffer le four.

Il est un emploi de la fane du sarrasin que je crois complètement ignoré des cultivateurs, mais qui dans le moment actuel seroit certainement le plus productif de tous ; c'est d'en faire de la potasse, les expériences de Vauquelin constatant qu'elle en contient de vingt à trente pour cent. *Voyez* POTASSE.

Les abeilles recherchent beaucoup les fleurs de sarrasin, et comme il s'en développe presque jusqu'aux gelées, il leur est infiniment précieux d'en avoir à leur portée ; aussi dans beaucoup de lieux en sème-t-on exprès pour elles. *Voyez* au mot ABEILLE. Le miel que fournissent ces fleurs est très coloré, mais de bonne qualité, comme le prouve celui dit du Gâtinois, si connu à Paris. Je dois signaler ici l'ignorance ou la méchanceté de quelques cultivateurs qui, attribuant aux abeilles la coulure à laquelle, ainsi que je l'ai observé plus haut, les fleurs du sarrasin sont sujettes par leur nature, mettent autour de leurs champs des assiettées de miel empoisonné pour les faire périr. Je ne parle pas d'après ouï dire, car j'ai été une fois dans le cas de le voir.

Il existe une autre espèce de sarrasin, originaire de Tartarie, *Poligonum Tartaricum*, Lin., qui diffère de celui dont il vient d'être question par sa tige plus jaune, ses bouquets de fleurs plus allongés, ses semences plus petites et munies de dents sur leurs angles. On l'a préconisé à différentes reprises comme plus avantageux à cultiver ; cependant il ne paroît pas que, malgré l'enthousiasme de quelques personnes, qu'il soit fort répandu en France. Il paroît présenter l'avantage d'être un peu plus précoce, un peu moins sensible aux gelées, et de donner une plus grande quantité de graines ; et pour inconvénient, de s'égrainer plus facilement et de donner une farine plus amère. Je ne doute pas, d'après les essais qui ont été faits par des personnes qui méritent toute confiance, qu'il soit fâcheux que sa culture ait été abandonnée, et je fais des vœux pour que quelques amis de l'agriculture l'entreprennent de nouveau. (B.)

SARRETTE, *Serratula*. Plante à racines vivaces, fibreuses ;

à tige droite, striée, glabre, légèrement rameuse à son sommet, haute de deux à trois pieds ; à feuilles alternes, pétiolées, dentées, les radicales pinnatifides, avec le lobe terminal plus grand ; les caulinaires lancéolées, plus ou moins entières ; à fleurs purpurines, petites, disposées en corymbe terminal, qui forme, avec plusieurs autres, un genre dans la syngénésie égale et dans la famille des cynarocéphales. Elle se trouve dans les bois argileux de presque toute la France, et elle fleurit au milieu de l'été.

On regarde, en médecine, la sarrette comme astringente, et on l'emploie en conséquence quelquefois dans le cas de blessure, d'hernie, d'hémorroïde, etc. ; mais ce n'est pas sous ce rapport qu'il est le plus intéressant de la considérer. En effet, ses tiges et ses feuilles fournissent à la teinture une couleur jaune verdâtre très solide, qui lui donne une valeur réelle et telle qu'autrefois on l'a cultivée avec profit. Aujourd'hui on lui préfère la gaude, uniquement parceque cette dernière, coupée avant sa maturité, donne la même nuance, et que dans les arts toutes les fois qu'on peut éviter de multiplier les objets on gagne beaucoup. D'ailleurs, la culture de la gaude étant générale a dû nécessairement l'emporter à la longue. Aussi, si on fait encore usage de la sarrette dans quelques manufactures de France, ce sont les bois qui la fournissent. Je l'ai vue si abondante dans certains lieux, que je ne mets pas en doute la possibilité de se dispenser d'en cultiver, lors même qu'on l'emploieroit en aussi grande quantité que la gaude. Elle peut être coupée deux fois par an, c'est-à-dire en mai ou juin, et en août ou septembre.

Les bestiaux, aux vaches près, mangent la sarrette, surtout quand elle est jeune. (B.)

SARRETTE DES CHAMPS. C'est le CHARDON HÉMORROÏDAL. (B.)

SARRETTE DES JARDINS. C'est le CHRYSANTHÈME DES PARTERRES. (B.)

SART. Nom du goémon ou varec dans les environs de la Rochelle, où on l'emploie à l'engrais des terres. Il donne un goût aux vins lorsqu'on le met frais dans les vignes ; mais lorsqu'il a été stratifié un an d'avance avec de la terre, cet inconvénient n'a plus lieu. *Voyez* VAREC et COMPOST.

SARTS. Nom des terres dont on brûle le gazon dans le département des Ardennes.

SASSAFRAS. Espèce de LAURIER.

SATURNE (SEL DE). Il est composé d'oxide de plomb et de vinaigre. On en fait usage dans la médecine vétérinaire. *Voyez* OXIDE.

SATYRIUM. Racine d'une plante de la famille des orchidées qu'on emploie pour faire du salep, mais qui est trop rare pour être particulièrement décrite. *Voyez* ORCHIS.

SAUCNÉE. Ancienne mesure d'étendue. *Voyez* MISURE.

SAUGE, *Salvia*. Genre de plantes de la diandrie monogynie et de la famille des labiées, qui renferme plus de cent espèces, dont quelques unes se cultivent dans les jardins et servent à l'ornement ou à des usages médicinaux, et d'autres sont très communes dans les campagnes.

Toutes les sauges ont les feuilles opposées et les fleurs disposées en épi verticillé, accompagnées de bractées. Beaucoup exhalent une odeur aromatique plus ou moins agréable. Parmi elles il faut principalement remarquer,

La SAUGE OFFICINALE, ou la *grande sauge*, qui a les racines ligneuses, vivaces; les tiges quadrangulaires, rameuses, velues, persistantes, hautes d'un à deux pieds; les feuilles légèrement pétiolées, ovales, lancéolées, crénelées, épaisses, blanchâtres; les fleurs bleues ou purpurines, avec un calice mucroné. Elle est originaire des parties méridionales de l'Europe, et se cultive de temps immémorial dans les jardins, où elle fleurit au milieu de l'été. On en connoît plusieurs variétés, dont les plus saillantes sont la *sauge à larges feuilles*, la *sauge à feuille frisée*, que quelques auteurs regardent comme les variétés d'une espèce particulière, appelée par Wildenow *salva tomentosa*; la *sauge à feuilles étroites*, *à oreille ou sans oreille*, ou *sauge de Catalogne*, qui fait peut-être espèce; la *sauge tricolore*, et la *sauge panachée*, qui peuvent appartenir non seulement au type de l'espèce, mais encore à ses variétés.

Tout terrain convient à la sauge, pourvu qu'il ne soit pas aquatique; mais elle se plaît mieux dans celui qui est sec, pierreux et exposé au soleil du midi. Elle craint les hivers rigoureux du climat de Paris, et la variété à petite feuille plus que les autres; cependant il est rare qu'elle périsse à leur suite. Les pieds plantés dans un mauvais sol y sont moins sujets que les autres. Les touffes qu'elle forme ont souvent plusieurs pieds de diametre, et prennent naturellement une forme agréablement arrondie. On les place au milieu des plates-bandes, ou en bordure, ou contre les murs dans les jardins français, et en avant des massifs, sur les rochers et dans le voisinage des fabriques dans les jardins paysagers. Elles ornent peu en général, excepté la variété à larges feuilles, frisée, ou tricolore, ou panachée, qui produit beaucoup d'effet. Il est bon de ne pas les laisser trop long-temps en place, plus de trois ou quatre ans, par exemple, parcequ'elles épuisent rapidement le terrain, et qu'elles se dégarnissent par le centre d'une manière désagréable à l'œil.

On multiplie la sauge par graines, par boutures, par marcottes et par séparation des vieux pieds. Cette dernière manière est la plus rapide et la plus usitée; elle suffit aux besoins du jardinage ordinaire, parcequ'en général si on aime voir quelques pieds de sauge dans un jardin on n'en veut pas un grand nombre. On la pratique au printemps. Les nouveaux pieds qui en résultent donnent des fleurs dès la même année et forment touffes dès la suivante.

Les feuilles de la sauge ont une odeur agréable et une saveur âcre. Elles contiennent beaucoup d'huile essentielle, qui a pour base du camphre, ainsi que Proust l'a prouvé. Souvent on trouve des morceaux de cette substance dans les cavités du bois des vieux pieds. On en fait fréquemment usage en médecine pour ranimer les forces vitales et exciter les sueurs. Les pharmaciens en font une eau distillée, un vinaigre, une huile par infusion, une teinture, une huile essentielle, etc. Les parfumeurs en tirent aussi parti pour augmenter l'activité de quelques parfums, et la font entrer dans la composition de leurs sachets odorans. Son infusion est très agréable. On dit même que les Chinois, auxquels on en a porté des cargaisons, la préfèrent à leur thé et ne conçoivent pas comment, ayant une feuille si agréable, nous venons chercher celle de leur arbrisseau. C'est la sauge de Catalogne qui est préférable pour tous les usages médicinaux, comme ayant un arome plus pur et une saveur moins âcre.

La SAUGE DES PRÉS a les racines vivaces, fibreuses; les tiges quadrangulaires, velues, hautes d'un à deux pieds; les feuilles ovales oblongues, cordiformes, crénelées, ridées et velues, les radicales pétiolées, les caulinaires amplexicaules; les fleurs bleues, grandes et disposées en verticille, formant un long épi terminal. Elle se trouve en abondance dans les prés secs, sur les pelouses, le long des haies et des chemins de presque toute l'Europe, qu'elle orne lorsqu'elle est en fleur, c'est-à-dire en été. Les moutons et les chèvres l'aiment beaucoup; mais les autres bestiaux n'en veulent pas, à raison de son odeur forte et désagréable. Comme ses feuilles radicales ont souvent près d'un pied de long, et qu'elles s'étalent en rosette sur la terre, elles nuisent beaucoup à la production de l'herbe, ce qui doit engager tous les cultivateurs à la faire arracher dans leurs prés à la fin de l'hiver avec une pioche à fer étroit. Elle est souvent si abondante dans les terres abandonnées, qu'il devient avantageux de la couper pour la transporter sur les fumiers et en augmenter la quantité, ou pour en faire de la potasse.

La SAUGE VERBENACÉE, qui a les feuilles sinuées, dentées, et les fleurs bleues; la SAUGE A LONGS ÉPIS, qui a les feuilles en cœur et les fleurs blanches; les SAUGES VERTICILLÉE, à FEUILLES DE RAVE et à ÉPIS PENDANS se cultivent quelquefois dans les jardins paysagers, où elles font décoration. Elles sont toutes vivaces et se multiplient par semence ou par déchirement des vieux pieds.

La SAUGE ORVALE, OU TOUTE SAINE, OU TOUTE BONNE, *Salvia sclarea*, Lin., a les racines ligneuses, bisannuelles ; les tiges droites, carrées, velues, rameuses ; hautes d'un à deux pieds ; les feuilles cordiformes, oblongues, dentées, ridées, velues, les bractées plus longues que le calice, et colorées ; les fleurs bleuâtres. Elle croît naturellement dans les prés des parties méridionales de l'Europe et fleurit au milieu de l'été. On la cultive dans les jardins, à raison de ses propriétés médicinales. Elle jouissoit autrefois d'une grande réputation sous ce rapport, comme le prouvent ses noms vulgaires ; mais aujourd'hui on en fait beaucoup moins usage. Son odeur est aromatique, peu agréable, et sa saveur âcre et amère. On l'emploie comme stimulante, résolutive, antiulcéreuse et stomachique.

La SAUGE ORMIN, *Salvia horminum*, Lin., a les racines annuelles ; les tiges carrées, velues, hautes de deux pieds ; les feuilles obtuses et crénelées ; les fleurs bleues, disposées en épis et à bractées colorées en rouge ou en violet. Elle est originaire des parties méridionales de l'Europe, et se cultive quelquefois dans les parterres à cause de la coloration de ses bractées. On en sème la graine sur couche lorsque les gelées ne sont plus à craindre ; et lorsque le plant qui en est provenu a trois ou quatre pouces de haut, on le transplante avec les précautions usitées. Elle fleurit au milieu de l'été.

Je ne parlerai pas des autres sauges annuelles ou bisannuelles qu'on pourroit également cultiver pour ornement, parcequ'elles ne se voient que dans quelques jardins d'amateurs ; et que leur culture est très facile. (B.)

SAUGE DES BOIS. *Voyez* au mot GERMANDRÉE.

SAULE, *Salix*. Genre de plantes de la diœcie diandrie et de la famille des amentacées, qui renferme une cinquantaine d'espèces dont plusieurs sont d'une grande importance pour les agriculteurs à raison de leurs usages, et d'autres se cultivent en pleine terre dans les jardins paysagers, qu'ils ornent par la disposition de leurs branches et la belle couleur de leurs feuilles.

Les espèces de ce genre aiment en général les lieux aquatiques, fleurissent au premier printemps, avant le développement de leurs feuilles. Toutes ont les feuilles alternes et les chatons axillaires. Leurs caractères sont peu tranchés et elles varient beaucoup, de sorte qu'il est fort difficile à distinguer par des descriptions. Hoffmann, qui avoit entrepris d'en faire une monographie, s'est trouvé dans l'impossibilité de la continuer, lorsqu'il a eu décrit les espèces les plus communes. Celles qui sont dans le cas d'être ici mentionnées sont ,

Le SAULE MARSAULT, *Salix caprea*, Lin., qui a l'écorce cendrée ; les rameaux nombreux ; les feuilles pétiolées, plus ou moins ovales, épaisses, coriaces, crénelées, quelquefois ondulées, ridées, velues sur-tout en dessous ; les chatons mâles ovales, épais, légèrement pédonculés ; les chatons femelles plus allongés ; les capsules pubescentes. Il croît très abondamment par toute l'Europe dans les bois, fleurit dès que les neiges sont fondues, et s'élève de vingt à trente pieds. Il varie à un point prodigieux, selon les terrains et les expositions, soit relativement à sa hauteur, soit relativement à la grandeur, à la forme et à la couleur de ses feuilles. Celui à feuilles rondes et petites, qui croît dans les tourbières, est regardé comme espèce par quelques botanistes. Il en est de même de celui à feuilles ondulées et de celui à stipules en forme d'oreilles. Ces variétés ont quelquefois les feuilles panachées. Aucun arbre ne s'accommode mieux de toute espèce de terrain, et ne pousse plus rapidement. On le voit croître dans les sables les plus arides, les argiles les plus tenaces, les marais les plus fangeux, et y donner des produits plus importans que la plupart des autres cultures qu'on pourroit lui substituer ; cependant c'est dans les terrains frais et gras qu'il fait le plus de progrès ; là un vieux pied coupé pousse quelquefois des rejets de dix à douze pieds de haut et d'un à deux pouces de diamètre en une seule année. Dès qu'on voit dans un taillis une trochée qui s'élève au-dessus des autres, on peut être assuré qu'elle est de saule marsault. Ces avantages le rendent très précieux pour les cultivateurs, soit de la grande, soit de la petite culture, quoique généralement ils n'en sachent pas tirer tout le parti convenable. Ses chatons mâles ont une odeur agréable et fournissent abondamment aux abeilles le pollen nécessaire à la nourriture de leurs larves à une époque où il n'y a pas encore d'autres fleurs épanouies. Son écorce sert à tanner les cuirs, et ses jeunes pousses à faire des paniers, des corbeilles et autres meubles de ce genre. Son bois pèse sec, d'après Varennes de Fenilles, quarante-une livres six onces six gros par pied cube, perd un douzième de son volume par la dessiccation et prend assez bien le poli. Il a quelquefois une nuance de couleur de chair agréable. Le feu qu'il donne est clair, mais peu durable et peu ardent ; aussi est-ce principalement à chauffer le four, cuire le plâtre, la chaux, etc., qu'il est le plus propre. Son charbon est très léger et fort convenable pour la fabrication de la poudre. Les échalas qu'on en fabrique, lorsqu'ils ont été coupés au moment de la sève, écorcés et gardés à l'abri de la pluie pendant un an , sont presque aussi durables que ceux du châtaignier; sous ce seul rapport, ce bois est de première importance pour les cultivateurs dans les pays de vignoble.

Tous les bestiaux aiment avec tant de passion les feuilles du saule marsault, qu'encore sous ce seul rapport il devroit être par-tout cultivé. On peut les en nourrir dès le premier printemps, avec la certitude qu'elles procureront aux vaches et aux chèvres un lait abondant et d'excellente qualité. On peut les dessécher au milieu de l'été, entre les deux sèves, et les conserver dans un lieu sec, avec assurance qu'elles corrigeront les effets des autres fourrages d'hiver par leur qualité tonique.

Aux environs d'Avignon , de Beaucaire et d'Arles , le saule est le seul arbre dont les fagots servent aux usages domestiques. On cite un M. Monfrin qui nourrissoit ses chevaux uniquement avec ses feuilles depuis la fin d'août jusqu'aux gelées. Ces chevaux, qui étoient de race arabe, faisoient jusqu'à vingt lieues par jour.

Pourquoi donc ne voit-on pas tous les terrains incultes couverts de marsaults? Parceque les cultivateurs sont ignorans et routiniers. En effet, comme je l'ai déjà dit, il vient dans tous les sols, dans les sables ou les craies les plus arides, comme dans les tourbières les plus fangeuses. Il est vrai que dans ces deux extrêmes il ne pousse pas des jets aussi vigoureux; mais enfin il en pousse, et dès qu'on en retire un produit, il a rempli sa destination. Que de sables mouvans , de craies brûlantes, d'argiles durcies, de terrains aquatiques, sans aucuns produits, pourroient nourrir par son moyen de nombreux troupeaux de moutons.

Plus que les autres saules, le marsault est susceptible d'être multiplié de semences. Il faut les répandre sur la terre bien labourée et hersée, aussitôt qu'elles sont sorties de leurs capsules, mais ne les enterrer aucunement. Elles lèveront, et fourniront du plant de six à huit pouces de haut dès la première année, si l'été est pluvieux, ou si le sol est humide; mais s'il est sec, et que le terrain soit aride, il n'en poussera pas un seul. Pour parer à cet inconvénient, on sème la graine du saule marsault dans une pépinière, à portée de l'eau , on la couvre d'une légère couche de litière ou de mousse, et on l'arrose dans le besoin. Il est certain qu'ainsi traité , il lèvera abondamment, et que, dès la seconde année, il aura acquis deux ou trois pieds de haut, et par conséquent pourra être transplanté à demeure à trois ou quatre pieds de distance plus ou moins, selon la qualité du terrain. Si on ne veut ou ne peut pas entreprendre des semis, on fera des boutures et des marcottes; mais ce mode de multiplication donne des pieds bien inférieurs en beauté et en durée. Je préférerois, dans ce cas, faire lever de jeunes plants dans les taillis, quelque nuisible que puisse être cette opération aux produits futurs de ces taillis.

Dans un bon terrain, et pour échalas, le saule marsault se coupe tous les cinq, six, sept et huit ans. Dans un terrain médiocre, pour chauffage, tous les trois, quatre ou cinq ; et dans les mauvais, pour les feuilles, tous les deux ans, ou pour faire des corbeilles, tous les ans. Ce n'est pas qu'on ne puisse le couper aussi tous les deux ans, même dans le meilleur terrain ; mais j'ai établi cette règle pour consacrer le principe si lumineusement développé par Varennes de Fenilles, que les bois doivent être d'autant plus souvent coupés, qu'ils sont dans un plus mauvais sol. Il seroit très avantageux de couper tous les ans la totalité des branches des pieds destinés à fournir des feuilles aux bestiaux, parceque les jeunes pousses ont toujours les feuilles plus larges et plus nombreuses que les vieilles. Mais cette trop fréquente soustraction des feuilles avant la pousse d'automne empêcheroit les racines de croître, et feroit d'abord languir et ensuite périr le pied. *Voyez* RACINE.

Lorsque les marsaults sont dans de bons terrains, il est préférable de les tenir en têtard à quatre ou cinq pieds de terre, parcequ'on peut employer l'intervalle à des cultures d'un autre genre, ou même simplement à la production d'une herbe qui sera d'autant meilleure que leurs pieds seront plus espacés.

Comme arbre d'agrément, le saule marsault est dans le cas de figurer dans les jardins paysagers. La nuance de la couleur de son feuillage contraste fort bien pendant l'été avec celle des autres arbres ; et au printemps, les touffes de ses pieds mâles fleuris, soit qu'ils soient isolés au milieu des gazons, sur le bord des eaux, soit qu'ils bordent les massifs, se font considérer avec plaisir. Souvent on l'y emploie à raison de la rapidité de sa croissance, uniquement pour cacher des massifs en chêne ou autres arbres qui croissent très lentement. Le même motif le fait aussi quelquefois préférer à d'autres arbres pour la formation des haies, l'établissement des abris dans les pépinières, etc.; etc.

Le SAULE BLANC, *Salix alba*, Lin., a l'écorce grise ; les rameaux bruns, lisses ; les feuilles légèrement pétiolées, longues, lancéolées, dentées, blanchâtres et soyeuses en dessous ; les chatons longs et grêles. Il est indigène à l'Europe, s'élève à cinquante pieds et plus, et fleurit dès les premiers jours du printemps. On le cultive par-tout le long des rivières, des ruisseaux, des fossés, dans tous les lieux dont le sol est un peu frais ; mais rarement on le laisse monter, c'est-à-dire qu'on le tient presque généralement en têtards à six à huit pieds de haut. Son bois, d'un blanc rougeâtre mêlé d'un peu de jaune, a un grain uni et homogène, et se travaille aisément, même au tour. Il pèse sec vingt-sept livres six onces sept gros par pieds cubes, et perd par la dessiccation un peu plus du sixième de son volume. On l'emploie principalement pour faire des fagots propres à brûler dans le foyer, à chauffer le four, cuire le plâtre et la chaux, des échalas d'une petite durée, etc. Lorsqu'il n'a pas été étronçonné, et que son cœur est sain, il est recherché pour une infinité d'usages qui demandent de la légèreté, tels que des cabestans, des belandres, des planches pour volige, etc., etc. C'est, dit-on, avec son bois que les habitans de la principauté de Guastalla fabriquent ces chapeaux analogues aux chapeaux de paille qu'on a vus exposés à la foire d'industrie de Paris en 1806. *Voyez* LAURÉOLE.

La plantation des saules se fait presque exclusivement par grosses boutures, qu'on appelle plançons, c'est-à-dire que ce sont des branches de trois, quatre et même cinq ans, qu'on aiguise par le gros bout, qu'on coupe d'une longueur de six à dix pieds, et qu'on place avant ou après l'hiver dans des trous ordinairement faits avec un pieu de bois ou de fer enfoncé à coups de maillet. Dans quelques endroits on a un instrument ou une pince de fer terminée en fer de lance, avec laquelle on perce les trous par un mouvement giratoire. Cette dernière méthode est préférable, en ce que la terre est moins tassée autour du plançon, et que par conséquent les racines qui doivent sortir de son écorce auront moins de peine à y pénétrer; mais la meilleure de toutes, c'est de faire des trous avec la bêche ou la pioche. *V.* aux mots BOUTURE et PLANÇON.

On doit choisir pour plançons les jets les plus droits et les moins pourvus de branches, faire leur pointe de manière à laisser de l'écorce d'un côté dans toute sa longueur, les espacer au moins de six pieds, faire une petite butte de terre autour de leurs pieds.

Lorsqu'on ne pourra pas les planter sur-le-champ, on les mettra, en attendant, dans l'eau, où ils se conserveront même jusqu'au printemps; mais il faut nécessairement les mettre en terre avant que leurs racines commencent à se développer.

Les plançons repris sont débarrassés, entre les deux sèves, la même année, de tous les bourgeons qu'ils auront poussés dans leur longueur, c'est à-dire qu'on ne réservera que ceux qui seront le plus près du sommet, lesquels pousseront avec vigueur l'année suivante, et feront une tête à l'arbre. Il est bon de ne les couper pour la première fois que la cinquième année, pour donner le temps aux racines de se fortifier, après quoi on pourra le faire tous les trois ou quatre ans sans inconvénient, si on le juge à propos.

On a beaucoup discuté sur la question de savoir s'il étoit

mieux de conserver les saules dans toute leur hauteur ou de les établir en têtards. Certainement cette dernière méthode a des inconvéniens graves, principalement celui d'accélérer la pourriture du cœur de l'arbre, mais elle a aussi des avantages tels qu'elle prédomine par-tout; par exemple, de former des taillis hors des atteintes des bestiaux, et sous lesquels on peut établir d'autres cultures, ou au moins trouver des pâturages. Une saussaie produit peu par sa coupe, mais cette coupe se renouvelle fréquemment, de sorte qu'en définitif on en tire plus de profit que du même nombre de pieds d'une autre nature de bois. Sa dépouille est toujours d'un débit assuré, sur-tout dans les pays de vignoble; c'est ce qui fait qu'on en forme par-tout où le terrain le comporte. Sans les saules, une grande quantité de terrains, sujets aux inondations pendant l'hiver, et même quelquefois pendant l'été, seroient entièrement perdus pour l'agriculture. Ils favorisent l'élévation du sol dans ces sortes de terrains, et par leurs nombreuses racines consolident les bords des ruisseaux et des rivières contre les efforts des eaux. Aussi un bon père de famille ne doit-il pas négliger d'en planter dans ces lieux, lorsqu'il y a assez de profondeur de bonne terre.

C'est en automne, ou pendant les jours tempérés de l'hiver qu'on doit tondre les saules; ceux qui attendent pour le faire que la sève soit en mouvement occasionnent la déperdition d'une grande quantité de cette liqueur, qui ne peut pas, par conséquent, être employée à la reproduction des bourgeons; aussi, dans ce cas, les pousses sont foibles et souvent le pied meurt. Les branches coupées doivent être dépouillées de leurs rameaux et portées sous des hangars. Lorsqu'on les laisse à l'air la végétation s'y conserve en activité et la dessiccation en est d'autant retardée. Cependant, lorsqu'on veut faire des échalas avec ces branches, il est mieux de ne les pas rentrer, parceque cette même végétation favorise leur pèlement; opération qui concourt, avec leur dessiccation parfaite, à la durée de ces échalas. Il est d'observation qu'il ne faut les employer que la seconde année après leur coupe, si on veut en tirer tout le parti possible.

Généralement on abandonne les saules en têtard à eux-mêmes, et, après leur tonte, ils se garnissent, la première année, d'une immense quantité de jets qui se nuisent réciproquement. La théorie et la pratique prouvent qu'il est très avantageux de supprimer les plus foibles entre les deux sèves, ou si on ne l'a pas pu à cette époque, pendant l'hiver suivant. On fait gagner au moins une année aux arbres qu'on conduit ainsi.

L'écorce de ce saule est fort amère et a été souvent substituée avec succès au quinquina.

Les vieux saules, ainsi que tout le monde le sait, produisent une grande quantité de branches, quoique leur centre soit complètement creux, et que souvent il n'y ait plus qu'une petite lanière d'écorce pour porter la sève à leur tête. En général il est bon de ne pas attendre qu'ils soient arrivés à la décrépitude pour les remplacer; mais comme ils sont, ainsi que tous les arbres, soumis aux lois de l'assolement, il ne faut pas placer les nouveaux exactement à la place des anciens, et même mettre un intervalle de quelques années entre l'arrachage des derniers et la plantation des premiers. Le plus souvent il vaut mieux les remplacer par le Frêne ou l'Aune. *Voyez* ces deux mots.

Tous les bestiaux aiment les feuilles du saule blanc, mais avec moins de passion que celles du saule marsault. On peut également les leur donner fraîches ou sèches. La couleur de ces feuilles et leur forme allongée le rendent très propre à la décoration des jardins paysagers, où on le place au troisième rang des massifs, ou isolé sur le bord des eaux. Quelques personnes ont prétendu que cet arbre étêté devenoit hideux; mais sans doute elles étoient guidés par un préjugé, car il suffit de les regarder, dans certaines situations, pour juger du bon effet qu'il fait ainsi disposé.

Je crois que si on cultivoit le saule dans des pépinières comme les autres arbres, c'est-à-dire qui si on plantoit les boutures des rameaux de l'année précédente, qu'on les mît sur un brin, qu'on les taillât en crochet, qu'on les arrêtât à huit ou dix pieds, pour les planter ensuite à demeure, on y trouveroit de grands avantages; mais la dépense seroit plus considérable et la jouissance peut-être moins prompte.

Le SAULE DE BABYLONE, ou *saule parasol*, *saule pleureur*, s'élève de vingt à trente pieds; son écorce est grise; ses rameaux nombreux, très longs, très grêles et pendans; ses feuilles glabres, linéaires, lancéolées, très finement dentelées ou presque entières; ses chatons grêles à axe velu. Il est originaire du Levant et fleurit au milieu du printemps lorsque les feuilles sont déjà développées. Nous n'avons que la femelle. On le cultive beaucoup dans les jardins paysagers, à raison de la forme pittoresque que lui donnent ses longs rameaux pendans et des cabinets de verdure qui se forment naturellement autour de sa tige. Il lui faut un sol gras et humide. On le place sur le bord des eaux de manière que ses branches tombent sur leur surface, ou isolé à quelque distance, ou au troisième rang des massifs, afin de jouir du contraste de sa forme et de sa couleur avec celles des autres arbres. Les effets qu'il produit dans tous ces cas sont très agréables. On peut aussi diriger ses branches, dans leur jeunesse, de manière à lui faire faire, comme je viens de le dire, des cabinets de verdure dans lesquels on place des bancs, et où on trouve la fraîcheur et l'ombre. Enfin c'est un des arbres les plus précieux pour la décoration des jardins, mais qu'il ne faut cependant pas trop y prodiguer, car l'abondance produit la satiété.

On multiplie le saule de Babylone par boutures ou par marcottes. Les premières se font au printemps avec des rameaux de l'année auxquels on laisse un talon de bois de deux ans. Elles prennent promptement des racines, mais manquent souvent, soit par l'effet des gelées tardives, soit par celui des sécheresses prolongées. Les secondes s'exécutent pendant tout l'hiver, ne craignent point les sécheresses, ne sont jamais tuées par les gelées, prennent rapidement racine et s'élèvent de plus du double dans la première année. Je les préfère donc. L'hiver suivant on relève les unes et les autres, on les repique en pépinière à vingt ou vingt-cinq pouces les uns des autres, on leur donne des tuteurs, on coupe en crochet leurs branches latérales, enfin on les traite comme les autres arbres dans les mêmes circonstances. Les saules peuvent être mis en place dès leur troisième année, ayant déjà alors plus d'un pouce de diamètre, et on gagne à le faire alors plus tôt que plus tard.

Les gelées, comme je l'ai déjà dit, frappent quelquefois les jeunes rameaux et sur-tout les feuilles naissantes du saule de Babylone, mais il est rare qu'elles fassent périr le pied. On en est ordinairement quitte pour nettoyer sa tête des brindilles desséchées qui la défigurent.

Le bois de ce saule diffère peu de celui du précédent, et ses feuilles sont aussi fort du goût des bestiaux.

Le SAULE HÉLICE, *Salix helix*, Lin., est un arbrisseau de moyenne grandeur dont les rameaux sont grêles, droits, anguleux et d'un rouge noirâtre; les feuilles linéaires, lancéolées, d'un vert brillant en dessus et d'un vert glauque en dessous. Ses chatons sont cylindriques, purpurins et se développent en même temps que les feuilles. Il est indigène à l'Europe et se cultive dans les jardins d'agrément, où il forme des touffes qui contrastent fort bien par la disposition des rameaux et la couleur des feuilles avec les autres arbres. Il se place sur le bord des eaux, isolé au milieu des gazons, ou au second rang des massifs. On le multiplie de boutures et de marcottes.

Je pourrois encore citer ici un grand nombre de saules qui peuvent également entrer dans la composition des jardins paysagers, et qui y entrent même quelquefois; mais comme leur culture est absolument la même que celle du précédent, je crois pouvoir me dispenser d'en parler particulièrement.

Le SAULE JAUNE, *Salix vitellina*, Lin., plus connu sous les noms d'*osier jaune*, d'*amarinier*, s'élève de huit à dix pieds, a les rameaux grêles, longs, flexibles et de couleur jaune; les feuilles étroites, fortement dentées, et un peu cartilagineuses en leurs bords. Il se trouve en Europe dans les pays de montagnes et se cultive dans beaucoup de lieux pour ses rameaux qui servent à faire des paniers, des liens, etc.

Le SAULE AMANDIER, ou *osier brun*, a les rameaux noirâtres ou purpurins; les feuilles lancéolées, très longues, très glabres; les stipules dentées; les pétioles glanduleux. Il s'élève à huit à dix pieds. Les observations précédentes lui conviennent.

Le SAULE A LONGUES FEUILLES, ou *osier blanc*, *Salix viminalis*, Lin., a les rameaux longs, verdâtres ou noirâtres; les feuilles linéaires, lancéolées, dentées, velues, souvent roulées et ondulées en leurs bords. Ses chatons se développent avant les feuilles. Ses fleurs mâles n'ont que deux étamines. Il est indigène à l'Europe et se cultive fréquemment. Même observation que ci-dessus.

Le SAULE ROUGE, ou *osier rouge*, *Salix purpurea*, Lin., a les rameaux longs, droits, pourpres ou noirâtres; les feuilles longues, finement dentées, les inférieures opposées. Il est indigène à la France et se cultive fréquemment. On peut lui appliquer encore les observations précédentes.

La culture et les usages de tous ces osiers ont été mentionnés à l'article OSIER. On y renvoie le lecteur.

Beaucoup de saules, tels que le SAULE DÉPRIMÉ, le SAULE DES SABLES, le SAULE RÉTICULÉ, etc., rampent sur la surface de la terre et retiennent par-là le sable ou les terres que les vents ou les eaux entraînent quelquefois. Ils sont, par conséquent, dans le cas de rendre des services importans à l'agriculture. D'autres, par l'abondance de leurs racines et leurs branches, comme les osiers et les saules DAPHNÉ, A CINQ ÉTAMINES, SUISSE, SOYEUX, ARBUSTE, MYRTE, etc., remplissent encore mieux le dernier objet, principalement le long des torrens, des rivières sujettes aux débordemens. On trouvera au mot OSIER des applications à cet égard. (B.)

SAUPOUDRER. On emploie quelquefois ce mot dans l'art du jardinage pour désigner l'action de répandre la poudre des excrémens humains, ou des poules, des pigeons, etc., desséchés, ainsi que la chaux éteinte sur les semis et plantations. *Voyez* aux mots ENGRAIS, POUDRETTE et COLOMBINE.

Après avoir répandu sur le sol, ou dans une terrine, des semences extrêmement fines et qui ne veulent pas être enterrées, telles que celles des rosages, des kalmies, des bouleaux, etc., on les saupoudre de terre, soit avec la main, soit avec un crible. *Voyez* au mot SEMIS. (B.)

SAUSSAIE. Lieu planté de SAULES.

SAUT DE LOUP. On donne ce nom à un large fossé, revêtu de mur, au moins d'un côté, que nos pères creusoient à l'extrémité des grandes allées de leurs jardins, afin de les fermer et cependant de conserver le prolongement de la vue sur la campagne. Ces fossés avoient au moins huit pieds de profondeur et de largeur, afin qu'il ne fût pas facile de les franchir.

Aujourd'hui on fait rarement des sauts de loups qui, à raison de la poussée des terres, sont d'un entretien coûteux. On préfère, dans les jardins paysagers, qui remplacent ceux qui étoient jadis à la mode, d'élever des buttes de terre, ou des fabriques, au sommet desquelles on va chercher la vue de la campagne. *Voyez* Jardin paysager.

Quelques uns de ces jardins ne sont même fermés que d'une haie ou d'un fossé, soit sec, soit plein d'eau. (B.)

SAUTELLE, ou SAUTERELLE. On désigne ainsi, dans l'Orléanais et autres lieux, la marcotte d'un sarment de vigne, faite uniquement dans l'intention de regarnir une place vide. La sautelle ne diffère du provin qu'en ce qu'elle ne s'exécute que sur un ou deux sarmens, tandis que ce dernier s'opère sur tous les sarmens d'un cep.

Dans d'autres vignobles on donne le même nom aux sarmens laissés longs et recourbés dans l'intention de leur faire produire plus de grappes. Cette méthode remplit son but, mais épuise promptement les ceps, et ne doit être pratiquée que sur les variétés les plus robustes. *Voyez* Vigne.

SAUTELLE. Tas d'échalas.

SAUTER LE FOIN. C'est l'éparpiller, en le faisant sauter, afin d'accélérer sa dessiccation. Cette opération, si simple et si avantageuse, n'est pas assez généralement pratiquée ; aussi combien de foin qui se gâte parcequ'on le rentre avant sa complète dessiccation, ou après qu'il a été mouillé. On pourroit aussi faire usage des séchoirs pour remplir le même objet. *Voyez* Prairies.

SAUTERELLE, *Locusta.* On donne vulgairement ce nom à des insectes de deux genres différens de l'ordre des orthoptères, qui vivent aux dépens des feuilles des plantes, et dont quelques uns sont souvent en si grand nombre dans les pays chauds, que leur vol intercepte les rayons du soleil ; que leur séjour pendant quelques heures dans un canton suffit pour le dépouiller entièrement de verdure, et que leur mort est suivie d'exhalaisons putrides qui causent souvent des épidémies sur les hommes et les animaux.

Ceux de ces insectes qui sont si célèbres à raison des ravages qu'ils exercent fréquemment dans les parties moyennes de l'Asie et septentrionales de l'Afrique, quelquefois même dans les parties méridionales de l'Europe, sur-tout dans le voisinage des déserts, font partie du genre des CRIQUETS, *grillus*, Fab.(*Voyez* ce mot.) Je ne traiterai donc ici que des sauterelles des naturalistes, qui ne sont nulle part assez nombreuses pour que la consommation de feuilles qu'elles font soit sensible pour le cultivateur, mais qu'il trouve cependant assez fréquemment sous ses pas pour désirer les connoître.

Les sauterelles proprement dites ont le corps allongé et déprimé. Leur tête est grande, verticale, pourvue de deux antennes très longues, très fines, à articles peu distincts.

La longueur des pattes postérieures des sauterelles et la grosseur du muscle qui est renfermé dans leur cuisse leur permet des sauts de plusieurs pieds, sauts qu'elles terminent souvent par un vol de plusieurs toises, et quelquefois très prolongé. Les mâles font entendre un bruit produit par le frottement de la base scarieuse de leurs élytres. Ce bruit, qu'on appelle *chant des sauterelles*, et qui est analogue à celui des cigales, leur a fait donner ce dernier nom dans quelques endroits. *Voyez* au mot CIGALE.

La consommation de nourriture que font les sauterelles est très considérable, et elle a lieu pendant quatre mois de l'année; mais, comme je l'ai déjà observé, elles ne sont nulle part, en Europe, assez nombreuses pour que les cultivateurs s'en plaignent. Leur quantité n'est pas à celle des criquets comme un est à mille. Il paroît qu'il en est de même dans les autres parties du monde. En Caroline, où il y en a beaucoup plus qu'en France, elles ne se font pas plus remarquer par leurs dégâts. D'ailleurs leurs ennemis sont par-tout nombreux. Les renards et autres quadrupèdes, les oiseaux de plusieurs sortes, les serpens, etc., leur font une guerre continuelle, et en détruisent beaucoup. Il ne faut qu'une pluie froide au mois d'août pour faire périr en un jour, avant leur ponte, la plus grande partie de celles d'un canton, ainsi que j'ai eu occasion de l'observer.

Les femelles des sauterelles déposent leurs œufs, en automne, dans la terre, au moyen d'un appendice qu'elles ont à l'extrémité de leur abdomen. Les larves qui en naissent, au printemps, ne diffèrent de l'insecte parfait que parcequ'elles n'ont ni élytres, ni ailes, et vivent comme lui des feuilles des plantes. Ce n'est guère qu'au commencement de juin, dans le climat de Paris, qu'elles prennent ces organes, et avec eux ceux de la reproduction.

Des quarante-cinq espèces de sauterelles qui sont décrites dans la dernière édition de l'Entomologie de Fabricius, je ne citerai ici que les plus communes et les plus remarquables de France; savoir,

La sauterelle verte, la *sauterelle à coutelas*, *Locusta viridissima*, Fab., qui a environ deux pouces de long, la couleur d'un vert pur, les élytres plus longues que l'abdomen; la tarière (dans la femelle) a la forme droite d'un coutelas.

La sauterelle ronge-verrue, la *sauterelle à sabre*, *Locusta verrucivora*, Fab., est moins grande, mais plus grosse que la précédente; sa couleur est verte, avec des taches brunes; la tarière (dans la femelle) a la forme recourbée d'un sabre.

Cette espèce mord très fort lorsqu'on la prend, et fait fluer, dans ce cas, par la bouche, ainsi que toutes les autres espèces, une liqueur brune que Linnæus dit être assez âcre pour consommer les verrues dans lesquelles la morsure l'introduit. J'ai été plusieurs fois mordu par elles sans que leur morsure ait eu aucune suite.

La sauterelle porte-selle, *Locusta epipiger*, Fab., a environ un pouce de longueur. Sa couleur est un vert brun, ou un cendré rougeâtre; ses élytres sont très courtes, très bombées, ou mieux, elle n'a que la base scarieuse des élytres et point d'ailes; sa tarière (dans les femelles) est longue et légèrement recourbée. On la trouve en automne dans les vignes et autres lieux exposés au midi. Elle fait entendre un bruit bien plus fort et plus continu que celui des deux espèces précédentes, bruit très monotone et qu'on peut à peine distinguer de celui des cigales.

Les volailles recherchent beaucoup les sauterelles, les grillons et autres insectes de la même famille, et c'est une bonne nourriture pour elles lorsqu'elles n'en mangent qu'en petite quantité, ou de loin en loin; mais lorsqu'elles s'en gorgent outre mesure, et chaque jour, leurs œufs prennent une teinte noire, et un goût désagréable, et elles prennent un flux de ventre qui les conduit souvent à la mort. J'ai vu ces deux cas, sur-tout le premier, un assez grand nombre de fois. (B.)

SAUTERELLE. Les pépiniéristes donnent aussi ce nom à la partie de la marcotte qui est hors de terre et qui tient à la mère, parcequ'elle a la forme du piège de ce nom qu'on emploie pour prendre les oiseaux, c'est-à-dire une forme demi-circulaire.

Ces sauterelles, lorsque la marcotte est levée, doivent être coupées le plus près possible des racines de la mère, afin que la sève se porte avec plus de force sur les nouvelles pousses directes de cette dernière et les rende plus belles et plus nombreuses. Cependant, comme le plus souvent elles portent des pousses vigoureuses, on couche, mais seulement la première année et lorsque l'arbre est précieux, ces pousses pour en faire de nouvelles marcottes. *Voyez* Marcotte.

Lorsque les pieds sont foibles, ces pousses aident à la marcotte à soutirer la sève et lui sont par conséquent utiles; lorsqu'ils sont forts, elles deviennent des gourmands qui aspirent toute la sève et empêchent la marcotte de prendre racine. Dans ce dernier cas il faut les PINCER, ou les TORDRE, ou les CASSER, ou les ARQUER. *Voyez* ces mots. (B.)

SAUVAGEON. Nos pères établissoient peu de pépinières. Il y a cent ans, lorsqu'on vouloit multiplier un arbre fruitier, un poirier, un pommier, par exemple, on alloit arracher un jeune arbre de cette espèce dans les bois, on le plantoit dans le verger, et lorsqu'il étoit repris, c'est-à-dire un ou deux ans après, on greffoit dessus la variété à multiplier. Ce jeune arbre étoit sauvage et on l'appeloit sauvageon.

Lorsque l'augmentation du goût de la culture eut fait sentir le besoin de suppléer au petit nombre de sauvageons, qu'il étoit ainsi possible de trouver dans les bois, par des semis dans des pépinières, on a continué d'appeler sauvageons et les pieds arrachés à l'ancienne manière et ceux provenant des graines des arbres crus naturellement dans les bois, constituant l'espèce originelle. On a appelé *francs* les pieds résultant du semis des graines des variétés plus ou moins perfectionnées par la culture. Ainsi des pepins de cressane, de calville donnent des francs; cependant la facilité d'avoir, en abondance et à bon marché, des pepins de pommes ou de poires à cidre, a déterminé les pépiniéristes des environs de Paris à les employer généralement; quoique ces poires et ces pommes soient souvent très peu différentes de celles cueillies dans les bois, elles ne doivent être appelées que des quarts de francs, même des huitièmes de francs. *Voyez* FRANC.

L'expérience a prouvé, toutes choses égales d'ailleurs, qu'une greffe de variété perfectionnée qu'on plaçoit sur un véritable sauvageon fournissoit des fruits inférieurs en grosseur et en saveur à ceux produits par une greffe prise sur le même arbre et placée sur un véritable franc. De plus, cette dernière se mettra bien plus tôt à fruit. Mais si la greffe sur franc a de nombreux avantages, elle a aussi des inconvéniens. Elle donne peu de fruits, prend moins d'amplitude, et dure moins long-temps. C'est parceque nos pères greffoient sur franc qu'on voit encore dans les départemens des poiriers de deux siècles qui ont deux ou trois pieds de diamètre, s'élèvent de soixante, s'étendent sur un rayon de douze ou quinze, et qui, au moins tous les deux ans, donnent plus de fruit qu'un cheval attelé à une charrette ne peut en traîner. Certainement je suis loin de blâmer ceux qui veulent avoir des poiriers greffés sur cognassier, sur franc, des pommiers greffés sur paradis, sur doucin, sur franc; mais je suis fâché de voir qu'aux environs de Paris et autres grandes villes, dans toutes les pépinières marchandes sur-tout, on ne greffe plus sur véritable sauvageon, qui fait attendre ses produits dix, douze, quinze ans et plus, mais qui en donne de si grandes quantités et pendant si long-temps. Si cela continue, bientôt il n'y aura plus que les personnes aisées, celles qui peuvent payer cinq, six et douze sous chaque poire, qui mangeront de ce fruit. Le principe de toute agriculture ne doit pas être seulement de produire du beau et du bon, mais encore de produire abondamment sans augmenter la dépense. Or qui produit plus et coûte moins qu'un arbre greffé sur sauvageon semblable à celui dont j'ai donné plus haut les dimensions.

Cependant, je dois le dire, toutes les variétés de poires ou de pommes ne réussissent pas également bien sur sauvageon, comme toutes ne réussissent pas également bien sur cognassier ou sur paradis. Celles de ces variétés qui sont les plus altérées ne prospèrent pas, parceque le sauvageon leur fournit plus de sève qu'à raison de leur foiblesse elles peuvent en employer, et parcequ'il se produit sans cesse des rejetons de ce sauvageon, rejetons qu'on regarde communément comme la cause de la foiblesse de la greffe, mais qui en sont réellement la suite. *Voyez* aux mots Poirier, Pommier et Greffe.

Quoique je provoque le retour de l'emploi de la greffe sur véritable sauvageon, ce n'est pas sur sauvageons arrachés dans les bois, mais venus dans les pépinières de graines cueillies dans les bois. Les premiers sont de beaucoup inférieurs aux seconds, à raison de ce qu'ils ont cru à l'ombre, qu'ils sont d'âges différens, qu'ils ont rarement un empâtement de racines propre à assurer leur reprise; aussi calcule-t-on qu'il en périt toujours un tiers et même une moitié à la transplantation, et que parmi le reste il en est encore autant qui languit pendant une, deux ou trois années, ce qui cause des pertes et des retards très préjudiciables. Un sauvageon de trois ans, crû dans les pépinières, est d'ailleurs aussi gros qu'un de six arraché dans les bois.

A défaut de graines de poires ou de pommes sauvages on doit choisir celles provenant des poiriers ou des pommiers à cidre les plus épineux et les plus vigoureux, c'est-à-dire les plus rapprochés de l'état de nature. Ces francs au premier degré peuvent être regardés comme des sauvageons au dernier. En effet, la transition entre eux est insensible.

Quant aux pruniers, aux cerisiers, ce sont leurs rejetons qu'on appelle sauvageons, lorsque d'ailleurs ces rejetons ne donnent pas des fruits d'un certain degré de perfection.

Les autres arbres fruitiers, tels qu'amandiers, pêchers, abricotiers, se produisent exclusivement de noyaux, ou se greffent les uns sur les autres, principalement sur amandier et prunier.

Un sauvageon de poirier ou de pommier, élevé de cinq à six pieds et destiné à être greffé en fente à cette hauteur, s'appelle un EGRAIN. *Voyez* ce mot.

SAUVE-VIE. C'est la DORADILLE DES MURS.

SAVANNE. On donne ce nom, dans les colonies françaises de l'Amérique, aux lieux consacrés au pâturage des bestiaux, qu'ils soient ou non entourés de haies, ou de fossés. Dans ce pays, où il n'y a pas de prairies et où les bestiaux paissent toute l'année, les savannes sont indispensables dans toutes les habitations qui ont des bestiaux. On pourroit avantageusement les semer de bonnes espèces d'herbes; mais on les laisse toujours telles que la nature les donne. (B.)

SAVARTS. On donne ce nom dans le département des Ardennes aux terres incultes qui servent de pâture.

SAVINIER. *Voyez* le mot GENEVRIER SABINE.

SAVON. Combinaison d'un alkali pur (ou caustique comme on dit vulgairement) avec une huile, ou une graisse. *Voyez* ALKALI, HUILE et GRAISSE.

Toutes les huiles forment des savons, mais ces savons sont aussi différens qu'il y a de sortes d'huile. Le plus solide, le meilleur sous plusieurs rapports, et le plus commun dans le commerce, est celui fait avec l'huile d'olive et la soude, c'est-à-dire le savon de Marseille.

Les savons fabriqués avec les huiles de graines, les huiles de poissons ne servent guère qu'aux fabriques de draps et de cuirs.

Le suif forme cependant avec la soude un savon, qui, à sa mauvaise odeur près, ressemble beaucoup à celui de Marseille.

Les anciens ne paroissent pas avoir connu l'emploi du savon pour nettoyer le linge; mais aujourd'hui on ne peut s'en passer. *Voyez* LESSIVE. Plus il est sec et plus il fait profit.

La fabrication des savons pour être bonne et économique ne doit se faire qu'en grand; ainsi elle ne doit pas être tentée par les cultivateurs. Cependant il peut quelquefois être avantageux pour eux de faire de l'eau de savon par la combinaison de l'huile rance qu'ils possèdent avec la potasse tirée des cendres de leur foyer, plutôt que de dissoudre du savon du commerce; pour cela on fait chauffer à part l'huile et la potasse dissoute dans l'eau, et on verse de cette dernière lorsque l'autre commence à bouillir, en remuant continuellement jusqu'à ce que l'on ne voie plus d'huile.

Le savon contenant un excellent engrais (l'huile) et le plus puissant des amendemens (l'alkali) peut être avantageusement employé en agriculture; mais son haut prix l'éloigne de cet usage. La quantité qu'il faut en répandre est extrêmement foible, car son excès fait périr (brûle) toutes les plantes qu'il touche. *Voyez* ENGRAIS et AMENDEMENT.

On fait un assez fréquent usage du savon dans la médecine vétérinaire.

Il fait la base des compositions propres à empêcher les insectes de manger les peaux, les plumes, les laines et autres articles de ce genre.

Un auteur ancien, je crois que c'est Bernard de Palissy, a dit que les sucs de la terre qui servoient de nourriture aux plantes étoient des savons. Rozier a repris cette idée, l'a étendue et l'a fait servir de base théorique à son ouvrage. Une légère modification est en ce moment exigible pour l'adopter, Th. de Saussure ayant prouvé, 1° que ce n'étoit ni une huile, ni une graisse qui formoit le TERREAU OU HUMUS ; 2° que ce n'étoit pas un alkali qui rendoit annuellement soluble une petite partie de ce terreau ou humus. Par conséquent on ne peut appeler savon le résultat de cette dissolution.

A cela près, la théorie de Rozier est vraie ; aussi en ai-je adopté les conséquences en substituant le mot de mucilage rendu soluble, quoique je ne conçoive pas encore comment un mucilage est insoluble dans l'eau pure, comment il est rendu soluble par l'OXYGÈNE d'un côté, par l'ALKALI et par la CHAUX de l'autre. *Voyez* ces mots.

Ce qui doit être principalement admiré dans la marche de la nature dans ce cas, c'est qu'il n'y a chaque année que la portion nécessaire à la nutrition des plantes qui devienne soluble, avec une très petite partie en sus pour les besoins accidentels de la végétation, et que jamais les eaux de source, pour peu qu'elles soient profondes, n'en offrent un atome. Le mucilage qu'on trouve dans celles des ruisseaux et des rivières provient des plantes ou des animaux morts. Que de recherches il reste encore à faire sur cet objet ! (B.)

SAVONIÈRE. *Voyez* SOPONAIRE.

SAVOREE. On appelle ainsi la SARIETTE dans quelques cantons.

SAXIFRAGE, *Saxifraga*. Genre de plantes de la décandrie digynie et de la famille des saxifragées, qui renferme quatre-vingts espèces, la plupart propres aux hautes montagnes, et dont quelques unes se cultivent dans les jardins, à raison de l'abondance ou de la beauté de leurs fleurs.

Les seules dans le cas d'être ici citées sont,

La SAXIFRAGE GRANULEUSE, ou *saxifrage blanche*. Elle a les racines vivaces, tuberculeuses, et fibreuses en même temps ; les tiges droites, rameuses ; les feuilles alternes, pétiolées, réniformes, lobées ; les fleurs blanches, disposées en panicule terminale. Elle se trouve dans toute l'Europe, aux lieux secs

et arides, s'élève à environ un pied, et fleurit à la fin du printemps. C'est la plus remarquable de celles qui croissent dans
les plaines. Son infusion dans le vin blanc passe pour être
apéritive et pour provoquer les menstrues. Elle est d'un aspect
assez agréable pour qu'on l'ait introduite dans les jardins, et
pour qu'on l'y ait fait doubler. Là, on la place en touffe aux
rangs latéraux des parterres ; on en fait des bordures, ou on
la place au bord des massifs, au milieu des gazons. On la
multiplie de graines, ou mieux, par la séparation des tubercules de ses racines, tubercules de la grosseur d'un petit pois,
lesquels plantés séparément donnent naissance à de nouveaux
pieds qui fleurissent quelquefois la même année. Cette opération se fait à la fin de l'hiver.

La SAXIFRAGE COTYLÉDON a la racine vivace ; les feuilles radicales réunies en rosette, lingulées, cartilagineuses et dentées en leurs bords ; les tiges hautes de plus d'un pied, garnies
de quelques feuilles alternes et terminées par une grande panicule de fleurs blanches, dont le calice est couvert de poils
glanduleux. Elle croît naturellement sur les Alpes, où elle
fleurit au milieu du printemps. C'est une assez belle plante
lorsqu'elle est en fleur et même avant. On la cultive dans les
jardins sous le nom de *sedon*, mais elle fleurit rarement et
se conserve difficilement, sur-tout lorsqu'on la met en pleine
terre. Il faut, en conséquence, être à portée de l'y renouveler
souvent par du plant tiré de son climat natal, et la tenir
constamment en pot. On la multiplie par la séparation des
rosettes latérales, lorsqu'elle en produit.

La SAXIFRAGE A FEUILLES ÉPAISSES a les racines vivaces, fibreuses ; les feuilles ovales, rétuses, épaisses, très larges, très
luisantes et toutes radicales ; les fleurs rouges et réunies en
tête au sommet d'une hampe de cinq à six pouces de haut.
On la trouve, mais rarement, dans les Alpes suisses. Elle est
plus commune dans celles de la Sibérie. On la cultive depuis
peu d'années dans les jardins, où elle se fait remarquer, dès
les premiers jours du printemps, par la beauté de ses feuilles
et la belle couleur de ses fleurs. On en fait des bordures dans
les endroits frais et ombragés. On la place en touffe sur le
bord des ruisseaux, dans les fentes des rochers d'où tombent
des cascades. On la multiplie par séparation des vieux pieds
en automne. En général il est bon qu'elle forme touffe d'une
demi-douzaine de tiges au moins ; en conséquence, il ne faut
pas trop dégarnir les pieds, dans cette opération, si on ne veut
pas détruire tout leur effet.

La SAXIFRAGE BRIOIDE a les racines vivaces ; les tiges couchées ; les feuilles lancéolées, mucronées, cartilagineuses et
ciliées en leurs bords ; les fleurs blanchâtres et portées en petit

nombre sur de longs pédoncules en forme de tige. Elle croît sur les rochers des montagnes élevées et y forme de petits gazons fort denses, qui semblent être de mousse lorsque ses fleurs ne sont pas épanouies.

La SAXIFRAGE HYPNOIDE a les racines vivaces; les tiges rampantes; les feuilles linéaires, entières ou trifides; les fleurs verdâtres et disposées en corymbe au-dessus de pédoncules peu élevés. On la trouve avec la précédente, et elle offre le même aspect.

Ces deux plantes peuvent se cultiver avec avantage sur les rochers des cascades et dans les lieux humides et ombragés des jardins paysagers pour cacher la nudité de la terre. J'ai vu des pieds sur les Alpes et dans les jardins de Paris qui couvroient seuls des espaces de deux pieds de diamètre d'un gazon toujours vert et très agréable à l'œil. On les multiplie par séparation des vieux pieds et par semis.

La SAXIFRAGE TRIDACTYLE a la racine annuelle; les tiges rameuses, rougeâtres, hautes au plus de trois pouces et quelquefois seulement de trois lignes; les feuilles alternes, cunéiformes, trifides; les fleurs blanches. On la trouve par toute l'Europe, dans les terrains secs et sablonneux, sur les vieux murs, qu'elle couvre quelquefois entièrement. Elle fleurit une des premières au printemps. C'est., dit-on, un spécifique contre la jaunisse et les écrouelles. (B.)

SAXIFRAGE DES PRÉS. c'est la LIVÈCHE. *Voyez* ce mot.

SAXIFRAGE MARITIME. On donne ce nom à la CRISTE-MARINE.

SCABIEUSE, *Scabiosa.* Genre de plantes de la tétrandrie monogynie et de la famille des dipsacées, qui réunit une soixantaine d'espèces, la plupart remarquables par leur grandeur, et dont plusieurs sont trop communes dans les campagnes, et d'autres trop souvent cultivées dans les jardins, pour n'être pas mentionnées ici.

Les espèces les plus remarquables parmi les scabieuses sont,

La SCABIEUSE DES CHAMPS OU DES PRÉS, *Scabiosa arvensis,* Lin., qui a la racine vivace; les tiges cylindriques, velues, rarement rameuses, hautes d'un à deux pieds; les feuilles opposées, presque ailées, velues, terminées par un grand lobe; les radicules souvent entières, peu divisées et plus grandes; les fleurs d'un bleu rougeâtre ou d'un pourpre pâle, portées sur de longs pédoncules terminaux et axillaires; les corolles divisés en quatre lobes. Elle se trouve très abondamment dans les champs, les prés, les friches, le long des chemins, sur le revers des fossés, etc.; et fleurit au milieu de l'été. Tous les bestiaux la mangent lorsqu'elle est jeune. Ses diverses parties sont regardées comme adoucissantes, détersives et sudorifiques. On en fait peu usage.

Dans quelques parties des Cévennes on cultive la scabieuse comme fourrage. Il lui faut une terre légère, mais cependant substantielle et fraîche. On répand douze ou quinze livres de graines par arpent. Semée trop tôt elle fleurit la première année, ce qui l'affoiblit pour toujours. Elle ne se coupe qu'une fois cette même première année, mais les suivantes on peut la couper jusqu'à trois fois. Son usage engraisse et rafraîchit les bestiaux, sur-tout les moutons qui l'aiment beaucoup. Les cochons seuls la repoussent. Pourquoi ne pas la faire entrer dans la rotation des assolemens ?

La SCABIEUSE COLOMBAIRE a les racines vivaces ; les tiges rameuses, hautes d'un à deux pieds ; les feuilles radicales spatulées et dentées, les caulinaires opposées, pinnatifides, à divisions linéaires ; les fleurs bleuâtres portées sur de longs pédoncules terminaux et axillaires, et les corolles à cinq lobes.

La SCABIEUSE A FEUILLES DÉCOUPÉES, *Scabiosa gramuntia*, Lin., ne diffère presque de la précédente que parceque toutes ses feuilles sont découpées et qu'elle s'élève moins.

Ces deux plantes sont très communes sur les pelouses sèches, le long des chemins, dans les champs en friche des pays calcaires. Elles annoncent un sol crayeux et par conséquent de mauvaise nature. Les déserts de la Champagne pouilleuse en sont couverts. Les bestiaux les mangent au printemps, mais les dédaignent en automne, époque de leur floraison. Elles ne manquent pas d'élégance dans les sols arides ; mais cette élégance diminue par suite de leur culture dans les jardins, parceque leurs diverses parties prennent des dimensions plus fortes. On ne doit les placer que dans les jardins paysagers en mauvais fond.

La SCABIEUSE DES BOIS, ou *mors du diable*, *Scabiosa succisa*, Lin., a les racines vivaces, épaisses, traçantes, tronquées net, et pourvues de fibrilles simples ; les tiges souvent simples, velues, hautes d'environ deux pieds ; les feuilles opposées, lancéolées, velues, tantôt entières, tantôt dentées, souvent longues de six pouces ; les fleurs bleuâtres ou purpurines, en tête globuleuse, portées sur de longs pédoncules terminaux ou axillaires, à corolle à quatre lobes. Elle est extrêmement commune dans les bois, les pâturages argileux et humides, et fleurit en automne. C'est elle qui termine la décoration de ces lieux, et elle semble faire des efforts de végétation pour la prolonger malgré les gelées. Tous les bestiaux en mangent les feuilles encore jeunes, mais les rebutent à l'époque où elles leur seroient le plus utiles. Aussi cette plante doit-elle être détruite dans les prairies et les pâturages. Je l'ai vue souvent si abondante, qu'elle couvroit entièrement le sol et qu'on étoit caché au milieu de ses tiges comme dans un champ de blé. Les labours et une ou deux années de culture sont le seul moyen d'en débarrasser les lieux qui en sont infestés. Ses feuilles contiennent une fécule verte que les habitans des campagnes emploient quelquefois pour reteindre leurs habits, colorer leurs œufs, etc., mais dont on ne fait pas usage dans les manufactures.

On appelle cette plante *mors du diable*, parceque la troncature de sa racine fait croire qu'on la casse toujours en l'arrachant, ou que le diable la coupe avec les dents au moment où on veut la sortir de terre. On doit la placer dans quelques parties des jardins paysagers.

La SCABIEUSE DES ALPES a les racines vivaces ; les tiges droites, velues, peu rameuses ; les feuilles longues de plus d'un pied, velues, pinnées, à divisions lancéolées, dentées et profondes ; les fleurs d'un jaune pâle, globuleuses et penchées, portées sur de longs pédoncules terminaux ou axillaires, et la corolle à quatre lobes. Elle croît dans les Alpes, s'élève de quatre à cinq pieds, forme de très grosses touffes et fleurit au milieu de l'été. On la cultive dans quelques jardins, où elle produit des effets agréables par sa grandeur. On la place au milieu des plates-bandes des parterres au premier rang des massifs, autour des bouquets d'arbrisseaux, etc. On la multiplie par ses semences ou plus fréquemment par le déchirement des vieux pieds en automne ou au premier printemps.

Plusieurs autres SCABIEUSES vivaces peuvent également être introduites dans les jardins paysagers, telles que celle de TRANSYLVANIE, celle à FLEURS BLANCHES, celle ARGENTÉE. Leur culture est la même que celle de la précédente.

La SCABIEUSE DES JARDINS, ou *fleurs de veuve*, Scabiosa *atro-purpurea*, Lin., a les racines bisannuelles ; les tiges rameuses, hautes d'environ deux pieds ; les feuilles opposées, velues, les inférieures spatulées, crénelées, les supérieures pinnatifides, avec le lobe terminal plus grand et crénelé ; les fleurs d'un violet brun, veloutées, à cinq lobes, portées sur des pédoncules très longs, terminaux et axillaires. Elle est originaire des Indes, et se cultive fréquemment dans les jardins, où elle produit un bel effet par la couleur singulière de ses fleurs et par les nombreuses nuances qu'elles présentent. Il est dommage que sa tige trop grêle et ses pédoncules trop longs l'empêchent d'avoir la grace convenable. Elle fleurit pendant une partie de l'été et de l'automne. On la multiplie par ses graines, qu'on place dans des plates-bandes de bonne terre et ombragées. Comme elle fleurit quelquefois la première année de son semis, et qu'elle est plus belle lorsqu'elle ne fleurit que la seconde, il est bon de ne faire les semis que vers la fin de mai. Le plant est sensible aux gelées ; il doit être couvert avec de la paille ou de la litière pendant l'hiver. Au printemps on le relève et on le place à demeure dans les plates-bandes. Trop rapprochées, les scabieuses des jardins se nuisent réciproquement pour leur effet. Il faut savoir les mélanger avec d'autres plantes de couleur différente, et varier leurs nuances le plus possible.

On voit encore dans quelques jardins des scabieuses annuelles, dont la scabieuse étoilée est la plus commune. On les sème sur place. Leur effet est plus singulier que vraiment beau. (B.)

SCARABÉ, *Scarabœus*. Les anciens naturalistes donnoient ce nom à tous les insectes qui ont des élytres durs, c'est-à-dire aux coléoptères ; mais on l'a depuis restreint, d'abord à ceux de ces insectes qui avoient les antennes en feuillets, et ensuite seulement à une partie de ces derniers. Aujourd'hui, d'après les nouveaux travaux de Fabricius, d'Olivier et de Latreille, ils se sont trouvés encore réduits.

Je réunirai ici sous ce nom les scarabés de Fabricius avec ses géotrupes, parceque leurs caractères génériques sont fort peu différens. Je renverrai au genre Bouzier les autres espèces de scarabés d'Olivier qui seront dans le cas d'être mentionnés.

Le scarabé nasicorne, le *rhinocéros* de Geoff., qui a une corne recourbée sur la tête ; trois proéminences sur le corcelet ; les élytres unis ; le corps d'un châtain plus ou moins foncé, et le plus ordinairement long de plus d'un pouce. Il se trouve dans les racines pourries des arbres, et sur-tout dans les vieilles couches et la tannée des serres. Sa larve est blanchâtre, avec la tête fauve. Elle ressemble en tout, excepté qu'elle est plus grosse, au ver blanc, c'est-à-dire à la larve du Hanneton (*voyez* ce mot), et vit comme elle trois ans en terre ; mais elle ne cause pas comme elle des dommages aux jardiniers qui cultivent des melons et autres articles de couche, quoiqu'on l'en accuse souvent, attendu qu'elle ne vit que d'humus. C'est au milieu du printemps qu'elle se transforme en insecte parfait.

Le scarabé phalangiste, *Scarabœus typhœus*, Lin., a la tête tuberculeuse ; trois cornes droites au corcelet, dont l'intermédiaire est plus courte ; les élytres striés ; le corps noir, de six à huit lignes de long. Il se trouve au printemps dans les bouzes de vaches ; sa larve vit dans la terre sous ces mêmes bouzes.

Le scarabé stercoraire a la tête tuberculeuse ; le corcelet uni ; les élytres striés et ponctués ; le corps d'un noir luisant, souvent bleuâtre et long de sept à huit lignes. Il se trouve très abondamment, en été, dans les bouzes de vaches. On le connoît généralement dans la campagne sous le nom de *fouille-merde*. Il vole le soir.

Le SCARABÉ VERNALE a la tête inégale ; le corcelet et les élytres légèrement pointillés ; son corps est long de cinq à six lignes, d'un bleu noir, quelquefois vert et très brillant. Il se trouve encore avec le précédent, mais plus fréquemment au printemps. On lui donne la même dénomination.

Ces trois dernières espèces sont de quelque utilité aux cultivateurs, en accélérant la décomposition des bouzes de vaches, et en les rendant plutôt propres à servir d'engrais. Ils agissent à cet égard positivement comme les BOUZIERS, à l'article desquels je renvoie le lecteur. (B.)

SCARABÉ DE L'ASPERGE ET DU LIS. *Voyez* CRIOCÈRE.

SCARABÉ TORTUE. *Voyez* COCCINELLE.

SCARABÉ A TROMPE. *Voyez* ATTELABE et CHARANÇON.

SCARIFICATION. On a donné ce nom dans le jardinage à l'incision longitudinale de l'écorce des arbres, incision qui favorise leur accroissement en grosseur. *Voyez* ÉCORCE.

Roger Schabol a aussi appelé de même des entailles transversales qui remplissent le même objet que l'INCISION ANNULAIRE. *Voyez* ce mot.

SCARIFICATION. Petites plaies longitudinales qu'on pratique sur le corps des animaux domestiques pour donner lieu à une suppuration, ou tenir lieu d'une petite saignée locale.

SCARIOLE. *Voyez* ESCAROLE, ENDIVE et CHICORÉE.

SCEAU DE NÔTRE-DAME. *Voyez* TAMINIER.

SCEAU DE SALOMON. *Voyez* MUGUET.

SCELERI. *Voyez* CÉLERI.

SCHISTE. Roche primitive, c'est-à-dire antérieure à l'époque où la mer a déposé sur les continens les plus anciennes coquilles fossiles qui s'y trouvent, et qui, en conséquence, est souvent recouverte par des dépôts calcaires, mais qui n'en recouvre jamais, à moins qu'elle n'ait été remaniée par les eaux, qu'elle soit le produit d'une alluvion. *Voyez* les mots MONTAGNE, GRANIT et GNEISS.

Ou reconnoît cette roche à son tissu feuilleté, dont les couches, plus ou moins épaisses, plus ou moins colorées en bleu grisâtre ou en brun, sont toujours parallèles quoique souvent contournées, et se cassent en fragmens rhomboïdaux.

On a long-temps confondu les ardoises avec les schistes ; mais elles doivent être distinguées, les premières ne se trouvant que dans les pays à couches. *Voyez* ARDOISE.

Les schistes sont généralement composés de terre quartzeuse, de terre argileuse et de terre magnésienne ; mais dans des proportions si variées qu'on n'en trouve jamais deux morceaux pris à quelque distance qui donnent les mêmes résultats à l'analise. Les uns sont donc très durs, les autres très tendres et d'une décomposition très facile. Ces derniers diffèrent fort peu de l'argile pure. Souvent ils contiennent du mica, souvent de la terre calcaire, quelquefois des pyrites, des grenats, des tourmalines et autres pierres.

On trouve des montagnes de schiste sur les flancs de toutes les chaînes granitiques. Elles abondent en France, dans les Alpes, les Pyrénées, les Vosges, les Cévennes, l'Autunois, le Lyonnais, le Limousin, l'Auvergne, la Bretagne, etc., etc.

Relativement aux usages économiques, on doit distinguer les schistes quartzeux des schistes argileux. Les premiers servent à fabriquer des pierres à rasoir, à bâtir des chaumières, des murs de clôture, à faire des couvertures et des enceintes, en plaçant de champ leurs feuillets les uns à la suite des autres. Ils sont trop durs pour être facilement décomposés par les influences atmosphériques, et les montagnes qui en sont composées sont vouées à l'infertilité. Les seconds peuvent être employés à faire de l'alun, des crayons noirs, et à servir d'amendement aux terres légères ou tenaces, selon qu'ils sont plus ou moins argileux. Ils portent la fécondité dans tous les lieux où les eaux les déposent, ainsi que je l'ai observé un grand nombre de fois en France, en Espagne, en Italie et en Suisse ; ce sont sur-tout les terres calcaires qui s'améliorent prodigieusement par leur mélange avec les schistes argileux. Cependant on emploie peu ce moyen en France, probablement à cause des frais qu'il entraîne, et du peu de valeur des fonds dans la plupart des cantons où il est praticable. Au reste, on n'a pas encore d'expériences positives sur cet objet, et je dois me borner ici à donner l'éveil aux cultivateurs, et à engager ceux d'entre eux qui sont à portée d'en faire de ne pas les négliger. *Voyez* AMPELITE.

Les schistes argileux en décomposition, non mélangés, ne sont pas aussi fertiles que leur aspect semble l'indiquer, parceque, ou l'eau les traverse, ou n'y entre pas, du moins j'ai cru remarquer par-tout que les plantes qui y croissoient étoient généralement petites et brûlées par le soleil dans la sécheresse, comme celles qui se voient dans les craies ou dans les argiles pures. Probablement aussi la magnésie qui se trouve en surabondance dans quelques variétés contribue à cette infertilité. *Voyez* MAGNÉSIE.

La couleur noirâtre des schistes, en absorbant les rayons du soleil (*voyez* LUMIÈRE et COULEUR), les rend plus précoces que les terrains granitiques ou calcaires environnans, et leur donne la faculté de nourrir des plantes bien plus méridionales que leur latitude le comporte. En général ils offrent peu d'espèces de plantes, et même peu de plantes.

La culture des terrains schisteux diffère à peine de celle des terrains granitiques. *Voyez* GRANIT.

Les mines de charbon de terre sont presque toutes encaissées dans des schistes d'une nature particulière qui tient le milieu entre celle des primitifs et celle des secondaires. Lorsque ces schistes sont susceptibles de se décomposer à l'air, et ils le sont souvent, ils forment un excellent amendement. On dit qu'on tire un grand parti, sous ce rapport, des mines de charbon des environs de Valenciennes, ce que je n'ai pas de peine à croire, puisque ces mines se trouvent, chose rare, au-dessous de couches calcaires. (B.)

SCIE. Instrument très connu, employé dans plusieurs arts et dont le jardinier se sert aussi dans le sien. Il est ordinairement pourvu de deux espèces de scies, appelées l'une *scie en couteau* ou *égoïne*, et l'autre *scie à main*. Il se sert de la première pour supprimer les chicots, les branches mortes, et en général tout bois sec et vieux, par conséquent dur et capable de gâter la serpette. Quand il s'agit de couper de grosses branches à des places où on ne peut pas faire usage de la serpe ou de la hache, il fait alors usage de la scie à main. Un jardinier intelligent n'emploie jamais la scie à retrancher des branches qu'il peut couper adroitement d'un seul coup de serpette.

La scie en couteau est ainsi nommée parcequ'elle est pliante comme un couteau, et que son tranchant se serre dans le manche, ce qui la rend très portative. On donne à l'autre le nom de scie à main parcequ'il suffit d'une main pour s'en servir, au moyen du court manche qui se trouve à l'extrémité de sa partie supérieure.

Il faut que la scie soit droite, qu'elle soit d'une matière extrêmement dure et bien trempée, qu'elle ait bien de la voie, c'est-à-dire les dents bien écartées et bien ouvertes, l'une allant à droite et l'autre à gauche, et qu'avec cela le dos soit fort mince, ou moins épais que les dents, car autrement les dents seront aussitôt pleines et engorgées, la scie ne passera pas aisément, et l'ouvrier qui s'en sert n'avancera pas et sera bientôt fatigué. (D.)

SCIER LE BLÉ. On donne ce nom dans beaucoup de localités à l'opération de couper le blé avec la FAUCILLE. *Voyez* ce mot.

On croit presque par-tout que la coupe des blés avec la faux fait perdre plus de grain que celle avec la faucille; cependant toutes les expériences qui ont été faites, expériences qui, il est vrai, ne peuvent être très rigoureusement comparatives, prouvent le contraire.

Les environs de Paris suivoient la méthode générale ; mais depuis quelques années la rareté des moissonneurs y a fait substituer la faux à la faucille, et on s'en trouve si bien qu'il n'est pas probable qu'on revienne à l'ancien usage. Il n'y a que les seigles et les fromens, dont on veut conserver la paille pour les services qui exigent qu'elle ne soit pas irrégulièrement disposée, qui doivent être coupés à la faucille. *Voyez* Moisson, Froment et Seigle.

SCILLE, *Scilla*. Genre de plantes de l'hexandrie monogynie et de la famille des liliacées, qui renferme une vingtaine d'espèces dont deux sont beaucoup employées en médecine, et deux autres assez souvent cultivées dans les jardins.

Toutes les scilles ont des racines bulbeuses, formées, comme dans l'oignon, par des tuniques charnues qui se recouvrent; des feuilles radicales, charnues, et des fleurs disposées en épis à l'extrémité d'une hampe.

La scille maritime a l'oignon rougeâtre, souvent gros comme les deux poings; des feuilles lancéolées, longues d'un pied; une hampe haute d'un ou deux pieds; des fleurs blanches, nues, à bractées réfléchies. On la trouve sur les bords de l'Océan et de la Méditerranée, dans les sables les plus arides, où elle ne plonge qu'une très petite partie de sa racine, et où elle fleurit à la fin de l'été. On la connoît vulgairement sous les noms de *squille rouge*, de *grande scille rouge*, de *scille femelle*, d'*oignon marin*, de *charpentaire*, de *scipoule*, etc.

C'est de sa racine dont on fait un si fréquent usage en médecine dans l'hydropisie, l'asthme pituiteux, la toux catarrhale, etc. Elle est l'objet d'un commerce de quelque importance pour certaines plages. On l'envoie vivante à Paris, où elle se conserve un an entier hors de terre et souvent fleurit comme si elle y étoit. Je ne sache pas qu'on la cultive nulle part, quoique son haut prix dût donner l'espoir de l'entreprendre avec avantage.

La scille d'Italie a l'oignon très gros et blanchâtre; les feuilles droites et canaliculées; les tiges hautes de huit à dix pouces; les fleurs bleues et disposées en épi conique. On la trouve sur les bords de la mer en Italie. C'est la *scille blanche* ou *scille mâle* des boutiques. Sa racine partage les propriétés apéritives et incisives de la précédente. Ses fleurs sont plus belles.

On cultive quelquefois ces deux plantes dans les jardins de Paris; mais elles n'y subsistent pas long-temps; leurs oignons pourrissent la seconde ou la troisième année. Il leur faut un sable salé. Une exposition chaude leur est également nécessaire, car elles sont sensibles à la gelée.

La scille des jardins, *scilla amœna*, Lin., a la tige anguleuse; les feuilles linéaires, lancéolées, plus longues que la tige; les fleurs bleues avec le centre jaune, et disposées en épi dense; les bractées obtuses. Elle est originaire des parties méridionales de la France, et se cultive dans quelques jardins à raison de l'éclat de ses fleurs. Sa culture consiste à enterrer les oignons assez profondément pour qu'ils ne soient pas atteints par les labours, et à les changer de place tous les cinq à six ans, tant pour leur donner de la nouvelle terre que pour les multiplier. En général, il est bon qu'il y en ait cinq à six ensemble, mais plus font confusion. Il est rare que la graine de cette plante, prise dans les jardins, soit féconde; d'ailleurs il faudroit attendre trois ou quatre ans pour commencer à jouir de ses produits, tandis que les caïeux fleurissent dès l'année qui suit celle de leur transplantation.

La SCILLE DOUBLE FEUILLE a les oignons de la grosseur du pouce; les feuilles linéaires, lancéolées, ordinairement au nombre de deux seulement; les tiges hautes de six pouces et terminées par une grappe de fleurs assez grandes et d'un beau bleu. Elle croît dans les bois de presque toute la France, et fleurit dès les premiers jours du printemps. C'est une très jolie petite plante qu'on ne doit pas négliger de mettre en abondance dans les bosquets des jardins paysagers, pour embellir leur aspect à une époque où les fleurs sont encore rares. Il suffit d'en planter quelques oignons arrachés dans les bois pour que le sol en soit couvert au bout d'un petit nombre d'années, pour peu qu'il soit favorable, c'est-à-dire léger et frais. (B.)

SCION. Quelques agriculteurs donnent ce nom à ce que d'autres appellent bourgeon, c'est-à-dire dans les arbres, à la pousse de l'année, tant qu'elle n'est pas encore complètement solidifiée. Un scion est branche lorsqu'il ne pousse plus, lors même qu'il est encore garni de ses feuilles. Il est rare que, dans les arbres fruitiers, les scions portent des fleurs, et lorsqu'il en a elles sont presque toujours stériles. *Voyez* BOURGEON, BRANCHE, ARBRE.

SCIRPE, *Scirpus.* Genre de plantes de la triandrie monogynie et de la famille des cypéroïdes, qui renferme près de cent espèces dont une vingtaine appartiennent à l'Europe, parmi lesquelles il en est une qui croît dans les eaux stagnantes, et qu'on emploie habituellement à des usages économiques, et d'autres qui sont très communes dans les prairies marécageuses ou dans les bois humides, et qui servent par conséquent très fréquemment à la nourriture des bestiaux.

Le SCIRPE DES LACS a les racines vivaces, charnues, très traçantes; la tige cylindrique, nue; les épis pédonculés, réunis cinq à huit ensemble et terminaux. Il croît dans les lacs et les étangs vaseux, sur le bord des rivières dont le cours est lent, s'élève à huit ou dix pieds et fleurit en été. Il ne lui faut ni plus de trois pieds d'eau ni moins d'un pour qu'il puisse prospérer. Il couvre quelquefois exclusivement des espaces considérables dans les eaux, et sert de refuge à la plupart des oiseaux aquatiques et aux poissons pendant les chaleurs de l'été. Les bestiaux n'y touchent point. La base de ses jeunes tiges est cependant tendre et agréable à manger. Les enfans les recherchent dans certains pays. Les cochons les dévorent lorsqu'ils peuvent s'en procurer. Ses vieilles tiges, c'est-à-dire celles coupées à la fin de l'automne, servent à fabriquer des paniers, des nattes, des chaises, à couvrir les chaumières, et à beaucoup d'autres objets d'économie. Leur surface lisse et coriace laisse couler l'eau et se pourrit difficilement ; mais leur intérieur est une éponge qui l'absorbe avec la plus grande facilité, et qui se décompose très rapidement. La durée des objets auxquels on l'emploie tient donc, lorsqu'ils sont exposés à l'air, à leur intégrité, et à la manière dont on place leur gros bout. Lorsqu'on ne peut pas en faire un usage plus avantageux on les met sous les bestiaux en guise de litière, ou on les jette sur le fumier dont elles augmentent la masse. Dans beaucoup d'endroits on attend pour les couper plus économiquement que les eaux soient gelées ; mais plus on les coupe vertes et plus elles sont d'un bon usage. C'est donc en juillet et août qu'il faut faire cette opération.

Cette plante, lorsqu'elle forme de petits groupes, fait un très bon effet dans les eaux, et on doit en placer dans celles des jardins paysages lorsqu'elles sont d'une certaine étendue ; mais elle trace avec tant de rapidité, que ces eaux ne tardent pas à en être couvertes, si on n'en arrête pas tous les ans la croissance. C'est une de celles qui concourent le plus puissamment au dessèchement progressif des eaux par l'élévation du sol, occasionné par la destruction annuelle de ses tiges et de ses racines, qui forment, soit de la tourbe, soit du terreau, selon que les eaux sont plus ou moins profondes.

Le SCIRPE DES MARAIS a les racines vivaces, charnues, traçantes ; la tige cylindrique, nue ; l'épi conique et terminal. Il se trouve abondamment dans les marais, les fossés, le bord des rivières et des étangs, s'élève à un pied au plus, et fleurit en été. On le confond facilement avec les joncs, dont il a l'aspect, mais non la ténacité. Ses racines sont extrêmement du goût des cochons ; et en Suède on les arrache en automne pour les leur donner pendant l'hiver. Je ne les ai jamais vu employer en France à cet usage, et cependant la plante est excessivement commune dans certains lieux. Pourquoi donc cet oubli de la part des cultivateurs ? Encore un effet de l'ignorance. Ce n'est pas l'usage dans ce pays, me répondit froidement un d'entre eux qui se plaignoit de la dépense que lui occasionnoient ses cochons, et à qui je conseillois ces racines.

Les chevaux et les vaches aiment aussi beaucoup les tiges et les feuilles du scirpe des marais, de sorte qu'on pourroit le faire entrer comme article de grande culture dans les lieux où il se plaît. Il est sur-tout convenable pour élever le terrain des marais sujets aux inondations, fixer le sol boueux de quelques alluvions de rivières, utiliser les fossés où il ne coule que peu d'eau, etc., etc. Je le recommande donc aux cultivateurs éclairés, bien persuadé que si on étoit convaincu des grands avantages qu'on peut en retirer, on ne tarderoit pas à en faire des semis ou des plantations. Il talle si rapidement, qu'un vieux pied de six à huit pouces de diamètre, coupé en autant de morceaux, donne dès la seconde année des pieds aussi gros que lui. On peut aussi le semer sur un seul labour fait en automne.

Le SCIRPE DES BOIS a les racines vivaces ; les tiges triangulaires, feuillées ; les feuilles étroites, engaînantes, longues de huit à dix pouces ; les fleurs disposées en épis fort rapprochés, les uns sessiles, les autres pédonculés, et formant par leur réunion une panicule ombelliforme également feuillée. Il croît dans les marais, les bois humides, le bord des ruisseaux, etc., s'élève à un ou deux pieds, et fleurit au milieu de l'été. Les bestiaux le mangent quand il est jeune, les chevaux surtout en sont très friands. Sa forme très pittoresque le rend propre à orner les bosquets et le bord des eaux dans les jardins paysagers dont le terrain lui convient. Il se multiplie de semences et par déchirement des vieux pieds. (B.)

SCLARÉE. Espèce de SAUGE.

SCLÉROTE, *Sclerotium*. Genre de plantes confondu par Buliard avec les truffes, et qui contient plusieurs espèces, dont une est le fléau des cultivateurs de safran, qui la connoissent sous le nom de *mort du safran*.

Le SCLÉROTE DES SAFRANS offre des tubérosités dont l'écorce est dure, rousse, la chair compacte et dépourvue de veines. Ces tubérosités, souvent de deux pouces de diamètre, poussent de divers côtés des racines fibreuses et ramifiées, qui s'attachent aux oignons de safrans, absorbent toute leur subtance et les font périr en peu de temps. Elles se reproduisent très rapidement, soit par leurs semences, soit par d'autres tubérosités qui naissent à l'extrémité des racines, de sorte que la safranière la plus étendue en est bientôt infestée en totalité. *Voyez* au mot SAFRAN. Duhamel, Fougeroux et Buliard ont publié de très bons mémoires au sujet de cette parasite, dont avant eux on ne connoissoit pas la nature.

L'expérience a prouvé que des oignons de safran plantés dans un terrain où il avoit crû des sclérotes quinze ou vingt ans auparavant ne tardoient pas à en être attaqués ; de sorte que les cultivateurs de safran ne doivent jamais en remettre dans les lieux qu'ils se souviennent avoir été abandonnés par suite de sa présence. Lorsqu'il se montre pour la première fois dans un champ planté en safran, ce qu'on reconnoît à la mort successive des pieds de safran dans un cercle qui s'élargit chaque jour, on n'a d'autre moyen pour arrêter sa propagation que de faire une fosse circulaire, profonde de deux pieds, en rejetant la terre en dedans ; car une seule pelletée de cette terre suffiroit pour porter la contagion dans les endroits non attaqués.

Duhamel a aussi trouvé cette même plante sur les racines de l'asperge.

Il est difficile d'expliquer comment elle se produit pour la première fois dans une safranière éloignée de toutes les autres, et où elle ne s'étoit pas developpée pendant les premières années de sa plantation ; mais combien de faits d'histoire naturelle sont encore incompréhensibles !

Il croît sur les racines du pommier une espèce de byssus qui produit de même la mort de cet arbre. *Voyez* POMMIER. (B.)

SCOLOPENDRE. Nom spécifique d'une plante du genre des DORADILLES.

SCORDIUM. Espèce de GERMANDRÉE.

SCORPION. Insecte armé de pinces à ses pattes antérieures et d'une pointe à sa queue, qui se trouve sous les pierres dans les parties méridionales de la France et qui est fort redouté des cultivateurs.

La pointe de la queue du scorpion est en effet une arme avec laquelle il introduit une liqueur venimeuse dans le sang de ceux qui s'exposent à être piqués par lui ; mais le résultat de cette piqûre n'est jamais qu'une inflammation locale qui disparoît au bout de quelques jours, quelquefois même elle ne produit aucun effet sur l'homme. Ce n'est que pour tuer les animaux de la plus petite taille que le venin a été donné à cet insecte, qui d'ailleurs ne cherche jamais à piquer et ne le fait même qu'à la dernière extrémité.

On a fait mille contes populaires sur les scorpions, mais ils ne méritent nulle attention.

SCORSONÈRE, *Scorsonera*. Genre de plantes de la syngénésie égale, et de la famille des chicoracées, qui renferme plus de trente espèces, dont une est l'objet d'une culture assez étendue dans nos jardins, pour sa racine qui est un aliment aussi agréable que sain et nourrissant.

La SCORSONÈRE D'ESPAGNE, ou *salsifis noir*, est une plante vivace, à racine charnue, d'environ un pouce de grosseur et de plus d'un pied de longueur ; à tige haute d'environ deux pieds, fistuleuse, rameuse, cannelée, velue ; à feuilles alternes, ovales, lancéolées, amplexicaules, velues, dentées à leur base ; les radicales très rapprochées ; les fleurs jaunes, solitaires à l'extrémité des rameaux. Elle croît dans les parties méridionales de l'Europe et moyennes de l'Asie. J'ignore depuis quelle époque elle est cultivée en France ; mais comme Olivier de Serres n'en fait pas mention, il y a à supposer que ce n'est que depuis peu de temps. Aujourd'hui on la recherche plus que le Salsifis (*voyez* ce mot), quoique sa saveur soit un peu fade. Elle se digère aisément. On la regarde comme adoucissante.

C'est en avril ou en mai qu'on sème ordinairement la scorsonère dans le climat de Paris ; cependant, comme on peut la laisser plus d'un an en terre, ceux qui ne veulent la consommer que la seconde année retardent jusqu'en août. Cette pratique a des avantages qui méritent d'être pris en considération.

Une terre légère, un peu humide, profondément labourée, est celle qui favorise le plus la croissance de la scorsonère. Comme toutes les autres plantes à racines charnues, il lui faut des engrais très consommés, du terreau, par exemple, pour qu'elle ne prenne pas un mauvais goût.

La graine de scorsonère se sème généralement par rangées écartées de huit à dix pouces plutôt qu'à la volée, reste long-temps en terre avant de lever, et demande des arrosemens dans la sécheresse.

Lorsque le plant de scorsonère a acquis trois à quatre feuilles, on l'éclaircit de manière à laisser deux à trois pouces de distance entre chaque pied. Agir différemment est agir contre ses véritables intérêts, qui sont d'avoir les racines les plus grosses possibles. On le bine ensuite. Cette dernière opération se répète trois à quatre fois dans le courant de l'année suivante. Il est bon d'empêcher les tiges qui montent en graine de fleurir en les coupant, mais il ne faut jamais couper les feuilles rez terre, comme on le fait si souvent, car cela retarde la croissance des racines. On arrose pendant les grandes chaleurs.

Ce n'est guère que pendant l'hiver qu'on consomme la scorsonère. Lorsqu'on n'a pas à craindre les fortes gelées on la laisse en place ; dans le cas contraire on l'arrache en novembre, on la dépose, lit par lit, avec du sable, dans une serre a légumes ou dans une cave.

La racine de la scorsonère qui a plus de deux ans est dure, coriace et sujette à avoir des chancres qui la rendent amère. C'est donc au plus tard la seconde année qu'on doit la manger, quoiqu'elle pût subsister cinq à six ans et plus.

Il y a de l'avantage pour la bonté de la graine de la scorsonère à laisser en place les pieds destinés à en donner, sauf à les couvrir pendant l'hiver. *Voyez* COUVERTURE. Cette graine doit être cueillie chaque jour, le matin, au moment où elle se montre hors de son calice. On la conserve en sacs dans un lieu sec. Sa bonté se soutient pendant trois à quatre ans.

Les bestiaux aiment tous les racines et les fanes de la scorsonère.

Les autres espèces de ce genre qui se trouvent en France sont trop peu communes pour être dans le cas de mériter l'attention des cultivateurs. (B.)

SCROPHULAIRE, *Scrophularia*. Genre de plantes de la didynamie angiospermie et de la famille des personnées. Les espèces qui le composent, au nombre d'une trentaine, ont toutes les tiges carrées, les feuilles opposées et les fleurs disposées en panicule terminale. Celles qui sont dans le cas d'être particulièrement citées sont ;

La SCROPHULAIRE NOUEUSE, qui a les racines vivaces, noueuses, traçantes, les angles de la tige obtus ; les feuilles en cœur, trinervées, dentées, presque sessiles ; les fleurs d'un pourpre noir. Elle se trouve dans les bois humides, s'élève de deux à trois pieds, et fleurit au milieu de l'été. Son odeur est nauséabonde et sa saveur amère. Elle passe pour émolliente, résolutive et adoucissante. On en fait fréquemment usage en médecine, surtout dans les écrouelles, sous le nom de grande scrophulaire.

La SCROPHULAIRE AQUATIQUE a les racines bisannuelles ; les angles de la tige membraneux ; les feuilles pétiolées en cœur obtus, dentées ; les fleurs d'un rouge brun. Elle croît dans les marais, sur le bord des eaux stagnantes ou peu coulantes. Elle partage les propriétés de la précédente et a de plus celle d'être vulnéraire et consolidante. On en fait usage sous le nom d'*herbe du siège*.

La SCROPHULAIRE VERNALE a les racines bisannuelles ; les feuilles en cœur, doublement dentées et pubescentes ; les fleurs d'un rouge brun verdâtre. Elle croît naturellement dans les montagnes des parties méridionales de l'Europe, s'élève de deux à trois pieds, et fleurit dès le mois de mars. Son port, son feuillage à l'époque où elle entre en fleur, la rendent propre à entrer dans les jardins d'ornement ; mais comme elle n'est pas vivace elle s'y voit rarement. (B.)

SEBE. Nom de l'oignon dans le département du Var.

SÉBESTIER, *Cordia*, Lin. Arbre étranger et des pays chauds, appartenant à un genre du même nom dans la famille des BORRAGINÉES. Ce genre comprend huit à dix espèces, dont deux seulement sont cultivées et intéressantes à connoître ; savoir, le SÉBESTIER MIXA, *Cordia myxa*, Lin., et le SÉBESTIER SÉBESTE, *Cordia sebestena*.

Le premier croît en Egypte et sur la côte de Malabar. Il

s'élève à la hauteur de nos pruniers, et a des feuilles ovales et velues, avec des fleurs en grappes, disposées sur les côtés des branches, et munies de calices striés. Ces fleurs ont une odeur agréable, et les fruits qui leur succèdent sont bons à manger.

Le second se trouve dans les mêmes pays et aussi dans quelques îles des Indes occidentales. Il s'élève sous la forme d'un arbrisseau à la hauteur de huit à dix pieds. Ses branches sont garnies de feuilles alternes, oblongues, ovales, festonnées, et rudes au toucher; et leur sommet est couronné par de larges fleurs de couleur orange et inodores. On mange ses fruits, qui portent le nom de *Sébestes*.

Les sébestes ont les mêmes propriétés médicinales que la casse, et peuvent être employées dans les mêmes circonstances.

Bruce, qui a observé le sébestier en Abyssinie, dit que cet arbre est regardé comme sacré dans cette partie de l'Afrique, et qu'on le plante devant toutes les maisons. Dans nos climats il demande à être tenu en serre chaude; on l'élève de graines qu'il faut faire venir des pays où il croît naturellement. (D.)

SÉCHERESSE. L'eau étant un des principes nécessaires à la végétation, la sécheresse qui est la privation de l'eau doit être un obstacle au succès des travaux de l'agriculture, aussi occasionne-t-elle souvent de grandes non-valeurs aux cultivateurs.

Cependant, comme la sécheresse n'est jamais absolue, ses suites sont rarement la perte complète des récoltes.

Les effets de la sécheresse varient selon les circonstances. Elle est plus fréquente et plus nuisible dans les terrains sablonneux à travers desquels l'eau des pluies passe comme dans un crible, et dans certains sols quartzeux, crayeux ou argileux, sur lesquels cette eau coule sans y pénétrer. Elle a plus d'inconvéniens pour les semis, pour les jeunes plantes, pour les plantes aquatiques que pour les autres. Il est des années, des saisons, des mois, des jours, et même des époques dans la journée où son action est plus à craindre. Ainsi le midi de la France est plus sec que le nord, l'été que l'hiver, l'heure de midi que le matin et le soir. De plus chaque pays a un vent qui lui apporte la sécheresse; c'est celui qui descend de la plus haute chaîne de montagnes. A Paris, c'est celui du nordest. *Voyez* aux mots VENT et PLUIE.

Les causes de la sécheresse sont, ou une longue privation de pluie, ou la permanence d'un vent desséchant, ou la durée d'action d'un soleil brûlant. Toutes sont hors de la puissance de l'homme.

La sécheresse agit sur les animaux comme sur les plantes; mais pouvant la plupart aller chercher l'eau là où elle s'est conservée, ses effets directs sont rarement dangereux pour eux ; mais ceux que l'agriculteur associe à ses travaux étant tous pâturans en souffrent souvent à raison de la disparition de l'herbe nécessaire à leur nourriture.

Les effets de la sécheresse sur les semis sont, 1° de retarder leur germination ; 2° de les exposer plus long-temps à la dent des rongeurs et au bec des oiseaux ; 3° de les empêcher même de lever. Certaines sortes de graines ne lèvent que l'année suivante lorsqu'elles restent trop long-temps en terre sans germer. *Voyez* au mot GRAINE. Aussi les agriculteurs redoutent-ils beaucoup la sécheresse à l'époque des principales semailles, c'est-à-dire au commencement de l'automne et au milieu du printemps.

Lorsque la sécheresse commence après que les graines sont levées, ses conséquences ne sont pas moins graves. Alors les jeunes plantes dont les racines sont encore courtes et foibles, ou ne trouvent plus de nourriture à leur portée et périssent, ou elles n'en trouvent pas suffisamment et restent foibles. Les suites de cette foiblesse se prolongent quelquefois pendant toute la durée de leur vie. *Voyez* RADICULE et PLANTULE.

Si la sécheresse agit sur des grandes plantes ou arbres au moment où elles entrent en végétation, leurs pousses seront plus petites qu'à l'ordinaire. Elle empêche souvent les fleurs de s'épanouir, encore plus souvent d'être fécondées. Les fruits qu'elle frappe dans la première époque de leur développement sont exposés à tomber ; ceux qui éprouvent ses effets dans leur seconde époque se rident, restent petits, et, ou n'arrivent pas à maturité, ou n'y arrivent qu'incomplètement ; enfin ceux sur lesquels elle agit un peu avant leur maturité cessent de grossir, accélèrent cette maturité, et sont plus savoureux que les autres.

Je dois dire ici que les fruits et les racines nourrissantes sont meilleurs dans les terrains secs, dans les années sèches que dans les autres, toutes les fois que la sécheresse n'est pas excessive. *Voyez* au mot PLUIE. Il n'en est pas de même des fleurs et des feuilles. Les artichauts, les laitues, les choux sont beaucoup plus tendres et plus doux lorsqu'ils sont abreuvés d'eau pendant toute la durée de leur végétation. Ces différences doivent être étudiées par les cultivateurs, puisque ce sont elles qui doivent les diriger dans leurs travaux.

En général, les terrains les plus propres à braver la sécheresse sont ceux qui renferment une grande quantité d'humus, parceque cet humus s'imbibe d'eau comme une éponge et la retient avec beaucoup de force.

Après ces sortes de terrains ce sont ceux composés moitié (à peu près) de sable et d'argile qui la supportent le mieux, parcequ'ils retiennent également l'eau qu'ils ont absorbée, quoiqu'ils aient moins d'attraction pour elle que l'humus.

Les terrains très argileux se pénètrent trop difficilement d'eau et sont trop sujets à se crevasser à leur surface, pour n'être pas impropres à la culture dans les années sèches.

Il est des circonstances qui font qu'un terrain naturellement sec devient d'autant plus fertile que l'année est plus sèche. Ce sont celles, 1° où il se trouve une nappe d'eau à une petite profondeur ou autour de lui, un canal dont l'eau s'infiltre à travers ses molécules; 2° ou on peut l'arroser à bras d'homme ou en détournant un ruisseau, en faisant une saignée à une rivière, etc.; 3° lorsqu'il est ombragé par des arbres, de grandes plantes, par des haies, des murs et autres abris qui s'opposent à l'évaporation de l'eau.

Les terrains les plus secs peuvent donc être rendus propres à la culture par des plantations qui leur fournissent des abris contre l'action desséchante des rayons du soleil ou des vents. Or il est des plantes qui, craignant moins la sécheresse que les autres, peuvent être d'abord employées à former ces abris, et chaque pays contient de ces plantes. J'ai indiqué dans plusieurs articles le TOPINAMBOUR (*voyez* ce mot), comme celle parmi les étrangères que les cultivateurs devoient préférer. Je déclare ici de nouveau que je suis persuadé de la possibilité de tirer par son moyen un parti avantageux de tous les terrains actuellement regardés comme incultivables, ou d'une culture de peu de profit, tels que les sables des environs de Bordeaux et de Rennes, les craies des environs de Châlons, les montagnes pelées du midi et du centre de la France, enfin toutes les localités que la nature de leur sol ou leur exposition rendent habituellement trop sèches pour être productives. *Voyez* aux mots HAIE et ABRI.

Dans les parties méridionales de la France et en Italie, les terrains susceptibles d'être garantis par l'irrigation des effets de la sécheresse se vendent dix fois plus chers que les autres. J'ai vu dans les vallées du Vicentin de ces sortes de terrains rapporter jusqu'à cinq récoltes par an, et se vendre 12 à 15 mille livres de Venise l'arpent.

Dans le milieu et au nord de la France on n'emploie guère les IRRIGATIONS que sur les prés naturels, aussi cette importante partie de l'agriculture y est-elle dans l'enfance. J'engage les cultivateurs à lire et méditer l'article qui les concerne, afin de se pénétrer de tous leurs avantages.

On parvient, au moyen des ARROSEMENS à bras d'homme, à faire braver aux jardins les inconvéniens de la sécheresse. J'ai développé à leur article les principes de leur théorie et de leur pratique. J'y renvoie le lecteur.

Je ne puis trop recommander ici aux cultivateurs de ne jamais serrer leurs foins, leurs pailles, leurs grains et autres articles du même genre, provenant de leurs cultures, que par un temps sec et après qu'ils auront été convenablement desséchés. La bonne conservation de ces objets tient principalement à ces deux circonstances. (B.)

SÉCHERONS. On donne ce nom, dans le département de la Haute-Saone, aux prés situés sur les montagnes sèches, et dont le foin est excellent.

SÉCHOIRS POUR LES GRAINS. Il est des climats, comme sous le cercle polaire, comme sur les hautes Alpes, où la température de l'été n'est pas assez chaude et la terre jamais assez sèche pour que les graines des céréales, pour que les foins puissent être facilement desséchés à la manière ordinaire; là donc on a été obligé d'exposer les seigles, les orges, les avoines, les foins à un grand courant d'air, pour suppléer à la foiblesse des rayons du soleil, et empêcher l'effet de l'humidité constante de la terre.

Les moyens qu'on emploie sont des échelles de douze à quinze pieds de long et de haut, placées au milieu des champs et légèrement inclinées du côté du midi, sur deux perches fourchues.

On fixe les pailles ou les herbes sur ces échelles, entre leurs échelons, qui sont très rapprochés, au moyen de baguettes, où on les attache avec des osiers.

J'ai vu de ces séchoirs sur le Saint-Gothard, dans la commune d'Ariolo et autres voisines, et ils étoient garnis; mais comme je n'ai pas suivi l'opération jusqu'à sa fin, je ne puis en dire davantage. (B.)

SECONDINE. C'est l'arrière-faix des animaux. *Voyez* PART.

SÉCRETION. Non seulement la sève sert à l'accroissement des plantes, mais encore elle produit, en se modifiant dans des vaisseaux, dans des glandes, etc., des gaz, des liquides et des solides, d'une nature fort variée. Parmi les premiers se trouvent l'OXYGÈNE, le principe des ODEURS, etc. Parmi les seconds, la véritable transpiration, c'est-à-dire l'EAU vaporisée, puis les SUCS PROPRES, les HUILES fixes et volatiles, le MIEL, etc. Parmi les derniers le SUCRE, les GOMMES, les RÉSINES, etc.

On a recherché quelles étoient les causes des sécrétions; mais on n'est pas parvenu à les découvrir. Tout ce qu'on sait à cet égard ayant été indiqué aux articles cités plus haut, je me dispenserai d'en entretenir de nouveau le lecteur. *Voyez* cependant de plus TRANSPIRATION, VÉGÉTATION, NUTRITION, GAZ. (B.)

SÉGAIRE. C'est un faucheur dans le département du Var.

SÉGUE. Haie dans le département de Lot-et-Garonne.

SEIGLE, *Secale*. Genre de plantes de la triandrie digynie , et de la famille des graminées, qui renferme sept espèces dont une est l'objet d'une culture très importante, et mérite sous plusieurs rapports d'être considérée et traitée ici avec une certaine étendue.

On reconnoît le seigle à ses épis aplatis, formés par deux rangs opposés de fleurs réunies deux ensemble dans la même balle calicinale, et dont la valve extérieure est ciliée et terminée par une longue arête; enfin, à sa semence très allongée et pointue à son extrémité supérieure.

L'île de Crète passe pour être le pays dont le seigle est originaire ; mais il y a tout lieu de croire qu'il est venu, avec les autres céréales, du plateau de la Haute Asie.

De toutes les plantes cultivées, le seigle est celle qui a été le moins altérée par suite de sa culture ; on n'en connoît point de variété permanente ; car, ainsi que je m'en suis assuré par des expériences positives, celui qu'on appelle *petit seigle*, *seigle de printemps*, *seigle marsais*, *seigle tremois*, revient à la grosseur du commun lorsqu'on le sème plusieurs années de suite en automne. Il est à remarquer que le seigle de mars, semé en automne, produit beaucoup dès la première année, tandis que le seigle d'hiver, semé en mars, ne donne un produit ordinaire qu'après un certain nombre d'années, comme si cette sorte de graine s'accoutumoit plus aisément à une végétation lente qu'à une rapide.

Dans quelques pays le seigle est appelé *blé*, nom consacré ailleurs pour désigner le froment. Dans ces pays, on dit *blé d'hiver* ou *gros blé*, *blé de printemps* ou *petit blé*, au lieu de seigle d'hiver, seigle de printemps. Ces fausses dénominations tiennent à des habitudes, et ont lieu dans les pays où le froment ne venant pas, le seigle est le grain le plus important. Enfin le seigle d'hiver est à celui de mars ce que les fromens d'hiver sont à ceux de mars, c'est-à-dire qu'on ne les reconnoît dans l'état de grain que par la différence de leur grosseur et de leur poids, les seigles et les fromens d'hiver étant plus gros et plus pesans que ceux du printemps.

Les anciens connoissoient le seigle, mais on peut présumer qu'ils en faisoient peu de cas, car, excepté Pline, aucun auteur n'en a parlé avec quelque détail. Du temps d'Olivier de Serres, il n'étoit pas non plus en grande recommandation, puisque ce patriarche de notre agriculture n'en dit qu'un mot.

Cependant le seigle a des avantages qui doivent le rendre précieux aux yeux des agriculteurs; c'est lui qui, après le froment, donne la meilleure farine, la plus propre à être convertie en pain. Il prospère dans des terres où ce dernier ne peut croître, craint moins les gelées de l'hiver, et arrive plus promptement à maturité. Les assolemens des terrains maigres, des montagnes élevées, des pays voisins du cercle polaire sont singulièrement favorisés par son moyen.

Tous les sols qui ne sont pas aquatiques fournissent des récoltes plus ou moins avantageuses de seigle; mais comme le froment lui est toujours supérieur, on ne doit lui consacrer que ceux qui ne sont pas propres à ce dernier, c'est-à-dire ceux qui sont secs et qui manquent d'humus ou terre végétale, ceux qu'on appelle arides, qu'ils soient sablonneux, crayeux ou argileux.

Les causes qui donnent cet avantage au seigle sur le froment sont, 1° qu'ayant une graine plus petite, il consomme moins de nourriture; 2° que parcourant plus rapidement les phases de sa végétation, il est mûr avant les sécheresses.

Un autre avantage du seigle, c'est que demandant un moindre degré de chaleur pour croître, il profite lorsque le froment reste stationnaire.

Dans toutes les fermes bien montées, même en bon terrain, on cultive cependant chaque année, ou tous les deux ans, une petite quantité de seigle, soit pour faire entrer sa farine dans le pain de froment auquel elle donne un goût acide agréable, et une qualité rafraîchissante utile à la santé, soit pour en avoir la paille dont l'emploi est si avantageux.

Tous les ENGRAIS et les AMENDEMENS favorables à la production du FROMENT, de l'ORGE et de l'AVOINE sont bons pour le seigle, et peuvent lui être appliqués par conséquent selon qu'il est indiqué par la nature de la terre où on veut le semer. Seulement, d'après ce que j'ai observé plus haut, il n'est pas nécessaire d'en employer autant. Donner de nouvelles indications sur cet objet seroit faire un double emploi.

Il en est de même pour les LABOURS (*voyez* ce mot); cependant en général on en donne moins, parceque la terre à seigle, étant généralement plus légère, n'en a pas autant besoin. Deux labours sont donc le plus souvent suffisans, quelquefois même un seul lorsque la terre a été préparée par des cultures de plantes qui demandent des binages d'été, tels que les pois, les haricots, etc.

« On ne sauroit semer de trop bonne heure le seigle, dit Rozier, soit dans les pays élevés, soit dans les plaines : plus la plante reste en terre, et plus belle est sa récolte, si les circonstances sont égales. Sur les hautes montagnes on sème en août, à mesure que l'on descend dans une région plus tempérée, au commencement ou au milieu de septembre, afin que la plante et sa racine aient le temps de se fortifier avant le froid. Si la neige couvre la terre et que la gelée ne l'ait pas encore pénétrée, la végétation du seigle n'est pas suspendue.

« Dans le midi il importe que les semailles soient finies à
la fin de septembre, parcequ'il est nécessaire que les racines
et les feuilles profitent beaucoup pendant les mois d'octobre,
novembre et décembre, saison des pluies, et acquièrent assez
de force, afin de résister à la chaleur et souvent à la sécheresse des mois d'avril et mai suivants. Toutes semailles faites
à la fin d'octobre y sont fort casuelles, et bien plus encore à
mesure qu'on s'approche de la fin de l'année. Si on sème après
l'hiver, en février, par exemple, le grand seigle y profite
moins que le seigle marsais dans le nord, attendu que sa végétation y est trop précipitée : les grains sont alors petits,
maigres, retraits, enfin de qualité très inférieure.

« Les seigles marsais sont inconnus dans la majeure partie
de la France ; c'est dans les pays de montagne qu'ils sont le
plus en usage, et leur récolte, quoique favorisée par le climat,
est presque toujours médiocre : il en est ainsi par-tout du froment trémois ; sur dix années on en compte une bonne. La
perfection de la plante tient au temps qu'elle met à végéter
et à couver sa graine : tout ce qui est précipité contrarie les
lois de la nature, et ce n'est jamais impunément. »

La quantité de semence de seigle qu'on emploie dans les
environs de Paris est de cent vingt livres par arpent, terme
moyen ; cette quantité est pour un arpent de cent perches, de
dix-huit pieds par perche, ou trente-deux mille pieds carrés.
On doit observer qu'il n'en faut cette quantité que parceque
le grain est petit et peu pesant. Il en faut un peu plus dans
les très mauvaises terres, et un peu moins dans les bonnes. Cette
semence doit être la plus belle et la mieux nettoyée possible.

Il convient de la recouvrir peu ; ainsi une herse légère, et
même un simple fagot d'épine, suffisent pour le faire. Le roulage n'est avantageux qu'autant que la terre seroit extrêmement légère et très sèche.

On peut diviser la végétation du seigle en trois temps : le
premier, depuis le moment où on le sème jusqu'à celui où il
commence à élever sa tige ; le second, depuis que la tige paroît jusqu'à sa floraison ; le troisième, depuis la floraison jusqu'à la maturité.

Dans le nord de la France, comme dans le midi, on est
dans l'usage de semer le seigle d'hiver de bonne heure et avant
le froment ; on commence aux environs de Paris dès le milieu
de septembre, et on sème encore quelquefois trois semaines
après. A quelque époque qu'on sème les seigles d'hiver ils
sont tous mûrs presque en même temps ; la différence n'est
que de quelques jours, soit parceque les plus avancés sont
retardés davantage par l'hiver, soit parceque les plus tard
semés regagnent les autres au printemps, ce que j'ai remar-

qué particulièrement dans deux champs de seigle de même qualité et du même canton, semés exprès, l'un le 18 septembre, et l'autre le 9 octobre; ils étoient bons à couper en même temps. J'ai encore observé que du seigle semé tard produisoit moins de paille et plus de grain, que du seigle semé de bonne heure. C'est une attention que doivent avoir les agriculteurs, dans les pays de seigle; car dans ceux où le froment est le grain dominant, il est peut-être plus avantageux de semer le seigle de bonne heure dans les terres médiocres, parceque dans ce cas la paille en est plus déliée et plus longue, et par conséquent plus propre à faire de la gerbée, dont on se sert pour lier les récoltes. Dans ces pays on ne cultive du seigle presque que pour cet objet. Les fermiers choisissent assez ordinairement l'époque de l'automne, qu'on appelle dans la religion catholique les *quatre-temps;* c'est vers la mi-septembre, et ils nomment cet ensemencement *seigle des quatre-temps.* On peut le semer tard dans les bonnes terres, où il acquiert toujours assez de longueur.

Le seigle germe et lève promptement. Si la saison a encore un peu de chaleur et si la terre est humide, au bout de huit jours on le voit percer et marquer les sillons; on le sème plus dru que le froment, pareequ'il ne tale pas autant. C'est d'ailleurs un moyen d'en rendre la paille plus fine. On ne lui fait subir aucune préparation avant de le semer, même dans les pays où il est sujet à l'ergot. Il est étonnant que les cultivateurs, qui passent à la chaux, ou à quelque autre lessive, le froment destiné à être semé, n'aient pas imaginé de préparer de la même manière le seigle, l'orge et l'avoine, sujets à des maladies également préjudiciables.

Avant l'hiver le seigle se distingue à sa feuille pointue, à la couleur rougeâtre de sa jeune tige; il monte de trois à quatre pouces et garnit bien le champ quand il est en bon état. Il paroît plus vigoureux dans les terres qui ont du fond. La gelée fait tomber ses premières feuilles, qui repoussent au printemps; toute la plante alors végète avec plus de rapidité que le froment. Les racines en sont plus fines et moins pivotantes, la tige plus grêle, et les feuilles n'ont pas autant de largeur ni de longueur. Cette différence est sensible dans un champ de méteil, où le froment, qui ne s'élève pas si haut que le seigle, a sa tige du double plus grosse, et les feuilles du double plus longues et plus larges. Le seigle parvient à une hauteur qui varie selon les terrains, quelquefois il va jusqu'à six pieds et au-delà. Sa transpiration est peu abondante, comme on l'observe dans la saison des rosées; ce qui n'est point étonnant, ses feuilles étant étroites, courtes et d'un vert pâle, indice d'un tempérament foible. Cependant quand il a été semé de bonne heure et que l'hiver a été doux, le seigle devient si touffu, qu'il verseroit, si au printemps on ne coupoit pas les sommités des feuilles, ce qu'on appelle EFFANER. *Voy.* ce mot.

Si le printemps est suffisamment chaud, les seigles commencent à épier peu après le 20 avril, comme je l'ai vu en 1781 en Beauce ; mais on ne voit les premiers épis que vers le 2 mai, quand le printemps est froid, ainsi qu'il l'a été en 1782 ; ce qui fait une différence d'environ trois semaines. De ce moment à celui de leur floraison, il s'écoule encore un certain temps ; car les épis du seigle, en sortant de leurs enveloppes, appelées *fourreaux*, sont petits, et ont besoin de croître et de s'étendre avant d'avoir atteint l'âge de puberté, c'est-à-dire avant de fleurir ; car on sait que la floraison est la puberté des plantes. Les épis de froment fleurissent dès qu'ils se montrent, parcequ'ils sont alors dans un état plus parfait.

Selon le climat, le sol, la température de l'air, les seigles fleurissent plus tôt ou plus tard. Les diverses époques où ils ont été semés établissent peu de différence dans l'accélération ou le retardement de leur floraison, puisqu'ils se rapprochent pour mûrir ensuite presque en même temps. Mais cette floraison, qui est tardive dans les départemens septentrionaux de la France, sur les lieux élevés et à découvert, et quand le mois de mai se trouve frais, est hâtive dans les départemens méridionaux, dans les positions basses et abritées du nord, dans les terres légères, sablonneuses, et lorsqu'il fait chaud. Elle varie du commencement de mai au commencement de juin, à peu près aussi dans un espace de trois semaines. Quand l'épi du seigle fleurit, la plante n'a pas encore acquis toute sa hauteur ; car elle continue de croître pendant et après la floraison, comme on voit des personnes de l'un et de l'autre sexe grandir et se fortifier encore après être parvenus à l'âge de puberté. On peut assurer cependant que dans ce temps-là le plus fort de l'accroissement est fait. Les épis du seigle sont longs : il y en a qui ont plus de quatre pouces et demi ; ils peuvent porter jusqu'à soixante fleurs. Chaque calice en contient deux ; les premières paroissent au milieu ou à l'extrémité ; celles des balles inférieures ne sortent que les dernières ; quelques unes de celles-ci, soit par un défaut de sève, soit par quelque autre cause, restent enfermées et périssent.

On reconnoît qu'un épi de seigle n'a pas encore fleuri quand il est serré, opaque et d'un vert foncé ; car après la floraison il est moins vert et on voit le jour par les espaces qui séparent les balles, alors écartées les unes des autres ; l'embryon même se distingue à travers la balle qui le recouvre.

J'ai fait, sur les circonstances qui accompagnent la floraison du seigle, des observations assez curieuses, que je ne rapporterai pas ici , parcequ'elles ont plus de rapport avec la physique végétale qu'avec l'économie rurale ; elles sont consignées dans le Traité des maladies des grains.

Il en est de l'époque de la maturité du seigle comme de celle de sa floraison ; l'une et l'autre dépendent de plusieurs circonstances qui l'accélèrent ou la retardent. Des moissonneurs, après avoir coupé les seigles , se transportent dans des pays un peu plus septentrionaux, et arrivent encore à temps pour y couper les seigles. C'est au nord de la France , dans tout le cours du mois de juillet, que cette maturité s'accomplit, pour les seigles semés en automne ; car ceux qu'on sème en mars ne mûrissent qu'environ quinze jours après les autres , et même plus tard. Leur végétation est plus rapide ; mais il est rare qu'ils soient aussi beaux, aussi garnis de plants , et qu'ils produisent autant. Les grains de seigle parvenus à maturité adhèrent peu dans leurs balles, qui sont minces et transparentes ; aussi en sortent - ils avec la plus grande facilité ; car dans bien des endroits, on se contente de battre le seigle poignée à poignée sur un tonneau, et il se nettoie aisément à la grange. Si, pour le récolter , on attend qu'il soit parfaitément mûr et très sec, il s'en égraine beaucoup sur le champ. Un fermier qui, en 1777, en avoit semé sous mes yeux, dans une terre nouvellement défrichée, en fit une belle récolte au mois de juillet ; il faisoit sec , il s'en égraina beaucoup. Au mois d'août suivant, il fit labourer sa pièce de terre pour y mettre de la sanve ; mais s'étant aperçu ensuite qu'il levoit une aussi grande quantité de seigle , que s'il en eût semé de nouveau, il le laissa croître, et se procura une récolte non moins abondante que celle d'auparavant , sans qu'il lui en eût coûté ni labour ni semence.

Les bestiaux n'ont pas autant de goût pour la longue paille de seigle que pour celle de froment, qui, apparemment , étant moins desséchée, conserve plus de saveur ; elle sert pour faire de la litière, et on l'emploie pour couvrir des bâtimens, empailler des chaises , et former des liens pour les gerbes de grains, dans différens pays.

Il y a beaucoup de cantons où on sème des seigles uniquement pour les couper ou les faire pâturer en vert par les bestiaux ; cette pratique est d'autant plus dans le cas d'être approuvée, que souvent à la sortie de l'hiver les bestiaux manquent de nourriture fraîche , et que le fourrage du seigle en vert est de la meilleure qualité possible, qu'on peut le couper deux fois consécutives, le faire paître une troisième , et qu'il offre de plus une bonne préparation pour toute espèce de semis de la fin du printemps, tels que haricots, pommes de terre, raves , etc. Aux environs de Paris la culture du seigle pour fourrage est beaucoup plus productive que celle pour graine, parcequ'il est fort recherché par les propriétaires de chevaux de luxe, pour les *purger*, comme disent les palefreniers, c'est-à-dire les rafraîchir, et par les nourrisseurs de vaches laitières, pour renouveler l'abondance de leurs produits.

Dans le nord de l'Allemagne on applique à cet usage le petit seigle trémois, sous le nom de *seigle de Silésie, seigle de la Saint-Jean*, en le semant dans les derniers jours de juin ou au commencement de juillet ; de manière qu'on le coupe une première fois en automne, et une seconde au printemps, sans que cela nuise en rien à sa production en grain. Une expérience de ce genre a été faite aux environs de Saint-Germain-en-Laye en 1785, et son résultat a été qu'un champ semé le 26 juin a donné une première coupe de vingt pouces, terme moyen, le premier septembre; une seconde le 20 du même mois, un peu plus foible ; et l'année suivante une récolte plus abondante qu'un champ de seigle ordinaire, voisin du premier et de même étendue, qui avoit été semé en automne.

Quelques économes, parmi ceux des environs de Paris, qui cultivent le seigle pour le vendre en vert, ne vendent qu'une seule coupe, et laissent venir en maturité la seconde pousse, qui leur donne encore une quantité de grain égale à la semence.

Il est aussi des endroits où on sème le seigle pour l'enterrer avant qu'il soit arrivé en maturité. Un passage de Pline indique même que ce procédé étoit connu des anciens; cependant il existe d'autres plantes plus avantageuses à employer sous ce rapport. *Voyez* PLANTES ENTERRÉES POUR ENGRAIS.

La COUPE, le LIAGE, le TRANSPORT, la mise en MEULE ou en GRANGE, le BATTAGE du seigle, ne différant pas des opérations correspondantes dans le FROMENT, je renvoie le lecteur à cet article et à ceux de ces opérations mêmes.

Il est bon d'indiquer ici une précaution que j'ai vu prendre dans toute la Belgique, dans les départemens réunis, dans les Ardennes, etc., pour préserver le seigle coupé de l'influence des pluies pendant la moisson, ou du moins pour diminuer cette influence. On dispose les gerbes liées par tas de dix à douze, les épis en haut, et posés les uns près des autres ; au contraire, on écarte les bases des tiges qui touchent la terre, de manière qu'il y ait un courant d'air entre les gerbes dans cette partie de leur longueur ; on applique sur la sommité du tas une gerbe dont on écarte les brins, mettant les épis en bas, et la disposant en forme de petit toit, à peu près comme on recouvre des ruches d'abeilles en hiver. Par ce moyen les épis sont abrités, et pour peu qu'il vienne du beau temps, les tiges des dix à douze gerbes, disposées comme je l'ai dit, se sèchent facilement, ainsi que celles de la gerbe qui recouvre la sommité. Ce moyen simple est également applicable au froment.

On calcule que, toutes choses égales, le seigle rapporte un sixième de plus que le froment : il se bonifie lorsqu'on le laisse long-temps en meule ou en grange sans le battre.

Le grain du seigle sert à faire de la BIERRE, de l'EAU-DE-VIE, du GRUAU pour bouillies et potages, à nourrir les bestiaux et les volailles de toutes espèces. *Voyez* ces mots.

C'est principalement de lui dont on tire l'eau-de-vie de grain dans le nord de l'Europe, en y mêlant de la graine de genièvre, ce qui la fait nommer ou *eau-de vie* ou *eau de genièvre* ; en priver l'agriculture seroit un mal incalculable

Je ne parlerai pas ici du seigle sous les rapports de ses avantages comme propre à entrer dans les assolemens des terres légères, cet objet ayant été suffisamment développé dans les articles ASSOLEMENS et SUCCESSION DE CULTURE, articles auxquels je renvoie le lecteur.

Le résultat de l'ensemencement du seigle mêlé avec le froment s'appelle MÉTEIL, MESCLE, METURE, etc. Ses avantages et ses inconvéniens sont discutés au mot MÉTEIL.

L'emploi le plus intéressant du seigle est l'usage qu'on en fait dans plus de la moitié de la France pour nourrir les hommes, sous la forme de pain ; quoique moins substantiel que celui du froment, cependant il est très nourrissant.

Sa farine ne contient pas de matière végéto-animale ou glutineuse ; mais, outre l'amidon, beaucoup de mucilage ; moins blanche que celle du froment, elle est douce au toucher, et extensible ; l'écorce s'en sépare difficilement ; il s'en atténue une partie au moulin. Si on met dans la bouche de la farine de seigle, elle se colle comme de la pâte, ce qui n'a pas lieu au même degré dans celle du froment ; elle a une odeur qui lui est particulière ; le gruau a peu de rudesse ; ce qui s'y trouve de blanc est d'un blanc mat, ce qui tient de l'écorce est d'un roux grisâtre, parceque c'est la couleur de beaucoup de grains de seigle, sur-tout quand ils ne sont pas de l'année ; le son est en lames fines ; il n'est pas rude sous les doigts.

Dans des expériences que j'ai faites pour comparer toutes les substances propres à faire du pain, deux livres de farine de seigle absorboient au pétrissage une livre et demie d'eau, et donnoient trois livres d'un pain bien gonflé, qui avoit la croûte pâle et la mie pâteuse, de couleur bis - blanc. On y voyoit beaucoup d'yeux, mais très petits, au lieu que ceux du froment sont larges ; il avoit une saveur agréable, qui est plus ou moins sensible dans les pains dont le seigle fait partie, selon la proportion du seigle. Le pain de seigle est trop humide pour pouvoir être mangé au sortir du four ; il n'est bon qu'après deux jours de cuisson; il a l'avantage de se conserver long-temps frais. Les gens de la campagne, qui attendent souvent au moment où ils manquent de pain pour en faire de nouveau, parcequ'ils n'achètent le seigle qu'à mesure qu'ils ont de l'argent, mangent leur pain aussitôt qu'il est cuit, et ne le mangent pas bon.

On fait du pain de seigle pur dans la Belgique, en Hollande, en Suisse, en Allemagne, pour en faire manger de temps en temps aux chevaux qui voyagent. A peine ont-ils fait trois lieues qu'on leur en donne un morceau; il paroît que cet aliment leur convient. Les hommes ne se nourrissent de pain fait uniquement de seigle que dans les pays où ce grain est le seul qui croisse, et quand ils ne peuvent s'en procurer d'autre. Ordinairement on le mêle avec le froment, en diverses proportions et avec d'autres graines. On allie avantageusement le seigle par tiers et par moitié avec le froment, l'orge et le petit mil. On fait de bon pain avec un tiers de seigle, un tiers de froment, un tiers de riz. On peut l'allier par tiers avec les pois, les fèveroles, la gesse, la lentille, pourvu que le troisième tiers soit du froment ou de l'orge. Le seigle, ayant plus de goût que le froment, se combine par tiers avec ces légumineuses, tandis que le froment ne peut s'y combiner que dans la proportion des trois quarts. L'humidité des farines d'avoine, de maïs, de sarrasin et de haricots empêche qu'on ne puisse les mêler, ni par moitié, ni par tiers avec celle du seigle également humide.

Les pains de seigle, ou ceux dans lesquels entre le seigle, ont besoin d'être au four plus long-temps que les autres; ce temps doit être proportionné à la dose du seigle. Une cuisson lente leur convenant mieux, il est nécessaire que le four ne soit pas trop chaud.

Les usages de la paille de seigle sont nombreux, et dans beaucoup de lieux c'est un motif pour en augmenter la culture. Elle sert à faire des liens pour le blé, le seigle, l'orge, l'avoine, le foin, etc.; à attacher la vigne, à palissader les arbres fruitiers. La consommation qu'on en fait sous ces rapports est fort considérable. Un autre emploi encore plus étendu, c'est pour couvrir les maisons des cultivateurs, ce à quoi elle est plus propre que toutes les autres, parcequ'elle se pourrit plus difficilement. Les paillassons dont se servent les jardiniers, les nattes qui se placent à l'entrée des appartemens en sont également composés. On en remplit les paillasses. Elle sert à empailler les chaises, à faire des chapeaux communs, dits de paille. Ceux d'Italie, dits chapeaux fins, sont fabriqués avec une variété de froment à chaume solide qu'on cultive pour cet objet aux environs de Florence.

Pour ces derniers usages, il faut de la paille très blanche et très fine que certains terrains sablonneux seuls fournissent. *Voyez* Lauréole.

En général, pour ménager la paille de seigle, on bat le grain sans délier la botte, et même quelquefois on le bat dans des tonneaux. *Voyez* Battage et Paille.

La paille de seigle fait aussi une bonne litière et de bons fumiers.

Comme les autres céréales, le seigle est sujet à différentes maladies ; quelquefois ses fonctions sont altérées sans qu'on sache par quelle cause. J'ai vu dans quelques champs tous les épis de diverses souches se courber en forme de crosse, s'écarter les uns des autres pour se jeter de tous côtés, croître et mûrir plus rapidement. Ils étoient de quelques pouces plus longs que ceux des tiges saines ; les fleurs sortoient des balles, mais les étamines n'étoient pas jaunes comme dans les autres épis, et elles contenoient peu de poussière fécondante ; les grains étoient ridés et étroits, quoique plus longs que les grains de seigle ordinaire. C'est particulièrement sur les bords des chemins, et dans les champs où la herse avoit passé au mois d'avril, que j'ai vu des épis en cet état, ce qui a fait croire que la cause en est le froissement excité par les pieds des hommes et des chevaux.

La rouille attaque le seigle, ainsi qu'elle attaque le froment, l'orge, l'avoine, etc. Comme cette plante transpire moins, et que cette maladie est l'effet d'une transpiration arrêtée, le seigle s'y trouve plus rarement exposé. Il n'est pas exempt du charbon, qui ne se manifeste pas sur les épis, mais dans l'intérieur de la tige.

Je n'ai jamais trouvé un seul épi de seigle *carié.*

La maladie qui lui est particulière est l'ergot, si dangereux pour ceux qui en mangent une certaine quantité. J'ai fait sur ses causes et sur ses effets un grand travail, dont l'extrait se trouve au mot qui le concerne, et dont les détails font partie du *Traité des maladies des grains.*

Les oiseaux en général font peu de cas des grains de seigle. Ils en mangent quand ils n'en ont pas d'autres. J'ai remarqué qu'en Pologne, pays à seigle, où il n'y a pas de froment, on voyoit très peu de moineaux.

Plusieurs insectes vivent aux dépens du seigle sur pied. Le seul des ravages duquel on se plaigne est la phalène du seigle, qui vit dans le chaume, et ne paroît commune que dans le nord de l'Europe. Ceux qui nuisent à son grain, lorsqu'il est séparé de l'épi sont les charançons et les alucites dont il a été question au mot Froment.

En Sibérie, où l'été est souvent trop court pour la complète maturité du seigle, on est obligé de le couper à moitié mûr, et alors il donne un pain sucré très agréable au goût, au rapport du voyageur Patrin. On produit le même effet lorsqu'on le mouille après sa maturité complète, et que par-là on développe un petit commencement de fermentation. Une semblable observation a été faite pour le Maïs. *Voyez* mot. (Tes.)

SEIME, PIED DE BŒUF, SEIME QUARTE. La seime est une maladie qui affecte la circonférence du pied du cheval, de l'âne et du mulet; c'est une division ou fente du sabot qui se fait à la muraille ou paroi depuis la couronne jusqu'en bas.

Elle a ordinairement lieu à la pince, c'est-à-dire sur le devant de l'ongle, et à l'un des quartiers, soit interne, soit externe, c'est-à-dire sur les parties latérales du sabot.

Les seimes sont ou complètes ou superficielles; on appelle complètes celles sans lesquelles la corne est fendue jusqu'à la chair; celles qui sont superficielles ne sont que de simples fissures, elles sont peu graves, et ne font pas boiter, elles exigent cependant que les pieds qui en sont affectés soient tenus gras. Nous ne traiterons ici que de la seime complète.

La seime en pince s'appelle *pied de bœuf*; elle occupe plus constamment les pieds de derrière.

La seime des quartiers se nomme *seime quarte*; elle se montre le plus souvent aux pieds de devant; on en voit aussi sur les bouts des talons, mais elles se guérissent facilement avec une légère opération.

Les chevaux rampins ou pinçars, qui ont le sabot creux et étroit, sont plus disposés au pied de bœuf que les autres.

La seime quarte affecte plus particulièrement les pieds cerclés; ceux dont les quartiers sont foibles, serrés, ou encastellés; la sécheresse et le peu de souplesse de l'ongle dans ces sortes de pieds fait fendre la corne et produit la seime quarte, dont les suites sont quelquefois le javart encorné.

Lorsque la division de l'ongle est complète, la chair qui est dessous se trouve pincée entre les parties divisées; elle se meurtrit et se boursoufle au point d'occasionner une douleur très vive; quelquefois on y trouve de la matière suppurée et cariée à l'os du pied; d'autre fois la chair est noire et en partie désorganisée. La seime parvenue à ce degré ne peut être guérie sans opération.

Quelques auteurs conseillent de barrer la seime transversalement avec un fer rouge (cautère actuel) qui a la forme d'un S, ce qui se nomme mettre une S de feu; ce moyen est long et presque toujours insuffisant dans le pied de bœuf; et dans la seime quarte, il donne souvent lieu au javart encorné.

Il y a des personnes qui avant d'opérer la seime amincissent la paroi avec une rape ; cette méthode est tout au moins inutile, si elle n'est pas nuisible. Voici ce qu'elle a de désavantageux. Les bords de la corne étant amincis, l'appareil se place moins facilement; on ne peut plus serrer et acoter pour ainsi dire les plumasseaux contre ces bords qui ne présentent plus assez de surface pour former un point d'appui ; dans cet état la chair boursoufle, surmonte et excède promptement la corne, ce qui donne lieu à un nouveau pincement et nécessite assez souvent une nouvelle opération.

Avant d'opérer la seime on doit d'abord bien parer le pied dans toute la circonférence, abattre beaucoup de la paroi ou muraille, et amincir la sole, afin de mettre toutes les parties dans le relâchement. Il faut aussi préparer un fer convenable; par ce moyen on maintient plus aisément l'appareil.

Ce fer aura les branches allongées pour la seime en pince, afin que la ligature y trouve un point d'appui, et pour la seime quarte la branche du côté malade sera coupée, et ne se prolongera que jusqu'à l'endroit du mal ; on peut aussi mettre en usage le fer à crochet que j'ai imaginé ; puis pendant quelques jours on garnira tout le pied d'un cataplasme émollient, afin d'attendrir la corne et la rendre plus facile à couper.

Pour faire cette opération il faut que le cheval soit couché sur un lit de paille (*voyez* ABATTRE); il est impossible d'opérer sûrement et convenablement debout, et dans le *travail* (1) l'opérateur n'est pas placé commodément.

L'opération de la seime se fait de la manière suivante : on enlève environ un demi-pouce de corne de chaque côté de la division, ce qui met à découvert la chair qui est dessous (au reste la largeur de la portion de corne à enlever est subordonnée à l'étendue du mal); si cette chair n'est pas meurtrie et qu'elle n'ait éprouvée qu'un léger pincement, les portions de corne qui occasionnoient ce pincement une fois enlevées, la cure sera facile et ne consistera plus que dans l'application de l'appareil et dans les pansemens ; si cette chair est meurtrie et qu'elle soit noire, on la coupe avec une feuille de sauge bien tranchante ; si l'os du pied est carié on enlève également avec une feuille de sauge toute la partie cariée, cette pratique est plus prompte que d'attendre l'exfoliation ; l'os du pied est de nature à se couper assez facilement.

On panse la plaie avec des étoupes imbibées légèrement d'un mélange d'eau et d'eau-de-vie ou de teinture d'aloës s'il y a

---

(1) Travail, espèce de prison en bois dans laquelle on met les chevaux méchans à ferrer.

carie; les autres pansemens doivent être faits à sec; en général l'humidité est nuisible.

J'ai souvent fait l'opération de la seime, et je ne me suis jamais servi que d'étoupes sèches; l'application de l'appareil et une compression raisonnée et bien entendue sont le point principal sur lequel repose la cure; c'est sur-tout aux bords de la partie de corne enlevée que cette compression doit être faite avec attention; on fixe cet appareil au moyen d'une ligature de la largeur de trois à quatre centimètres, un pouce et plus, et on recouvre le tout d'un bandeau maintenu par une seconde ligature.

Quelques praticiens conseillent de panser avec la térébenthine ou son huile volatile. J'ai constamment vu des mauvais effets de l'emploi de ces substances dans ce cas; et en général la térébenthine et son huile volatile m'ont paru nuisibles dans les maladies de l'ongle pour lesquelles on a à redouter l'inflammation. Il faut aussi ne pas laisser de fumier sous les pieds; la litière qu'on y laisse doit être de la paille fraîche.

L'époque à laquelle on doit lever l'appareil est indiquée par la nature au bout de quatre à cinq jours; on lève le bandeau et on desserre la première ligature; on s'assure de l'état du tout, et on n'ôte que les plumasseaux de dessus; on laisse ceux de dessous tant qu'ils tiennent; c'est une preuve que la plaie se comporte bien; on doit attendre qu'ils tombent d'eux-mêmes; j'ai quelquefois guéri des seimes dont le premier appareil n'a été levé entièrement qu'au bout de quinze jours : ceci arrive dans la seime en pince, dans laquelle la paroi a beaucoup d'épaisseur, plutôt que dans la seime quarte dans laquelle cette partie est foible.

Cette opération, comme une infinité d'autres, peut déterminer la fièvre. Lorsque l'inflammation est considérable, qu'elle donne lieu à la difficulté de respirer et au battement de flanc, on fait une saignée à la jugulaire; on donne à barboter, et on passe quelques lavemens; il est très rare que ces moyens ne fassent pas cesser les accidens. (DES.)

SEL. L'acception scientifique de ce mot est un peu différente de l'acception vulgaire. Les chimistes entendent par sel toute combinaison d'un acide avec une base terreuse, métallique ou alkaline. Dans l'usage commun un sel est une substance savoureuse, soluble dans l'eau; de sorte que tous les sels des chimistes qui n'ont pas ces deux propriétés ne portent pas ce nom.

J'ai indiqué aux mots Acides, Alkalis, Oxides et Terres, les bases ou les principes des différentes espèces de sels qu'il est important d'apprendre à connoître aux agriculteurs, soit sous le point de vue de la théorie de la science, soit sous celui de sa pratique. (B.)

SEL COMMUN. *Voyez* MURIATE DE SOUDE et SEL MARIN.

SEL ESSENTIEL. L'ancienne chimie a donné ce nom aux sels qu'on trouve dans les végétaux, et qui sont d'une nature différente dans chaque végétal. La chimie moderne, plus exacte, a rejeté ce mot comme trop peu précis, et a classé les sels essentiels d'après leurs composans. On trouvera l'indication de ceux qui forment réellement espèce distincte, et qui peuvent intéresser les cultivateurs sous le point de vue théorique ou pratique, au mot ACIDE VÉGÉTAL.

Il est des sels essentiels, fixes et volatils. On obtient les premiers par leur cristallisation, dans les sucs des plantes plus ou moins concentrés par l'évaporation, et les seconds par la distillation.

La médecine faisoit autrefois un grand usage des sels essentiels, mais aujourd'hui leur emploi est fort restreint. Les arts en recherchent deux ou trois, tels que le tartre, le sel d'oseille. (B.)

SEL GEMME. *Voyez* SEL MARIN.

SEL MARIN. Combinaison de l'acide muriatique avec la soude. *Voyez* ACIDE, ALKALI et SOUDE.

On trouve le sel marin dans l'eau de la mer, dans celle de quelques fontaines, et en grandes masses solides dans la terre.

Il se forme du sel marin de toutes pièces dans les lieux humides et peu aérés, où il y a des matières animales et végétales en décomposition, c'est-à-dire dans tous ceux où il se produit du SALPÊTRE. *Voyez* ce mot.

On retire le sel de l'eau de la mer et des fontaines salées par l'évaporation naturelle ou artificielle. Comme cette opération n'est pas du ressort de l'agriculture, je n'en parlerai pas.

En France, c'est du sel marin provenant des eaux de la mer dont on fait usage le plus généralement. Il est fort impur, contenant de la silice, de l'argile, du fer, de la chaux, de la magnésie, et les muriates qui ont ces deux dernières terres pour base. On l'appelle le *sel gris*, par opposition au *sel blanc*, qui est le même purifié, ou privé des terres ci-dessus par la dissolution, la décantation, la filtration et l'évaporation sur le feu.

Comme le sel blanc est en très petits cristaux, il occupe à poids égal plus d'espace que le sel gris; c'est pourquoi il ne faut jamais l'acheter à la mesure.

Presque par-tout l'homme emploie de toute ancienneté le sel marin pour l'assaisonnement des mets et la conservation des viandes et autres substances alimentaires. La consommation qu'il en fait est immense. Il donne de la saveur aux alimens, excite l'appétit, aide à la digestion et provoque l'écoulement des urines. S'en passer dans certains mets devient presque impossible par l'effet de l'habitude. Son excès amène la soif, produit l'âcreté des humeurs, engendre le scorbut, etc. Plusieurs animaux, sur-tout les ruminans, ne l'aiment pas avec moins de passion, et il ne leur est pas diététiquement moins utile qu'à l'homme. On peut croire que c'est principalement comme stimulant qu'il agit. La propriété dont il jouit de préserver les Viandes de la Pourriture, les Graisses et les Huiles de la Rancidité, les végétaux comestibles de l'altération qui leur est propre, augmente encore beaucoup son importance pour l'homme. *Voyez* ces mots et celui Salaison.

Les cultivateurs, non seulement ont besoin du sel pour leur consommation personnelle, mais encore pour entretenir leurs bestiaux en santé, et la rétablir lorsqu'elle est altérée. Sous ce dernier rapport l'impôt dont il est chargé dans la totalité des états de l'Europe est une calamité pour l'agriculture. *Voy.* aux mots Bœuf, Vache, Brebis et Mouton.

D'immenses contrées en Egypte, en Arabie, en Perse, en Tartarie, en Sibérie, etc., ont le sol imprégné de sel marin, et sont par conséquent impropres au semis des céréales et autres plantes qui composent notre agriculture; ce sont des pâturages immenses où errent, accompagnées de leurs bestiaux, des peuplades peu nombreuses. Au moyen des irrigations d'eau douce les anciens habitans de ces contrées, lorsque leur industrie n'étoit pas opprimée comme elle l'est en ce moment par un gouvernement despotique, savoient cependant, au rapport d'Olivier, les rendre fertiles. (*Voyez* son voyage dans l'Empire Othoman et la Perse). Plusieurs voyageurs assurent que lorsqu'une crue extraordinaire du Nil a dessalé un terrain hors des atteintes habituelles de ses eaux, on pouvoit le cultiver annuellement un temps indéterminé avec profit; mais que si on cessoit pendant trois ans de le faire, il redevenoit infertile comme auparavant, jusqu'à ce qu'une nouvelle crue du Nil le dessalât de nouveau.

Dans les contrées ci-dessus le sel marin semble pousser, c'est-à-dire qu'il effleurit à la surface de la terre pendant la sécheresse, quoiqu'elle ne paroisse pas en contenir. Transporté par les eaux pluviales dans certains lacs, il s'y décompose en partie et forme ce qu'on appelle le Natron.

Par-tout où l'eau de la mer aborde, par-tout où on répand une grande quantité d'eau salée, elle fait périr les plantes, et ce n'est qu'au bout de quelques années, lorsque les eaux des pluies, ou la végétation des plantes propres aux sols salés, car il y en a, a entraîné ou décomposé le sel, qu'il en revient de nouvelles. *Voyez* Marais salés, Soude et Tamaris.

Ce fait avoit sans doute déterminé les peuples de l'antiquité à regarder le sel comme le signe de l'infertilité : aussi lorsqu'un conquérant vouloit punir un peuple vaincu de sa résistance, il détruisoit ses villes, en faisoit labourer le sol et faisoit semer du sel dessus. Nos anciennes lois prononçoient la même peine pour les particuliers convaincus de certains crimes.

Il est cependant plusieurs cantons en Europe où on fait, de temps immémorial, usage du sel comme amendement, la ci-devant Bretagne par exemple ; et aujourd'hui des expériences nombreuses constatent son efficacité sous ce rapport, mais en même temps la difficulté de le doser convenablement.

La société d'agriculture de Paris, en 1792, par l'organe de mon collaborateur Silvestre, a vu réussir le sel sur les terres des environs de la capitale. Celle de Marseille s'est également assurée de ses bons effets dans le territoire de cette ville en l'an 13 et 14. Voici les termes du second rapport, tome 33 des Annales d'agriculture. « Le produit du blé semé sur le terrain où on a répandu le muriate de soude surpasse de beaucoup, proportionnellement, celui qui est venu sur l'engrais ordinaire, quoique nous eussions fait répandre un excès de fumier sur cette dernière partie. En effet, vingt-neuf hectogrammes trente-deux grammes de blé ont produit, à l'aide du sel marin, quatre cent quatre-vingt-six hectogrammes trois grammes ; pour qu'il y eût parité, il auroit fallu que les trente-six hectogrammes quarante-cinq grammes semés sur l'engrais ordinaire eussent produit six cent sept hectogrammes soixante-deux grammes ; mais il n'y a eu que cinq cent quarante-neuf hectogrammes trente-quatre grammes ; donc il y a un avantage de cinquante-huit hectogrammes huit grammes en faveur du terrain amendé avec le sel marin. »

J'observe, en passant, que, dans ce rapport ainsi que dans la plupart des ouvrages qui ont parlé du sel marin sous le point de vue dont je m'occupe en ce moment, on le qualifie d'engrais ; mais comme je ne vois aucune graisse dans sa composition, mais un acide et un alkali, je crois que la dénomination d'AMENDEMENT (*voyez* ce mot) lui convient mieux.

MM. Rast Maupas et Tessier en France, Arthur Young en Angleterre, qui ont tenté des expériences dans le même genre avec le sel marin, n'ont obtenu aucun succès.

Il résulte des observations présentées par M. Maurice, dans son Traité des engrais, que le sel marin a produit en Angleterre comme en France, tantôt de bons, tantôt de mauvais résultats. Cet habile agriculteur pense que le sel agit comme stimulant. *Voyez* VÉGÉTATION.

M. Féburier, qui est né et a vécu dans un pays où on fait généralement usage du sel marin pour amendement, observe qu'il y est employé, tantôt en le semant avec le blé, tantôt en le combinant avec le fumier, sur-tout avec celui des vaches, comme moins chaud, et que c'est sur les terrains froids, c'est-à-dire humides et argileux, qu'il produit de bons effets. Ce cultivateur l'emploie même pour sa culture de fleurs et s'en trouve bien. *Voyez* RENONCULE.

Mais quelle est la proportion de sel qu'il convient de répandre ? Je dirai plus ou moins, suivant la nature des terres.

En effet, je vois qu'il a produit des résultats plus avantageux sur les terres argileuses et sur les tourbes, deux sortes de terres le plus souvent humides et froides, que sur les terres crayeuses et sablonneuses ; que même il a généralement été nuisible dans ces deux dernières sortes de terres, le plus souvent sèches et brûlantes. Il en faudra donc moins que sur les premières, si, malgré qu'on ne le doive pas, on veut y en répandre.

Probablement que le climat et le genre de la culture doivent aussi être pris en considération dans ce cas, mais je manque de faits pour établir une opinion sur cet objet.

M. Silvestre, dans son rapport précité, annonce que M. Pluchet a reconnu que trois cents livres par arpent sur les terres argileuses étoient un terme moyen convenable. Beaucoup plus, dessèche les plantes ; beaucoup moins, ne produit aucun effet.

Il est prudent que chaque cultivateur fasse des essais en petit sur son terrain avant d'employer le sel en grand ; car il n'y a pas deux localités dont le terrain soit rigoureusement semblable sous les rapports de composition, d'exposition, d'accessoires, etc.

Quoique je n'aime pas avancer des hypothèses, il me sera peut-être permis de conclure, de l'observation constatée des bons effets du sel marin sur les fumiers, les tourbes et les terres grasses, que non seulement il agit comme stimulant, mais encore comme dissolvant direct ou indirect de l'humus ou terre végétale. Si cette conjecture, que quelques expériences faciles à faire peuvent appuyer ou repousser, étoit vraie, le sel marin ne devroit pas être employé, sur-tout au prix où il est aujourd'hui, parceque la CHAUX (*voyez* ce mot) produit le même effet et coûte fort peu.

S'il est vrai que le sel blanc produise moins d'effet sur les terres que le sel gris, on peut croire aussi que le muriate de chaux qui se trouve dans ce dernier et qui attire l'humidité de l'air agit par cette cause.

La chimie moderne est parvenue à décomposer le sel marin et à en tirer la SOUDE (*voyez* ce mot) si employée dans la fabrication du verre, du savon, etc. (B.)

SELS NEUTRES. Ancienne dénomination par laquelle on

avoit en vue d'indiquer les sels qui ne conservoient aucune des propriétés de l'acide et de l'alkali (ou de l'oxide ou de la terre) qui entroient dans leur composition.

Ingenhouze a annoncé des expériences nombreuses qui tendoient à prouver que les sels neutres avoient à un haut degré la propriété fertilisante. Il a cité le sulfate de soude comme produisant sur-tout des effets prodigieux. Depuis lui on a fait beaucoup d'expériences du même genre, qui, les unes ont eu du succès, les autres n'en ont eu aucun. On peut donc croire qu'il est des cas où les sels agissent, et d'autres où ils sont sans effets. *Voyez* SEL MARIN.

Beaucoup de faits tendent à faire croire que l'acide sulfurique, très étendu d'eau, a véritablement une action fertilisante. On voit ses composés être employés avec succès comme amendemens, tels que le PLATRE, les CENDRES de tourbe pyriteuses, les fleurs de SOUFRE, etc. *Voyez* ces mots.

Le sulfate de soude, dont il vient d'être question, est quelquefois avec excès d'acide. Il est possible, même probable, qu'Ingenhouze avoit employé un sel de cette nature, et que ceux qui ont répété ses expériences en avoient employé un qui étoit parfaitement neutre. (B.)

SELS DE LA TERRE ET DE L'AIR. De tout temps les cultivateurs ou les écrivains qui ont voulu parler sur les cultures, sans étudier les élémens de la chimie et de la physique, ont parlé des sels de la terre, des nitres de l'air. Selon eux tout se passe dans l'acte de la végétation, au moyen des sels qui entrent en fermentation ou qui font fermenter la terre. Il se produit en effet quelquefois des sels à la surface de la terre, mais ils sont bientôt ou entraînés par les eaux pluviales, ou décomposés par des causes qui sont encore peu connues. Si tout le nitrate de potasse et le muriate de soude, qui se forme annuellement sur les murs et dans les terres qui renferment des substances animales et végétales propres à fournir de l'azote, ne se décomposoient pas, nos sources, nos champs seroient salés, comme ils le sont en Perse, en Arabie, en Egypte et autres lieux. Le vrai est que ces sels paroissent et disparoissent sans, pour ainsi dire, qu'on sache comment. Sans doute ils ont été excusables ces agronomes, qui, dans l'enfance de la chimie, ont tout attribué aux sels et aux fermens; mais aujourd'hui qu'on sait que les sels non seulement ne fermentent pas, mais qu'ils s'opposent à toute fermentation lorsqu'ils sont en fortes proportions; que la terre végétale et encore moins les terres minérales, comme l'argile, la pierre calcaire, le quartz, etc., ne peuvent fermenter, il faut aujourd'hui être ignorant au suprême degré pour recourir à ces explications dénuées de raisons.

Les alkalis et la chaux produisent, il est vrai, quelquefois

d'étonnans effets dans les terres surchargées de terreau ou
d'engrais; mais c'est qu'ils rendent plus promptement soluble
une partie de ce terreau ou de ces engrais. Les sels neutres,
loin de jouir de la même faculté, nuisent à la végétation, ainsi
que mille et mille expériences l'ont prouvé. Il est cependant
des lieux où on regarde le sel marin à petite dose comme un
excellent engrais; et il est certain que le sulfate de chaux (le
plâtre), qui est aussi un sel neutre, favorise singulièrement
la végétation des prairies artificielles sur lesquelles on le répand en poudre au printemps. Il nous manque encore des
données pour expliquer ces faits. Espérons que les progrès de
la science nous conduiront à cette connoissance.

On a bien dit que le sel marin étoit un stimulant qui n'a-
gissoit qu'en augmentant l'activité des autres agens de la végétation ; mais cela n'est point prouvé.

Il ne seroit cependant pas contre la raison, d'après ce que
j'ai dit plus haut, de la disparition du sel marin et du nitre
qui se forment dans certains lieux en si grande abondance , que
ces sels fussent absorbés par la végétation, et en partie ou en
totalité décomposés. On ne peut nier en effet que les plantes
qui croissent dans les marais formés par la mer, telles que
les soudes, les salicornes, etc., n'enlèvent à la terre le sel
marin qui s'y trouve et ne le décomposent, puisqu'en les brûlant on a beaucoup de soude et peu de sel marin , et que
le sol se trouve dessalé. *Voyez* aux mots TAMARIS et SOUDE.
On a souvent fait voir par l'incinération des tiges de l'héliante
annuel (tournesol), de celles de la bourrache, etc., qu'elles
contenoient un vrai nitre.

Au reste, ce ne sont pas ces sels que les auteurs des anciens
ouvrages sur l'agriculture avoient en vue lorsqu'ils emploient
les dénominations vagues ci-dessus rappelées ; c'étoient des
êtres de raison qu'ils ne pouvoient pas faire tomber sous les
sens. *Voyez* NITRE.

Je ne m'étendrai pas plus au long sur ce sujet, attendu que
ce que je pourrois en dire se trouvera aux articles AIR ,
ACIDE, ALKALI, OXIDE, TERRE, GAZ , CARBONE, OXYGÈNE,
AZOTE, HYDROGÈNE , LUMIÈRE, CALORIQUE, etc. (B.)

SÉLÉNITE. On donne ce nom au GYPSE ou PLATRE lorsqu'il
n'est pas mêlé avec de l'argile ou de la terre calcaire, ainsi il
est synonyme de GYPSE; cependant on l'applique plus particulièrement au gypse tenu en dissolution, et il se dissout dans 700
parties d'eau. Ainsi on dit qu'une eau est séléniteuse lorsqu'elle
en contient, et l'eau de certains pays en contient toujours plus
ou moins. *Voyez* GYPSE et PLATRE.

Les eaux séléniteuses ne se trouvent pas seulement dans les
lieux où il y a des carrières de plâtre, comme il sembleroit

que cela devroit être, mais encore dans beaucoup de pays à couches calcaires. On les reconnoît à la pesanteur qu'elles font éprouver à l'estomac, aux obstacles qu'elles opposent à la cuisson des légumes, tels que les pois, les haricots, etc., à l'impossibilité qu'elles offrent de dissoudre le savon, et enfin au dépôt blanchâtre qu'elles forment dans les vaisseaux où on les fait bouillir. De telles eaux ne conviennent ni aux hommes, ni aux animaux, ni aux plantes. Malheur à ceux qui sont obligés d'en boire ou de les employer à l'arrosement. Elles obstruent les vaisseaux du corps comme les pores des racines. On cite des maladies endémiques qu'elles ont produites et des pertes de culture, sur-tout de semis, dont elles ont été la cause.

L'exposition à l'air libre et des mouvemens répétés, soit artificiellement, soit naturellement, sont les moyens les plus usités pour faire précipiter la sélénite que contiennent les eaux séléniteuses. L'introduction du fumier, de l'argile ou autres objets dans les bassins ou auges, où on la met, quoique préconisée dans beaucoup de lieux, n'est d'aucun avantage. Quelques poignées de potasse font beaucoup plus d'effet en décomposant le sel terreux pour former du sulfate de potasse; aussi dans certains pays les ménagères sont-elles dans l'usage de mettre dans les eaux destinées à la cuisson des pois et des haricots des sachets de cendre de cuisine.

Les eaux des rivières contiennent toujours moins de sélénite que celles des ruisseaux, ces dernières que celles des fontaines, et ces dernières que celles des puits qui en ont le plus ordinairement et de plus grandes quantités. La cause en est au mouvement qu'éprouvent les premières et à l'exposition à l'air qui en est la suite. (B.)

SELLER. Mauvaise expression employée dans quelques départemens pour indiquer une terre argileuse qui se durcit à sa surface. Les récoltes de ces sortes de terres sont sujettes à manquer dans les années sèches.

SEMAILLES. On donne ce nom aux semis des céréales et autres plantes qui font l'objet de la grande agriculture. *Voy.* Semis et Graine. Quelquefois, mais mal à propos, il s'applique au temps.

L'objet que j'entreprends de traiter ici est un des plus importans de l'agriculture. De la bonté des semailles dépend le plus souvent la beauté de la récolte, et cependant rarement on leur donne l'attention qu'elles méritent, quoique tous les cultivateurs reconnoissent la puissance de leur influence. Ne pouvant entrer dans tous les développemens relatifs aux divers climats, aux diverses natures de terre, aux diverses espèces de graines, parceque cela exigeroit un volume, et que cela se trouvera aux articles de chaque culture, je me contenterai de présenter ici l'exposition des principes.

Plus tôt on fait les semailles, et plus les céréales et autres productions ont de temps pour se fortifier avant l'hiver, acquièrent de force pour résister aux gelées et aux pluies, et de moyens pour végéter vigoureusement au retour du printemps. Les suites de cette précocité sont que les chaleurs ne saisissent pas les plantes avant qu'elles aient acquis toute leur croissance, comme cela arrive si souvent aux résultats des semis faits après l'hiver. *Voyez* SEIGLE et PIED D'ALOUETTE. Il faut donc prendre toutes les mesures propres à mettre en terre les blés en automne, les orges, les avoines et autres objets au printemps, aussitôt que le temps le permet. Cependant il est une infinité de cas où on est forcé de retarder les semailles. Par exemple, une sécheresse trop forte, des pluies trop continuelles, des inondations, etc. Les seigles doivent être semés avant les fromens, parcequ'ils sont plus précoces et qu'ils se placent de préférence dans les terres sèches et chaudes; tantôt on doit semer plus tôt les fromens dans les terres sèches et légères, tantôt c'est dans les terres humides et fortes. Il est, aux environs de Paris, des cantons où on sème les fromens à la mi-septembre. Il en est d'autres où on ne le fait qu'en novembre. S'il est si difficile de fixer des règles à cet égard pour un seul climat, combien doit-il donc l'être de les fixer pour tous ceux de la France ! Je dirai donc au cultivateur qui ira habiter un nouveau local, observez l'époque que suivent vos voisins, mais devancez-les toujours lorsque des obstacles ne s'y opposeront pas.

L'usage de semer les avoines, les orges, et ce qu'on appelle les menues graines, en mars, est trop général pour n'être pas fondé en raison pour la plus grande partie de la France ; mais ce mois à trente-un jours, et cet usage ne dit pas quel jour il faut semer. C'est, dirai-je encore, le plus tôt possible, même en février si le temps le permet.

La plus belle semence, et la plus nette, doit être toujours préférée, parceque de sa grosseur et de sa bonne qualité dépendra la beauté du semis et l'abondance de la récolte. C'est une erreur de croire qu'il soit nécessaire de changer de temps en temps sa semence pour l'empêcher de dégénérer; mais souvent il est bon de le faire. *Voyez* SUBSTITUTION DE SEMENCE.

Généralement on sème sur plus d'un labour toutes les espèces de céréales (*Voyez* LABOUR), et tantôt on les sème avant, tantôt après le dernier de ces labours. On a longuement discuté la question de savoir lequel de ces deux modes étoit préférable sans la résoudre, parceque personne n'est remonté aux principes.

Ainsi qu'il a été observé au mot SEMIS et au mot GERMINATION, les graines doivent être d'autant moins enterrées qu'elles sont plus petites. Les graines des céréales sont beaucoup au-dessous des moyennes, il ne faut donc pas les enterrer de plus de six à huit lignes au plus : or, en les enterrant par le moyen des labours, la plupart doivent l'être de deux à trois pouces. Dans les terres légères le mal n'est pas grand, mais dans les terres fortes la plus grande partie ou pourrit ou ne lève que lorsqu'un nouveau labour l'a ramenée à la surface, c'est-à-dire l'année suivante : donc il ne faut pas semer avant le labour, sur-tout dans les terres fortes. Il est probable que cet usage, fort en faveur aux environs de Paris, a pris sa source dans le désir d'empêcher les perdrix et autres oiseaux, les campagnols et autres quadrupèdes, de manger la graine ; mais qu'elle serve de nourriture à ces animaux ou qu'elle pourrisse, elle n'est pas moins perdue pour le cultivateur.

Presque toujours les graines semées avant le labour lèvent en deux temps, et tantôt ce sont celles qui sont le moins, tantôt ce sont celles qui sont le plus enterrées qui lèvent les premières, c'est-à-dire que les moins enterrées lèvent d'abord quand la surface de la terre est humide et qu'il fait chaud, et qu'au contraire ce sont les plus enterrées qui lèvent d'abord quand la surface de la terre est sèche et qu'il fait froid. La théorie de ces faits a été donnée au mot GERMINATION.

Un temps ou une terre humide est si avantageux au succès des semailles, qu'il faut plutôt attendre que de les faire dans des circonstances contraires. Les motifs sont que les graines levant plus promptement sont moins exposées à la dent ou au bec de leurs ennemis, et qu'on gagne d'autant pour la longueur du temps que les plantes resteront en terre.

Comme la terre est toujours plus humide à quelques pouces de profondeur qu'à la surface, on doit, dans les années sèches, semer le jour même du labourage ; et il est des cantons où on ne manque jamais de le faire, que la terre soit sèche ou non, et ils sont dans le cas d'être plus généralement imités. Ce que je dis s'applique encore plus aux semis de la navette, de la rave, du pavot et autres graines fines qui demandent à être à peine enterrées.

Il y a plusieurs manières de répandre la semence sur la terre. La plus générale c'est de la jeter à la poignée en marchant à pas comptés et en lui faisant décrire un arc de cercle. Pour la bien exécuter il faut de l'habitude et de l'intelligence. La graine est prise dans une espèce de sac peu profond que le semeur porte attaché autour de ses reins. Lorsque la graine est très fine, comme celles dont il vient d'être question, et que le semis doit être peu serré, on la mêle avec du sable ou de la terre sèche, et on sème le tout. Un temps calme est important à choisir pour faire cette sorte de semis, parceque le vent dérangeroit la direction des grains et les feroit inégalement tomber dans l'espace à semer. Lorsque le semeur a parcouru la longueur du champ, il revient par une ligne d'autant plus éloignée de la première qu'il veut semer plus clair. La distance entre les deux lignes se mesure au pas ou par le nombre des sillons. Décrire plus en détail cette manière de semer seroit superflu, car cela ne feroit pas mieux semer ceux qui ne l'ont jamais vu faire, et n'apprendroit rien à ceux qui ont de la pratique. Quelques jours de leçons et d'essais valent mieux dans ce cas, comme dans tant d'autres, que des volumes de préceptes.

Une autre manière de semer les graines fines est celle qu'on appelle à deux doigts et à jets croisés.

Pour semer à deux doigts et à jets croisés, il faut prendre la graine par pincée entre le pouce et le doigt du milieu, en étendant l'index, et tendre fortement le poignet en répandant la graine. Lorsque le semeur est arrivé au bout de la pièce, il s'écarte d'un pas et forme en revenant un nouveau jet qui croise le premier, et ainsi de suite jusqu'à ce que la pièce soit semée. Les RAVES (*voyez* ce mot) se sèment quelquefois de cette manière.

Les semis avec des semoirs ont été très vantés par Duhamel, en France, et par plusieurs agriculteurs anglais. On ne peut nier que, plaçant la semence à une égale distance, ils n'en économisent beaucoup et la placent dans des circonstances plus favorables pour leur croissance ; mais ces ingénieuses machines coûtent cher, se dérangent facilement, sont lentes dans leur action : aussi nulle part en France les cultivateurs proprement dits n'ont voulu en faire usage, et les amateurs qui les avoient le plus préconisées ont fini par les laisser sous la remise. *Voyez* au mot SEMOIR la description et la figure de celle qui a paru la plus simple et la mieux appropriée à son objet.

Les journaux se sont beaucoup occupés ces dernières années de la plantation du blé au moyen du plantoir. Ce plantoir étoit une traverse plus ou moins longue, attachée à un manche de trois à quatre pieds, et qui portoit du côté opposé à ce manche six, huit, dix pointes servant à faire les trous où on devoit mettre le blé grain à grain. Quelques efforts qu'aient faits les auteurs de cette invention pour prouver son utilité et la facilité de son application, je ne présume pas, d'après ce que j'en ai vu, qu'elle puisse jamais devenir d'un usage général.

Qui a observé les résultats du semis dans diverses parties de la France a pu s'assurer que presque par-tout ou sème trop épais les graines des céréales. Il est si naturel de croire que plus on sacrifiera de semence et plus on aura de produit, qu'il faut ou beaucoup de théorie, ou beaucoup d'expérience pour agir différemment. Je suis donc disposé à excuser cette mauvaise pratique ; mais elle ne donne pas moins lieu, chaque année, à des pertes immenses, non seulement de semence, mais même de récolte. *Voyez* Semis.

Arthur Young, à qui la science agricole doit de si nombreuses et de si importantes observations sur les résultats de la grande agriculture, a fait imprimer une table du produit d'un acre de terre semé, dans différens sols, avec plus ou moins de semence. Il en résulte que

Deux boisseaux de froment ont produit	. 24	boisseaux.
Deux et demi	. 23	
Trois	. 22	
Trois et demi	. 21	
Trois boisseaux d'orge ont produit . . .	. 32	boisseaux.
Quatre	. 33	
Cinq	. 27	
Trois boisseaux d'avoine ont produit . .	. 35	boisseaux.
Quatre	. 40	
Cinq	. 39	
Trois boisseaux de pois ont produit . .	. 23	boisseaux.
Quatre	. 22	
Cinq	. 22	
Trois boisseaux de fèves ont produit . .	. 37	boisseaux.
Quatre	. 29	
Cinq	. 26	

On voit par ces résultats qu'en général il vaut mieux semer clair qu'épais ; mais que chaque sorte de semence se comporte différemment ; qu'ainsi il faut semer plus d'orge que de froment, plus d'avoine que de pois.

Je renvoie, pour le surplus des notions qu'il convient d'acquérir sur les semailles, aux différens articles des graines qui entrent dans la série des cultures, principalement aux mots Froment, Seigle, Orge, Avoine, Trèfle, Sainfoin, Luzerne. (B.)

SEMASTER. C'est, dans le département des Vosges, faire les trois ou quatre labours préparatoires de l'ensemencement des blés.

SEMENCE. C'est la graine réservée pour être semée. Quelquefois c'est le synonyme de Graines. *Voyez* ce mot.

Toujours on doit choisir la meilleure graine, je veux dire

la plus grosse , la plus lourde , la plus mûre pour semence ,
parceque de sa bonté dépend la beauté des semis et l'abondance de la récolte. *Voyez* SEMIS et SEMAILLE.

Il n'est pas vrai qu'il soit nécessaire, comme on l'a annoncé,
de changer de temps en temps les semences d'une exploitation
rurale, sous prétexte qu'elles dégénèrent. Il suffit de toujours
choisir la plus belle de sa propre récolte. *Voyez* SUBSTITUTION
DE SEMENCE.

Beaucoup de semences perdent leur faculté germinative
dans l'année qui suit celle de leur récolte ; d'autres la conservent un petit nombre d'années ; d'autres enfin un temps indéterminé. Presque toutes peuvent se conserver dans cet état
un plus long-temps lorsqu'elles sont mises à une certaine profondeur en terre. *Voyez* GERMINATION , GERMOIR et JAUGE.

Un fait qui est peu connu , parceque la plupart des semences , quelque altérées qu'elles soient, sont dans le cas d'être
employées à la nourriture des bestiaux ou des volailles , c'est
qu'après avoir perdu leur faculté germinative elles sont , après
les substances animales, le meilleur ENGRAIS qu'on puisse employer. *Voyez* ce mot. Elles contiennent en effet , sous un très
petit volume, tous les élémens de la VÉGÉTATION. *Voyez* ce
mot. (B.)

SEMEUR. Celui qui est spécialement chargé, dans la grande
culture, de semer les blés , les orges, les avoines, etc.

Dans les petites et moyennes exploitations , c'est presque
toujours le propriétaire ou le fermier qui fait les semailles ;
car leur importance est telle qu'on ne doit qu'à la dernière
extrémité les confier à un autre. Par suite, dans les grandes,
ce sont des maîtres-valets , c'est-à-dire ceux qui sont préposés pour commander aux autres , et qui ont la confiance
du propriétaire ou du fermier.

Un semeur doit être un homme intelligent, qui sache rai-
sonner ses opérations, qui possède à un haut degré la pratique
locale et auquel on puisse se fier sous tous les rapports. Un
propriétaire non cultivateur ne peut trop faire de sacrifices
pécuniaires, trop employer de ces moyens de bienveillance
qui attachent les hommes les uns aux autres pour en acquérir
ou en conserver un bon.

L'art de bien semer n'est pas un art difficile ; mais il n'est
pas donné à tout le monde de le bien pratiquer, et de sa plus
ou moins bonne exécution dépend , en grande partie, la bonté
des récoltes. (B.)

SEMI-DOUBLE (FLEUR). Fleur qui a acquis , par la
culture, un plus grand nombre de pétales qu'elle en a naturellement, mais qui a conservé des étamines ainsi que son
pistil , et qui peut, par conséquent , se reproduire de graine.

Ce sont les graines des fleurs semi-doubles qu'on doit semer pour avoir des fleurs doubles.

Les détails dans lesquels on est entré au mot FLEUR DOUBLE me dispensent de parler plus longuement des semi-doubles. (B.)

SEMINATION. C'est le semis naturel des graines des plantes. *Voyez* SEMIS, SEMAILLE, SEMENCE, et GRAINE.

Les graines de chaque espèce de plante mûrissent à une époque différente, varient dans leur manière de germer, se disséminent par des moyens qui leur sont propres. Toujours il en est qui se trouvent tantôt dans des circonstances favorables, tantôt dans des circonstances défavorables, de sorte que les unes réussissent mieux une année, les autres mieux une autre, et qu'en prenant une série d'années, dix, par exemple, il se trouve qu'elles ont multiplié à peu près toutes également dans la même proportion.

Cette dernière considération est relative à l'observation que certaines plantes restent toujours rares quoiqu'elles semblent, à raison de la grande abondance de leurs graines, devoir devenir communes. Cette rareté de certaines plantes tient à des circonstances qui ne nous sont pas encore entièrement connues et qu'on doit croire être très indépendantes de la latitude. Quelquefois c'est la nature du sol, d'autres fois l'exposition, vous dit-on; mais cependant on trouve dans le même canton des terrains et des expositions parfaitement semblables, et où cependant telle plante ne se retrouve pas; à plus forte raison, quand on considère une zone entière de la terre, quelque peu large qu'on la suppose. Il semble que la nature ait jeté, dans l'origine, les graines de quelques plantes par poignées, tant elles sont cantonnées, tandis que d'autres ont été répandues à profusion dans chaque continent et même dans tous les continens.

Je n'entreprendrai pas de traiter en détail cette belle question, qui n'intéresse que fort indirectement les agriculteurs; mais je renverrai au mot GÉOGRAPHIE AGRICOLE, où mon collaborateur Décandolle a présenté un grand nombre de faits principalement pris sur le sol de la France, et qui serviront à l'éclaircir.

S'il est une cause qui s'oppose à la sémination, c'est la culture qui a cependant pour but la multiplication des plantes.

En effet, si quelques plantes inutiles à l'homme se multiplient malgré lui dans ses moissons, la presque totalité de celles qui couvroient le sol de ses champs au moment où ils ont été défrichés pour la première fois n'y a pas reparu depuis et n'y reparoîtra peut-être plus jamais, lors même qu'ils seroient de nouveau abandonnés à eux-mêmes. Je tire cette conclusion, quoiqu'avec doute, par des motifs trop longs à développer ; de ce que les terrains qui annoncent n'avoir jamais été défrichés, tels que quelques parties des forêts de Fontainebleau et de Montmorency offrent des plantes qui ne se retrouvent plus dans les parties des mêmes forêts qui ont été évidemment cultivées, ni dans les forêts voisines plantées de main d'homme.

Non seulement-il faut que chaque graine tombe sur un sol qui lui convienne pour donner naissance à un nouveau végétal, mais il faut encore qu'elle trouve, dans l'endroit même, une disposition telle qu'elle puisse d'abord échapper à la dent des quadrupèdes et au bec des oiseaux, et ensuite une humidité ou une sécheresse telles qu'elle puisse germer.

La nature a employé divers moyens pour arriver à ce but. D'abord elle a multiplié les graines à un tel point que, pourvu qu'il en germe une par cent, par mille, par dix mille, selon les espèces, cela suffit. Puis elle a donné à chacune des moyens de dispersion particuliers. Ensuite elle a voulu qu'elles fussent recouvertes par les feuilles, par la terre entraînée par les pluies, qu'elles fussent enfouies dans les crevasses qu'occasionne la sécheresse, dans les trous que creusent des myriades d'insectes, sous les monticules qu'élèvent les taupes, les lombrics, les sangliers, qu'elles fussent enfoncées par la chute des branches mortes, par le marcher des gros animaux, etc. Elle a multiplié, dans la même intention, les pluies au printemps, les pluies en automne, etc., etc.

Un fait très remarquable, mais qui n'a pas encore été expliqué, c'est que les plantes propres au sol sont les seules qui se multiplient par ces causes naturelles. Parmi le grand nombre de celles qui ont été introduites en Europe depuis un siècle, et dont les moyens de multiplication sont faciles, il n'y en a peut-être pas une demi-douzaine qui s'y soient véritablement naturalisées, et à la tête des naturalisées je mets la *vergerole du Canada*, l'*onagre bisannuelle*. Pourquoi le blé, l'orge, l'avoine, le chanvre, etc., ne se trouvent-ils pas autre part que dans les champs où on les a semés ? Pourquoi la vigne, le noyer, l'amandier, le pêcher, le cerisier-griottier, etc., etc., cultivés depuis si long-temps, ne se trouvent-ils pas aujourd'hui dans nos forêts, au moins du midi ? Pourquoi des millions de graines de plantes étrangères semées par des amateurs (moi du nombre) dans les bois et autres lieux incultes des environs de Paris, n'y ont-elles laissé que des traces très passagères ? Je ne crois pas la science assez avancée pour entreprendre la solution de ces questions ; mais elles sont dignes des méditations des scrutateurs de la nature. (B.)

SEMIS. Mise en terre des graines dont on veut obtenir des productions.

« La voie des semis, dit Thouin, est celle qui fournit des sujets en plus grand nombre, de la plus belle venue, de la plus longue durée. C'est celle qu'on doit employer de préférence toutes les fois que cela est possible. Elle donne des variétés, dont quelques unes ont des qualités perfectionnées et des propriétés plus éminentes que celles des espèces auxquelles elles doivent leur existence ; elle procure enfin des races qui s'acclimatent plus aisément. »

Les plantes annuelles peuvent être rarement multipliées autrement que par semis.

Toutes les graines, pour être bonnes à semer, doivent être arrivées à leur maturité ou presque à leur maturité. Plus, dans chaque espèce, la graine est petite relativement aux autres de la même espèce, et plus sa production est foible. Il faut donc toujours choisir la plus belle graine, excepté lorsqu'on veut obtenir des fleurs doubles. *Voyez* GRAINE et FLEUR DOUBLE.

Comme il est toujours sage de ne pas perdre son temps et son terrain, on doit désirer le plus souvent de savoir si la graine qu'on va semer est dans le cas de lever. On juge généralement assez bien par l'inspection, lorsqu'on a de l'expérience, de la qualité de la graine, à sa couleur et à son poids ; mais dans le cas contraire il faut avoir recours à l'incertaine épreuve de l'eau, la mauvaise surnageant ordinairement, ou à l'inspection du germe qui, lorsqu'il est gros et sans apparente altération, offre plus de sécurité.

L'observation prouve que les graines de la récolte dernière sont meilleures lorsqu'on veut avoir des plantes vigoureuses et abondantes en tiges ou en feuilles ; mais que celles de deux ans sont préférables quand on a pour but d'avoir de grosses racines, de belles fleurs et des fruits abondans et savoureux. Les cultivateurs doivent se conduire en conséquence de cette observation.

La première chose à faire quand on veut entreprendre un semis, c'est de débarrasser les graines de leurs enveloppes. Le plus souvent cette opération s'exécute au moment même ou peu après la récolte de ces graines ; cependant il vaut mieux attendre, lorsqu'on le peut sans grands inconvéniens, le moment de les employer, parcequ'elles se conservent mieux dans ces enveloppes. *Voyez* GRAINE.

L'eau étant nécessaire à la germination des graines, il faut faire les semis, autant que possible, par un temps humide, ou sur une terre humide ou mettre tremper les graines dans l'eau.

Il est des graines qui portent avec elles le germe de la mort qui frappera leurs productions, telles que celles du froment, de l'orge, de l'avoine, etc. Il faut détruire ces germes par un caustique , par le Chaulage. *Voyez* ce mot et les mots Carie , Charbon , Rouille.

Beaucoup d'espèces de graines perdent leur faculté germinative peu après leur maturité. Ces graines , lorsqu'on ne les peut pas semer de suite , doivent être stratifiées avec de la terre. *Voyez* Jauge , Germoir , et Stratification.

Quelques noyaux , tels que ceux des amandes , des pêches , les abricots , poussent plus vite lorsqu'on les met en terre sans leur enveloppe , mais aussi on risque de les faire pourrir. Ce moyen ne doit être employé que dans quelques cas rares.

Autant que possible , les terres où on doit faire les semis seront ameublies par des labours ; tous les semis réussissent dans la terre de bruyère lorsqu'elle est convenablement arrosée , parceque c'est la plus perméable aux racines. Les terres légères sont plus ou moins dans le même cas; mais comme elles laissent plus facilement infiltrer et évaporer les eaux des pluies , il est souvent nécessaire , dans la grande culture où on ne peut arroser , de rendre leur surface un peu plus compacte en la plombant. *Voyez* Plombage et Roulage.

Il est cependant des graines qui lèvent mieux dans les terres compactes , ce sont celles qui sont grosses et ont besoin d'une grande quantité d'eau et celles qui sont propres à ces sortes de terres.

Presque toutes les graines de légumes dont on mange les feuilles gagnent à être semées dans des terres très fertiles ou très fumées , parceque dans cette circonstance elles offrent des productions plus fortes et par conséquent plus propres à remplir l'objet de leur culture.

Plus les graines sont grosses et plus elles demandent à être enterrées profondément. Cette règle du moins souffre fort peu d'exceptions. Il est des graines qui ne lèvent jamais dès qu'elles sont enterrées , telles sont , parmi les arbres , celles des bouleaux , des platanes , etc. ; parmi les plantes , celles des oignons , des panais , etc. Dans ce cas il est souvent bon de couvrir ces graines avec de la mousse , de la paille et autres objets analogues qui empêchent l'effet de l'action desséchante des rayons du soleil ou des vents. *Voyez* Soleil et Hale.

Les graines des légumes et des fleurs dont on veut avancer la végétation dans les climats froids se sèment ou au pied d'un mur , ou autre abri exposé au midi , ou sur un ados et on les arrose peu , ou sur une couche nue (*voyez* Abri , Ados , Couches chaudes ou tempérées) , ou dans des pots et des Terrines , sur couches à châssis (*voyez* ces mots et Chassis) , ou dans des Baches ou dans des Serres. (*Voyez* ces mots.) Il en est de même de celles des arbres , arbrisseaux , arbustes et plantes vivaces ou annuelles des pays chauds qu'on désire cultiver dans les mêmes climats.

Quant au contraire, ce qui est rare, on désire retarder la végétation de certaines plantes, on en sème la graine au nord d'un mur, on l'arrose abondamment avec de l'eau de puits ou de fontaine. *Voyez* Eau.

On doit conclure de ceci que la conduite des arrosemens d'un semis demande beaucoup d'intelligence. Et en effet il en est sur lesquels ils ont une influence telle qu'un seul de trop ou un seul de moins peut les faire manquer. Ce sont ceux de graines étrangères extrêmement fines, comme les rosages, les kalmies, les lèdes, les bruyères, les andromèdes, etc.

Il est presque toujours avantageux de garantir les semis des rayons du soleil de midi, des rosées froides de la nuit par des Claies, des Toiles et autres Couvertures. *Voyez* ces mots. Ces couvertures sont indispensables pendant l'hiver, dans les climats froids, pour tous les semis des plantes qui craignent les fortes Gelées. *Voyez* ce mot.

Plusieurs graines, principalement des arbustes de la famille des bruyères, telles que celles que j'ai citées plus haut, à raison de la difficulté de conduire leurs arrosemens, exigent d'être semées dans des lieux où l'air soit presque stagnant, comme une très petite cour, l'angle nord d'un jardin, sous un châssis dont on ouvre fort peu le panneau, etc.

On sème en Pleine terre, sur Couche, en Caisse, en Terrine ou en Pot. On sème à la Volée, en Planche, en Auget, ou Pochet ou Potelot, en Rayons ou Rangées. (*Voy.* ces mots.) Enfin on sème seul à seul, c'est-à-dire qu'on place à la main, ordinairement en ligne et à distance égale, les grosses graines qui doivent, dès la première année, donner de fortes tiges ou de nombreuses branches.

Ces semis seul à seul sont principalement recommandables pour les arbres forestiers qu'on destine à rester dans un lieu, parcequ'ils les placent à une distance convenable, et qu'ils conservent le Pivot (*voyez* ce mot), si essentiel à la beauté et à la longévité de ces arbres. Il seroit bien à désirer que les poiriers et les pommiers en plein vent, qui servent de bordure aux chemins vicinaux ou qui sont en plein champ, fussent toujours semés ainsi.

Les semis dont les produits ne doivent pas être transplantés s'appellent des Semis a demeure.

Il y a certains semis qu'il faut faire très serrés, tels sont ceux de lin, de chanvre, destinés à faire de la dentelle ou de la fine toile, tels que ceux des plantes qu'on veut faucher en vert pour les bestiaux, ou enterrer avant la floraison pour engrais; mais en général, et sur-tout ceux destinés à la pro-

duction de la graine, doivent toujours être clairs. La raison
en est que les plants trop pressés s'affament réciproquement par
leurs racines, se nuisent par leur ombre, et qu'ils ne prennent
pas conséquemment toute la vigueur qui leur est propre. Mais
on éclaircira successivement, disent certains jardiniers, lorsque
le plant sera levé. Oui, mais le plant qui a levé foible restera
foible toute sa vie, leur répond-on. En effet c'est ce que l'expérience prouve.

Cependant, comme il est beaucoup de graines non fécondées,
altérées, mangées, on ne peut se dispenser de semer un peu
plus dru qu'il ne convient, mais il y a un moyen terme à garder.

Le moment de la levée des semis dépend, 1° de la nature
de la graine, toutes variant à cet égard; 2° de celle de la
terre, ceux dans les terrains secs et légers étant plus précoces
que ceux des terrains humides et compactes; 3° de la proportion exacte de l'humidité de la terre avec la nature de la
graine, trop peu et trop étant toujours une circonstance dé-
favorable; 4° de la chaleur de l'atmosphère, chaleur sans
laquelle il n'y a pas de végétation, et dont chaque plante
demande un degré différent; 5° enfin de la profondeur à laquelle la graine est enterrée. Il est un grand nombre de graines,
et les cultures en montrent continuellement des exemples
malheureusement trop nombreux (*voyez* Herbe), qui restent
plusieurs années en terre lorsqu'elles sont profondément enterrées, et qui lèvent dès que la charrue ou la bêche les ont
ramenées à la surface.

Je crois faire plaisir au lecteur en lui offrant le passage suivant rédigé par Thouin.

« Dans l'état de nature, les graines mûrissent sur les végétaux qui les produisent; quelques unes tombent immédiatement après leur maturité; d'autres, au contraire, restent
sur leur pédoncule jusqu'à l'époque d'une nouvelle sève qui,
trouvant oblitérés les vaisseaux qui conduisent à ces graines
mêmes, s'en détourne pour se porter vers des boutons ou
des rameaux qui exigent son action vivifiante; mais les unes et
les autres tombent à terre, sur des couches d'humus végétal
produites par la décomposition des feuilles, des brindilles et
autres parties des végétaux; d'autres trouvent pour lits des
couches de plantes herbacées, dans lesquelles elles se trouvent enveloppées et couvertes; il en est qui ne rencontrent
dans leur chute que de légères couches de mousses, de
lichens; bientôt elles sont recouvertes par des particules terreuses qu'y charrient les vents ou qu'y entraînent les pluies,
et par les feuilles desséchées des végétaux supérieurs. Les fruits
pulpeux tombent entiers, leur chair se décompose, les siliques, les calices et autres espèces d'enveloppes exposées à

l'humidité se détruisent ; il résulte, de la décomposition de toutes ces substances, un humus végétal dans lequel se rencontre une grande quantité de carbone dans un état de division tel qu'il est propre à entrer presque sur-le-champ dans l'organisation végétale.

« Ainsi donc, les germes des semences, après avoir été développés par l'humidité et la chaleur, se nourrissent d'abord du lait végétal contenu dans les lobes qui les accompagnent, leur radicule s'enfonce ensuite dans une couche presque uniquement composée d'humus végétal, dans laquelle elles tirent par leurs suçoirs un aliment moins élaboré, mais plus substantiel que celui fourni par les lobes des semences, et plus analogue à l'état de la jeune plantule. Peu de temps après le jeune plant devenant plus robuste enfonce ses racines en terre à une plus grande profondeur ; il y trouve des sucs élaborés plus nutritifs, plus forts et plus assimilés à l'état de vigueur et de force des végétaux à cette époque de leur âge.

« D'après ce qui vient d'être dit, il est aisé de sentir que la couche de terre dans laquelle se font les semis doit être abondante en parties nutritives et dans un état d'élaboration telle qu'elles puissent remplacer l'aliment que fournissent aux jeunes semis leurs cotylédons et servir de nourriture intermédiaire entre ce premier et celui qu'ils doivent tirer des couches de terre inférieures. 2° Que cette couche de terre doit être très meuble pour que les radicules et le tendre chevelu des racines des jeunes plantes puissent la pénétrer et y chercher leur nourriture. 3° Et enfin que la couche de terre qui doit recouvrir les semences doit avoir peu d'épaisseur, être meuble et légère, pour que les pulpes des semences puissent aisément la traverser lors de leur développement.

« Si on ne recouvroit les semis qui se font à main d'homme qu'aussi peu que ceux qui se font naturellement dans les campagnes, on réussiroit rarement à les faire lever ; c'est-à-dire qu'on manqueroit son but. Les semis qui se font naturellement sont abrités par des herbages ou des arbres dont la fraîcheur et l'ombrage léger protègent la germination des graines et les défendent des rayons trop ardens du soleil. Les semis faits à main d'homme se pratiquant dans une terre nue, nouvellement remuée et exposée aux rayons du soleil, n'auroient ni assez d'humidité, ni assez d'abris pour lever ; on est donc obligé de les couvrir davantage, et il est une règle assez généralement suivie, qui, à quelques exceptions près, peut guider dans la pratique : c'est la grosseur des semences qui doit indiquer à peu près l'épaisseur de la couche de terre qui doit les recevoir pour faciliter et assurer leur germination.

« Les semences très fines, telles que celles des RAIPONCES,

des POURPIERS, doivent être recouvertes d'une ligne de terre, et encore doit-elle être légère. Les graines de la grosseur d'un pois ont besoin d'être recouvertes de terre de l'épaisseur de trois quarts de pouce. Enfin les graines les plus grosses, parmi celles de nos arbres fruitiers, comme les amandes, les noyaux d'abricots, de pêche, et même les noix, peuvent être enfoncées en terre entre deux à trois pouces ; mais il est bon d'avertir que les plus grosses, telles que celles du cocotier des Maldives, qui est le plus gros noyau que nous connoissions, ne doivent être enfoncées en terre qu'à la profondeur de quatre à cinq pouces.

« S'il est important d'enfoncer les semences à une profondeur convenable pour leur réussite, il ne l'est pas moins, pour la célérité de leur germination, qu'elles ne soient pas trop enfoncées en terre. Les graines les plus fines, enterrées à un pouce, ne lèvent point ; elles se conservent en terre jusqu'à ce qu'un concours de circonstances les rapproche de la surface. » *Voyez* GERMINATION, TERREAUTER et SEMAILLES.

La nature et l'art sèment toute l'année, mais la première plus en automne et la seconde plus au printemps. Les grandes gelées de l'hiver et les grandes chaleurs de l'été sont les époques les plus défavorables. Je n'entrerai pas dans le détail des instans où on sème chaque espèce, puisque cela a été indiqué à l'article qui la concerne, et d'une manière générale à celui de chaque mois.

Lorsqu'un semis est effectué, il demande quelquefois, comme je l'ai observé, d'être arrosé. Des arrosemens trop multipliés ou font pourrir les graines, ou font pousser les plantes avec tant de rapidité qu'elles sont sans vigueur et périssent ordinairement à la transplantation ou même pendant l'hiver suivant. Il faut donc les ménager. *Voyez* ARROSEMENT. Souvent aussi il faut le débarrasser des mauvaises herbes qui lui nuisent, par le moyen des SARCLAGES, SERFOUISSAGES et BINAGES. *Voyez* ces mots. Mais il arrive quelquefois que les plantes étrangères sont utiles en lui conservant l'humidité nécessaire. C'est d'après ce principe que souvent on sème les graines de plusieurs plantes ensemble; par exemple, de l'orge ou de l'avoine avec du trèfle, de la luzerne, du sainfoin, etc. *Voyez* PRAIRIES ARTIFICIELLES.

Une trop constante HUMIDITÉ, une trop constante SÉCHERESSE, une PLUIE BATTANTE, un SOLEIL trop vif, la GELÉE, la GRÊLE, quelques quadrupèdes tels que les MULOTS, les CAMPAGNOLS, les TAUPES, un grand nombre d'insectes, principalement les COURTILIÈRES, les larves des HANNETONS, les CHENILLES de diverses espèces et les ALTISSES, une certaine quantité de vers, comme les LOMBRICS, les LIMACES, les HÉLICES nuisent beaucoup aux semis. J'ai indiqué aux articles qui les concernent les moyens de prévenir ou de réparer leurs ravages, ainsi que ceux de les détruire. (B.)

SEMOIR. Sac où le semeur met le grain qu'il répand sur la terre. On donne aussi le nom de *semoir* à toute machine inventée pour distribuer la semence avec plus d'exactitude et d'économie qu'il n'est possible de le faire lorsqu'on sème à la main.

Les Chinois se sont servis de toute antiquité de semblables machines pour semer et couvrir en même temps leur riz. C'est d'eux qu'on en a emprunté la première idée, et des cultivateurs instruits ont pensé qu'on pouvoit l'appliquer avec succès aux semailles de nos champs. Rozier est d'une opinion contraire. « L'acquisition de telles machines, dit-il (*Cours d'agriculture*), seroit infiniment heureuse si nos terres ressembloient à celles des rizières de la Chine. Toute rizière suppose nécessairement un sol dont la superficie est plane et nivelée, afin que l'eau qu'on est forcé d'y introduire pour favoriser la végétation des plantes s'étende par-tout à la même hauteur : d'ailleurs ce sol ressemble plus à celui de nos jardins potagers qu'au terrain des champs labourés. Par-tout la terre est douce, émiettée, sans gravier, sans cailloux. Il n'est donc pas surprenant que l'action de semer et de recouvrir la semence par la même opération soit l'effet d'une machine; lorsque les circonstances seront égales, cette machine méritera d'être adoptée en Europe. En effet, le grain est également répandu, également espacé, également recouvert, et il n'y a pas un seul grain de perdu. Mais où trouver cette égalité de circonstances? et quand même on la trouveroit, le point vraiment difficile pour l'exécution seroit de soumettre l'esprit d'un paysan à s'en servir. Il y a plus; quand même il l'adopteroit, elle seroit bientôt brisée et anéantie par sa gaucherie. »

Après s'être ainsi prononcé contre l'emploi des semoirs pour ensemencer nos champs, le même auteur donne cependant la description et la figure d'une de ces machines, afin de satisfaire, dit-il, la curiosité des lecteurs; et cette description est précédée de la notice et des observations suivantes sur la faveur dont ont joui les semoirs vers le milieu du dernier siècle.

« Lucatello, dit Rozier, Espagnol de nation, sur la fin du dix-septième siècle, voulut imiter la culture des Chinois, et, à cet effet, il inventa ou modifia un de leurs semoirs. Le plan de sa machine fut envoyé à la Société royale de Londres, et il en est fait mention dans la collection imprimée de ses mémoires. C'est, sans doute, d'après cette instruction que M. Tull, Anglais, donna une sorte de célébrité aux semoirs, et il en avoit besoin pour perfectionner la méthode nouvelle d'agriculture qu'il publia dans l'idiôme de son pays, et que M. Duhamel fit connoître en France en 1750, dans l'ouvrage intitulé : *Traité de la culture des terres, suivant les principes de M. Tull.* La base du système de l'auteur anglais est l'atténuation des terres à grains, semblable à celle du sol de nos jardins potagers, et de suppléer les engrais par des labours multipliés. Ce n'est pas le cas de discuter ici la bonté ou la nullité complète de ce système, qui suppose des travaux et des frais immenses avant d'avoir enlevé tous les cailloux et toutes les pierres d'un champ, de l'avoir purgé de toute racine, d'avoir pour ainsi dire nivelé sa surface au cordeau. En supposant un champ dans ce cas, en supposant encore que les labours suppléent les engrais, en supposant enfin qu'on compte pour peu les champs établis sur les coteaux et sur les pentes des montagnes, il est assez bien prouvé que le semoir économise une partie du grain que le cultivateur répandroit lui-même sur son champ.

« L'ouvrage de M. Duhamel réveilla l'attention de tous les cultivateurs et grands propriétaires. Chacun voulut avoir un semoir et obtenir la gloire de perfectionner celui de M. Tull. M. Duhamel en imagina plusieurs. Alors on offrit à la curiosité publique les semoirs à tambour, les semoirs à cylindre, les semoirs à palettes ; MM. de Châteauvieux, de Montefui, Diancour, Thomé, Blanchet, de Villiers, parurent avec honneur par la perfection qu'ils donnèrent à leurs semoirs. Enfin M. Soumille, d'Avignon, est à peu près le dernier qui ait innové dans ce genre, et qui ait porté la machine à sa plus grande simplicité. Cependant elle a encore ses défauts.

« Pendant ce temps-là, c'est-à-dire depuis 1750 jusqu'en 1765 et 1770, la manie des semoirs régnoit en Angleterre comme en France ; jusqu'aux pois, aux fèves, tout avoit son semoir. On y distingue ceux de M. Ellis, du docteur Huntel, de M. Rundall. Peu à peu, dans cette île et sur le continent, la seminomanie passa de mode. Aujourd'hui tous les semoirs sont relégués sous le hangar, et on ne s'en sert plus. »

Il faut convenir, avec Rozier, qu'il n'est pas aisé d'introduire, en agriculture, de nouvelles machines, même celles qui seroient avantageuses au progrès de cet art, parceque les habitans des campagnes n'aiment à se servir que des instrumens qu'ils sont accoutumés à manier depuis leur enfance, parcequ'ils craignent, et souvent avec raison, que les machines qui leur sont proposées n'atteignent pas le but promis et désiré, parcequ'enfin, en supposant qu'ils les adoptassent, ils ne sont ni assez soigneux pour les conserver en bon état, ni assez adroits pour les réparer au besoin, et que dans beaucoup de cantons ils manqueroient d'ouvriers pour cela. Sur tous ces points je pense, comme Rozier, et l'on peut voir ce que j'ai dit à ce sujet à l'article MACHINES; mais cependant l'art agricole en a besoin et en emploie beaucoup qui sont adoptées depuis long-temps et d'un usage facile et journalier. Les diverses espèces de charrues, de pompes et de moulins sont des machines; les pressoirs à huile, à cidre et à vin sont des machines; le simple tombereau même en est une, et seroit assurément présenté sous ce nom s'il n'étoit pas connu. Pourquoi donc n'en proposeroit-on pas de nouvelles aux cultivateurs, si on peut leur en démontrer l'utilité, et si en même temps elles sont simples et peu coûteuses?

L'ensemencement des terres est une des opérations les plus intéressantes de l'agriculture; il importe au succès des récoltes qu'il soit bien fait; pour cela il faut que le grain ne soit ni ménagé ni prodigué, qu'il soit semé en plus ou moins grande quantité, plus clair ou plus épais, selon l'espèce de grain, la qualité de la terre et les préparations qu'elle a reçues; il faut sur-tout qu'il soit répandu avec une grande égalité sur toute la superficie du sol. La main de l'homme, dirigée avec intelligence, est-elle seule en état de faire tout cela, ou n'a-t-elle pas besoin, dans ce travail, d'être aidée par quelque machine ou semoir? C'est ce qui est en question, et à cet égard les agronomes sont partagés d'opinion. Selon quelques uns, rien n'est moins propre à semer toujours également que la plupart des semoirs imaginés jusqu'à ce jour; car l'égalité de la distribution dépendant de l'uniformité du mouvement, il faut presque toujours supposer que l'animal qui fait mouvoir l'instrument n'aura rien d'inégal dans sa marche, et que la terre qu'on veut semer n'aura rien de raboteux: or, une pierre suffit pour anéantir ces suppositions et troubler l'opération des semoirs. D'ailleurs ces machines sont assez sujettes à se détraquer. Le meilleur semoir, ajoutent-ils, est la main d'un laboureur exercé; elle n'est exposée à aucun accident, et son opération est sûre, facile et prompte.

Ces observations sont fondées jusqu'à un certain point, mais elles ne sont point concluantes contre les semoirs; car on pourroit dire les mêmes choses sur la charrue et la herse, sujettes aussi à se détraquer, et employées souvent dans des terrains inégaux, raboteux, pleins de cailloux et de pierres. On ne les a pourtant point abandonnées pour cela. Le labour à la bêche est sans contredit plus parfait que celui qu'on feroit avec la meilleure charrue; cependant les charrues n'ont pas été mises sous le hangar. Un simple rabot couvre plus sûrement et plus également le grain que la herse la mieux dirigée; et la herse est employée par-tout. On voit que le cultivateur, quelque exercé qu'il soit dans l'art agricole, s'est toujours aidé des machines qui lui ont paru simples, d'un usage commode, et propres à épargner son travail et son temps. Il tireroit cet avantage d'un bon semoir ; il économiseroit encore son grain, et s'assureroit des récoltes plus abondantes. Rozier a dit que tous les semoirs avoient été abandonnés ; il ignoroit sans doute qu'il en existe depuis long-temps en Pologne un fort simple, qui est entre les mains de tous les laboureurs de ce pays, même les moins fortunés, et dont ils font journellement usage avec succès ; c'est celui que je vais décrire. Il importe de le faire connoître, et j'engage nos riches propriétaires ou fermiers à en faire l'essai, afin que leur exemple et les avantages qu'ils ne manqueront pas d'en retirer décident les petits laboureurs à l'employer aussi.

Une trémie, un cylindre, deux montans, deux roues, deux brancards et deux châssis, sont toutes les pièces dont se compose le semoir polonais. *Voyez pl. 2 , fig. 2.*

La trémie AAAA est destinée à contenir le grain qu'on veut semer. Elle a cinq pieds de hauteur, quatre pieds et demi de longueur, et quatorze pouces d'ouverture par le bas : elle est plus ou moins ouverte en haut, selon que ses côtés sont plus ou moins inclinés l'un vers l'autre.

Cette trémie pose sur un cylindre BB, ayant quatre pieds et demi de largeur et quatorze pouces de diamètre, c'est-à-dire que la longueur et le diamètre du cylindre correspondent à la largeur et à l'ouverture inférieure de la trémie. La moitié du diamètre du cylindre entre dans la trémie, l'autre moitié est vue en dehors. La surface entière du cylindre est garnie de petits trous ou alvéoles disposés en échiquier, à quatre pouces environ les uns des autres, et ayant la forme des grains qu'on se propose de semer. Ces grains, jetés dans la trémie, remplissent ces trous, et le cylindre en tournant les lâche et les dépose sur la terre, où ils tombent et restent espacés également et de la même manière qu'ils l'étoient sur le cylindre.

Le cylindre et la trémie sont réunis ensemble par deux montans CC, dont les deux parties supérieures sont courbes et fixées par deux vis à écrou à chacun des côtés de la trémie, et dont les parties inférieures sont percées d'un trou faisant fonction de moyeu, et dans lequel tourne l'axe du cylindre.

En dehors de la trémie, et vers chaque extrémité du cylindre, sont deux roues fixes DD, qui font corps et qui tournent avec lui ; elles ont deux pieds trois pouces de hauteur. En Pologne, où le bois est très commun, ces roues sont ordinairement en bois plein, sans raies ni jantes. Il seroit plus convenable de les faire comme les roues de nos petites voitures.

Les brancards EE, réunis par la traverse F sont placés bien, au-dessus des roues, vers la partie supérieure de la trémie, dans l'intérieur de laquelle ils passent.

Les deux châssis GG entrent dans la trémie jusqu'aux deux bords de son ouverture inférieure ; ils sont mobiles et appliqués aux deux côtés antérieurs et postérieurs de la trémie, le long desquels on peut les élever ou les abaisser à volonté. Vers le bas ils sont garnis d'une traverse large et mince, recouverte de laine, et dont l'objet est de fermer plus ou moins le petit intervalle qui se trouve entre les tangentes du cylindre et les bords de la trémie, afin qu'aucun grain ne puisse passer par cet endroit.

Telle est la disposition des pièces fort simples qui composent le semoir polonais. Il est traîné ordinairement par un cheval. Le mouvement imprimé à la machine fait que le grain contenu dans la trémie se place comme de lui-même dans les alvéoles du cylindre. Afin que la forme de ces alvéoles soit toujours convenable au grain, on change de cylindre quand on veut semer un grain de forme différente. Comme cette pièce du semoir ne tient à la trémie que par quatre vis, on l'en détache sans peine et sans perte de temps. Quelque lent ou accéléré que soit le pas du cheval, les grains qui tombent à terre conservent toujours entre eux les distances voulues et réglées par celles des alvéoles ; seulement lorsque le mouvement de la machine est accéléré on sème une plus grande quantité de grain dans un temps donné, ce qui est un avantage réuni à tous ceux que présente ce semoir.

On objectera peut-être que les alvéoles du cylindre étant égaux, et les grains inégaux, beaucoup de grains trop gros peuvent ne pas s'y nicher, et beaucoup d'autres qui y sont entrés s'y trouvant trop serrés doivent avoir de la peine à s'en détacher. Je répondrai que les trous sont faits assez grands pour recevoir les plus gros grains, et que celui, en bien petite partie, qui ne peut pas s'y loger, n'est pas perdu pour cela ; il reste dans la trémie.

J'ai décrit ce semoir d'après un petit modèle que M. Thouin a bien voulu me communiquer. (D.)

SEMOULE. Gruau à très petits grains, ordinairement fait avec du blé dur ou blé à chaume solide, qu'on cultive en Italie, d'où nous en est venu l'usage. Cette substance sert à faire des potages, des bouillies d'une saveur agréable. Comme il faut aux meuniers une habitude particulière pour moudre la semoule, et que la consommation en est encore circonscrite dans l'enceinte des grandes villes, il n'y a que quelques moulins qui y soient consacrés autour de Paris, Strasbourg,

Lyon , etc. On trouvera au mot Mouture tout ce qu'il convient de savoir à l'égard de sa fabrication.

SÉNÉ. Plante du genre des casses, le *Cassia senna*, Lin., dont les feuilles et la gousse servent à purger. On la trouve sauvage dans les déserts voisins de l'Egypte ; on la cultive dans quelques jardins du midi de l'Europe, mais uniquement par curiosité. *Voyez* au mot Casse.

SÉNÉ BATARD. C'est la Coronille des jardiniers.

SÉNÉ FAUX. On donne ce nom au Bagnaudier.

SENEÇON , *Senecio*. Genre de plantes de la syngénésie superflue , et de la famille des corymbifères, dans lequel se trouvent plus de cent vingt espèces, dont plusieurs sont importantes à connoître , soit à raison de ce qu'elles sont excessivement communes, ou très grandes ou propres à être employées dans la médecine ou placées dans les jardins d'agrément.

Les seneçons ont toutes les feuilles alternes , et les fleurs disposées en corymbes terminaux. Je mentionnerai ,

Le seneçon vulgaire. Il a les racines annuelles ; la tige droite , rameuse, fistuleuse, haute d'un pied ; les feuilles amplexicaules, pinnatifides, glabres ; les fleurs jaunes et sans demi-fleurons. Il se trouve dans les jardins , les champs, le long des haies , sur le rebord des fossés de toute l'Europe. Souvent il couvre le sol, tant il est abondant. On le voit en fleur et en fruit pendant toute l'année , même sous la neige. Toutes ses parties sont charnues et faciles à écraser. Sa saveur est fade , légèrement acide. On en fait un fréquent usage en médecine comme émollient et adoucissant. Les bestiaux, excepté les cochons, ou ne le recherchent pas , ou le refusent. Le meilleur usage qu'on en puisse faire c'est de l'apporter sur le fumier dont il augmente utilement la masse ; mais il faut l'arracher avant la maturité de ses graines , car on le propageroit sans cela au-delà de toute mesure , à moins que le fumier ne fût répandu sur une terre sèche et sablonneuse , parcequ'il lui faut un sol frais et fertile pour prospérer.

Le seneçon a feuilles d'aurone. Il a les racines vivaces ; les tiges anguleuses , rameuses , hautes de deux à trois pieds ; les feuilles multifides à divisions linéaires et pointues ; les fleurs petites, jaunes et radiées. Il croît dans les parties moyennes et méridionales de l'Europe, sur les collines sèches et principalement sur les schisteuses. Je l'ai vu souvent couvrir ces dernières de ses touffes qui subsistent pendant tout l'hiver. Là on peut l'employer à chauffer le four ; mais je ne le cite que comme susceptible d'être introduit dans les jardins paysagers et d'y produire des effets agréables. On le multiplie par semences ou par séparation des vieux pieds.

Le SENÉÇON JACOBÉE a les racines vivaces ; les tiges cannelées, quelquefois velues, hautes d'environ deux pieds ; les
feuilles bipinnées, à découpures dentées, la terminale plus
grande ; les fleurs jaunes, grandes et radiées. Il croît par
toute l'Europe dans les lieux argileux et frais, le long des
haies, sur le revers des fossés, etc., et fleurit pendant une
partie de l'été. Souvent il est si abondant qu'il étouffe toutes
les autres plantes. Son aspect n'est pas sans agrément. Ses feuilles ont une légère odeur aromatique et une saveur amère. On
les regarde comme vulnéraires et détersives. On en fait fréquemment usage en cataplasme, en infusion et en décoction.
Les bestiaux ne les recherchent pas. Ses tiges sont propres à être
employées pour chauffer le four, pour fabriquer de la potasse
et pour augmenter les engrais. On doit en tirer parti pour l'ornement des jardins paysagers. Il nuit aux prairies, et en général à toutes les cultures par l'abondance et la hauteur de ses
tiges, en conséquence on doit l'en extirper avec soin.

Le SENÉÇON DES MARAIS a les racines vivaces ; les tiges hautes de quatre à cinq pieds ; les feuilles à demi amplexicaules,
lancéolées, dentées, un peu velues en dessous, longues de
près de six pouces ; les fleurs grandes, jaunes et radiées. Il
croît en Europe dans les marais, sur le bord des rivières, et
fleurit au milieu de l'été. Son aspect est imposant. On peut le
placer avec avantage dans les jardins paysagers, sur le bord
des eaux ou des massifs.

Le SENÉÇON DORÉ a les racines vivaces ; les tiges droites,
hautes de six pieds ; les feuilles un peu décurrentes, grandes,
lancéolées, dentées, glabres, un peu glauques ; les fleurs
jaunes et radiées. Il est originaire de l'Europe méridionale,
fleurit à la fin de l'été, et se cultive fréquemment dans les
jardins à raison de sa beauté. Il se place comme le précédent
et se multiplie de même, c'est-à-dire par graines, moyen
fort long, et par déchirement des vieux pieds, moyen fort
rapide. On pratique ce dernier mode en hiver. Ses touffes
doivent n'être ni trop petites ni trop grosses pour produire
tout leur effet.

Le SENÉÇON ÉLÉGANT, ou SENÉÇON D'AFRIQUE, a les racines
annuelles ; les tiges très rameuses ; les feuilles pinnées, à divisions très courtes et visqueuses ; les fleurs assez grandes,
jaunes au centre: rouges à la circonférence, et disposées
en bouquets au sommet des tiges et des rameaux. Il est originaire du cap de Bonne-Espérance, et se cultive fréquemment dans les jardins à raison de son élégance et de l'éclat de
ses fleurs. On ne peut le mettre qu'en pots dans le climat de
Paris, où il fleurit au milieu de l'été, parcequ'il craint les
froids de l'hiver. Sa multiplication s'opère par graines et plus

communément par boutures qu'on fait à toutes les époques de l'année, et qui manquent rarement. Il demande, pour être conservé, des arrosemens fréquens pendant les chaleurs de l'été, fort rares pendant l'hiver, et à être placé dans le lieu le plus éclairé de l'orangerie. Il y a une variété à fleurs doubles qui est couverte de fleurs pendant presque toute l'année. (B.)

SÉNEGRÉ. C'est la TRIGONELLE FENUGREC.

SENEVÉ. Nom vulgaire de la MOUTARDE.

SENSITIVE. Plante du genre des ACACIES, qui a, à un plus haut degré que toutes les autres, la faculté de contracter ses feuilles par l'attouchement d'un corps étranger, faculté qui lui a mérité l'admiration de tous ceux qui ont été dans le cas de l'observer. *Voyez* au mot ACACIE.

SENTIER. Lieu de passage pour les gens à pied à travers les champs, les prés, les bois, etc.

Quand on réfléchit à l'immense quantité de sentiers qui existent dans quelques cantons, on ne peut que s'affliger sur la perte de terrain qu'ils occasionnent. Il m'a été prouvé un grand nombre de fois qu'il étoit très possible d'en faire disparoître beaucoup sans nuire à la facilité et à la rapidité des communications, lorsque les propriétaires voudront s'entendre et donner de bonne grace le passage qu'on leur prend de force chaque année. Si, comme je ne cesse de le prêcher, les propriétés étoient plus généralement closes et bien closes, l'établissement des nouveaux sentiers n'auroit pas lieu, parcequ'on pourroit poursuivre celui qui franchiroit la haie à quelque époque que ce soit, et qu'il est contre le droit naturel et par conséquent pénible aux bons caractères d'empêcher quelques uns de passer à travers d'un champ, lorsque ce champ est dépouillé.

L'irrégularité des sentiers est encore une circonstance contre laquelle les amis de l'agriculture doivent se récrier. Ils sont courbes, sinueux, et la ligne droite est cependant la plus courte; ils s'élargissent, se divisent et se réunissent, et cependant un pied de largeur est suffisant. Au reste les lois sur les sentiers et les chemins vicinaux sont fort sages. Il faut seulement les faire exécuter, et c'est ce qui n'est pas facile. (B.)

SEOUCLA. C'est sarcler dans le département du Var.

SEP. On donne ce nom à la partie de la charrue qui porte le soc, et à laquelle sont attachés et l'age ou flèche et le manche. *Voyez* au mot CHARRUE. On écrit souvent cep, mais il faut réserver cette orthographe pour le cep des VIGNES. *Voy.* ce mot et CÉPÉE.

SEPTEMBRE. Pendant ce mois la terre commence à se

dépouiller de sa verdure. Des pluies, souvent abondantes, semblent cependant d'abord ranimer la végétation. La seconde sève, celle qui doit accumuler dans les racines les principes de leur accroissement, se développe dès ses premiers jours, de là le nom de *pousse d'août* ou de *pousse de septembre* qu'elle porte dans divers lieux. Déjà beaucoup d'arbres fruitiers ont dédommagé le cultivateur des soins qu'il s'est donnés. Les autres en font autant dans le courant de ce mois, c'est-à-dire que c'est ordinairement pendant sa durée qu'on achève de cueillir les fruits dits d'automne et presque tous ceux dits d'hiver. Là les vendanges commencent et là on abat les premières pommes destinées à faire le cidre. Le laboureur, proprement dit, sème ses seigles, donne la dernière façon à ses jachères, coupe ses regains, etc.

Dans les jardins on continue à faire quelques semis de ceux indiqués comme appartenant au mois d'août. On repique, à de bonnes expositions, le produit des semis du mois de juin pour avoir des légumes le plus tard possible dans l'hiver, ou le plus tôt possible après les gelées. Les choux-fleurs, sur-tout, sont l'objet des soins des jardiniers à cette époque. On butte le céleri, on lie les cardons, la chicorée pour la consommation de l'hiver.

Il faut visiter les greffes faites pendant les deux derniers mois, et desserrer la laine de celles qui *s'étranglent*.

Les vieilles couches se détruisent vers la fin de ce mois. A la même époque on rencaisse les orangers; on change de terre toutes les plantes cultivées dans des pots; on commence même à planter les arbres qui se dépouillent les premiers de leurs feuilles. (B.)

SEPTERÉE. Ancienne mesure de superficie. *Voy.* Mesure.

SEPTIER. Ancienne mesure de capacité et de superficie. *Voyez* Mesure.

SÉRANCER. C'est diviser la filasse du chanvre et du lin au moyen du sérançoir.

Cette opération, la première que subit la filasse après qu'elle est séparée de la chénevotte, se fait quelquefois chez les cultivateurs, mais rarement par eux-mêmes, c'est-à-dire que ce sont des ouvriers voyageurs, qui s'en chargent généralement. Elle appartient donc aux arts et n'est pas dans le cas d'être décrite ici, quelque simple qu'elle soit. *V.* Chanvre et Lin. (B.)

SÉRANÇOIR. Ce nom doit être exclusivement donné à une espèce de peigne formé de dents plus ou moins grosses, plus ou moins longues, plus ou moins rapprochées, fixé à hauteur d'appui dans un gros morceau de bois et qui sert à diviser la filasse du chanvre et du lin, à la peigner, comme on dit vulgairement ; mais cependant on l'applique souvent à la broye, c'est-à-dire à un autre instrument de bois qui sert à séparer cette filasse des chénevottes.

Comme les sérançoirs varient dans toutes les dimensions, que leur construction est fort simple, et qu'ils n'appartiennent pas directement aux procédés de l'agriculture, je n'entrerai pas dans de plus grands détails sur ce qui les concerne. (B.)

SEREIN. On appelle ainsi la condensation des vapeurs qui se sont élevées pendant la chaleur du jour, condensation qui a lieu par l'effet du refroidissement de l'atmosphère au moment où le soleil quitte l'horizon.

L'expérience a prouvé que dans certains pays il étoit dangereux de s'exposer au serein, ce qu'on peut expliquer et par la simple influence du passage subit du chaud au froid, et par l'action des gaz ou miasmes délétères qui retombent avec lui et qui se fixent sur la peau ou entrent dans les poumons : ces pays sont principalement ceux des parties méridionales où il y a beaucoup de marais.

Le serein doit avoir aussi de l'effet sur les végétaux ; mais il est peu sensible et n'a pas été observé.

On croit généralement que le serein forme seul la rosée, mais il n'y concourt que pour la plus petite partie. C'est le soleil qui, en cliassant devant lui les vapeurs, l'occasionne principalement. La preuve en est que souvent il n'y a pas de rosée à quatre heures du matin, et que les plantes en sont couvertes à six. *Voyez* au mot ROSÉE. (B.)

SERENNE. Tantôt on donne ce nom au vase dans lequel on sépare le beurre de la crême au moyen de la percussion, tantôt à celui où cette opération se fait par le mouvement d'ailes tournantes dans un vase circulaire. *Voyez* BARATTE, LAIT et LAITERIE. (B.)

SÉRENTE. Nom vulgaire du SAPIN PESSE, ou ÉPICÉA. *Voyez* SAPIN.

SÉRÈQUE. C'est le GENÊT SAGITTAL.

SERFOUETTE ou CERFOUETTE. Outil de jardinage dont on se sert pour remuer la terre, c'est-à-dire pour donner un léger labour autour de petites plantes potagères, comme pois, chicorées, laitues. On s'en sert aussi pour faire périr des mauvaises herbes et les enlever dans les planches et plates-bandes. Cet outil est en fer et formé de deux branches ou dents renversées et pointues, posées toutes deux du même côté à peu près parallèlement, et réunies par une douille, à laquelle s'adapte un manche de bois de quatre pieds de long. *Voyez* le mot SERFOUIR. (D.)

SERFOUIR. C'est biner la terre avec une fourche à deux dents. *Voyez* BINAGE, LABOURAGE et SERFOUETTE.

Il y a la différence du binage au serfouissage, que, dans ce dernier, la terre n'est pas ou presque pas changée de place, qu'on ne fait que la gratter.

On serfouit les semis qui sont trop serrés pour que le fer de la binette puisse passer entre les plants qui les composent.

Du reste, les effets des serfouissages sont, à l'intensité près, les mêmes que ceux des binages; ainsi ce seroit se répéter que de les développer ici.

Quelquefois on serfouit avec un bâton pointu, avec une lame de couteau. (B.)

SERINGA. *Voyez* Syringa.

SERINGUE. Jardinage. Tuyau de fer-blanc ou de cuivre, de deux à trois pouces de diamètre et de deux à trois pieds de long, terminé par un bout en pomme d'arrosoir, percé de très petits trous, et dans lequel joue un fouloir de bois, muni à son extrémité antérieure d'une garniture de chanvre.

On se sert de la seringue dans les serres et les orangeries, pour donner une mouillure en forme de pluie sur les feuilles et les branches des arbres et des plantes qu'on y conserve. On s'en sert aussi pour répandre sur les mêmes parties des espaliers et autres arbres fruitiers les plus précieux, ainsi que sur les arbustes étrangers, une Lessive ou une Décoction (*voyez* ces mots), propres à faire périr les insectes qui les tourmentent.

Un jardin bien monté ne peut se passer d'une ou plusieurs seringues pour l'un et l'autre de ces objets. Les arrosemens sur les feuilles, imitant la nature, sont toujours très avantageux et souvent indispensables. *Voyez* Arrosement. (B.)

SERPE. Instrument de fer, plat et tranchant, haut de huit à dix pouces, large de trois à quatre, qui a le bout courbé en croissant, et une poignée de bois. On s'en sert dans l'agriculture et le jardinage pour couper de menues branches, et pour tailler quelques ouvrages de bois, comme cerceaux, échalas, pieux, etc. Après la coignée, c'est l'instrument dont on fait le plus usage dans l'exploitation des forêts, et pour émonder les arbres des grandes routes. (D.)

SERPENT. On donne ce nom à une famille d'animaux caractérisée par un corps très allongé, couvert d'écailles et dépourvue de pieds. Elle est un objet de terreur et de proscription. On en tue généralement toutes les espèces, quoiqu'on ne doive redouter que le plus petit nombre. Je crois que, loin d'aggraver par des histoires ou des contes la peur qu'on en a dans la campagne, on doit accoutumer les enfans à ne pas craindre et à ne pas tuer même ces espèces dangereuses qui toutes fuient l'homme et sont utiles à l'agriculture, en détruisant les mulots, les limaces et les insectes qui en mangent les produits.

Les trois genres de serpens dont il existe des espèces en France sont Couleuvre, Vipère et Orvet. On trouvera à ces mots tout ce qu'il convient à un cultivateur de savoir à leur sujet. J'y renvoie le lecteur.

On croit généralement dans la campagne que les serpens aiment le lait avec passion et tettent souvent les vaches ; c'est un préjugé. Tous sont carnivores, c'est-à-dire ne vivent que de chair, et même que de chair vivante. Une vipère qui se jetteroit sur un mulot qui court ne touchera pas à celui qui est mort ou qui ne donne aucun signe de vie.

On dit que les serpens charment les animaux qu'ils voient les premiers, et que, par l'effet de ce charme, ces animaux viennent d'eux-mêmes se jeter dans leur bouche. Le vrai est qu'ils leur causent quelquefois une telle terreur qu'ils perdent la faculté de se sauver et de se défendre. Cet effet est fort naturel et s'observe même dans l'homme. (B.)

SERPENT AVEUGLE, SERPENT CASSANT. *Voyez* Orvet.

SERPENT A COLLIER. C'est la Couleuvre la plus commune. *Voyez* ce mot.

SERPENTAIRE. Plantes du genre des Gouets et des Aristoloches. *Voyez* ces mots.

SERPENTAIRE A GRANDES FLEURS. C'est un cactier.

SERPENTAUX. On donne ce nom, en jardinage, aux rameaux de certains arbustes qui sont longs et flexibles, lorsque, couchés en terre pour être marcottés, ils y entrent et en ressortent plusieurs fois. Les chèvrefeuilles, les jasmins, les viornes et autres plantes de cette nature se multiplient souvent ainsi.

L'établissement des serpentaux ne diffère pas des marcottes ordinaires. Il suffit seulement de faire attention que la partie hors de terre offre des boutons d'où puissent sortir de nouvelles branches. *Voyez* au mot Marcotte. (B.)

SERPETTE. Petite serpe dont les jardiniers et les vignerons se servent pour tailler les arbres et la vigne ; sa lame se plie et se ferme en partie dans le manche comme celle d'un couteau. Les serpettes diffèrent de forme et de grandeur, suivant l'idée de l'ouvrier et l'habitude d'un pays. En général, le tranchant doit être de médiocre longueur, c'est-à-dire d'environ deux pouces, jusqu'à l'endroit où la courbure du dos commence ; et ensuite toute la courbure jusqu'à l'extrémité de la pointe doit avoir encore deux pouces, en sorte que le tout ne soit que de quatre pouces en tout. Le manche doit plus approcher de la forme carrée que de la forme ronde, le bois de cerf y est très propre ; il doit être aussi d'une grosseur raisonnable, afin qu'il remplisse à peu près la main et qu'elle puisse le tenir bien ferme, sans qu'il tourne ou qu'il lui échappe en faisant effort : une grosseur de deux pouces ou de deux pouces et quelques lignes est la plus convenable.

Le fer de la serpette doit être d'un bon acier et bien trempé, de manière que le tranchant ne puisse pas aisément se rebrousser, s'égrener ou s'ébrécher. Il faut que les serpettes soient toujours bien affilées, souvent nettoyées et repassées autant de fois qu'on s'aperçoit que le tranchant ne coupe pas bien. On ne doit se servir de la serpette que pour couper le bois qui est jeune et vif, tendre, bien placé et d'une grosseur médiocre ; jamais on ne doit l'employer aux endroits qui pourroient l'émousser, et où la scie feroit mieux qu'elle.

Avec les plus petites serpettes on peut couper des branches de trois à quatre lignes de diamètre ; les moyennes servent à la taille des arbres fruitiers ; et on fait usage des plus fortes pour couper des branches qui ont deux pouces de grosseur. Un manche uni ne convient point à cet instrument, parcequ'il est sujet à glisser dans la main quand on veut s'en servir. (D.)

SERPILIÈRE. Les jardiniers donnent ce nom à la COURTILIÈRE. C'est aussi le morceau de toile avec lequel on couvre les semis et les fleurs. *Voyez* TOILE.

SERPILLON. Petite serpe en usage pour la taille des arbres.

SERPOLET. Espèce du genre des THYMS.

SERRE. Bâtiment en partie vitré, destiné à renfermer, au moins pendant l'hiver, les plantes qui croissent naturellement entre les tropiques, et qui ont par conséquent besoin d'une température très élevée, non seulement pour croître, mais même pour se conserver. *V.* aux mots FROID, GELÉE et HIVER.

On peut aussi cultiver dans les serres des légumes et des fruits dont on veut jouir avant l'époque fixée par la nature, mais on le fait rarement à raison de la dépense. On préfère employer à cet usage les BÂCHES, les CHASSIS et les COUCHES. *Voyez* ces mots.

Pour remplir leur objet les serres doivent être tenues, par le moyen naturel des rayons du soleil ou par celui artificiel du feu, dans un degré de chaleur approchant de celle qui règne habituellement entre les tropiques, c'est-à-dire terme moyen entre quinze ou vingt degrés au-dessus de zéro du thermomètre de Réaumur.

Lorsqu'une serre se chauffe par le moyen des rayons du soleil seulement, on l'appelle *serre tempérée* ; lorsqu'elle se chauffe par les rayons du soleil et par des poêles, on l'appelle *serre chaude*.

Une serre ne mérite le titre de bonne que lorsqu'elle possède au plus haut degré par sa construction la faculté de concentrer la chaleur des rayons du soleil dans son intérieur et d'y conserver celle du feu qu'on y allume pendant un temps plus ou moins long.

C'est de l'exposition et du mode de construction d'une serre qu'on doit attendre ces résultats avantageux.

L'exposition d'une serre doit être entre l'est et le sud. Trop à l'est, elle reçoit trop obliquement les rayons du soleil, au-delà du sud, elle les perd trop promptement. Je dirois donc qu'il faut rigoureusement la placer au sud-est, si on pouvoit toujours être le maître de l'emplacement, si le choix ne dépendoit pas souvent des bâtimens déjà construits et des alentours. L'ouest et le nord ne valent absolument rien, et il faut renoncer à toute construction de serre lorsqu'on se trouve ainsi placé.

Un cultivateur qui a écrit sur la construction des serres, mon prédécesseur Nolin, a prétendu que l'exposition que je viens d'indiquer ne valoit pas celle du sud-ouest, parcequ'il s'élève toujours le matin un vent d'est très froid; mais il n'a pas fait attention que les vents d'ouest sont toujours humides dans les deux tiers de la France, et que l'humidité, comme je le dirai plus bas, est plus nuisible que le froid aux serres. D'ailleurs, c'est le matin que presque toutes les fleurs s'épanouissent et dès que le soleil s'est élevé de quelques degrés sur l'horizon, ce vent froid se dissipe. *Voyez* VENT. D'ailleurs qui oblige d'ouvrir les panneaux de la serre avant dix heures du matin?

Une montagne, un bois, une rivière, un étang, qui se trouvent à peu de distance devant une serre, sont de mauvais voisins pour elle, parcequ'ils amènent un air humide et froid qui ne peut que beaucoup nuire à la végétation des plantes qu'elle contient, soit directement en agissant sur elles pendant l'été lorsque ses panneaux sont ouverts, soit indirectement en soutirant à travers les vitres et les murs sa chaleur intérieure.

Au contraire, une montagne, de grands bâtimens placés derrière la serre, à une petite distance, sont un supplément extrêmement avantageux, en ce qu'ils agissent comme ABRI (*voyez* ce mot), et en augmentant la chaleur de l'atmosphère environnante diminuent la déperdition de celle qui a été accumulée dans l'intérieur de la serre, soit par les rayons du soleil, soit par le feu des poêles.

Pour éviter que le froid et l'humidité de la terre ne se transmettent dans les serres, il faut que leur sol soit élevé au-dessus d'elle de trois ou quatre pieds par le moyen d'un massif de maçonnerie; au centre duquel il seroit bon de mettre du charbon ou du verre en poudre, comme mauvais conducteur de la chaleur. S'il n'étoit pas trop coûteux de bâtir ce massif en briques vernissées, cela n'en vaudroit que mieux. On emploie ordinairement des pierres de taille assemblées avec du ciment.

Ainsi que l'expérience le prouve, les couches inférieures de l'air sont plus chaudes que les supérieures lorsque le soleil brille, mais elles sont plus froides, comme plus humides, lorsqu'il ne paroît pas et pendant la nuit. *Voyez* AIR et HUMIDITÉ. On doit donc, dans les pays brumeux, tenir le sol de la serre aussi haut que la facilité du service intérieur le permet, c'est-à-dire au moins au double de ce qui vient d'être dit. Une rampe vis-à-vis la porte fournit alors un moyen de communication.

La nécessité de donner le plus de lumière possible à la serre commande de faire son plan horizontal de la forme d'un parallélogramme fort allongé. Celle d'un trapèze, dont le petit côté seroit au nord, vaudroit mieux en théorie ; cependant la nécessité d'obtenir le plus de terrain possible, et d'avoir des angles pour placer les réservoirs à eau, la fait repousser de la pratique. Il doit y avoir une proportion nécessaire entre la longueur et la largeur ; mais les élémens de cette proportion sont plus foibles dans le sens de la largeur, c'est-à-dire qu'une serre double en longueur ne peut être double en largeur.

Une trop petite serre et une trop grande serre ont également des inconvéniens. La première, qu'elle coûte presque autant à construire, exige presque autant de chaleur qu'une moyenne, est plus sensible aux influences du froid extérieur, et contient moins de plantes. La seconde exige des dépenses considérables en bâtiment, consomme une grande quantité de chaleur pour produire peu d'effet, et un défaut de soin peut y causer de grands désastres.

Il a été de tout temps reconnu qu'une serre moyenne valoit mieux que deux serres petites, et deux serres moyennes qu'une serre grande.

Mais qu'est-ce qu'une serre moyenne ? Plusieurs personnes qui répondroient à cette question pourroient être fort peu d'accord ; cependant je crois pouvoir arbitrer que c'est celle qui a environ cinq toises de long.

Puisqu'une serre doit jouir de tous les rayons de soleil et de lumière qu'il est possible de lui procurer dans le climat où elle est construite, il faudroit que sa profondeur fût la moindre possible, c'est-à-dire deux à trois pieds, mais le peu de plantes qu'elle pourroit contenir, et la rapidité avec laquelle l'air qu'elle renfermeroit se mettroit au niveau de la température extérieure, ne le permettent pas.

Il faut, dit Nolin, que la grandeur, la proportion et la disposition des parties d'une serre s'accordent avec le bien des plantes et la facilité de les soigner. D'abord la profondeur ne peut être moindre que de huit pieds et demi ou neuf pieds, dont cinq ou six seront occupés par les plantes et le reste servira au service. En second lieu le mur du fond ne peut pas avoir moins de cinq pieds ou cinq pieds et demi de hauteur, afin qu'un homme puisse facilement y passer. Enfin la hauteur du vitrage du côté du midi doit être telle que les rayons du soleil éclairent tous ou presque tous les jours de l'année toutes les faces intérieures. Sa largeur et la hauteur de son vitrage se déterminent par la hauteur méridienne du soleil au solstice d'été, car plus le degré du solstice d'été est élevé au-dessus de l'horizon, moins les rayons du soleil sont obliques, et par conséquent moins la largeur d'une serre doit être prolongée au-delà de huit pieds et demi ou neuf pieds.

Si donc dans un climat où l'angle du solstice avec l'horizon est de soixante-dix degrés on donne au vitrage d'une serre dix-huit pieds de hauteur, le rayon solsticial ne s'étendra qu'à environ six pieds trois pouces sur l'aire horizontale. Ainsi la largeur de la serre ne seroit pas suffisante; mais dans ce climat, où l'on tire les plantes de la serre long-temps avant le solstice pour les exposer en plein air, on peut lui donner les mêmes dimensions qu'à celle destinée pour un climat où la hauteur du solstice seroit de cinq à six degrés moindre.

Ainsi, plus les rayons du soleil sont obliques, et plus on peut donner de largeur à une serre; par exemple, dans un climat plus septentrional que Paris, où la hauteur du solstice seroit de cinquante-huit degrés, si le vitrage vertical d'une serre est de dix-huit pieds, le rayon du solstice tombera sur l'aire horizontale à onze pieds; mais si on donne au dehors seulement deux pieds de talus au vitrage, pour l'incliner un peu et lui faire recevoir moins obliquement les rayons du soleil, l'espace compris entre le pied de ce vitrage et le rayon du solstice, sera de treize pieds; sur lesquels prenant neuf pieds pour la largeur, la serre avançant, le mur du nord de quatre pieds en deçà de la ligne solsticiale, le soleil frappera tout le fond de la serre presque tous les jours de l'année, ce qui est nécessaire dans un tel climat, où à peine ose-t-on risquer en plein air un petit nombre de plantes.

Avant d'exposer une méthode pour déterminer les projections relatives de toutes les parties d'une serre pour le climat de Paris, je ferai quelques observations générales.

1° Si la serre n'est destinée que pour les plantes des climats compris entre le vingt-trois et le trente-sixième degré, comme la plupart passent l'été en plein air dans le climat de Paris, on peut la régler à environ soixante-deux degrés, c'est-à-dire du 15 au 20 septembre, temps où on rentre les plantes, au 20 ou 25 mai, temps où on les sort.

2° Si la serre ne renferme que des plantes de la zone torride, quelques unes, les moins délicates, pouvant supporter le plein air pendant une partie de l'été, et laissant de la place pour rapprocher vers le devant celles qui doivent être constamment tenues dans la serre, il n'est pas nécessaire que le soleil, au solstice d'été, éclaire le fond. Ainsi on pourra reculer le mur du nord environ d'un pied au-delà du rayon solsticial, et attacher contre ce mur des planches sur lesquelles on placera des pots dans les saisons où il jouira du soleil. »

Il peut donc y avoir des serres dont le vitrage soit perpendiculaire, et il peut y en avoir dont il soit plus ou moins incliné en dedans. Je ferai connoître plusieurs sortes de ces dernières.

La mesure d'un des côtés d'une serre étant donnée, continue Nolin, et la hauteur du solstice d'été étant connue, il est facile de trouver les dimensions et les proportions des autres côtés.

Soit la hauteur du solstice à Paris de soixante-quatre degrés et demi, et soient donnés neuf pieds pour la largeur de la serre; 1° d'un point C, pl. 3, fig. 1, pris à volonté sur l'horizontale CB; je décris un arc de soixante degrés et demi, et je tire le rayon solsticial CE; 2° je prends sur l'horizontale les neuf pieds donnés pour la largeur, et de leur extrémité B j'élève la verticale BE. Le point où elle coupera le rayon donnera la hauteur d'un vitrage de dix-neuf pieds deux pouces; 3° du point C j'élève une autre verticale CF qui sera le mur du nord. Pour trouver sa hauteur je décris du point E un arc de quarante-cinq degrés, qui font la mesure de l'inclinaison du toit, en tirant la ligne EF, le point où elle rencontrera la ligne CF montrera la hauteur du mur du nord de dix pieds deux pouces, et la longueur du toit incliné de douze pieds huit pouces.

Dans cette sorte de serre le vitrage est perpendiculaire et par conséquent moins exposé aux effets de la grêle, de la neige, des pluies battantes, aux coups meurtriers du soleil; il ne laisse point tomber en eau sur les plantes les vapeurs qui s'y attachent; mais si elles ont une grande profondeur elles ont nécessairement une grande hauteur, et si elles sont étroites elles contiennent peu de plantes et se refroidissent rapidement.

Fondé sur le principe constant que le vitrage d'une serre doit recevoir directement les rayons du soleil pendant la plus grande partie de l'année, la plupart des cultivateurs lui donnent de l'inclinaison.

Mais quelle est cette inclinaison? C'est, continue Nolin, dans le climat de Paris, celle qui coupe à angles droits la ligne du solstice d'hiver (ce solstice est élevé de dix-sept degrés et demi, par conséquent le vitrage doit être incliné de soixante-douze degrés et demi), car depuis le 20 novembre jusqu'au 10 janvier les rayons du soleil tomberoient diréctement sur le vitrage, presque tous les jours à midi, cet astre, pendant ce temps, étant, à cause de l'obliquité de l'axe de la terre, presque fixe au même degré du zodiaque; le 10 décembre et le 20 janvier ils seroient directs à onze heures et à une heure; vers le 20 novembre et le 10 février à dix heures et à deux heures; le premier octobre et le premier mars à neuf heures et à trois heures; le 5 septembre et le 25 mars à huit heures et à quatre heures; vers le 5 août et le 25 avril à sept heures et à cinq heures; enfin vers le solstice d'été à six heures du matin ou du soir, ou zéro, parceque le vitrage, supposé bien orienté au midi, est dans le plan de six heures.

La *pl.* 3, *fig.* 2, représente la construction de la coupe transversale de cette serre d'après les mêmes proportions que celles adoptées pour la serre à vitrage perpendiculaire.

Ce petit nombre d'époques, observe Nolin, suffit pour montrer qu'un vitrage qui a cette inclinaison reçoit en hiver les rayons du soleil aux heures les plus voisines du midi, les seules où il ait quelque chaleur; et qu'au contraire, plus le soleil s'approche du solstice d'été, temps où il n'échauffe que trop les serres, ses rayons n'y tombent directement qu'à des heures plus éloiguées de midi, et que l'heure de midi est celle où ils sont les plus obliques.

Quelque avantageuses que soient ces dernières serres, on a trouvé qu'elles n'étoient pas encore assez échauffées par les rayons du soleil, et on en a construit mi-partie perpendiculaire et mi-partie inclinée. Alors la partie inclinée l'a été de quarante-cinq degrés (et même plus pour les serres à ananas.)

Les partisans des deux précédentes directions du vitrage des serres, ajoute Nolin, objectent, 1° que les inconvéniens cités plus haut deviennent plus graves; 2° que les rayons du soleil tombent trop obliquement, pendant l'hiver, sur l'une et l'autre partie du vitrage, et trop directement pendant l'été sur la partie inclinée; mais d'abord la chaleur du soleil n'étant pas assez forte en hiver pour dispenser d'allumer du feu pendant le jour, dans les temps de gelée et de grand froid, quelque dégagé de vapeurs que l'air puisse être, il importe peu que les rayons du soleil tombent plus ou moins obliquement sur le vitrage; en second lieu, pendant l'été, une partie des plantes est exposée en plein air, et l'autre n'est retenue dans la serre que parcequ'elle a besoin d'une grande chaleur : or, plus la chaleur sera grande et plus l'on pourra donner d'air, ce qui sera très avantageux à ces plantes renfermées.

Les dimensions de ces serres sont indépendantes des solstices, de l'équinoxe, et des différentes hauteurs du soleil dans les diverses saisons, parceque tous les jours de l'année il peut étendre ses rayons sur toutes les faces intérieures, et que rien n'y porte de l'ombre. Elles se règlent sur le nombre et la grandeur des plantes, observant cependant que, plus elles ont de capacité, plus elles sont dispendieuses à échauffer pendant l'hiver. On trouve leurs proportions par la même méthode que celle des serres à vitrage vertical, et même plus facilement. Ainsi, soit à construire une serre de douze pieds de longueur, dont le mur du fond doit avoir dix-huit pieds de hauteur, 1° j'élève la ligne AB, *pl.* 3, *fig.* 3 ; 2° je prends la même longueur sur l'horizontale, pour avoir le triangle rectangle ABC ; 3° je prends de A vers C la largeur (douze pieds) de la serre. Étant soustraite de dix-huit il restera six pieds pour la hauteur du vitrage vertical DE ; et la ligne EB sera la longueur (dix-sept pieds) et l'inclinaison (quarante-cinq degrés) de la partie supérieure du vitrage.

Mais on n'a pas toujours besoin d'une telle hauteur et souvent de plus de largeur. On peut alors diminuer d'environ un tiers la longueur du vitrage et le remplacer par un petit toit incliné au nord, comme on le voit *fig.* 4. Dans quelques serres ce toit est plus large encore, ce qui diminue leur capacité et les rend plus faciles à chauffer. Dans d'autres, il est prolongé en saillie au-dessus du vitrage, comme on le voit, *fig.* 5, 1° pour l'abriter et empêcher le vent du nord de se rabattre dessus ; 2° pour, en le plafonnant, le mettre dans le cas de réfléchir les rayons du soleil ; 3° pour pouvoir y attacher les toiles ou les paillassons destinés à garantir la serre du trop grand soleil, ou son vitrage de la grêle.

Les fondations d'une serre doivent être en briques, celles des faces intérieures et extérieures vernissées (1), c'est-à-dire vitrifiées à leur surface, pour diminuer d'autant la perte de la chaleur, le verre étant un de ses plus mauvais conducteurs. Ces briques coûtent un peu plus chères, parcequ'elles exigent plus de cuisson ; mais il ne faut pas regarder à quelques francs de plus de dépense.

On pave l'intérieur au niveau des fondations avec les mêmes briques, mais sans les lier entre elles par de la chaux.

Au-dessus de ces fondations, qui ont environ deux pieds d'épaisseur, et qui s'élèvent à deux ou trois pieds au plus au-dessus de terre, on bâtit du côté du nord un mur en moellon de

---

(1) De la mine de plomb sulfureuse (galène) ou de l'oxide vitreux de plomb (litarge) réduites en poudre et unies à un lait de chaux épais dans la proportion d'un cinquantième suffit, pour, en y trempant les briques déjà cuites, et les remettant au feu, déterminer la vitrification de leur surface.

même épaisseur et de la hauteur de la serre. Il est revêtu
en dedans et en dehors d'un bon enduit, et blanchi en dedans d'un lait de chaux, mieux encore d'une couche de peinture à la colle ou au caillé de lait.

Sur les trois autres côtés on applique une plate-forme de
bon bois de chêne, large de neuf à dix pouces, épaisse de
cinq à six, taillée en chanfrein sur le bord de sa face supérieure, pour faciliter l'écoulement des eaux des pluies et pour
laisser passer plus de lumière sur l'aire de la serre. Elle doit
déborder d'un à deux pouces le parement extérieur des murs.

Dans cette plate-forme on entenonne des montans ou
poteaux, distans de quatre à cinq pieds entre eux, de
six pouces d'écarrissage et d'une longueur égale à la hauteur
du vitrage, c'est-a-dire de toute la hauteur de la serre, si
tout son vitrage est vertical ou incliné, et de la partie inférieure seulement, s'il est en partie vertical et en partie incliné. Dans ce dernier cas, ces montans reçoivent une autre
plate-forme des mêmes dimensions que l'autre et s'y entenon-
nent. Cette seconde plate-forme reçoit en mortaise de semblables montans inclinés, qui se posent aussi en assemblage sur
le faîte.

Une barre plate ou une forte tringle de fer attachée avec
des vis, ou passée dans des coulisses de fer du côté intérieur
de la serre, sur les travers de ces montans, vers leur milieu,
les tient en respect et les empêche de se déjeter d'un autre côté

Toutes ces pièces de bois doivent être unies et dressées
à la varlope. On abat les anses des montans du côté intérieur
de la serre et aux deux côtés de leur face extérieure. On
creuse, suivant leur longueur, une feuillure plus ou moins
large et profonde (environ deux pouces), pour recevoir les
châssis vitrés et les y adapter exactement. Les châssis inclinés
s'appliqueront bien dans les feuillures par leur propre poids.
Les verticaux y seront retenus par des tourniquets qui donneront la facilité de les enlever et de les remettre à volonté. Il sera bon de faire un ou plusieurs panneaux suivant
la longueur de la serre, en forme de porte ouvrant ou fermant par dehors, pour donner beaucoup d'air quand cela est
nécessaire. Pour les châssis inclinés, on fera, sur-tout dans
la partie la plus haute, plusieurs vasistas, ou mieux on
fera, près du faîte, ou sur le faîte, quelques panneaux qui
s'élèveront ou s'abaisseront au moyen d'une bascule ou autrement. Dans les serres assez basses pour qu'un homme
puisse atteindre au vitrage incliné, on pourroit le construire
comme le châssis à coulisse des croisées ; sa partie inférieure
glisseroit dans une coulisse sur la supérieure.

Chaque panneau sera composé d'un cadre ou battant,

dont le bois aura environ trois pouces de largeur, sur deux d'épaisseur, et de deux ou trois montans de deux pouces de largeur et d'épaisseur, et entenonnés sur les deux traverses inférieures et supérieures des battans, sans être coupés par aucune traverse. Pour leur en tenir lieu et pour les empêcher de se déjeter et de se tourmenter, on y attache du côté intérieur, avec des vis, de petites tringles de fer distantes l'une de l'autre de deux à trois pieds. Le cadre du panneau et les montans auront, sur leurs bords extérieurs, une petite feuillure pour placer les vitres.

Tous ces bois recevront trois couches à l'huile et en blanc pour les empêcher de pourrir aussi rapidement et pour qu'ils réfléchissent les rayons du soleil.

On pourroit substituer le fer au bois dans toutes ces parties, et on obtiendroit une plus longue durée ; mais aussi la dépense seroit plus forte et la serre moins bonne, parceque le fer est un des meilleurs conducteurs de la chaleur que l'on connoisse. *Voyez* CHALEUR.

Cela étant fait, on posera sur les panneaux les vitres de manière qu'elles soient en recouvrement de quatre à six lignes, et on les garnira de bon mastic, qu'on peindra aussi. Ces vitres auront le plus de hauteur possible. *Voyez* CHASSIS.

C'est toujours du verre commun qu'on emploie, à raison de l'économie, dans la fabrication de ces vitres ; mais si elles étoient composées de verre légèrement coloré en rouge, on obtiendroit une chaleur bien plus considérable, les rayons rouges étant plus chargés de calorique que les bleus et les jaunes, et par conséquent que les blancs. *Voyez* CHALEUR.

On pourroit, en superposant plusieurs vitrages les uns aux autres, faire naître dans la serre une chaleur constante telle qu'elle brûleroit les plantes, et ce, par le seul effet de l'accumulation de celle des rayons du soleil. Je désire beaucoup d'être à portée d'en faire construire une à trois vitrages pour faire des expériences et forcer à fleurir beaucoup de plantes qui s'y refusent dans celles du jardin du Muséum : la dépense seroit presque double, mais ne seroit certainement pas perdue; du moins suis-je persuadé que l'économie annuelle du bois en dédommageroit et même bien au-delà. Je la voudrois d'ailleurs d'une capacité moyenne, dix-huit à vingt pieds de long. Il n'y a pas de doute qu'il ne fût très facile d'en régler la chaleur au moyen des ouvertures et des toiles, et de la proportionner, en chaque saison, au besoin des plantes qui y seroient contenues. *Voyez* CHALEUR.

On peut placer la porte des serres dans toutes les parties de leur pourtour, cependant il vaut mieux qu'elles soient vers leur fond, sur un de leurs petits côtés, ou sur le derrière, principalement pour économiser de la place. Cette porte sera exactement close, et autant que possible accompagnée d'un tambour qui empêchera l'air extérieur d'y entrer en trop grande quantité lorsqu'on l'ouvrira pendant l'hiver.

Je n'ai pas cru devoir donner le plan ni l'élévation des serres à châssis perpendiculaires, et à châssis simplement inclinés; mais j'ai pensé qu'il étoit bon d'offrir quelques exemples de celles qui ont une partie de leur vitrage perpendiculaire ou peu incliné, et une autre inclinée de quarante-cinq degrés, renvoyant au mot Bache, au supplément, celles qui sont extrêmement inclinées.

La *figure 5*, *pl. 3*, représente l'élévation d'une de ces serres dans laquelle, tantôt les deux faces de côté sont en maçonnerie, tantôt seulement celle qui regarde le nord-est ou l'est. Cette serre est la plus simple.

Jusqu'ici je n'ai parlé des serres que comme si elles ne devoient être échauffées que par leur clôture exacte et par les rayons du soleil, c'est-à-dire comme si elles étoient toutes des *serres tempérées*. Il convient actuellement de faire voir comment on les transforme en *serres chaudes*.

« Dans nos climats, dit Nolin, que je continue de suivre, les rayons du soleil trop obliques pendant l'hiver, et souvent interceptés par des nuages ou des brouillards, ne peuvent procurer aux serres une chaleur suffisante, ainsi on a recours au feu : mais son action immédiate seroit meurtrière pour les végétaux ; l'air même qui les environne dans la serre ne doit recevoir sa chaleur que des corps interposés, échauffés et enflammés, ou mis dans l'état d'ignition.

Dans l'origine de l'invention des serres, origine qu'on ne connoît pas au reste, on employoit probablement des poêles qu'on plaçoit intérieurement sur le sol comme on le fait encore dans quelques orangeries, et le tuyau, conducteur de la fumée, les traversoit dans toute leur longueur pour profiter autant que possible de toute la chaleur produite, mais on ne tarda pas à s'apercevoir que cette chaleur étoit trop directe, trop inégale, qu'il étoit trop difficile de s'opposer aux effets de la fumée, et on se détermina à faire sortir toute la chaleur du sol même de la serre, non seulement par ces considérations, mais encore parceque cette chaleur, comme excessivement légère, tend toujours à s'élever.

Aujourd'hui donc toutes les serres ont leur fourneau dans la terre, au-dessous de leur aire, et la chaleur se répand dans l'intérieur par des conduits de chaleur qui circulent autour, le plus ordinairement sous l'espace destiné au passage des ouvriers pour le service des plantes.

Ce n'est point une chose facile que de construire le fourneau d'une serre et les conduits qui portent la chaleur dans son intérieur. Il faut qu'il consomme le moins de bois, qu'il se perde le moins de chaleur possible. Des architectes très instruits des principes actuels de la pyrotechnie sont seuls en état d'en donner le plan, qui doit varier selon la grandeur de la serre, son objet, sa position même. On doit principalement désirer qu'on y applique le procédé des poêles fumivores, c'est-à-dire dont la fumée est entièrement consumée dans son retour au foyer, et qui n'ont par conséquent pas besoin de cheminée, car il y a grande économie de combustible et grande inquiétude de moins, la fumée étant extrêmement nuisible aux plantes lorsqu'elle s'introduit dans la serre. *Voyez* Fumée. M. Champy est le seul qui, à Charonne, en ait, à ma connoissance, une construite d'après ces principes.

Les fourneaux ainsi que les conduits de chaleur sont le plus souvent construits en briques (ces derniers valent mieux en tuyaux de terre), cependant ils vaudroient mieux en fonte de fer (ces derniers pourroient l'être aussi en cuivre ou en tôle). Dans la difficulté où je me trouve de choisir entre des exemples nombreux, je préfère m'en tenir à ceux cités par Nolin, quoique je sois persuadé qu'on peut faire mieux.

Pour diminuer la déperdition de chaleur qui se fait à travers le mur du fond des serres, on est aujourd'hui dans l'usage de faire derrière ce mur une galerie de huit à dix pieds de largeur, et où se trouve l'entrée du ou des fourneaux, le magasin du bois, etc. Lorsque la serre est assez élevée, on pratique un premier étage à cette galerie et on y loge le jardinier.

On éprouve qu'un fourneau large de deux pieds, profond d'autant, et haut de seize à dix-huit pouces, suffit pour une serre de trente pieds de longueur et proportionnée dans ses autres dimensions. On éprouve aussi que si au lieu d'un seul fourneau on en construit deux de moindres dimensions (un à chaque extrémité) on obtiendra plus de chaleur avec moins de dépense en combustible. Il est évident qu'un petit fourneau est plus économique et plus avantageux qu'un grand ; cependant s'il étoit si petit qu'on fût obligé d'y mettre du bois très fréquemment, il seroit incommode pour le service, sur-tout pendant les nuits rigoureuses de l'hiver. La hauteur est la dimension sur laquelle on se trompe le plus. Presque toujours elle est trop considérable. Celle indiquée plus haut est la plus élevée qu'on doive adopter.

Le fourneau peut être construit hors de la serre ou dans la serre, ou dans le mur de la serre. C'est ce dernier cas qui se voit le plus souvent, et véritablement c'est celui qui a le moins d'inconvéniens. Si l'aire de la serre est élevée de trois pieds au-dessus du sol, cette hauteur sera suffisante pour sa construction.

La hauteur et la largeur du tuyau de chaleur se règlent sur celle du fourneau. En partant du fourneau il aura pour hauteur à peu près les trois quarts de celle du fourneau, et pour largeur un peu plus que le tiers de celle du fourneau. Il diminuera graduellement de hauteur jusqu'à cinq à six pieds au-delà du fourneau. Alors on lui donne pour hauteur les deux tiers de celle du fourneau, et pour largeur le tiers de celle du fourneau, et ainsi graduellement jusqu'à son entrée dans la cheminée où il n'aura plus que cinq à six pouces de largeur.

En général les dimensions, la direction du tuyau de chaleur sont aussi difficiles à déterminer que sa construction est difficile à exécuter. J'en renvoie tous les détails au talent de l'architecte.

Outre le tuyau de chaleur, on voit dans quelques serres un tuyau qui lui est superposé et qui répand un air chaud dans la serre par le moyen d'ouvertures ou bouches qu'on ouvre et ferme à volonté.

On chauffe les serres avec du bois, avec du charbon de bois, avec de la houille, avec de la tourbe. Le feu de bois est le meilleur sous tous les rapports ; mais comme chaque espèce de bois donne une intensité différente de chaleur, il faut la calculer, car les serres doivent toujours être tenues à une température la moins variable possible, et cependant faire d'autant plus de feu que l'air extérieur est plus froid et le soleil plus foible.

J'ai représenté *pl.* 3, *fig.* 6, la coupe d'une serre pourvue d'une galerie au nord, d'un fourneau, de sa cheminée et de deux toiles mobiles ; l'une extérieure, pour empêcher les effets de la grêle et de la neige ; l'autre intérieure, pour diminuer ceux d'un soleil trop ardent, ou d'une humidité trop abondante. C'est autour des rouleaux qui se voient à son sommet que s'évident ces toiles, et c'est au moyen des poids qui pendent des deux côtés du mur du fond qu'on les tient dépliées, un ressort se trouvant dans les rouleaux. La *fig.* 7 représente le plan de l'extrémité de cette serre où se trouvent le fourneau, le commencement du tuyau de chaleur, du tuyau à air, et l'espace où se placent les pots.

Il y a quelques années qu'on a proposé de chauffer les serres avec des tuyaux de métal constamment tenus pleins d'eau chaude. L'expérience en a été faite au jardin du Museum et j'en ai été témoin. On a trouvé que la chaleur n'étoit pas assez forte pour les temps froids.

Dans les serres dont je viens de parler on met les pots où se trouvent les plantes sur l'aire même ou sur un gradin à ce disposé, et il se fait une grande évaporation de l'humidité de ces pots, évaporation qui amène leur refroidissement (*voyez* ÉVAPORATION et FROID); mais il est beaucoup de ces plantes qui ne s'accommodent pas de cette circonstance, soit parcequ'il est de leur nature d'aimer l'eau, soit parcequ'il leur faut un plus grand degré de chaleur. C'est pour ces plantes, qui sont en grand nombre, qu'on construit dans le milieu des serres des fosses revêtues de dalles minces de pierre, ou mieux, de briques vernissées posées de champ, fosses dans lesquelles on met de la terre, ou plus communément de la TANNÉE (*voyez* ce mot et celui COUCHE), pour y enfouir les pots plus ou moins selon la nature de la plante qu'ils contiennent.

La longueur de ces fosses, dit Nolin, est ordinairement celle de la longueur de la serre, moins dix-huit pouces ou deux pieds à chaque extrémité, espace nécessaire pour le passage. Sa largeur peut aussi être arbitraire ; cependant si elle est fort étroite, la couche ne conservera pas long-temps sa chaleur ; si elle est fort large, la masse du tan étant considérable, elle soutiendra long-temps sa chaleur, mais il sera difficile d'atteindre et de soigner les plantes placées au milieu ; ainsi on lui donne le plus communément six pieds de largeur. Sa profondeur ne peut pas être moindre que de deux pieds et demi, et elle peut être de cinq ou six, pourvu que l'aire de la serre ait cette élévation au-dessus du sol, ou que le terrain ne soit pas humide. Dans la plupart des serres sa surface est de niveau à l'aire ; dans quelques unes elle est plus ou moins élevée au-dessus.

Certains jardiniers, pour économiser le tan, mettent du fumier au fond de la fosse ; mais les émanations qui s'élèvent de ce fumier, et qui ne peuvent être emportées par l'air, sont aussi nuisibles aux plantes que désagréables à l'odorat.

Peu après que le tan est mis dans la fosse, il s'y développe un si grand degré de chaleur, que, si on y enterroit les plantes sur-le-champ, elles seroient frappées de mort pour la plupart. On attend donc quelques jours qu'il ait jeté son feu, comme disent les jardiniers. Un bâton qu'on y enfonce et qu'on en retire de temps en temps indique, par le moyen de l'attouchement, l'époque où il est possible d'y placer les pots avec sécurité. Un thermomètre indiqueroit ce moment avec encore plus d'exactitude.

Une bonne tannée peut conserver de la chaleur pendant six mois. Rarement on la renouvelle en entier, mais par quart, par tiers, par moitié, sur-tout quand on ne veut que conserver et non activer la végétation dans les plantes. Ordinairement on fait, au commencement de l'hiver, un fort change (expression technique) et au milieu du printemps un foible, quel-

quelquefois on en fait trois par an, le tout selon la qualité du tan, la grandeur de la fosse, la bonté de la serre, et l'objet de la culture.

Dans toute serre il faut qu'il y ait ou au milieu, contre le mur du nord, ou aux extrémités, du côté de ce mur, une ou deux cuvettes en plomb, en pierre ou en bois, plus profondes que larges, destinées à contenir l'eau nécessaire à l'arrosement des plantes de la serre; eau qui, pour ne pas retarder la végétation de ces plantes, doit être à la température de l'intérieur de la serre.

La description, le plan et la coupe d'une serre à tannée qui réunit tous les avantages désirables, complètera ce que j'ai à dire sur la construction de ces sortes de bâtimens, quoique j'eusse encore beaucoup de choses à en dire, si je voulois entrer dans tous les détails nécessaires.

« Cette serre, c'est Nolin qui parle, sera longue de trente pieds, large de onze, et haute de seize et demi, depuis le pavé jusqu'à l'angle formé par le toit et le vitrage incliné.

« Derrière son mur du nord est une galerie large de cinq pieds; l'aire ou le pavé de la serre étant élevé de quatre pieds (ou davantage) au-dessus de son sol, on entre dans la galerie par la porte A, *pl.* 4, *fig.* 1 et 2, et on monte par l'escalier C. A la serre B est une croisée qui éclaire la galerie. Si le pavé est de niveau avec le terrain, ou peu élevé au-dessus, B seroit la porte de cette galerie, et A seroit une croisée qui éclaireroit la partie creusée pour la construction et le service du fourneau D, auquel on descend par l'escalier C.

« Le fourneau a, de son âtre au sommet de sa voûte, quatorze pouces de hauteur; sa largeur est de vingt pouces, et sa profondeur de deux pieds et demi. S'il devoit être servi en tourbe il auroit trois pieds ou trois pieds et demi de profondeur. La capacité du cendrier est à peu près le tiers de celle du fourneau.

« *a c i o* est un tuyau d'air qui a son ouverture en *a*, parcourt trois côtés du fourneau, au niveau de son âtre, se replie en *o* et se prolonge autour des quatre côtés de la tannée jusqu'en *c*. Il a six pouces de hauteur sur autant de largeur.

« Le tuyau de chaleur diminue de capacité depuis onze pouces de hauteur, sur sept de largeur, en partant du fourneau, jusqu'à sept de hauteur et cinq de largeur, en entrant dans la cheminée. Il s'élève aussi graduellement depuis le fourneau jusqu'à son extrémité, comme il a été expliqué ci-devant. Depuis le fourneau jusqu'à douze ou quatorze pieds, il est placé au-delà du tuyau d'air qui s'élève beaucoup moins, et dont l'interposition éloigne assez le tuyau de chaleur de la tannée pour la préserver du feu, comme on le voit *fig.* 2,

qui représente la coupe prise de V en X. Ensuite, comme en
F, il court par-dessus et s'approche de la tannée pour lui communiquer plus de chaleur, et continue son cours au-dessus
du tuyau d'air, l'un et l'autre séparés de la tannée par la largeur d'une brique, comme on le voit *fig.* 3, qui représente
une coupe faite d'Y en Z. Du tuyau d'air il sort plusieurs
petits tuyaux, comme on le voit encore dans la même figure,
qui vont se terminer à fleur du pavé. L'ouverture de toutes
ces bouches, prises ensemble, est à peu près égale à celle du
tuyau ; c'est-à-dire que ce dernier ayant trente-six pouces
quarrés, chacune aura six pouces quarrés, excepté la dernière
en E qui sera plus grande.

« La tannée, large de six pieds et profonde de trois et demi,
s'élève de huit pouces au-dessus du pavé. Ordinairement sa
surface est horizontale ; mais il est bon, dans beaucoup de cas,
de lui donner une inclinaison plus ou moins forte du côté du
soleil.

« Le passage ou sentier autour de la tannée est large de
dix-huit pouces ; mais aux deux bouts de la serre il reste un
espace vide pour placer les plantes qui n'ont pas besoin de
la tannée. Au pied du vitrage, sur le mur qui s'élève de sept
à huit pouces au-dessus du pavé, on place un rang de pots
contenant les plantes qui demandent beaucoup d'air et de
lumière et peu de chaleur.

« Le long du mur du nord est une plate-bande LL, large
de seize pouces, bordée de briques posées sur champ, remplie
de terre, qu'on garnit de plantes grimpantes ou autres propres
à garnir le mur.

« A chaque coude du tuyau de chaleur est pratiqué une
chambre ou récipient pour faciliter le mouvement ou le cours
de la fumée. Cette chambre est couverte d'une dalle de pierre
assise sur de l'argile corroyée et de la mousse et en-dessus
garnie d'un anneau de fer, afin de pouvoir la lever facilement pour nettoyer le tuyau avec un balai emmanché à
une perche très souple.

« Le tuyau S de la cheminée, large d'un pied, long de six
pouces, est garni d'une soupape ou d'un diaphragme à clef,
qui se ferme exactement pour retenir la chaleur dans le fourneau, lorsqu'il n'y a plus de fumée et empêcher l'air froid de
descendre.

« Le vitrage inférieur, *fig.* 3, haut de neuf pieds, non com-
prises les plates-formes inférieures et supérieures, est un peu
incliné, plus pour la solidité que pour l'utilité de la serre. S'il
étoit incliné à soixante-douze degrés et demi, comme la ligne
ponctuée G, il recevroit perpendiculairement le rayon du solstice d'hiver ; mais en décembre et en janvier, comme il a été

observé, le soleil récréant plus les plantes par sa lumière que par sa foible chaleur, il importe peu que ses rayons frappent le vitrage un peu plus ou un peu moins obliquement.

« Le vitrage supérieur, long d'environ dix pieds est incliné à quarante-cinq degrés. Comme des panneaux de cette longueur seroient sujets à se courber, ils sont divisés en deux parties égales, et les montans sur lesquels ils sont posés sont soutenus par une panne appuyée d'un bout sur le gros mur du pignon à l'est, et de l'autre sur le pignon de la charpente, et, dans le milieu, sur une ferme indiquée par des lignes ponctuées, qui supporte aussi le milieu du faîte, lie et consolide tout l'ouvrage.

« Le toit est pareillement incliné à quarante-cinq degrés (il pourroit l'être moins); la partie qui s'avance au-dessus du vitrage n'a que huit pieds de saillie, afin que le soleil du solstice d'été frappe une partie du mur du nord, comme le marque le rayon solsticiaire LK. On pourroit faire le prolongement de ce toit de deux ou trois pièces légères et mobiles, sur des charnières, de manière à pouvoir être repoussées en arrière dans les beaux temps, et abaissées en avant lorsque la grêle ou la neige seroit à craindre, afin d'en couvrir le vitrage qu'elle garantiroit mieux que les toiles dont il a été question ci-devant. »

Presque toujours on devroit, à l'imitation de Dumont Courset, placer les serres chaudes entre deux serres tempérées, afin de diminuer la perte de la chaleur, qui a lieu par les côtés, et de faire profiter les deux serres tempérées de la chaleur de la serre chaude, c'est-à-dire partager la serre en trois par deux cloisons en vitrage. Il faut voir, dans son excellent ouvrage intitulé le Botaniste cultivateur, les avantages qu'il a tirés de cette disposition qui tient au principe que j'ai émis plus haut relativement aux serres qui seroient composées de plusieurs vitrages superposés.

C'est aussi à ce principe qu'est due l'amélioration qu'a reçue la grande serre du jardin du Muséum d'histoire naturelle de Paris, depuis qu'on en a bâti une seconde moins haute et plus étroite le long de son vitrage méridional.

Enfin, voilà la serre terminée, mais on ne peut pas encore y mettre des plantes, il faut attendre que les émanations de la chaux qui est entrée dans la formation du mur du nord, celles des oxides qui sont entrés dans la peinture à l'huile des bois, et que son humidité surabondante soient dissipées; car celles qu'on y mettroit périroient, ou au moins perdroient leurs feuilles.

« L'objet des serres chaudes étant de suppléer par une chaleur artificielle au défaut de chaleur naturelle de notre atmosphère, et de préserver de ses intempéries les plantes des pays plus chauds, on doit les y transporter aussitôt qu'elles ne trouvent plus dans notre climat, pendant les nuits, un degré de chaleur ou de température égal à celui dont elles jouissent dans le leur pendant les nuits les moins chaudes.

« Nos serres chaudes renferment,

« 1° Les plantes de la zone torride ou des climats compris entre les deux tropiques. De ces plantes les unes ne peuvent supporter le plein air de notre climat pendant les nuits même les plus chaudes de nos étés ordinaires (climat de Paris) ; on les tient constamment dans les serres. Les autres, moins délicates, peuvent respirer le grand air et recevoir les rosées dans une exposition chaude et bien abritée pendant environ deux mois et demi, jusqu'au temps où le thermomètre ne monte plus pendant la nuit qu'à quinze degrés au-dessus de zéro, c'est-à-dire au plus bas degré de leur patrie ; ce qui arrive, année commune, dans le climat de Paris, au commencement de septembre. On pourroit différer jusqu'aux nuits de treize degrés, qui ne sont pas nuisibles à ces plantes ; mais sous un ciel aussi inconstant que le nôtre, dont la température varie quelquefois de plusieurs degrés dans un très court espace de temps, il est plus prudent de prévenir que d'attendre le terme extrême. Quelques jours de plus de liberté importent peu au bien-être de ces plantes, condamnées chaque année à près de dix mois de prison, et ils peuvent leur devenir pernicieux ;

« 2° Des plantes originaires des pays situés depuis les tropiques jusqu'au trente-sixième degré de latitude. La moindre chaleur de ces climats étant de dix degrés, elles doivent être remises dans la serre lorsque le thermomètre ne monte pas au-dessus de ce degré pendant les nuits, ce qui arrive ordinairement vers la mi-septembre ; mais il est également prudent de prévenir cette époque, et de rentrer dès que le thermomètre descend à douze degrés au-dessus de zéro ;

« 3° Quelques plantes des climats compris entre le trente-sixième et le quarante-troisième degré de latitude, qui peuvent bien passer l'hiver dans l'orangerie, mais qui ont besoin de plus de dix degrés de chaleur pour fleurir en automne ou en hiver. On doit les transporter dans la serre en même temps que les précédentes. »

A cette énumération donnée par Nolin, j'ajoute les plantes du pays même ou autres dont on désire, par quelques motifs que ce soit, accélérer la végétation. Je ne parle pas des plantes potagères, parceque ce n'est jamais dans des serres qu'on les place, mais sous des BACHES ou des CHASSIS.

« Je ne donne point pour terme les jours du calendrier, mais les degrés de chaleur marqués par le thermomètre, parceque rarement nos saisons ont la même température plusieurs années consécutives. Certaines années les plantes les plus délicates pourroient demeurer en plein air au-delà du 15 septembre; dans d'autres, elles y sont en danger avant le premier de ce mois.

« Avant de transporter les plantes dans la serre, il faut en détacher toutes les feuilles mortes ou jaunes, et les nettoyer de toute poussière et ordure, détruire les insectes, enfin les REMPOTER (*Voyez* ce mot). On choisit pour les rentrer un jour sec et chaud, et les heures où il n'y a pas de rosée sur les feuilles.

« Les plantes étant placées dans la serre, les plus délicates dans la tannée et dans le fond de la serre où la chaleur est la plus grande, et les moins tendres, les plus avides de lumière, sur le devant et disposées suivant leur hauteur en étage, de manière qu'elles ne se dérobent pas le soleil, on leur donne de l'air tous les jours pendant les heures où le thermomètre, placé à l'ombre, marque quinze degrés ou davantage; mais pendant la nuit on ne donne aucune entrée à l'air, parcequ'il est de quatre à cinq degrés plus froid que pendant le jour.

« Vers la fin de septembre on renouvelle la couche de tan, comme il a été dit ci-devant. Pendant qu'elle jette son feu, et que les pots sont entassés dans les sentiers, on ouvre les panneaux pendant le jour pour dissiper les vapeurs humides qu'elle répand dans la serre. Ordinairement la chaleur de cette tannée dans laquelle on a remis les pots, mais qu'on surveille journellement, échauffe suffisamment la serre jusqu'en novembre.

« Enfin, lorsque le thermomètre placé en dedans de la serre ne monte pendant la nuit qu'à quatorze ou quinze degrés, et que le thermomètre placé en dehors ne monte qu'à un ou deux degrés au-dessus de zéro, on commence à allumer du feu pendant la nuit, et à mesure que la température de la saison devient plus froide, on augmente le feu et sa durée. Dans les serres qui ont deux fourneaux, on les allume alternativement ou ensemble, selon la rigueur du froid. S'il descend à dix degrés ou plus au-dessous de la congélation, on entretient le feu nuit et jour, soit que le soleil paroisse, soit que le temps soit couvert, de sorte que les fourneaux et les tuyaux ne refroidissent point, et qu'on puisse promptement augmenter la chaleur lorsque vers la nuit le froid augmente. Il faut regarnir de bois les fourneaux vers minuit, ou même après, et vers six heures du matin, afin que, pendant les heures de grand froid, ils donnent une grande chaleur. Dans les dégels et les temps humides le feu est nécessaire pour dissiper l'humidité de la serre et empêcher l'air d'y pénétrer. Le plus haut degré de chaleur d'une serre doit être de vingt-cinq degrés.

« Pendant les nuits rigoureuses, les neiges et les temps de brouillards froids, on couvre les vitrages avec de grosses toiles ou des paillassons, tant pour conserver la chaleur de la serre que pour préserver les vitrages ; mais on les découvre le plus tôt possible. De la lumière, je le répète, un air sans humidité et au moins quinze degrés aux plantes de la zone torride, au moins douze aux autres, sont les soins importans pour les conserver et les faire prospérer.

« Pendant ces mêmes temps on n'ouvre aucun vitrage de la serre pour y introduire l'air. Souvent il n'en vient que trop par l'intervalle mal joint des châssis, ou par la porte d'entrée. Cependant, s'il arrivoit un beau jour, on en profiteroit à l'heure de midi pour ouvrir quelques panneaux et faire évaporer l'air étouffé et chargé d'humidité.

« Si la chaleur de la couche tombe tellement que celle du feu ne puisse la soutenir au degré nécessaire, il faut remanier le tan et même en ajouter du neuf.

« Dans l'endroit le plus chaud et le plus voisin du fourneau il doit y avoir, comme il a déjà été dit, un vaisseau rempli d'eau qui prend la température de la serre, et avec laquelle on arrose les plantes. Il faut ne leur en donner que dans le besoin, sur-tout pendant les temps rigoureux où on ne peut donner de l'air à la serre et en dissiper l'humidité. Les plantes grasses, les plantes laiteuses et celles qui sont en état de non végétation active veulent être très peu et très rarement mouillées ; celles qui sont plongées dans la tannée, recevant quelque humidité à travers le pot, ont moins besoin d'être arrosées que celles dont le pot est à l'air. Pendant l'hiver on ne crible pas l'eau sur les plantes, on la verse seulement sur la terre, en prenant garde de n'en pas répandre à terre ou dans la tannée.

« Un jardinier soigneux visite tous les jours sa serre plutôt deux fois qu'une, et chaque fois qu'il voit une feuille jaunir, ou un plant moisir, il le coupe et l'emporte. Il nettoie avec une éponge les feuilles ou les tiges qui se couvrent de miélat, de poussière ; il fait la guerre aux insectes de toutes espèces. Enfin il donne tous les quinze jours un léger binage à la surface de la terre des pots qui lui paroissent en avoir besoin, et un balayage ou houssage général. C'est par la plus grande propreté qu'il prévient les effets désastreux d'un air stagnant et humide.

« Lorsque le soleil, vers l'équinoxe du printemps, commence à communiquer à l'air quatorze ou quinze degrés de chaleur, on ouvre pendant le milieu du jour quelques pan-

neaux, afin de ranimer les plantes et les préparer petit à petit
à leur sortie.

« Lorsque le thermomètre en plein air ne descend plus pendant la nuit au-dessous de quinze degrés (vers la mi-juin dans
le climat de Paris), on tire de la serre les plantes de la zone
torride. Celles en deçà des tropiques ont dû en sortir environ
un mois plus tôt, lorsque le thermomètre a marqué pendant
les nuits douze degrés. Un temps couvert et une petite pluie
douce sont très favorables pour ce transport ; mais si le soleil
est vif il faut placer les plantes à l'ombre, ou leur en procurer par des abris. Quelques jours après on leur donne un peu
de soleil ; enfin on les y expose pendant toute la journée. Si
elles y étoient d'abord exposées, les pousses foibles, effilées,
étiolées (voyez ÉTIOLEMENT) qu'elles ont faites dans la serre
seroient desséchées, brûlées par ses rayons. L'exposition la
plus chaude et la mieux défendue du nord et de l'est leur
convient le plus. Il faut ranger ensemble les plantes grasses,
celles qui craignent les pluies abondantes ou continues, afin
de pouvoir les en défendre par des toiles ou autres couvertures.

« Quant aux plantes qui ne sortent point de la serre, il faut
leur continuer les mêmes soins, et de plus les garantir des
coups de soleil par des toiles lorsqu'on juge qu'ils sont à craindre pour elles. Elles exigent alors des arrosemens fréquens,
tantôt avec l'arrosoir à pomme sur leurs feuilles, tantôt avec
l'arrosoir à goulot sur la terre. Un air presque tous les jours
renouvelé leur est indispensable. On remue de nouveau la
tannée, et on y ajoute du nouveau tan afin de ranimer sa vigueur. Quelques cultivateurs, et entre autres Dumont Courset,
à la pratique duquel on ne peut avoir trop de confiance, ne
mettent du nouveau tan qu'à cette époque, et s'en trouvent
bien. »

Dès que les plantes sont un peu accoutumées au grand air
il faut procéder à leur rempotement. Cette opération se fait
positivement comme celle semblable, qui a eu lieu avant leur
rentrée, excepté qu'à l'époque dont il est ici question on s'occupe de multiplier celles dont on désire avoir un plus grand
nombre de pieds. Le DÉCHIREMENT des vieux pieds, les ECLATS,
les REJETONS, les MARCOTTES, les BOUTURES, les RACINES
(voyez ces mots), sont les moyens qu'on emploie ordinairement. Ils ne diffèrent pas de ceux indiqués au mot ORANGERIE.
Voyez ce mot.

Rarement on sème dans les serres. C'est sous des BACHES,
des CHASSIS, des CLOCHES. Voy. ces mots.

La terre des pots dans laquelle on met les plantes destinées
à rester dans la serre ne diffère pas de celle qu'on emploie

pour celles qui se placent dans l'orangerie. Généralement c'est une terre composée, mi-légère, mi-forte, et abondamment pourvue d'engrais. J'en donnerai la composition au mot TERRE.

On croit généralement que l'entretien d'une serre est un article considérable de dépense, cependant deux ou trois cordes de bois sont suffisantes pour chauffer celle dont j'ai donné les dimensions en dernier lieu. La casse des vitres et des pots, à moins de cas extraordinaires, est peu de chose lorsqu'on a des ouvriers attentifs. Dans beaucoup de lieux on a la tannée presque uniquement pour les frais de transport. L'important est de conserver les châssis et les vitrages dans le meilleur état possible d'entretien, et en conséquence faire visiter et réparer le tout avec la plus scrupuleuse exactitude avant la rentrée des plantes; car un air froid qui entre par une fente augmente la consommation du bois ; l'eau des pluies qui pénètre entre les châssis accélère leur pourriture, et oblige à de grands travaux.

Cet article, quelque long qu'il soit, auroit besoin, je le sens, encore de plus grands développemens, mais il eût fallu faire un volume pour entrer dans tous les détails de théorie et de pratique qui peuvent s'appliquer aux serres. Je crois cependant que ce que je viens de dire suffira pour guider un amateur de plantes qui voudroit en construire et gouverner une. (B.)

SERRE PORTATIVE. Caisse destinée à transporter au loin des plantes délicates dont la végétation ne peut être interrompue, ou qui, étant sur mer, sont dans le cas de craindre les effets de l'air ou de l'eau salée. Pour cela trois des côtés de cette caisse sont prolongés de quatre pieds, et sur l'autre sont fixés des montans écartés de huit à dix pouces et disposés de manière à recevoir un vitrage. Le dessus est un toit en planche qui s'ouvre et se ferme à volonté.

Cette serre devroit plutôt être appelée une orangerie portative, puisqu'on ne l'échauffe pas au moyen du feu. On peut lui donner telles dimensions et telles formes qu'on veut, pourvu qu'elle soit maniable et que les plantes puissent y être à l'aise. (B.)

SERRE POUR LES LÉGUMES. Lieu destiné à conserver, pendant l'hiver, les légumes arrachés ou coupés, qui craignent la gelée, ou qu'on veut avoir sous la main à toutes les époques et quelque temps qu'il fasse.

Dans les grands jardins, la serre pour les légumes est ou une voûte sous une terrasse, sous l'orangerie, sous le logement du jardinier. Dans les petits, ce n'est le plus souvent qu'une chambre au rez-de-chaussée à côté de ce logement, ou une portion de cave.

Quel que soit le local qu'on destine à la conservation des

légumes pendant l'hiver, il faut qu'il n'y puisse pas geler et que l'humidité n'y soit pas très considérable ; c'est de la bâtisse que résultent ces deux circonstances. Une voûte bien construite, à chaux et à ciment, quelle que soit la nature du terrain, les doit immanquablement procurer, lorsque de plus il y a deux portes l'une devant l'autre, et placées de manière que l'une soit toujours fermée lorsque l'autre s'ouvre ; et une ou deux ouvertures ou fenêtres propres à renouveler l'air à volonté.

La capacité de la serre à légumes, où leur nombre, doit être proportionnée à la quantité de légumes qu'on est dans le cas d'y placer. Trop serrés, ces légumes seroient exposés à pourrir. Trop écartés, ils emploieroient un terrain qui pourroit être utilisé sous quelque autre rapport.

C'est dans du sable pur, ou, à défaut, dans de la terre presque sèche, qu'on place la plupart des légumes qui gagnent à être tenus debout, tels que les choux-cabus, les choux-fleurs, les chicorées endive, scarole et amère, etc. On les y range de manière qu'ils soient un peu écartés, parceque leur attouchement favorise leur altération. Les racines à collet, comme les carottes, les betteraves, les navets, les panais, peuvent être indifféremment mises de la même manière, ou couchées les unes sur les autres, les feuilles en dehors, avec du sable ou de la terre entre chaque rang. Quant aux raves, aux pommes de terre, aux topinambours, etc., on peut les mettre en tas, et aussi les séparer par des lits de sable ou de terre.

Comme si la chaleur se soutenoit à dix degrés et au-dessus dans une serre à légumes, les légumes pousseroient, et, excepté la chicorée amère, deviendroient impropres à être employés à l'objet pour lequel on les conserve, il est important d'ouvrir et de fermer les ouvertures de manière qu'elle soit constamment inférieure, c'est-à-dire entre quatre et six. Indiquer des préceptes à cet égard seroit superflu, puisque la sensation qu'on éprouve en y entrant, ou un thermomètre, et les dispositions du local peuvent seuls guider convenablement.

Un jardinier soigneux doit visiter souvent, c'est-à-dire au moins deux fois par semaine, les serres à légumes pour en ôter les objets qui commencent à se pourrir ; car, ainsi que je viens de le dire, ces objets concourent singulièrement à gâter ceux qui sont sains. Lorsque la température sera basse, mais que la gelée ne sera pas à craindre, il ouvrira, pendant quelques heures, les portes et toutes les ouvertures pour renouveler l'air de l'intérieur ; car, d'un côté, cet air renfermé s'est chargé d'humidité, et de l'autre il a pris une odeur particulière, qu'il peut communiquer à tous les légumes, et surtout à quelques espèces d'une nature délicate, tels que les choux-fleurs.

Au moyen de soins non interrompus, non seulement une serre à légumes peut en fournir pendant tout l'hiver, mais même jusque fort tard au printemps, c'est-à-dire jusqu'à ce que les primeurs soient devenus communs. (B.)

SERRURERIE. ARCHITECTURE RURALE. Cet art s'est perfectionné avec le temps, comme tous ceux qui tiennent à l'architecture ; mais ce n'est guère que dans les grandes villes, et l'on ne s'y occupe point des ferrures qui entrent dans les constructions rurales.

Celles des portes d'un usage fatigant n'y sont jamais assez solides, et les ferrures des portes des maisons de ville sont trop chères pour être employées dans des bâtimens d'exploitation.

Lorsque l'on examine la ferrure des grandes portes d'une ferme, on y voit des pentures qui, au moindre choc, sont faussées ou emportées. D'ailleurs ces pentures, placées comme elles le sont ordinairement, font porter tout le poids de chaque ventail sur les gonds. Alors, ou les ventaux s'affaissent sous leur propre poids après avoir faussé leurs pentures, ou leur pesanteur dérange les gonds, presque toujours mal scellés dans les pierres des pilastres, et quelquefois ces pierres elles-mêmes. Les portes tombent; elles ne peuvent plus s'ouvrir ni se fermer, et elles sont continuellement en état de réparation. Cette manière de les ferrer est donc très mauvaise.

Aux gonds et aux pentures dont nous venons de parler, nous avons substitué l'usage des tourillons et des étriers sur pivots ; et l'expérience a confirmé les avantages de cette innovation.

Le tourillon de chaque ventail n'est autre chose que le prolongement de son charnier. Il joue dans un trou circulaire pratiqué à cet effet dans le poitrail, ou dans l'arrière-couverte de la porte. Le bas du charnier est arrasé avec la traverse inférieure du ventail, que l'on construit d'ailleurs de la manière ordinaire, et garni d'un étrier de fer à trois branches pour les grosses portes, et à deux seulement en équerre pour les autres ; le dessous des étriers contient un pivot qui y est soudé, lequel tourne sur une crapaudine de fonte solidement scellée dans le seuil de la porte.

Pour produire le même effet, et empêcher que les ordures ne s'amassent dans la crapaudine et ne gênent le jeu des pivots, M. le sénateur Volney a imaginé de remplacer la crapaudine par un massif de fer fondu, faisant pivot dans sa partie supérieure, et de souder un dé de fonte à l'étrier au lieu du pivot.

Au moyen de l'une ou de l'autre de ces ferrures, les mouvemens de la grande porte ne peuvent plus en ébranler les pilastres, et ses ventaux sont toujours maintenus dans la position convenable. Il ne restoit plus qu'à garantir les ventaux de l'affaissement occasionné par leur propre poids et favorisé par le relâchement ordinaire des traverses et des écharpes. Nous y sommes parvenus en plaçant sur chaque ventail une plate-bande en fer, fixée par des boulons à écroux, d'un bout au haut du charnier, et de l'autre au bas du battant, ou dormant, à leur point d'assemblage avec les traverses inférieures.

Des grandes portes que nous avons fait ferrer ainsi, il y a environ trente ans, n'ont exigé et n'exigent encore d'autre entretien que celui de leur peinture.

On ferrera d'une manière analogue, et avec les modifications convenables, toutes les portes qui sont exposées au choc des animaux, et qui, par cette raison, exigent une grande solidité.

Pour les autres, les ferrures ordinaires nous paroissent suffisantes.

Quant aux fenêtres et aux volets des bâtimens ruraux, on devroit supprimer de leur ferrure, et les verroux à ressort qui jouent si mal, et les espagnolettes qui sont trop coûteuses; des barres, dites *à la capucine*, les contiendront avec plus de solidité et d'économie. (DE PER.)

SERSIFIS. *Voyez* SALSIFIS.

SERVE. On donne ce nom, dans le département de l'Ain, aux mares creusées dans la cour des fermes. (B.)

SÉSAME, *Sesamum*. Genre de plantes de la didynamie angiospermie, et de la famille des bignones, qui renferme quatre espèces dont deux sont cultivées dans les pays chauds pour leurs semences qu'on mange et dont on tire de l'huile d'excellente qualité.

Le SÉSAME ORIENTAL, ou *jugoline*, a les racines annuelles; les tiges droites, cylindriques, velues, hautes d'un à deux pieds; à feuilles opposées, pétiolées, ovales, oblongues, très entières, légèrement velues; à fleurs blanches, assez grandes, solitaires sur des pédoncules axillaires, et accompagnées de bractées. Il est originaire de l'Inde, mais cultivé de temps immémorial en Egypte et dans l'Orient. On le sème et on le récolte positivement comme le SORGHO. *Voyez* ce mot. Les graines du sésame se mangent grillées comme le maïs, ou cuites comme le riz, ou en bouillie comme le millet, ou, après les avoir réduites en farine grossière, en galettes et autres pâtisseries. On en tire, au moyen de la chaleur et de la presse, ou de l'eau chaude, une huile dont on fait une prodigieuse consommation pour l'assaisonnement des alimens, pour l'usage de la lampe, etc. Elle est regardée comme aussi bonne que celle du fruit de l'olivier, et jouit, comme celle de ben, de la propriété de ne jamais se figer.

On ne cultive le sésame dans aucune partie de l'Europe, quoiqu'il fût possible de le faire. Il fleurit assez bien dans les jardins de Paris, lorsqu'on l'a semé sur couche, mais pour peu que les gelées de l'automne soient précoces, il n'y amène pas ses semences à maturité.

Le SÉSAME DE L'INDE a les racines annuelles; les tiges droites, rameuses, obtusément tétragones, hautes de trois ou quatre pieds; les feuilles opposées, ovales, lancéolées, velues, les inférieures trilobées, les supérieures entières. Il est originaire de l'Inde et se cultive en Afrique et en Amérique sous les mêmes rapports que le précédent, auquel il est supérieur par sa grandeur et l'abondance de ses rameaux. J'ai mangé en Amérique des galettes faites avec ses semences fraîches, et les ai trouvées fort délicates.

Les sésames croissent dans les terrains les plus secs et les plus arides, mais s'accommodent cependant fort bien des sols fertiles. Ils parcourent rapidement les phases de leur végétation. (B.)

SÉSELI, *Seseli*. Genre de plantes de la pentandrie digynie et de la famille des ombellifères, qui renferme une quinzaine d'espèces dont deux ou trois sont employées en médecine.

Le SÉSÉLI TORTUEUX a les racines fusiformes et tortues ; la tige striée, très rameuse, haute d'un à deux pieds; les feuilles alternes, deux fois ailées, à folioles linéaires et disposées en faisceaux, les ombelles petites et rapprochées. Il est bisannuel, croît naturellement sur les bords de la Méditerranée, et fleurit au milieu de l'été.

On l'appelle vulgairement *fenouil tortu*, à raison de la disposition de ses rameaux et de ses racines, et *séseli de Marseille*, parceque c'est de cette ville qu'on le tire pour l'usage de la médecine. Toutes ses parties, et sur-tout ses semences, sont âcres et aromatiques. On emploie principalement ces dernières comme stomachiques, diurétiques, emménagogues, résolutives et carminatives. Elles entrent dans la composition de la thériaque. Sa racine s'emploie de préférence dans l'asthme, la passion hystérique et l'épilepsie.

Le SÉSÉLI DE MONTAGNE et le SÉSÉLI ANNUEL qu'on trouve sur les montagnes arides du centre de la France, ont les mêmes propriétés que le précédent, mais à un moindre degré, et peuvent lui être substitués. (B.)

SÉSELI COMMUN. On donne quelquefois ce nom à la BERLE DES POTAGERS.

SÉSELI DE CRÈTE. C'est le TORDYLE OFFICINAL.

SESELI DE MONTPELLIER. *Voyez* LIVÈCHE DES PRÉS.

SÉSÉS. Ce sont les chiches dans le département du Var. *Voyez* CHICHE.

SÉSIE , *Sesia*. Genre d'insectes de l'ordre des lépidoptères, qui a été long-temps confondu avec celui des sphinx, quoiqu'il en diffère beaucoup par les mœurs, et qui intéresse les cultivateurs , parceque les chenilles des espèces qui le composent vivent dans l'intérieur des végétaux , et sur-tout des arbres , et causent souvent leur mort.

Les espèces les plus communes sont ,

La SÉSIE APIFORME, qui a les antennes brunes, le corcelet noir , avec deux taches jaunes, les ailes transparentes , bordées de brun, l'abdomen brun avec un cercle jaune sur chaque anneau , les pattes jaunes. Il atteint sept à huit lignes de long et se trouve en Europe sur le tronc des saules et des peupliers , aux dépens desquels vit sa larve. Les ravages de cette dernière sont peu remarqués , mais ils sont certains. Il n'y a pas d'autres remèdes que de faire la chasse aux insectes parfaits au moment de leur naissance.

La SÉSIE TIPULIFORME a le corps noir , avec des cercles jaunes sur l'abdomen , les ailes transparentes, avec le bord et une bande transversale noirs. Elle se trouve en Europe et atteint quatre à cinq lignes de longueur. Sa chenille vit de la moelle du groseiller rouge dont elle fait très souvent périr les branches. Ses ravages sont également peu remarqués , parcequ'elle n'est pas très commune, et que les groseillers sont très rameux , mais ils n'en existent pas moins.

On ne connoît pas le lieu de l'habitation des chenilles des autres espèces de sésies, qui sont au nombre d'une trentaine. (B.)

SESLÈRE. Genre de plantes de la triandrie digynie , et de la famille des graminées, dont les espèces faisoient autrefois partie des cretelles.

Des quatre espèces de seslères connues, la seule dans le cas d'être mentionnée ici est la SESLÈRE BLEUATRE, *Cynosurus cæruleus*, Lin. C'est une plante à racines vivaces; à chaume haut de cinq à six pouces, à feuilles larges et courtes; à fleurs bleuâtres, disposées en épi court et cylindrique, qu'on trouve sur les montagnes pelées et un peu humides de l'intérieur de la France. Elle fleurit presque immédiatement après la fonte des neiges et est extrêmement recherchée par les bestiaux, et sur-tout par les moutons. Ces deux circonstances devroient engager les cultivateurs à la semer en grand dans les lieux qui lui conviennent. Il suffiroit qu'elle fût plus connue et qu'il devînt facile de s'en procurer des graines pour qu'on la recherchât beaucoup, quoiqu'elle ne puisse jamais être un fourrage à faucher.

SETIER. Ancienne mesure de capacité. *Voyez* MESURE.

SÉTON, TROCHIQUE, ORTIE, ROUELLE, ou CAUTÈRE ANGLAIS. Le séton, la trochique, l'ortie et la rouelle, ou cautère anglais, sont autant d'exutoires dont la médecine vétérinaire fait usage.

Le séton est une bandelette de toile, ou une ligature large d'environ deux centimètres, que l'on passe entre cuir et chair, c'est-à-dire sous la peau entre le tissu cellulaire et les muscles, au moyen d'une longue aiguille plate, tranchante d'un bout, et percée de l'autre d'une fente oblongue pour y passer la bandelette ou ligature qui doit faire le séton.

On place le séton en plusieurs parties du corps, à la nuque, au cou, aux épaules, entre les jambes de devant, sous le ventre, aux fesses et aux hanches. La longueur du séton et le lieu où il doit être placé sont déterminés par la nature de la maladie pour laquelle on le met, et par la plus ou moins grande abondance de suppuration qu'on a dessein d'obtenir.

On passe quelquefois le séton à travers les tumeurs froides et indolentes.

Le séton se fait de la manière suivante : on pince la peau à l'endroit où l'on veut le placer, on lui fait faire un pli longitudinal et on l'incise transversalement avec un bistouri ; ensuite on introduit l'aiguille dont nous venons de parler dans l'incision faite, puis d'une main on la pousse peu à peu, légèrement et par petites secousses, tandis que de l'autre on la suit par-dessus la peau en la soutenant et en l'accompagnant jusqu'à ce qu'elle soit parvenue à l'endroit où on en a fixé la sortie. L'aiguille parvenue à ce point, on met dans la fente qui est à sa partie supérieure la bandelette ou ligature, qu'on a soin d'enduire d'onguent vésicatoire ou suppuratif, suivant l'exigence des cas ; puis on pousse un peu plus fort afin de percer la peau. En faisant cette opération il faut prendre garde de pénétrer dans les muscles.

Le séton ainsi passé on en réunit les deux bouts par un nœud, ou on attache à chacun de ces bouts un petit morceau de bois pour éviter que le séton ne sorte.

Le séton est d'un usage très fréquent ; on l'emploie dans les maladies internes toutes les fois qu'on a en vue d'évacuer quelques humeurs, ou qu'on a à craindre des métastases, c'est-à-dire le transport de ces humeurs sur quelques viscères ou autres parties essentielles à la vie

Dans les maladies externes ou l'emploie aussi pour changer le point d'irritation, l'appeler et le fixer pour ainsi dire sur une autre partie.

On s'en sert aussi dans les maladies chroniques, comme d'un moyen propre à en favoriser la cure.

Il est encore mis en usage comme préservatif dans les maladies épizootiques et contagieuses.

La durée du temps pendant lequel on doit laisser le séton est déterminée par la nature des maladies. M. Chabert pense qu'il y a du danger à les laisser trop long-temps, parceque la nature s'y habitue ; il propose de les sécher pour les renouveler quelque temps après si on le juge nécessaire.

Le *trochique*, ou *l'ortie* se font de même et produisent les mêmes effets ; c'est un morceau de garou, lauréole mâle, sain-bois, ou d'hellébore, ou de sublimé corrosif (muriate de mercure corrosif), et même d'arsenic blanc (oxide d'arsenic), qu'on place entre cuir et chair et à travers les tumeurs indolentes qu'il faut irriter. Le garou est le moins actif de ces trochiques, il faut lui préférer les autres lorsqu'il s'agit d'obtenir une action forte et prompte, comme dans les maladies contagieuses et épizootiques pour lesquelles les trochiques sont employés comme préservatifs.

La *rouelle*, ou *cautère anglais*, est une pièce de cuir de forme ronde, de six à sept centimètres de diamètre (deux pouces à deux pouces et demi), percée dans le milieu d'une ouverture pour laisser une issue à la matière qui doit en découler. Cette ouverture lui donne à peu près la forme d'un anneau plat ; on entoure cette pièce de cuir de filasse ou d'une petite bandelette de toile, afin d'y pouvoir appliquer de l'onguent vésicatoire ou suppuratif, ou autres substances analogues.

On met la rouelle comme les autres cautères entre cuir et chair.

Après avoir fait à la peau une incision qui doit être plus grande que pour le séton, on la détache avec les doigts ou le bout d'une spatule plate, selon la forme et la grandeur de la rouelle, puis on place cette rouelle dans l'ouverture qu'on vient de faire, et on l'y maintient en en faisant un seul point de suture dans le milieu de la plaie. (Dfsr.)

SEVE. Liqueur limpide, souvent presque aussi insipide que l'eau pure, qu'on voit fluer de toutes les parties des végétaux lorsqu'on les entame à certaines époques de l'année, et que toutes les observations prouvent être l'aliment qui entretient leur vie et les fait grossir, fructifier, etc.

C'est au printemps, lorsque les feuilles et les fleurs commencent à se développer, que les plantes sont le plus fournies de sève. Il y a aussi en automne un nouveau mouvement dans la végétation qui augmente sa masse. Pendant l'hiver et dans le fort de l'été elle paroît comme stationnaire, quoiqu'on ne puisse se refuser à croire qu'elle continue à avoir une action quelconque.

Non seulement la connoissance de l'origine, de la nature, de la marche et des effets de la sève est importante à acquérir pour expliquer les phénomènes de la végétation, mais encore pour se livrer à la pratique de l'agriculture. Je dois donc entrer dans des développemens de quelque étendue sous les quatre considérations ci-dessus.

Tous les phénomènes tendent à prouver que la sève est le résultat de l'absorption par les RACINES, à l'aide de la CHALEUR, de l'EAU et de la portion soluble d'HUMUS ou TERREAU qui se trouve à l'extrémité de leurs ramifications, plus de l'ACIDE CARBONIQUE se trouvant en nature dans cette eau et dans ce terreau, ou en état de GAZ dans les interstices de la terre.

Lorsque les FEUILLES existent elles jouent aussi dans ce cas un rôle important.

On trouvera aux mots ci-dessus les preuves de ce fait; ainsi ce seroit faire un double emploi que de les développer de nouveau ici.

On demandera peut-être quelle est la puissance qui fait passer les sucs de la terre dans les racines? Ici on manque et on manquera probablement toujours d'expérience. Je répondrai donc l'action vitale; réponse vague, mais qui s'appuie sur un principe général, l'attraction des molécules similaires. En effet, si cela n'étoit pas, pourquoi une racine morte ne tireroit-elle pas également les sucs de la terre?

Rozier a dit: à l'extrémité de chaque racine, de chaque radicule, est un levain qui approprie la sève à chaque espèce de végétal. Ce levain est, dans son genre, analogue à notre salive, aux sucs gastriques de la bouche qui approprient les alimens que nous mangeons et les préparent à subir la digestion dans l'estomac. Cette opinion, quelque non appuyée qu'elle puisse paroître aux yeux de ceux qui veulent que tout soit déduit des faits, n'est peut-être pas dénuée de fondement.

L'eau se mêle avec la sève en toutes proportions, celle qu'on retire de telle plante contient d'autant plus d'eau qu'il a plu depuis plus long-temps, ou qu'elle a été plus fréquemment arrosée : de là la foiblesse des plantes et l'insipidité de leurs fruits dans ces deux circonstances.

On obtient la sève des plantes en les coupant dans le fort de leur pousse du printemps, et en introduisant la plaie de la partie qui tient à la racine dans une bouteille, qu'on lute ensuite avec de la cire. Par ce procédé on peut en obtenir jusqu'à une livre par jour d'un sarment de vigne. *Voyez* PLEURS DE LA VIGNE.

Lorsqu'on fait chauffer légèrement de la sève, il se dégage beaucoup d'ACIDE CARBONIQUE et de l'ACIDE ACÉTIQUE. *Voyez* ces deux mots et celui BOIS.

Deyeux et Vauquelin, qui ont analysé les sèves de la vigne, du bouleau, du charme et de l'orme, ont reconnu qu'en les laissant exposées à l'air elles se coloroient et déposoient des flocons d'une matière glutineuse. Bientôt elles éprouvent successivement les fermentations vineuse, acide et putride, après quoi elles deviennent fétides et déposent un mucilage dont il se dégage de l'ammoniac. Les réactifs leur ont prouvé qu'elles contenoient de l'acétate de potasse, de l'acétate de chaux, du carbonate de chaux, et du sucre.

Outre ces matières, les sèves du hêtre et du chêne, qu'ils ont aussi analysées, leur ont offert du tannin, de l'acide gallique, et un extrait couleur marron qui donne une couleur solide.

On peut conclure, de ce beau travail, que chaque plante a une sève différente, au moins dans la quantité relative de ses principes composans, ce qui est déjà quelque chose. Mais combien de choses restent encore à désirer ?

Une différence marquée dans la nature de la sève se remarque aux différentes époques de l'année. D'abord l'eau y surabonde, peu à peu elle s'épaissit et se change enfin en CAMBIUM (*voyez* ce mot), c'est-à-dire en cette matière légèrement glutineuse qu'on trouve sous l'écorce des arbres qui sont en activité de végétation, et qu'on prend généralement pour la sève dans la pratique du jardinage.

C'est donc en déposant les diverses substances, rappelées dans l'analyse précédente, que la sève fait croître les feuilles, les fleurs, les fruits, fait grossir et allonger le tronc, les racines et les branches. *Voyez* VÉGÉTATION.

La marche de la sève a été l'objet de beaucoup de discussions parmi les physiologistes, et on est loin d'être encore d'accord sur ce qui la concerne.

Je ne puis mieux faire que de transcrire ici ce que Décandolle a écrit sur ce sujet dans les principes qui sont à la tête de sa nouvelle édition de la Flore française, ouvrage que tout cultivateur aisé ne peut se dispenser d'avoir, s'il veut connoître les plantes qui l'environnent.

« Après avoir long-temps disputé pour savoir si la sève aspirée par les racines monte par la moelle ou par l'écorce, on a eu enfin recours à des expériences directes ; Magnol, en 1709, et ensuite Duhamel, Bonnet et de Labaisse, ont fait végéter des plantes dans l'eau colorée, et, en suivant les traces de cette espèce d'injection, ils ont montré que la sève monte constamment par le corps ligneux, tantôt par le Bois, tantôt par l'Aubier (*voyez* ces mots), plus souvent par l'un et l'autre à la fois. On a vu que la sève monte dans les arbres dicotylédons dépouillés d'écorce, où dont le canal médullaire est obstrué ; que les injections colorées suivent toujours la direction des Vaisseaux lymphatiques (*voyez* ce mot), qui sont très communs dans le corps ligneux, et ne se dévient point de cette direction pour se jeter dans les cellules avoisinantes. Il paroît cependant prouvé que la sève peut se détourner de cette direction, et, en s'infiltrant dans le Tissu cellulaire, atteindre des vaisseaux collatéraux : ainsi lorsqu'on fait à un arbre quatre entailles disposées de sorte que toutes les fibres du tronc soient coupées par l'une de ces entailles, on voit que l'arbre continue à pomper de la sève, laquelle doit nécessairement, pour arriver aux branches, se dévier de sa première direction ; c'est par cette déviation seule qu'on explique comment un arbre greffé avec deux arbres voisins, et ensuite déraciné, peut être nourri par les deux arbres qui l'entourent ; comment une feuille exposée dans l'air peut être nourrie par d'autres feuilles de la même branche placées sur l'eau ; comment une feuille dont les nervures principales sont coupées, continue à végéter, etc.

« Il paroît que certaines circonstances, encore inconnues, déterminent le passage de la sève dans différentes parties du corps ligneux. M. Coulomb a observé que, lorsqu'au premier printemps on perce avec des tarières des troncs de peupliers, on entend un bruit sourd et on voit sortir une quantité notable d'eau dans les trous qui atteignent le centre de l'arbre, phénomène qui n'a pas lieu dans des trous peu profonds. Cette ascension de la sève par la partie voisine de la moelle a sans doute lieu par les vaisseaux lymphatiques qui entourent le canal médullaire.

« Les injections colorées des végétaux ont donné quelques aperçus sur la vitesse de l'ascension de la sève. Bonnet a observé dans les haricots que l'injection s'est élevée, tantôt à quatre pouces en deux heures, tantôt à trois pouces en une heure, et à un demi-pouce en une demi-heure. Mais les expériences de Hales réclament toute l'attention des physiologistes ; il fit découvrir le pied d'un poirier ; il introduisit la coupe d'une racine dans un tube luté hermétiquement par le haut, rempli d'eau, et qui reposoit par le bas dans une cuvette de mercure ; en six minutes le mercure s'éleva de huit pouces dans le tube : avec un appareil analogue, il observa que les branches, détachées de l'arbre, conservent leur force de succion ; une branche de poirier éleva, par exemple, en sept minutes, le mercure à douze pouces de hauteur. Il y a plus : ces branches pompent avec la même énergie lorsqu'on les plonge dans l'eau par leur extrémité supérieure tronquée.

« Avant de rechercher les causes de cette ascension de la sève, il est nécessaire de passer en revue les circonstances externes et internes qui influent sur ce phénomène. Parmi les circonstances externes, 1° la température ; elle paroît être celle qui a le plus d'influence ; on voit, en comparant les expériences de Hales, que la chaleur accélère et que le froid retarde cette ascension ; tous les phénomènes de la végétation tendent d'ailleurs à démontrer ce fait ; 2° l'influence de la lumière ; elle n'est pas aussi bien connue ; des expériences de Sennebier et autres, qui me sont propres, me font penser qu'elle est de quelque importance ; on sait déjà que les branches aspirent beaucoup plus pendant le jour que pendant la nuit ; mais on n'a pas encore déterminé avec précision l'influence de la lumière sur ce phénomène.

« Quant aux causes internes, nous trouverons, 1° que la quantité d'eau absorbée est proportionnelle à la surface de la coupe de la branche ; 2° qu'elle est proportionnelle au nombre des pores corticaux qui se trouvent sur la branche ; ainsi dans les branches d'arbres où l'écorce a peu ou point de pores, elle est proportionnelle à la surface de la tige ; dans les plantes herbacées elle est en rapport avec la surface entière de la plante. Nous savons déjà que les pores corticaux sont les organes principaux de la transpiration, et nous devons en conclure que l'absorption par les racines ou la coupe des branches est proportionnelle à la transpiration.

« Enfin, indépendamment des circonstances que nous venons d'apprécier, nous voyons que la quantité de la sève absorbée augmente régulièrement à des époques déterminées de l'année : ainsi à l'entrée du printemps, et avant la naissance d'aucune feuille, les arbres tirent du sol une quantité d'eau très considérable. Cette sève particulière, qui est très abondante dans la vigne, où elle a reçu le nom de *pleurs*, traverse le corps ligneux et ne paroît à l'extérieur que dans les lieux où le corps ligneux est entamé. Scott assure que l'eau rendue à cette époque par un bouleau est égale au poids de l'arbre entier : Hales affirme que, si alors on adapte un tube au sommet d'un chicot de vigne, l'eau y est poussée avec une énergie telle qu'il l'a vue s'élever à vingt et un pieds dans une expérience, et à quarante-quatre dans une autre. Quelle que soit l'exactitude accoutumée de ce physicien, on ne peut se défendre de partager ici les doutes de Sennebier, qui fait remarquer combien il est difficile de concilier ces expériences avec des faits bien connus, savoir que l'épaisseur de l'écorce, la frêle enveloppe d'un bourgeon, et jusqu'à une simple couche de gomme, suffisent pour arrêter l'émission des pleurs.

« Il est, dans nos climats, une seconde époque où nous voyons la sève augmenter en quantité d'une manière très notable, c'est celle que les cultivateurs désignent sous le nom de *sève d'août*. M. de Saussure a remarqué que la chaleur, ni le froid, ni les sécheresses, ni l'humidité actuelle, ne hâtent ni ne retardent cette époque (1); elle doit, ainsi que la sève du premier printemps, être attribuée à des causes intérieures qui dépendent de la vie même du végétal. Remarquons que ces deux époques particulières n'ont lieu que dans les plantes vivaces; que la première s'effectue au moment où les boutons de l'année précédente tendent à se développer; que la seconde s'opère à celui où les boutons de l'année suivante commencent à poindre. Il semble que ces boutons, animés d'une force vitale qui leur est propre, attirent à eux toute la lymphe environnante, à peu près comme les graines, qui, dès l'instant où elles sont fécondées, attirent toute la sève des organes environnans. *Voyez* BOUTONS.

« Remarquons que les boutons communiquent avec les racines au moyen des trachées qui entourent le canal médullaire; que l'époque de leur développement coincide avec celle où la sève monte par l'intérieur de l'arbre, et nous aurons de grandes probabilités pour conclure que l'augmentation de la sève, aux deux époques que nous avons indiquées, tient à l'action vitale des boutons.

« Plusieurs auteurs ont tenté de donner des explications mécaniques du mouvement de la sève. Grew en cherche la cause dans le jeu des utricules; Malpighi, dans la raréfaction et la condensation alternative de la sève opérée par la température; de La Hire, dans de prétendues valvules qui empêcheroient le liquide de redescendre après que l'expansion de l'air l'auroit forcé de monter; Perrault compare cette ascension à une simple fermentation. Il en est qui la rapportent à un effet hygrologique; d'autres l'assimilent à l'ascension de

---

(1) Cette sève se développe plus tôt dans les pays chauds, dans les années chaudes. Elle se prolonge plus ou moins chaque année, selon qu'il fait humide et chaud, sec et froid. Chaque espèce d'arbre a aussi, dans le même lieu, une époque différente d'entrée en sève. J'ai déjà observé que dans le voisinage de l'équateur la plupart des arbres, étant continuellement en végétation active, n'offroient point les deux sèves de ceux des pays tempérés, et qu'on ne pouvoit pas les greffer en écusson.

l'eau dans les tubes capillaires ; quelques uns l'attribuent au vide que la transpiration opère dans certaines parties du végétal. Indépendamment des objections auxquelles chacune de ces théories est sujette, il en est qui sont communes à toutes, c'est que ces différentes causes doivent agir aussi-bien sur le végétal mort que sur le végétal vivant, tandis que les résultats sont entièrement différens ; c'est qu'aucun n'explique la vitesse et la force de l'ascension de la sève ; aucun ne se concilie avec la direction déterminée des différens sucs du végétal ; aucun ne peut rendre raison de la cause de l'ascension de la sève dans les plantes qui végètent sous l'eau. Je ne nie point que quelques uns de ces moyens ne facilitent l'ascension de la sève ; mais c'est dans les forces vitales qu'il faut chercher la vraie cause de ce phénomène. Nous voyons que, dans les animaux, l'œsophage est doué d'une force contractile qui force les alimens à passer de la bouche dans l'estomac, quelle que soit la position du corps. Pourquoi cette même propriété, qui dans les animaux est indépendante de la volonté, et qui cependant est liée à la vie, n'existeroit-elle pas dans les végétaux ? Cette propriété contractile des vaisseaux des plantes n'est point une hypothèse gratuite ; et, indépendamment du grand phénomène de l'ascension de la sève, il en est d'autres que nous ne pouvons concevoir sans elle. »

A cet excellent morceau je n'ai plus à ajouter que quelques remarques de pratique, puisque j'ai parlé de la NUTRITION DES PLANTES à ce mot et aux mots HUMUS ou TERREAU, RACINE, FEUILLE, CARBONE, AIR, LUMIÈRE, CHALEUR, EAU, VÉGÉTATION, etc.

Le grand effet de la sève du printemps c'est de développer les feuilles, les fleurs, et de faire croître les tiges, ainsi que les racines et les fruits en hauteur et en grosseur. Elle trouve presque tous ses élémens, moins l'eau et la chaleur, d'abord en elle-même, ensuite dans l'air par ses feuilles, puis, vers le temps de la maturité des fruits, de la terre et des feuilles en même temps ; mais plus de la première : alors la sève monte plus qu'elle ne descend, quoique son mouvement de descension soit toujours très marqué. *Voyez* au mot BOURRELET. Mais à la sève d'août, au contraire, l'observation prouve qu'elle descend plus qu'elle ne monte, car c'est alors que les arbres grossissent et que leurs racines s'allongent le plus. La belle expérience citée par Thouin, à l'article GREFFE, prouve le fait d'une manière indubitable, c'est-à-dire que les greffes posées au premier printemps sur le tronçon d'une racine tenant à la tige ne poussent qu'en automne, tandis que les mêmes greffes posées sur un tronçon de la même racine séparée de la tige pousse de suite. On doit conclure de ces faits, et de ce que les plantes annuelles n'ont qu'une sève, que la sève d'août accumule dans les troncs et dans les racines celle qui, délayée au printemps par l'eau, aidée de la chaleur, donnera la première impulsion à la végétation ; c'est pourquoi j'ai dit plus haut qu'elle trouvoit alors presque tous ses élémens en elle-même. Dans l'état actuel de la physiologie végétale on ne peut pas supposer qu'il y ait une sève organique qui n'ait passé par les feuilles (ou ce qui en tient lieu dans les plantes qui en sont privées), comme on ne peut supposer qu'il y ait du sang dans les animaux qui n'ait pas passé par les poumons. Si la première sève est si aqueuse, c'est qu'elle ne peut se charger abondamment de nouveaux principes qu'autant que les feuilles existent. *Voyez* au mot BOUTURE quelques autres faits qui tendent à prouver l'accumulation de la sève dans les branches.

Il y a déjà long-temps que la sève est en mouvement dans les plantes lorsque les jardiniers commencent à le reconnoître, puisque la facilité qu'ils trouvent à séparer l'écorce de l'aubier indique déjà l'existence du cambium. Ce n'est donc pas une expression exacte que de dire que les arbres entrent en sève lorsqu'ils deviennent propres à recevoir la greffe ; mais cette expression est consacrée, et il n'y a pas d'inconvéniens à continuer de s'en servir dès qu'on en connoît l'impropriété. Le gonflement des boutons au printemps est véritablement le signe qui indique que la sève entre en mouvement, mais ce gonflement est ou insensible lorsque la température s'élève graduellement, ou est irrégulier lorsqu'il fait tantôt chaud, tantôt froid. Le vrai est que la sève est, dans les pays tempérés comme entre les tropiques, toujours en action, mais qu'elle a des époques de plus ou moins grande activité, dont les causes, hors la chaleur et l'humidité, ne sont pas encore connues. La pratique de l'agriculture prouve de plus que la sève est arrêtée dans la rapidité de son mouvement pendant l'été par la fraîcheur de la nuit et par des arrosemens d'eau de fontaine ou de puits.

Du principe que la sève est constamment égale dans ses effets sous l'équateur, on peut conclure qu'elle est d'autant plus marquée dans ses deux renouvellemens d'action qu'on s'en éloigne : aussi à peine peut-on greffer pendant quelques jours lors de celle d'août, à Montpellier, tandis qu'à Paris on le peut souvent pendant un mois.

Les usages de la sève, dans l'économie domestique, se réduisent au vin, et par suite au vinaigre qu'on retire de celle des bouleaux dans le nord, et des palmiers dans le midi, et au sucre que fournit celle de deux ou trois espèces d'érables, les propriétés des pleurs de la vigne étant imaginaires.

C'est encore la sève qui fournit le vinaigre qu'on retire de la distillation des bois, et dont M. Mollerat fait en ce moment l'objet d'un commerce de quelque importance. *Voy.* Bois. (B).

SEVRER. Les jardiniers ont remarqué que souvent une marcotte, après avoir pris quelques racines, cesse d'en pousser de nouvelles ou d'augmenter celles qu'elle a d'abord poussées, et que dans ce cas il étoit quelquefois avantageux de couper la portion de cette marcotte qui tient à la tige avant l'époque où elle doit être arrachée et plantée séparement. Cette opé-ration s'appelle sevrer, et a en effet pour objet d'intercepter la nourriture que la marcotte recevoit de sa mère. Ordinai-rement elle remplit son but, quelquefois elle fait périr la marcotte. On ne doit en conséquence la faire qu'après s'être assuré si les racines déjà existantes sont assez nombreuses ou assez fortes pour nourrir la marcotte. Quelques jardiniers sèvrent toutes leurs marcottes un an avant de les enlever, d'autres le font dès que la sève d'automne est passée, quelques uns même avant la sève d'août. Il est difficile de donner des règles générales à cet égard. Dans tous ces cas il y a des avantages et des inconvéniens que des circonstances étran-gères aux marcottes mêmes rendent souvent prédominans. Quand on les sèvre un an d'avance on a des marcottes très bien enracinées, dont la vigueur assure la reprise, mais on perd le terrain propre à en faire d'autres. Quand on les sèvre entre les deux sèves on détermine la pousse de nouveaux bourgeons sur la mère, bourgeons qui pourront être couchés dès le printemps suivant et former de nouvelles marcottes. On trou-vera au mot MARCOTTE tous les détails désirables sur ces objets. (B.)

SEXE DES PLANTES. Les anciens paroissent avoir eu une idée exacte du sexe des plantes. Les plantes dioïques ont dû dès les premiers âges du monde apprendre à les reconnoître. L'In-dien, l'Africain et l'Américain ont su de tout temps qu'il y avoit des palmiers qui ne portoient jamais de fruits, et sans lesquels cependant ceux qui donnoient des fruits devenoient stériles. On avoit oublié ces faits en Europe pendant les temps de barbarie qui ont accompagné et suivi la fin de l'em-pire romain. Ce n'est pour ainsi dire que de nos jours que Linnæus a remis la vérité dans tout son jour, l'a rendue véri-tablement classique en la faisant servir de base à son immortel ouvrage, intitulé *Systema Plantarum. Voyez* PLANTE, BOTA-NIQUE. Il a prouvé mieux que Vaillant et autres que les ÉTA-MINES et les PISTILS (*voyez* ces mots) sont les organes sexuels des plantes, les premiers mâles, les seconds femelles, et que la fructification ne peut s'opérer sans FÉCONDATION. *Voyez* ce mot et les mots ANTHÈRES, POLLEN, STIGMATES et GERME.

Aujourd'hui personne ne doute que le plus grand nombre

des fleurs est HERMAPHRODITE , c'est-à-dire mâle et femelle. L'organe femelle étant presque toujours central ; qu'il en est un petit nombre de MONOÏQUE , c'est-à-dire dont les fleurs sont les unes mâles , les autres femelles sur le même pied ; enfin qu'un nombre à peu près égal est DIOÏQUE, c'est-à-dire a les fleurs mâles et les fleurs femelles sur des pieds différens. *Voyez* ces trois mots. Quant aux fleurs polygames elles font partie d'une de ces trois divisions.

Les cultivateurs ne peuvent pas se dispenser d'apprendre à connoître le sexe des plantes et les organes qui concourent à leur fécondation, car c'est le plus souvent sur eux que repose le succès de leurs pénibles travaux. *Voyez* COULURE. C'est parceque quelques jardiniers sont dans l'ignorance à cet égard qu'ils coupent toutes les *fausses fleurs* (fleurs mâles) de leurs melons, de leurs courges ; que quelques agriculteurs arrachent leur chanvre qu'ils appellent si improprement femelle , puisque c'est réellement le mâle, avant qu'il n'ait fécondé les femelles, ce qui les prive de la graine qui fait une partie du bénéfice de la culture de cette plante ; qu'ils coupent la panicule du maïs qui seule peut donner l'existence aux grains pour lesquels on le cultive ; qu'ils plantent plus de pieds de houblon mâles qu'il n'est nécessaire , puisque ce sont les cônes des fleurs femelles qui servent exclusivement à la fabrication de la bière.

Quoique les plantes dioïques puissent se féconder à une grande distance , il n'est pas moins prudent de les rapprocher dans les cultures ; souvent même comme le giroflier , le pistachier, il est avantageux de greffer tous les pieds , beaucoup en femelles, peu en mâles, pour être assuré d'avoir abondance de fruit. B. ,

SEXTERÉE. Ancienne mesure de superficie. *Voyez* MESURE.

SEYTIVE. Ancienne mesure agraire. *Voyez* MESURE.

SHERARDE , *Sherardia*. Petite plante de la tétrandrie monogynie et de la famille des rubiacées , qui se trouve abondamment dans les champs cultivés et qu'il est bon de faire connoître aux cultivateurs , parcequ'elle fleurit de très bonne heure (même avant la fin de l'hiver) et que les moutons, les chevres et les chevaux la recherchent beaucoup. Ses racines sont annuelles et pivotantes ; ses tiges striées, hautes de deux ou trois pouces au plus ; ses feuilles verticillées ; ses fleurs bleues et terminales.

Cette plante , lorsqu'elle est extrèmement commune , et cela a lieu dans beaucoup d'endroits, dédommage un peu les cultivateurs des pertes que leur occasionnent les jachères , en fournissant un bon pâturage à leurs bestiaux. (B.)

SIBADE. Avoine dans le département de Lot-et-Garonne.

SICOMORE. Espèce d'érable.

SIFFLAGE. Synonyme de Cornage. *Voyez* ce mot.

SIFFLET (GREFFE EN). Sorte de greffe qu'on pratique en enlevant la circonférence entière de l'écorce à une jeune branche actuellement en sève et en lui substituant un autre segment d'écorce parfaitement semblable, pris sur l'arbre qu'on veut multiplier. Cette sorte de greffe est peu usitée. *Voyez* Greffe.

SIGNALEMENT DES BESTIAUX. Presque tous les animaux domestiques ont des taches, des accidens naturels, qui permettent de les distinguer les uns des autres et de les réclamer dans certains cas. Pour assurer d'autant plus leurs droits de propriété en cas de perte ou de vol, les cultivateurs doivent faire faire le signalement de ceux qu'ils possèdent par deux prud'hommes et le faire viser par le maire de leur commune.

Ce signalement contiendra leur âge, leur hauteur, leur longueur, leur couleur, la place et la couleur des différentes taches qu'ils offrent et la distance respective de quelques unes d'elles ; les défauts naturels et apparens, les mutilations, blessures et autres marques artificielles. Plus ces objets seront détaillés et moins le signalement sera susceptible d'être attaqué en justice, cependant il n'est pas nécessaire qu'il soit minutieux.

Comme en général l'habitude de faire rend plus habile, les cultivateurs feront bien d'appeler un artiste vétérinaire pour faire le procès-verbal du signalement de leurs bestiaux. La petite dépense que cela leur occasionnera sera de beaucoup compensée par la certitude de la propriété en cas des évènemens précités.

Quant aux bestiaux qui sont d'une seule couleur, *voyez* au mot Marques des bestiaux. (B.)

SILÈNE, *Silene.* Genre de plantes de la décandrie trigynie, et de la famille des caryophyllées, qui réunit plus de quatre-vingts espèces, dont quelques unes sont très communes dans les campagnes et d'autres se cultivent dans les jardins.

Les espèces de ce genre ont les feuilles opposées, conées ; les tiges visqueuses, et les fleurs tantôt solitaires, tantôt réunies en épis ou en corymbes. Celles qu'il est le plus utile de connoître sont,

Le silène penché, *Silene nutans,* L., qui a les racines vivaces ; les tiges pubescentes, rameuses, hautes d'un à deux pieds ; les feuilles radicales spatulées ; les caulinaires étroites ; les fleurs blanches, disposées en panicule penchée et unilatérale ; les pétales bifides. Il se trouve dans les prés montagneux, les friches les plus arides, et fleurit au milieu du printemps. Les vaches refusent de le manger, mais les chèvres, les moutons et sur-tout les chevaux l'aiment beaucoup. Il est des lieux où il est très commun. Quoique peu brillant, il peut concourir à l'embellissement des jardins paysagers, et on fera bien d'y en placer quelques pieds.

Le SILÈNE MOUSSEUX, *Silene acaulis*, Lin., a les racines vivaces; les tiges hautes d'un à deux pouces; les feuilles courtes et linéaires; les fleurs rouges, solitaires et terminales; les pétales echancrés. Il se trouve sur les hautes montagnes, où il forme des gazons serrés du plus grand éclat quand il est en fleur, c'est-à-dire au milieu de l'été. Transporté dans les jardins il perd beaucoup de sa beauté en prenant de la hauteur, aussi l'y cultive-t-on rarement.

Le SILÈNE GAULOIS a les racines annuelles; les tiges velues, hautes d'un pied; les feuilles oblongues; les fleurs rougeâtres et disposées en épis unilatéraux. Il se trouve dans les champs de blé, en terrain sablonneux et aride, quelquefois en si grande abondance qu'il en couvre la surface. Il n'est pas facile de l'extirper, parcequ'il donne ses graines avant la récolte du blé, et que ces graines se conservent plusieurs années dans la terre sans germer. Lorsqu'il est en moindre quantité il nuit peu aux récoltes, ses tiges étant grêles et peu garnies de feuilles.

Le SILÈNE CONIQUE et le SILÈNE ANGLAIS sont souvent dans le même cas.

Ls SILÈNE CINQ PLAIES, *Silene quinque vulnera*, Lin., a les racines annuelles; les tiges hautes de huit à dix pouces, les feuilles rudes au toucher; les fleurs disposées en épis unilatéraux; les pétales entiers, rouges et bordés de blanc. Il est naturel aux parties méridionales de l'Europe et fleurit en été. On le cultive dans les jardins, à raison de l'élégance de ses fleurs. C'est dans les plates-bandes des parterres et en petites touffes qu'il produit le plus d'effet. Il faut le semer en place dès les premiers jours du printemps si on veut jouir de tous ses agrémens.

Le SILÈNE ARMERIA a les racines annuelles; les tiges rameuses; les feuilles larges, ovales, et d'un vert glauque; les fleurs rouges disposées en faisceau terminal; les pétales entiers. Il se trouve dans les mêmes endroits que le précédent, et se cultive comme lui dans les jardins, où il fleurit tout l'été et où il donne une variété à fleurs blanches. On l'y connoît sous le nom d'*attrape-mouche*, parceque les mouches se prennent dans la viscosité de ses tiges, et y périssent souvent en grand nombre. La manière de le semer ne diffère pas de celle indiquée plus haut. (B.)

SILEX. Pierre donnant des étincelles avec le briquet, se

cassant en fragmens conchoïdes, assez dure pour rayer le
verre, et infusible sans addition, qu'on trouve dans les pays à
couche, soit dans les craies, soit dans les argiles superficielles.
Elle varie dans sa couleur depuis le noir brun le plus foncé
jusqu'au fauve le plus clair et le plus transparent.

Tous les phénomènes de position que présente le silex
tendent à prouver que sa formation est très moderne, et que
cette formation a eu lieu dans l'eau douce. Cuvier et Bron-
gniart ont mis ce fait au rang des indubitables par leur mémoire géologique sur les environs de Paris, inséré dans les
Annales du Muséum. L'analyse de cette pierre donne pour ses
principes constituans la terre qui, de son nom, a pris celui de
siliceuse, et un peu de fer. Exposée long-temps à l'air, sa surface et ensuite son intérieur se décomposent et passent à l'état
d'argile.

Le silex forme toujours des masses isolées solides, ou
remplies de cavités irrégulières ; les unes et les autres, tantôt
disposées en lits parallèles à l'horizon, ou tantôt dispersées irrégulièrement dans les couches de craie ou d'argile. Avec les
premières on fait les pierres à fusil, les pierres à briquets, et
on bâtit des maisons peu solides, par la difficulté d'en faire les
assises régulières ; avec les secondes on forme les meules de
moulin et on bâtit des maisons très durables, par la facilité
qu'a le mortier ou le plâtre, en s'introduisant dans les cavités,
d'en lier les diverses parties. *Voyez* MEULIÈRES. On trouve de
ces masses, qui se rapprochent fréquemment de la forme globuleuse, dont le diamètre est de plusieurs toises, et d'autres qui
ont à peine quelques lignes. Les silex solides sont généralement
plus tendres, plus faciles à casser en lames minces lorsqu'ils
sortent de la terre que lorsqu'ils ont été exposés à l'air pendant
quelque temps. Aussi conserve-t-on dans l'eau celles de ces
masses solides qui sont propres à faire des pierres à fusil, car
toutes ne le sont pas.

Si les silex étoient tous en place ils n'auroient aucune influence sur l'agriculture, mais la destruction des montagnes
qui en contenoient les a rendus si abondans, que le sol de cantons fort étendus est presque entièrement composé de leurs
fragmens arrondis par le frottement qu'ils ont éprouvé dans
les rivières qui les ont charriés. Lorsque ces fragmens sont
aplatis, ils prennent le nom de GALET ; lorsqu'ils sont globuleux, et de plus d'un pouce de diamètre, on les appelle CAIL-
LOUX ; lorsqu'ils ont quelques lignes seulement de grosseur,
ils prennent la dénomination de GRAVIER et SABLE. *Voyez* ces
différens mots et le mot SABLONNEUX, où il sera question de la
nature agricole des terres où se trouvent des fragmens de silex
des plus petites proportions. (B.)

SILICULE. Fruit des fleurs de la famille des crucifères ou tétradynames. Il est constitué par deux panneaux très courts aplatis ou sphéroïdes, entiers ou échancrés, séparés par une cloison et contenant une ou plusieurs semences attachées à la suture des panneaux. *Voyez* PLANTES CRUCIFÈRES et SILIQUE.

SILIQUARTRUM. Nom latin du GAINIER.

SILIQUE. Sorte de péricarpe qui appartient particulièrement aux plantes crucifères ou tétradynames. Il est composé par deux panneaux très allongés, divisés dans leur longueur par une cloison membraneuse, et renfermant des semences attachées à la suture des panneaux. *Voy.* aux mots PLANTES CRUCIFÈRES et SILICULE.

SILLON. Mesure de superficie pour les champs. *Voyez* MESURE.

SILLON. Ouverture faite dans la terre par la charrue. *Voyez* LABOUR et CHARRUE.

Pour être bien fait, un sillon doit être droit, également large et également profond dans toute sa longueur. Il n'est pas donné à tout le monde de tracer convenablement un sillon ; là, comme dans tant d'arts, il faut de l'habitude.

La largeur d'un sillon dépend de celle du soc de la charrue combiné avec la forme de son oreille lorsqu'elle en a. Sa profondeur est la suite de l'inclinaison de la première de ces pièces.

On doit proportionner la longueur des sillons à la force des chevaux ou des bœufs employés au labour, parcequ'il y a des inconvéniens à laisser reposer ces animaux pendant la durée de son tracé, c'est-à-dire qu'il faut qu'ils agissent perpétuellement également jusqu'à ce qu'il soit fini.

En général les sillons étroits valent mieux que les sillons larges, parcequ'ils supposent que la terre a été mieux divisée. Il est bon de les faire, en conséquence, plus larges dans les terres légères que dans les terres fortes, dans les terres depuis longtemps en labour que dans celles qu'on défriche.

Les sillons qui traversent les autres pour favoriser l'écoulement des eaux s'appellent des MAÎTRES. Ils doivent suivre l'inclinaison des terres, et par conséquent être le plus souvent irréguliers. On gagne cependant toujours à les faire droits lorsqu'on le peut.

C'est mal à propos qu'on appelle sillons les petites raies creuses qui sont formées par la terre qui sort des sillons, mais l'usage a prévalu et il faut le respecter. Ces raies indiquent le nombre des sillons, mais un champ labouré n'a plus qu'un ou deux véritables sillons, selon que la charrue étoit à oreille mobile ou à oreille fixe. (B.)

SILLONNER. C'est tracer des SILLONS.

SILPHION, *Silphium*. Genre de plantes de la syngénésie
nécessaire et de la famille des corymbifères, qui renferme une
douzaine d'espèces, indigènes à l'Amérique septentrionale, dont
deux ou trois sont propres, par leur grandeur, à servir d'ornement dans les parterres et dans les jardins paysagers, et
qu'on y cultive quelquefois à cet effet.

Le SILPHION A FEUILLES DÉCOUPÉES, *Silphium laciniatum*,
Lin., a les racines vivaces, la tige cylindrique, presque nue,
hérissée, rameuse à son sommet; les feuilles alternes, très
grandes, pinnées, sinuées, les radicales longuement pétiolées;
les fleurs jaunes, peu nombreuses et assez larges. Il est originaire de la Caroline, où je l'ai observé, et il se cultive dans
quelques jardins, où il fleurit à la fin de l'été. C'est une plante
très remarquable par sa hauteur qui surpasse ordinairement
six pieds, et qui ne manque pas d'élégance. On la place au
milieu des grands parterres ou entre les buissons des derniers
rangs des bosquets des jardins paysagers.

Le SILPHION PERFOLIÉ a les racines vivaces, les tiges quadrangulaires, glabres, hautes de huit à dix pieds; les feuilles
opposées, conées, deltoïdes, dentées, glabres, assez grandes;
les fleurs jaunes et disposées en corymbe terminal. Il croît
dans les mêmes lieux que le précédent, se cultive dans les
mêmes jardins et fleurit à la même époque. Souvent il forme
de grosses touffes fort agréables, mais moins élégantes que
celles de la précédente.

Ces deux espèces, les seules que je crois nécessaire de citer
ici, demandent une terre substantielle, légère et un peu fraîche
pour produire de belles tiges, mais elles réussissent en général
dans tous les terrains. On les multiplie par leurs graines qu'on
sème au printemps dans une planche bien préparée et bien
abritée. Les pieds qui proviennent de ces graines peuvent être
mis en place le printemps suivant, mais ne fleurissent généralement que la seconde et même la troisième année. On les
multiplie aussi, et ce, bien plus fréquemment, sur-tout la seconde espèce, par la séparation des vieux pieds effectuée en
automne, séparation dont les résultats donnent des fleurs dès
la même année. (B.)

SIMPLE. Ce nom s'applique vulgairement aux plantes employées en médecine.

On dit aussi qu'une fleur est simple, par opposition aux fleurs
semi-doubles et aux fleurs doubles, lorsqu'elle n'a que le
nombre de pétales qui lui est assigné par la nature.

Il fut une époque où un amateur auroit eu honte de laisser
voir une seule fleur simple dans son jardin. Aujourd'hui on ne
les repousse plus, on trouve qu'une anémone simple brille
même à côté d'une anémone double. D'ailleurs on a remarqué

que les fleurs simples, lorsqu'elles sont odorantes, le sont plus que les doubles de la même espèce.

SIROPS. Ce sont des liquides visqueux chargés, à l'aide de l'infusion, de la décoction, de la trituration, de la distillation et de l'extraction des sucs d'herbes ou de fruits, de principes extractifs muqueux, odorans, huileux, résineux et salins, auxquels on ajoute du miel ou du sucre pour les garantir de la fermentation, dans la proportion du double du poids du liquide ; il en faut moins pour les sirops acides, et davantage pour ceux préparés pour être consommés pendant l'été.

Il existe dans les pharmacies beaucoup de sirops, qu'il est possible encore de multiplier et de varier autant qu'il y a de médicamens solubles dans l'eau ou dans les acides végétaux ; on les nomme simples lorsqu'ils ne sont chargés que des principes d'une seule substance, et composés quand ils contiennent ceux de plusieurs ; il en est qu'on fait par solution, d'autres par coction.

Le degré de cuisson que doit avoir le sirop est déterminé au moyen de l'aréomètre de Baumé ; il faut que cet instrument indique trente-un degrés au moment où l'ébullition se manifeste. Telles sont les règles générales pour la préparation des sirops qui ont pour base le sucre ou le miel.

Sirop de sucre. On prend la quantité de cassonade de l'espèce de celle qui est la plus grasse et par conséquent la moins cristallisable, on y ajoute le double de son poids d'eau ; le mélange mis sur le feu, clarifié au moment où il bout, et parfaitement écumé, est amené par la cuisson à la consistance d'un sirop qui marque trente-trois degrés quand il est refroidi.

Sirop de vinaigre. Ce sirop est comme celui de groseille, de verjus ou d'épine-vinette, qui, étendu dans une certaine quantité d'eau, offre une boisson rafraîchissante, d'une saveur très agréable. On le prend avec plaisir dans les chaleurs vives de l'été. Il désaltère promptement, délicieusement et à peu de frais ; la préparation en est simple, il n'y a personne qui ne soit dans le cas de l'exécuter en suivant exactement ce que nous allons indiquer.

Sirop de vinaigre framboisé. Prenez seize onces du vinaigre framboisé (on verra la préparation au mot VINAIGRE), et trente onces de sucre, qu'on mettra par morceaux dans un matras, et sur lequel on versera le vinaigre. Le matras bien bouché, sera placé à la chaleur du bain-marie ; dès que le sucre est fondu, on laisse éteindre le feu ; et le sirop étant refroidi, on le met en bouteilles, qu'il faut avoir soin de bien boucher, et de placer dans un lieu frais dans des demi-bouteilles.

On prépare avec le suc du verjus, exprimé, fermenté et filtré, un sirop également fort agréable et rafraîchissant, en faisant fondre vingt-huit onces de sucre dans une livre d'acide.

Sirop de miel. C'est dans ce moment qu'il faudroit reproduire les usages qu'on faisoit du miel à la place du sucre, et rappeler qu'il étoit autrefois la base des sirops et des électuaires purgatifs, puisque par lui-même il a la propriété relâchante, comme toutes les matières abondantes en mucoso-sucré.

Pour préparer ce sirop, on expose le miel blanc au feu, et dès qu'il monte on jette un peu d'eau froide, on le retire sur-le-champ, on laisse reposer, on écume, et on ajoute la quantité d'eau strictement nécessaire, afin de lui donner promptement la consistance d'un sirop : c'est à peu près trois parties de miel sur une d'eau.

Pour affoiblir le goût particulier du miel, qui décèle toujours sa présence, dans certaines préparations domestiques où il entre, plusieurs tentatives ont été faites; on l'a fait bouillir entre autres avec du charbon bien lavé; mais M. Henry, qui a essayé les miels de tous les pays de la France, a remarqué qu'il est bien possible de diminuer par ce moyen la couleur et la saveur du sirop de miel, mais qu'on ne parviendra jamais à l'assimiler à celui du sucre de cannes, et que son cachet subsistera toujours.

Sirops sans le secours du sucre ou du miel. De toutes les parties des végétaux cultivés en Europe qui renferment une plus grande quantité de corps sucrant, les raisins occupent le premier rang, et sur-tout les raisins du midi, vu qu'ils contiennent moins d'eau et de matière extractive, et fournissent par conséquent des sirops plus abondans et plus faciles à préparer.

Indépendamment des usages auxquels le marc de raisin resté au pressoir est employé par le fabricant de vert-de-gris, il réunit encore d'autres propriétés qui le font recommander au moment de la vendange, soit comme nourriture des bestiaux, soit comme amendement des terres, soit enfin comme combustible, propre à fournir des cendres très riches en salins. Dans ce marc sont encore contenus des pepins dont on exprime dans quelques contrées d'Italie une huile fort douce, et qui ailleurs servent à l'engrais des oiseaux de basse-cour.

Mais ce qui ne paroît pas avoir été traité avec le même intérêt, c'est le suc de ce fruit rapproché par la chaleur à différens degrés de consistance, dans la vue d'obtenir cette préparation si utile dans les classes les plus nombreuses de la société, c'est-à-dire le sirop de raisin, dont l'usage adopté généralement diminueroit la consommation du sucre, devenu aujourd'hui pour l'Europe une denrée de première nécessité, et en quelque sorte, pour la France, une marchandise exotique.

Si les différentes espèces et variétés de raisins ne conviennent pas toutes à la cuve, il n'en existe pas une seule qui, dans les grands et petits vignobles, quand l'année est bonne, ne puisse servir à faire des sirops; mais, quel que soit le raisin qu'on choisisse, il doit être parfaitement mûr, parcequ'on a remarqué que de deux parties cueillies dans une même vigne à trois jours d'intervalle de beau temps, l'une a donné jusqu'à cinq pour cent de plus de sirop, concentré au même degré que la première; ce qui doit servir à prouver combien on perd ou on gagne d'alcohol et de sirop, quand les circonstances déterminent les vendanges hâtives ou tardives.

C'est donc la maturité parfaite qui doit régler tout le travail dont il s'agit. Il existe au midi de la France des raisins tellement abondans en matière sucrée, que, légèrement pressés, ils poissent les mains; chaque grain pourroit même être considéré comme un vase rempli de sirop, et le moût qu'il produit en fournit jusqu'à un tiers de son poids bien conditionné.

Il est important de ne cueillir le raisin que par un temps sec, après que le soleil a enlevé la rosée, et de choisir les grappes dont les raisins ne soient pas trop pressés. M. Lechevin, qui consacre ses délassemens à l'étude des sciences, a constamment observé que du raisin cueilli par un temps sec, et laissé étendu sur des claies, donnoit un moût plus riche en matière sucrante au bout de deux jours, que s'il eût été exprimé à l'instant de la cueillette; celui des environs de Dijon marquoit, l'année dernière, de neuf à onze degrés à l'aréomètre; mais, gardé vingt-quatre heures, le raisin donnoit un moût d'un degré à un degré et demi de plus.

Quand après la vendange on jouit encore de quelques rayons de soleil, qu'il n'y a rien à redouter de la part des oiseaux et des insectes, il est avantageux d'en profiter pour laisser plus long-temps le raisin au cep perdre de son eau surabondante de végétation, augmenter son état sucré, et diminuer les frais d'évaporation. Dans le cas contraire, il faut se hâter de le rentrer à la maison, de l'exposer sur des claies ou de la paille. Comme, pour en faire du vin de liqueur de ce nom, attendre qu'il soit un peu fané pour le porter au pressoir.

On doit prendre garde cependant que cette dessiccation préalable et spontanée, si essentielle pour les raisins du nord, ne soit portée trop loin au midi, où l'évaporation se fait beaucoup plus rapidement, attendu que l'on seroit forcé, comme à Ténédos en Archipel, d'y ajouter de l'eau, pour donner au

moût la fluidité nécessaire pour couler ; autrement il en resteroit beaucoup dans le marc, qui seroit autant de perdu pour
la confection des sirops. Mais le temps le plus favorable pour
se livrer à ces opérations c'est après la vendange, et lorsque le raisin a acquis autant de maturité qu'il peut en obtenir,
laissé au cep ou mis sur de la paille.

Il paroît, d'après les expériences faites comparativement au
midi de la France, sur les raisins rouges et sur les raisins
blancs, que ce sont ces derniers qui ont constamment fourni
le produit le moins coloré, le plus abondant et le plus parfait ; qu'il n'y a que ceux-là qu'on se propose désormais de
consacrer au sirop et à la conserve ; la même remarque a eu
lieu également au nord. M. Henry, chef de pharmacie centrale, a reconnu que le raisin blanc *meslier*, très commun
dans les environs de Paris, est aussi celui qu'il faut préférer,
parcequ'il mûrit plus promptement, plus facilement, et qu'il
est sensiblement plus sucré.

Chaque canton paroît avoir une nomenclature particulière
pour désigner les espèces de raisins qu'il produit. Celles qu'on
appelle à Bergerac *blanc similhon* et *muscat foux*, ou *muscade*, sont ce qu'il y a de mieux pour la confection des sirops,
et donneront toujours à la fabrique un grand renom.

Les raisins blancs, en outre, sont susceptibles, plus que les
rouges, d'acquérir sur le cep un excès de maturité, que l'on
appelle *pourri, sorbé*. Il est vrai que, dans cet état, le raisin
au nord est réellement gâté, mais est au midi au point le
plus sucré qu'il puisse atteindre.

Pour le vendanger, on suit tous les jours la vigne avec un
panier dans lequel on fait tomber les grains, recouverts à leur
surface d'une moisissure blanche ; et c'est de ce raisin que l'on
retire, par expression, un moût très sirupeux, qui, après la
fermentation, fournit ce vin doux si agréable, et si recherché en Hollande.

On devroit préférer, au nord sur-tout, les espèces hâtives,
vu qu'elles auroient le temps d'acquérir plus de maturité ; les
tardives conviendroient mieux au midi, où le froid et les pluies
sont moins redoutables ; en les laissant au cep ou étendues sur
la paille quelque temps, elles acquerroient plus de matière
sucrée.

Mais c'est toujours le raisin le moins cher qu'il faut se procurer, parceque souvent ce n'est pas le plus sucré qui a ordinairement le plus de prix, témoin à Alexandrie, où beaucoup de
raisins blancs ont moins de valeur, parcequ'on prétend que le
vin qui en résulte nuit à la santé de la majeure partie des
habitans qui en font leur boisson journalière. A Turin, le
nebbiolo, raisin de prédilection, très estimé pour le vin,

n'est pas le plus propre aux sirops ; ce sont les raisins blancs qui fournissent les vins les moins doux, les plus susceptibles de se conserver. En un mot, il convient de choisir dans chaque vignoble les variétés de raisin qui, par la dégustation, annoncent être les plus sucrées et les moins abondantes en matière extractive.

C'est le temps et l'expérience qui concourront à établir la préférence qu'on devra leur accorder à telle ou telle espèce de raisin ; on peut, il est vrai, recommander dès à présent le grenache blanc, la blanquette, le maturo, le muscat blanc, le morillon blanc, le mesuier. Le travail intéressant que mon estimable collègue Bosc poursuit avec autant de zèle que de connoissances, sur environ deux mille plants de vigne qui, réunis dans la pépinière du Luxembourg sous le ministère du sénateur Chaptel, sont soumis à la même culture, élevés dans le même sol, exposés au même climat et à la même température, déterminera sans doute des variétés de raisins dont l'art de faire des sirops profitera par la suite. C'est un nouveau service qu'il aura rendu à l'agriculture.

Sirop doux de raisin. De quelque espèce que soient les raisins, qu'ils proviennent du midi ou du nord, le sirop qu'on en obtient est toujours plus ou moins acide, acidité qu'il perd par la saturation du moût, d'où résulte ce que l'on nomme un *sirop doux*. Pour parvenir à cet état, quatre opérations principales sont nécessaires ; savoir, la saturation du moût, la clarification, la cuisson, la décantation.

La première consiste à exposer au feu le moût qu'on a préparé soi-même, et, quand il approche du degré de l'ébullition, à enlever les écumes, à retirer la bassine, à y ajouter à diverses reprises la craie étendue d'un peu d'eau, même après que l'effervescence est finie, à agiter chaque fois la liqueur, et à la laisser déposer un moment avant de la décanter.

La seconde à replacer sur le feu le moût écumé et désacidifié, et quand il est prêt de bouillir d'y jeter les blancs d'œufs cassés, un à un, réunis et battus avec un peu d'eau, de passer ensuite la liqueur bouillante à travers une étoffe de laine.

La troisième concerne l'évaporation du moût ; il faut la brusquer en se servant de vaisseaux plats et à large ouverture, et la pousser vivement jusqu'à ce que le liquide file comme l'huile.

Il s'agit dans la quatrième de faire refroidir promptement le sirop, de le verser ensuite dans des vaisseaux plus étroits que larges, de ne le décanter que quinze jours après pour en séparer le dépôt et le distribuer dans des bouteilles de médiocre capacité qu'on place au frais.

Sirop acide de raisin. On prend la quantité de moût qu'on veut consacrer à ce sirop et on le chauffe jusqu'à l'ébullition ; il se rassemble bientôt à la surface du liquide une grande quantité de matière féculente, albumineuse, que l'on sépare avec l'écumoire ; quand la liqueur est réduite à peu près à la moitié, on la verse dans une terrine évasée, qu'on laisse déposer dans un lieu frais pendant trois jours.

Au bout de ce temps on décante la liqueur et on la remet sur un feu vif ; on fait évaporer jusqu'à la consistance d'un sirop clair, que l'on verse dans un vaisseau de terre non vernissé ; la liqueur dépose encore une certaine quantité de tartrite acidule de potasse ; étant décantée de nouveau et mise à évaporer, elle acquiert la consistance d'un sirop bien cuit.

Sirop doux de raisins secs. On égrappe les raisins secs de bonne qualité, qu'on fait macérer pendant trois ou quatre heures dans suffisante quantité d'eau, ils se gonflent considérablement ; alors on les écrase entre les mains, puis on en exprime le jus à travers une toile serrée ; on délaie le marc avec de nouvelle eau, on exprime et on réunit les deux liqueurs.

On met le mélange dans une bassine que l'on place sur le feu, et lorsque la liqueur est chaude on la sature avec un excès de craie ; on retire la bassine de dessus le feu et on passe la liqueur à travers un drap de laine ; on la remet ensuite dans la bassine, l'on y ajoute quelques blancs d'œufs et l'on procède à l'évaporation du sirop, en ayant soin d'écumer. Quand le sirop est arrivé au degré de cuisson convenable, on le repasse à travers un blanchet et on le porte dans un endroit frais ; au bout de quelques jours il se rassemble au fond du sirop un dépôt floconneux, que l'on en sépare en le passant de nouveau à travers un blanchet ; on le distribue dans des bouteilles pour l'usage.

Sirop acide de raisins secs. Après quatre heures de macération dans l'eau, les raisins étant suffisamment gonflés, on les écrase dans les mains et on les exprime fortement à travers une toile serrée ; on traite de nouveau le marc avec de l'eau et on réunit les liqueurs que l'on évapore dans une bassine à un feu vif ; quand la liqueur est rapprochée à moitié, on fouette dans deux pintes quelques blancs d'œufs, on ajoute cette liqueur par portions dans le sirop et on enlève l'écume au fur et à mesure qu'elle vient nager à la surface.

On continue l'évaporation jusqu'à ce que le sirop soit porté au degré de cuisson convenable, alors on le passe à travers un blanchet et on le laisse refroidir ; au bout de quelques jours il se rassemble au fond du sirop un dépôt floconneux et il s'attache aux parois du vase une matière cristalline acide, que l'on sépare en passant de nouveau à travers un blanchet ; on le met en bouteilles pour l'usage.

Ces sirops doux et acides de raisins secs assez agréables n'ont cependant pas l'avantage de ceux tirés des raisins frais.

Sirop de raisin rapproché sous forme de conserve. Quand le moût est près de bouillir on l'écume et on continue l'évaporation jusqu'à la réduction des trois quarts ; on diminue alors la chaleur, on agite sans cesse la masse à mesure qu'elle s'épaissit, afin d'empêcher qu'elle ne s'attache aux parois et au fond de la bassine, ce qui lui donneroit une saveur âcre de caramel qu'elle communiqueroit à tous les objets auxquels on pourroit l'associer.

On est assuré que la conserve a acquis le degré de cuisson convenable quand elle est devenue d'un brun médiocrement foncé, et qu'en laissant tomber une petite masse sur une assiette de faïence elle ne s'affaisse pas, qu'elle garde la consistance d'un miel fort épais : on la verse toute chaude dans des pots de terre non vernissés bien propres, qu'on recouvre le lendemain dès qu'elle est parfaitement refroidie.

Ce sirop, réduit à l'état de conserve, n'est, à proprement parler, que la réunion des principes du moût sous un petit volume, qu'on peut garder facilement et transporter au loin pour être employé à faire des sirops doux et aigrelets, ou à raccommoder à la cuve les vins verts et plats.

Il n'est pas douteux que si dans les cantons vignobles les maîtresses de maison vouloient se procurer un pot de cinq à six livres de cette conserve, elles pourroient se ménager une ressource lorsque leur provision annuelle de sirop seroit consommée.

Sirop de pommes. Le suc de ce fruit, comme le moût de raisin, réduit aux trois quarts de son volume, donne un liquide plus acide que sucré, difficile à clarifier par les blancs d'œufs. Il reste opaque, susceptible de fermenter, ayant le goût de pommes cuites.

On préparoit autrefois des sirops pour les usages de la médecine avec des sucs de fruits à pepins et à noyaux ; mais ils avoient le miel pour base ; nos plus anciennes pharmacopées en font mention comme d'un purgatif fort doux ; il faut donc les laisser dans la classe où ils avoient eu, pendant des siècles, la réputation de médicamens, et ne jamais espérer qu'ils puissent servir d'assaisonnement à nos alimens et à nos boissons. Ils ne sont sucrés précisément que pour assaisonner leur propre pulpe, aussi tous les efforts pour en faire admettre l'usage comme supplément du sucre ont-ils échoué, depuis sur-tout qu'on a apprécié les avantages incontestables du sirop de raisins.

Le nom de sirop donné aux sucs de pommes et de poires ne leur convient pas davantage ; puisqu'ils ne doivent réellement leur consistance qu'à la matière parenchymateuse extractive dont ils abondent : or, ce n'est que quand ces sucs sont employés comme véhicule ou excipient du sucre, du miel ou du moût de raisin concentré, qu'ils en sont saturés jusqu'à un certain point, que la liqueur filante visqueuse qui en résulte mérite d'être décorée du nom de sirop ; elle n'en réunit pas les conditions les plus essentielles.

Sirop de carottes. Après avoir râpé ces racines nous en avons exprimé le suc au moyen d'une presse, nous l'avons clarifié avec des blancs d'œufs et fait évaporer jusqu'à consistance de sirop ; nous en avons obtenu une once environ par livre de racine mondée et écorcée.

On conçoit que s'il est aisé de faire un sirop avec les fruits et baies, tels que les raisins, les racines potagères les plus abondantes en sucre ne peuvent pas, à cause de leur contexture parenchymateuse et muqueuse, subir aussi facilement cette préparation, de quelque manière qu'on s'y prenne, les patates douces, les betteraves offriront toujours plus de ressources en substance comme assaisonnement ou comme nourriture ; on peut en dire autant des fruits à pepins et à noyaux, auxquels il ne faut pas songer de donner la forme de sirop et de conserve.

Les plantes qui contiennent du sucre ont été indiquées, il y a trente ans, dans mes Recherches sur les végétaux nourrissans. Je vais rappeller ici les principales, comme je l'ai fait au mot FÉCULE pour les plantes dont on peut extraire de l'amidon. La canne, l'érable, le maïs, le froment, l'orge, la betterave, la carotte, le panais, la châtaigne, le chervi, le raisin, la châtaigne d'eau, la gesse tubéreuse, les pois, les fèves, les orobes et la réglisse. (PAR.)

SISON, *Sison.* Genre de plantes de la pentandrie digynie, et de la famille des corymbifères, qui renferme une douzaine d'espèces, parmi lesquelles deux doivent être mentionnées ici comme s'employant en médecine. Ses caractères ne diffèrent de ceux des berles que parceque sa collerette universelle n'est que de quatre folioles. *Voyez* au mot BERLE.

Le SISON AMOME est une plante bisannuelle, dont les feuilles sont pinnées et les ombelles droites. Il croît dans l'Europe méridionale aux lieux humides. Ses semences ont une odeur aromatique approchant de l'amome, et sont connues dans les

pharmacies , où on en fait fréquemment usage sous le nom de
faux amome.

Le SISON AMMI est annuel, a les feuilles trois fois pinnées,
et leurs divisions linéaires. Il est originaire des mêmes con-
trés que le précédent. Ses fruits ont les mêmes vertus. On les
connoît dans les pharmacies sous la dénomination d'*ammi de
Candie.*

Ces deux plantes se cultivent dans quelques jardins pour
l'usage de la médecine. Leur culture ne consiste qu'à semer
leurs graines dans un lieu bien abrité et à les arroser copieu-
sement dans les chaleurs, ainsi que les plants qui en proviennent. (B.)

SISYMBRE , *Sisymbrium.* Genre de plantes de la tétradynamie siliqueuse et de la famille des crucifères, qui rassemble
plus de cinquante espèces, la plupart d'Europe et dont plusieurs sont employées en médecine, ou si communes qu'on
ne peut se dispenser de les connoître quand on habite la campagne.

Les sisymbres ont toutes les feuilles alternes et les fleurs
disposées en épis ou en corymbes. Les plus importans sont ,

Le SISYMBRE CRESSON, qui a les racines vivaces; les tiges couchées par leur base; les feuilles pinnées , à folioles arrondies
ou presque en cœur ; les siliques courtes. Il se trouve dans
les eaux pures et se mange. On le cultive aussi. *Voyez* au mot
CRESSON.

Le SISYMBRE SYLVESTRE et le SISYMBRE DES MARAIS , espèces
extrêmement voisines, qui ont les siliques courtes et déclinées
et les folioles dentées, mais dont la première est vivace et
la seconde annuelle. Elles croissent dans les bois marécageux,
sur le bord des rivières et des étangs. Les rivages de la Seine
en sont couverts dans quelques endroits et paroissent l'être en
juin , époque de leur floraison, d'un tapis jaune. Les bestiaux
les repoussent. On mange leurs feuilles en salade dans quelques endroits.

Le SISYMBRE AMPHIBIE. Il a les siliques déclinées , ovales,
oblongues ; les feuilles inférieures lancéolées et les supérieures
ternées ; les pétales de la longueur du calice. Il est vivace et
commun dans toute l'Europe autour des étangs , dans les fossés , les mares, sur le bord des rivières , tantôt dans l'eau,
tantôt dehors. Sa grandeur et la forme de ses feuilles varient
beaucoup, selon les circonstances où il se trouve. Il n'est pas
rare d'en voir , à peu de distance les uns des autres, de trois
pieds et de trois pouces de haut. Les bestiaux n'y touchent
pas. Son abondance dans certains cantons doit engager à le
couper pendant qu'il est en fleur pour l'apporter sur le fumier et augmenter la masse des engrais. On pourroit aussi

peut-être en tirer parti pour faire de la potasse, car il est très âcre, et Braconnot a observé que plus les plantes l'étoient et plus elles en fournissoient.

Le SISYMBRE A PETITES FEUILLES est extrêmement mal nommé, car ses feuilles ont souvent un pouce et plus de large sur cinq à six de long. Il est vivace et croît abondamment dans les pays tempérés autour des villes, parmi les décombres et dans les sols sablonneux et arides. Les environs de Paris en sont infestés. Le meilleur usage qu'on en puisse faire, c'est de l'enterrer, pour améliorer les terrains où il croit, comme on le fait dans les plaines des Sablons, du Point-du-Jour, etc. Il fleurit pendant tout l'été, et répand dans la chaleur une odeur qui n'est pas désagréable. Il passe pour exciter puissamment aux plaisirs de l'amour lorsqu'on le mange en salade, et c'est ce que savent fort bien les nymphes qui habitent les bords de la Seine. C'est lui qu'on emploie souvent en médecine sous le nom de ROQUETTE SAUVAGE. *Voyez* ce mot. Les bestiaux n'y touchent pas.

Le SISYMBRE SOPHIE a les feuilles extrêmement découpées et les pétales plus petits que le calice. Il est annuel, s'élève à deux ou trois pieds, et croît très abondamment autour des villes et des villages, parmi les décombres, sur les murs, au bord des haies. Son élégance doit engager à l'introduire dans les jardins paysagers, et son abondance à l'arracher pour augmenter la masse des fumiers.

Le SISYMBRE A SILIQUES GRÊLES a les feuilles entières, lancéolées, dentées, pubescentes. Il est vivace, s'élève à deux ou trois pieds, et est originaire des montagnes arides des parties méridionales de l'Europe. Les grosses touffes qu'il forme doivent engager à le placer dans les jardins paysagers, et à le cultiver en grand pour en tirer de la potasse. Je ne doute pas qu'il ne procure de gros revenus sous ce dernier rapport si on vouloit l'y employer sur les terres presque sans valeur qui lui conviennent. On pourroit probablement le couper trois ou quatre fois par an. *Voyez* POTASSE. (B.)

SIVADE. Nom de l'avoine dans le département du Var.

SOC. Partie de la CHARRUE. *Voyez* ce mot.

SOIE. *Voyez* VER-A-SOIE et BOMBICE.

SOIE. (MALADIE DU COCHON.) Cette maladie particulière au cochon est connue encore sous les dénominations suivantes, le *soyon*, la *maladie piquante*, le *poil piqué*, les *soies piquées*, la *pique*, le *piquet*, se déclare sur un des côtés du cou, sur les amygdales, en la jugulaire et la trachée-artère.

La partie de l'animal qui est affectée de cette maladie a les soies qui la recouvrent hérissées, très dures et différentes des autres, tant par leur force que par leur couleur beaucoup plus terne. La douleur qu'elles lui font ressentir au moindre attouchement est vive, la peau se décolore à l'endroit malade, qui toujours est concave, et les muscles, ainsi que toutes les parties nerveuses sur lesquelles cette maladie a coutume de se fixer, sont desséchés et retirés. La soif la précède, la tristesse, le dégoût et l'inertie l'accompagnent ; les forces abandonnent l'animal, et les coups ne peuvent vaincre son insensibilité. La fièvre augmente avec le mal, et l'agitation des flancs, la bave qui sort avec abondance de sa bouche brûlante, sont des indices certains de la gravité du mal ; la mâchoire inférieure est continuellement agitée et les yeux sont enflammés. La diarrhée et la constipation qui ont coutume d'accompagner cette maladie ne peuvent en rien calmer les inquiétudes du cultivateur : l'une en soulageant momentanément le malade ne doit point le guérir, et si elle prolonge sa vie, ce n'est qu'au milieu des souffrances les plus cruelles qui finissent toujours par l'enlever ; mais l'autre, au contraire, absorbe l'animal, qui meurt au bout de quelques heures. Cette maladie qui se communiqueroit très rapidement aux autres animaux de la même espèce, si l'on ne se hâtoit pas d'éloigner ceux qui en sont atteints, rend la chair pestilentielle. Il suffit de dire que la mort seroit inévitable à ceux qui en mangeroient pour détourner tout le monde d'en faire le moindre usage.

L'animal étant mort, il nous sera facile d'apercevoir les différens effets de chacun de ces deux extrêmes. Celui qui aura subi la mort la plus prompte aura la trachée-artère et tous les conduits membraneux de l'estomac gangrenés, tandis que la gangrène ne se sera principalement attachée que sur les intestins de celui qui aura été sujet à la diarrhée.

Maintenant que nous connoissons toute la gravité de cette maladie, nous allons indiquer les principales causes, telles que les grandes chaleurs, la sécheresse, la malpropreté des toits, l'air corrompu qui s'y renferme, un repos trop absolu ou un exercice forcé, le manque de boisson convenable, enfin les alimens putréfiés.

Quoique cette maladie ne présente pas moins de danger que le CHARBON (voyez ce mot), avec lequel elle a beaucoup de ressemblance, il ne faut cependant pas croire que la guérison soit impossible ; la négligence est souvent la principale cause de ses désastres.

Dès que vous verrez la maladie parvenue à son dernier période, c'est-à-dire lorsque les animaux entièrement dégoûtés et abattus par une tristesse continuelle semblent n'attendre que la mort, séparez-les avec la plus grande diligence possible de ceux qui seront en pleine santé, ou qui n'auront que les premiers symptômes de maladie ; pratiquez une fosse assez profonde en terre, précipitez-les au milieu, et, après avoir fait brûler sur eux de la paille, recouvrez-les de la terre que vous aurez ôtée du trou et battez-la avec force ; mettez ensuite sous des toits séparés et nouvellement construits les animaux malingres et ceux qui se portent bien ; pour ces derniers appliquez-leur un bouton de feu à l'endroit où la soie a coutume de se montrer, mettez du beurre sur la plaie, mêlez trois ou quatre gros d'antimoine cru en poudre très fine et autant de sel marin avec leurs alimens journaliers, et ajoutez du vinaigre à l'eau que vous devez leur donner pour boisson.

Quant aux autres où la *soie* commence à se déclarer, il ne faut pas perdre de temps pour en enlever la place au moyen d'un petit crochet en fer, qui, passé dans l'épaisseur de la peau, vous aidera à la soulever et à couper le tour avec un bistouri ou une lame bien tranchante ; il faut aller jusqu'au fond de la tumeur.

Cette opération faite, si l'intérieur de la plaie est noir, ayez recours au bouton de feu que vous y appliquerez à plusieurs reprises, pendant l'intervalle desquelles on place un petit morceau de soufre sur la partie malade : l'animal ainsi opéré, donnez-lui pour breuvage une infusion de plantes aromatiques auxquelles vous joindrez un peu de vinaigre. Le genre de nourriture ci-devant prescrit ne pourra lui être donné que trois jours après ; faites aussi dissoudre un peu de sel de nitre dans de l'eau blanche vinaigrée : vous aurez soin de présenter souvent cette boisson à l'animal malade.

La plaie une fois cicatrisée, vous délayerez dans de l'eau tiède deux gros d'aloès en poudre que vous lui donnerez pour purgation.

Tels sont les moyens les plus simples et en même temps les plus efficaces pour la guérison de la soie, qui, en détruisant ceux sur lesquels elle se jette, peut en un très court espace de temps causer la ruine des maîtres auxquels ils appartiennent. (Des.)

SOL. Le sol est la terre considérée comme base de la végétation. Il varie donc autant que la composition de la terre, que le climat, que l'exposition. Le plus ou moins d'abondance des eaux influe également sur lui. Parlant rigoureusement, on peut dire qu'il n'y a pas deux champs dans le monde dont le sol soit parfaitement semblable. De là vient la difficulté de donner des préceptes généraux en agriculture, ou la nécessité de subordonner toute théorie aux circonstances locales qui doivent nécessairement entrer dans ses élémens, et qui ne peuvent cependant être connues pour tous les sols de l'univers.

On distingue communément en France cinq principales

sortes de sols. L'argileux ou glaiseux, le crayeux ou calcaire, le sablonneux ou graveleux, le ferrugineux, le marécageux. *Voyez* Argile, Craie, Calcaire, Sable, Fer et Marais.

Il est encore une sorte de sol peu citée dans les livres; mais qui est fort connue dans certains pays de montagnes; c'est le sol granitique. La magnésie, terre simple, infertile, y domine souvent, aussi est-il de sa nature de ne donner que des récoltes chétives. *Voyez* Granit, Gneiss, Schiste et Magnésie.

Dans tous ces sols il se trouve plus ou moins d'humus ou de terreau provenant de la décomposition des plantes et qui est le véritable élément de la végétation; c'est la terre végétale proprement dite. Ceux de ces sols qui en possèdent le plus et qui ne sont ni trop secs ni trop humides sont ce qu'on appelle les bons sols, les sols fertiles.

Un sol profond est celui qui offre une épaisseur de deux à trois pieds et plus de terre mélangée de terreau.

Un mauvais sol est celui qui ne contient pas ou presque pas de terreau, et qui est trop sec ou trop humide.

Lorsque l'argile domine dans un champ elle y retient longtemps les eaux des pluies, et elle empêche les racines des plantes d'y pénétrer facilement. On dit alors que le sol de ce champ est compacte, est froid.

Lorsqu'au contraire le sable domine dans ce champ, l'eau traverse la terre avec la plus grande facilité : on dit que le sol est léger, est chaud. (B.)

SOL. Aire où on bat les grains et qu'on prépare chaque année dans les parties méridionales de la France.

SOLADE. On donne ce nom, aux environs de Toulouse, à la masse de gerbes que foulent les pieds des chevaux dans le Dépiquage des grains. *Voyez* ce mot.

SOLANDRE. Maladie du pli du jarret du cheval, qui ne diffère pas de la Malandre par ses caractères et sa cure. *Voy.* ce mot.

SOLANUM. Nom latin du genre morelle où se trouvent la pomme de terre et la tomate.

SOLDANELLE. Nom d'une jolie petite plante des Alpes qu'on ne peut cultiver dans les jardins, et d'une espèce de Liseron qui croît sur le bord de la mer. *Voyez* ce dernier mot.

SOLE. Etendue de terre labourable destinée à une certaine culture de céréales pendant telle année. On dit la sole des blés, la sole des avoines, diviser ses champs par soles. La plupart des anciens baux des fermes défendent de changer la sole établie sur la ferme.

Ce mot, très employé dans les pays où la culture avec jachère est encore en faveur, tombe en désuétude dans ceux où celle par assolement a pris sa place, parceque, loin de chercher à ramener régulièrement les mêmes cultures sur le même champ, on cherche à en éloigner le retour le plus possible. *V.* aux mots ASSOLEMENT et SUCCESSION DE CULTURE. (B.)

SOLE (MÉDECINE VÉTÉRINAIRE.) La sole est dans le cheval, l'âne, le mulet et le bœuf, la portion de corne qui recouvre la face inférieure du sabot, enfin la partie du pied qui pose immédiatement à terre lorsqu'il n'a pas de fer.

La sole est exposée à une multitude d'accidens et de maladies.

Elle peut être contuse par le fer lorsqu'il porte dessus, et elle peut aussi être brûlée lorsqu'on y applique un fer trop chaud, ou que, moins chaud, on l'y laisse par trop long-temps; elle se dessèche lorsqu'en ferrant le maréchal l'a trop parée, à moins qu'on n'y porte remède en la garnissant d'un cataplasme émollient, d'onguent de pied de suif, ou d'un corps onctueux quelconque.

Lorsqu'un cheval a marché sans fer sur du pavé, des graviers, du sable, des cailloux, ou enfin sur un terrain dur, la sole se meurtrit, c'est ce qu'on appelle sole battue; les pieds plats et les pieds combles sont bien plus incommodés de cet accident que les pieds creux. Celui de l'âne et du mulet est de nature à ne pas l'éprouver, la paroi ou muraille étant toujours plus élevée que la sole qui, dans ces animaux, est concave (ce qu'on peut appeler pied creux.)

La sole peut être percée par des clous et blessée par des chicots, des débris d'os, ou de bouteilles cassées, enfin par toutes sortes de corps contondans, piquans ou coupans sur lesquels les animaux mettent les pieds en marchant. Cet accident n'a aucune suite lorsque la blessure que ces corps forment ne va pas jusqu'au vif; cependant si la sole étoit percée, et qu'il y eût un trou, il faudroit le boucher avec du cambouis ou du suif, pour empêcher qu'il ne s'y introduise quelque corps étranger, ou, ce qui est encore mieux, y mettre un peu d'étoupes trempées dans de l'eau de-vie, et les y maintenir au moyen d'une petite ételle ou éclisse, soit de bois, soit de fer.

La sole est aussi exposée à une maladie chronique qu'on appelle crapauds; cet ulcère, qui d'abord se manifeste à la fourchette, gagne peu à peu la sole et la détruit avec le temps.

On sent bien que la cure de tous ces accidens nécessite l'emploi de différens moyens.

Lorsque le fer porte sur la sole et qu'il fait boiter l'animal, il faut le faire déferrer, donner un peu plus d'ajusture au fer qu'on attache avec des clous dont les lames sont minces, ces clous seront brochés bas et peu serrés : en les rivant, on garnira le dedans et le pourtour du pied d'un cataplasme fait avec des plantes émollientes, ou du son cuit dans un peu d'eau et dans lequel on aura fait fondre de l'onguent de pied, du suif ou autre corps gras. Ce cataplasme peut encore être de la bouze de vache.

Lorsque le fer a été appliqué trop chaud, la maladie est plus grave ; quelques précautions qu'on prenne, les suites en sont quelquefois fâcheuses, sur-tout si la chaleur a pénétré sous la paroi jusqu'à la chair qui entoure l'os du pied ; la chair se dessèche, se dévie et le pied devient comble ; si au contraire la brûlure s'est bornée à la sole, le mal est moins grand ; dans l'un et l'autre cas il faut déferrer, donner plus d'ajusture au fer, puis parer légèrement la sole avec la *cornière* du *boutoir*, tout autour du pied, à l'endroit où la sole s'unit à la paroi, afin d'en faire sortir la sérosité que la brûlure produit ordinairement, faire comme pour le cas précédent, mettre ces cataplasmes émolliens : si la paroi se détache des feuillets, quoi qu'on fasse, le pied deviendra comble, c'est-à-dire que la sole excèdera la paroi.

Pour la sole battue on emploiera les mêmes moyens.

La sole piquée par le clou de rue nécessite le traitement du *clou de rue* ; il en est de même pour tous les autres accidens dont nous avons parlé ; ils doivent être traités comme les plaies faites par contusion ou déchirement. (Des.)

SOLEIL. Centre du système planétaire dont la terre fait partie, dispensateur de la lumière et de la chaleur dont nous jouissons.

Rien de ce qui a vie sur notre globe ne pourroit se conserver sans le soleil ; il est donc véritablement notre planette tutélaire ; c'est à raison de son influence sur la nature qu'il a été si généralement adoré par les premiers peuples agricoles.

En tournant autour d'elle-même et offrant alternativement au soleil tous les points de sa surface, la terre forme les jours et les nuits ; en tournant autour du soleil elle forme les années. On parle donc dans le sens de nos illusions, lorsqu'on dit que le soleil est entré dans tel signe du zodiaque, que le soleil est dans l'autre hémisphère, que le soleil est élevé sur l'horizon, que le soleil se lève, se couche, qu'il tourne enfin.

La LUNE (*voy.* ce mot) tourne autour d'elle-même comme autour de la terre, et, entraînée par cette dernière, elle tourne autour du soleil ; c'est par lui qu'elle est éclairée.

On suppose que le soleil est éloigné de la terre de trente-trois millions de lieues, que sa lumière parvient à la terre en sept minutes, qu'il est formé par une matière fondue et ignescente, au moins à sa surface, sur laquelle se montrent de temps en temps des taches obscures, qui ont fait voir qu'il tournoit sur lui même en vingt-sept jours. Herschel, qui a fait, avec son grand télescope, des observations très intéressantes sur le disque du soleil, assure qu'il y a des temps où il rend moins de lumière, et où par conséquent il communique moins de chaleur à la terre.

Ayant fait connoître aux mots LUMIÈRE et OMBRE, CHALEUR et FROID les effets de la présence et de l'absence du soleil sur la terre, je me dispense de m'étendre plus longuement sur sa nature, sur laquelle nous avons d'ailleurs plutôt des hypothèses que des certitudes. Je renvoie donc le lecteur à ces mots et à ceux SAISON, HIVER, PRINTEMPS, ÉTÉ et AUTOMNE. (B.)

SOLEIL. Nom vulgaire de l'HÉLIANTHE ANNUEL.

SOLITAIRE (FLEUR). C'est celle qui est unique sur une tige. *Voy*. PLANTE.

SOLITAIRE (VER). *Voy*. TÉNIA.

SOLIVE. Ancienne mesure de solidité, en usage pour les bois de charpente. *Voy*. MESURE.

SOMBRE. Nom de la JACHÈRE dans la ci-devant Bourgogne.

SOMMEIL DES PLANTES. Il est beaucoup de plantes dont les fleurs se ferment le soir et se rouvrent le matin. Il en est beaucoup d'autres, à feuilles simples ou composées, et presque toutes celles de la famille des légumineuses en font partie, dont les folioles se replient aux approches de la nuit, ou au moment de la pluie, et semblent véritablement sommeiller pendant l'absence du soleil ou la durée de la pluie. La SENSITIVE, qui ferme ses folioles au plus petit attouchement, doit être placée à la tête de la série de ces plantes. Chaque plante, qui jouit de la faculté de se contracter ainsi, prend une forme ou une position particulière, que Linnæus a rangée sous dix séries dans une dissertation qui se trouve imprimée parmi ses Aménités académiques.

Il n'y a pas de doute que cette faculté des feuilles de certaines plantes a quelque influence sur leur végétation; mais on manque d'observations sur la nature et les effets de cette influence. Les cultivateurs, si souvent dans le cas d'admirer la promptitude ou la régularité du mouvement des plantes soumises à cette loi, ne sont jamais, à ma connoissance, dans le cas d'en tirer parti pour leur avantage. (B.)

SONDE. Instrument destiné à faire connoître la nature des couches de la terre, et à indiquer s'il y a de l'eau à une certaine profondeur. On l'appelle aussi TARIAU ou TARIÈRE. *Voyez* ce mot.

SOPHORE, *Sophora*. Genre de plantes de la décandrie monogynie et de la famille des légumineuses, qui réunit neuf à dix espèces, dont une se cultive depuis quelque temps en pleine terre dans les jardins des environs de Paris, et peut devenir un jour très importante comme arbre utile.

Le sophore du Japon s'élève à plus de quarante pieds. Il a l'écorce de son tronc grise, et celle de ses rameaux verte. Ses feuilles sont alternes, ailées avec impaire, à folioles nombreuses, ovales oblongues, d'un vert foncé en dessus, glauque en dessous; ses fleurs sont blanches, foiblement odorantes, et disposées en grappes à l'extrémité des rameaux. Ces dernières s'épanouissent à la fin de l'été, et alors ses feuilles disparoissent souvent sous leur nombre. C'est un superbe arbre, dont le feuillage sombre contraste fortement avec celui de la plupart des autres. Sa tête s'arrondit naturellement, et forme une masse réellement imposante. On le place, soit isolément au milieu des gazons, ou à quelque distance des massifs dans les jardins paysagers, soit au bord des massifs. On en fera certainement de superbes avenues; mais jusqu'à présent il a été trop rare pour être employé à cet usage. Il croît rapidement, sur-tout dans sa jeunesse. On le multiplie de semences, qu'il commence à fournir assez abondamment dans les jardins de Paris, mais qui mûrissant tard, sont sujettes à la gelée dans les années où les froids sont précoces. On les sème au printemps, ou sur couche dans des terrines remplies de terre de bruyère, ou dans des planches au levant, composées de cette même terre. Les arrosemens ne doivent pas leur être épargnés. Le plant qui en provient acquiert ordinairement près d'un pied dans le cours de la première année. On le rentre dans l'orangerie, ou on le couvre de bruyère, pour le garantir de la gelée pendant l'hiver, car il y est fort sensible. Le printemps suivant, on le relève pour le repiquer à quinze ou vingt pouces de distance. Là on le conduit comme les autres arbres des pépinières, c'est-à-dire qu'on le taille en crochet; on l'ébourgeonne, on l'arrête, on le récèpe, si cela devient nécessaire, et on lui donne trois ou quatre labours ou binages par an. Je lui ai vu pousser cette seconde année des jets de huit à dix pieds dans une terre légère et fraîche. A mesure qu'il avance en âge, il se fortifie contre l'effet des gelées, ou si elles l'atteignent, ce n'est que par l'extrémité de ses branches qui poussent tard, s'aoûtent de même, et restent par conséquent plus long-temps attaquables. C'est à cette époque qu'il faut le transplanter à demeure, sans le mutiler en aucune manière. Lorsqu'on coupe une de ses branches il faut toujours le faire à un pouce du tronc, parcequ'il est sujet à laisser couler son cambium, et que par conséquent en la coupant rez on risque de faire périr l'arbre. En général, il ne paroît pas aimer la serpette; et un jardinier sage la lui fera d'autant moins sentir que ses branches prennent naturellement une très belle forme. J'en connois des pieds à toutes les expositions, et ils réussissent; mais j'ai lieu de croire que celle du levant et celle du nord lui sont le plus [favorables.

On multiplie aussi le sophore du Japon par marcottes, qui s'enracinent fort difficilement, par section de ses racines, et par boutures; mais ces trois moyens ne fournissent pas des arbres qu'on puisse comparer à ceux venus de graines, de sorte qu'on doit n'y avoir recours qu'à la dernière extrémité.

Lorsqu'on arrache un pied de sophore il faut renverser toutes les racines de la grosseur d'une plume à écrire et au-dessous, coupées par la pioche ou la bêche, les greffer en fente avec une branche de menue grosseur et les remettre en-suite en terre. On obtiendra des pieds qui pousseront d'une demi-toise la même année.

Le bois du sophore du Japon paroît être d'une excellente qualité d'après les jeunes pieds ou les branches qui ont été ob-servées. Il faut encore attendre pour pouvoir l'apprécier d'une manière convenable, car les plus vieux pieds qui exis-tent en France ont au plus cinquante ans de plantation, et on sait que le bois de certains arbres n'arrive que fort tard à sa perfection. Il faut donc encourager la multiplication de cet arbre pour l'avantage de la société encore plus que pour son agrément.

Des renseignemens venus de la Chine font croire que c'est de cet arbre qu'on tire la couleur jaune avec laquelle on teint les étoffes exclusivement réservées à la famille impériale.

Il y a encore le SOPHORE TÉTRAPTÈRE et le SOPHORE MICRO-PHYLLE, deux arbres à superbes fleurs jaunes venant de la Nouvelle-Zélande, qu'on cultive dans quelques jardins; mais comme ils demandent l'orangerie pendant l'hiver, je ne par-lerai pas ici de leur culture.

Une partie des sophores de Linnæus font aujourd'hui partie du genre VIRGILE. (B.)

SORBÉ (RAISIN). C'est celui dont la surface est spha-cellée par excès de maturité. Les raisins blancs sont plus dans le cas de parvenir à cet état que les rouges, et la couleur brune qu'ils prennent alors fait dire que le *renard a pissé des-sus*. On fait les plus excellens vins sirupeux avec les raisins sorbés. *Voyez* VIN, VIGNE et SYROP.

SORBIER, *Sorbus*. Genre de plantes de l'icosandrie tri-gynie et de la famille des rosacées, qui renferme quatre ar-bres, tous intéressans sous les rapports de l'utilité et de l'agré-ment, et dont la culture est tr s répandue dans les pays où l'on met quelque importance aux jouissances que donnent les jardins.

Les espèces de ce genre ont toutes les feuilles alternes, pétiolées, ailées ou demi-ailées, et accompagnées de stipules ; les fleurs blanches, disposées en corymbes terminaux, et les fruits gris ou rouges dans leur maturité.

Le sorbier domestique, ou *cultivé*, ou *cormier*, a l'écorce grise, rude, crevassée ; les branches très nombreuses ; les feuilles ailées avec impaire, à folioles sessiles, presque rondes, dentées, velues sur-tout en dessous ; les fruits d'un pouce de diamètre, tantôt ronds et rougeâtres, tantôt pyriformes et grisâtres. Il est originaire des parties méridionales de l'Europe, s'élève à plus de cinquante pieds, fleurit au milieu du printemps, et se cultive fréquemment, même dans le nord, pour son bois et ses fruits.

Cet arbre croît très lentement, ne commence à porter des fruits que dans un âge fort avancé, et sa culture est difficile dans ses premières années ; c'est pourquoi il n'est pas aussi commun que la beauté de son aspect, le parti qu'on tire de ses fruits, et sur-tout l'excellente qualité de son bois doit à le faire désirer. On le multiplie par ses graines, qu'on sème aussitôt qu'elles sont mûres (ou qu'on conserve en jauge pendant l'hiver) dans une planche bien préparée à l'exposition du levant. Le plant qui en provient a à peine trois pouces de haut la seconde année, époque où il faut le repiquer dans un autre endroit, à six à huit pouces de distance. Il en périt toujours beaucoup dans cette transplantation, quelques précautions qu'on y apporte. A quatre ans il faut encore relever ce plant, qui alors a plus d'un pied de haut, pour le mettre dans un autre lieu et l'espacer davantage. Il en périt aussi dans cette seconde transplantation. C'est alors qu'on le taille en crochet, qu'on l'ébourgeonne et qu'on lui fait subir toutes les opérations de l'art. *Voyez* Pépinière. Enfin, à huit ou dix ans ce plant, ayant acquis huit à dix pieds de haut et un pouce de diamètre, peut être définitivement mis en place, ce qui en fait encore périr. Mais pourquoi, dira-t-on, lui faire subir ainsi quatre crises lorsqu'on pourroit lui en éviter deux ? C'est qu'un pied qu'on transporteroit du lieu du semis, à dix ou douze ans, dans celui où il doit être placé à demeure, périroit sûrement à raison de son long pivot et de son peu de chevelu : aussi, en tout état de cause, le sorbier domestique demande-t-il à être semé en place pour venir sûrement et bien ; mais il est si lent dans sa croissance que les accidens qu'il est dans le cas d'éprouver compensent l'incertitude de sa reprise dans les trois transplantations des pépinières. La vraie manière de multiplier cet arbre est de le semer dans une haie, et de l'abandonner à lui-même. Le mieux encore seroit de le semer dans les places vides des forêts, sur les lisières des bois, etc. Le prix actuel de l'argent, l'augmentation des impôts, etc., ne permettent plus de faire des plantations particulières de sorbiers ; il faut que la dépense annuelle de ces arbres soit compensée par le produit de ceux qui croissent plus rapidement, et cependant il est à désirer qu'ils se multiplient, car le besoin s'en fait souvent sentir, sur-tout dans le nord. A Paris, par exemple, les échantillons un peu gros de leur bois se payent extrêmement cher.

Toute terre est propre au sorbier cultivé, cependant il vient mieux dans celle qui est substantielle et profonde. J'en ai vu sur des rochers où il n'y avoit pas plus d'un pied de terre, mais leurs racines gagnoient les joints des couches ou des fissures, et s'y nourrissoient mieux que dans un lieu en apparence plus favorable. Il parvient souvent à plus d'un pied de diamètre, mais il lui faut pour cela deux cents ans. Sa croissance, au reste, est d'autant plus accélérée qu'il est dans un meilleur fonds et dans un pays plus chaud. Varennes de Fenilles a trouvé que son bois pesoit vert soixante-douze livres une once sept gros, et sec soixante-trois livres onze onces cinq gros par pied cube. Ce bois est d'un brun rougeâtre, d'un grain fin, d'une dureté et d'une homogénéité extrême. Il est recherché avec empressement par les menuisiers, les ébénistes, les tourneurs et les machinistes. Les meilleures vis, les fuseaux et les alluchons les plus durables en sont faits. Il demande à être travaillé très sec, car il éprouve une retraite de plus du douzième par suite de son dessèchement.

On multiplie aussi le sorbier cultivé par la greffe sur le poirier, sur l'aubépine et autres arbres de la même famille. Dans ce cas il croît plus vite, mais les arbres qui en proviennent sont moins beaux et sur-tout moins durables que ceux provenant de graines, on doit, en conséquence, ne les employer qu'à la décoration des jardins paysagers, où ils produisent de bons effets par leur forme et la couleur de leur feuillage ; des greffes doivent être faites rez terre, et même en terre, si elles sont en fente. Elles ne réussissent qu'autant qu'on fait attention à l'état réciproque de la sève ; car il y a entre ces arbres une petite différence d'époque à cet égard.

Toutes les parties du sorbier cultivé sont astringentes ; on les emploie quelquefois en médecine.

Le fruit du sorbier cultivé, qu'on appelle *sorbe*, ou *corme*, est très acerbe avant sa maturité. Arrivé à ce point, il est mou et fade. Il nourrit médiocrement, produit souvent des coliques, et ne convient par conséquent qu'aux estomacs robustes.

Il est des pays où les habitans des campagnes, et sur-tout leurs enfans, en font une grande consommation. On le cueille ordinairement avant sa complète maturité, qui s'achève sur la paille. Ecrasé dans de l'eau, livré à la fermentation vineuse, il forme une boisson peu différente du poiré pour le goût, mais bien plus enivrante; boisson que, dans beaucoup de lieux, on regarde comme meilleure que le poiré et le cidre. Cette opération se conduit positivement comme celle par laquelle on fabrique le cidre. Lorsqu'on n'a pas assez de fruits pour faire la quantité de liqueur requise pour remplir un tonneau, on se contente de mettre ce qu'on a, après l'avoir écrasé, dans ce tonneau qu'on remplit d'eau. Au bout d'un mois on peut boire cette eau, qui est légèrement vineuse et très rafraîchissante. C'est la boisson ordinaire des domestiques dans beaucoup d'endroits. On mêle souvent aux sorbes des pommes, des poires, des nèfles, des prunelles, etc.; ce qui, selon moi, qui en ai goûté souvent, ne contribue pas à améliorer cette boisson. Il m'a paru que la *sorbe-pomme* étoit préférable sous ce dernier point de vue, mais que la *sorbe-poire* étoit plus agréable pour être mangée. Au reste, la bonté de ces fruits tient beaucoup au sol et au climat. Ceux que j'ai mangés à Paris étoient de beaucoup inférieurs à ceux que j'ai mangés dans les parties méridionales de l'Europe.

Le SORBIER DES OISEAUX, ou *sorbier sauvage*, vulgairement le *cochène*, a l'écorce brunâtre, les rameaux longs, peu nombreux; les feuilles pétiolées, ailées avec impaire, à folioles ovales oblongues, dentées, très glabres en dessus, un peu velues en dessous; les fruits de la grosseur d'un pois et d'un beau rouge. Il croît naturellement dans les bois montagneux de l'Europe, et se cultive fréquemment dans les jardins d'agrément, qu'il orne par ses fleurs au printemps, et par ses fruits en automne. Il ne s'élève qu'à vingt à vingt-cinq pieds. Son bois ressemble beaucoup à celui du précédent, mais il lui est inférieur sous tous les rapports, principalement celui de la grosseur. On l'emploie positivement aux mêmes usages. Il pèse sec quarante-six livres deux onces deux gros par pied cube.

Cet arbre croît bien moins lentement que le sorbier domestique; il est d'ailleurs beaucoup moins délicat à la transplantation. Tous les terrains lui sont bons, pourvu qu'ils ne soient ni arides ni aquatiques à l'excès. Il ne craint ni le chaud ni le froid. Pour le multiplier on sème ses graines dans une terre douce et substantielle aussitôt après leur maturité, et on les arrose dans le besoin. On relève le plant dès le printemps de la seconde année pour le repiquer à six à huit pouces, et deux ans après on le change de place, en l'espaçant de quinze à vingt pouces. A six ans il a dix à douze pieds de haut, et peut être déjà mis en place ; cependant il vaut mieux attendre la huitième année. Il donne déjà des fleurs à cet âge.

On multiplie aussi le sorbier des oiseaux par greffe, rez terre, soit en fente, soit en écusson, sur le sorbier domestique, pour le faire durer long-temps et lui faire acquérir plus de grandeur, et sur l'épine pour le faire croître plus promptement. Cette dernière manière est la plus employée dans les pépinières marchandes. On le greffe encore quelquefois sur le néflier, sur le cognassier, sur le poirier, sur l'alizier, etc.

Le sorbier des oiseaux se plante ou isolément, ou en petits groupes au milieu des gazons des jardins paysagers, ou sur les bords des massifs. On en forme des allées, des salles, des quinconces, etc. De quelque manière qu'il soit placé il produit de charmans effets, sur-tout lorsqu'au commencement de l'hiver ses larges corymbes de fruits font courber avec grace ses rameaux sous leur poids et charment l'œil par l'éclat de leur couleur de feu : aussi le voit-on souvent (et même peut-être trop) dans ces sortes de jardins.

Les grives, les merles, les poules, et même les bestiaux, aiment beaucoup les fruits du sorbier des oiseaux. Dans le nord on en fait de la boisson, sans doute peu différente de celle fabriquée avec celui du sorbier domestique, boisson dont on tire de l'eau-de-vie. On dit encore qu'après les avoir fait sécher on les garde pour les manger en guise de pain.

Le SORBIER D'AMÉRIQUE, qui a été jusqu'à présent regardé comme une variété de ce dernier, est une véritable espèce. Sa hauteur ne surpasse pas huit à dix pieds ; ses feuilles sont plus aiguës ; ses fruits sont de moitié plus petits. On le multiplie dans les pépinières de Versailles, par marcottes ou par greffe sur l'épine, le néflier, etc. Il produit moins d'effet dans les jardins.

Le SORBIER HYBRIDE, ou *sorbier de Suède*, ou *sorbier de Laponie*, a l'écorce d'un brun cendré ; les rameaux nombreux ; les feuilles grandes, pétiolées, ovales, aiguës, cotonneuses en dessous, à moitié pinnées, c'est-à-dire profondément sinuées à leur base, et simplement divisées à leur sommet ; les fleurs blanches, et les fruits d'un rouge jaunâtre. Il est originaire des pays septentrionaux, s'élève à trente ou quarante pieds, et fleurit au printemps. On le cultive fréquemment dans les jardins paysagers, où il tient sa place avec avantage, même à côté de ses congénères. Son aspect, quand il est franc de pied, se rapproche infiniment de celui de l'alizier blanc. Lorsqu'il est greffé sur aubépine, il prend naturellement la forme d'un saule têtard, c'est-à-dire la forme globuleuse ou ovoïde. Ce singulier effet s'explique en ce que cet arbre devenant fort grand, et l'aubépine restant toujours plus petite, les racines de cette dernière ne peuvent lui fournir la quantité de sève nécessaire à sa croissance ; en conséquence il ne pousse que des rameaux foibles, mais nombreux, la nature voulant le dédommager de son moins de racines en lui fournissant beaucoup de feuilles. On peut voir un exemple remarquable de ces effets dans le bosquet des tulipiers à Versailles, où il y a une allée de sorbiers hybrides greffés sur épine, et plusieurs de ces arbres francs de pieds, ce qui permet la comparaison.

On multiplie ce sorbier de graines et par greffe, positivement comme les précédens. Il mérite d'être cultivé sous tous les rapports ; car si son bois est inférieur à celui du sorbier domestique, il doit être supérieur à la plupart des autres, si j'en juge par les apparences, car je n'ai pas fait d'expériences sur sa nature. (B.)

SORGO, ou SORGHUM. *Voyez* au mot HOUQUE.

SOUCHE. On donne ce nom à la partie d'un arbre coupé qui tient aux racines. Par extension on l'applique quelquefois à un vieil arbre.

L'ordonnance forestière exige qu'on ne laisse point de souches dans les bois, et elle est fondée en principe, car la sève est dans le cas de perdre dans leurs canaux la force active qui auroit produit des bourgeons. En conséquence, en Europe, on coupe rez terre, ou mieux, entre deux terres, les arbres des forêts ; mais en Amérique, où on veut détruire les forêts, on les coupe à deux ou trois pieds de terre, ainsi que je l'ai généralement observé dans le pays même. *Voyez* COUPE ENTRE DEUX TERRES et EXPLOITATION DES BOIS.

Il est des arbres dont les souches ne repoussent jamais, telles sont celles des arbres résineux. La plupart des autres ne repoussent pas, ou ne nourrissent pas long-temps leurs bourgeons lorsqu'ils sont arrivés à un grand âge. Un chêne de moins de cinquante ans repousse toujours, celui de plus de cent ans repousse rarement, s'il n'est dans un bon sol, et celui de deux cents ans ne repousse jamais.

L'extraction des souches, même en état de destruction, est généralement défendue dans les forêts nationales. Si on n'a eu en vue que la possibilité de l'abus dans cette défense, je n'ai rien à objecter ; mais si on a prétendu conserver les foibles espérances de reproduction qu'elles offrent quelquefois, on a eu tort. Ces rejets ne donnent jamais des arbres de futaie, parceque le terrain est épuisé des sucs propres à les nourrir. Il vaut beaucoup mieux, à mon avis, supprimer totalement les souches, sur-tout celles de chêne, pour donner moyen aux hêtres, aux charmes, aux frênes ou autres arbres de croître plus à l'aise. Au bout d'un à deux siècles ces derniers arbres périront à leur tour par la même cause, et les chênes reviendront s'emparer de leur ancienne place. Cette rotation est dans la nature, et l'homme ne trouve jamais son intérêt à la contrarier. (B.)

SOUCHÉRÉE. Ancienne mesure de capacité. *Voy*. Mesure.

SOUCHET, *Cyperus*. Genre de plantes de la triandrie monogynie et de la famille des cypéroïdes, qui rassemble près de cent espèces, dont deux doivent trouver place dans cet ouvrage, à raison de l'utilité dont ils sont ou peuvent être.

Le souchet long, ou *odorant*, *Cyperus longus*, Lin., a les racines longues, charnues, vivaces; les tiges triangulaires, feuillées, hautes d'un à deux pieds; les feuilles longues, roides, terminées en pointe; les épillets bruns, allongés, sessiles, réunis plusieurs ensemble sur des pédoncules communs, inégaux, qui forment une espèce de panicule feuillée à l'extrémité de la tige. Il croît dans les marais et fleurit au milieu de l'été. Tous les bestiaux le mangent. Les cochons sur-tout recherchent beaucoup sa racine, qui a une odeur aromatique agréable, qui est employée en médecine comme restaurante et fortifiante, et qui entre dans plusieurs sortes de parfums.

On ne cultive pas, que je sache, cette plante hors des jardins de botanique.

Le souchet comestible a les racines vivaces, fibreuses, accompagnées de tubérosités jaunâtres, de la grosseur et de la forme d'une noisette, imbriquées de zones écailleuses; les tiges triangulaires, feuillées, hautes d'un à deux pieds; les feuilles aiguës et fort longues; les épillets sessiles et disposés plusieurs ensemble au sommet des pédoncules communs, inégaux et feuillés, formant une espèce de panicule à l'extrémité des tiges. Il croît naturellement dans les parties méridionales de l'Europe. Ses tubérosités sont agréables au goût, soit crues, soit cuites, et se mangent habituellement dans quelques cantons de l'Allemagne et de l'Orient. On le cultive dans les terrains légers et humides, en plantant, en mai, ses tubérosités à six ou huit pouces de distance sur un seul labour. Il craint les gelées du climat de Paris. La récolte des tubérosités a lieu deux mois après leur plantation, et ces tubérosités se conservent tout l'hiver et pendant une partie du printemps, comme les pommes de terre. Elles sont, il faut le dire, un très médiocre manger, mais il ne faut négliger aucun des moyens de subsistance accordés à l'homme. Elles peuvent, dit-on, fournir, par expression, une huile très bonne. On en fabrique une boisson analogue au café en les faisant griller, concasser et infuser dans l'eau bouillante. Un seul pied en a fourni deux cent quatre-vingt-cinq à M. Moreau de Montfort.

J'ai mangé en Amérique des tubérosités de même nature fournies aussi par un souchet, qui m'ont paru supérieures à celles-ci et en grosseur et en goût. J'ignore à quelle espèce elles appartenoient, les ayant achetées au marché et n'ayant pas été à portée de les planter.

Il y a aussi le souchet jaunatre et le souchet brun, deux petites espèces annuelles, qui forment des trochées souvent fort grosses dans certains marais de France, et que les bestiaux recherchent beaucoup; mais elles ne sont pas communes par-tout.

Je dois encore citer le souchet papyrier, plus connu sous le nom de *papyrus*, plante de six à huit pieds de haut, avec l'écorce de la tige de laquelle les anciens faisoient leur papier. Cette plante, propre aux rivages du Nil et autres rivières d'Afrique, n'est plus utile sous ce rapport et ne se cultive nulle part en grand. On en voit quelques pieds au jardin du Muséum d'histoire naturelle. (B.)

SOUCI, *Calendula*. Genre de plantes de la syngénésie nécessaire et de la famille des corymbifères, qui réunit plus de vingt espèces, dont une est souvent fort abondante dans les champs et les vignes, et deux ou trois autres se cultivent fréquemment dans les jardins d'agrément.

Le souci des champs a la racine annuelle; la tige rameuse, haute de huit à dix pouces; les feuilles alternes, amplexicaules, lancéolées, dentées, velues; les fleurs jaunes, petites et solitaires sur des pédoncules axillaires ou terminaux. Les fruits en partie recourbés et en partie droits.

On le trouve souvent en très grande abondance dans les champs et les vignes, sur-tout dans les terrains argileux. Il fleurit pendant toute l'année, même pendant les gelées. Tous les bestiaux le mangent. Il donne aux vaches un lait d'une saveur agréable. Il passe pour résolutif, dépuratif, céphalique, antispasmodique, antiscorbutique et antiscrofuleux. On emploie ses fleurs à colorer le beurre en jaune, et ses feuilles se confisent pour être mises dans les sauces et les salades.

Cette plante a une odeur forte et désagréable, qu'on croit sans raison qu'elle peut communiquer au vin. Elle est souvent le fléau du cultivateur, qui ne peut la détruire, parceque fleurissant toute l'année, et ses graines se conservant en terre pendant long-temps sans germer lorsqu'elles sont trop enfoncées, elle semble naître d'autant plus abondamment qu'on fait plus d'efforts pour la détruire. Ce n'est que par des binages bien exacts qu'on peut y parvenir dans les vignes. Il pourroit devenir utile de la semer pour fourrage du premier printemps, car à cette époque elle est déjà en pleine végétation. Je ne sache pas qu'on l'ait considérée sous ce point de vue, mais dans beaucoup de lieux on ramasse exactement les pieds qui croissent naturellement pour la nourriture des vaches. Comme la plupart des plantes annuelles, on peut prolonger son existence pendant deux ans en l'empêchant de monter en graines.

Le souci des jardins, *Calendula officinalis*, Lin., a les racines fusiformes, annuelles ou bisannuelles ; les tiges rameuses ; les feuilles alternes, amplexicaules, glabres, ovales lancéolées, très grandes ; les fleurs très larges, jaunes et solitaires sur des pédoncules terminaux ou axillaires ; les fruits tous recourbés. Il est originaire des parties méridionales de l'Europe et se cultive depuis long-temps dans les parterres des parties septentrionales, où il brille pendant la plus grande partie de l'année. C'est mal à propos qu'on l'a regardé comme une variété du précédent, produite par la culture. Il en est spécifiquement distinct, quoiqu'il partage toutes ses propriétés médicales et économiques. Ses fleurs ont toujours plus d'un pouce de diamètre et varient beaucoup dans la nuance de leur couleur. Il en est de parfaitement doubles, de semi-doubles, de prolifères, et d'inodores. L'effet que produisent ces fleurs dans les grands parterres est d'autant plus saillant qu'elles tranchent avec presque toutes les autres et se succèdent pendant neuf mois de l'année ; aussi l'y multiplie-t-on beaucoup, même trop en général, car on s'accoutume bientôt à leur éclat, et c'est sur la variété qu'on doit baser la composition des jardins et la plantation des parterres, pour qu'on y trouve des plaisirs toujours nouveaux.

On doit semer le souci des jardins aussitôt que sa graine est mûre, et préférer celle de la première fleur qui s'est épanouie, comme plus grosse et devant donner des productions plus vigoureuses. Elle lève en peu de temps. Le plant, dans le climat de Paris, doit être couvert pendant les fortes gelées de l'hiver, parcequ'il y est sensible. Au printemps on le transplante dans les parterres, et il ne demande plus alors que les soins ordinaires.

Dans beaucoup de jardins on se contente de réserver un certain nombre de pieds parmi les milliers qui lèvent naturellement, et ceux-là donnent ordinairement les plus belles fleurs ; car, en général, les plantes annuelles et bisannuelles ne gagnent pas à être transplantées.

Dans d'autres on ne sème les soucis qu'au printemps et sur place. On s'aperçoit facilement de l'emploi de cette méthode au peu de largeur des fleurs et à leur petit nombre ; d'ailleurs elles paroissent un mois plus tard, ce qui est un désavantage notable.

Une terre légère et substantielle est celle qui convient le mieux au souci des jardins; mais cependant il s'accommode de toutes, pourvu qu'elles ne soient ni trop arides, ni trop aquatiques. Il brave les sécheresses, quoiqu'un temps pluvieux ou des arrosemens abondans lui soient avantageux. On le conserve en état de vigueur, et même souvent deux ans, en coupant ses fleurs à mesure qu'elles passent, car c'est principalement la production de la graine qui épuise les plantes annuelles ou bisannuelles.

J'ai toujours regretté de voir perdre les pieds du souci des jardins lorsqu'on en débarrasse les plates bandes des parterres à la fin de l'automne. Ils devroient être donnés aux vaches ou au moins jetés sur le fumier dont ils augmenteroient utilement la quantité.

Le souci pluvial, *souci d'Éthiopie*, ou *souci hygrométrique*, a les racines annuelles; les tiges foibles, couchées, hautes de six à huit pouces; les feuilles alternes, pétiolées, lancéolées, profondément dentées, un peu charnues, d'un vert glauque; les fleurs grandes, blanches en dedans, violettes en dehors, et solitaires à l'extrémité de pédoncules terminaux ou axillaires. Il est originaire de l'Afrique et se cultive en pleine terre dans beaucoup de jardins, quoiqu'il soit fort sensible à la gelée. On le sème un peu plus tard que le précédent et en place. Ses tiges ont besoin d'un tuteur. Il est principalement remarquable en ce que ses fleurs ne s'épanouissent que lorsque le soleil frappe directement sur lui. Elles restent constamment fermées lorsque le temps est couvert, et pendant la nuit, et encore plus quand il pleut.

Les autres espèces de soucis se cultivent rarement. (B.)

SOUCI D'EAU. *Voyez* Populage.

SOUCOUPE (FLEUR EN). Fleur monopétale fort évasée, peu divisée, et terminée par un tube très court. *Voyez* Fleur et Plantes.

SOUDE, *Salsola*. Genre de plantes de la pentandrie digynie et de la famille des chénopodées, qui renferme environ quarante espèces, toutes croissant sur les bords de la mer, dans les terres salées, et donnant de la soude par leur incinération. *Voyez* Alkali et l'article suivant.

Il y a parmi les soudes des espèces annuelles, vivaces, arborescentes. Leurs feuilles sont tantôt opposées, tantôt alternes, tantôt planes, tantôt cylindriques et charnues. Leurs fleurs naissent solitaires ou géminées dans les aisselles des feuilles supérieures.

L'importance dont est l'alkali de la soude pour plusieurs

arts, et la petite quantité de ces plantes, qui croissent naturellement sur le bord de la mer, a rendu leur culture nécessaire. On y a trouvé de plus l'avantage d'utiliser des terrains
qui ne peuvent donner d'autres productions; mais, dois-je le
dire? malgré les profits considérables et certains qui résultent
de cette culture, elle n'a lieu nulle part en France, c'est en
Espagne qu'il faut aller pour en trouver des exemples. Les
tentatives qui ont été faites à différentes époques sur les côtes
des environs de Narbonne et de Montpellier, et en dernier
lieu celles de mon collaborateur Chaptal (*voy*. Annales d'a-
griculture, tom. 4) n'ont pas eu de suite. On se contente toujours chez nous de couper les plantes marines, de quelque
espèce qu'elles soient, de les réunir avec les VARECS (*voy. ce
mot*) rejeté par les flots, et, en brûlant le tout, d'en tirer
une soude d'une fort mauvaise qualité. Je dois dire cependant que je l'ai vue cultivée à l'embouchure de la Bidassoa,
du côté de la France, comme du côté de l'Espagne, et que là
on m'a assuré qu'on en cultivoit aussi au pied de quelques
dunes près de Baïonne.

Ce sont les environs d'Alicante en Espagne qui fournissent
la plus grande quantité et la meilleure soude connue dans le
commerce. Elle est pour ses environs une source de richesse
toujours renaissante. N'ayant point de données personnelles
sur la culture des plantes qui la donnent, je ne puis mieux
faire que de donner ici un extrait des observations faites à
son occasion par M. Pictet-Malet, observations insérées dans
le onzième volume des Annales d'agriculture.

Je profiterai ensuite des remarques de mon collaborateur
Tessier, insérées dans le même ouvrage, et je terminerai par
quelques considérations qui me sont propres.

« Plusieurs plantes qui croissent naturellement au bord de
la mer peuvent fournir l'alkali de la soude en plus ou moins
grande quantité, et d'une qualité plus ou moins bonne, comme
les FICOÏDES NODIFLORE et CRISTALLIN, les SALICORNES HERBA-
CÉE et FRUTESCENTE, les ANSERINES MARITIME et BLANCHE,
toutes les espèces du genre soude; mais les deux presque
exclusivement cultivées sont la BARILE et la SOUDE. La première, plus délicate que la seconde, demande un terrain
beaucoup meilleur et mieux préparé, mais aussi donne une
soude beaucoup plus fine et plus estimée. Leur culture et la manière de les recueillir sont au reste parfaitement les mêmes. »

La SOUDE CULTIVÉE, ou *barile*, *Salsola sativa*, Lin., est
annuelle, d'environ un à deux pieds de haut; ses tiges sont
très rameuses; ses feuilles cylindriques, glabres; ses fleurs
réunies en tête.

La SOUDE ORDINAIRE, ou *kali*, ou *salicote*, *Salsola soda*,

Lin., est annuelle ; a la tige haute de deux à trois pieds ; ses rameaux sont écartés ; ses feuilles sont allongées, charnues, cendrées, avec trois lignes vertes ; ses fleurs sont géminées,

Les soudes kali et tragus, qui croissent abondamment sur les bords de la mer, dans les parties méridionales de l'Europe, et dont on tire aussi de la soude, mais qu'on ne cultive pas, ont les feuilles épineuses.

« Après avoir, continue M. Pictet-Malet, donné plusieurs labours à la terre et l'avoir fumée, on commence vers le mois d'octobre ou de novembre à répandre la semence, le plus souvent sans la couvrir. On a soin, pour cette opération, de choisir les jours où il y a apparence de pluie. Au printemps, à peine la plante a-t-elle un pouce de diamètre, qu'on commence à la sarcler, et on répète cette opération plusieurs fois, suivant la quantité d'herbe qui croît parmi elle, et qui pourroit lui nuire. A la fin d'août elle est prête à recueillir. On laisse ordinairement un mois de plus sur pied celle qu'on réserve pour graine, et cela sur les bords, pour pouvoir labourer le centre, et le préparer à recevoir du blé. L'opération de l'arracher est fort simple, car cette plante ne tient que par une petite racine fort mince ; pour cette opération les ouvriers s'aident d'une petite faucille. Les pieds se mettent en différens tas pour la laisser sécher jusqu'au moment où on doit la brûler.

« Vers la fin de septembre, lorsque la soude est sèche, on fait dans la terre des trous à peu près sphériques, de la contenance d'environ trente quintaux de la plante ; au-dessus de l'ouverture on met deux morceaux de fer pour retenir la plante, que l'on brûle en la mêlant avec un peu de paille ou de joncs secs ; on a soin de choisir un jour où il souffle un peu de vent, circonstance importante pour la bonté de la soude ; car si l'air est tranquille, la plante se brûle mal, se charbonne, et la soude (sel) est d'une qualité inférieure ; au contraire, si le vent est trop fort, elle se brûle trop vîte et son produit se réduit difficilement en une masse solide. Ces plantes ne se conduisent pas comme les autres en brûlant, car elles ne se réduisent pas en charbon et en cendres ; mais elles éprouvent une espèce de fusion ou de demi-vitrification ; on les voit couler et former ensuite une matière rouge ressemblant à du métal coulant, que l'on a soin d'agiter une ou deux fois avec un bâton garni de fer au bout pour rendre la fusion plus parfaite : le creux une fois plein, ce qui exige ordinairement une nuit entière, on recouvre le tout de terre, et on le laisse refroidir pendant dix à douze jours ; on découvre ensuite le pain qui s'est formé, et on le rompt à grands coups de massue, pour l'emporter et le mettre dans le commerce. »

On lit dans le mémoire de mon collaborateur Tessier, mémoire rédigé sur des documens fournis par Jussieu et autres savans respectables, qui sont aussi allés sur les lieux, que la soude se sème à Alicante en janvier, se récolte en juin, et qu'elle fleurit vers la fin de septembre ; ce qui est fort différent de ce que rapporte M. Pictet-Malet. Y auroit-il deux manières de cultiver la soude à Alicante ? Je n'en vois pas l'impossibilité. Depuis long-temps on sait que les plantes annuelles, lorsqu'elles sont semées en automne, fournissent des produits plus abondans que lorsqu'elles sont semées au printemps.

Au reste, l'exposé de la culture de la soude par M. Pictet-Malet ne satisfait pas à toutes les données qu'on est dans le cas de désirer. Il n'indique pas, par exemple, quelle est la nature de la terre où on la place. Ce n'est que parcequ'on voit que la culture qui lui succède est du blé, et par une note, qu'on soupçonne que cette terre n'est pas salée. Mais à quelle distance de la mer la soude cesse-t-elle de donner de l'alkali minéral par sa combustion ? Il semble, par des expériences faites à Saint-Gobain, et dont j'ai vu les résultats, que la graine venue d'Alicante a donné des pieds qui ont fourni de cet alkali ; mais qu'à la seconde génération, des pieds semblables n'ont plus donné que de la potasse.

Un point important et que M. Pictet-Malet n'a pas aussi exactement précisé que M. Tessier, c'est l'époque de la récolte de la plante destinée à être brûlée. Il résulte, des expériences de Th. de Saussure, que plus les plantes sont jeunes et plus elles donnent de la potasse. Cette loi ne s'applique-t-elle pas aux soudes ? Si elle s'y applique, comme je le crois, il semble qu'il faudroit arracher la soude aussitôt qu'elle seroit arrivée à toute sa hauteur.

Il m'a paru aussi que l'opération de la combustion de la soude, telle que l'a décrite M. Pictet-Malet, ne doit pas donner le résultat qu'il annonce. Il faut une grande intensité de feu pour vitrifier la cendre de la soude, et il y a toujours une certaine distance entre la soude brûlante et cette cendre. Ce n'est pas ainsi qu'on opère sur les côtes de France dans la combustion des VARECS. *Voy.* ce mot.

Aussitôt que la graine de soude est bien formée, dit M. Tessier, on arrache les plantes, et on les met sécher dans un endroit propre sans les amonceler. Quant elles sont bien sèches, on les bat avec des baguettes, on nettoie bien la graine, qui est très petite, et on la conserve.

Jusqu'à M. Pictet-Malet j'avois toujours cru qu'on ne cultivoit la soude que dans les terrains salés ou susceptibles de le devenir par l'effet des hautes marées ou des grands vents.

Chaptal, dans les essais de culture qu'il a faits aux environs de Cette, a eu soin de la placer dans un semblable terrain. La culture que j'ai vue sur la Bidassoa s'y trouvoit. Jamais je n'ai vu ni en France, ni en Espagne, ni en Italie, ni en Amérique de véritables soudes croître naturellement en abondance loin de la mer ou des marais salés. Les plantes qui ne fournissent ordinairement que de la potasse donnent de la soude lorsqu'il est possible de les cultiver dans les marais salés.

Il a été remarqué que toutes les plantes herbacées ou vivaces qui croissoient naturellement dans les terres salées, impropres à la culture des céréales et autres plantes qui craignent la surabondance du sel, décomposoient ce sel et rendoient par conséquent ces terrains plus tôt susceptibles de recevoir les articles ordinaires de la culture. La soude produit principalement cet effet. C'est donc aussi sous le rapport de l'amélioration des sols imprégnés des eaux de la mer qu'on devroit la cultiver, cependant je ne sache pas qu'on le fasse nulle part en Europe. *Voyez* au mot TAMARIS, seul arbre employé pour cet objet en France, du moins à ma connoissance. En Caroline, où chaque année on digue une portion des immenses marais salés qui sont le long de la côte, on connoît bien cette influence de la soude et des autres plantes véritablement marines, pour accélérer la mise en culture de ces marais, lorsque l'eau de la mer n'y afflue plus, aussi a-t-on soin d'empêcher qu'elles soient coupées ou mangées avant la maturité de leurs graines, afin que ces graines fournissent de nouvelles plantes pour l'année suivante. Au moyen de ces seules précautions on cultive en riz ou en maïs, la troisième ou la quatrième année, des localités qu'on ne pourroit cultiver autrement que la dixième ou la douzième, car les eaux des pluies sont très lentes à entraîner le sel marin qui se trouve déposé à quelques pouces de profondeur.

On voit par ce que je viens de rapporter que la culture de la soude n'est pas encore aussi bien entendue ni aussi étendue qu'il seroit à désirer, malgré les avantages de plusieurs sortes qui en sont la suite. Il est du devoir des amis de leur pays de la provoquer par tous les moyens possibles. (B.)

SOUDE. Alkali minéral qu'on retire, ou des plantes indiquées dans l'article précédent, par la combustion, ou du sel marin, par la décomposition. Certains lacs de la Hongrie, de l'Egypte et de la Perse en fournissent aussi. Ce dernier est connu sous le nom de natron.

On distingue la soude de la potasse à sa disposition à s'effleurir à l'air, c'est-à-dire à tomber en poussière, et parceque'elle forme des sels particuliers avec les acides dont les plus communs sont le sel marin ou muriate de soude , le sel de glauber ou sulfate de soude , et le borax. *Voyez* ACIDE.

Les usages de la soude sont les mêmes en général que ceux de la potasse, cependant il en est quelques uns auxquels elle convient davantage, à raison de ce qu'elle n'attire pas l'humidité de l'air, tels que la fabrication du savon et celle du verre. *Voyez* SAVON. Ce que l'on vend dans le commerce sous le nom de soude est, comme on l'a vu dans l'article précédent, le résultat à demi-fondu de la combustion de la plante dans un trou creusé en terre , c'est-à-dire un mélange de terre , de pierre, de charbon, de cendres, de différens sels et de véritable soude. Toujours cette véritable soude est la moindre partie du tout. Souvent elle en contient moins d'un dixième. Quand on veut avoir l'alkali pur, il faut lessiver ces soudes et évaporer l'eau des lessives. On doit à Chaptal d'excellentes analyses des soudes, analyses qui sont très propres à guider le blanchisseur ou le manufacturier, et qui portent à faire désirer de voir la combustion de la plante dirigée par des meilleurs principes, malgré l'observation du célèbre chimiste précité, que chaque sorte de potasse est plus propre à telle opération qu'à telle autre.

Aujourd'hui que la rareté et la cherté de la soude, dont il vient d'être parlé, sont à leur comble, on s'occupe dans beaucoup de fabriques d'isoler, par des procédés chimiques, celle qui sert de base au sel marin. Déjà il y en a beaucoup dans le commerce qui jouit de l'avantage de ne contenir ni pierres, ni terres, ni cendre, ni charbon ; aussi mérite-t-elle la préférence dans le plus grand nombre des cas.

Quant à l'emploi de la soude comme amendement , *voyez* POTASSE , CHAUX et HUMUS. (B.)

SOUFFLÉE AU POIL. Matière noirâtre qui sort de la racine du sabot du cheval à l'insertion de la peau. Cette maladie est la suite de l'inflammation occasionnée par une ENCLOUURE. *Voyez* ce mot.

SOUFFLER UN ARBRE. Expression aujourd'hui peu usitée. Elle signifie soulever par secousses les racines d'un arbre qu'on plante et sur lesquelles on a déjà jeté une certaine quantité de terre , afin de faire couler cette terre entre leurs différens rameaux, et d'empêcher la formation autour d'elles de vides dans lesquels leurs fibrilles ne pourroient pas puiser la nourriture nécessaire à la reprise et à la végétation de l'arbre. · L'opération de souffler un arbre est donc d'une importance majeure. On doit l'exécuter avec le plus grand soin. *Voyez* PLANTATION.

SOUFFLET POUR ENFUMER LES INSECTES ET IRRITER LES INTESTINS DANS LES NOYÉS. C'est un souf-

flet de la forme ordinaire mais plus gros , sur la planche inférieure duquel on a fixé une boîte qui sert à rassembler la fumée
du tabac qu'on fait brûler sur un réchaud pour favoriser son
introduction , par l'ame, dans le corps du soufflet.

Les cultivateurs devroient tous avoir un soufflet ainsi disposé ;
car son emploi pour faire périr les insectes, principalement
les pucerons , est fréquent et peut être d'un grand secours
pour sauver la vie aux noyés. *Voyez* Puceron et Noyé.

SOUFRE. Substance inflammable qu'on trouve dans le
cratère des volcans, dans les carrières de plâtre, dans beaucoup de mines de fer , de cuivre , de mercure, de plomb ,
d'antimoine, de bismuth , de zinc, etc., dans les anciennes
voiries, etc., et dont on fait un grand usage dans les arts et
dans l'économie domestique. Elle entre dans la poudre à canon , sert à favoriser l'inflammation des allumettes ; combinée,
par la combustion , avec un peu d'oxygène, elle se décompose
en acide sulfureux dont l'odeur est si connue, et qu'on emploie fréquemment pour blanchir les étoffes de laine et de
soie, et avec beaucoup d'oxygène il forme l'acide sulfurique,
anciennement connu sous le nom d'huile de vitriol, d'un grand
usage dans les arts et en médecine.

Les anciens écrivains sur l'agriculture parlent souvent des
soufres de la terre , des soufres de l'air , comme influant beaucoup sur la végétation des plantes ; mais ce sont des mots vides
de sens comme beaucoup de ceux qui étoient jadis employés
pour expliquer tout ce que les théories scientifiques d'alors ne
permettoient pas d'expliquer.

Dans l'état actuel de la chimie on regarde le soufre comme
un corps simple, et en effet l'air et l'eau n'ont aucune action
sur lui, quelque long-temps qu'il reste exposé à leur influence.
Il ne sert ni ne nuit à la végétation des plantes lorsqu'il est
pur , mais il n'en est pas de même lorsqu'il est uni à l'oxygène
ou à d'autres substances : en effet les plantes exposées à l'acide
sulfureux se décolorent bientôt, perdent leurs feuilles et finissent par mourir, et les parties des plantes touchées par
l'acide sulfurique sont désorganisées, brûlées, comme si on les
avoit mises dans le feu. En effet les plantes arrosées avec une très
petite quantité d'acide sulfurique dissoute dans une grande
quantité d'eau ; les plantes poudrées d'une petite quantité de
fleurs de soufre , qui sont composées de soufre et d'un peu
d'acide sulfurique à nu, prennent plus de vigueur.

Il est probable que l'effet du plâtre sur les prairies artificielles , l'effet des cendres pyriteuses sur les cultures de toute
espèce , tient à la même cause , mais on manque encore de
données positives à cet égard. *Voyez* Plâtre et Cendres.

Le soufre ne se brûle qu'en absorbant l'oxygène de l'air ;

or il ne peut y avoir de combustion sans oxygène. En jetant du soufre en poudre sur le foyer d'une cheminée où le feu vient de prendre, et en fermant l'ouverture de cette cheminée, on est assuré d'éteindre subitement ce feu. J'ai cru devoir rapporter ici ce fait pour l'instruction des cultivateurs.

Le principal usage auquel on emploie le soufre dans les campagnes, c'est la fabrication des allumettes dont tout le monde connoît l'utilité. Elles se font en faisant fondre du soufre dans un vase de terre, sur un très petit feu, et en y plongeant l'extrémité de petites buchettes de bois blanc bien sec ou de chenevottes de la longueur de quatre à cinq pouces, et réunies en petits paquets.

On se sert aussi fréquemment du soufre dans la médecine vétérinaire comme sudorifique, soit en nature, soit mêlé avec différens ingrédiens. La gale des chiens et des moutons se guérit sur-tout fréquemment par son seul moyen. Il paroît qu'il faut qu'il ait éprouvé un commencement de combinaison avec l'oxygène pour agir; ainsi on doit préférer les fleurs à la poudre lorsqu'on ne se sert que de l'intermède de l'eau. (B.)

SOUGUE. Synonyme de souche dans le département du Var.

SOULEVER LA TERRE. On appelle ainsi, dans quelques pays, le premier labour qu'on donne à une jachère. C'est la même chose que ROMPRE LA TERRE. *Voyez* ce mot.

Cette expression ne paroîtra pas aussi impropre lorsqu'on saura que souvent ce premier labour ne consiste qu'à recouvrir la largeur d'un sillon de la terre enlevée du sillon voisin, et ce en faisant ce sillon aussi large que le comporte le soc et l'oreille de la charrue, de sorte qu'il n'y a véritablement que la moitié du champ de labouré.

On ne peut pas imaginer une pratique plus vicieuse. Le but de tout labour n'est que très imparfaitement rempli, les chevaux, les bœufs et le conducteur fatiguent extrèmement, et on risque de briser la charrue.

Ce n'est que par une division exacte des molécules de la terre qu'on parvient à favoriser l'introduction de l'air entre leurs interstices et par suite sa décomposition. *Voyez* LABOUR et AIR.

SOUPES ÉCONOMIQUES. Ce mode alimentaire est facilement praticable et peu dispendieux dans presque toutes les saisons et généralement dans les divers climats; son extrème utilité dans les villes populeuses et à la campagne pendant les récoltes est hors de doute.

Dans un écrit imprimé à Saintes, en 1680, et publié par un missionnaire, on trouve la composition de deux soupes économiques, l'une destinée pour les pauvres et l'autre pour les riches; l'orge, les semences légumineuses, les haricots sur-tout en forment la base, ce qui leur donne une grande analogie avec celles qui, dans les années précédentes, ont soulagé les familles indigentes, et sembleroit faire croire que ces soupes appartiennent originairement à la nation française, dont le goût pour ce genre de nourriture est si bien connu de toute l'Europe.

Loin de nous cependant la pensée de chercher à affoiblir la reconnoissance que mérite M. le comte de Rumfort, pour des travaux qui lui assurent une des premières places parmi les bienfaiteurs de l'humanité, en revendiquant une partie de ce qu'il a fait pour éteindre la mendicité, où ses lumières et sa philosophie laisseront un long souvenir. Ce qu'on ne pourra jamais lui ravir, c'est l'heureuse idée d'avoir établi des ateliers de subsistance, des cuisines publiques où la classe laborieuse peut se procurer, à un prix très modique, un aliment tout à la fois substantiel et salutaire.

Un autre fait aussi notoire, qui confirme notre opinion sur l'origine des soupes économiques, est une recette sur la manière de préparer des bouillons, à peu de frais, pour cinquante personnes, insérée dans le traité des maladies les plus fréquentes et des remèdes spécifiques pour les guérir, avec la méthode de s'en servir pour l'utilité du public et le soulagement des pauvres, par *Helvétius* : l'orge mondée, les semences légumineuses, les racines potagères en sont les ingrédiens principaux.

Si on continue l'examen de cette question, on voit dans les journaux un concours d'efforts pour stimuler le zèle des personnes charitables, et tourner leurs vues vers un système de nutrition capable de décupler le patrimoine de la misère; mais avant de parler des soupes dites à la Rumfort, que pour mieux caractériser nous avons fait connoître sous le nom de soupes aux légumes, nous allons indiquer la composition du riz économique, de la soupe aux pommes de terre et de la soupe à l'oignon.

Riz économique. Cette composition de soupe est celle que faisoient distribuer aux indigens, avant la révolution, des pasteurs zélés et charitables, dont les noms sont consignés dans les annales de la bienfaisance.

Prenez Riz . . . . 20 livres.
  Pommes de terre 60
  Pois. 10
  Carottes. 14
  Potirons ou citrouilles 10
  Navets. 15
  Beurre fondu. 4
  Sel 4

On lave le riz à deux eaux bouillantes, puis dans une eau froide, après quoi on le met sur un feu modéré pendant la nuit, pour le faire crever bien doucement dans un vaisseau couvert.

Le lendemain on fait cuire les pommes de terre qui doivent avoir été lavées, on ne met au fond de la marmite qu'un peu d'eau et de sel pour les laisser cuire, bien couvertes, dans leur propre humidité; le potiron, les carottes et les navets seront cuits de même; en sortant ces objets de la marmite, on les réduit en bouillie le plus exactement possible, en y versant de l'eau peu à peu, broyant et passant au travers d'une passoire, comme pour la purée de pois.

On verse alors toute cette purée dans la marmite du riz; on y ajoute le sel et le beurre, et l'on fait cuire à petit feu pendant deux heures, en remuant toujours; après quoi on y jette le pain en petits morceaux, et l'on tient encore cela sur le feu une demi-heure. Le tout est en état alors d'être servi avec une cuiller de bois qui contient une demi-bouteille ou chopine de Paris, c'est la ration ordinaire; suivant des expériences soutenues pendant trois mois, une livre de cette substance suffit à peu de chose près à la nourriture journalière d'un adulte, et revient à peine à cinq ou six centimes. On en préparera une moindre dose si l'on veut, en diminuant chaque article dans la même proportion. Si, par exemple, on ne prend que dix livres de riz, on ne prendra non plus que trente livres de pommes de terre, et ainsi des autres matières; si l'on n'a pas de racines fraîches on en prendra de sèches, mais en moindre quantité, et on les réduira en poudre. On peut suppléer au beurre avec du lait et encore avec du lard.

Mais le riz économique, malgré la vogue qu'il a eue, est plutôt une bouillie épaisse qu'un véritable potage; et, sous la première forme, les farineux, ainsi que nous l'avons déjà fait remarquer, rapprochés et moins délayés, présentent une masse visqueuse que les sucs digestifs ne peuvent que difficilement pénétrer, dissoudre et changer en notre propre substance. Qu'arrive-t-il? ils séjournent peu dans l'estomac, et sont pour ainsi dire précipités par leur propre poids dans les entrailles, ce qui fait que l'appétit renaît bientôt, souvent même avec plus d'énergie qu'auparavant; car on sait maintenant que l'espèce de préparation donnée aux différents mets, en facilite plus ou moins la digestion; et que beaucoup d'alimens deviennent plus nutritifs, dès qu'on saisit le point d'apprêt et la consistance qui leur convient le mieux.

Nous ne formons aucun doute qu'un jour l'orge mondée, préparée à l'instar du riz, ne devienne également un secours habituel pour les indigens et une ressource pour toutes les classes de la société ; que chacun y trouvera à peu de frais et sans aucun embarras une nourriture toute prête, d'où résulteroit une économie de temps, de combustible et de main-d'œuvre. Ce seroit des potages économiques d'orge non moins utiles que les potages aux légumes.

Soupe au riz et aux pommes de terre. Sur une once de riz mettez quatre ou cinq livres de pommes de terre, une livre de pain, environ deux onces de sel, quatre pintes d'eau, mesure de Paris, et trois demi-setiers de lait. Faites crever le riz dans deux pintes d'eau ; à mesure qu'il s'épaissit, mettez-y par intervalles de l'eau chaude jusqu'à ce qu'il en soit entré par intervalles la quantité ci-dessus. Remuez-le toujours, afin qu'il ne s'attache pas au fond du vase. Lorsqu'il est cuit, versez-y le lait avec le sel, le pain et les pommes de terre ; faites bouillir le tout un instant, ôtez-le de dessus le feu, et continuez de le remuer pendant un demi-quart d'heure ; il faut environ trois heures pour l'apprêter. Avant de mettre les pommes de terre dans le riz on les fait cuire dans l'eau, on les pèle et on les écrase comme pour en faire du pain ; on coupe le pain en tranches très minces.

On trouve ainsi dix portions de deux grandes cuillerées chacune par livre de riz préparé selon cette méthode ; on pourroit même en faire davantage en ajoutant une plus grande quantité de pommes de terre. Le goût qu'elles communiquent au riz n'est point désagréable, et elles sont par elles-mêmes une fort bonne nourriture, comme l'ont éprouvé quelques familles qui, faute d'autres alimens, n'ont presque subsisté pendant des hivers entiers que de pommes de terre cuites sous la cendre, et qui se sont portées aussi bien que celles qui n'ont pas été réduites à cette extrémité.

Potage à l'oignon.

Prenez Farine d'orge . . . . 1 livre.
Oignons rouges ou blancs . . . . 2 $\frac{1}{2}$
Beurre ou graisse . . . , ... 1 $\frac{1}{2}$
Poivre concassé . . . . 2 grains
Sel fondu . . . . 2 onces.

Quand les oignons sont divisés par petits morceaux égaux entre eux, on les fait frire dans le beurre, jusqu'à ce qu'ils aient acquis une couleur blonde ; alors la farine dans laquelle se trouvent mêlés le sel et le poivre est ajoutée par proportion. On remue le tout vivement et fortement, et un quart d'heure après on retire la matière du feu ; elle pèse environ une livre et huit onces, et forme dix-huit rations à une once et demie chacune, d'une matière grasse, pulvérulente et assez maniable pour être renfermée dans du papier.

Pour préparer ce potage on prend une once et demie de substance qu'on délaye dans seize onces d'eau, qu'on expose jusqu'au moment de l'ébullition ; on y met alors une once de biscuit broyé, ou une once et demie de graisse ; d'où résulte un potage consistant et savoureux.

D'après un simple aperçu, je crois pouvoir assurer que les prix actuels auxquels se vendent les objets qui constituent ce potage peuvent élever la ration au plus à six centimes, y compris le combustible et la main-d'œuvre. Ce taux pourra même baisser quand les denrées diminueront.

A l'égard de la conservation de ce potage sec, j'ai assez de données pour prononcer qu'il pourra se garder en bon état pendant au moins un mois ; et comme il n'entre point de viande dans sa composition, je suis autorisé à croire que la moisissure et la puanteur ne peuvent l'atteindre ; qu'il servira un mois après sa préparation, et qu'en s'altérant ce ne sera qu'une véritable oxygénation qu'il subira. Or, il existe des nations qui font leurs délices du beurre fort et du lard rance.

Dans les manuscrits du maréchal Vauban on trouve la recette d'une soupe au blé dont ce guerrier philantrope proposoit l'usage pour les militaires, préférant cette nourriture à celle du pain mal pétri et mal cuit, parcequ'alors les vivres de l'armée étoient beaucoup moins bien administrés qu'aujourd'hui. Mais, tout en applaudissant aux vues d'utilité dont ce guerrier philantrope étoit animé pour la conservation et le bonheur du soldat, je n'ai pu me dispenser de démontrer combien cette soupe étoit inférieure en qualité à celle de la farine.

Il a été unanimement reconnu par ceux qui ont assisté, sans prévention, à la confection de cette soupe et à sa dégustation, qu'elle présentoit à l'œil, au goût et à l'odorat tous les caractères d'un bon potage, et qu'à raison de la facilité de trouver par-tout les ingrédiens qui la composent, de la promptitude de sa préparation et de la commodité de son transport, elle pourroit devenir, dans beaucoup de cas, d'une grande ressource, à l'armée sur-tout, où l'on manque quelquefois de viande, de temps et de combustible ; que, donnée alternativement avec celle de viande, elle étoit susceptible de soutenir l'estomac du soldat comme elle soutient celui des habitans des montagnes, qui en font un usage habituel en Suisse et en Allemagne, quoiqu'ils soient occupés aux travaux les plus pénibles de l'agriculture.

La soupe préparée avec la farine grillée forme, en Bavière, la nourriture des bûcherons ; ils l'emportent avec eux lorsqu'ils sont obligés de s'enfoncer dans les bois. Il y a beaucoup d'autres pays en Allemagne où les habitans qui jouissent même d'une certaine aisance font avec plaisir usage de cette soupe, qu'on peut, comme celle à l'oignon, réduire à l'état sec et portatif.

Douze onces de cette poudre, formant en tout huit rations, mises dans un pot, dans une boîte ou dans un boyau, peuvent procurer à un soldat de quoi faire la soupe pendant une semaine sans surcharger son équipage, et lui donner en même temps la certitude qu'en arrivant chez l'ennemi il trouvera, dans les endroits même les plus dénués de ressources, de l'eau et du combustible pour former, dans l'espace d'un quart d'heure, vingt onces d'un potage substantiel, savoureux, et d'un goût qui plaît à la généralité des consommateurs.

Ceux qui ont cherché à jeter de la défaveur sur la soupe à l'oignon ne semblent pas avoir saisi ses véritables avantages. Il y a tout lieu de croire qu'un examen plus approfondi les auroit bientôt convaincus qu'elle ne peut, par sa composition, donner lieu à aucune crainte sur ses effets. La recette ne demande point de farine de froment, mais celle d'orge, et encore après avoir fait subir à ce grain la torréfaction. L'oignon qui frit dans le beure n'y laisse que les squammes séchées sans aucune humidité, et dont l'odeur et la saveur ont été enlevées par la graisse. Ce potage, en un mot, est analogue et même supérieur à celui que les voyageurs, à leur arrivée dans les auberges, font préparer instamment avec de l'oignon frit à la poêle dans un peu de saindoux, de beurre ou de lard, et auquel on ajoute une poignée de farine pour lui donner de la consistance et la propriété alimentaire. Quiconque a suivi les armées sentira aisément qu'il est impossible d'admettre à leur suite le potage aux légumes, dit *soupe à la Rumfort*, pour les troupes en campagne, vu la rapidité de leurs mouvemens, la multiplicité des détachemens, et l'embarras qu'exigeroit dans les marches l'attirail de sa préparation. La soupe à l'oignon, par la facilité d'en former d'avance des approvisionnemens pour un mois, est un nouveau bienfait pour le soldat, et l'on doit s'efforcer de lui en faire connoître les avantages sous les rapports de la santé et de l'économie dans toutes les circonstances où les évènemens de la guerre peuvent le placer.

Soupes aux légumes. En arrêtant les regards sur les élémens dont elles sont composées, on voit qu'ils appartiennent à des végétaux fort communs parmi nous; végétaux qui conviennent, comme nous l'avons déjà observé, à tous les climats, à tous les aspects; que leur culture est facile et leur récolte plus certaine et plus abondante que celles de la plupart des productions du même ordre.

Examinant ensuite dans la classe des semences farineuses quelle est celle qui doit avoir ici la préférence, nous ne formons aucun doute que ce ne soit l'orge. Depuis Hippocrate jusqu'à nous, ce grain constitue sous différentes formes le régime des malades; il est présenté dans tous les ouvrages diététiques comme aliment médicamenteux. Les autres bases de cette soupe sont les haricots, les pois, sur-tout les pommes de terre. Tous ces ingrédiens, combinés de plusieurs manières et dans des proportions différentes, la font varier à l'infini.

Une expérience constante a démontré qu'il n'est pas de nourriture plus propre pour la santé que celle à laquelle on est accoutumé dès l'enfance. Les soupes aux légumes doivent être regardées comme une continuité de l'usage de la bouillie ou de la panade : si elles formoient essentiellement la base du régime des nouveaux-nés, les maladies du premier âge seroient peut-être moins communes, et les constitutions plus robustes; mais c'est moins sur la composition des soupes aux légumes qu'il nous paroît nécessaire d'insister, que sur la facilité et la promptitude de leur confection, sur l'économie du combustible, du tem s et de la main-d'œuvre, enfin, sur les avantages précieux, dans certaines circonstances critiques, de soulager la classe peu fortunée, et de faire subsister un grand nombre d'individus à la fois.

Le beurre, l'huile, le lard, le saindoux, la graisse d'oie, le suif de bœuf, de mouton, la graisse du pot et du rôti, peuvent être employés à la confection des soupes. Cette dernière doit même avoir la préférence, parcequ'ayant éprouvé une sorte de torréfaction, elle jouit dans cet état d'une sapidité infiniment plus marquée, qui relève la fadeur des autres substances; mais comme on n'est pas toujours à portée de s'en procurer suffisamment, on peut la remplacer par de la graisse de mouton ou de bœuf liquéfiée, et tenue sur le feu jusqu'à ce qu'il ne s'élève plus de fumée et que la surface commence à noircir; alors on la coule dans un vase de grès, et dès que la graisse commence à se refroidir on y ajoute un bouquet de thym et de laurier, quelques clous de girofle brisés, et un peu de poivre concassé.

L'usage a encore appris que l'orge ne doit entrer dans la composition des soupes économiques que mondée, c'est-à-dire dépouillée de son écorce, parceque dans cet état elle leur donne beaucoup plus de corps. Pour lui faire absorber le plus d'eau possible il faut en employer peu d'abord, l'augmenter insensiblement jusqu'à ce que le grain soit extrêmement renflé et n'offre plus qu'une bouillie de même blancheur et d'une consistance comparable à celle du riz très épais. Si le consommateur ne se soucioit pas de rencontrer sous sa dent les semences légumineuses, on pourroit les faire moudre et les employer en farine, ce qui rendroit plus expéditive la préparation de la soupe.

Chargé d'examiner toutes les propositions faites au gouvernement dans la vue de procurer une subsistance aux hommes que les évènemens de la révolution avoient réduits à un dénûment absolu, j'ai consigné dans plusieurs rapports présentés au ministre de l'intérieur les divers moyens qui pouvoient provoquer et multiplier les établissemens de soupes économiques.

On trouvera au mot ORGE, dans le nouveau Dictionnaire d'histoire naturelle, différens tableaux de compositions de soupes économiques, qui servent à prouver, d'une part, qu'on peut varier à volonté la saveur et la consistance des soupes; que, de l'autre, les difficultés locales pour se procurer les substances qui entrent dans leur composition ne sauroient être un motif pour renoncer aux avantages de ce genre d'aliment, en observant attentivement les proportions de chacune. Il est facile de remplacer l'orge par d'autres substances d'un prix inférieur, telles que le maïs, le sarrasin, le méteil, en les augmentant ou les diminuant suivant la consistance qu'ils donnent à l'eau.

Nous terminons ces observations sur les avantages que les soupes aux légumes doivent procurer à la société entière, par l'exposé abrégé des principaux points sur lesquels nous avons cru devoir particulièrement insister. Il résulte de ce qui précède,

1" Que les objets dont est composée la soupe aux légumes sont bons, chacun à part, mais que, réunis par leur combinaison avec l'eau au moyen d'une cuisson lente, ils offrent dans l'état chaud un tout plus élaboré, plus homogène, plus économique, et plus approprié à l'effet alimentaire;

2° Que cette soupe, dont on peut infiniment varier la saveur et la consistance, est, dans toutes les périodes de la vie, susceptible de fournir à peu de frais, à l'universalité des consommateurs les moins aisés et de tout âge, une ressource alimentaire que nulle autre ne sauroit remplir aussi avantageusement;

3° Qu'en accréditant son usage dans tous les établissemens publics, où il s'agit de nourrir complètement, à bon compte et sainement, beaucoup d'individus soumis au même régime, ce sera un moyen assuré de maintenir, d'étendre même la culture de l'orge, des semences légumineuses et des pommes de terre, d'où résultera nécessairement une augmentation dans la masse des subsistances, et de diminuer la consommation du pain, effrayante pour ce qu'elle coûte à l'agriculture;

4° Que la nourriture principale, préparée ainsi en grand pour cinq à six cents personnes à la fois réunies dans la même enceinte, produira une épargne considérable sur les frais du combustible, de la main-d'œuvre, et réduira l'aliment au plus bas prix;

5° Que la soupe aux légumes, préparée ainsi en grand, en commun, et adoptée dans tous les ateliers, opérera une diminution sur la consommation du pain de froment, et que l'excédant de nos récoltes en blé sera toujours une source de richesses pour la France, par le moyen de l'exportation sagement dirigée;

6° Que c'est principalement dans les ports de mer et auprès des bagnes que les établissemens de soupes économiques deviendroient d'une grande utilité;

7° Qu'enfin les hommes placés à la tête des grandes administrations doivent avoir pour objet spécial de multiplier les premières ressources alimentaires, et de nourrir un plus grand nombre d'indigens sans une augmentation de dépense;

8° Que les soupes économiques sont le seul moyen de remédier à l'abus qu'on peut faire des secours en argent, le plus funeste de tous, parcequ'au lieu de soulager les besoins réels, il ne sert souvent qu'à satisfaire les passions, telles que la boisson des liqueurs fortes, et les perfides espéranc s des jeux de hasard; ce qui contribue à l'encombrement des hôpitaux et à entretenir la fainéantise, d'où naît la mendicité, ce fléau des Etats.

Ceux à qui il resteroit encore quelques préventions sur la valeur réelle des soupes économiques devroient bien prendre la peine, au lieu de déplorer avec un attendrissement affecté le sort des indigens forcés de s'en nourrir, se transporter dans les cantons les plus reculés des grandes cités, près des hommes qui ont à vaincre et les chaleurs excessives de la saison et la fatigue du jour, pour voir et goûter la soupe qu'ils préparent dans leur foyer; ce n'est souvent que de l'eau ebaude assaisonnée avec un chétif morceau de lard, et dans laquelle nage un pain noir et compacte; il n'y en a pas un d'entre eux qui ne préférât la soupe aux légumes à un pareil potage: rendons moins indifférens les cultivateurs sur la possibilité d'obtenir d'une petite quantité de terrain une grande quantité de subsistances. Montrons-leur à tirer un meilleur parti des ressources locales, et écartons de leur humble chaumière les maux dont le manque d'alimens ou leur mauvaise qualité sont presque toujours la principale cause.

C'est principalement au zèle éclairé de M. Benjamin Delessert qu'on est redevable des plus précieux résultats à cet égard; son nom, lié nécessairement avec celui de M. le comte de Rumfort, rappellera long-temps des secours essentiels rendus à l'indigence; c'est dans sa maison et au sein d'une famille vertueuse et patriarchale que s'est formé le premier

germe de la société des soupes économiques, réunion géné-
reuse dont l'objet étoit de créer, dans les momens les plus difficiles, des ressources en faveur de cette classe intéressante
que le défaut de travail a plongée dans la plus affreuse misère.

Tel fut l'élan de cette utile association, qu'il se commu-
niqua rapidement à tous les ordres de l'État. J'ai vu dans des
réduits qui n'offroient pas même à la vieillesse, à la fatigue,
de quoi se reposer un moment, et dont l'aspect seul eût
repoussé bien loin nos égoïstes et dédaigneux sibarites ; j'ai
vu les membres des premières autorités de la France, des ex-
ministres, des généraux, d'anciens magistrats, des hommes
de lettres, des savans, des négocians, se disputer à qui
s'occuperoit le plus constamment et le plus efficacement du
principal aliment du pauvre, et se confondre avec les respectables sœurs hospitalières, pour aviser aux moyens de rendre
cet aliment plus agérable et plus substantiel. Jamais la bienfaisance n'eut un caractère plus auguste et plus touchant.

Graces soient rendues à la vénérable société des soupes économiques, devenue aujourd'hui la société philantropique !
En multipliant les ressources alimentaires dans le désert
avec d'aussi foibles moyens, elle a pour ainsi dire opéré le
miracle de l'Évangile. PAR.)

SOURCE. Synonyme de fontaine, ou mieux, diminutif de
fontaine, car il paroît qu'on applique plus généralement ce
nom aux fontaines peu abondantes en eau. *V.* FONTAINE.

SOURIS. Petit quadrupède du genre des rats, qui cause de
grands dommages aux cultivateurs, soit dans la campagne,
soit dans le grenier, et pour la destruction duquel ils ne sauroient employer des moyens trop actifs et trop nombreux.

La souris a environ trois pouces de long et sa queue est
exactement de la longueur de son corps. Sa couleur ordinaire
est un gris brillant, appelé de son nom gris de souris ; mais
il y en a de brunes, de tachées et de toutes blanches. Toutes
sont blanchâtres sous le ventre. Elle est très féconde, c'est-à-
dire que les femelles font plusieurs fois par an des portées de
cinq à six petits qui eux-mêmes peuvent produire deux à trois
mois après.

Toute l'Europe est en proie aux dévastations des souris, et
il est même très peu de pays qui ne les connoissent pas. Elles
mangent presque de tout, mais elles préfèrent les substances
huileuses et sur-tout les graines. Il n'est personne qui n'ait à s'en
plaindre, soit à la ville, soit à la campagne. Elles savent percer
des trous pour pénétrer dans les greniers, les armoires les
mieux closes. On doit être continuellement en garde contre
elles. C'est pour les détruire que l'on nourrit cette légion de
chats qui font souvent plus de tort qu'elles-mêmes dans un

ménage. On leur dresse des pièges, des embûches sans nombre ; on les empoisonne avec de l'arsenic, de la coquelevant, etc.; on les étouffe avec de la fumée, avec la vapeur du soufre, etc., et cependant on ne peut s'en débarrasser. Dans la campagne les souris ont un grand nombre d'ennemis acharnés à leur destruction par le besoin de vivre, tels sont les loups, les renards, les fouines, les belettes, les hérissons, les serpens, les oiseaux de proie diurnes et nocturnes. (B.)

SOUS-ARBRISSEAU. C'est la même chose qu'un ARBUSTE. *Voyez* ce mot.

SOUSTRAGE. C'est la litière des bestiaux dans le Médoc.

SOUS-YEUX. Petits boutons qui poussent souvent au-dessous des véritables boutons des arbres, et qui sont destinés par la nature à les remplacer s'ils viennent à manquer. Ils ne poussent ordinairement qu'une seule feuille qui sert à les nourrir, et qui est d'une forme différente des autres. Souvent ces sous-yeux s'oblitèrent l'année même de leur naissance, souvent ils poussent de foibles bourgeons l'année suivante. Un jardinier habile en tire quelquefois un parti avantageux pour se procurer de nouvelles branches à bois. Pour cela il suffit ou de tailler sur celui qu'on veut ainsi métamorphoser, ou enlever tous les autres bourgeons, et couper ou casser l'extrémité de la branche. *Voyez* BOUTON et TAILLE. (B.)

SOUT. Toit à porc.

SOUTIRAGE DES VINS. *Voyez* VIN.

SPARGULE ou SPARGOULE. *Voyez* SPERGULE.

SPARTE. Espèce du genre STIPE avec les feuilles de laquelle on fabrique des cordes, des nattes et autres articles de ce genre.

SPATH. Nom commun à plusieurs sortes de pierres lorsqu'elles sont cristallisées et transparentes. Le spath calcaire est le CALCAIRE presque pur. *Voyez* ce mot.

SPATHE. C'est une enveloppe membraneuse qui tient lieu de calice dans les plantes de la famille des liliacées, des palmiers, des aroïdes, etc. Elle se déchire un peu avant l'épanouissement des fleurs. Sa substance est presque toujours sèche et coriace. *Voyez* FLEUR et PLANTE.

SPARTION. *Voyez* GENÊT.

SPÉCERIE. Nom de la spergule dans les environs de Bruxelles.

SPERGULE ou SPERGOULE, ou SPARGOULE, ou ESPARGOULE, ou SPORÉE, *Spergula*. Genre de plantes de la décandrie pentagynie, et de la famille des caryophyllées, qui renferme une dixaine d'espèces, dont une est fréquemment employée, et en conséquence cultivée comme fourrage dans quelques cantons.

La SPERGULE DES CHAMPS a la racine annuelle, fibreuse; les tiges en partie couchées, rameuses, hautes de huit à dix pouces; les feuilles linéaires et verticillées; les fleurs blanchâtres, pédonculées et terminales. Elle croît naturellement dans les champs sablonneux de toute l'Europe, et fleurit pendant tout l'été. On la cultive dans plusieurs endroits de la France, dans la Westphalie, le pays de Hanovre et contrées voisines, et dans les parties montagneuses du nord de l'Espagne, etc., etc. C'est un excellent fourrage pour tous les bestiaux, principalement pour les vaches, dont il augmente la quantité et la qualité du lait. Il est même reconnu que le beurre qui provient de ce lait est infiniment meilleur et se conserve plus long-temps que les autres; en conséquence il se vend plus cher dans le Brabant hollandais, et porte même spécialement le nom de beurre de spergoule.

Les terrains secs et sablonneux sont ceux qu'il est convenable de consacrer à la spergule, car quelque avantageuse qu'elle soit elle ne pourra jamais entrer en comparaison de produits avec la luzerne et même le trèfle. Il est plusieurs manières de la cultiver. Ou on la sème au printemps sur un bon labour, pour en faire trois et quelquefois quatre coupes, et pour avoir de la graine. Ou on la sème sur les chaumes immédiatement après la récolte sur un simple hersage. Il faut huit à dix livres de graines par arpent.

Rarement on fait sécher la spergule pour la convertir en provision d'hiver, à raison de la difficulté de cette opération et du déchet qui en est la suite. On la coupe pour la donner en vert aux bestiaux, ou on la fait consommer sur place. Cette dernière manière est sur-tout employée sur les semis d'automne, et s'exécute ordinairement en attachant les animaux à un piquet, qui ne leur permet de manger chaque jour que ce qui se trouve dans le cercle qu'ils peuvent parcourir.

Dans quelques endroits on enterre la spergule en fleur au moyen de la charrue, afin de donner à la terre et l'engrais et l'humidité qui résulte de sa pourriture, et favoriser par-là la croissance du seigle qu'on y sème ensuite. La graine de spergule, quoique petite, est, dit-on, fort recherchée par les poules et les pigeons, qu'elle engraisse, et dont elle accélère la ponte; cependant Rozier n'a pas pu réussir à en faire manger aux siens.

Tant d'avantages devroient bien engager les cultivateurs des pays sablonneux, qui ne connoissent pas cette culture, à l'adopter. Après l'avoir vu pratiquer avec tant de succès sur les montagnes stériles de l'Espagne, j'ai eu lieu d'être surpris de ne la pas trouver établie dans les landes de Bordeaux, dans celles de la Sologne, etc., où elle réussiroit si bien. Je ne

crois pas, comme je l'ai observé plus haut, qu'elle soit toujours la plus fructueuse, mais enfin elle l'est, pour beaucoup de localités, et il vaut mieux avoir quelque chose
que rien du tout. Jamais, par exemple, je ne conseillerai de
l'entreprendre aux propriétaires de bonnes terres, à moins
que ce ne soit pour les utiliser pendant l'intervalle qui s'écoule
entre la coupe du blé et le labourage du chaume. Dans ce cas
on devroit la semer quinze jours avant la moisson. Pour peu
qu'il plût, elle pousseroit, sans nuire à la récolte, au point de
donner aux vaches, quinze jours après, un pâturage abondant.
Un cultivateur, jaloux de ses intérêts, doit toujours saisir les
occasions de faire produire le plus possible à sa terre. Eh! qu'on
ne craigne pas que la spergule épuise le sol; elle est d'une famille dont peu d'espèces se cultivent en grand, et ce ne sont
que les plantes d'une même famille qui produisent cet effet.
Voyez au mot ASSOLEMENT.

Un des inconvéniens de la spergule, c'est que les bestiaux,
en la pâturant, l'arrachent presque toujours, car elle ne tient
à la terre, pour ainsi dire, que par un fil. On l'évite, cet
inconvénient, en la coupant avec la faux, mais on tombe
dans un autre, cet instrument laissant une partie des tiges
qui, comme je l'ai observé, sont couchées sur la surface de
la terre.

On doit à MM. Dubois et Bouvier de très bonnes observations sur la spergule insérées dans les Feuilles du Cultivateur, 18 septembre 1793, et 2 ventose an 6 de la républi-
que. (B.)

SPHERIE, *Spheria*. Genre de plantes de la famille des
champignons, qui renferme un grand nombre d'espèces, dont
la plupart vivent sous l'épiderme des vieux arbres ou des branches mourantes, ou des feuilles qui sont dans le même cas. Il
offre des tubérosités solitaires ou aglomérées, ordinairement
allongées et très petites, de consistance ferme, de couleur
noire, quelquefois rouge, qui renferment des graines noyées
dans une matière mucilagineuse.

Quoique les sphéries ne se montrent en général que sur les
végétaux ou partie de végétaux malades, il n'y a pas de doute
pour moi que leur présence n'accélère leur mort. Elles sont
excessivement communes, et il n'y a pas de jardiniers ou de
bûcherons qui ne les connoissent de vue; mais ce n'est que
dans ces derniers temps qu'on a su déterminer leur nature
et qu'on a cherché à étudier leurs espèces.

Je n'entrerai pas ici dans le détail de ces espèces, parceque
ce ne seroit d'aucune utilité aux agriculteurs, mais je les
inviterai à faire de nouvelles observations sur leur mode de
croissance et sur leurs effets, objets encore très peu connus,

afin de voir s'il ne seroit pas possible de s'opposer à leur multiplication. (B.)

SPHINX , *Sphinx*. Genre d'insectes de l'ordre des lépidoptères, qui renferme une trentaine d'espèces, dont les chenilles, quoique généralement peu communes, ne laissent pas que de se faire remarquer des cultivateurs par leur grosseur et les dégâts qu'elles causent.

Le SPHINX TÊTE DE MORT, *Sphinx atropos*, Fab., a les ailes supérieures d'un brun foncé, avec des taches irrégulières d'un brun jaunâtre et d'un jaune clair; les inférieures jaunes, avec deux bandes transversales brunes. Le corcelet noir, avec une tache jaune et trois points noirs au milieu, représentant une tête de mort; l'abdomen d'un gris bleuâtre, avec les côtés jaunes et une bande transversale noire sur chaque anneau. Il est, à ce qu'on croit, originaire de l'Afrique, d'où il a passé en Asie et en Europe. On le trouve assez fréquemment en France. Sa longueur moyenne est de deux pouces, sa grosseur de six lignes. Sa chenille, encore plus grosse, vit aux dépens de la pomme de terre, de la fève des marais, du jasmin. Elle est jaune ou brune, avec des taches d'un vert clair et d'un vert foncé. Elle a une corne grenue et contournée sur son extrémité supérieure et postérieure. Elle se change en nymphe dans la terre vers le milieu de l'été, et en insecte parfait quelquefois à la fin de l'automne, mais en général vers le milieu de mai de l'année suivante.

La forme, la grandeur et sur-tout l'espèce de signe que porte ce sphinx sur le corcelet l'a rendu plusieurs fois l'objet de la frayeur des habitans des campagne. Il causa, il y a une trentaine d'années, époque ou il se montra en abondance dans quelques cantons de la ci-devant Bretagne, une terreur générale. On lui attribua les malheurs qui affligeoient alors cette partie de la France. Un petit bruit funèbre qu'il produit en frottant ses antennes contre sa trompe contribua encore à le faire regarder comme un être de mauvais augure. Le vrai est que le seul mal qu'il cause est la suite de la grosseur et de la voracité de sa chenille, voracité telle que, lorsqu'elle est prête à se transformer, elle mange en un seul jour toutes les feuilles d'un pied de fève ou d'une ou deux tiges de pommes de terre; et que pour la trouver je n'ai jamais eu, à cette époque, qu'à examiner les places vides dans les champs de ces sortes de légumes.

Le SPHINX DU TROÊNE, *Sphinx ligustri*, Lin., a les ailes supérieures veinées d'un brun noir, de blanc et de gris rougeâtre; les inférieures rougeâtres, avec deux bandes noires; le corcelet brun, avec une bande rougeâtre; l'abdomen rougeâtre, avec une bande noire sur chaque anneau, interrom pue par une ligne grise, et une ligne noire dorsale. Sa longueur est d'un pouce et demi. Sa chenille, près de deux fois plus grande, est verte, avec sept bandes obliques, rouges et blanches de chaque côté, et une corne sur son extrémité supérieure. Elle vit sur le troène et sur le lilas, et se fait remarquer par la beauté et la fraîcheur de ses couleurs. Elle se transforme en nymphe au milieu de l'été, et en insecte parfait au milieu du printemps de l'année suivante.

Le SPHINX DE LA VIGNE, *Sphinx elpenor*, Fab., a la tête, le corcelet, l'abdomen et les ailes supérieures d'un vert olive, avec quelques bandes longitudinales ou transversales, d'un rouge pourpre; les ailes inférieures noires à la base, et pourpres à l'extrémité. Sa chenille se trouve sur la vigne, sur l'épilobe et la balsamine.

Le SPHINX (PETIT) DE LA VIGNE, *Sphinx porcellus*, Fab., en diffère fort peu.

Je ne ferai que citer les noms du SPHINX DU TITYMALE, dont la chenille est la plus belle de toutes les chenilles d'Europe, et qui vit sur le titymale à feuilles de cyprès; les SPHINX du LISERON, de la GARANCE, du PEUPLIER, du CHÊNE et du TILLEUL, assez communs, et tous remarquables, mais qui, par la nature des arbres qu'ils attaquent, ne sont point l'objet de l'inquiétude des cultivateurs.

Le SPHINX DU CAILLELAIT, qui est d'un brun cendré, avec des bandes transversales, ondées sur les ailes supérieures, les ailes inférieures d'un rouge couleur de rouille, et l'abdomen latéralement taché de blanc, demande encore à être cité en ce qu'il est très remarquable par sa manière de voler, et qu'il entre très communément dans les maisons en automne. Sa chenille vit sur le caillelait, et subit toutes ses transformations la même année. (B.)

SPILANTE, *Spilanthus*. Genre de plantes de la syngénésie égale, et de la famille des corymbifères, qui renferme une douzaine d'espèces, dont une connue sous le nom de CRESSON DE PARA, de CRESSON DU BRÉSIL, se cultive pour l'assaisonnement des salades. Je n'en citerai que deux.

Le SPILANTE A FLEURS CONIQUES, *Spilanthus monella*, qui a les feuilles petiolées, opposées, ovales, lancéolées, dentées; les fleurs jaunes, coniques et solitaires sur de longs pédoncules axillaires. Elle est annuelle et originaire des Indes. Toutes ses parties sont âcres et piquantes.

Le SPILANTE DES POTAGERS, *Spilanthus oleraceus*, Lin., a les feuilles opposées, pétiolées, en cœur, dentées; les fleurs jaunes hémisphériques, portées sur des pédoncules axillaires. Il est bisannuel et originaire d'Amérique. On le cultive, comme je l'ai dit plus haut, dans quelques jardins pour ses feuilles, qui, mâchées avec la salade, augmentent beaucoup la saveur de cette dernière, irritent la bouche, et procurent une sécrétion abondante de salive. Ses fleurs sont sur-tout excellentes pour se nettoyer les dents. On la sème sur couche, et ensuite on la repique à une bonne exposition et dans un terrain bien pourvu de terreau. Au reste sa culture est fort peu étendue. (B.)

SPIRÉE, *Spirea*. Genre de plantes de l'icosandrie penta-gynie et de la famille des rosacées, qui est composé de plus de vingt espèces, dont la moitié se cultive en pleine terre dans le climat de Paris, et entre comme ornement dans les jardins. Il est donc dans le cas d'être mentionné ici.

Toutes les spirées ont les feuilles alternes, et les fleurs disposées en corymbes, ou en panicules terminales. Les unes sont frutescentes, et les autres herbacées.

Parmi les premières, il faut remarquer,

La SPIRÉE A FEUILLES LUISANTES. C'est un arbuste de trois à quatre pieds de haut, très garni de rameaux roides et courts, dont les feuilles sont sessiles, lancéolées, très entières, gla-bres, un peu épaisses, d'un vert glauque; les fleurs petites, blanches, réunies en grappes terminales, très denses. Il est originaire de Sibérie, et se cultive dans beaucoup de jardins, où il forme des buissons très agréables. Il aime les lieux frais et ombragés, une terre légère et substantielle. On le place avec avantage sur le bord des eaux, en bouquets isolés, au second rang des massifs, etc. Ses fleurs paroissent en avril, et souvent ne s'épanouissent pas complètement. Je ne sache pas qu'elles aient encore donné de bonnes graines dans les jar-dins de Paris. Aussi cet arbuste, qui pousse peu de rejetons, et dont les marcottes sont rarement moins de deux ans à prendre racine, n'est-il pas aussi commun qu'il le mérite.

La SPIRÉE A FEUILLES DE SAULE a des tiges de cinq à six pieds de haut, peu rameuses, droites, glabres, jaunâtres; des feuilles lancéolées, oblongues, dentées, glabres, d'un beau vert; des fleurs rougeâtres, disposées en grappes cylindriques et terminales. Il provient de l'Amérique septentrionale, et fleurit au commencement de l'été dans le climat de Paris. C'est un charmant arbrisseau quand il est en fleur. On le place au se-cond ou troisième rang des massifs, au milieu des gazons, sur le bord des eaux, dans les jardins paysagers, et dans les plates-bandes des jardins d'ornement. Quoiqu'il aime l'ombre et la terre légère, il s'accommode cependant d'une exposition au soleil et d'une terre ordinaire, plus facilement que plusieurs autres. On le multiplie par ses graines et par la séparation des vieux pieds; les premières mûrissant ordinai-rement, et les seconds poussant annuellement beaucoup de rejetons. Ses graines se sèment dans une terre bien préparée, et s'enterrent fort peu.

Le plant qui en provient se repique la seconde année, à huit à dix pouces de distance, et se met en place à quatre ou cinq ans. Les jeunes pieds provenant de la séparation des vieux donnent des fleurs dès la même année. Ce moyen est celui qu'on met le plus fréquemment en usage.

Cette espèce fournit plusieurs variétés, dont l'une a les fleurs blanches, et les autres les feuilles plus larges.

La SPIRÉE COTONNEUSE, *Spirea tomentosa*, Lin., a les tiges droites, grêles, hautes de trois à quatre pieds au plus; les feuilles pétiolées, ovales, lancéolées, dentées, d'un vert jaune en dessus, velues et blanches en dessous; les fleurs rougeâtres, disposées en grosses grappes terminales. Il croît naturellement dans l'Amérique septentrionale, et se cultive dans les jardins des environs de Paris, où il forme des touffes d'un aspect fort élégant, qui fleurissent en août. Il demande impérieusement la terre de bruyère et une exposition ombragée. On le multiplie par graines, par marcottes et par déchirement des vieux pieds; tous moyens qui réussissent très bien quand ils sont pratiqués convenablement. Sa place dans les jardins paysagers est au second rang des massifs, derrière les rochers, les fabriques, etc.

La SPIRÉE A FEUILLES DE MILLEPERTUIS est un arbrisseau de cinq à six pieds, dont les rameaux sont foibles et longs; les feuilles sessiles, ovales, entières, et d'un vert foncé; les fleurs petites, blanches et disposées en corymbes unilatéraux et axillaires. Il est originaire de l'Amérique septentrionale, et fleurit en mai.

La SPIRÉE A FEUILLES CRÉNELÉES est un arbrisseau de trois à quatre pieds, dont les rameaux sont roides et droits; les feuilles sessiles, cunéiformes, à trois ou quatre crénelures à leur sommet; les fleurs blanches, petites, disposées en corymbes sessiles, axillaires et terminaux. Il vient de Sibérie, et fleurit à la fin d'avril.

La SPIRÉE A FEUILLES DE GERMANDRÉE est un arbrisseau de deux à trois pieds de haut, dont les rameaux sont droits et roides; les feuilles sessiles, ovales, oblongues, crénelées à leur sommet; les fleurs blanches, disposées en corymbes sur des pédoncules axillaires et terminaux. Il vient de Sibérie.

Ces trois arbrisseaux se ressemblent infiniment, et produisent positivement le même effet dans les jardins paysagers et dans les parterres, où on les cultive beaucoup à raison de l'élégance de leurs touffes fleuries. Tout terrain et toute exposition leur est indifférente. On les place au second ou troisième rang des massifs; on les isole au milieu des gazons, sur le bord des eaux, etc. Ils souffrent fort bien la tonte ; mais, selon moi, ils perdent beaucoup de leurs agrémens par cette opération. Je crois que, dans les parterres même, il vaut mieux les régler avec la serpette qu'avec les ciseaux, parceque ce moyen conserve la plupart des rameaux entiers, et que c'est à leur extrémité que les fleurs sont les plus nombreuses.

Lorsque les pieds de ces arbustes deviennent trop vieux, il faut les couper rez terre, ou mieux les arracher pour les replanter après les avoir déchirés et rabattus ; car ils poussent prodigieusement de rejetons, qui finissent par les rendre diffus et par épuiser le sol. On peut les multiplier par graines, par marcottes et par rejetons. Ce dernier moyen est presque le seul en usage, à raison de sa facilité et de la promptitude des jouissances qu'il procure. On le pratique pendant tout l'hiver.

La SPIRÉE A FEUILLES D'OBIER est un arbrisseau de dix à douze pieds de haut, dont les tiges sont foibles, et se dépouillent en partie presque tous les ans de leur écorce. Ses feuilles sont pétiolées, presque roudes, à trois lobes profonds, dentés et pointus. Ses fleurs sont blanches, disposées en corymbes presque globuleux et terminaux. Elle est originaire de l'Amérique septentrionale, et fleurit au milieu de l'été. C'est une charmante espèce, mais qui a l'inconvénient d'étendre ses rameaux horizontalement, et de ne pouvoir être taillée à la manière ordinaire. Ce n'est qu'en coupant rez terre les branches les plus vigoureuses qu'on donne une forme régulière à ses pieds, sans altérer le caractère qu'ils présentent. On doit, lorsqu'on ne veut pas les faire monter en arbre, les couper en totalité rez terre tout les cinq à six ans, pour produire du nouveau bois, qui fournira de plus larges feuilles et de plus beaux bouquets de fleurs. Elle croît dans tous les terrains et à toutes les expositions ; cependant elle réussit mieux dans ceux qui sont frais et ombragés. On la plante isolément au milieu des gazons, sur les rochers et au bord des eaux, d'où ses rameaux se courbent avec beaucoup de grace du côté où il y a le plus de lumière. On la multiplie presque exclusivement de graines, dont elle fournit une immense quantité qu'on sème à l'exposition du levant dans un terrain bien préparé. Le plant se repique la seconde année à six ou huit pouces, et peut être mis en place la quatrième ou la cinquième. On la multiplie aussi de marcottes, mais rarement de rejetons, dont elle donne peu.

La SPIRÉE A FEUILLES DE SORBIER est un arbuste de trois à quatre pieds de haut, dont les tiges sont droites ; les feuilles pétiolées, ailées avec impaire, à folioles striées, dentées, d'un beau vert, longues de deux à trois pouces ; les fleurs blanches, disposées en grosses panicules terminales. Il est originaire de Sibérie, fleurit au commencement de l'été, et se fait remarquer par son élégance. On doit regretter qu'entrant en végétation avant la fin de l'hiver, lorsque le temps est doux, ses pousses soient toujours frappées par la gelée, et que ses fleurs, se desséchant sur pied, donnent à ses panicules, la fécondation opérée, un aspect désagréable. Il est rare que ses graines parviennent à maturité, mais ses racines, traçantes avec excès, fournissent, lorsqu'elles sont dans un sol léger et frais, une si grande quantité de rejetons qu'on n'a pas besoin de recourir aux autres moyens de multiplication. On peut aussi cependant faire des marcottes et déchirer les vieux pieds, quand elle est dans une terre compacte qui s'oppose à la production des rejetons. Ces rejetons sont souvent dès la première année assez forts pour être directement mis en place. Dans le cas contraire, on les plante en pépinière à un pied de distance pour y rester un ou deux ans.

C'est en petits groupes au milieu des plates-bandes des parterres, sur le premier rang des massifs, isolément au milieu des gazons ou sur le bord des eaux, etc., que cette espèce demande à être placée. Elle a besoin d'être nettoyée tous les printemps des brindilles mortes et des restes de ses panicules, et d'être tous les cinq à six ans coupée rez terre ; mais du reste il ne faut pas la tourmenter avec la serpette, car elle prend naturellement la forme la plus convenable à sa nature.

Parmi les spirées à tiges herbacées il faut citer,

La SPIRÉE BARBE DE CHÈVRE, *Spirea aruncus*, Lin. Elle a les racines vivaces, fibreuses ; les tiges droites, de trois ou quatre pieds de haut ; les feuilles trois fois ailées, à folioles au nombre de cinq ou de sept, ovales, pointues et dentées ; les fleurs blanches dioïques, et disposées en épis paniculés. Elle est originaire des montagnes des parties méridionales de l'Europe et fleurit au milieu de l'été. On la cultive dans quelques jardins, à raison de la grandeur de toutes ses parties et de la beauté de ses panicules de fleurs. Un terrain léger et ombragé lui est nécessaire. Il lui faut, en outre, très peu d'air. Je ne l'ai jamais vue plus belle que sous les rochers volcaniques des monts Euganéens. Là, lorsqu'elle étoit placée de manière à pousser horizontalement, ou même à laisser retomber ses panicules, à l'entrée des grottes, elle produisoit les effets les plus pittoresques. C'est donc sur les rochers exposés au nord, ou à leur base, sur-tout sur ceux qui servent de cascades, derrières les fabriques et les massifs à la même exposition, et dans la terre de bruyère qu'il faut la placer. Rarement elle fournit de bonnes graines dans le climat de Paris, mais ses racines tracent beaucoup, quand elles sont dans un sol convenable, et on peut les déchirer tous les deux ou trois ans pour faire de nouveaux pieds. En général , il n'est pas bon que ses touffes soient trop grosses, parcequ'alors ses tiges font confusion.

La SPIRÉE FILIPENDULE a les racines vivaces, fibreuses et tuberculeuses; les tiges presque nues , hautes de deux ou trois pieds; les feuilles pinnées, longues de quatre à cinq pouces ; à folioles interrompues, nombreuses , linéaires , lancéolées, inégalement dentées et très glabres ; les fleurs rougeâtres en dehors, blanches en dedans, disposées en panicule corymbiforme et très nombreuses. Elle croît en abondance dans les bois et les pâturages secs et sablonneux, et fleurit au commencement de l'été. Tous les bestiaux, excepté les chevaux , en mangent les feuilles. Les cochons aiment beaucoup les tubercules de ses racines , tubercules de la grosseur et de la forme d'une noisette, noirâtres en dehors, quoiqu'ils soient âcres et amers. On les emploie en médecine comme astringens, incisifs et diurétiques , principalement dans les maladies scrofuleuses et les fleurs blanches. Elles contiennent , d'après l'observation de Parmentier, une grande quantité d'amidon analogue à celui de la pomme de terre, et qu'on peut en retirer par le même procédé.

Cette plante est d'un agréable aspect et fait naturellement décoration. On ne doit pas négliger de l'introduire sur le bord des massifs, autour des bouquets de bois, dans les jardins paysagers. On la voit même quelquefois dans les grands parterres, où, en touffes, elle produit de bons effets. Il y a une variété à fleurs doubles et une autre à fleurs entièrement rougeâtres. On la multiplie par graine , mais plus communément par le déchirement des vieux pieds.

La SPIRÉE ULMAIRE, plus connue sous les noms de *reine des prés* , de *petite barbe de chèvre* , *ormière* ou *vignette* , a les racines vivaces, épaisses ; les tiges presque nues, droites , hautes de trois à quatre pieds ; les feuilles ailées, à folioles inégales, lobées, doublement dentées, blanchâtres en dessous; les fleurs blanches, disposées en grappe paniculée et très dense, à l'extrémité des tiges. Elle croît abondamment dans les marais, les prés , les bois humides, le long des ruisseaux , des rivières, et fleurit au milieu de l'été. Ses feuilles et ses fleurs ont une odeur agréable. Ces dernières mises dans du vin doux lui donnent une saveur analogue à celle du vin muscat de Frontignan. Elles passent pour sudorifiques et fébrifuges. Ses racines , que les cochons recherchent beaucoup , sont regardées comme astringentes et détersives.

Cette plante est d'un port majestueux et d'une forme élégante. Elle embellit tous les lieux où elle se trouve. On doit en conséquence la placer dans les parterres, sur le bord des eaux et autres lieux humides des jardins paysagers. Elle double aisément par la culture et acquiert alors des dimensions bien plus considérables. On la multiplie de graine, ou, plus communément, par le déchirement de ses racines.

Les bestiaux ne mangeant pas la spirée ulmaire, un cultivateur, jaloux de l'amélioration de ses prés, doit l'en extirper avec soin; car elle y tient beaucoup de place et s'y propage avec la plus grande rapidité. J'en ai vu qui en étoient si peuplés que le foin qu'ils donnoient n'étoit plus bon qu'à faire de la litière, ou même à être jeté sur le fumier. De tels prés doivent être profondément labourés et semés en céréales ou autres productions pendant deux ou trois ans. Lorsqu'elle est moins abondante on peut l'arracher à la pioche, en mettant quelques graines de bonnes plantes fourageuses dans la place qu'on a été obligé de dégarnir d'herbes pour y parvenir.

Il y a encore la SPIRÉE DIGITÉE, LOBÉE, PALMÉE, TRIFOLIÉE et DU KAMTSCHACKA, mais elles ne sont pas très répandues dans les jardins. La dernière est une plante potagère pour les habitans des pays où elle se trouve. Ils mangent ses jeunes pousses, ses feuilles et ses racines. (B.)

SPORÉE. *Voyez* la SPERGULE.

SQUILLE. *Voyez* SCILLE.

SQUIRRE ou SKIRRHE. Le squirre est une tumeur dure, indolente, circonscrite et sans douleur; elle a ordinairement son siège dans les glandes, et plus particulièrement dans celles qui sont destinées à séparer la lymphe.

L'extrême finesse des vaisseaux des glandes, l'épaississement de l'humeur qu'ils charrient, donnent lieu à l'engorgement de ces organes et par suite au squirre.

Les glandes qui prennent le plus ordinairement ce caractère sont celles des *aines* ou *inguinales;* les testicules dans les mâles, les mamelles dans les femelles, et les glandes qui sont situées sous la ganache de chaque côté de l'os de la mâchoire; c'est principalement dans la morve que ces dernières deviennent squirreuses.

Le squirre est presque toujours le produit d'une autre maladie; il peut cependant n'être que local s'il est dû à des coups ou à des heurts; alors l'amputation est le moyen à employer comme le plus prompt et le plus sûr, si le squirre est situé sur une partie sur laquelle l'opération ne présente pas de danger, comme dans les chiennes, par exemple, le squirre des glandes des mamelles est très facile à opérer, attendu que la peau du ventre chez ces animaux est pendante et isole la tumeur.

Cette opération est plus difficile dans la jument, et elle présente plus de danger. Il n'est pas toujours prudent de la tenter. L'animal qui en est atteint peut travailler long-temps sans que eela nuise d'une manière bien sensible aux services qu'on est dans le cas d'en exiger. (Des.)

STACHIDE , *Stachis*. Genre de plantes de la didynamie gymnospermie, et de la famille des labiées , qui renferme une trentaine d'espèces, parmi lesquelles il en est quatre à cinq assez communes en France pour devoir être mentionnées ici.

Toutes les espèces de stachides ont les tiges carrées , les feuilles opposées et les fleurs axillaires, souvent verticillées ; elles répandent , lorsqu'on les froisse, une odeur forte et peu agréable.

La STACHIDE DES BOIS a les racines annuelles ; les tiges rameuses, hautes d'un à deux pieds ; les feuilles pétiolées , en cœur, dentées, assez larges , velues; les fleurs d'un rouge foncé et réunies six par six autour de la partie supérieure de la tige. Elle croît dans les bois humides et fleurit au milieu de l'été.

La STACHIDE DES MARAIS a les racines vivaces ; les tiges simples , hautes d'un à deux pieds ; les feuilles sessiles , li- néaires , lancéolées , dentées , d'un vert noir ; les fleurs pur- purines réunies six par six autour de la partie supérieure de la tige. Elle se trouve dans les marais, sur le bord des ruisseaux, et fleurit à la fin de l'été.

Ces deux plantes, souvent très abondantes dans certaines contrées , sont repoussées par les bestiaux et ne peuvent être employées qu'à faire de la litière ou à augmenter la masse des fumiers. Elles ont quelque élégance , mais se sèment ra- rement , même dans les jardins paysagers.

La STACHIDE GERMANIQUE a les racines vivaces ; les tiges droites, cotonneuses ; les feuilles sessiles , ovales , aiguës , dentées, épaisses, cotonneuses ; les fleurs rougeâtres, formant des verticilles également cotonneux. Elle croît naturellement le long des chemins, dans les pâturages , fleurit en juillet, et est généralement connue sous le nom d'*épi fleuri*. Sa grandeur est de deux ou trois pieds ; la blancheur de toutes ses parties la rendent remarquable pour tous les yeux. L'effet qu'elle pro- duit, sur-tout lorsqu'on la regarde de loin , doit la faire placer dans les jardins paysagers , dans les lieux secs et exposés au soleil , au bord ou à quelque distance des massifs. On la mul- tiplie de graine ou par séparation des vieux pieds. La méde- cine l'emploie comme apéritive et histérique.

Les STACHIDES LAINEUSE, DE CRÈTE et ORIENTALE , qui se rapprochent, par la couleur, de cette dernière, peuvent égale- ment être cultivées sous les mêmes rapports.

La STACHIDE DROITE a les racines vivaces ; les tiges couchées, hautes d'un pied; les feuilles à peine pétiolées, en cœur ovale, crénelées , rudes au toucher ; les fleurs jaunâtres, disposées eu verticilles spiciformes. Elle se trouve le long des chemins, dans les champs incultes, etc., et fleurit au milieu de l'été.

La STACHIDE ANNUELLE a les racines annuelles ; les tiges droites, hautes d'un pied ; les feuilles pétiolées, ovales lancéolées, unies ; les fleurs blanches, tachées de rouge, disposées en verticilles à l'extrémité des tiges. Elle croît dans les champs incultes, sur le revers des fossés, et fleurit au milieu de l'été.

Ces deux plantes ont beaucoup de rapports entre elles. Leur abondance est souvent telle qu'il peut être avantageux de les ramasser pour faire de la litière et augmenter la masse des fumiers.

La STACHIDE DES CHAMPS a les racines annuelles ; les tiges foibles, rameuses, hautes d'un pied ; les feuilles pétiolées, cordiformes, obtuses, crénelées, presque glabres ; les fleurs blanches ou rougeâtres, disposées en verticilles d'une demi-douzaine. Elle croît dans les champs argileux et un peu humides, et fleurit au milieu de l'été. Je l'ai vue quelquefois si abondante qu'elle étoit une peste pour les moissons. C'est par les semis de plantes fourrageuses telles que la luzerne, ou de plantes qui exigent des binages d'été, telles que les fèves de marais, les pommes de terre, qu'on peut s'en débarrasser, car les sarclages sont toujours insuffisans. (B.)

STAEKAS. *Voyez* au mot LAVANDE.

STAPHISAIGRE. Espèce de DAUPHINELLE ou PIED-D'A-LOUETTE.

STAPHYLIER, *Staphylea*. Genre de plantes de la pentandrie trigynie, et de la famille des rhamnoïdes, qui réunit quatre espèces d'arbrisseaux, dont deux se cultivent fréquemment dans les jardins paysagers.

Le STAPHILIER PINNÉ est un petit arbre de vingt à trente pieds de haut, qui reste plus communément en buisson. Son écorce est cendrée et rayée ; ses rameaux nombreux et opposés ; ses feuilles sont opposées, longuement pétiolées, ailées par cinq ou sept folioles oblongues, pointues, finement dentelées ; ses fleurs sont blanches, disposées en grappes pendantes, et se développent en avril, en même temps que les feuilles. Il est originaire des Alpes et autres montagnes élevées de l'Europe. On le cultive fréquemment dans les jardins sous le nom de *nez coupé* ou *faux pistachier*. L'effet qu'il produit est peu marqué, mais il vient dans toute espèce de terrain et dans toutes les expositions, et il se multiplie avec la plus grande facilité de graines ou de rejetons ; de sorte qu'on trouve toujours beaucoup de lieux où il sert de remplissage et où par conséquent il devient avantageux de le placer. Il fait mieux en buisson qu'en haute tige, en conséquence on doit le couper tous les six à huit ans pour renouveler son bois. Ses fleurs fournissent beaucoup de miel aux abeilles, mais ce miel est nauséabonde comme toutes ses parties. Ses fruits ont d'abord un peu le goût de la pistache, ensuite ils développent toute leur âcreté propre. On en fait des colliers.

C'est en automne qu'il faut relever les rejetons du staphylier pinné, soit pour les mettre directement en place, soit pour les déposer pendant un ou deux ans en pépinière, pour leur donner le temps de se fortifier. Ses graines, lorsqu'on veut le multiplier par cette voie, ce qui est rare, doivent être mises en terre aussitôt qu'elles sont mûres, car elles rancissent facilement et perdent par conséquent bientôt leur faculté germinative.

Le STAPHYLIER A TROIS FEUILLES s'élève autant que le précédent dans son pays natal, la Caroline et la Virginie où je l'ai observé; mais dans le climat de Paris il reste constamment plus bas. Ses feuilles n'ont que trois folioles ovales, pointues et dentées. Ses fleurs sont plus blanches et plus nombreuses; ses fruits plus gros que sur le précédent. On le cultive plus rarement dans les jardins, parcequ'il pousse moins de rejetons et que ses fleurs avortent le plus souvent. Du reste il n'y produit pas plus d'effet.

J'ignore si les bestiaux mangent les feuilles de ces arbustes qui en sont abondamment garnis, sur-tout dans leur jeunesse. (B.)

STATICE, *Statice*. Genre de plantes de la pentandrie pentagynie et de la famille des plombaginées, qui renferme plus de quarante espèces, dont deux sont communes dans les campagnes et une autre est cultivée dans les jardins.

Le STATICE DES SABLES, *Statice arenaria*, Persoon, a les racines vivaces; les feuilles toutes radicales, peu nombreuses, linéaires, courtes, glabres; les tiges nues, glabres, hautes de dix à douze pouces; les fleurs d'un rouge pâle et disposées en tête terminale. Il se trouve dans les lieux sablonneux les plus arides, et fleurit en mai. Il a été mal à propos confondu avec le suivant. Les moutons, les chèvres et les chevaux le mangent sans le rechercher. On l'emploie en médecine comme astringent, mais on en fait peu d'usage.

Le STATICE A GAZON, *Statice armeria*, Lin. a les racines vivaces; les feuilles toutes radicales, très nombreuses, linéaires, assez longues, légèrement velues; les tiges striées, légèrement velues, hautes de six à huit pouces; les fleurs d'un rouge foncé, et disposées en tête terminale. Il se trouve sur les bords de la mer dans les lieux sablonneux, et fleurit en juin. On le cultive sous le nom de *petit gazon*, de *gazon d'olympe*, parcequ'il forme naturellement des touffes très denses qui ont l'aspect du gazon. C'est principalement en bordures qu'on l'emploie ; mais il fait également bien en masses d'un pied de diamètre, sur les côtés des plates-bandes ou dans les gazons des jardins paysagers. On le multiplie par le semis de ses graines, ou par déchirement des vieux pieds lorsqu'ils ont des rejetons enracinés, ce qui est commun. Le plant peut se mettre en place la seconde année, en automne, à cinq à six pouces de distance. Sa reprise est assurée, pour peu que cette opération ait été faite avec soin et suivie de quelques arrosemens. L'année suivante la totalité de la ligne est garnie. Il vaut mieux relever les bordures la troisième ou quatrième année que de les rogner avec la bêche comme on le fait ordinairement, parceque la forme de dos d'âne qu'elle prend naturellement est plus agréable que la forme carrée qu'on lui donne par suite de cette dernière opération. D'ailleurs l'intervalle des pieds se dégarnit, s'embarrasse d'herbes vivaces qu'il est difficile de détruire autrement. On renouvelle la terre, on retranche toutes les pousses superflues, et enfin on rajeunit tous les pieds. Lorsqu'on veut prolonger la floraison, il suffit de couper les fleurs à mesure qu'elles paroissent. On peut ainsi en avoir de nouvelles jusqu'aux gelées. Ces fleurs varient quelquefois en blanc.

Le STATICE NAIN, *Statice cepitosa*, Cavanilles, a les racines vivaces ; les feuilles toutes radicales, linéaires, très velues ; les tiges très velues, hautes de deux à trois pouces ; les fleurs d'un rouge pâle, disposées en grosses têtes terminales. Il croît en Espagne sur les rochers des bords de la mer où je l'ai abondamment observé. Il fleurit en avril. On le regarde comme une variété des précédens, qu'il surpasse en beauté, mais c'est une véritable espèce qui perd une partie de ses poils dans nos jardins. Sa culture ne diffère pas de celle qui vient d'être indiquée.

Le STATICE MARITIME a les racines vivaces ; les tiges très rameuses, hautes d'un à deux pieds ; les feuilles toutes radicales, oblongues, élargies, épaisses, lisses et étalées sur la terre ; les fleurs petites, violettes et placées d'un seul côté tout le long des rameaux. Il croît naturellement sur les bords de la mer, et on le cultive dans quelques jardins paysagers, à raison de son aspect singulier, mais il mérite peu cet honneur. On le multiplie de graines qui mûrissent fort bien dans le climat de Paris.

Les autres espèces ont encore moins d'intérêt que cette dernière pour toutes autres personnes que pour les botanistes. (B.)

STELLAIRE, *Stellaria*. Genre de plantes de la décandrie trigynie, et de la famille des caryophyllées, qui renferme une vingtaine d'espèces, dont deux sont trop communes et trop dans le cas d'être remarquées par les cultivateurs pour ne pas être mentionnées ici.

La STELLAIRE HOLOSTÉE a les racines vivaces ; les tiges grêles, rameuses, hautes d'un à deux pieds, couchées sur la terre ou se soutenant sur les buissons ; les feuilles opposées, sessiles, lancéolées, finement dentelées, glabres ; les fleurs grandes, blanches, solitaires ou géminées, sur de longs pédoncules, dans les aisselles des feuilles supérieures. Elle se trouve dans toute la France aux lieux secs et cependant fertiles, et fleurit dès les premiers jours d'avril. Tous les bestiaux la mangent, et les vaches sur-tout l'aiment beaucoup. Dans beaucoup de lieux les ménagères la ramassent pour la leur donner. La précocité de sa végétation et l'abondance de ses fanes me font demander pourquoi on ne la sème pas pour cet usage. Je crois que les cultivateurs trouveroient de l'avantage à le faire, sur-tout dans les vergers et autres lieux plantés d'arbres qui ne donnent, en été, qu'un fourrage médiocre en quantité et en qualité, parceque, poussant avant les feuilles de ces arbres, elle ne seroit pas gênée par leur ombre. On ne doit pas manquer d'en placer beaucoup autour des bosquets, dans les buissons isolés des jardins paysagers, où elle plaira par la fraîcheur et la délicatesse de ses feuilles, par l'éclat de ses fleurs, à une époque où il n'y a pas encore une grande quantité d'objets de comparaison. Sa culture ne consiste qu'à jeter ses graines sur le gazon avant les pluies de l'automne.

La STELLAIRE GRAMINÉE a les racines vivaces ; les tiges encore plus grêles que celles de la précédente ; les feuilles opposées, linéaires, très entières ; les fleurs blanches, petites, et disposées en panicules sur des pédoncules axillaires. Elle croît dans les taillis, sur le bord des haies, dans les terrains frais et même un peu aquatiques. Elle fleurit en même temps que la précédente, et est comme elle recherchée par les bestiaux ; mais elle est moins belle et fournit moins de fourrage. Il est des lieux où elle est extrêmement abondante. (B.)

STÉRILE. Un terrain est appelé stérile lorsqu'il ne peut être avantageusement semé ou planté avec les articles qui forment l'objet de la culture ordinaire.

Il résulte de cette définition que tel terrain peut être stérile aux yeux des cultivateurs, et ne l'être cependant pas réellement. Il n'en est point, d'une certaine étendue, qui ne donne naissance à quelques plantes qui lui sont propres.

Les natures de terres qui sont le plus généralement regardées comme stériles peuvent se diviser en quatre classes, 1° celles qui manquent de FOND ; 2° celles qui manquent d'HUMUS ; 3° celles qui manquent d'EAU ; 4° celles qui ont trop d'eau (les MARAIS). Voyez tous ces mots et le mot TERRE.

Les terres stériles par manque de profondeur sont ou sur des ROCHES, ou sur des TUFS, ou sur des ARGILES.

Celles qui le sont par manque d'humus sont les SABLONNEUSES, les CRAYEUSES, les GRANITIQUES, les ARGILEUSES, celles qui sont retirées des profondeurs du sol, etc.

Ces dernières sont encore celles qui sont le plus souvent dans le cas de manquer d'EAU, or on sait que l'EAU, la CHALEUR, la LUMIÈRE et l'HUMUS sont les principes de toute végétation.

Presque toutes les terres stériles peuvent être rendues fertiles en leur donnant ce qui leur manque ; mais souvent les moyens en sont si coûteux, que les produits, non seulement ne remboursent jamais des avances, mais même quelquefois n'en payent pas l'intérêt. C'est cette considération qui arrête le plus souvent les cultivateurs, et ce avec raison, car la plupart font une spéculation de l'agriculture, et les spéculations qui ne sont pas suivies de la rentrée des fonds et d'un bénéfice, amènent nécessairement tôt ou tard, selon leur fortune, la ruine des spéculateurs.

Il est donc une infinité de terres stériles qui ne seront améliorées que lorsqu'un homme très riche voudra y sacrifier des capitaux, ou lorsqu'un homme pauvre y mettra beaucoup de son travail ; et beaucoup d'entre elles deviennent de nouveau stériles dès qu'on cesse de les travailler.

L'état actuel des sociétés politiques, qui met une grande quantité de propriétaires de terres dans le cas de ne pas cultiver par eux-mêmes, qui répartit fort inégalement les richesses, qui nécessite l'établissement d'impôts directs ou indirects, très onéreux aux cultivateurs, qui enlève annuellement à l'agriculture une quantité de bras qui deviennent improductifs, etc., etc., rend impossible la culture de beaucoup de terres stériles, qui, sans ces circonstances, pourroient être facilement fertilisées.

C'est en portant des terres sur les sols qui manquent de profondeur qu'on les rend susceptibles de productions. C'est en portant des engrais sur celles qui manquent d'humus qu'on les fertilise. *Voyez* ENGRAIS. Des ARROSEMENS ou des IRRIGATIONS (*voyez* ces mots) amènent l'abondance dans celles qui manquent d'eau. On dessèche les marais par des fossés d'écoulement et autres travaux pour les rendre susceptibles de productions utiles. *Voyez* DESSÈCHEMENT. Au moyen d'amendemens tels que des LABOURS, des MARNAGES, des mélanges de SABLES, de PIERRES, de PAILLES, etc., on parvient ordinairement à beaucoup améliorer les terrains trop argileux.

Un terrain stérile peut souvent être rendu productif, sans, pour cela, qu'il change de nature, c'est-à-dire en lui faisant porter des plantes qui lui conviennent, soit directement, soit au moyen de quelques travaux préparatoires. Ainsi les craies de la ci-devant Champagne pouilleuse s'améliorent beaucoup en ce moment, parcequ'on y sème des pins sylvestres, arbre qui y étoit complètement inconnu, et qui y prospère au point que des arpens de terrains achetés six francs, il y a vingt ans, rapportent aujourd'hui de cinquante à cent francs par an. Ainsi les dunes des environs de Bordeaux, qui jadis ne donnoient naissance qu'à quelques raves, et qui menaçoient d'engloutir une étendue considérable de pays, ont été fixées par M. Bremontier, et portent aujourd'hui des forêts de pins d'un revenu annuel fort considérable.

Un des objets de cet ouvrage étant de faire connoître les moyens de rendre meilleurs les terrains stériles, beaucoup des articles qui les composent servent de complément à celui-ci. Ce seroit donc faire un double emploi que de l'étendre davantage. *Voyez* FERTILITÉ et STÉRILITÉ. (B.)

STÉRILITE. Résultat pour l'agriculture, ou de la mauvaise nature du sol, ou du défaut d'intelligence et de travail du cultivateur, ou suite de l'action des météores.

La production, et même la production la plus abondante possible de chacun des objets sur lesquels l'agriculture s'exerce, étant le but de la culture, la stérilité est ce que les cultivateurs doivent le plus redouter en définitif.

J'ai parlé à l'article précédent des causes de stérilité qui tiennent au sol. Je vais jeter ici un coup d'œil sur celles qui dépendent des hommes et des circonstances atmosphériques.

On sent bien, sans qu'il soit nécessaire de le prouver par des raisonnemens, que ces deux dernières causes de stérilité ne sont pas aussi puissantes ou aussi durables que la première ; que souvent même leurs effets ne doivent être que relatifs, c'est-à-dire qu'on les calcule sur les espérances de fertilité qu'on avoit précédemment.

Un terrain fertile le devient d'abord moins, et ensuite devient presque stérile lorsqu'on cesse de le labourer, de le fumer, lorsqu'on lui fait porter plusieurs années de suite des productions cultivées pour la graine, telles que du froment, du chanvre, etc. *Voyez* ASSOLEMENT.

Un terrain que des irrigations, que des abris, que des plantations d'arbres, que l'écoulement d'une eau surabondante avoient rendu fertile retourne à son infertilité première lorsqu'on ne le fait plus profiter de ces irrigations, qu'on détruit les abris, qu'on coupe les arbres, qu'on laisse combler les fossés d'écoulement.

Des SEMIS trop tardifs ou trop hâtifs, mal enterrés, un choix de culture impropre à la nature du sol, sont encore des causes d'infertilité.

Les météores qui amènent le plus souvent la stérilité sont

les fortes Gelées de l'hiver et tardives du printemps ; les Inondations à toutes les époques où les productions de la culture
sont sur pied ; les Alluvions de sable ou de gravier amenées
par les Torrens ou les Rivières ; les Pluies froides au moment
de la Fécondation ; les pluies continuelles pendant le printemps et l'été, les pluies d'Orage. La Sécheresse au printemps, qui empêche également la fécondation et de plus la
croissance des plantes ; la sécheresse en été, qui s'oppose au
grossissement des graines ; une température constamment trop
Froide ; quelquefois même une température trop Chaude ; des
Vents violens ; l'abondance des Insectes, etc. *Voyez* tous
ces mots.

Je pourrois sans doute encore augmenter cette liste, mais
ce que j'en ai dit suffit pour mettre sur la voie ceux qui voudroient la compléter. (B.)

STIGMATE. Organe féminin, extérieur, de la génération
des plantes, qu'on peut comparer aux lèvres du vagin des animaux. Il varie beaucoup dans sa forme ; tantôt il est porté
immédiatement sur le germe, tantôt il en est séparé par un
tube ; presque toujours il est enduit d'une matière muqueuse,
qui n'est autre que du miel, et qui est destinée à retenir la
poussière fécondante, ou pollen, des étamines, et à faciliter
son introduction dans l'ovaire par le trou qui est à son sommet. *Voyez* Fleur, Pistil, Style, Ovaire, Germe, Étamines,
Anthères, Pollen, Poussière fécondante, Fécondation,
et Fruit.

STILE. Tube qui est intermédiaire entre le Stigmate
et l'Ovaire. *Voyez* ces deux mots et Pistil.

STIPULES. Petites feuilles, souvent d'une forme différente de celles des autres, qui se trouvent à la base du pétiole
des feuilles de beaucoup de plantes. Les stipules sont importantes à considérer pour la détermination des espèces, mais
elles n'ont aucune influence particulière sur la végétation,
leur manière d'être ne différant pas de celle des Feuilles.
Voyez ce mot et le mot Plante.

STŒCAS. *Voyez* Lavande.

STOLONES. Ce sont des tiges rampantes que poussent
certaines plantes, et au moyen desquelles elles se multiplient.
On les appelle vulgairement *fouets* ou *coulans*.

Les stolones se distinguent toujours des véritables tiges, en
ce qu'elles ne portent jamais de fleurs, sont susceptibles de
pousser naturellement des racines de leurs nœuds ou bifurca-
tions, et deviennent ainsi un supplément à la multiplication
par graines.

Il est remarquable que la plupart des plantes stolonifères ont
des fruits ou des tiges très recherchés par les animaux, de

sorte que si elles n'avoient pas ce moyen de reproduction, l'espèce seroit exposée à périr.

Les cultivateurs emploient fréquemment les stolones pour multiplier les espèces qui en sont pourvues, telles que les fraisiers, quelques potentilles, quelques saxifrages.

On a observé cependant que la multiplication par stolones avoit l'inconvénient de celle par marcottes et boutures, c'est-à-dire affoiblissoit le principe vital, diminuoit la quantité du fruit. Ce fait est très sensible dans le fraisier, qui devient presque stérile lorsqu'il a été multiplié huit ou dix fois de suite par ce moyen. *Voyez* au mot Fraisier.

STOMOXE, *Stomoxys*. Genre d'insectes de l'ordre des diptères, qui renferme une douzaine d'espèces dont deux sont très communes en France, et tourmentent extrêmement les hommes et les animaux par leurs piqûres pendant tout l'été et l'automne.

On confond, généralement dans les campagnes, les stomoxes avec les mouches, dont ils ont toute l'apparence générale ; cependant, dans quelques lieux, je les ai vu distinguer sous le nom de *mouches piquantes*. Une trompe saillante, non rétractile, est ce qui les en distingue le plus. On peut être sûr que, sur dix fois qu'on croit être piqué par une mouche, on l'est neuf par un de ces insectes. Souvent ils couvrent les chevaux et les bœufs, et les tourmentent au point de les forcer de déserter les pâturages, et les font maigrir considérablement. Les douleurs que causent leurs piqûres sont moins aiguës que celles des ASILES et des TAONS, mais comme elles sont bien plus nombreuses elles produisent des effets plus marqués : ils s'acharnent d'ailleurs avec beaucoup plus d'ardeur à leurs victimes ; les secousses de la tête, les trépignemens des pieds des animaux, qui suffisent ordinairement pour faire fuir les insectes des genres précités, n'inquiètent en aucune manière les stomoxes ; il faut ou un coup de queue, ou un frottement contre un arbre pour les déterminer à lâcher prise avant d'être complètement rassasiés. Cependant ils semblent reconnoître la puissance de l'homme, car ils s'envolent lorsqu'il approche du cheval ou du bœuf sur lequel ils se trouvent, et il ne lui est pas toujours facile de les tuer quand ils l'attaquent lui-même.

Les moyens de garantir les bestiaux des piqûres des stomoxes ne sont pas faciles à indiquer. Dans quelques endroits on couvre les chevaux et les bœufs, en service, de filets ou de toiles ; dans d'autres on enduit la tête, le cou et les pieds des vaches d'une couche de leur bouse. Le mieux est peut-être de ne conduire ces animaux que le matin dans les pâturages voisins des bois, ou même, pendant les jours les plus chauds du mois d'août et de septembre, de les nourrir à l'étable. Un gardien zélé pour la prospérité de son troupeau s'approchera, pendant le fort de la saison des stomoxes, successivement de toutes les bêtes qui le composent, et avec une branche d'arbre, un mouchoir, ou un fouet garni de beaucoup de lanières de drap, écartera, ou même tuera les stomoxes qui seront fixés sur eux. Il peut aussi en tuer beaucoup avec la main. Les bestiaux s'accoutument bientôt au manège qu'amène ce but, et vont même au-devant du secours qu'on leur offre contre leurs ennemis, ainsi que je l'ai vu une ou deux fois.

Le STOMOXE SIBÉRITE a la tête d'un blanc argenté ; les yeux d'un rouge brun ; la trompe brune, trois fois plus longue que la tête ; le corcelet et l'abdomen d'un gris rougeâtre, avec l'extrémité et le milieu noirs ; les ailes blanches ; les pattes pâles, et les tarses noirs. Sa longueur est de quatre lignes. C'est le plus grand et le plus rare des environs de Paris. Il est plus commun dans les pays chauds.

Le STOMOXE PIQUANT, *Stomoxys calcitrans*, Fab., a la tête d'un blanc argenté ; la trompe noire, plus longue que la tête ; le corcelet gris, avec des lignes et des taches brunâtres ; l'abdomen gris, avec six taches rondes, brunes, les ailes blanches ; les pattes noires. Il ressemble presque entièrement à la mouche commune. Sa longueur est de trois lignes. C'est le plus commun et le plus tourmentant.

Le STOMOXE IRRITANT se trouve rarement dans le climat de Paris, mais il est très commun en Suède. Il en est de même du STOMOXE AIGUILLONNANT, *Stomoxys pungens*, Fab., qui a à peine une ligne de long, et dont j'ai vu les vaches couvertes sur les montagnes de la Suisse.

Les stomoxes disparoissent aux premiers froids. (B.)

STRABISME. Tension spasmodique du globe de l'œil du cheval, qui est produite par les mêmes causes que le MAL DE CERF. (*voyez* ce mot), où les moyens curatifs de cette maladie sont indiqués.

Quelquefois cependant le strabisme est dû à des fractures du crâne, ou est la suite des maladies aiguës. Dans ces derniers cas, la cause cessant, il disparoît.

STRAMOINE, *Datura.* Genre de plantes de la pentandrie monogynie, et de la famille des solanées, qui renferme une dixaine de plantes, dont la plupart sont de dangereux poisons, et dont une offre une fleur très odorante qui lui mérite une place distinguée dans les jardins des pays chauds.

Les espèces de ce genre sont de grandes plantes à rameaux dichotomes ; à feuilles alternes, sinuées ; à fleurs solitaires dans la dichotomie des rameaux. Toutes sont originairement étrangères à l'Europe, mais une s'y est naturalisée.

La stramoine commune , *Datura stramonium*, Lin., qui a les racines fusiformes, annuelles ; les tiges hautes de deux à quatre et cinq pieds ; les feuilles ovales , anguleuses et glabres, se prolongeant le long du pétiole ; les fleurs d'un blanc sale, très grandes; les capsules couvertes d'épines droites. Elle croît naturellement au Pérou, et est devenue propre à presque toute l'Europe, où elle se multiplie dans les lieux secs et arides , où elle fleurit à la fin du printemps, et où elle est connue sous le nom de *pomme épineuse*. Elle répand, lorsqu'il fait chaud, et encore plus lorsqu'on la froisse, une odeur nauséabonde, qui porte à la tête et donne des vertiges à ceux qui s'endorment dans son voisinage. C'est un dangereux poison dont les effets commencent toujours par un assoupissement léthargique, et dont le remède est le vinaigre et autres acides végétaux. On l'emploie quelquefois en médecine contre la folie, et à l'extérieur comme résolutive ou émolliente, ou comme propre à faciliter l'opération de la cataracte. Un cultivateur, ami de son pays , ne doit pas laisser subsister un seul pied de cette plante dans ses propriétés ; car elle peut produire de grands maux entre les mains de l'ignorance et de la malveillance. Au reste elle n'est pas sans élégance.

La stramoine fastueuse a les racines annuelles; les tiges peu rameuses ; les feuilles ovales et anguleuses ; les fleurs grandes, rouges à l'extérieur, et blanchâtres à l'intérieur ; les capsules couvertes de tubercules irréguliers. Elle croît naturellement en Egypte, et se cultive dans quelques jardins, à cause de sa fleur d'une grandeur remarquable et qui double aisément, c'est-à-dire qui montre deux ou trois corolles les unes dans les autres; cependant elle jouit, jusqu'à un certain point, des propriétés malfaisantes de la précédente. On la place au milieu des parterres , le long des massifs. Il lui faut une terre substantielle et légèrement humide. Elle se multiplie par ses graines, qu'on sème en place lorsque les gelées ne sont plus à craindre. Elle fleurit au mois de juillet.

La stramoine en arbre , que les jardiniers appellent proprement *datura*. Ses tiges sont arborescentes, hautes de dix à douze pieds; ses feuilles oblongues et entières ; ses fleurs grandes, pendantes, d'un blanc éclatant et très odorantes; ses fruits glabres , récourbés et à deux loges seulement. Elle est originaire du Pérou, et se cultive dans nos orangeries , où elle fleurit ordinairement deux fois par an, au mois de mars et au mois d'août. C'est une superbe plante qui n'a qu'à un très foible degré les qualités délétères des autres , et qu'on ne sauroit en conséquence trop multiplier. Rarement elle porte des graines dans le climat de Paris , mais elle se reproduit avec la plus grande facilité de boutures faites avec du bois d'un ou deux ans, et placées, au printemps ou en automne, dans des pots sur couche à châssis. Ces boutures demandent à être fortement arrosées, lorsqu'elles sont encore sur la couche, mais ensuite il faut leur ménager l'eau. Elles fleurissent souvent l'année même de leur reprise.

Cet arbrisseau doit être retiré de l'orangerie aussitôt que l'on ne craint plus les gelées et il faut enterrer les pots où il se trouve dans une bonne exposition, sur-tout à l'abri des vents, qui déchirent très promptement ses fleurs. Il devient indispensable de le rempoter tous les ans, et de le pourvoir de nouvelle terre ; car, poussant rapidement, il épuise beaucoup celle qu'il a. Celle qui est légère et fort substantielle lui convient mieux que toute autre. Comme c'est sur les pousses de l'année que se développent les fleurs, il est avantageux de pincer ou couper l'extrémité des anciennes, pour déterminer le développement d'une plus grande quantité de nouvelles. Avec très peu d'art, c'est-à-dire en plaçant successivement des pieds de cette espèce dans des serres chaudes, on peut se procurer des fleurs pendant toute l'année. Rien n'embellit plus un appartement qu'un de ces jeunes pieds bien garni de fleurs ; aussi est-elle fort à la mode, en ce moment, à Paris. (B.)

STRATIFICATION DES GRAINES. On appelle ainsi le moyen employé dans les pépinières pour conserver la faculté de germer à certaines graines d'arbres ou de plantes qui la perdent promptement à l'air, soit parceque leur périsperme est corné et se durcit au point de n'être plus susceptible d'être ramolli par l'eau ; soit parceque l'huile qu'elles contiennent rancit, et que l'acide qui en résulte anéantit le principe de vie de leur embryon.

Ce moyen consiste à mettre dans un trou fait en plein air, ou dans un vase ensuite déposé dans une cave, sous une remise, alternativement, ou une couche de terre, ou une couche de sable, ou une couche de bois pourri, ou une couche de mousse, le tout peu imprégné d'humidité, avec une couche de ces graines. Il est fondé sur ce que, lorsque les graines n'ont pas le contact de l'air, et qu'elles ne perdent pas leur eau de végétation, elles s'altèrent bien plus lentement. Il est conforme à la nature, qui conserve certaines graines dans la terre pendant des suites considérables d'années, lorsqu'elles sont assez profondément placées pour n'être pas soumises aux influences de la chaleur solaire et de l'air renouvelé, conditions sans lesquelles il n'y a pas de germination. *Voyez* au mot GRAINE.

En général, toutes les graines qu'on ne sème pas peu de temps après leur chute de l'arbre, conformément au vœu de la nature, gagnent à être stratifiées ; mais l'embarras de l'opération fait qu'on n'y assujettit que celles pour qui elle est indispensable. Voici la liste des plus communes de ces dernières.

Arbres indigènes.

Cornouiller.	Pommier.	Lauréole.	Groseiller.
Noisettier.	Poirier.	Lyciet.	Sorbier.
Châtaignier.	Néflier.	Genévrier.	Sureau.
Hêtre.	Micocoulier.	Laurier.	If.
Chêne.	Aubépine.	Phyllirea.	Tilleul.
Prunier.	Bois joli.	Bourgène.	

Je n'ai point indiqué les graines des plantes herbacées indigènes, qui sont dans le cas d'être stratifiées, parcequ'en général on les sème avant l'hiver, ou mieux, qu'on n'en cultive aucune hors des jardins de botanique.

Arbres exotiques acclimatés.

Marronnier d'Inde.	Magnolier.
Pêcher.	Azédarac.
Abricotier.	Epines d'Amérique.
Amandier.	Mûrier.
Noyer.	Olivier.
Genévrier de Virginie.	Pistachier.

Il seroit superflu d'insérer ici la liste des arbres exotiques nouvellement introduits dans nos jardins, et qui y sont encore rares, puisqu'on stratifie peu leurs graines. On préfère les semer sur-le-champ sur couche. On peut voir assez facilement à l'inspection d'une graine, par analogie, lorsqu'on a de l'expérience, si elle est du nombre de celles qui ont besoin d'être stratifiées. Ainsi un voyageur peut agir en conséquence dans la disposition de ses envois de graines inconnues. En général, il seroit encore plus utile de stratifier toutes les graines provenant de pays lointains; mais la dépense des transports s'y oppose le plus souvent. Alors c'est le bois pourri, c'est la mousse qu'on doit préférer pour cette opération, comme moins pesans.

Beaucoup de graines germent pendant leur stratification lorsqu'elle n'a pas été faite assez profondément, et il est rarement nécessaire de l'empêcher pour les graines indigènes qui ne restent que quatre à cinq mois au plus en stratification avant d'être semées; dans ce cas, lorsqu'elles sont trop pressées, leurs radicules et leurs plantules s'entrelacent, ce qui occasionne la perte de beaucoup de pieds sur lesquels on auroit dû compter. Cet inconvénient se fait sur-tout gravement sentir à l'occasion des glands envoyés d'Amérique, stratifiés dans de la mousse dont les longs filamens ajoutent encore à l'embarras. Je préfère donc toujours mettre moins que plus de graines dans la même quantité de terre.

Les graines qui peuvent rester plusieurs années en stratification sont celles qui se conservent saines dans la terre pendant le même temps. Les données qu'on possède à cet égard sont trop incertaines pour que je les indique ici, et leur résultat seroit d'une bien petite utilité pour l'agriculture pratique. *Voyez* pour le surplus aux mots JAUGE et GERMOIR. (B.)

STROMBLE. Crochet attaché à un long manche dont se servent les laboureurs du Médoc pour tirer les herbes qui embarrassent le soc de la charrue.

STRONGLE, *Strongylus*. Genre de vers intestins, qui ne renferme qu'une espèce, laquelle se trouve dans tous les animaux domestiques. Chabert en a vu dans l'estomac d'un chien en paquets de la grosseur d'une noix, qui en contenoient chacun plus de deux cents. Ils sont rarement réunis ainsi dans le cheval. On les y trouve répandus dans la totalité du canal intestinal. Les vaches, les ânes, les moutons, les chèvres et les cochons en nourrissent également. Leur longueur est d'environ une ligne. Leur forme cylindrique. Leur bouche est une ouverture circulaire ciliée, située à leur bout antérieur. Leur corps, dans les mâles, est terminé par une épine qui sort entre trois feuillets membraneux. Dans les femelles il est terminé en pointe. Ils sont ovipares.

Chabert appelle strongles les vers que les naturalistes avoient nommés ASCARIDE long-temps auparavant. *Voyez* ce mot.

Lorsque les véritables strongles sont en grande quantité dans l'estomac ou les intestins des animaux domestiques, ces derniers en souffrent beaucoup, ils perdent l'appétit, maigrissent, et meurent quelquefois. Ils sont souvent implantés avec tant de force dans la tunique veloutée, qu'on les casse plutôt que de les en détacher; cependant ils sortent naturellement avec les matières fécales. Les remèdes à employer contre eux sont l'huile empyreumatique et les purgatifs drastiques. (B.)

STYLE. Prolongement du germe des plantes, au-dessus duquel se trouve le stigmate. Il ne se voit pas dans toutes les plantes. Les botanistes font fréquemment usage des considérations que leur présente le style; mais les agriculteurs n'en ont jamais besoin, puisqu'il n'est que le canal de communication entre le STIGMATE et l'OVAIRE. *Voyez* ces deux mots et les mots PLANTE, FLEUR, FÉCONDATION.

SUBSTITUTION DES SEMENCES. Lorsqu'on met en terre un gros et un petit gland, à peu de distance l'un de l'autre, le premier donne naissance à un jeune chêne beaucoup plus fort et plus vigoureux que l'autre. Si le petit est placé dans une terre fertile et bien labourée, et que le gros le soit dans une terre stérile et qui n'ait pas été labourée, le petit, au contraire, fournira un plus bel arbre que le second.

Toutes les graines de plantes offrent les mêmes résultats ; le peu de différence de grosseur qui existe entre les petites est la seule cause qui fait qu'on ne peut pas toujours reconnoître ces résultats en les soumettant à la même expérience.

En effet, c'est du premier moment de l'action vitale dans le germe que dépend la force de la plante dans toute la durée de son existence. Il n'est point de cultivateur qui n'en ait eu mille et mille fois la preuve. Je me contenterai de citer ici l'expérience de Bonnet, qui enleva les cotylédons à un haricot nouvellement germé, et qui, quelques soins qu'il prît pour donner à la plantule et les engrais et les arrosemens nécessaires pour la faire végéter avec force, ne put jamais la faire devenir qu'une plante de deux pouces de haut. Cette expérience a été répétée à Paris par Thouin et a eu les mêmes résultats.

Lorsqu'on sémera de la belle graine dans un mauvais terrain, ou dans un terrain mal cultivé, on n'en obtiendra que des productions médiocres. Le même résultat aura lieu pour celle qui aura été semée dans un sol ou sous un climat contraire à sa nature.

On dit dans ces deux cas que les graines ou les semences sont dégénérées.

La plupart des graines dégénérées peuvent être ramenées à leur état premier, en les plaçant une ou plusieurs années de suite dans une terre ou un climat plus favorable, ou au moins aussi favorable à la végétation des plantes qu'elles fournissent, que celui dont on les avoit primitivement apportées.

On ne peut contester l'exactitude de ce petit nombre de faits, et ils suffisent pour résoudre la question qui divise les cultivateurs, dont les uns veulent qu'il soit utile de changer de loin en loin les semences des céréales et autres plantes annuelles, objets de leur culture ; et les autres, que ce changement soit indifférent.

Je conclus donc de ces faits, que la complète maturité, la bonne conformation, et la grosseur des graines, sont les circonstances qui ont le plus d'influence sur la beauté des récoltes, toutes autres circonstances égales.

Les terres médiocres, les terres mauvaises étant plus communes que les bonnes, l'expérience doit être généralement en faveur de ceux qui soutiennent qu'il faut changer de temps en temps les semences des céréales et sur-tout du Froment

(*voyez* ce mot), la plus précieuse d'entre elles, pour obtenir de belles récoltes ; mais quand on questionne les cultivateurs sur les motifs de leur pratique, on juge bientôt qu'ils n'en ont que de vagues. Les uns soutiennent qu'il faut tirer les semences du midi, les autres du nord ; les uns de la montagne, les autres de la plaine, etc. Enfin, en observant, on ne tarde pas à remarquer que par-tout on les tire du pays voisin le plus fertile, qu'on achète les meilleures, et qu'on peut toujours éviter ce changement, en choisissant les plus belles de sa propre récolte.

Dans le cas où un cultivateur auroit négligé de choisir les années précédentes sa plus belle semence, et que son blé seroit devenu de mauvaise qualité, il deviendroit beaucoup plus expéditif d'en acheter ailleurs que de chercher à le relever par un choix dans la sienne, et cela d'autant plus que son sol seroit de plus mauvaise nature.

C'est toujours la faute du cultivateur lorsqu'il est forcé d'acheter ailleurs sa semence, parceque la sienne contient trop d'ivraie, de nielle ou autres graines ; car il est des moyens faciles de débarrasser ses champs des mauvaises herbes (ce à quoi il doit tendre), ou les produits de sa récolte des mauvaises graines.

L'influence du climat agit sur beaucoup d'autres plantes qui font l'objet de nos cultures bien plus que sur les céréales ; aussi ce motif vient se joindre à ceux énoncés ci-dessus pour obliger de changer plus fréquemment leurs semences.

On a remarqué, par exemple, que la garance, qui est une plante des pays chauds, donne en France des racines d'autant moins chargées de principes colorans qu'il y a plus long-temps qu'on l'y cultive. Il est donc bon de faire venir de loin en loin de la graine de Smyrne.

Le fait que présente le lin est fort remarquable en ce qu'il a lieu par une double cause. Cette précieuse plante, ainsi que personne ne l'ignore, est, comme la garance, originaire des pays chauds, où elle reste courte et fournit une filasse assez grossière ; mais elle se cultive facilement dans les pays froids, s'y élève bien davantage, et y donne une filasse très fine. Ce n'est qu'en tirant tous les ans leur graine de Riga, que les industrieux cultivateurs de la partie de la Flandre, où se fabriquent les batistes et les dentelles si renommées, peuvent avoir du lin aussi élevé que possible. Aussi appellent-ils *lin de fin* celui provenant de la graine venue de Riga, et *lin de gros* celui qui est le résultat du semis de la graine récoltée chez eux. C'est donc ici une dégénérescence par régénérescence, si on peut employer cette expression, puisque ce lin n'a diminué de valeur que parcequ'il s'est rapproché de son pays natal, qu'il a crû dans un climat plus doux.

La rave, plante qui aime les terres fraîches et légères, et qui dégénère promptement dans les terres chaudes et argileuses, doit encore être citée ici. Parmi les objets ordinaires de la culture, c'est un de ceux dont les variétés sont les moins durables lorsqu'on les change de localité, ainsi qu'en ont fait l'expérience ceux qui, séduits par la bonté des navets de Freneuse, ont fait venir de la graine de ce village pour la semer dans leurs jardins.

Je crois en avoir assez dit pour prouver que la substitution des semences prises au loin n'est utile que lorsque les plantes auxquelles elles appartiennent ont dégénéré par une cause quelconque, et qu'on peut presque toujours l'éviter, même dans les plus mauvais sols. (B.)

SUC PROPRE DES PLANTES. Ce suc est distinct de la sève ; on le trouve dans la plupart des plantes. Il est souvent coloré ; quelquefois il devient solide à l'air. C'est en lui que réside la vertu des plantes.

En général les sucs propres sont renfermés dans les vaisseaux de l'écorce ou de l'aubier ; mais il est des cas où ils se trouvent dans d'autres parties. Tantôt ils existent exclusivement ou plus abondamment dans les racines, dans les tiges, dans les feuilles, dans les fruits, etc. La même plante en offre quelquefois de différens dans ses différentes parties.

Nous sommes et nous serons sans doute toujours dans l'ignorance des moyens par lesquels les plantes sécrètent les sucs propres. Les recherches de la plus savante anatomie ne font voir dans les vaisseaux où ils se trouvent que ce qu'on voit dans ceux qui servent de conduits à la sève. *Voyez* aux mots PLANTE et PHYSIOLOGIE VÉGÉTALE.

Les sucs propres sont mucilagineux dans le prunier, le cerisier, l'amandier, le pêcher, l'abricotier, etc. *Voy*. GOMME. Ils sont émulsifs dans la LAITUE et autres chicoracées ; gommorésineux dans l'EUPHORBE, le PAVOT, etc. *Voyez* GOMME RÉSINE. Résineux dans les pins, les sapins, les genévriers. *Voyez* RÉSINE. Leur couleur est rouge dans le MILLEPERTUIS ÉLÉGANT ; jaune dans la CHÉLIDOINE ; blanche dans un très grand nombre de plantes, dans celles connues sous la dénomination de *laiteuses*. Cette couleur change ordinairement par suite de leur exposition à l'air, où elle devient ordinairement brune, quelquefois noire, comme dans le SUMAC RADICANT. Leur saveur n'est pas moins variable ; tantôt elle est douce, tantôt elle est âcre, tantôt elle est piquante, tantôt elle est amère, etc. Celui du jalap est purgatif ; celui du pavot, narcotique ; celui du quinquina, fébrifuge ; celui de l'ipécacuanha, émetique.

La circulation des sucs propres est prouvée par un grand nombre d'observations ; mais cette circulation ne suit pas rigoureusement la même marche que celle de la sève.

Il est des cas où la production des sucs propres est plus considérable. Les pins ne fournissent abondance de résine que lorsqu'ils sont arrivés à un certain âge, et lorsqu'ils sont prêts à mourir ils en sécrètent une immense quantité.

On peut croire, par suite des diverses analyses des sucs propres, que tantôt ils sont produits par l'accumulation de l'oxygène, tantôt par celle de l'hydrogène, tantôt par celle de l'un et l'autre à la fois.

Comme les sucs propres sont quelquefois des poisons, il faut apprendre à les connoître ; mais ce n'est que par l'habitude qu'on y parvient, parcequ'ils varient infiniment, que les plantes qui les fournissent appartiennent à toutes les familles, et que souvent, dans la même famille, dans le même genre, il se trouve de ces plantes dont les sucs propres sont agréables, et d'autres qui les ont délétères ; la laitue en fournit un exemple.

Plusieurs plantes perdent leurs sucs propres dès que leurs graines sont arrivées à maturité, ce qui peut faire croire qu'ils jouent souvent un rôle important dans la formation du fruit. Il paroît que, dans un grand nombre de cas, ils se changent en huile (*voyez* ce mot), matière qu'on n'est pas dans l'usage de ranger parmi eux, quoiqu'il n'y ait pas de motifs pour s'y refuser, puisqu'on voit le plus souvent ces sucs disparoître dans les pédoncules. *Voyez* Figuier, Prunier, Cerisier.

J'ai dit plus haut qu'une extravasation surabondante des sucs propres étoit l'indice de l'affoiblissement et même de la mort prochaine de l'arbre ; cependant beaucoup de cultivateurs pensent qu'ils sont dans ce cas cause et non pas effet. Comme j'ai discuté cette question au mot Gomme, j'y renvoie le lecteur. (B.)

FIN DU TOME ONZIÈME.

www.ingramcontent.com/pod-product-compliance
Lightning Source LLC
Chambersburg PA
CBHW031730210326
41599CB00018B/2561